焊接科学基础
——材料焊接科学基础

中国机械工程学会焊接学会　编

主　编　杜则裕

副主编　李亚江

主　审　邹增大

机 械 工 业 出 版 社

本书是由中国机械工程学会焊接学会组织编写的《焊接科学基础》之一。主要内容包括：绪论；金属熔焊基本原理（焊接热过程、焊接化学冶金、焊接材料设计基础、熔池结晶及焊缝固态相变、焊接热影响区、焊接缺欠等）；金属及先进工程材料焊接性（合金结构钢、不锈钢及耐热钢、轻金属、先进陶瓷材料、金属间化合物等材料的焊接）；以及表面熔覆与堆焊等理论基础与实践。本书结合我国当前焊接工程实际，系统、深入地阐述了焊接科学理论。本书在编写上注意反映前沿焊接科技发展的成果，贯彻执行最新的国家标准，具有新颖性和先进性。本书写作的指导思想是，不同于高校教材，也不同于技术手册，注意培养读者分析问题与解决问题的能力，具有实用性。

本书适用于焊接、材料成型及控制工程、材料加工工程、机械工程、能源及动力工程等相关专业从事焊接技术工作的科技人员阅读，也可以作为高校师生、研究生的教材及参考书。

图书在版编目（CIP）数据

材料焊接科学基础/杜则裕主编；中国机械工程学会焊接学会编. —北京：机械工业出版社，2012.8
（焊接科学基础）
ISBN 978-7-111-37951-5

Ⅰ.①材… Ⅱ.①杜…②中… Ⅲ.①焊接 Ⅳ.①TG4

中国版本图书馆 CIP 数据核字（2012）第 125009 号

机械工业出版社（北京市百万庄大街 22 号　邮政编码 100037）
策划编辑：何月秋　责任编辑：何月秋
版式设计：霍永明　责任校对：潘　蕊
封面设计：马精明　责任印制：乔　宇
三河市宏达印刷有限公司印刷
2012 年 9 月第 1 版第 1 次印刷
184mm×260mm · 31.25 印张 · 2 插页 · 774 千字
0001—3000 册
标准书号：ISBN 978-7-111-37951-5
定价：98.00 元

编委会名单

（排名不分先后）

主　任	吴毅雄				
副主任	王麟书	陈丙森	黄石生	杜则裕	陈清阳
顾　问	单　平	陈　强	张彦敏	冯吉才	何　实
	薛振奎	田志凌	李宪政		
委　员	赵熹华	薛家祥	华学明	李亚江	邹增大
	陆　皓	赵海燕	吴志生	张友寿	蔡　艳
	王文先	张彦华	王成文	康　龙	潘春旭
	朱　胜	刘振英	何月秋	吕德齐	
秘　书	黄彩艳				

序

从与人们生活密切相关的日用品、电子产品到摩托车、汽车、轮船、高铁等交通工具，从建筑钢结构到锅炉、石油、化工、天然气领域，从核电站到航空航天，哪一个领域都离不开焊接；焊接在国民经济中发挥着越来越大的作用。

作为全国性的专业学术组织，中国机械工程学会焊接学会（以下简称焊接学会）对我国焊接事业的发展和传承，尤其是拓展专业知识、传播科学理论、推动技术进步、培养一流人才等方面有责任和义务做出贡献。

目前我国正处在由焊接大国向焊接强国迈进的时代，焊接科学与工程技术随着以数字技术为特征的时代发展而日益显见其宽广的发展和创新空间。然究其实质所以然的焊接基础乃是广大焊接工作者赖以做出贡献的基本。

鉴于高校教学的宽口径改革，大部分高校传统的焊接专业并入材料加工成型及控制专业，过去由国家有关部门承担的焊接教科书编写与出版工作已经停止等现实，焊接学会编辑出版委员会决定组织国内焊接领域相关学科的专家学者编辑出版一套《焊接科学基础》图书，以满足焊接学科进步和行业发展的实际需求。为此我们力求这套图书能够成为代表当前业界较高水平的精品著作，使之成为焊接学会的"看家书"。同时也希望今后经过一代代焊接人的不断补充、不断完善，使之成为我国焊接界的传承经典之作。

历时4年，经过焊接学会编辑出版委员会的努力，在广大焊接专家、学者的积极参与和大力支持下，《焊接科学基础》图书终于面世了。其宽广的知识范围和先进的技术内容，系统地反应了焊接学科和专业的理论基础，也体现了焊接科技的进步与积累；既可以作为高等学校教师和学生的教学书籍，还可成为从事焊接工作的广大科技人员的参考书目。期望也相信该套图书的出版必将对我国焊接事业的传承和发展起到重要的推动作用。

该套图书的编写出版得到了国内许多高等院校、科研院所及企事业单位的大力支持和积极参与，来自清华大学、上海交通大学、天津大学、华南理工大学、山东大学、哈尔滨工业大学、北京航空航天大学、吉林大学、北京工业大学、兰州理工大学、太原科技大学、装甲兵工程学院、沈阳工业大学、太原理工大学、中国石油大学、中国铁道科学研究院金属及化学研究所、北京材料及工艺研究所、哈尔滨焊接研究所、太原重工股份有限公司、北京嘉克新兴科技有限公司等单位的近百名教授、专家、学者参与了该套图书的编写和审校工作。在此焊接学会向各参与单位的大力支持和全体编审者的辛勤付出表示衷心的感谢！

焊接学会编辑出版委员会主任吴毅雄教授和主编黄石生教授、陈炳森教授、杜则裕教授、陈清阳教授级高工，以及编委会的各位成员、各位编审者都为该套图书的编纂耗费了大量的心血和精力，为此特表最诚挚的谢意！

犹如长期以来对焊接学会编辑出版工作的支持，从该套图书的策划到出版均得到了机械工业出版社领导和编辑人员的大力协助，在此对他们的付出表示深深的感谢！

该套图书的内容多、涉及范围广，参与编纂人员的队伍庞大，编写过程中难免出现疏漏，敬请广大读者批评指正，以便我们更好地为焊接界服务！

中国机械工程学会
焊接学会理事长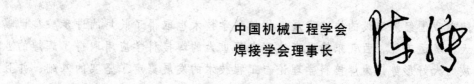

前　言

随着我国经济建设的快速发展，焊接科学技术也取得了长足的进步。举世瞩目的载人航天、奥运工程、西气东输及高速列车等重大的焊接科学应用取得了辉煌的业绩。改革开放的大好形势，为焊接科学理论与工程技术的发展奠定了坚实的基础，并且创造了可持续发展的优良条件。

《材料焊接科学基础》是在中国机械工程学会焊接学会组织领导下编写的。其编写目的是：在我国由焊接大国向焊接强国发展的关键时期，促进我国焊接科学与技术的发展，传播焊接科学理论，培养基础扎实、技术过硬、学术优良的焊接科学技术人才。

本书主要内容包括：绪论；金属熔焊基本原理（焊接热过程、焊接化学冶金、焊接材料设计基础、熔池凝固及固态相变、焊接热影响区、焊接缺欠、焊接裂纹）；金属及先进工程材料焊接性（合金结构钢、不锈钢及耐热钢、轻金属、先进陶瓷材料、金属间化合物等材料的焊接）；表面熔覆与堆焊等理论基础与实践。本书的特点是：紧密结合我国当前焊接工程实际，系统、深入地阐述焊接科学理论；本书在编写上注意反映当前科技发展的成果，贯彻执行最新的国家标准，具有新颖性和先进性。本书写作的指导思想是：既不同于高校教材，也不同于技术手册，注意培养读者分析问题与解决问题的能力，具有实用性。本书适用于焊接、材料成型及控制工程、材料加工工程、机械工程、能源及动力工程等相关专业从事焊接技术工作的科技人员，也可作为高校本科师生、研究生的教材及参考书。

本书由天津大学博士生导师杜则裕教授任主编，山东大学博士生导师李亚江教授任副主编，山东大学博士生导师邹增大教授任主审。本书第1、9~13章由李亚江教授编写，第2章由山东大学博士生导师武传松教授编写，第3、5、7章由杜则裕教授编写，第4、6章由山东大学孙俊生教授编写，第8章由中国石油大学博士生导师王勇教授编写，第14章由山东大学王娟副教授编写。参加本书编写的还有韩彬、王引真、夏春智、赵朋成、刘光云、张德勤、赵卫民、蒋庆磊、李嘉宁、吴娜等。

本书的出版得到了机械工业出版社的大力支持与帮助。对于机械工业出版社的领导及编辑们为本书出版而付出的辛勤劳动，编者在此表示衷心的感谢。

本书在编写过程中，引用了大量的相关技术文献，在此谨向这些文献的作者及所在单位表示衷心的感谢。向中国机械工程学会焊接学会的领导及编辑出版委员会的同志们为本书出版所做的努力，表示衷心的感谢。

由于本书编者的水平有限，书中不妥之处敬请读者批评指正。

编　者

目　录

第1章 绪 论

材料焊接科学是近年来形成的交叉学科和应用科学，与材料科学、机械、电子学、自动控制的联系非常密切。焊接曾被誉为是把金属材料制作成结构的"裁缝"，焊接技术的不断发展，促成了它作为一种全新的制造技术，变革了传统的工业化格局，推动了整个社会的发展。焊接逐步形成自己独立的科学体系，其科学内涵是多学科相互交叉融合的结晶，并日益受到各国政府、企业和众多学者的关注。

1.1 焊接科学的重要意义

传统意义上的焊接，是指采用物理或化学的方法，使分离的材料产生原子或分子间的结合，形成具有一定性能要求的整体，焊接不包括粘接、铆接等机械连接。发展至今，各种焊接工艺已有近百种，采用了力、热、电、光、声及化学等可以利用的能源。焊接技术的应用涉及机械、交通（船舶、车辆等）、航空航天、能源、电气工程、微电子等几乎所有工业领域。

"二战"以前，基础科学与工程的联系不十分紧密，各有自己的科学体系。随着现代科学技术的发展，基础科学与工程的联系日益紧密，甚至融为一体，并促进了新学科和交叉学科的发展。半个多世纪以来，随着现代物理、化学、材料科学、机械、电子、计算机等学科的发展，焊接技术取得了令世人瞩目的进展，已成为制造业中不可缺少的基本制造技术之一。特别是近年来随着计算机与自动化技术的应用，焊接技术已经发展成为具有一定规模的机械化、自动化和智能化焊接的独立加工领域，逐渐形成了焊接科学与工程这样一门新的学科。

材料焊接科学是一门以焊接为研究对象的应用科学，是促进社会发展和实现国防现代化的重要的科学技术领域之一。材料焊接科学涉及众多的学科领域，如机械、冶金学、力学、电子学、金属物理、计算机与控制工程等，并日益引起世界各国政府部门和科学工作者的高度重视。

20 世纪初，自从火焰和电弧发展成为焊接热源后，焊接作为一项专业化的技术才逐渐被人们认同。自从 1901 年瑞典人发明有药皮的焊条（标志着焊接技术的诞生）以来，焊接技术历经上百年来的经验积累和技术提高，取得了长足的进步。特别是 20 世纪 50 年代以后，焊接技术得到了更快的发展。1956 年出现了以超声波和电子束作为热源的超声波焊和电子束焊；1957 年出现了等离子弧焊和扩散焊；1965 年和 1970 年出现了以激光束为热源的脉冲激光焊和连续激光焊；20 世纪末出现了搅拌摩擦焊和微波焊。

焊接技术几乎运用了一切可以利用的热源，其中包括火焰、电弧、电阻热、超声波、摩擦热、等离子弧、电子束、激光、微波等。从 19 世纪末出现碳弧到 20 世纪末出现微波焊的发展来看，历史上每一种热源的出现，都伴随着新的焊接方法的诞生，并推动了科学技术的发展。至今，焊接热源的研究与开发仍未终止，新的焊接方法和新的焊接工艺不断涌现，焊接技术已经渗透到国民经济的各个领域。

科学技术的发展使新的焊接方法不断产生。20 世纪 80 年代以后，焊接技术渗透到了社会经济和工业领域的各个方面，呈现出加速发展的趋势。在世界高科技市场竞争中，一些发达国家相继建立了各自的材料焊接研究开发中心，支持开展先进焊接技术的研究和应用。我国在材料焊接科学领域的研究和应用也取得了高速发展。

焊接科学越来越引起更多国内外相关人士（如物理、材料、机械、计算机等）的关注。国内在先进焊接设备水平上与国外有一定差距，但在工艺研究水平和工程结构焊接应用上较为接近，在某些方面有自己的特色，例如航空航天飞行器、三峡工程、奥运主体育馆建造等。

先进焊接技术的出现和研发是多学科相互渗透的结果，焊接科学的发展对各种新型工程结构的广泛应用起着至关重要的作用，先进焊接技术在电子、能源、汽车、航空航天、核工业等部门中得到了应用，并极大地推动了社会进步。

1.2　焊接过程的物理本质

焊接是指通过适当的手段（加热、加压或两者并用），使两个分离的物体（同种材料或异种材料）产生原子间结合而形成永久性连接的加工方法。焊接的概念至少包含三个方面的含义：一是焊接的途径，即加热、加压或二者并用；二是焊接的本质，即微观上达到原子间的结合；三是焊接的结果，即宏观上形成永久性的连接。

研究表明，固体材料之所以能够保持固定的形状，是由于其内部原子之间的距离足够小，使原子之间能形成牢固的结合力。要想将固体材料分成两块，必须施加足够大的外力破坏这些原子间的结合才能达到。同样道理，要想将两块固体材料连接在一起，从物理本质上讲，就是要采取措施，使这两块固体连接表面上的原子接近到足够小的距离，使其产生足够的结合力，从而达到永久性连接的目的。

对于实际焊接件，不采取一定的措施，而使连接表面上的原子接近到足够小的距离是非常困难的。这是因为连接表面的表面质量较差，即使经过精密磨削加工，其表面从微观上看仍是凹凸不平的；而且连接表面常带有氧化膜、油污等，阻碍连接表面紧密地接触。因此，为了实现材料之间可靠的焊接，必须采取有效的措施。例如：

1）用热源加热被焊母材的连接处，使之发生熔化，利用熔融金属之间的相溶及液-固两相原子的紧密接触来实现原子间的结合。

2）对被焊母材的连接表面施加压力，在清除连接面上的氧化物和污物的同时，克服连接界面的不平，或使之产生局部塑性变形，使两个连接表面的原子相互紧密接触，并产生足够大的结合力。如果在加力的同时加热，结合过程更容易进行。

3）对填充材料加热使之熔化，利用液态填充材料对固态母材润湿，使液-固界面的原子紧密接触，相互扩散，产生足够大的结合力从而实现连接。

以上三项措施正是熔焊、压焊和钎焊方法能够实现永久性连接的基本原理。

1.3　焊接科学的研究领域和发展趋势

焊接科学的发展依托于冶金学、物理学和能源科学的发展，形成了数十种各具特点的焊接方法，如电弧焊、高能束焊、固相焊和钎焊等。不同的焊接热源作用于不同材质的结构，产生了不同的热力学、冶金学和力学相互交叉的焊接过程，形成了独具特色的焊接物理学、焊接冶金学、焊接结构力学和焊接自动控制等理论分支，并由此指导焊接工艺、焊接设备和焊接结构的发展，形成了一个完整的有科学基础、有广泛应用、有广阔前景的焊接科学体系。

焊接科学涉及的领域至少包括如下几个方面：焊接能源物理学、焊接冶金学与材料焊接性、焊接结构力学、焊接设备及自动控制、焊接质量控制，以及焊接工艺与组织性能的关系等基础理论的集合。

（1）焊接能源物理学 包括各种能源的本质、在焊接过程中的作用及应用范围。焊接能源的应用非常广泛，例如化学反应产生的热源、光学和电子学热源（激光、电子束）、电能（电弧和电阻热）和机械能（摩擦热）等，可衍生出很多新的焊接方法、设备及工艺。这些能源的加热温度、集中程度和保护状态等影响着焊接质量和应用，因此焊接能源物理学是研发焊接工艺和设备的理论基础。

（2）焊接冶金学与材料焊接性 以物理化学、材料科学原理为基础，研究材料在焊接条件下有关化学冶金和物理冶金方面的普遍规律，如焊接成形本质、焊缝化学冶金、热影响区组织性能、焊接缺欠的形成与防止等。在这个基础上分析各种条件下材料的焊接性，为制订合理的焊接工艺、探索高焊接质量的新途径提供理论依据。特别是从焊接角度研究材料的基本特性（包括焊接性、焊接工艺、焊接材料等），阐明材料的焊接性和材料焊接的基本理论和概念，分析不同材料的焊接特点和工艺要点。针对具体材料，研究焊接材料选择和制订焊接工艺的基本原则及方法。

（3）焊接结构力学 焊接结构是指以焊接作为主要连接手段的工程结构，具有强韧性匹配好、接头密封性好等优点，广泛用于建筑钢结构、船舶、车辆及压力容器等。由于焊接温度场的不均匀性，焊接结构还存在应力、应变和变形问题。焊接力学是研究焊接结构接头区的焊接应力与变形及焊接结构的刚度、强韧性和稳定性、断裂等力学行为的理论基础。因此，焊接结构力学已成为焊接结构设计、焊接工艺制订、接头应力消除、结构变形控制的理论基础，为保证焊接结构的安全运行提供了科学依据。

（4）焊接设备及自动控制 焊接控制包括多方面的内容，例如焊接热（能）源控制是指对焊接设备性能和特性的控制；焊接参数的柔性化和智能化控制是指对焊接生产过程执行和协调的控制；焊接过程自动控制是指对焊接过程稳定性和变化规律的自适应控制；焊接系统控制是指对整个焊接系统的综合和集中控制。通过焊接控制使得焊接全过程的智能化和自动化过程稳定，例如焊接机器人、轻便组合式智能焊接设备和低成本焊接自动化设备等的研究和应用，这对提高焊接质量和生产效率有关键的作用。

（5）焊接质量与性能控制 焊接质量与性能控制在生产中是一个很重要的方面，特别是锅炉及压力容器、电力管道、石油化工管线、船舶制造等，保证装备正常运行涉及社会和企业的安全。当今焊接结构和装备不断向大型化、重型化和高参数方向发展，这对焊接质量提出了越来越严格的要求，并以设计规范、制造法规或规程等形式，对生产企业的焊接质量控制和质量管理做出了科学的强制性规定。了解焊接质量体系的建立和运行、焊接工艺规程、焊接工艺评定以及焊接资质与认证等，掌握焊接质量与性能控制的基本技术要点，对保证焊接工程质量是十分必要的。

应当指出，所谓"性能"是指材料在焊接条件下的表现，包括环境因素、结构力学、焊接应力、整体结构寿命评价等。焊接科学的多学科性和跨学科性，使得上述焊接学科分支的界限并不十分明显，而且还在不断地演化。焊接科学与工程提供了一个良好的环境，使更多的学科有目的地联合起来去解决一个"焊接方面"的课题，这个课题可以是基础研发方面的，也可以是应用方面的。

焊接科学与工程具有以下几个特点：

1）焊接科学与工程是多学科交叉的新型学科，需要广阔而坚实的理论基础。

2）焊接科学与工程技术有不可分割的关系。

3）焊接科学与工程有很强的应用目的、针对性和明确的应用背景。

焊接科学与工程发展到现代，已经不是一个科学家、发明家的个人行为，而是一项多学科、多领域融合的系统工程。焊接科学的重大使命就是要大力提高自主创新能力，在不断吸纳世界先进制造技术最新成就的同时，以可持续的创新发展为目标，向机械化、自动化、信息化、智能化、生态化方向前进。

经过 20 世纪的快速发展，焊接制造科学与工程作为现代工业中的一个重要环节和其他相关制造技术领域一样，以趋于成熟的体系进入了 21 世纪：即从手工制造向机械化、自动化、信息化、智能化制造方向发展，这标志着焊接科学与工程进入了一个崭新的发展时期。

1.4 焊接技术的应用前景

自古以来，人们都要把材料结合成一种结构才能更好地使用。因此，材料和结合手段就一直密不可分，而且彼此相互促进，不断发展。20 世纪初，电弧技术用于钢铁产品，促使焊接和钢结构出现了质的飞跃。进入 21 世纪仅短短十几年，我国钢产量已突破 5 亿 t，成为了世界第一产钢大国。钢的品种和质量迅速发展和提高，新型材料不断涌现，材料加工人员、焊接工作者的任务将更加突出。

1.4.1 不同材料焊接的应用

1. 钢结构的焊接应用

"二战"时期，美国在制造钢船结构时用焊接大量代替了铆接，以至于"二战"结束后，美国海军的总结报告中说："若没有焊接，就不可能在这样短的时间内建造这样一支为赢得这场战争起到重要作用的庞大舰队。"材料焊接的重要性还可以延伸到其他装备，例如坦克、载重汽车、飞机及航天器等。

先进的工业化国家都非常重视钢铁材料的研究和开发。合金结构钢近 30 年来受到世界各国的普遍重视，并仍将成为今后 20 ~ 30 年材料应用发展的基本方向。

在大量的工程结构中，目前金属材料仍处于主导地位，而且一直在不断地发展和更新，如超高强度钢、双相不锈钢、新型耐热钢等。合金结构钢综合性能优异，经济效益显著，是焊接结构中用量最大的一类工程材料。钢结构的应用范围广泛，涉及国民经济和国防建设的各个领域。尽管在一些发达国家中钢铁材料的主导地位正在发生变化，但钢铁材料在今后很长一个历史时期内仍将作为一种主要的工程材料发挥其重要作用。

2. 有色金属的焊接应用

有色金属的种类和品种很多，在制造业和社会经济发展中的应用十分广泛。当前全世界金属材料的总产量约 8 亿 t，其中有色金属材料约占 5%，处于补充地位，但有色金属的特殊作用却是钢铁材料无法代替的。随着科学技术进步和社会经济的发展，有色金属的应用越来越广泛，从原来的航空航天部门逐渐扩展到电子、信息、汽车、交通、轻工、医疗器械等领域。有色金属焊接结构也引起人们越来越多的关注。地壳中含量很高的铝、镁均为有色金属，其他有色金属还有铜、钛、锌、锡、镍、钼等，涉及结构材料、功能材料、环境保护材料和生物材料等。

有色金属及合金的分类方法很多，按基体金属可分为铝合金、镁合金、钛合金、镍合金等。近年来，随着航空航天事业的发展，以及现代交通工具（如高速列车、舰船、汽车等）轻量化的战略要求，镁合金和钛合金等轻质材料的焊接受到人们的关注。目前，轻金属的焊接应用几乎涉及国民经济和国防建设的所有领域。针对轻金属的焊接方法包括氩弧焊（TIG、MIG/MAG）、搅拌摩擦焊、激光焊、电子束焊等，大多实现了机械化或自动化的焊接生产。

3. 先进材料的焊接应用

先进材料是指除常规钢铁材料和有色金属之外已经开发或正在开发的具有特殊性能和用途的材料，如新型陶瓷、金属间化合物和复合材料等。先进材料的开发和应用是发展高新技术的重要物质基础，新材料和先进材料的研究开发是多学科相互渗透的结果，世界各发达国家都对先进材料的研究和开发应用非常重视。焊接技术对其推广应用起着至关重要的作用。

先进材料根据其使用性能可分为结构材料和功能材料。随着航空航天、新能源、电力等工业的发展，人们对材料的性能提出了越来越高的要求。开发适于在特殊条件下使用的先进材料是科学技术发展的趋势之一，而先进结构材料的发展是其中重要的组成部分。许多高性能新型结构材料主要是为开发能源、海洋，发展空间技术、交通运输以及冶金、电力、石化等工业需求而研制的，这些材料具有高强度、高韧性、耐高温、抗腐蚀等优点。

工程中经常涉及的先进材料主要包括先进陶瓷、金属间化合物、高温合金、复合材料等。这些材料的一个共同特点是硬度高、塑性和韧性差，焊接中极易产生裂纹，采用常规的熔焊方法很难对这类材料进行焊接。因此，先进材料的焊接与高新技术的发展密切相关，而且有独特的和难以替代的作用。针对先进材料的焊接方法主要是真空扩散焊、激光-电弧复合焊、电子束焊等。

1.4.2 先进焊接技术的应用

1. 高能束焊接

高能束流由单一的光子、电子和离子或两种以上的粒子组合而成，目前用在焊接领域的高能束流主要是激光束、电子束和等离子弧。高能束焊接的功率密度达到 10^5W/cm^2 以上。属于高能束的焊接热源有等离子弧、电子束、激光束、复合热源（激光束 + 电弧）等。当前高能束焊接被关注的主要领域是：高能束设备的大型化（如功率大型化及可加工零件的大型化）、设备的智能化以及加工的柔性化、高能束品质的提高、高能束的复合及相互作用、新材料焊接及应用领域的扩展等。

高能束加工技术被誉为 "21 世纪最有希望的加工技术"，被认为 "将为材料加工和制造技术带来革命性变化"，是当前发展最快、研究最多的技术领域。高能束焊接越来越引起更多国内外相关人士（如物理、材料、计算机等领域）的关注。国内在高能束设备制造水平上与国外有一定差距，但在高能束工艺研究水平上较为接近，有自己的特色。

高能束焊接技术的特点是焊接时产生"小孔效应"（见图1-1），焊接熔深比热传导焊接方法显著提高。高能束加工技术在高技术及国防科技的发展中起着无可替代的作用。表1-1是高能束加工技术的特点及其应用领域。

由于有上述优势，高能束焊接技术可以焊接难熔合和难焊接的材料，并且具有较高的生产率。

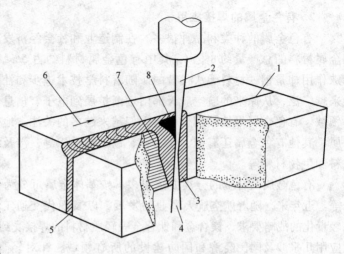

图1-1　高能束焊接过程的"小孔效应"
1—紧密对接线　2—高能束流　3—熔融金属　4—穿过小孔
的能量　5—全熔透的焊缝　6—焊接方向
7—凝固的焊缝　8—液态金属

在核工业、航空航天、汽车等工业部门得到广泛的应用。并且，随着高能束焊接技术的不断推广，也被越来越多的工业部门所选用。

高能束焊接设备向大型化发展有两层含义：一是设备的功率增大；二是采用该设备焊接的零件大型化。由于高能束焊接设备一次性投资大，特别是激光焊和电子束焊设备，因此增大功率，提高熔深和焊接过程的稳定性，可以相对降低焊接成本，这样高能束焊接设备才能为工业界所接受。大型焊接设备建立之后，高能束焊接的成本可以进一步降低，有利于在军用、民用各个工业领域中扩大应用。

高能束焊接的优势很明显，但目前高能束焊接的成本仍较高。因此以激光为核心的复合焊接技术受到人们的关注。事实上，激光-电弧复合焊接技术在20世纪70年代就已经提出，然而稳定的加工应用直至近几年才出现，这主要得益于激光技术以及电弧焊设备的发展，尤其是激光功率和电弧控制技术的提高。

表1-1　高能束加工技术的特点及应用领域

特点	用途	适用性	产品示例
穿透性	重型结构的焊接	一次可焊透300mm	核装置、压力容器、反应堆、核潜艇、飞行器、运载火箭、空间站、航天飞机、重武器、坦克、火炮、厚壁件
精密控制、微焦点	微电子与精密器件制造	—	超大规模集成元器件、结点、航天（空、海）仪表、膜盒、精密陀螺、核燃料棒封装
高能密度、高速扫描	特殊功能结构件制造	扫描速度 10^3 个孔/s，400m/s	动力装置封严、高温耐磨涂层、沉积层、切割、气膜冷却层板结构、小孔结构、高温部件
全方位加工	特殊环境加工制造	—	太空及微重力条件、真空、充气、水下及高压条件
高速加热、快速冷却	新型材料制备、特殊及异种材料连接	加热速度 10^5 K/s	超高纯材料冶炼、超细材料、非金属复合材料、陶瓷、表面改性、合成、非晶态、快速成形、立体制造

激光-电弧复合焊接主要是采用激光与钨极氩弧、等离子弧以及活性电弧的复合。通过激光与电弧的相互作用，可克服每一种焊接方法自身的不足，进而产生良好的复合效应。激

光-电弧复合焊接对焊接效率的提高十分显著，这主要基于两种效应：一是较高的能量密度导致了较高的焊接速度，工件热损失减小；二是两种热源相互作用的叠加效应。焊接钢时，激光等离子体使电弧更稳定；同时电弧也进入熔池小孔，减小了能量的损失。

激光-钨极氩弧的复合焊接可显著增加焊接速度，约为钨极氩弧焊（TIGW）时的 2 倍。钨极烧损也大大减小，钨极寿命增加；坡口夹角也可显著减小，焊缝截面积与激光焊时相近。与激光单弧复合焊相比，激光双弧复合焊接的焊接热输入可减小 25%，而焊接速度可增加约 30%。

激光-电弧（或等离子弧）复合焊接的优点主要是提高了焊接速度和熔深。由于电弧加热，金属温度升高，降低了金属对激光的反射率，增加了对光能的吸收。这种方法在小功率 CO_2 激光焊试验基础上，还在 12kW 的 CO_2 激光焊以及光纤传输的 2kW 的 YAG 激光器上进行试验，并为机器人进行激光-电弧（或等离子弧）复合焊接打下了基础。

近年来，通过激光-电弧复合而诞生的复合焊接技术获得了长足的发展，在航空、军工等部门复杂构件上的应用日益受到重视。目前，高能束流与不同电弧的复合焊接技术已成为高能束焊接领域发展的热点之一。

2. 搅拌摩擦焊

搅拌摩擦焊（Friction Stir Welding）是 20 世纪 90 年代初由英国焊接研究所开发出的一种专利焊接技术，它可以焊接采用熔焊方法较难焊接的有色金属。搅拌摩擦焊具有连接工艺简单，焊接接头晶粒细小，疲劳性能、拉伸性能和弯曲性能良好，无需焊丝，无需使用保护气体，无弧光以及焊后残余应力和变形小等优点。

搅拌摩擦焊已在欧、美等发达国家的航空航天工业中应用，并已成功应用于在低温下工作的铝合金薄壁压力容器的焊接，完成了纵向焊缝的直线对接和环形焊缝沿圆周的对接。该技术已在新型运载工具的新结构设计中采用，在航空航天、交通和汽车制造等产业部门也得到应用。搅拌摩擦焊的主要应用示例见表 1-2。

表 1-2 搅拌摩擦焊的主要应用示例

领　域	应用示例
船舶和海洋工业	快艇、游船的甲板、侧板、防水隔板、船体外壳、主体结构件、直升机平台、离岸水上观测站、船用冷冻器、帆船桅杆和结构件
航空、航天	运载火箭燃料储箱、发动机承力框架、铝合金容器、航天飞机外储箱、载人返回仓、飞机蒙皮、桁架、加强件之间连接、框架连接、飞机壁板和地板连接、飞机门预成形结构件、起落架舱盖、外挂燃料箱
铁道车辆	高速列车、轨道货车、地铁车厢、轻轨电车
汽车工业	汽车发动机、汽车底盘支架、汽车轮毂、车门预成形件、车体框架、升降平台、燃料箱、逃生工具等
其他工业部门	发动机壳体、冰箱冷却板、天然气和液化气储箱、轻合金容器、家庭装饰、镁合金制品等

我国的搅拌摩擦焊工艺开发时间不长，但发展很快，在焊接铝及铝合金方面受到重视，在航空航天、交通运输工具的生产中有很好的前景，在异种材料的焊接中也初露头角。搅拌摩擦焊工艺将使铝合金等有色金属的连接技术发生重大变革。

3. 真空扩散焊

先进材料的不断出现对连接技术提出了新的挑战，成为其发展的重要推动力。许多新材料，如耐热合金、高技术陶瓷、金属间化合物、复合材料等的连接，特别是异种材料之间的连接，采用通常的熔焊方法难以完成，扩散焊、超塑成形扩散连接等方法应运而生，解决了许多过去无法解决的硬性材料连接问题。

固相连接（Solid Phase Welding）是 21 世纪将有重大发展的连接技术。许多先进材料（如高技术陶瓷、金属间化合物、复合材料等）之间固相连接的优越性日益显现，真空扩散焊作为固相连接技术已成为焊接界关注的热点。陶瓷与金属能够采用扩散焊进行连接；过渡液相扩散焊技术的应用解决了某些用熔焊方法不易焊接的材料连接问题。超塑性成形扩散焊技术在飞机的钛合金蜂窝结构中得到了成功的应用。

固相连接可分为两大类。一类是温度低、压力大、时间短的连接方法，通过局部塑性变形促使工件表面紧密接触和氧化膜破裂，塑性变形是形成连接接头的主导因素，属于这类连接方法的有摩擦焊、爆炸焊、冷压焊和热压焊等，通常把这类连接方法称为压焊。另一类是温度高、压力小、时间相对较长的扩散连接方法，一般是在保护气氛或真空中进行，这种连接方法仅产生微量的塑性变形，界面扩散是形成接头的主导因素。属于这一类连接方法的主要是扩散连接，如真空扩散焊、过渡液相扩散焊、热等静压扩散焊、超塑性成形扩散焊等。

很多教科书把扩散连接方法归类到压焊范畴，但以扩散为主导因素的扩散连接和以塑性变形为主导的压焊在连接机理、方法和工艺上有很大区别。特别是近年来随着各种新型结构材料（如高技术陶瓷、金属间化合物、复合材料、非晶材料等）的迅猛发展，扩散连接的研究和应用受到各国研究者的关注，新的扩散连接工艺不断涌现，如过渡液相扩散焊、超塑性成形扩散焊等。再把扩散连接方法归类为压焊已不适宜，把以扩散为主导因素的扩散连接列为一种独立的连接方法逐渐成为人们的共识。

除了先进焊接方法和新工艺的不断出现外（以上列举的只是其中的几个特例），各种焊接方法的机械化、自动化水平在不断提高。电子技术、传感技术、计算机和控制技术的进步极大地推动了焊接技术的发展，使焊接自动化正在向智能化控制的方向发展。特别是焊接机器人的大量引入，突破了传统的焊接刚性自动化方式，开拓了焊接柔性自动化的新方式，使焊接技术有了更为广阔的发展空间。

焊接已成为现代制造业不可缺少的加工方法。而且，随着科学技术进步和社会经济的发展，焊接科学与工程的应用领域还将不断地被拓宽。

第 2 章　焊接热过程

　　焊接热源与被焊材料相互作用，将热量传递到焊件，使焊件局部受热和发生局部熔化。因此，被焊金属中必然存在着热传导和温度分布不均匀的问题，这就是焊接热过程。焊接热过程与焊接化学冶金过程以及焊接时金属的结晶过程一起，被称为焊接的三大过程，对焊接质量和焊接生产率有着决定性的影响。

2.1　焊接热过程的特点

　　在具有熔化、凝固现象产生的熔焊和钎焊过程中，热量从焊接热源通过各种传热方式传递给被焊金属，焊件温度升高，并且在焊件中产生温度分布（温度场）。焊接过程中焊件依次经历加热、熔化和随后的冷却凝固过程，通常称之为焊接热过程。焊接热过程贯穿于整个焊接过程的始终，是影响和决定焊接质量和焊接生产率的主要因素之一。

　　焊接热过程涉及热传导过程、焊件金属的相变过程以及温度变化所引起的应力过程等众多的物理、化学过程，比其他热加工工艺的热过程如铸造和热处理复杂得多。熔焊热过程具有以下几个主要特点：

　　1）焊接热过程的局域性。焊接热源集中加热工件上的局部区域，而不是加热整个焊件，工件的加热和冷却极不均匀。

　　2）焊接热源的移动性。除少数情况外，焊接热过程中热源和工件都是相对运动的，因此焊件受热的区域不断变化，焊件上某一点的温度也随时间不断变化。

　　3）焊接热过程的瞬时性。由于焊接热源通常高度集中并且加热区域小，工件的加热速度极快，能够在极短的时间内把大量的热能由热源传递给焊件，使之局部熔化。又由于加热的局部性和热源的移动，工件的冷却速度也非常高。

　　4）焊接传热过程的复合性。焊接熔池中的液态金属始终处于强烈的运动状态，在熔池内部，传热过程以液态金属的对流为主；在熔池外部，以固体热传导为主；此外还存在着蒸发及辐射换热。因此，焊接热过程涉及各种传热方式，属于复合传热问题。

　　焊接热过程的这些特点使得焊接传热问题十分复杂。但是为了控制焊接质量并提高焊接生产率，焊接工作者必须认识焊接热过程的基本规律及其在各种焊接参数下的变化趋势。

2.1.1　焊接热源的种类及特点

　　热能和机械能是工业实践中实现金属焊接所需的主要能量。熔焊主要使用由一定的热源所产生的热能，这里只讨论与熔焊有关的热源问题。

　　焊接工程上对于焊接热源的要求是：热源热量应当高度集中，能够实现快速焊接并保证得到高质量的焊缝和最小的焊接热影响区。目前能满足这些条件的热源有以下几种：

　　1）电弧热——利用气体介质的电弧放电现象所产生的热能作为焊接热源，是目前焊接中应用最广泛的一种热源。

2）化学热——利用气体（如液化气、乙炔）或固体（如铝、镁）与氧或氧化物发生强烈化学反应所产生的热能作为焊接热源（如气焊和热剂焊）。

3）电阻热——利用电流通过导体时所产生的电阻热作为焊接热源（如电阻焊和电渣焊）。

4）摩擦热——由存在相对运动的两个物体高速摩擦所产生的热能作为焊接热源（如摩擦焊、搅拌摩擦焊）。

5）等离子焰——利用由电弧放电或高频放电所产生的高度电离并携带大量热能和动能的等离子体气流作为焊接热源（如等离子弧焊接和切割）。

6）电子束——在真空中利用高电压下高速运动的电子轰击金属局部表面，运动电子的动能转为热能作为焊接热源。

7）激光束——利用由受激辐射而增强的光束即激光经聚焦产生能量高度集中的激光束作为焊接热源（激光焊接及切割）。

不同焊接热源都有各自的特点，适用于不同的焊接方法和工艺。表 2-1 给出了一些常用焊接热源的主要特性。

表 2-1　常用焊接热源的主要特性

热源	最小加热面积/cm^2	最大功率密度/(W/cm^2)	正常焊接参数下的温度
乙炔火焰	10^{-2}	2×10^3	3200℃
金属极电弧	10^{-3}	10^4	6000K
钨极氩弧焊（TIG）	10^{-3}	1.5×10^4	8000K
埋弧焊	10^{-3}	2×10^4	6400K
电渣焊	10^{-3}	10^4	2000℃
熔化极氩弧焊（MIG）	10^{-4}	$10^4 \sim 10^5$	—
CO_2 气体保护焊			
等离子弧	10^{-5}	1.5×10^5	18000 ~ 24000K
电子束	10^{-7}	$10^7 \sim 10^9$	—
激光	10^{-8}		—

2.1.2　焊接热效率

在电弧焊接过程中，电弧在单位时间内放出的能量称为电弧功率 q_0。电弧功率可以表示为施加在电弧两端的电压和通过电弧的电流大小的乘积：

$$q_0 = UI \tag{2-1}$$

式中　U——电弧电压（V）；

　　　I——焊接电流（A）。

焊接中电弧热源所产生的热量并不是全部被用于工件的焊接，有一部分热量由于热传递、对流和辐射而损失于周围介质中，故焊件吸收的热量要少于热源所提供的热量。因此有效用于加热焊件的热源功率为

$$q = \eta q_0 \tag{2-2}$$

式中　q——电弧有效热功率（W）；

　　　η——焊接电弧热源功率有效利用系数，即焊接热效率。

根据定义，电弧加热工件的热效率 η 是电弧在单位时间内输入到工件内部的有效热功率 q 与电弧总功率 q_0 的比值，即

$$\eta = \frac{q}{q_0} \tag{2-3}$$

设

$$q = q_1 + q_2 \tag{2-4}$$

则

$$\eta = \frac{q_1 + q_2}{q_0} \tag{2-5}$$

式中 q_1——单位时间内使焊缝金属熔化（达到熔点）所需的热量（包括熔化潜热）（W）；

q_2——单位时间内使焊缝金属温度超过熔点的热量和向焊缝四周传导的热量的总和（W）。

由此可见，进入焊件的有效热功率 q 也不是全部被用于熔化焊缝金属，工件温度升高消耗了一部分有效热功率。因此，将使焊缝金属熔化的热有效利用率 η_m 定义为单位时间内被熔化的母材金属在 T_m（金属熔点）时的热量与电弧有效热功率的比值为

$$\eta_m = \frac{q_1}{q_1 + q_2} \tag{2-6}$$

在焊接热过程的数值计算过程中，焊接热效率 η 是一个重要的参数。焊接热效率的准确选取是提高计算精度的先决条件。焊接热效率的大小主要取决于焊接方法、焊接参数、焊接材料和保护方式等。一般情况下焊接热效率 η 值取一个常数，通常不同焊接方法中焊接热效率 η 的值见表 2-2。

表 2-2 不同焊接方法的焊接热效率 η 值

焊接方法	厚药皮焊条电弧焊	埋弧焊	电渣焊	电子束及激光焊	TIG 焊	MIG 焊	
						钢	铝
焊接热效率 η	0.77 ~ 0.87	0.77 ~ 0.90	0.83	> 0.9	0.68 ~ 0.85	0.66 ~ 0.69	0.70 ~ 0.85

2.1.3 焊接热源的作用模式

按照焊接热源对工件和焊缝作用方式的不同，可以将焊接热源分为集中热源、平面分布热源、体积分布热源三种。如果被研究的工件部位离焊缝中心线比较远，热源作用面积的大小对研究部位的温度影响较小，可以近似地将焊接热源作为集中热源来处理。一般电弧焊中焊接电弧的热流是作用在焊件表面上一定的分布面积内的，因此可以将其视为平面分布热源。在高能束焊接情况下，焊接热源的热流沿工件厚度方向施加的影响较大，将会产生较大的焊缝深宽比，此时必须按某种恰当的体积分布热源来处理。

1. 平面分布热源

平面分布热源的主要特征是电弧热通过电弧加热焊件表面上的一定作用面积传递给焊件，这个作用面积在电弧焊中被称为加热斑点。根据加热斑点形状的不同，平面分布热源主要有高斯分布热源和双椭圆分布热源两种。

（1）高斯分布热源 高斯分布热源假设加热斑点的形状是一个半径为 r_H（$r_H = 0.5 d_H$）的圆，如图 2-1 所示。r_H 的物理意义是：电弧传给焊件的热能中，有 95% 落在以 r_H 为半径的加热斑点内。在加热斑点上热流密度的分布可以近似地用高斯函数来描述，即

$$q_a(r) = q_m \exp(-Kr^2) \tag{2-7}$$

式中 $q_a(r)$——距离热源中心 r 处的热流密度（W/m²）；

q_m——热源中心处的最大热流密度（W/m²）；

K——热能集中系数（m⁻²）。

由于作用在工件表面上的总热量等于焊接电弧的有效功率 q，所以有如下关系：

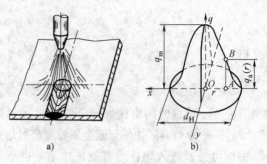

$$q = \int_0^\infty q(r)2\pi r dr = \frac{q_m\pi}{K} \quad (2\text{-}8)$$

故
$$q_m = \frac{qK}{\pi} \quad (2\text{-}9)$$

式中 $q = \eta UI$，是式（2-2）定义的电弧有效功率。

图 2-1 加热斑点上热流密度的分布

将式（2-9）代入式（2-7），得

$$q_a(r) = \frac{qK}{\pi}\exp(-Kr^2) \quad (2\text{-}10)$$

热能集中系数 K 的大小表明了热流集中的程度。由试验可知，它主要取决于焊接方法、焊接参数。不同焊接方法的 K 值见表2-3。

表 2-3 不同焊接方法的 K 值

焊接方法	$K/(10^{-2}\,\mathrm{m}^{-2})$	焊接方法	$K/(10^{-2}\,\mathrm{m}^{-2})$
焊条电弧焊	1.2 ~ 1.4	TIG 焊	3.0 ~ 7.0
埋弧焊	6.0	气焊	0.17 ~ 0.39

根据加热斑点的定义，有

$$95\% q = \int_0^{r_H} q(r)2\pi r dr \quad (2\text{-}11)$$

将式（2-10）代入式（2-11）有

$$0.95q = \int_0^{r_H} \frac{qK}{\pi}\exp(-Kr^2)2\pi r dr = q[1 - \exp(-Kr_H^2)]$$

整理，得

$$Kr_H^2 = 3$$

由此可见，r_H 和 K 两者之间具有如下关系：

$$K = \frac{3}{r_H^2} \quad (2\text{-}12)$$

将式（2-12）代入式（2-10），可以得到另一文献中经常用到的焊接热源高斯分布公式为

$$q_a(r) = \frac{3q}{\pi r_H^2}\exp\left(-\frac{3r^2}{r_H^2}\right) \quad (2\text{-}13)$$

在文献中，还有一个焊接热源高斯分布公式为

$$q_a(r) = \frac{q}{2\pi\sigma_q^2}\exp\left(-\frac{r^2}{2\sigma_q^2}\right) \quad (2\text{-}14)$$

式中 σ_q——焊接热源分布参数（m）。

为了得出 K 和 σ_q 之间的关系，将式（2-14）代入式（2-11），得

$$0.95q = \int_0^{r_H} \frac{q}{2\pi\sigma_q^2}\exp\left(-\frac{r^2}{2\sigma_q^2}\right)2\pi r dr = q\left[1 - \exp\left(-\frac{r_H^2}{2\sigma_q^2}\right)\right]$$

整理，得

$$r_H^2 = 6\sigma_q^2 \quad (2\text{-}15)$$

r_H、K、σ_q 各自以不同的概念来表示电弧在加热斑点内的热流分布，并且具有如下关系：

$$\frac{1}{2\sigma_q^2} = K = \frac{3}{r_H^2} \tag{2-16}$$

因此，σ_q、K、r_H 三者只要知道了其中之一，就可确定出焊接热源的热能分布模式。

（2）双椭圆分布热源　高斯分布热源模式将电弧热流看做围绕加热斑点中心的对称分布，从而只需一个参数（r_H、K 或 σ_q）来描述热流的具体分布。这种假设在电弧与工件相对静止的情况下是合适的，而实际焊接过程中电弧沿焊接方向相对于工件运动，电弧热流围绕加热斑点中心是不对称分布的，电弧前方的加热区域要比电弧后方的小。因此，加热斑点也不是圆形的，而是椭圆形的，并且电弧前、后的椭圆形状也不相同，如图 2-2 所示。

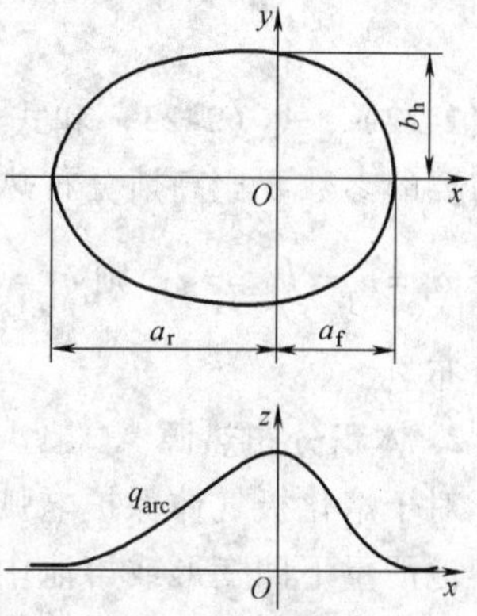

在电弧与工件相对运动的情况下，电弧前部的热流分布可表示为

$$q_f(x,y) = q_{mf}\exp(-Ax^2 - By^2) \tag{2-17}$$

式中　　q_{mf}——最大热流值（W/m^2）；

A、B——椭圆分布参数（m^{-2}）。

电弧后部的热流分布可表示为

$$q_r(x,y) = q_{mr}\exp(-A_1x^2 - B_1y^2) \tag{2-18}$$

式中　　q_{mr}——最大热流值（W/m^2）；

A_1、B_1——椭圆分布参数（m^{-2}）。

电弧前部区域的总热量为

$$q_f = 2\int_0^\infty \int_0^\infty q_{mf}\exp(-Ax^2 - By^2)\mathrm{d}x\mathrm{d}y = q_{mf}\frac{\pi}{2\sqrt{AB}}$$

于是，有

$$q_{mf} = q_f \frac{2\sqrt{AB}}{\pi} \tag{2-19}$$

如图 2-2 所示，设前半椭圆的长轴为 a_f，短轴为 b_h。电弧传给焊件的热能中有 95% 落在以 a_f、b_h、a_r、b_h 为半轴的双椭圆内。则有

$$q_f(0, b_h) = q_{mf}\exp(-Bb_h^2) = 0.05q_{mf}$$

$$B = \frac{3}{b_h^2} \tag{2-20}$$

同理，$q_f(a_f,\ 0) = q_{mf}\exp(-Aa_f^2) = 0.05q_{mf}$

$$A = \frac{3}{a_f^2} \tag{2-21}$$

将式（2-19）、式（2-20）和式（2-21）代入式（2-17），得到电弧前部热流的分布公式为

图 2-2　双椭圆分布热源示意图

$$q_f(x,y) = \frac{6q_f}{\pi a_f b_h}\exp\left(-\frac{3x^2}{a_f^2} - \frac{3y^2}{b_h^2}\right) \tag{2-22}$$

同理可得电弧后部热流的分布公式为

$$q_r(x,y) = \frac{6q_r}{\pi a_r b_h}\exp\left(-\frac{3x^2}{a_r^2} - \frac{3y^2}{b_h^2}\right) \tag{2-23}$$

其中

$$q = \eta UI = q_f + q_r, q_f = \frac{a_f}{a_f + a_r}q, q_r = \frac{a_r}{a_f + a_r}q \tag{2-24}$$

式（2-22）、式（2-23）和式（2-24）即为电弧和工件相对运动条件下的双椭圆分布热源，其需要的参数要比高斯分布热源多。实际上高斯分布热源是双椭圆分布热源的一种特例，如果令 $a_f = a_r = b_h = r_H$，则 $q_f = q_r = \dfrac{q}{2}$，式（2-22）和式（2-23）将转化为式（2-13），即高斯分布。

2. 体积分布热源

对于熔化极气体保护电弧焊或高能束焊，焊接热源的热流密度不仅作用在工件表面上。在熔池严重下凹变形或熔池中心形成深孔（或穿孔）的情况下，焊接热源的热流密度也沿工件厚度方向作用。此时应该将焊接热源视为存在于熔池中心的一种体积分布热源。考虑电弧热流沿工件厚度方向的分布，可以用椭球体模型来描述。

（1）半椭球体分布热源　考虑熔池中心存在一个椭球体分布热源，椭球体的半轴为 a_h、b_h、c_h，如图 2-3 所示。设热源中心作用点的坐标为（0，0，0），以此点为原点建立直角坐标系（x，y，z）。在热源中心（0，0，0），热流密度最大值为 q_m。热流密度的体积分布可表示为

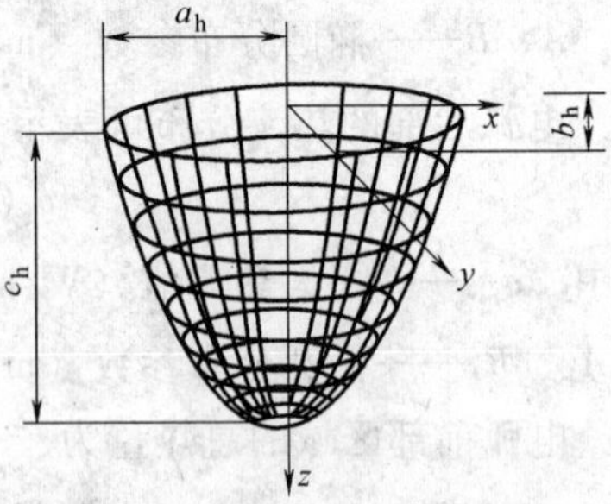

图 2-3　半椭球体分布热源示意图

$$q_v(x,y,z) = q_m\exp(-Ax^2 - By^2 - Cz^2) \tag{2-25}$$

式中　A，B，C——热流的体积分布参数（m^{-2}）。

由于热流是分布在工件上表面为界面的半个椭球体内，有

$$q = \eta UI = 4\int_0^\infty\int_0^\infty\int_0^\infty q(x,y,z)\,dxdydz$$

$$= 4q_m\int_0^\infty \exp(-Ax^2)dx\int_0^\infty \exp(-By^2)dy\int_0^\infty \exp(-Cz^2)dz$$

$$= \frac{q_m\pi}{2}\frac{\sqrt{\pi}}{\sqrt{ABC}}$$

因此，有

$$q_m = \frac{2q\sqrt{ABC}}{\pi\sqrt{\pi}} \tag{2-26}$$

在椭球体半轴处，$x = a_h$、$y = b_h$、$z = c_h$。假设有 95% 的热能集中在半椭球体之内，所以

$$q_v(a_h, 0, 0) = q_m \exp(-A a_h^2) = 0.05 q_m, \exp(-A a_h^2) = 0.05$$

$$A = \frac{3}{a_h^2} \tag{2-27}$$

同理可得

$$B = \frac{3}{b_h^2}, C = \frac{3}{c_h^2} \tag{2-28}$$

将式（2-26）、式（2-27）和式（2-28）代入式（2-25），得半椭球体内的热流分布公式：

$$q_v(x, y, z) = \frac{6\sqrt{3}q}{a_h b_h c_h \pi \sqrt{\pi}} \exp\left(-\frac{3x^2}{a_h^2} - \frac{3y^2}{b_h^2} - \frac{3z^2}{c_h^2}\right) \tag{2-29}$$

（2）双半椭球体分布热源　在电弧与工件相对运动的条件下，电弧热流是不对称分布的。由于焊接速度的影响，电弧前方的加热区域要比电弧后方的小。加热区域不是关于电弧中心线对称的单个半椭球体，而是一前一后形状不同的双半椭球体，如图 2-4 所示。假定作用于工件上的体积热源分成前、后两部分，设双半椭球体的半轴为（a_f，a_r，b_h，c_h），利用式（2-29），可以写出前、后半椭球体内的热流分布为

$$q_f(x, y, z) = \frac{6\sqrt{3}(f_f q)}{a_f b_h c_h \pi \sqrt{\pi}} \exp\left(-\frac{3x^2}{a_f^2} - \frac{3y^2}{b_h^2} - \frac{3z^2}{c_h^2}\right), x \geqslant 0 \tag{2-30}$$

$$q_r(x, y, z) = \frac{6\sqrt{3}(f_r q)}{a_r b_h c_h \pi \sqrt{\pi}} \exp\left(-\frac{3x^2}{a_r^2} - \frac{3y^2}{b_h^2} - \frac{3z^2}{c_h^2}\right), x < 0 \tag{2-31}$$

其中

$$f_f + f_r = 2, q = \eta U I \tag{2-32}$$

以上分析表明，尽管复杂化的热源分布模型在某些场合能够比简单的高斯热源分布模型更为准确地描述电弧对熔池和工件的加热过程，但模型本身需要更多的参数来确定，而这些参数很难直接从试验中定量测得，往往通过理论分析或试验加经验的方法来确定。

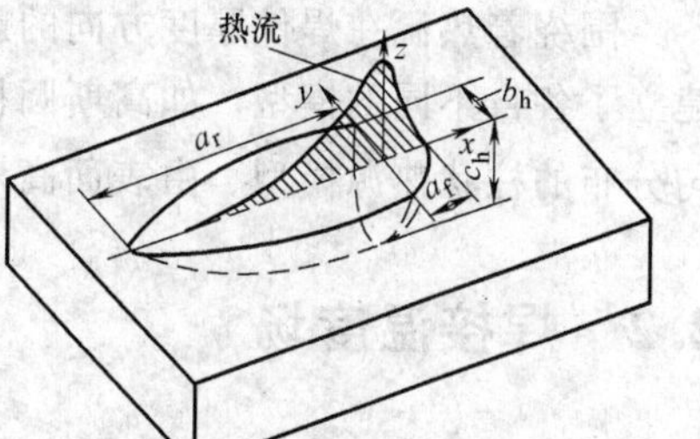

2.1.4　高能束深熔焊的热源模式

对于等离子弧焊、激光焊和电子束焊等高能束深熔焊，在焊接初期由于热源的能量密度高，热源能量

图 2-4　双半椭球体分布热源示意图

向工件输入的速率远大于工件向周围传导、对流、辐射散热的速率，材料表面逐渐汽化而形成小孔，接下来高能束输入的能量通过小孔进行转换和传递，在熔池中形成一个深孔，有时甚至形成穿孔。此时椭球体分布热源已经不能适应这种情况，下面以激光深熔焊为例，分析激光焊接的热源模式。

激光深熔焊中的熔池与小孔如图 2-5 所示。焊接开始后焊件表面被激光逐渐加热、熔化、蒸发，在金属蒸气压力的作用下形成小孔，当小孔产生的蒸气压力与熔池中液体金属的表面张力和重力达到平衡时，小孔稳定存在。随后激光束深入到小孔内部，随着激光束沿焊接方向相对于工件移动，小孔保持稳定并且在母材中向前移动，小孔四周被熔化的金属液体所包围。随着小孔的移动，熔池前方金属熔化，熔池后部液态金属凝固结晶，实现了工件的焊接过程。

以上分析表明，普通熔焊的热源模型不适合激光深熔焊的特点。对于小孔型激光焊，焊

接工件表面以下热的传输较为充分，采用高斯分布的表面热源方式无法反映激光焊过程中的复杂传热现象。小孔的出现极大地改变了激光能量的传输方式。激光能量不再只停留于材料的表面，而是向材料的表面以下迅速输送。仅仅作用于工件表面的高斯分布的激光束流的作用方式不能够反映小孔焊接的实际情况。

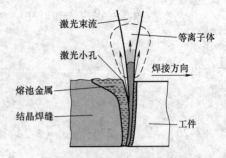

图 2-5　小孔型激光焊示意图

　　针对高能束"钉头"形状焊缝，提出了如图 2-6 所示的旋转高斯体积热源模型。旋转高斯曲面体热源模型是将高斯曲线绕其对称轴旋转，形成由旋转平面包围的旋转曲面体，其数学表达式为

$$q(x,y,z) = q(0,0)\exp\left[\frac{-3C_s}{\log\left(\frac{H}{z}\right)}(x^2+y^2)\right] \qquad (2\text{-}33)$$

式中　$q(0,0) = \dfrac{3C_sQ}{\pi H(1-e^{-3})}$　（W/m^3）；

　　H——热源高度（m）；

　　Q——热源功率（W）；

　　C_s——热源形状参数，$C_s = 3/R_0^2$；

　　R_o——热源开口半径（m）。

　　围绕着热源在焊件厚度方向的影响方式，许多研究者建立了各自不同的模型，如高斯圆柱体热源模型、热流均匀分布的柱状热源模型、由表面高斯热源和沿激光入射方向的柱状热源的组合式热源模型。

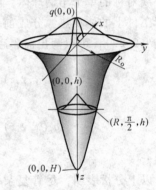

图 2-6　旋转高斯体积热源模型

2.2　焊接温度场

2.2.1　焊接热传导问题的数学描述

1. 热传导微分方程式

　　在三维传热情况下，以从被焊工件中分割出来的微元体（平行六面体）为研究对象并做传热分析，应用傅里叶公式和能量守恒定律，可以建立起热传导微分方程式的普遍形式为

$$\rho c_p \frac{\partial T}{\partial t} = \frac{\partial}{\partial x}\left(\lambda \frac{\partial T}{\partial x}\right) + \frac{\partial}{\partial y}\left(\lambda \frac{\partial T}{\partial y}\right) + \frac{\partial}{\partial z}\left(\lambda \frac{\partial T}{\partial z}\right) \qquad (2\text{-}34)$$

式中　ρ——密度（kg/m^3）；

　　c_p——比定压热容 [J/(kg·K)]；

　　T——温度（K）；

　　t——时间（s）；

　　λ——热导率 [W/(m·K)]；

x、y、z——坐标值（m）。

通常的焊接条件下，体积比热容 ρc_p（$J/m^3 \cdot K$）和热导率 λ 都是空间坐标 x、y、z 和时间 t 的函数。然而焊接时所用的材料众多，目前绝大多数材料的高温热物理性能参数都是未知的，这对提高焊接热过程分析的精确性带来了很大的困难。

如果假设被焊材料是均匀的、各向同性的，且其材料热物理性能参数值与温度无关，或在讨论的温度范围内取一平均值时，式（2-34）可简化为一种较为简单的形式：

$$\frac{\partial T}{\partial t} = \frac{\lambda}{\rho c_p}\left(\frac{\partial^2 T}{\partial x^2} + \frac{\partial^2 T}{\partial y^2} + \frac{\partial^2 T}{\partial z^2}\right) = a\nabla^2 T \qquad (2\text{-}35)$$

式中　a——热扩散率（或称为导温系数），$a = \lambda/\rho c_p$（m^2/s）。

热扩散率的物理意义是表示物体在加热或冷却时各部分温度趋于一致的能力。

在某些低维情况下，如二维的板材传热和一维的棒材传热，热传导微分方程式可进一步简化。如在稳态温度场中，被焊工件的热输入和热损失平衡，工件中所有各控制单元的温度在不同时刻恒定，即 $\partial T/\partial t = 0$，式（2-35）就可简化为与材料无关的拉普拉斯微分方程：

$$\nabla^2 T = 0 \qquad (2\text{-}36)$$

2. 运动热源情况下的热传导微分方程式

若焊接热源是相对于工件运动的，则所考察的对象就变为一个热流密度为 q（r）的热源以恒定速度 v 沿 x 轴移动，要求计算工件中的焊接温度场。如图 2-7 所示，设固定坐标系为（$O'\text{-}\xi yz$）、动坐标系为（$O\text{-}xyz$），则 ξ 就是式（2-35）中的 x。根据两坐标系间的关系，用 ξ 代替式（2-35）中的 x，并将 $x = \xi - vt$ 代入式（2-35），那么热传导微分方程式就完成了从固定坐标系到以热源中心为坐标原点的移动坐标系的转换，其中 x 是所考察的点到热源中心（即动坐标系原点）的距离：

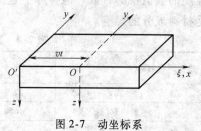

图 2-7　动坐标系

$$-v\frac{\partial T}{\partial x} = a\left(\frac{\partial^2 T}{\partial x^2} + \frac{\partial^2 T}{\partial y^2} + \frac{\partial^2 T}{\partial z^2}\right) \qquad (2\text{-}37)$$

式中　v——热源的运动速度（m/s）。

这种坐标变换的方法可以将瞬态问题转化为准稳态问题的求解，大大简化了数值模型及后续计算。

3. 初始条件和边界条件

在焊接热过程分析中，当建立了数理方程之后，还要根据具体的条件进行求解，即必须给定初始条件和边界条件。初始条件指初始时刻工件上的温度分布，如预热温度场，或多道焊时前一焊道产生的温度场。边界条件指工件边界上的热输入和热损失条件。对于稳态或准稳态热传导，没有初始条件，仅有边界条件。

常见热传导问题的边界条件可大体分为以下三类：

（1）第一类边界条件　第一类边界条件指研究对象边界上的温度已知，即

$$T_s = T_s(x, y, z, t) \qquad (2\text{-}38)$$

还有一种特殊情况，物体边界上的温度是常数且不随时间而变化，即等温边界条件。

（2）第二类边界条件　第二类边界条件指边界上的温度未知，但通过边界的热流密度已知，即

$$q_s = q_s(x, y, z, t) \tag{2-39}$$

特殊情况是通过边界的热流密度为零，即绝热边界条件：

$$q_s = \frac{\partial T}{\partial n}\bigg|_s = 0$$

（3）第三类边界条件　第三类边界条件规定了边界上的物体与周围介质间的换热系数及周围介质的温度 T_f，即

$$-\lambda \frac{\partial T}{\partial n}\bigg|_s = \alpha(T_s - T_f) \tag{2-40}$$

在这类边界中，若 $\alpha/\lambda \to \infty$ 则 $T_s = T_f$，即为等温边界条件，此时放热系数很大而热导率很小，以至于表面温度接近于周围介质的温度。若 $\alpha/\lambda \to 0$ 则 $\frac{\partial T}{\partial n}\bigg|_s \to 0$，即为绝热边界条件，此时放热系数十分小而热导率非常大，通过边界表面的热流趋近于零。

4. 材料的热物理性能参数

在根据热传导基本公式计算温度场时，需要被焊材料的许多热物理性能数值，如热导率 λ、比定压热容 c_p、密度 ρ、热扩散率 a 和表面换热系数 α 等。在常温下，可将这些热物理性能的数值视为常数，但实际上这些参数均随温度而变化。另外，材料的热物理性能参数还受材料成分的影响。

表 2-4　某些金属热物理性能参数的平均值

热物理常数	单位	焊接条件下选取的平均值			
		低碳钢	不锈钢	铝	纯铜
λ	W/(m·K)	37.8 ~ 50.4	16.8 ~ 33.6	265	378
c_p	J/(kg·K)	652 ~ 756	420 ~ 500	—	1220
ρc_p	J/(m³·K)	$(4.83 \sim 5.46) \times 10^6$	$(3.36 \sim 4.2) \times 10^6$	2.63×10^6	3.99×10^6
$a = \lambda/\rho c_p$	m²/s	$(0.07 \sim 0.10) \times 10^{-4}$	$(0.5 \sim 0.7) \times 10^{-5}$	1.0×10^{-4}	0.95×10^{-4}
α	J/(m²·s·K)	6.3 ~ 378(0 ~ 1500℃)	—		

目前，一些常用被焊材料，如低碳钢、不锈钢和某些铝合金的热物理性能参数值在一定温度范围内的平均值是已知的，然而绝大部分被焊材料的热物理性能参数随温度变化的瞬时值尚不清楚。生产中常用金属材料在焊接温度变化范围内的热物理性能参数的平均值可参见表 2-4。在数值模拟过程中应将材料热物理性能参数随温度变化的瞬时值和在一定温度范围内的平均值区分开来。前者更适合于有限元分析，后者可供线性化的解析求解。

2.2.2　焊接热过程计算的解析法

采用解析法研究焊接热过程的工作很早就开始了，H·H·雷卡林在 D·罗森塞尔研究工作的基础上对焊接传热问题进行了较为系统的研究，建立了焊接热过程计算的经典理论——解析法。雷卡林首先对焊接热过程做了一些假设和简化，提出了以下观点：

1）焊接过程中材料的热物理性能参数不随温度变化。

2）被焊材料被视为固体，加热过程中无相变，不考虑焊接熔池中流体的流动。

3）焊接工件的几何尺寸无限大。按照工件几何尺寸的大小，将其分为半无限体、无限大板和无限长杆。半无限体的焊接是三维传热问题；无限大板的焊接属二维传热问题，温度只沿板平面分布，板厚度方向上无热传导；无限长杆问题被视为一维传热，在杆的横截面上

热流密度为零。

4）对于厚大工件的表面堆焊，热源被视为点热源，全部集中在工件表面电弧加热斑点的中心。对于薄板对接焊，电弧被视为线热源，施加在沿板厚方向的直线微元上。而模拟焊条（焊丝）或杆件摩擦加热时，可视为面热源，即认为热源均匀地作用于杆的横截面上。

因此，雷卡林公式将全部焊接热过程的计算归纳为以下三大类问题：

1）厚大焊件焊接，采用点热源。

2）薄板焊接，采用线热源。

3）细棒焊接，采用面热源。

1. 准稳态焊接温度场

正常焊接条件下，焊接热源都是以一定速度沿焊缝移动的。因此，相应的焊接温度场也是运动的。由电弧或其他集中热源产生的运动温度场，在加热开始时温度升高的范围会逐渐扩大，而达到一定的极限尺寸后，不再随时间变化，只随热源移动。即热源周围的温度分布相对于热源变为恒定，这种状态称为准稳定状态（准稳态）。当功率不变的焊接热源在焊件上做匀速运动时，所产生的相对于移动热源的焊接温度场就是准稳态温度场，其状态不随时间的变化而变化。以下主要讨论准稳态焊接温度场。

2. 厚大焊件焊接时的温度场

厚大焊件连续焊接时，温度场的计算公式为

$$T - T_0 = \frac{q}{2\pi\lambda R}\exp\left(-\frac{vx}{2a} - \frac{vR}{2a}\right) \tag{2-41}$$

式中 T_0——焊接的初始温度（K）；

q——电弧有效热功率（W）；

λ——热导率 $[W/(m \cdot K)]$；

v——焊接速度（m/s）；

a——热扩散率（m^2/s）；

R——焊件上某点到热源中心的距离，$R^2 = x^2 + y^2 + z^2$（m）；

x、y、z——该点在动坐标系的坐标值，热源沿 x 方向移动。

关于移动热源轴线上（x 轴）各点的温度分布，按以下两种情况讨论：

1）在热源后方各点，$R = -x$，$x < 0$，则由式（2-41）得

$$T - T_0 = \frac{q}{2\pi\lambda R} \tag{2-42}$$

即在 x 轴上的热源后方各点的温度与焊接速度无关。

2）在热源前方各点，$R = +x$，$x > 0$，由式（2-41）得

$$T - T_0 = \frac{q}{2\pi\lambda R}\exp\left(-\frac{vx}{a}\right) \tag{2-43}$$

可见，焊接速度 v 越大，热源前方温度的下降就越急剧，温度梯度就越大。在极大的焊接速度情况下，其热传播几乎全部在横向。

图 2-8 描述了 x 轴上的热源前后方各点的温度分布。厚大焊件上点状移动热源的温度场如图 2-9 所示。

3. 薄板焊接时的温度场

薄板连续焊接时，温度场计算公式为

$$T - T_0 = \frac{q}{2\pi\lambda\delta}\exp\left(-\frac{vx}{2a}\right)K_0\left(r\sqrt{\frac{v^2}{4a^2} + \frac{b}{a}}\right)$$

$$(2\text{-}44)$$

式中　δ——板厚（m）；

　　　r——焊件上某点到热源中心的距离
　　　　　（m），$r^2 = x^2 + y^2$；

x、y——动坐标系的坐标值，热源沿 x
　　　　　方向运动；

　　　b——薄板的散热系数，$b = 2\alpha/\rho c_p\delta$
　　　　　（1/s），α 为表面换热系数，
ρc_p 为容积热容。

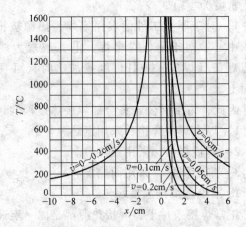

图 2-8　厚大焊件 x 轴上热源前后各点的温度分布

$[q = 4200\,W,\ \lambda = 0.42\,W/(cm\cdot ℃),\ \alpha = 0.1\,cm^2/s]$

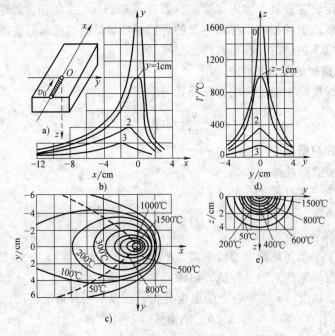

图 2-9　厚大焊件上点状移动热源的温度场

a）坐标示意图　b）xOy 面上沿 x 轴的温度分布　c）xOy 面上的等温线

d）yOz 面上沿 y 轴的温度分布　e）yOz 面上的等温线 $[q = 4200\,W,$

$v = 0.1\,cm/s,\ \lambda = 0.42\,W/(cm\cdot ℃),\ \alpha = 0.1\,cm^2/s]$

其他参数见式（2-41）。

其中函数 K_0 是第二类虚自变量零阶贝塞尔函数，其表达式为

$$K_0(u) = \frac{1}{2}\int_0^\infty \frac{1}{\omega}\exp\left(-\omega - \frac{u^2}{4\omega}\right)d\omega$$，其中，$u = r\sqrt{\frac{v^2}{4a^2} + \frac{b}{a}}$，$\omega$ 是积分变量（定积分运

算后 ω 消失）。函数 $K_0(u)$ 的数值可查表。表 2-5 列出了一些常用范围内的 $K_0(u)$ 的
数值。

表 2-5　第二类虚自变量零阶贝塞尔函数

u	$K_0(u)$	u	$K_0(u)$
0.00	∞	0.60	0.7775
0.02	4.0285	0.70	0.6605
0.04	3.3365	0.80	0.5654
0.06	2.9329	0.90	0.4867
0.08	2.6475	1.00	0.4210
0.10	2.4471	1.20	0.3185
0.20	1.7525	1.40	0.2437
0.30	1.3725	1.60	0.1880
0.40	1.1145	1.80	0.1459
0.50	0.9242	2.00	0.1139

x 轴上的温度分布并不对称于热源中心，而是在热源前方温度梯度大，后方温度梯度小，如图 2-10 所示。由图 2-10 可以看出，x 轴上热源后方的温度分布与焊接速度有关，这一点与厚大焊件焊接时不同。另外，薄板焊接还考虑了表面换热的影响。图 2-11 所示为薄板焊接时的温度场。

4. 细棒焊接时的温度场

有效热功率为 q 的热源，均匀作用在细棒的断面上，并以恒速 v 移动，达到准稳态时的温度计算公式为

$$T - T_0 = \frac{q/A}{2\lambda\sqrt{\dfrac{v^2}{4a^2}+\dfrac{b_1}{a}}}\exp\left(-\frac{vx}{2a}-|x|\sqrt{\frac{v^2}{2a^2}+\frac{b_1}{a}}\right)$$

$$(2\text{-}45)$$

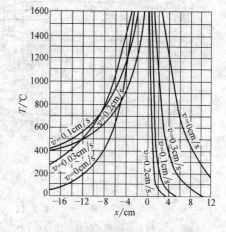

图 2-10　薄板焊接时 x 轴上各点的温度分布
$[q = 4200\text{W}, \ \lambda = 0.42\text{W/(cm}\cdot\text{℃)}, $
$\alpha = 0.1\text{cm}^2/\text{s}, \ b = 28\times10^{-4}\text{1/s}, \ \delta = 1\text{cm}]$

式中　A——细棒的横截面积（m^2）；

b_1——细棒表面散热系数（1/s），$b_1 = \alpha L/\rho c_p A$，$L$ 为细棒的周长；

x——动坐标系的坐标值，热源沿 x 轴运动。

其他参数见式（2-41）。

5. 中厚板焊接时的温度场

以上所讨论的厚大焊件、薄板和细棒焊接时的温度场计算，都是根据半无限体、无限大板和无限长杆的假设条件而推导出来的。实际上在焊接工作中常遇到的是中厚焊件，即既不能忽略板的下表面对传热过程的影响，又不能认为温度沿板厚均匀分布。中厚焊件的传热过程，不同于厚大焊件，也不同于薄板，其传热过程有自己的特点。中厚焊件焊接时的温度场如图 2-12 所示。由图 2-12 可以看出，中厚焊件上表面传热情况与厚大焊件相似，而下表面的传热情况与薄板相似。

中厚焊件温度场的计算可以根据镜面像热源排列叠加法，也可以通过引入厚度修正系数后直接利用厚大焊件或薄板焊接时的计算公式。

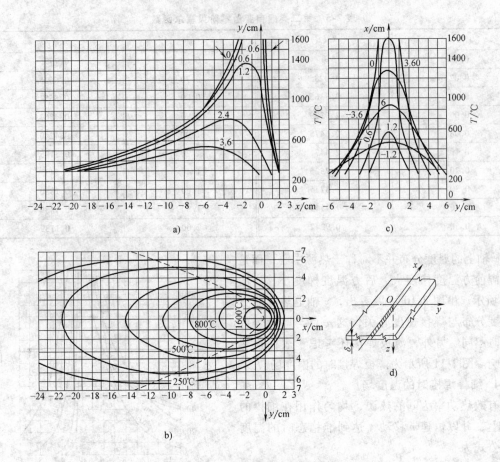

图 2-11　薄板焊接时的温度场

a）xOy 面上平行于 x 轴的温度分布　b）xOy 面上的等温线　c）xOy 面上平行于 y 轴的温度分布

d）坐标示意图 $[q = 4200\text{W}$、$v = 0.1\text{cm/s}$、$\lambda = 0.42\text{W}/(\text{cm}\cdot\text{℃})$、$\alpha = 0.1\text{cm}^2/\text{s}$、

$b = 28 \times 10^{-4}\text{1/s}$、$\delta = 1\text{cm}]$

6. 大功率高速移动热源的温度场

在大功率高速移动热源焊接过程中，热输入功率 q 和焊接速度 v 的数值很高。定义单位长度焊缝上输入的热量 q/v 为热输入，其单位是 J/m。若保持热输入不变，则焊接参数 q 和 v 必须成比例地增加或减少。在焊接速度 v 很高的时候，热传播主要在垂直于热源运动的方向上进行，沿热源运动方向上的传热很小，可忽略不计。对于厚大焊件或薄板可以将其划分为大量的垂直于热源运动方向的平面薄层，当热源通过这一薄层时，输入的热量仅在此薄层内扩散，与相邻薄层的状态无关，这种方法有助于大大提高计算速度。如图 2-13 所示，作用于厚大焊件高速运动大功率点热源温度的计算公式为

$$T - T_0 = \frac{q}{2\pi\lambda vt}\exp\left(-\frac{r_0^2}{4at}\right) \tag{2-46}$$

式中　r_0——点 A 到热源的距离（m），$r_0^2 = x_0^2 + y_0^2$；

t——热源到达点 A 所在截面时的传热时间（s）。

可见温度升高值正比于热输入 q/v。

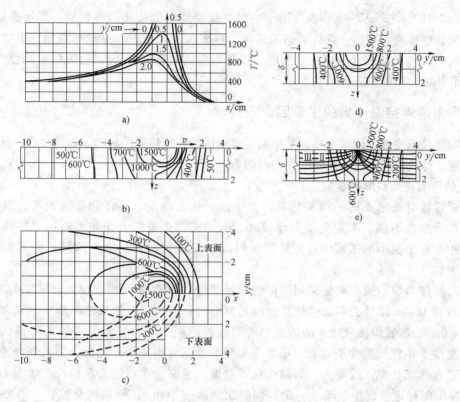

图 2-12　中厚焊件焊接时的温度场

a）中厚件上表面不同 y 值时 x 方向上的温度分布曲线　b）xOz 平面上的等温线　c）中厚焊件的
上、下表面温度场　d）yOz 平面，$x=0$ 时的温度分布　e）yOz 平面，$x=0$ 时的热流分布
（Ⅰ区相当于厚大焊件，Ⅲ区相当于薄板，Ⅱ区为无定型传热区）［$q=4200\mathrm{W}$，$v=0.1\mathrm{cm/s}$，
$\lambda=0.42\mathrm{W/(cm\cdot ℃)}$，$\alpha=0.1\mathrm{cm^2/s}$，$b=28\times10^{-4}\mathrm{1/s}$，$\delta=1\mathrm{cm}$］

如图 2-14 所示，作用于薄板上的高速移动大功率线热源温度计算公式为

$$T-T_0=\frac{q}{v\delta(4\pi\lambda\rho c_p t)^{1/2}}\exp\left[-\left(\frac{y_0^2}{4at}+bt\right)\right] \tag{2-47}$$

式中　y_0——距热源运行轴线的垂直距离（m）。

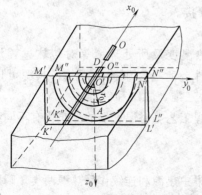

图 2-13　厚大焊件上高速热源
的传热模型

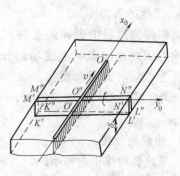

图 2-14　高速热源作用在
薄板上的传热模型

式（2-46）和式（2-47）也可用于一般焊接速度下的传热过程计算。焊接速度越大，计算结果就越准确。对于一般低碳钢的焊接，焊接速度大于 36m/h 就可应用。但应该指出的是，式（2-46）和式（2-47）只能用于热源作用点的后方毗邻焊缝的区域，而距焊缝较远的点和热源作用的前方区域均不适用。

2.2.3　影响焊接温度场的主要因素

影响焊接温度场的因素众多，其中起主要作用的包括热源的种类、焊接参数、材质的热物理性能、焊件的形态以及热源的作用时间等。

1. 热源的种类和焊接参数

如果焊接时采用不同的焊接热源，如电弧、氧乙炔焰、电子束、激光等，焊接工件温度场的分布也不同。采用电子束焊接时，电子束的热能极其集中，所以工件温度场的范围集中在一个很小的区域内；而采用气焊时加热面积很大，因而同等条件下温度场的范围也大。

如果焊接参数不同，即使采用同样的焊接热源，温度场也相差很大。图 2-15 给出了焊接参数对 10mm 厚低碳钢试件焊接温度场影响的一个实例。如果热源功率 q 为常数，如图2-15a所示，随着焊接速度 v 的增加，等温线的范围变小，即温度场的宽度和长度均变小，而宽度变小较长度变小显著，所以等温线的形状变得细长。相反，如果焊接速度 v 为常数，随着热源功率 q 的增大，等温线在焊缝横向变宽，在焊缝方向伸长，如图 2-15b 所示。若 q/v 保持定值，即热输入一定，即同比例改变 q 和 v，等温线会拉长，因而温度场的范围也拉长，如图 2-15c 所示。若热功率 q 和焊接速度 v 均为常数，增加工件的预热温度 T_0，温度场中加热到某一温度以上的范围会增大。

2. 被焊金属的热物理性质

金属材料的热物理性质也会显著地影响焊接温度场的分布。例如，不锈钢的热导率小，导热很慢，而铜、铝的热导率大，导热很快。在相同焊接参数、相同工件尺寸的情况下，工件温度场的分布有较大的差别。

用多大的焊接热输入才能将工件加热到某一温度范围主要取决于上述热传导公式中的热导率 $\lambda = ac_p\rho$（见图 2-16）。如果 λ 值较小，焊接时较小的功率即可满足要求；如果 λ 值较大，则需要较大的功率。奥氏体 CrNi 钢的 λ 值小，可以用较小的热输入焊接；而铝和铜的 λ 值大，则需要较大的热输入才能进行焊接。

3. 焊件的形态

实际焊接过程中焊件的几何尺寸、板厚、预热温度及所处环境等对传热过程均有很大影响，因而也能影响温度场的分布。对于厚大件、薄板和细棒的焊接，热源可以相应地简化为点状、线状和面状，温度场也相应地成为三维、二维和一维。

此外，接头形式、坡口形状、间隙大小以及施焊工艺等对温度场的分布均有不同程度的影响。

4. 热源的分类

按照热源的作用时间不同，可将热源分为瞬时集中热源和连续作用热源两类。瞬时集中热源对工件具有短暂快速加热和随后冷却的热过程，如点焊；连续作用热源用于描述电弧等焊接热源在金属工件上长时间作用的加热和随后的冷却过程，如电弧焊、激光焊等。

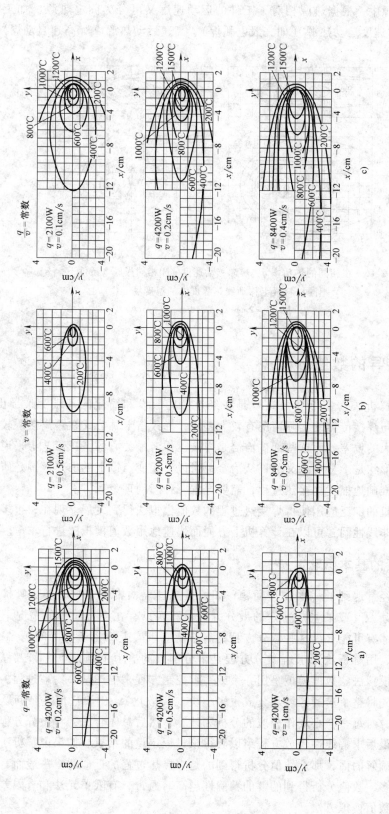

图 2-15 焊接参数对温度场分布的影响（厚 10mm 的低碳钢板）

在连续作用热源中，根据热源相对于工件的运动速度又可分为固定热源（如工件缺陷补焊的情况）、正常速度运动热源（如一般电弧焊）、高速运动热源（如高速自动焊）。

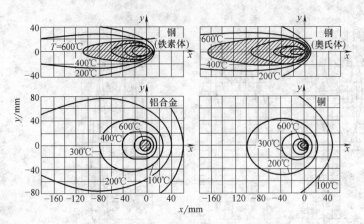

图 2-16　在相同的热功率 q、热源移动速度 v 和相同板厚 δ 条件下，
不同材料板上移动线热源周围的温度场

$q = 4.19\text{kJ/s}$，$v = 2\text{mm/s}$，$\delta = 10\text{mm}$，$T_0 = 0℃$

2.3　焊接热传导的数值分析

焊接热过程的解析法（雷卡林公式）是在经过一些假设和简化的基础上推导出来的。通常这些假设条件与焊接传热的实际情况有较大差异，导致雷卡林公式在距离热源较近部位的温度计算发生较大的偏差，而这些部位恰恰是焊接工作者最关心的。从工艺上来说，确定熔化区域的尺寸和形状是十分有意义的；从冶金上来说，相变点以上的加热范围是研究的重点。因此，为了更准确地描述焊接热过程，需要寻求一种新的理论和方法。

高速电子计算机的广泛应用使得焊接热过程的数值模拟法得到发展。现在，很多过去难以用解析法求解的非线性问题可以在计算机上方便而快速地用数值模拟法进行求解。

2.3.1　数值分析的基本概念

在焊接工程中经常遇到的一些物理问题，如焊接热过程、热应力变形以及氢扩散等问题，可以归结为解某一（或某些）特定的微分方程。然而只有在十分简单的情况下并且作许多简化的假定，才有可能求得这些微分方程的解析解。事实上，由于实际问题多种多样，边界条件十分复杂，用解析法来求解微分方程是十分困难的。为了满足生产和工程上的需要，必须应用数值模拟法。数值模拟是用一个或一组控制方程来描述某一物理过程的基本参数的变化关系，首先将整个求解区域划分成很多小块（离散化），由于任何复杂问题在小块中都会显得很简单，对每一个小块作相应的分析和计算，然后总体合成，将微分方程转化为线性代数方程组，最后求解线性代数方程组以获得该过程定量的结果。如果说解析法得到的是焊接热过程的精确解的话，那么数值分析得到的是焊接热过程的近似解。一般而言，求解区域划分的小块越多，数值分析得到的解的精确性越高。通常，有限单元法和有限差分法是被广泛应用的两种数值模拟方法。

2.3.2　焊接热传导的有限差分法计算

有限差分法是从微分方程出发，将区域经过离散处理后，近似地用差分代替微分，用差商代替微商，建立以节点温度为未知量的代数方程组，然后求解得到各节点温度的近似值。它是将原来求解物体内随空间、时间连续分布的温度问题，转化为求解在时间领域和空间领域内有限个离散节点的温度值问题，再用这些节点上的温度值去逼近连续的温度分布。

在用有限差分法求解焊接热传导问题时，首先把焊件划分成网格节点（控制单元）；这些网格可以是均匀网格（网格节点之间的距离相等），也可以是非均匀网格（网格节点之间的距离不相等）；对于每个节点，采用偏微分方程替代法或控制容积法建立差分方程，得到线性代数方程组；最后求解该代数方程组，得到各个节点的温度值。

有限差分法的优点是：对于具有规则的几何形状和均匀的材料性能的问题，差分法的线性代数方程组的计算格式比较简单，方程的物理意义比较清楚，程序设计比较简便，收敛性也比有限单元法好，计算过程也比有限单元法简单得多。缺点是差分网格大多局限于正方形、矩形或正三角形等，在处理具有复杂形状、边界的物体，或者在焊接时出现新的边界问题时不如有限单元法灵活。

2.3.3　焊接热传导的有限单元法分析

有限单元法（简称有限元法）是根据变分原理来求解数学物理问题的一种数值计算方法。用有限单元法求解热传导的过程如下：

1）把传热问题转化为等价的变分问题。

2）对物体进行有限单元分割，把变分问题近似地表达为线性方程组。

3）求解线性方程组，将所得的解作为热传导问题的近似值。

有限差分法注意到了节点的作用，对于把节点连接起来的单元是不予注意的，而正是这些单元构成整体。有限单元法则以单元作为基础，在各节点温度（或其他物理量）的计算过程中，单元"会"起到自己应有的"贡献"。有限单元法恰恰是抓住了单元的贡献，使得这种方法具有很大的灵活性和适应性，特别适用于具有复杂形状和边界条件的物体。对于由几种材料组成的物体，可以利用分界面作为单元的界面，从而使问题得以很好地处理。同时根据实际需要，在一部分求解区域配置较密的单元（即单元剖分得比较细），而在另一部分求解区域配置较稀疏的单元，这样就可以在不过分增加节点总数的情况下，提高计算精度。此外，由于有限单元法是用统一的观点对区域内节点和边界节点列出计算格式，能自然满足边界条件，使各个节点在精度上比较协调。有限单元法要求解的线性代数方程组其系数矩阵是对称的，特别有利于计算机运算。但是，在有限单元法中，由于热传导问题是转化为变分问题后计算出来的，因此，计算公式的物理意义不像差分法那样一目了然。

在焊接热传导问题中，有限单元法得到广泛应用的另一个重要原因是，焊接温度场的计算往往服务于焊接热应力场的计算。例如，计算焊接过程中的瞬时应力和焊接过程结束后的残余应力时，首先就要计算焊接温度场。由于焊接应力场的计算通常是采用有限单元法的，温度场计算如果也能采用有限单元法，将有利于把两者统一起来。

有限单元法可以解决解析法解决不了的问题。例如：

1）材料性能随温度变化。在有限单元法中，以单元节点温度为未知数的代数方程组，是用迭代法解的。在每一个计算步长，都可以根据前一步长时各点的温度值重新确定材料性能数值。这就使得在整个计算过程中材料性能参数都在随温度而变化。

2）各向异性材料。整个求解区域被划分成若干单元，每个单元上的材料性能数值都可以分别选取。

3）几何形状复杂。可以将求解区域划分成一系列三角形、矩形或任意四边形的单元，当这些单元小到一定程度时，就能很好地逼近几何形状复杂的工件边界。

4）边界条件复杂。尽管在整个求解区域上边界条件复杂，涉及各种热的传播和扩散方式，但是在一个个具体的小单元块中，只有某一种边界条件。对各单元分别处理，不存在复杂的边界条件。

2.4　焊接熔池形态的数值模拟

2.4.1　焊接熔池形态

在焊接工件上，根据不同部位传热方式的不同，焊接热过程可分为在熔池内部高温过热液态金属以对流为主的传热和熔池外部热影响区、母材区域中的固体传热两个部分。由于这两部分的传热过程是相互联系和相互影响的，为了更准确地计算和分析焊接热过程，必须深入研究熔池中液态金属的流体动力学状态。

熔焊时，熔池中的液态金属不是静止不动的，而是在各种外力的作用下流动着的。熔池中的流体流动主要受以下几种力的驱动。

1. 表面张力

表面张力是温度的函数。焊接过程中熔池表面的温度分布不均匀，从而造成了表面张力的不均匀分布，故在熔池表面上存在着表面张力梯度。表面张力梯度是熔池中流体流动的主要驱动力之一，它使流体在液面上从表面张力低的部位流向表面张力高的部位。对于液态金属材料，一般情况下温度越高，表面张力越小，即表面张力温度系数（$\partial\gamma/\partial T$）为负值。通常熔池中心部位温度高，表面张力小；而熔池边缘处温度低，表面张力大。所以熔池表面上作用的表面张力梯度使液态金属从熔池中心向边缘流动（见图2-17、图2-18），在熔池中心处由熔池底部向熔池上表面流动。

表面张力还受化学成分的影响。如果向液态金属中加入某些表面活性元素（如 S、O、Se），液态金属的表面张力温度系数（$\partial\gamma/\partial T$）会由负值变为正值。在这种情况下，熔池中心部位温度高，表面张力大；而熔池边缘处温度低，表面张力小。因此，表面张力梯度驱使液态金属沿径向从边缘向中心流动，在熔池中心处由液面向底部流动（见图2-17）。总之，表面张力温度系数的大小和符号能够显著改变熔池内的液体流动方向，进而影响着熔池内的温度分布及熔合区形状，如图2-17所示。

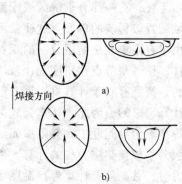

图 2-17　焊接熔池表面及内部
的流体流动模式

a) $\partial\gamma/\partial T < 0$　b) $\partial\gamma/\partial T > 0$

2. 电磁力

电弧焊时，由于熔池体积比电弧要大得多，焊接电流从斑点进入熔池后会产生电流线的发散，流过熔池的电流同其自身的磁场相互作用就产生了电磁力（洛伦兹力）。电磁力对熔池中的流体流动也有着重要的影响。通常，电磁力推动熔池液态金属在熔池中心处向下流动，然后沿熔池四周的固液界面返回熔池表面，在熔池表面沿径向由边缘向中心流动（见图 2-18c）。

3. 浮力

由于熔池中存在着温度梯度或成分梯度，不同部位的液态金属的密度发生变化，从而在熔池中产生浮力。温度高的地方液态金属密度小，温度低的地方液态金属密度大。在浮力作用下，熔池中过热的液态金属将上升至表面，较冷的液态金属被推至底部。与表面张力梯度和电磁力对流体流动的作用相比，浮力所起的作用很小（见图 2-18a）。

4 冲击力

在大电流 GMAW 焊接或高能束焊接时，熔滴或高能束流对熔池形成冲击力。冲击力引起的流动类似于电磁力，如图 2-18d 所示。

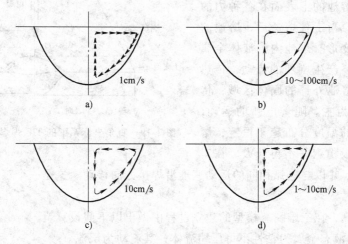

图 2-18　各种力单独作用时造成的熔池流体流动模式（箭头表示流动方向和流速）
a）浮力　b）表面张力　c）电磁力　d）冲击力

焊接熔池形态是指熔池的几何形状、熔池中的流体动力学状态以及熔池中的传热过程。焊接熔池形态的数学描述涉及包括热能方程、动量方程和连续性方程等的一组偏微分方程。此外，在焊接过程中液态熔池的表面是自由表面，熔池表面作用有电弧压力、表面张力、熔池重力等各种外力。在 GMAW 焊接时，还有熔滴的冲击力。在各种力的共同作用下，熔池表面产生三维变形，尤其是工件熔透之后，焊接熔池的正面和背面都将产生明显的变形，需要两个偏微分方程描述熔池正面和背面的变形。而且熔池形态问题不像焊接固体热传导时只涉及一个热传导微分方程。因此，具有熔体流动问题的处理和求解过程更为复杂。但是，由于这种处理更接近实际，会大大提高数值分析的准确度。

焊接熔池流体动力学状态及传热过程的数值计算涉及一组偏微分方程的联立求解，又加上流体速度场求解的特殊性和复杂性，需要使用特殊的计算流体动力学和传热学的算法。国际上广泛采用的有 SIMPLE 算法以及由此衍生出来的 SIMPLEC 和 SIMPLER 算法。

国内外焊接科技工作者在这方面开展了大量研究工作。数值计算结果表明，熔池中的流体流动对焊接温度场有着重要的影响，对熔池形状和随后的熔池结晶过程也有着明显的作用。

2.4.2　焊接熔池流体流动与传热的数理描述

按照是否与时间相关，焊接熔池流体流动和传热问题有瞬态和稳态两种。前者与时间有关，考察熔池流场和热场随时间的变化；后者与时间无关，只关心熔池流场和热场在最后稳定阶段的情况。稳态问题因为只与空间有关，相对比较简单，瞬态问题与空间和时间都相关，因此相对复杂。下面以 TIG 焊的瞬态热过程为研究对象，对焊接熔池内的流体流动和传热瞬态过程进行数值分析。

图 2-19 是运动电弧作用下 TIG 焊焊接过程的示意图。为了描述瞬态熔池的动态行为，需要对不同时刻焊接熔池中的传热和流体流动过程进行数值模拟。焊接过程开始后，电弧将热量传至工件，工件温度迅速升高，局部熔化形成熔池。在电弧热输入的作用下，熔池迅速长大。熔池的上表面在各种力的作用下产生变形；当工件熔透后，熔池的下表面发生下塌变形。熔池内的液体金属在多种力的作用下产生剧烈的流动，传热以对流为主；在熔池外部的固体区域，传热以热传导方式为主。随着电弧的运动，电弧下方工件上的温度分布趋于恒定，熔池形状相对于钨极稳定并不再长大，在宏

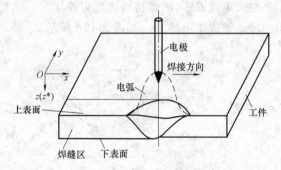

图 2-19　直角坐标系下的 TIG 焊焊接过程示意图

观上达到准稳态，并以与电弧相同的运动速度沿焊接方向移动。这是一个三维瞬态的流体流动和传热问题。

为了简化计算，在三维瞬态模型的建立过程中做出以下假设：

1）熔池中的液态金属为粘性不可压缩流体，其流动为层流。

2）只在动量方程的重力项中考虑密度的变化，遵循 Boussinesq 假设。

3）除了材料的比热容、热导率、粘度以及表面张力系数与温度有关以外，其他的热物理性能参数（如密度、换热系数等）均与温度无关。

尽管有文献指出熔池内流体的流动具有紊流特性，但为了计算方便起见，绝大多数研究者仍然采用层流的假设，并已证明不会引起大的误差。

在如图 2-19 所示的直角坐标系中，坐标系固定在工件上不动。描写焊接过程中各个物理量服从守恒原理的控制方程组包括连续性方程、能量守恒方程和动量守恒方程。它们的标准形式如下：

能量守恒方程为

$$\rho c_p \left(\frac{\partial T}{\partial t} + U \frac{\partial T}{\partial x} + V \frac{\partial T}{\partial y} + W \frac{\partial T}{\partial z} \right) = \lambda \left(\frac{\partial^2 T}{\partial x^2} + \frac{\partial^2 T}{\partial y^2} + \frac{\partial^2 T}{\partial z^2} \right) \tag{2-48}$$

动量守恒方程为

x 方向：

$$\rho\left(\frac{\partial U}{\partial t} + U\frac{\partial U}{\partial x} + V\frac{\partial U}{\partial y} + W\frac{\partial U}{\partial z}\right) = F_x - \frac{\partial p}{\partial x} + \mu\left(\frac{\partial^2 U}{\partial x^2} + \frac{\partial^2 U}{\partial y^2} + \frac{\partial^2 U}{\partial z^2}\right) \tag{2-49}$$

y 方向：

$$\rho\left(\frac{\partial V}{\partial t} + U\frac{\partial V}{\partial x} + V\frac{\partial V}{\partial y} + W\frac{\partial V}{\partial z}\right) = F_y - \frac{\partial p}{\partial y} + \mu\left(\frac{\partial^2 V}{\partial x^2} + \frac{\partial^2 V}{\partial y^2} + \frac{\partial^2 V}{\partial z^2}\right) \tag{2-50}$$

z 方向：

$$\rho\left(\frac{\partial W}{\partial t} + U\frac{\partial W}{\partial x} + V\frac{\partial W}{\partial y} + W\frac{\partial W}{\partial z}\right) = F_z - \frac{\partial p}{\partial z} + \mu\left(\frac{\partial^2 W}{\partial x^2} + \frac{\partial^2 W}{\partial y^2} + \frac{\partial^2 W}{\partial z^2}\right) \tag{2-51}$$

连续性方程为

$$\frac{\partial U}{\partial x} + \frac{\partial V}{\partial y} + \frac{\partial W}{\partial z} = 0 \tag{2-52}$$

式中　　　　T——温度（T），

　U、V 和 W——流体速度在 x、y、z 方向上的分量（m/s）；

　　　　　　p——流体内的压力（Pa）；

　　　　　　t——时间（s）；

　　　　　　ρ——金属的密度（kg/m³）；

　　　　　　c_p——比定压热容（J/kg·K）；

　　　　　　λ——热导率系数［W/m·K）］；

　　　　　　μ——液态金属的动力粘度系数［kg/(m·s)］；

F_x、F_y、F_z——体积力在 x、y、z 方向上的分量（N）。

　　在上述控制方程中，连续性方程和动量方程的求解区域是液态熔池区。由于固体区域流体速度为零，能量方程在固体区域将退化成纯粹的热传导方程。因此，能量方程的求解区域包含熔池与熔池以外的整个工件。

2.4.3　熔池流场与热场的数值计算

　　焊接过程中，液态熔池的表面是自由表面。作用于熔池表面的力有电弧压力、表面张力、熔池重力等。在 GMAW 焊接时，还有熔滴的冲击力。在各种力的共同作用下，熔池表面产生三维变形，尤其是工件熔透之后，焊接熔池的正面和背面都产生明显的变形。熔池表面的凹凸变形影响到了电弧的行为，改变了熔池内的传热条件，熔池的三维形状随之要发生变化，从而影响到焊接的质量和效率。因此，熔池流场和热场的数值计算首先要考虑熔池自由表面的变形与界面追踪。目前，熔池自由界面的追踪方法有坐标变换法和 VOF 法等。

1. TIG 焊熔池的自由表面变形

　　熔池上表面的形状用 $z = \varphi(x, y)$ 表示。在图 2-20 所示的坐标系下，$\varphi(x, y)$ 应满足方程：

$$p_a - \rho g\varphi + C_1 = -\gamma\frac{(1 + \varphi_y^2)\varphi_{xx} - 2\varphi_x\varphi_y\varphi_{xy} + (1 + \varphi_x^2)\varphi_{yy}}{(1 + \varphi_x^2 + \varphi_y^2)^{3/2}} \tag{2-53}$$

式中　p_a——电弧压力（Pa）；

　　　ρ——液态金属的密度（kg/m³）；

　　　g——重力加速度（m/s²）；

γ——表面张力系数（N/m）；

C_1——待定常数（Pa）。

$$\varphi_x = \frac{\partial \varphi}{\partial x}, \varphi_y = \frac{\partial \varphi}{\partial y}, \varphi_{xx} = \frac{\partial^2 \varphi}{\partial x^2}, \varphi_{yy} = \frac{\partial^2 \varphi}{\partial y^2}, \varphi_{xy} = \frac{\partial^2 \varphi}{\partial x \partial y}$$

在工件上表面熔池以外的位置，$\varphi(x, y) = 0$。在不填充焊丝的情况下，由于变形前后熔池金属的总体积不变，因此熔池上表面的形状函数 $\varphi(x, y)$ 满足以下约束条件：

$$\iint\limits_{\Omega_1} \varphi(x, y) \mathrm{d}x \mathrm{d}y = 0 \tag{2-54}$$

式中　Ω_1——工件上表面的熔池区。

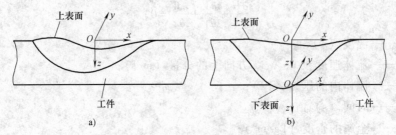

图 2-20　TIG 焊熔池表面变形示意图

a）未熔透　b）全熔透

如图 2-20b 所示，当工件熔透以后，熔池的上、下表面将同时产生变形。设熔池的上、下表面形状方程分别为：$z = \varphi(x, y)$、$z = \psi(x, y)$，其表面变形的坐标原点分别位于工件上、下表面。熔透后熔池上表面形状方程满足以下方程：

$$p_a - \rho g \varphi + C_2 = -\gamma \frac{(1 + \varphi_y^2) \varphi_{xx} - 2\varphi_x \varphi_y \varphi_{xy} + (1 + \varphi_x^2) \varphi_{yy}}{(1 + \varphi_x^2 + \varphi_y^2)^{3/2}} \tag{2-55}$$

熔透后熔池下表面形状满足以下方程：

$$\rho g (\psi + \delta - \varphi) + C_2 = -\gamma \frac{(1 + \psi_y^2) \psi_{xx} - 2\psi_x \psi_y \psi_{xy} + (1 + \psi_x^2) \psi_{yy}}{(1 + \psi_x^2 + \psi_y^2)^{3/2}} \tag{2-56}$$

式中　δ——工件的厚度；

C_2——待定常数。

同样遵循变形前后熔池内金属总体积不变的原则，以上两式必须满足以下约束条件：

$$\iint\limits_{\Omega_1} \varphi(x, y) \mathrm{d}x \mathrm{d}y = \iint\limits_{\Omega_2} \psi(x, y) \mathrm{d}x \mathrm{d}y \tag{2-57}$$

其中，Ω_1、Ω_2 分别为熔池区的上、下表面。如果点 (x, y) 在熔池区以外，则有 $\varphi(x, y) = 0$，$\psi(x, y) = 0$。

电弧压力可表示为

$$p_a = \frac{\mu_m I^2}{8\pi^2 \sigma_j^2} \exp\left(-\frac{r^2}{2\sigma_j^2}\right) \tag{2-58}$$

式中　r——任一点到电弧中心的距离（m），$r = \sqrt{(x - v_0 t)^2 + y^2}$；

μ_m——真空磁导率（H/m）；

I——焊接电流（A）；

σ_j——电流分布参数（m）；

v_0——焊接速度（m/s）；

t——时间（s）。

2. 贴体坐标系下控制方程组的形式

在焊接过程中，当熔池的表面要发生变形时，由于熔池的运动，工件上计算区域的形状随着电弧的运动而不断变化。控制方程组式（2-48）~ 式（2-52）是在直角坐标下推导出来的。有限差分法非常适合于规则的平面边界。但是熔池的自由表面产生变形后，熔池上、下表面的平面边界不再存在，形成三维空间曲面。如果此时仍然在直角坐标下处理该空间曲面，就会产生一个能量边界条件非常复杂的锯齿形边界，很难进行计算和处理。

为了更好地反映焊接过程中出现的熔池表面变形，并且更好地处理熔池的上、下曲面边界，使得各坐标和所计算工件的边界一一对应，采用了适合于熔池表面变形的贴体坐标系，如图 2-21 所示。贴体坐标系（x^*，y^*，z^*）和原直角坐标系（x，y，z）的转换关系是

$$x^* = x \tag{2-59}$$

$$y^* = y \tag{2-60}$$

$$z^* = \frac{z - \varphi(x,y)}{\delta + \psi(x,y) - \varphi(x,y)} \tag{2-61}$$

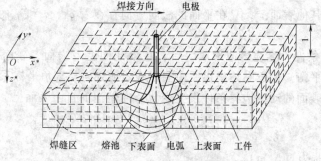

图 2-21　贴体坐标系下的网格系统示意图

显然，在熔池的上表面 $z = \varphi$ 处，$z^* = 0$；而在熔池的下表面 $z = \delta + \psi$ 处，$z^* = 1$。通过该代数变换，不仅将直角坐标系下不规则的物理空间转变为非正交贴体坐标系下规则的计算空间，使坐标轴与计算区域的边界相一致，而且使得模拟的过程更加符合实际。

3. 贴体坐标系下控制方程组的定解条件

（1）能量边界条件　在图 2-21 中，焊接工件的上表面受到电弧的加热，并将热量传递到工件内部去。同时也以对流、辐射和蒸发的方式把部分热量传递给周围的介质。在工件的其他表面也存在着辐射传热。同直角坐标系中的能量边界条件相比较，贴体坐标系中的热能边界条件只在工件的上下表面发生变化。

焊接电弧把热能传给工件是通过工件上一定的作用面积进行的。一般用高斯函数来描述电弧作用于平面工件的热流密度分布。但是，根据高斯电弧热流分布计算出的熔池上表面形状的后拖不足，呈扁圆状。为了克服这一不足，可采用双椭圆型热流密度分布函数。

关于工件上表面散热损失的对流热流密度、辐射热流密度和蒸发热流密度，其表达式分别为

$$q_c = \alpha_c (T - T_f) \tag{2-62}$$

$$q_r = \sigma_s \varepsilon (T^4 - T_f^4) \tag{2-63}$$

$$q_e = W_q L_q \tag{2-64}$$

式中 α_c——工件与环境的换热系数 [$W/(m^2 \cdot K)$];

$\quad\sigma_s$——Stefan-Boltzmann 常数 [$W/(m^2 \cdot K^4)$];

$\quad\varepsilon$——表面辐射系数;

$\quad L_q$——液-气相变潜热 (J/kg);

$\quad T_f$——环境温度 (K);

$\quad W_q$——蒸发率 [$kg/(m^2 \cdot s)$]。

蒸发热损失只存在于熔池区, 与温度有关。对于钢:

$$\log W_q = 2.52 + \left(6.121 - \frac{18836}{T}\right) - 0.5\log T \tag{2-65}$$

因此, 贴体坐标系下工件上表面热流密度的净输入为

$$q = \lambda \frac{\partial T}{\partial z^*} \frac{\partial z^*}{\partial z} = q_a - q_c - q_r - q_e \tag{2-66}$$

对称面 ($y = 0$) 为绝热边界条件:

$$\frac{\partial T}{\partial y} = 0 \tag{2-67}$$

在剩下的所有其他表面上, 只在平面的法向方向存在着 q_c、q_r 和 q_e 的热流损失。故

$$q = -q_c - q_r - q_e \tag{2-68}$$

(2) 动量边界条件 熔透熔池形成以后, 在熔池的上下表面, 表面张力梯度和表面流体的黏性剪切力相平衡。由于贴体坐标系主要是在 z 轴方向与直角坐标系不同, 因此, 在计算空间中熔池上下表面的动量边界条件发生变化。在熔池的自由表面上, 动量边界条件为

$$\mu \frac{\partial U}{\partial z^*} \frac{\partial z^*}{\partial z} = -\frac{\partial \gamma}{\partial T} \frac{\partial T}{\partial x}, \mu \frac{\partial V}{\partial z^*} \frac{\partial z^*}{\partial z} = -\frac{\partial \gamma}{\partial T} \frac{\partial T}{\partial y}, W = 0 \tag{2-69}$$

式中, γ——表面张力 (N/m);

$\partial \gamma / \partial T$——表面张力温度系数 [$N/(m \cdot K)$]。

熔池的对称面 xOz 两侧的物质交换为零, 因此在对称面上:

$$V = 0, \frac{\partial U}{\partial y} = 0, \frac{\partial V}{\partial y} = 0 \tag{2-70}$$

在熔池的其他边界上, U、V 和 W 均为零。

动量守恒方程式 (2-49)~式 (2-51) 中的 F_x、F_y 和 F_z 是体积力, 电弧焊熔池中的体积力包括电磁力和因温度变化而引起的浮力。

(3) 初始条件 在 $t = 0$ 时刻,

$$T = T_0, U = V = W = 0 \tag{2-71}$$

2.4.4 熔池流体流动对焊接质量的影响

熔池内液态金属的流动对焊接质量有着重要的影响。其基本原因是熔池中熔化金属的流动影响到了材料焊接区的热输送现象及所形成的焊缝形状尺寸。

1. 影响熔池液体金属流动的驱动力

力是使熔池内的液体金属产生流动的根本原因, 焊接过程中熔池受到各种力的作用。在

TIG 焊中，电弧等离子气流从熔池表面流过，对熔池表面产生垂直与液面的压力和沿液面的表面剪切力；液态金属的表面张力对温度很敏感，在熔池表面产生表面张力温度梯度；作为焊接回路的一部分，熔池内部流动着焊接电流，焊接电流产生的电磁力能引起液体金属的流动；另外熔池内各部分熔化金属的温度和密度不同，从而形成浮力流。在 MAG 焊中，从焊丝顶端滴落的熔滴以一定的速度冲击熔池，形成熔滴冲击流动。此外，在高能束焊中，高能束在熔池内部形成穿透的小孔，小孔内高温等离子流会使熔池内的液体金属产生更为复杂的流动。

2. 驱动力对熔池内液体金属的流态及熔池形态的影响

电弧等离子气流以电弧压力的形式作用于熔池，在熔池的中心区形成下凹变形，同时又从熔池的中心区向周边区流动，把熔池中心区的液体金属推向熔池周边区域。此后液态金属沿熔池周边下沉至熔池底部，最后从熔池中心部位由底部上升到熔池表面，形成一个对流循环。

由于电弧的高温等离子体首先加热位于其正下方熔池中心区的液体金属，因此电弧等离子流所导致的对流循环将不断熔化和扩大熔池周边，结果得到一个浅而宽的熔池，也就是周边熔化型焊缝。

熔池上表面的表面张力梯度所产生的对流，称为表面张力流。表面张力流的流动方向取决于液面上的表面张力梯度和分布，从表面张力低的部分流向表面张力高的部分。表面张力梯度对温度很敏感，而熔池表面存在温度的差别，不同温度区液面上的表面张力梯度不同，因此，表面张力流的流态依赖于熔池液面上不同温度区所导致的表面张力温度梯度。

纯金属的表面张力随温度的升高而减小。在熔池的上表面，电弧加热区（熔池中心部位）的温度高于熔池边界部位的温度，因此，熔池中心部位的表面张力小于熔池周边部位的表面张力。所以在表面张力的作用下，上表面熔池中心的液体向周边流动，下沉至熔池底部后由中心返回液面，形成的流态与电弧等离子气流驱动的对流流态相似。因此，单纯的表面张力驱动对流也会得到周边熔化型焊缝。

然而工程中使用的绝大多数金属不是纯金属，而是含有各种杂质元素的合金。大多数的液态金属，当含有氧、硫等表面活性元素时，即使含量微小，其表面张力也会大幅度降低。如铁中加入微量表面活性元素时，相对于微量元素含量的变化，表面张力的变化梯度是很大的。在添加含量较高时，表面张力随温度的变化曲线才成为直线。此外，当有表面活性元素存在时，表面张力的温度系数会变为正值。其主要原因是随着温度的升高，液体表面上的活性元素含量在逐渐减少。而且最初的表面活性元素含量越高，这种现象就越明显。工程上普遍使用的碳钢（铁硫系或铁氧系）有明显的此类特性。

因此，表面张力所形成的对流受表面张力温度系数的影响。焊接熔池上表面温度分布不均匀，而且焊接材料中的表面活性元素含量不一，致使表面张力流的流态不稳定。随着温度的变化，有可能由周边熔化型焊缝向中心熔化型焊缝变化，或者二者之间无规律地自由变化。在活性 TIG 焊（A-TIG）中，焊道前方预先涂覆活性剂，焊缝熔深将增加，其中的原因之一就是表面张力温度系数的影响。

从电弧进入熔池的电流在电弧正下方的熔池表面有着较高的电流密度，从熔池到母材内部，电流密度是逐渐降低的。电流与其自身产生的磁场之间相互作用而产生了电磁力，该电磁力指向电流发散方向。由此熔池内部流动着的电流产生的电磁力产生了电磁对流。电磁对流的流动方向是向着电流的发散方向即从电弧正下方熔池中心区向熔池底部流动。

焊接时，熔池内部的温度是从电弧正下方的高温区向固液界面处的熔点温度变化着的，形成了熔池内部的空间温度场。由于热膨胀，液态金属温度越高，密度越低，密度高的部分受到浮力的作用向着重力的反方向运动。这种由于熔池内部熔化液体金属密度差引起的对流，称做浮力流，与通常的热对流有相同的机制。

由驱动力所引起的熔池内部液态金属的综合流动情况非常复杂，并受焊接工艺、焊接材料等各种因素的影响。总体来说，在 TIG 焊情况下，以等离子气流引起的对流、表面张力流及电磁对流最为重要。电磁对流在熔池的中心区是向下方流动，在表面上是从熔池边界区向中心区流动。由于熔池表面温度较高，对于平焊情况，表面的熔化金属因浮力有留在表面的倾向，对电磁对流有减弱的作用。熔化金属的表面张力通常情况是随温度的上升而减小，因此形成从中心区向周边区的流动，仍然是与电磁对流反向。小电流焊接时，表面张力流使熔深变浅。在 MIG 焊和 MAG 焊时，熔滴的冲击力对熔池内流体的流态影响较大，通常是液体金属从中心向下流到熔池底部，然后沿周围池壁返回表面，因此容易形成深而窄的焊道。在高焊速 MAG 焊情况下，等离子气流和熔滴冲击引起的流动占主导地位，将熔池前方的液体金属推向熔池尾部，熔池内部的对流被削弱，熔池尾部的液体金属无法回流至熔池前方，凝固后形成驼峰焊道。

目前的研究表明，在 TIG 焊熔池中存在两个明显的环流：一个在熔池自由表面附近，靠近熔池自由表面，尺寸较小；另一个存在于熔池内部，尺寸较大。熔池的最大速度值在自由表面上，其数值为 $2 \sim 3\text{m/s}$。上表面环流的流动方向是由加热中心流向熔池外缘。从熔池侧视图看，也存在两个环流，一个在电极前方，另一个在电极后方。仅由浮力引起的对流流动速度的数值约为 9mm/s，仅由电磁力引起的对流流动速度数值约为 180mm/s，两者流动方向相反。电磁力对熔化深度影响较大。就熔池流动速度方向和最大流动速度位置而言，表面张力流与浮力流类似。和浮力流所不同的是，表面张力流速度值最大能够达到 3m/s。其数值远远大于电磁力以及浮力单独作用时的速度。表面张力作用下的熔池对流强度在自由表面下衰减极为迅速。很明显，熔池表面环流由表面张力引起，熔池内部环流是由电磁力引起的。总之，表面张力流动速度值在 1000mm/s 数量级以上。电磁力流动速度值的数量级为 100mm/s，浮力流动速度值的数量级为 10mm/s。

3. 熔池自由表面的变形与焊缝成形

在电弧压力、熔滴冲击力和其他外力的作用下，熔化的液体金属的自由表面要发生变形。周期性下落的熔滴还会引起熔池自由液面的振动和波动。而变形后的熔池表面将进一步改变电弧的热输入模式，从而引起熔池形态的变化。因此，熔池的表面变形对焊缝成形有着重要的影响。

通常，小电流 TIG 焊情况下，熔池自由表面的变形量极少，忽略这个变形对焊接传热过程的分析影响较小。在大电流 TIG 焊和 MIG 焊、MAG 焊中，尤其是射流 MAG 焊中，熔池自由表面的变形就不能忽略。特别是高速 MAG 焊中，熔池自由表面的形状变化很大，更要考虑变形对熔池形态、流体流态的影响。关于熔池自由液面的计算和跟踪，上文已经做过详述，在此不再叙述。

4. 熔池内流体的流动与焊缝冶金质量

焊接熔池内流体的流动会影响到焊缝中夹杂物和气体的分布。从熔池中心底部向熔池表面的流动会将熔池中的夹杂物或气体带到熔池表面，有利于得到冶金质量高的焊缝。而相反的流态则不利于夹杂物和气体的排出。气体和流动的关系较为复杂，液态金属中气体的溶解度随着温度下降而降低，气泡聚集在熔池的凝固前沿。依赖于流体流动的方式，这些气泡或者被带到熔池底部而残留在凝固的焊缝中，或者被带到熔池表面而逸出。一般情况下，电磁力起主导作用时，有利于气体的逸出。表面张力梯度在凝固前沿使液态金属向下运动，这不利于气泡的逸出。但是，如果通过添加表面活性元素，使表面张力梯度的符号改变，则流体流动的方向也改变，就有利于气泡的逸出。

2.4.5　高能束焊熔池形态的特点

高能束焊过程比电弧焊复杂，宏观上表现为反射、吸收、熔化、汽化等现象，整个过程时间很短，在毫秒甚至更短的时间之内，可以分为光的反射和吸收、材料的加热、材料的熔化和汽化以及熔化金属凝固结晶四个阶段。

以激光焊为例，根据材料吸收激光能量而产生的温度升高，可以把激光与材料相互作用过程分为几个阶段：

1) 无热或者基本光学阶段。当能量密度低时，绝大多数入射光子被金属材料中的电子弹性散射。由于吸收转换的热量极少，一般不能用于焊接。

2) 相变点以下加热。当入射激光强度提高时，入射光子与金属中的电子产生非弹性散射，从光子取得能量，激发了晶格的强烈振动，从而使得材料加热。此阶段传输热量低，材料不发生结构变化。激光与材料相互作用的物理过程表现为传热。

3) 激光强度进一步提高，材料熔化，形成熔池。熔池内存在传热、对流和传质三种物理现象，而熔池外主要是传热。此阶段的热作用可以实现激光热导焊接。

4) 激光强度大于某一临界值时，熔化和汽化现象同时发生，蒸发气流的反冲压力将使液态金属的表面凹陷、周围金属排开，形成小孔。

当激光功率密度在 $10^2 \sim 10^4 W/mm^2$ 数量级范围时，材料表层将发生熔化，主要用于金属的表面重熔、合金化、熔覆和热导型焊接。当激光功率密度达到 $10^4 W/mm^2$ 数量级以上时，材料表面在激光束的辐射下强烈汽化，在汽化膨胀压力作用下，液态表面向下凹陷形成深熔小孔。与此同时，金属蒸气在激光束的作用下产生光致等离子体。

激光焊熔池流动的驱动力有表面张力、反冲力、浮力、重力以及小孔气流不规则喷发的摩擦力几种。在激光深熔焊完全熔透的情况下，熔池上下表面为自由表面，表面张力梯度驱使熔池流体从热源作用的中心地带流向温度低的部分。涡旋的存在大大加快了熔池近表面金属的流动速度，但其影响尺度受涡旋尺寸的影响，熔池流体的流动速度随着与自由表面距离的增加而迅速下降。在激光点焊或部分深熔激光焊时，熔池内流体的流动以蒸气蒸发反冲压力为主导。如果没有涡旋流动的辅助作用，熔池内部的流动驱动力仅为浮力。在熔池背面，熔池流体仍然为作用表面，但由于工件正反面温度梯度的差异，熔池背面的表面张力梯度小于熔池正面，而且熔池尺寸值也明显小于熔池正面，所以熔池表面流体的流动速度最大值远远低于正面的速度最大值，但表面张力温度梯度的作用使得熔池表面流体的流动速度值大于熔池内部金属的流动。

根据聚焦后光斑作用在工件上功率密度的不同，激光焊一般分为热导焊（功率密度小于 $10^6 W/cm^2$）和深熔焊（小孔焊，功率密度大于或等于 $10^6 W/cm^2$），如图 2-22 所示。

激光深熔焊时熔池与小孔的形成如图 2-23 所示。激光焊与电子束焊相似，高功率密度的激光束引起材料局部熔化并形成"小孔"，激光束通过"小孔"深入到熔池内部，随着激光束的运动形成连续焊缝。当激光光斑上的功率密度足够大时（≥$10^6 W/cm^2$），金属表面在激光的照射下被迅速加热，其表面温度在极短的时间内（$10^{-8} \sim 10^{-6} s$）升高到沸点，使金属熔化和汽化，所产生的金属蒸气以一定的速度离开熔池表面，金属蒸气的逸出对熔化的液态金属产生一个附加压力，使熔池金属表面向下凹陷，在激光光斑下产生一个凹坑。当激光束在小孔底部继续加热汽化时，所产生的金属蒸气一方面压迫坑底的液态金属使小坑进一步加深；另一方面，向坑外飞出的蒸气将熔化的金属挤向熔池周围，在

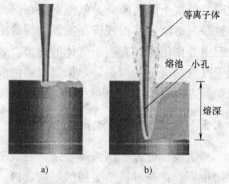

图 2-22　激光焊的两种基本模式
a）热导焊　b）深熔焊

液态金属中形成一个细长的孔洞。当激光束能量所产生的金属蒸气的反冲压力与液态金属的表面张力和重力平衡后，小孔不再继续加深，形成一个深度稳定的孔而进行焊接，因此，称为激光深熔焊。

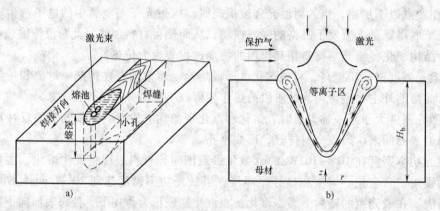

图 2-23　激光深熔焊时熔池与小孔的形成
a）激光深熔焊示意图　b）熔池与小孔的截面状态

2.5　焊接热过程的测试

数值分析的结果只是从理论上通过计算得到的焊件温度场，该计算结果是否准确必须经过试验验证。通常根据测量焊件温度场来验证并改进数值模型。焊接实践中温度的测量有以下几种方法。

2.5.1　热电偶测温法

热电偶是焊接温度测量中应用最广泛的温度器件。热电偶测温有许多优点。首先，热电偶的测量精度高。因热电偶直接与被测对象接触，不受中间介质的影响。其次，测量范围广，常用的热电偶从 $-50 \sim 1600℃$ 均可连续测量。此外，热电偶构造简单，使用方便。热电偶通常是由两种不同的金属丝组成。热电偶的测温原理是基于热电效应。

目前，焊接工程中常用的热电偶有以下几种。

1. 铂铑 10%-铂热电偶

铂铑 10%-铂热电偶型号为 WTLB，其中 WT 指热电偶，LB 为分度号，铂铑合金丝为"+"极，纯铂丝为"-"极。在 1300℃ 以下可以长期使用。在良好的环境条件下，可测量 1600℃ 的高温。一般作为精密测量和基准热电偶使用。在氧化性和中性介质中，铂铑-铂热电偶的物理、化学性能稳定，但在高温时易受还原性气体侵袭而变质。它的热电势较弱，价格也较贵，适用于测量焊缝熔合区。

2. 镍铬-镍硅（或镍铬-镍铝）热电偶

镍铬-镍硅热电偶型号为 VREU。EU 是分度号。镍铬为"+"极，镍硅为"-"极。在氧化性和中性介质中，能在 900℃ 以下长期使用，但不耐还原性介质。它的热电势大，并且与温度的线性关系较好，价格便宜，但精度偏低，适用于测量热影响区。

3. 镍铬-考铜热电偶

镍铬-考铜热电偶型号为 WREA。EA 为分度号。镍铬为"+"板，考铜为"-"极。在还原性和中性介质中，能在 600℃ 的以下长期使用，在 800℃ 时可短期使用。其灵敏度较高，价格便宜，适用于测量远离焊缝的区域。

4. 铂铑 30%-铂铑 6% 热电偶

铂铑 30%-铂铑 6% 热电偶型号为 WRLL。LL 为分度号。铂铑 30%（质量分数）为"+"极，铂铑 6%（质量分数）为"-"极。它可在 1600℃ 高温下长期使用，在 1800℃ 下短期使用。其热电偶性能稳定，精度高。适用于氧化性和中性介质，但它的热电势极小，价格较高，适用于测量熔合区。

焊接过程中用热电偶测温方法较为简单，只需根据需要将热电偶提前敷设于焊道及其两侧即可。

2.5.2　红外测温法

红外测温法是通过对物体红外辐射的测量来确定物体的温度。红外线是波长在 0.76 ~ 1000μm 之间的一种电磁波，按波长范围分为近红外、中红外、远红外、极远红外四类。任何物体只要它的温度不是绝对零度，都不断地发射红外线，其辐射功率由物体的温度决定。物体的红外辐射功率与物体表面热力学温度的 4 次方成正比，与物体表面的发射率成正比。根据斯蒂芬—玻尔兹曼定律有

$$W = \varepsilon\sigma T^4 \tag{2-72}$$

式中　W——物体红外辐射的功率 $[J/(s \cdot m^2)]$；

　　　T——物体的热力学温度（K）；

　　　σ——斯蒂芬—玻尔兹曼常数 $[J/(s \cdot m^2 \cdot K^4)]$；

　　　ε——辐射系数，ε 为 1 的物体叫做黑体，一般物体的 ε 在 0 与 1 之间。

式（2-72）表明，物体的温度愈高，辐射功率就愈大。只要知道物体的温度和它的辐射系数，就可算出它所发射的辐射功率。反之，如果测出物体所发射的辐射功率，就可以确定它的温度。这就是红外测温技术的依据。

红外测温法有许多优点。首先，红外测温法是一种非接触式测温方法，也就是不必接触被测物体，因此不会影响被测目标的温度分布。对于远距离、高速运动、带电以及其他不可接触的目标都可以用红外技术非接触测温。其次，红外测温法反应速度快，灵敏度高。红外

测温法不像一般热电偶、点温计那样需要与被测物达到热平衡，它只要接收到目标的辐射即可测温。红外测温法的速度取决于测温仪表自身的响应时间，这个时间一般可以在 1s 以内，只要目标有微小的温度差异就能立即在红外测温仪上反映出来。此外，红外测温法的测温范围很宽，可以测量从负几十摄氏度直到 1000 摄氏度以上的温度范围。

要得到物体的真实温度，还必须对辐射强度进行校正。各种物体的辐射强度都各不相同。影响它的因素除了物体材料性质之外，还有物体的表面形状、温度等。在进行红外测温时就必须根据目标的具体情况进行辐射强度的校正。

2.5.3　基于视觉的熔池检测

焊接熔池是影响焊接质量的重要因素，熔池的尺寸（正面熔宽、熔深或背面熔宽、余高）直接关系到焊接接头的力学性能，焊接过程中熔池尺寸的稳定对于焊接质量的保证是非常重要的。熔池中包含着丰富的信息，在焊接实践中，熟练的焊工主要是通过观察熔池的变化等因素来调整焊接参数获得满意的焊缝成形。

熔池图像法是利用视觉传感器摄取焊接熔池区图像，通过计算机图像处理获得熔池区域的方法。图 2-24 是拍摄的 TIG 焊熔池的正面图像。对其进行一系列图像处理，可以获得熔池长度、宽度、面积等几何形状参数。

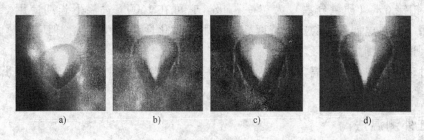

　　　　a)　　　　　　　　　b)　　　　　　　　　c)　　　　　　　　　d)

图 2-24　TIG 焊熔池的正面图像

（厚 2mm 的低碳钢板，焊接速度 180mm/min，弧长 6mm）

a) 焊接电流 = 100A　b) 焊接电流 = 105A　c) 焊接电流 = 110A　d) 焊接电流 = 115A

第3章 焊接化学冶金

焊接化学冶金学研究在各种焊接工艺条件下，冶金反应与焊缝金属化学成分、性能之间的关系及其变化规律。研究的目的是运用这些规律合理地选择焊接材料，控制焊缝金属的成分和性能，使之符合焊接结构的使用要求，以及设计、开发新型的焊接材料，以满足焊接工程实际的需要。焊接化学冶金过程是一个复杂的物理化学变化过程，对焊缝金属的成分、性能及和气孔、结晶裂纹等焊接缺欠的产生，以及焊接工艺性能和接头性能等有很大的影响，受到了人们的广泛关注。

3.1 焊接化学冶金的特点

焊接化学冶金过程实质上是金属在焊接条件下进行再熔炼的过程。但焊接化学冶金过程与炼钢冶金过程相比，无论是原材料还是冶炼条件方面都有很多不同之处。因此，必须研究焊接化学冶金的特点，总结出它的规律性，才能指导焊接实践，使焊接化学冶金反应向有利的方向发展，从而获得优质的焊缝金属。

3.1.1 焊接区的金属保护

1. 金属保护的必要性

用低碳钢光焊丝在空气中进行无保护焊接时，焊缝金属的成分及性能与母材和焊丝比较，发生了很大的变化。由于焊接过程中熔化金属与周围的空气激烈地相互作用，使焊缝金属中的氧、氮含量显著增加。焊缝金属中氧的质量分数为 0.14% ~ 0.72%，比焊丝高 7 ~ 35 倍；氮的质量分数可达 0.105% ~ 0.218%，比焊丝中的含氮量高 20 ~ 45 倍。同时，锰、碳等元素因烧损和蒸发而减少，致使焊缝金属的塑性和韧性急剧下降。但是由于氮的强化作用，最终使焊缝强度变化比较小（见表 3-1）。应说明的是，用光焊丝焊接时，电弧不稳定，焊缝易产生气孔。因此，光焊丝无保护焊接在工程中没有实用价值。

表 3-1 低碳钢无保护焊时母材及焊缝的性能比较

性能指标	抗拉强度 R_m/MPa	伸长率 A(%)	冷弯角 α/(°)	吸收能量 K/J
母材	390 ~ 440	25 ~ 30	>180	> 117.6
焊缝	334 ~ 390	5 ~ 10	20 ~ 40	3.9 ~ 19.6

为了提高焊缝金属的质量，须尽量减少焊缝中有害杂质的含量，减少有益合金元素的烧损，使焊缝金属得到合适的化学成分。因此，焊接化学冶金的首要任务就是对焊接区的金属加强保护，使它们不受到氧化、氮化等空气的有害作用。

2. 金属保护的形式与效果

多数熔焊方法是基于对金属进行保护的考虑而发展起来的。焊接实践中已经找到多种保护方式，例如采用焊条药皮、焊剂、药芯焊丝和各种保护气体等不同的焊接材料和保护手段。熔焊方法的保护方式见表 3-2。

表 3-2　熔焊方法的保护方式

保护方式	熔 焊 方 法
熔渣保护	埋弧焊、电渣焊、不含造气成分的焊条和药芯焊丝焊接
气体保护	气焊、在惰性气体和其他保护气体(如 CO_2、混合气体)中焊接
气体和熔渣联合保护	使用具有造气成分的焊条和药芯焊丝焊接
真空保护	真空电子束焊
自保护	用含有脱氧剂、脱氮剂的自保护焊丝焊接

各种保护方式的保护效果是不同的。例如，焊条药皮和药芯焊丝内填充的药粉一般是由造渣剂、造气剂及铁合金等组成的，这些物质在焊接过程中能形成气体和熔渣联合保护。造渣剂熔化后形成熔渣，覆盖在熔滴和熔池的表面上，将空气隔离。熔渣凝固以后，在焊缝上面形成渣壳，可以防止处于高温的焊缝金属与空气接触。同时，造气剂（如有机物、碳酸盐等）受热后分解，析出大量气体。据计算，熔化 100g 焊芯时，焊条可以析出 2500 ~ 5080mL 的气体，这些气体在焊条药皮的套筒中被电弧加热而膨胀，并形成定向气流吹向熔池，从而使焊接区与空气隔离。使用焊条和药芯焊丝焊接时的保护效果，取决于它们的保护材料含量、熔渣的性质和焊接参数等。熔敷金属中的含氮量可以说明保护的效果，随着药芯中保护材料含量的增加，熔敷金属中的含氮量减少，表明保护的效果好。焊条熔化时析出的气体数量越多，熔敷金属中的含氮量越少。工业生产中使用的焊条和药芯焊丝，其焊缝中氮的质量分数为 0.010% ~ 0.014%（低碳钢为 0.004%），证明这种保护基本上是可靠的。

埋弧焊是利用焊剂熔化后形成的熔渣隔离空气而保护金属的。它的保护效果取决于焊剂的结构和颗粒度。例如，多孔型的浮石状焊剂比玻璃状焊剂具有更大的表面积，吸附的空气更多，因此保护效果较差。试验表明，焊剂的颗粒度越大，其松装密度（单位体积内焊剂的质量）越小，透气性越大，焊缝金属中含氮量越多，说明保护效果越差（见表 3-3）。然而并不是焊剂的松装密度越大越好，因为当熔池中有大量气体析出时，如果焊剂的松装密度过大，则透气性减小，这将阻碍气体外逸，促使焊缝中形成气孔，或在焊缝金属表面出现压坑等缺欠，所以焊剂应当具有适当的透气性。埋弧焊焊缝中氮的质量分数一般为 0.002% ~ 0.007%，比焊条电弧焊的保护效果好。

表 3-3　高硅中锰低氟焊剂的松装密度与焊缝含氮量的关系

松装密度/(kg/m^3)	透气性 $K^①$	焊缝金属的含氮量(%)
550	3800	0.0094
800	3000	0.0043
1000	2500	0.0022
1200	2000	0.0022

① 利用测定混合物透气性的方法测定，以无因次系数 K 作为指标。

气体保护焊的保护效果取决于保护气体的性质与纯度、焊枪的结构以及气流特性等因素。通常情况下，氩、氦等惰性气体的保护效果比较好。因此，它适用于焊接合金钢和化学活泼性强的金属及其合金。

电子束焊是在真空度高于 $1.33 \times 10^{-2} Pa$ 的真空室内进行的，所以保护效果最理想。这时虽然不能把空气完全排除，但是随着真空度的提高，可以把氧和氮的有害作用减到最小的程度。

自保护焊是利用自保护焊丝在空气中焊接的一种工艺方法。自保护焊丝不需要外加气体或焊剂保护，仅依靠焊丝自身的合金元素及在高温时的反应，以防止空气中氧、氮等气体侵入和补充合金成分。由于自保护焊不是采用隔离空气的方法来保护金属，而是在焊丝中加入脱氧剂和脱氮剂，把从空气进入熔化金属中的氧和氮脱出来，故称为自保护。采用药芯焊丝的自保护焊，其保护形式及效果与采用焊条、焊剂的情况类似。

目前的焊接技术水平已成功地解决了隔离空气的技术难点，但是仅依靠保护熔化金属，在有些情况下仍然得不到合格的焊缝成分。例如，在较多情况下药皮或焊剂对金属具有程度不同的氧化性，从而使焊缝金属的含氧量增加。因此，焊接化学冶金的重要任务就是对熔化金属进行冶金处理，通过调整焊接材料的成分和性能，控制冶金反应的方向及速度，从而获得理想的焊缝成分。

3.1.2 焊接化学冶金过程的区域性与连续性

焊接化学冶金过程是分区域（或阶段）连续进行的，各区的反应物性质和浓度、温度、反应时间、相接触面积、对流及搅拌运动等反应条件有较大的差异。由于反应条件的不同也影响着反应进行的可能性、方向、速度及限度。

不同的焊接方法有不同的反应区。焊条电弧焊时有三个反应区：药皮反应区、熔滴反应区和熔池反应区，如图 3-1 所示。熔化极气体保护焊只有熔滴反应区和熔池反应区。钨极氩弧焊及电子束焊则只有熔池反应区。下面以焊条电弧焊为例进行分析。

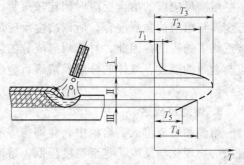

图 3-1 焊接化学冶金反应区
Ⅰ—药皮反应区 Ⅱ—熔滴反应区 Ⅲ—熔池反应区
T_1—药皮开始反应温度 T_2—焊条端部熔滴温度
T_3—弧柱间熔滴温度 T_4—熔池最高温度
T_5—熔池凝固温度

1. 药皮反应区

在电弧热的作用下，焊条端部的固态药皮中开始发生物理化学反应，主要是水分的蒸发、某些物质的分解及铁合金的氧化。这一区域的温度范围是从 $100℃$ 至焊条药皮的熔点（对于结构钢焊条约为 $1200℃$）。

当焊条药皮被加热时，其中的吸附水开始蒸发。加热温度超过 $100℃$，吸附水全部蒸发。加热温度达到 $200 \sim 400℃$ 时，药皮中某些组成物（如白泥、白云母）中的结晶水将被排除。化合水则需要更高的温度才能析出。当药皮加热到一定温度时，其中的有机物（如木粉、纤维素等）开始分解和燃烧，形成 CO_2、CO 及 H_2 等气体。药皮中所含的碳酸盐和高价氧化物也要发生分解，如菱苦土（$MgCO_3$）、大理石（$CaCO_3$）、赤铁矿（Fe_2O_3）与锰矿（MnO_2）等分解形成 CO_2、O_2 等气体。

药皮反应区中的物理化学反应形成了大量的气体，这些气体一方面对熔化金属起机械保护作用；另一方面对母材和药皮成分中的锰铁、钛铁等铁合金起强烈的氧化作用。当温度达到 $600℃$ 以上时，药皮中的铁合金会发生明显的氧化，反应的结果是气相的氧化性大大下降，这个过程就是"先期脱氧"。

总之，药皮反应区的反应产物为熔滴反应区及熔池反应区提供了反应物。这一阶段对于焊接化学冶金的全过程及焊接质量有着重要的影响。

2. 熔滴反应区

焊条金属熔化后，是以熔滴形式过渡到熔池中去的。从熔滴的形成、长大，到过渡到熔池中，这一阶段称为熔滴反应区。与炼钢冶金相比，这个反应区有如下特点：

（1）熔滴温度高、过热度大 对于钢材的电弧焊接，熔滴的平均温度为 $1800 \sim 2400 \text{℃}$，所以，熔滴的过热度为 $300 \sim 900 \text{℃}$。而炼钢时达不到这样高的温度。

（2）熔滴金属与气体、熔渣的接触面积大 通常熔滴的比表面积为 $1 \times 10^3 \sim 1 \times 10^4$ cm^2/kg，比炼钢时大约 1×10^3 倍。

（3）各相之间的冶金反应时间短 熔滴在焊条末端长大及停留的时间，仅为 $0.01 \sim 0.1\text{s}$。熔滴向熔池过渡的速度高达 $2.5 \sim 10\text{m/s}$。熔滴经过弧柱区的时间只有 $1 \times 10^{-4} \sim 1 \times 10^{-3}\text{s}$。因此，在熔滴反应区各相接触的平均时间约为 $0.01 \sim 1\text{s}$。所以，熔滴阶段的反应主要是在焊条末端进行的。

（4）熔滴金属与熔渣发生强烈混合 焊条熔化时不仅熔滴表面包着一层熔渣，熔滴内部也包含着熔渣质点，其最大尺寸可达 $50\mu\text{m}$。熔滴金属与熔渣的混合增加了两相的接触面积，有利于反应物及产物的运动，从而使反应速度加快。

熔滴反应区的冶金反应时间比较短暂，由于该区的温度很高，相接触面积较大，以及液态金属与熔渣的强烈混合，所以冶金反应最激烈。许多冶金反应在熔滴反应区内可以进行到接近终了的程度，因此，对于焊缝成分的影响很大。在熔滴反应区内进行的主要物理化学反应有金属的蒸发、气体的分解及溶解、金属及其合金成分的氧化与还原、焊缝金属的合金过渡等。

3. 熔池反应区

熔滴和熔渣落入到熔池中，立即与熔池中的液态金属混合。同时，各相之间仍然进行着复杂的物理化学反应，直至温度降低，熔池金属凝固而形成焊缝金属。

（1）熔池反应区的物理条件 熔池的温度分布是很不均匀的。其前半部分由于温度高而进行着金属的熔化、气体的吸收，有利于发展吸热反应。熔池的后半部分由于温度下降而进行着金属的凝固、气体的逸出，并且有利于发展放热反应。所以，同一个反应在熔池的两个部分可以向相反的两个方向进行。

熔池的平均温度比较低，为 $1600 \sim 1900 \text{℃}$。它的比表面积较小，为 $3 \sim 130\text{cm}^2/\text{kg}$。反应时间稍长一些，但也不超过几十秒，焊条电弧焊时熔池存在时间为 $3 \sim 8\text{s}$，埋弧焊时为 $6 \sim 25\text{s}$。由于熔池的强烈搅拌运动，加快了反应速度，同时也为熔池中的气体及非金属质点的逸出创造了良好的条件。

（2）熔池反应区的化学条件 熔池反应区中反应物的浓度与平衡浓度之差比熔滴阶段小。所以，在相同的条件下，熔池中的反应速度比熔滴阶段的要小。

当焊条药皮重量系数 K_b（单位长度焊条药皮与焊芯的重量之比）较大时，与熔池金属作用的熔渣数量大于与熔滴金属作用的熔渣数量。其原因是：当 K_b 较大时，有一部分熔渣不与熔滴作用，而直接流入熔池中与液体金属进行冶金反应。图 3-2 为具有氧化型药皮的焊条进行焊接时，熔滴和熔敷金属的含硅量与 K_b 的关系。从该图可以看出，随着 K_b 的增加，在开始阶段，无论是熔滴中还是熔敷金属中的含硅量都是迅速减少的。这表明，随着 K_b 的增加，硅的氧化损失是增大的。当 $K_b \geqslant 0.18$（相当于焊条药皮厚度为 1mm）时，熔滴中硅的氧化损失趋于稳定，而熔池中则由于那些未与熔滴作用的熔渣使硅继续氧化，所以熔敷金属中的含硅量一直下降。

从这个试验结果可以推论出，焊条存在一个临界的药皮厚度 δ_0，超过 δ_0 的药皮所形成的熔渣不与熔滴接触，只与熔池金属进行反应。所以，增加焊条药皮厚度可以加强熔池阶段的冶金反应。显然，临界药皮厚度 δ_0 与药皮成分和焊接参数有关。

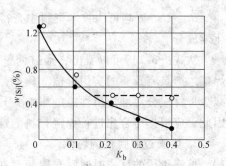

图 3-2　熔滴和熔敷金属中的
含硅量与 K_b 的关系

〔焊芯为 H35MnSi（$w_{Si} = 1.24\%$）、药皮中
赤铁矿 40%、萤石 60%（质量分数）〕
○—熔滴　●—熔敷金属

还应指出的是，熔池反应区的反应物质是不断更新的，由于熔池前半部分不断熔化新的母材，焊芯和药皮熔化后也进入熔池，而凝固的金属和熔渣从熔池的后半部分不断地退出熔池反应区。在焊接参数保持稳定不变的情况下，熔入与凝固的交替过程可以形成相对的稳定状态，这种情况下焊缝金属的成分是均匀的。

总之，熔池阶段的反应速度比熔滴阶段小，并且在全部的冶金反应中，熔池阶段的作用比较小。通过以上的分析可知，焊接化学冶金过程是电弧气氛、熔渣与液态金属之间的高温多相反应。它是分区域连续进行的，在各阶段上进行冶金反应的综合结果，决定了焊缝金属的化学成分，从而影响着焊接接头的力学性能与焊接质量。

3.1.3　焊接工艺条件对化学冶金反应的影响

采用的焊接方法及焊接参数不同，必然引起化学冶金反应条件（反应温度、反应时间、反应物的种类、数量及浓度等）的不同。因此就会影响到冶金反应的过程及结果。

1. 熔合比的影响

焊缝金属是由熔化的母材与填充金属所组成的。熔焊时，被熔化的母材部分在焊缝金属中所占的比例，称为熔合比。熔合比与焊接方法、焊接参数、板厚、坡口的形式及尺寸、母材性质以及焊接材料种类等许多因素有关。熔合比可通过实测的方法得到。

当填充金属与母材的化学成分不同时，熔合比对焊缝金属的成分就有很大的影响。假设在焊接过程中合金元素没有任何损失，此时焊缝金属中的合金元素含量称为原始含量，它与熔合比的关系为

$$C_0 = \theta C_b + (1 - \theta) C_e \tag{3-1}$$

式中　C_0——某元素在焊缝金属中的原始含量（质量分数，%）；

　　　θ——熔合比；

　　　C_b——该元素在母材中的含量（质量分数，%）；

　　　C_e——该元素在焊条中的含量（质量分数，%）。

然而在焊接时，焊条中的合金元素实际上是有损失的，母材中的合金元素几乎可以全部过渡到焊缝金属中。因此，焊缝金属中合金元素的实际含量 C_w 为

$$C_w = \theta C_b + (1 - \theta) C_d \tag{3-2}$$

式中　C_w——某元素在焊缝金属中的实际含量（质量分数，%）；

　　　C_d——熔敷金属（完全由填充金属熔化后所形成的那部分焊缝金属）中该元素的实际含量（质量分数，%）。

C_b、C_d、θ 均可由技术资料中查得或通过化学分析及实测得到，从而可以计算出焊缝的化学成分。

从式（3-2）可以看出：通过调整熔合比可以改变焊缝金属的化学成分。这个结论对于焊接生产具有重要的实用价值。例如，在堆焊时应当调整焊接参数使熔合比尽可能地小，以减少母材成分对堆焊层性能的影响。异种钢焊接时，熔合比对焊缝成分及性能的影响很大，因此，应根据熔合比进行焊接材料的选择。

2. 熔滴过渡特性的影响

熔滴阶段的反应时间就是熔滴存在的时间。试验表明，熔滴存在的时间随着焊接电流的增加而变短，随着电弧电压的增加而变长。因此可以推论出，随着焊接电流的增加，冶金反应进行的程度会减小；随着电弧电压的增加，冶金反应进行的程度会增大。

3.1.4　焊接化学冶金系统的不平衡性

焊接化学冶金系统是复杂的高温多相反应系统。由物理化学可知，多相反应是在相界面上进行的，并与传热、传质、动量传输过程密切相关。对于焊条电弧焊和埋弧焊，系统中有液态金属、熔渣和电弧气氛三个相互作用的相；电渣焊主要是液态金属和熔渣之间的相互作用；而气体保护焊时，主要是气相与金属之间的相互作用。由于影响多相反应的方向、速度和限度的因素很多，这就使焊接化学冶金的研究工作难度较大。

焊接化学冶金反应系统平衡的可能性曾引起许多学者的关注。近年来的多数研究认为，焊接区的不等温条件排除了整个系统平衡的可能性。但是，在系统中的个别部分可能出现某个反应的短暂平衡状态。试验表明，焊缝金属的最终成分与熔池凝固温度下的平衡成分相差较远。然而，各种反应距离平衡的远近程度是不同的。系统的不平衡性是焊接化学冶金过程的特点。因此，不能直接应用热力学平衡的计算公式定量地分析焊接化学冶金反应，但是作为定性分析还是有益的。例如，通过热力学计算可以确定焊接化学冶金反应最可能的方向、发展的趋势以及影响因素等。

3.2　气相对金属的作用

3.2.1　焊接区内的气体

焊接过程中，在焊接区内存在着大量的气体，这些气体不断地与熔化金属发生冶金反应，从而影响焊缝金属的成分和性能。

1. 气体的来源

（1）焊接材料　焊接区内的气体主要来源于焊接材料。焊条药皮、焊剂及焊丝药芯中所含有的造气剂、高价氧化物和水分都是气体的重要来源。气体保护焊时，焊接区内的气体主要是所采用的保护气氛及其杂质，如氧、氮、水蒸气等。

（2）热源周围的气体介质　热源周围的空气是难以避免的气体来源，而焊接材料中的造气剂所产生的气体，并不能完全排除焊接区内的空气。焊条电弧焊时，侵入电弧中的空气约占 3% 左右（体积分数）。

（3）焊丝和母材表面上的杂质　焊丝表面和母材坡口附近的铁锈、油污、氧化皮以及吸附水等，在焊接过程中受热而析出气体进入气相中。

2. 气体的产生

除直接输送和侵入焊接区的气体外，焊接过程中所进行的物理、化学反应也产生了大量气体。

（1）有机物的分解和燃烧　焊条药皮中常含有的淀粉、纤维素、糊精等有机物，它们的作用是造气剂和焊条涂料的增塑剂。这些物质和焊丝、母材表面上的油污等受热以后，发生分解和燃烧反应，放出气体，这种反应称为热氧化分解反应。色谱分析证明，反应产物主要是 CO_2，还有少量的 CO、H_2、烃和水蒸气。研究结果表明，有机物加热到 $220 \sim 250℃$ 时就开始分解。因此，对于含有机物的焊条，烘干温度应控制在 $150℃$ 左右，不应超过 $200℃$。

（2）碳酸盐和高价氧化物的分解

1）碳酸盐的分解。焊接材料常用的碳酸盐有 $CaCO_3$、$MgCO_3$ 和 $BaCO_3$ 等。当加热超过某一温度时，碳酸盐开始分解，产生 CO_2 气体。对于含 $CaCO_3$ 的焊条，烘干温度不应超过 $450℃$；对于含 $MgCO_3$ 的焊条，烘干温度不应超过 $300℃$。

2）高价氧化物的分解。焊接材料中常用的高价氧化物有 Fe_2O_3 和 MnO_2，它们在焊接过程中发生的逐级分解反应如下：

$$6Fe_2O_3 \Longrightarrow 4Fe_3O_4 + O_2$$
$$2Fe_3O_4 \Longrightarrow 6FeO + O_2$$
$$4MnO_2 \Longrightarrow 2Mn_2O_3 + O_2$$
$$6Mn_2O_3 \Longrightarrow 4Mn_3O_4 + O_2$$
$$2Mn_3O_4 \Longrightarrow 6MnO + O_2$$

上述逐级分解反应的结果是生成大量的氧气和低价氧化物。

（3）材料的蒸发　焊接过程中，由于焊接材料中的水分、金属元素和熔渣的各种成分在电弧的高温作用下发生蒸发，形成大量的蒸气。各种物质的蒸发与它们的饱和蒸气压（或沸点）、在溶液中的浓度、系统的总压力和焊接参数等因素有关。

在一定温度下，物质的沸点越低越容易蒸发。金属元素中 Zn、Mg、Pb、Mn 的沸点较低，因此它们在熔滴反应区最容易蒸发。所以在焊接黄铜、$Al-Mg$ 合金及铅时，一定要做好防护工作，以保障焊工的身体健康。在氟化物中，AlF_3、KF、LiF 及 NaF 的沸点都较低，因此易于蒸发。如果在焊条药皮中增加这些氟化物的含量，就会使焊接烟尘量增加。这是在制备焊接材料时应当注意的。

如果物质处于溶液当中，物质的浓度越高，其饱和蒸气压越大，越容易蒸发。因此，焊接钢铁材料时，虽然铁的沸点较高，但由于铁的浓度较大，使得气相中铁的蒸气也是相当多的。

焊接过程中的蒸发现象使气相中的成分和冶金反应复杂化。这不仅造成合金元素的损失，而且容易产生焊接缺陷。蒸发也增加了焊接烟尘和环境污染，影响焊工的身体健康，因此在实际工作中应注意防止材料的蒸发。

3. 气体的分解

电弧空间的气体状态可以是分子、原子及离子状态。由于气体的不同状态对气体在金属中的溶解和与金属的作用有较大的影响，所以必须研究焊接区内的气体是如何分解的。

（1）简单气体的分解　气相中的简单气体，如 N_2、H_2、O_2 等双原子气体，对焊接质量的影响很大。

在电弧空间，气体受热而使其原子的振动和旋转能增加，当原子的能量达到足够高时，将使原子键断开，分解为单个原子或离子与电子。某些气体分解反应在标准状态下的热效应 ΔH_{298}^0 见表 3-4，这些反应都是吸热反应。由表 3-4 中的数据可以比较各种气体或同一种气体按不同方式进行分解的难易程度。

表 3-4 气体分解反应的 ΔH_{298}^0

编号	反 应 式	ΔH_{298}^0 /(kJ/mol)	编号	反 应 式	ΔH_{298}^0 /(kJ/mol)
1	$F_2 = F + F$	-270	6	$CO_2 = CO + \frac{1}{2}O_2$	-282.8
2	$H_2 = H + H$	-433.9	7	$H_2O = H_2 + \frac{1}{2}O_2$	-483.2
3	$H_2 = H + H^+ + e$	-1745	8	$H_2O = OH + \frac{1}{2}H_2$	-532.8
4	$O_2 = O + O$	-489.9	9	$H_2O = H_2 + O$	-977.3
5	$N_2 = N + N$	-711.4	10	$H_2O = 2H + O$	-1808.3

设双原子气体分解反应的平衡常数为 K_p，分解后混合气体的总压力为 p_0，则解离度（分解的分子数与原有分子总数之比）α 可表示为

$$\alpha = \sqrt{\frac{K_p}{K_p + 4p_0}} \tag{3-3}$$

利用式（3-3）可计算出双原子气体的解离度 α 与温度的变化关系曲线，如图 3-3 所示。从图 3-3 可见，在焊接温度 5000K 时，氢和氧的解离度很大，绝大部分以原子状态存在；氮的解离度很小，基本上以分子状态存在。

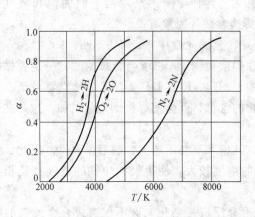

图 3-3 双原子气体的解离度 α 与温度 T 的关系
（$p_0 = 101\text{kPa}$）

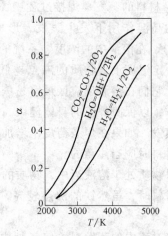

图 3-4 复杂气体的解离度 α 与温度 T 的关系
（$p_0 = 101\text{kPa}$）

（2）复杂气体的分解 焊接时气相中常见的复杂气体有 CO_2 和 H_2O。在电弧的热作用下 CO_2 可按表 3-4 中的 6 号反应式进行分解。分解反应的产物是 CO 和 O_2，使气相的氧化性增加。CO_2 的解离度如图 3-4 所示。由图 3-4 可见，在 4000K 时，CO_2 的解离度是很大的。

水蒸气的分解是比较复杂的，可按表 3-4 中的 7~10 号反应式进行分解。由热力学计算

可知，当温度低于 4500K 时，按 7 号反应式进行分解的可能性最大；当温度高于 4500K 时，按 10 号反应式进行分解的可能性最大。H_2O 的分解产物有 H_2、O_2、OH、H 及 O 等。H_2O 的解离度与温度的关系示于图 3-4 中。由于 H_2O 的分解产物比较复杂，这不仅增加了气相的氧化性，而且增加了气相中氢的分压，其最终结果可能使焊缝金属增氧和增氢。

4. 气相的成分

焊接过程中，测定焊接区内气相的成分是很困难的。目前采用光谱法、色谱法测试。常用的方法是把焊接区内的气体抽取出来，待其冷却到室温再进行分析。气体从高温冷却下来，其成分必然要发生变化。虽然测试的结果不能准确地反映出高温时的状况，但这对于分析气相与熔化金属的作用还是有一定的参考价值的。

焊接时气相的成分及数量随着焊接方法、焊接参数、焊条或焊剂的类型等因素的不同而变化。焊接碳钢时气相冷至室温的成分见表 3-5。通过比较发现，使用低氢型焊条进行焊条电弧焊时，气相中含 H_2 和 H_2O 少，所以称为"低氢型"。埋弧焊和采用中性焰气焊时，由于气相中含 CO_2 和 H_2O 很少，因而氧化性很小。但是，焊条电弧焊时气相的氧化性就相对较大。

电弧区内的气体有 CO、CO_2、H_2O、N_2、H_2、O_2、金属和熔渣的蒸气以及分解或电离产物所组成的混合物。其中对于焊接质量影响最大的是 N_2、H_2、O_2、CO_2 及 H_2O 等。

表 3-5　焊接碳钢时气相冷至室温的成分

焊接方法	焊条和焊剂类型	气相成分（体积分数，%）				
		CO	CO_2	H_2	H_2O	N_2
焊条电弧焊	钛钙型	50.7	5.9	37.7	5.7	—
	钛铁矿型	48.1	4.8	36.6	10.5	—
	纤维素型	42.3	2.9	41.2	12.6	—
	钛型	46.7	5.3	35.5	13.5	—
	低氢型	79.8	16.9	1.8	1.5	—
	氧化铁型	55.6	7.3	24.0	13.1	—
埋弧焊	HJ330	86.2	—	9.3	—	4.5
	HJ431	89 ~ 93	—	7 ~ 9	—	<1.5
气焊	O_2 : C_2H_2 = 1.1 ~ 1.2（中性焰）	60 ~ 66	有	34 ~40	有	—

3.2.2　氮对金属的作用

焊接时电弧气氛中氮的主要来源是周围的空气。虽然不同的焊接方法都有着保护措施，但是空气中的氮总是或多或少地会侵入焊接区，与熔化金属发生作用。

按照氮与金属作用的特点可将金属分为两类：第一类是不与氮发生作用的金属，如 Cu、Ni、Ag 等，它们既不溶解氮，又不形成氮化物，因此焊接这类金属时，可以使用氮作为保护气体；第二类是与氮发生作用的金属，如 Fe、Mn、Ti、Si、Cr 等，它们既能溶解氮，又能与氮形成稳定的氮化物，因此焊接这类金属时，防止焊缝金属的氮化是非常重要的。工业生产中的金属材料多为与氮发生作用的金属及其合金，这里重点讨论这类金属与氮的作用。

1. 氮在金属中的溶解

气体的溶解过程分为以下四个阶段：

1）气体分子向气体与金属两相界面处运动。

2）气体分子被金属表面吸附。

3）在金属表面上，气体分子分解为原子。

4）气体原子穿过金属表面层，并向金属内部扩散。

通过计算可以得到氮在铁中的溶解度与温度的关系，如图 3-5 所示。可见氮在液态铁中的溶解度随着温度的升高而增大。当温度为 2200℃ 时，氮的溶解度达到最大值，为 47mL/100g；继续升高温度，氮的溶解度急剧下降，至铁的沸点 2750℃ 时，氮的溶解度为零，这是金属的蒸气压急剧增加的结果。此外，在液态铁凝固时，氮的溶解度发生突变，降低至最大溶解度（47mL/100g）的 1/4 左右。

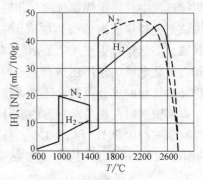

图 3-5　氮和氢在铁中的溶解度与温度的关系（$p_{N_2} + p_{金} = 101kPa$）

在液态铁中加入 C、Si、Ni 会减少氮的溶解度；加入 V、Nb、Cr 会增加氮的溶解度。电弧焊时的气体溶解过程比普通的气体溶解过程要复杂得多。所以电弧焊时熔化金属所吸收的氮量高于平衡含量（溶解度）。其原因主要是，在电弧中受激的氮分子（特别是氮原子）的溶解速度高于没有受激的氮分子；电弧中的氮离子 N^+ 可在阴极溶解，在氧化性电弧气氛中形成的 NO，遇到温度较低的液态金属时又分解为 N 和 O，此时 N 会迅速溶于金属中。

2. 氮对焊接质量的影响

在碳钢焊缝中，氮是有害杂质，是促使焊缝产生气孔的主要原因之一。由于液态金属在高温时可以溶解大量的氮，凝固结晶时氮的溶解度突然下降。这时过饱和的氮以气泡的形式从熔池中逸出，如果焊缝金属的结晶速度大于氮的逸出速度就形成气孔。因保护不良而产生的气孔，一般都与氮有关，例如焊条电弧焊的引弧端和弧坑处的气孔。

氮是提高低碳钢、低合金钢焊缝金属强度，降低塑性和韧性的元素。室温下氮在 α-Fe 中溶解的质量分数仅为 0.001%。如果熔池中含有比较多的氮，由于焊接时冷却速度很大，一部分氮将以过饱和的形式存在于固溶体中；另一部分氮则以针状氮化物 Fe_4N 的形式析出，分布于晶界或晶内，因而使焊缝金属的强度、硬度升高，而塑性、韧性（特别是低温韧性）急剧下降。

氮是促使焊缝金属时效脆化的元素。焊缝金属中过饱和的氮处于不稳定状态，随着时间的延长，过饱和的氮逐渐析出，形成稳定的针状氮化物 Fe_4N，使焊缝金属的强度增高，塑性、韧性降低。如果在焊缝金属中加入能形成稳定氮化物的元素，如 Ti、Al、Zr 等，则可以抑制或消除时效脆化现象。

3. 控制焊缝含氮量的措施

（1）加强焊接区的保护　如果氮溶入液态金属中，再把它脱出来就非常困难，所以控制含氮量的主要措施是加强保护，防止空气侵入焊接区与液态金属发生作用。然而各种焊接方法的保护效果是不同的，可以从焊缝的含氮量数据来衡量保护效果的优劣（见表 3-6）。

表 3-6　用不同焊接方法焊接低碳钢时焊缝的含氮量

焊接方法		[N]（质量分数，%）	焊接方法	[N]（质量分数，%）
焊条电弧焊	钛型焊条	0.015	埋弧焊	0.002 ~ 0.007
	钛铁矿型焊条	0.014	CO_2 气体保护焊	0.008 ~ 0.015
	纤维素型焊条	0.013	熔化极氩弧焊	0.0068
	低氢型焊条	0.010	药芯焊丝明弧焊	0.015 ~ 0.04
气焊		0.015 ~ 0.020	实心合金焊丝自保护焊	<0.12

　　焊条电弧焊的气体保护作用主要取决于焊条药皮的成分与数量。药皮重量系数 K_b 表示单位长度焊芯上药皮数量的多少。试验表明，随着 K_b 的增加，焊缝的含氮量下降。当 $K_b > 30\%$ 时，焊缝含氮量保持在 0.04% ~ 0.05%（质量分数）的水平不再下降。如果 K_b 过大，焊条的工艺性能变坏。所以单纯用增加 K_b 的方法加强保护是有局限性的。如果在焊条药皮中加入碳酸盐、有机物等造气剂，可以形成气-渣联合保护，使焊缝含氮量下降到 0.02%（质量分数）以下。

　　（2）确定合理的焊接参数　焊接参数对焊缝含氮量的影响较大。增大焊接电流，可以增加熔滴的过渡频率，从而使熔滴阶段的作用时间缩短，焊缝的含氮量下降。增大电弧电压（即加大电弧长度），使保护效果变坏，氮可以与熔滴作用的时间加长，所以焊缝中的含氮量增加。为了减少焊缝中的含氮量，应尽量采用短弧焊。

　　直流正极性焊接时焊缝含氮量比反极性时高，这与氮离子的溶解有关。焊接速度对焊缝的含氮量影响不大。在相同的工艺条件下，增加焊丝直径可使焊缝含氮量下降。其原因是焊丝直径增加使熔滴变大。此外，多层焊时的焊缝含氮量比单层焊时高，这与氮的逐层积累有关。

　　（3）利用合金元素控制焊缝含氮量　焊丝中合金元素含量对焊缝含氮量的影响如图 3-6 所示。

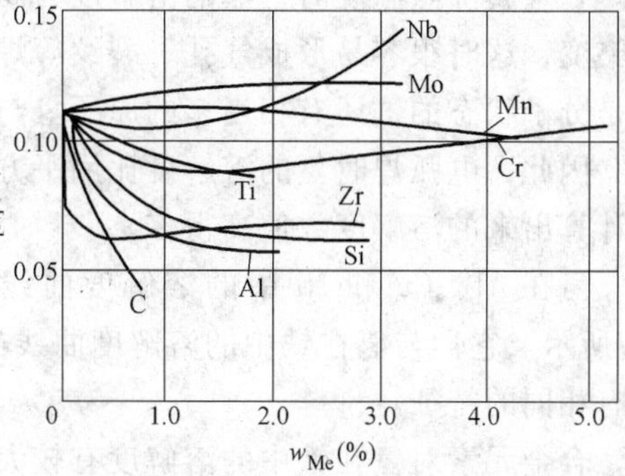

　　增加焊丝或焊条药皮中的含碳量可降低焊缝的含氮量，其原因如下：

　　1）碳能够降低氮在铁中的溶解度。

　　2）碳氧化生成 CO、CO_2 而加强了保护作用，降低了氮的分压。

　　3）碳的氧化引起熔池沸腾，有利于氮的逸出。

图 3-6　焊丝中合金元素含量对焊缝含氮量的影响（在 101kPa 空气中焊接，焊接参数为 25V、250A、20cm/min、直流反极性）

　　Ti、Al、Zr 和稀土元素对氮有较大的亲和力，易形成稳定的氮化物。并且这些氮化物不溶于铁液，而进入熔渣中。这些元素对氧的亲和力也很大，可减少气相中 NO 的含量，这在一定程度上减少了焊缝的含氮量。自保护焊丝就是基于这种原理在焊丝中加入这一类元素进行脱氮的。

3.2.3　氢对金属的作用

　　焊接时，氢主要来源于焊接材料中的水分及有机物、电弧周围空气中的水分以及焊丝和母材坡口表面上的铁锈、油污等杂质。氢对焊接质量是有害的。各种焊接方法的气相中含氢量和含水蒸气量见表 3-5。

1. 氢在金属中的溶解

按照氢与金属作用的情况，可将金属划分为两类。

（1）能形成稳定氢化物的金属　如 Zr、Ti、V、Ta、Nb 等。其特点是：这类金属吸收氢的反应是放热反应；温度较低时吸氢量多，温度较高时吸氢量少；当吸氢量较多时，可形成氢化物（ZrH_2、TiH_2、VH、TaH、NbH）；当温度超过氢化物保持稳定的临界温度时，氢化物发生分解，氢扩散逸出；当吸氢量较少时，这类金属与氢可形成固溶体。焊接此类金属时，须注意防止在固态时吸收大量的氢，否则将严重影响焊接接头的性能。

（2）不形成稳定氢化物的金属　如 Al、Fe、Ni、Cu、Cr、Mo 等。氢能够溶解于这类金属及其合金中，溶解反应是吸热反应。焊接方法不同，氢向金属中溶解的途径也不同。例如，气体保护焊时，氢是通过气相与液态金属的界面以原子或质子的形式溶入金属的；电渣焊时，氢是通过熔渣层溶入金属的；而焊条电弧焊和埋弧焊时，氢的溶入是上述两种途径的综合结果。

通过计算可以得到氢在液态铁中的溶解度与温度的关系，如图 3-5 所示。由图 3-5 可见，氢在铁中的溶解度曲线与氮在铁中的溶解度曲线具有同样的特征。随着温度的升高，氢的溶解度增大，当温度约为 2400℃ 时，溶解度达到最大值 43mL/100g。说明在熔滴阶段吸收的氢比熔池阶段多。继续增加温度，由于金属的蒸气压急剧增加，使氢的溶解度迅速下降。在金属沸点温度时，氢的溶解度为 0。从图 3-5 中可见，在金属的变态点氢的溶解度发生突变，这时很容易形成气孔、裂纹等焊接缺欠。试验表明，在电弧焊时，气相中的氢不完全是分子状态的，还有相当多的原子氢与质子等。因此，电弧焊时氢的溶解度比用平方根定律计算出来的溶解度数值高得多。

氢在 Al、Cu 和 Ni 中的溶解度曲线如图 3-7 所示。它们与氢在铁中的溶解度曲线类似，具有相同的特征。

合金元素对氢在铁中的溶解度有较大的影响，C、Si、Al 可降低氢在液态铁中的溶解度；Ti、Zr、Nb 及稀土元素可以提高氢的溶解度；而 Mn、Ni、Cr、Mo 则影响不大。由于氧可以减少金属对氢的吸附，所以氧能够有效

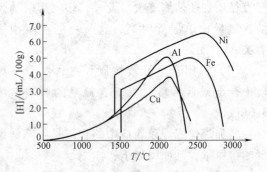

图 3-7　氢在金属中的溶解度与温度的关系
$$（p_{H_2} + p_{金属} = 101kPa）$$

地减少氢在液态铁中的溶解度。钢的组织结构对氢的溶解度也有影响，在面心立方晶格的奥氏体钢中，氢的溶解度大；在体心立方晶格的珠光体钢中，氢的溶解度小。

2. 焊缝金属中的氢

焊接过程中，熔池凝固而形成焊缝。由于熔池凝固结晶的速度很快，使熔池液态时吸收的氢来不及逸出，而被留在固态的焊缝金属中。在钢焊缝中，氢是以 H、H^+ 的形式存在，它们与焊缝金属形成间隙固溶体。由于氢原子及离子的半径很小，所以它们可以在焊缝金属的晶格中自由扩散，这一部分氢被称为扩散氢。如果氢扩散到金属的晶格缺陷、显微裂纹或非金属夹杂物边缘的微小空隙中时，可以结合成氢分子，由于氢分子的半径大而不能自由扩散，这部分氢称为残余氢。对于铁等不形成稳定氢化物的金属，扩散氢约占总氢量的 80% ~

90%。扩散氢对焊接接头性能的影响比残余氢大。

焊缝金属的含氢量是随焊后放置时间而变化的，如图 3-8 所示。焊后放置时间越长，扩散氢含量越少，残余氢含量越高，而焊缝的总含氢量下降。这是由于氢的扩散运动，使一部分扩散氢从焊缝中逸出，而另一部分转变为残余氢。为了得到准确的氢含量数据，许多国家制定了熔敷金属扩散氢测定的标准。常用的测氢方法有水银法、甘油法、气相色谱法和排液法。熔敷金属扩散氢含量是试样经焊接后，立即冷却，按照测氢标准规定的方法测定并换算成标准状态下的含氢量。将试样在真空室内加热至 650℃ 可以测定残余氢的含量。

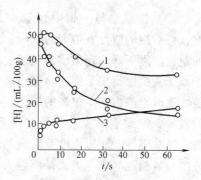

图 3-8　焊缝中的含氢量与
焊后放置时间的关系
1—总氢量　2—扩散氢　3—残余氢

各种焊接方法焊接碳钢时熔敷金属中的含氢量见表 3-7。低碳钢和焊丝的含氢量很低，一般约为 $0.2 \sim 0.5mL/100g$。几乎所有的焊接方法都使熔敷金属增氢。焊条电弧焊中只有采用低氢型焊条时扩散氢含量最少。CO_2 气体保护焊的扩散氢含量极少，是一种超低氢的焊接方法。

表 3-7　焊接碳钢时熔敷金属中的含氢量

焊接方法		扩散氢含量/（mL/100g）	残余氢含量/（mL/100g）	总含氢量/（mL/100g）	备注
焊条电弧焊	纤维素型	35.8	6.3	42.1	—
	钛型	39.1	7.1	46.2	
	钛铁矿型	30.1	6.7	36.8	
	氧化铁型	32.3	6.5	38.8	
	低氢型	4.2	2.6	6.8	
埋弧焊		4.40	1~1.5	5.90	在 40~50℃ 停留 48~72h，测定扩散氢；真空加热测定剩余氢
CO_2 气体保护焊		0.04	1~1.5	1.54	
氧乙炔气焊		5.00	1~1.5	6.50	

氢沿焊缝长度方向的分布是不均匀的，弧坑处含氢量最大。氢在焊接接头横断面上的分布如图 3-9 所示。其分布特征与母材成分、组织、焊缝金属的类型等因素有关。由图 3-9 可见，氢不仅在焊缝中存在，而且还向近缝区中扩散，并且扩散深度较大。

3. 氢对焊接质量的影响

氢对许多金属及合金的焊接质量都是有害的。氢对结构钢焊接的有害作用如下。

（1）形成气孔　如果焊接熔池在高温时吸收了大量的氢，在冷却过程中氢的溶解度将下降。当熔池凝固结晶时，由于氢的溶解度突然下降，使氢处于过饱和状态，促使熔池发生如下反应：

$$2H \rule[0.5ex]{1.5em}{0.4pt} H_2$$

反应生成的分子氢不溶于金属，而是在液态金属中形成气泡。当气泡向外逸出的速度小于熔池的凝固速度时，就在焊缝中形成气孔。

（2）产生冷裂纹　焊接接头冷却到较低温度（对钢来说在 M_s 温度以下）时产生的焊接裂纹称为冷裂纹。焊接冷裂纹的危害性很大，它的产生与焊接接头中的含氢量、热影响区的马氏体转变、结构的刚度等因素有关。

（3）造成氢脆 钢中含氢对其强度没有明显影响，但对钢的塑性有很大的影响。氢在室温附近使钢的塑性严重下降的现象称为氢脆。一般认为氢脆是由于原子氢扩散聚集于钢的显微空隙中，结合成为分子氢，造成空隙内产生很高的压力，阻碍金属塑性变形的发展，导致金属变脆。焊缝金属的氢脆性与含氢量、试验温度、变形速度及焊缝的组织结构有关。焊缝的含氢量越高，氢脆的倾向越大。焊缝金属经过去氢处理，其塑性可以恢复。

（4）出现白点 白点是出现在焊缝金属拉伸或弯曲试件断口上的一种银白色圆形斑点。白点的直径为 0.5~3mm。它的中心含有微细气孔或夹杂物，周围则为银白色的脆化部分，形状类似鱼眼珠中的白点。主要是在外力作用下，氢在微小气孔或夹杂物处的集结造成脆化。白色圆形斑点常显示有从中心向四外的放射线结构，微观上显示为小的准解理断口。

焊缝金属对白点的敏感性与含氢量、金属组织类型及变形速度等因素有关，当焊缝中含氢量较高时，出现白点的可能性较大。碳钢及用 Cr、Ni、Mo 合金过渡的焊缝，尤其是这些合金元素含量较多时，容易出现白点。试件如果经过去氢处理，可以消除白点。

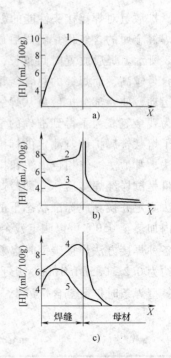

图 3-9 氢在焊接接头横断面上的分布
a）工业纯铁 b）30CrMnSi 钢 c）低碳钢
1—纤维素型焊条焊接 2—奥氏体焊缝
3—铁素体焊缝 4—钛型焊条焊接
5—碱性焊条焊接

4. 控制氢的措施

（1）限制焊接材料中的含氢量 制造焊条、焊剂及药芯焊丝的各种原材料，如有机物、天然云母、水玻璃、铁合金等，都不同程度地含有吸附水、结晶水、化合水或溶解的氢。在制造低氢或超低氢（$[H] < 1mL/100g$）型焊条和焊剂时，应尽量选用不含或少含氢的原材料。

在制造焊条、焊剂时，适当提高烘焙温度可以降低焊接材料中的含水量，相应地降低了焊缝的含氢量。焊条、焊剂长期存放时会吸潮，其结果会使焊缝增氢，并使焊材的工艺性能变坏。焊条药皮的吸水量取决于药皮的成分、粘结剂的种类及大气中水蒸气的分压等因素。

由于焊接材料有吸潮性，所以在使用前应进行烘干，这是生产上去氢的有效方法。使用低氢焊条时，一定要按照技术要求，认真进行烘干。提高烘干温度可以降低焊缝金属的含氢量，然而烘干温度也不能太高，否则焊条药皮中的成分受热而发生反应，使焊条药皮失去应有的冶金作用。焊条、焊剂烘干后应立即使用，或暂时存放于低温烘箱及保温筒内，以免重新吸潮。

（2）清除工件及焊丝表面上的油污、杂质 工件坡口附近以及焊丝表面上的铁锈、油污、水分等是使焊缝增氢的原因之一，焊前应认真清除。尤其在焊接铝、铜等有色金属时，更应认真清除表面杂质及氧化膜。否则，由于氢的作用可能产生气孔、裂纹，导致焊接接头的性能变坏。

（3）冶金处理 通过控制焊接冶金反应，降低气相中氢的分压，减少氢在液体金属中的溶解度。具体做法是调整焊接材料的成分，使焊接时冶金反应的产物是稳定的 HF 和 OH。

1）在焊条药皮和焊剂中加入氟化物。其中最常用的是 CaF_2，在药皮中加入 7% ~ 8%（质量分数）的 CaF_2 便可急剧减少焊缝的含氢量。在药皮中加入 MgF_2、BaF_2 等也可以不同程度地降低焊缝的含氢量。试验证明，在高硅高锰焊剂中加入适当比例的 CaF_2 和 SiO_2，可以显著降低焊缝的含氢量。

2）控制焊接材料的氧化还原势。研究表明，熔池中氢的平衡浓度为

$$[H] = K \sqrt{\frac{p_{H_2} p_{H_2O}}{[O]}} \qquad (3-4)$$

由式（3-4）可知，增加气相中的氧化性，或增加熔池中的含氧量可以减少熔池中氢的平衡浓度。其原因是氧化性气体可以夺氢生成稳定的 OH，反应式为

$$CO_2 + H =\!=\!= CO + OH \qquad (3-5)$$

其结果降低了气相中氢的分压。

低氢型焊条药皮中碳酸盐的含量很高，在焊接时碳酸盐受热分解析出 CO_2，按照式 (3-5) 进行反应而去氢。CO_2 气体保护焊的焊缝含氢量比较低也是这个原因。氩弧焊时，为了消除气孔及改进焊接工艺，常在氩气中增加 5% 左右（体积分数）的氧气，也是根据增加气体的氧化性可以降低气相中的氢分压而采取的技术措施，使之进行的脱氢反应。

3）在焊条药皮或焊芯中加入微量的稀土元素。加入微量的钇、碲、硒可以大幅度降低扩散氢含量。我国的稀土资源丰富，这是很有前途的去氢方法。

（4）控制焊接参数 焊条电弧焊时增大焊接电流会使熔滴吸收的氢量增加，同时，电流的种类和极性对焊缝的含氢量也有影响。试验表明，当采用 E4303 焊条、交流电源焊接时，焊缝含氢量最大；直流反接时最小；直流正接时介于这两者之间。但是，调整焊接参数来控制焊缝含氢量有一定的局限性。

（5）焊后脱氢处理 工件焊后经过特定的热处理可以促使氢扩散外逸，从而减少接头中的含氢量。焊后脱氢处理的温度与时间对焊缝含氢量的影响如图 3-10 所示。从图中可以看出，焊后把工件加热到 345℃，保温 1h，可将绝大部分扩散氢去除。在生产实践中，脱氢处理常用于易产生冷裂的工件。应指出，对于奥氏体钢焊接接头进行脱氢处理效果不大。

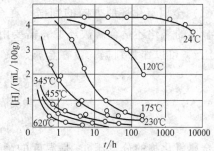

图 3-10 焊后脱氢处理对焊缝含氢量的影响

总之，对氢含量的控制，首先应限制氢及水分的来源；其次应防止氢溶入金属；最后应对溶入氢的金属进行脱氢处理。

3.2.4 氧对金属的作用

金属的氧化是焊接时重要的冶金过程之一。因此，要了解氧如何与金属作用、氧对焊缝金属性能的影响以及制定控制氧的技术措施。

根据氧对金属作用的特点，可以把金属划分为两类：一类金属（如 Mg、Al 等）无论固态和液态都不溶解氧，然而在焊接时会发生激烈的氧化，所形成的氧化物容易造成夹杂、未焊透等缺欠；另一类金属（如 Fe、Ni、Cu、Ti 等）可以有限地溶解氧，焊接时也会发生氧

化，所形成的氧化物能够溶解于相应的金属中。例如，焊接铁时生成的 FeO 能溶于铁及其合金中。

1. 氧在金属中的溶解

氧是以原子氧和氧化亚铁 FeO 两种形式溶于液态铁中的。如果与液态铁平衡的是纯 FeO 熔渣，则溶于液态铁中的氧量达到最大值，用 $[O]_{max}$ 表示。它与温度的关系为

$$\lg[O]_{max} = -\frac{6320}{T} + 2.734 \tag{3-6}$$

从式（3-6）可以看出，温度升高时，氧在液态铁中的含量增大。当液态铁中含有合金元素时，随着合金元素含量的增加，氧的含量下降（见图 3-11）。

在铁的凝固温度（约 1520℃）时，氧溶解的质量分数约为 0.16%；当 δ-Fe 转变为 γ-Fe 时，氧溶解的质量分数降到 0.05% 以下；室温下 α-Fe 中几乎不溶解氧（溶解的质量分数 < 0.001%）。所以，铁在冷却过程中氧的含量急剧下降。焊缝金属和钢中含有的氧，多以氧化物（如 FeO、SiO_2、MnO、Al_2O_3 等）和硅酸盐夹杂物的形式存在。焊缝含氧量通常是指总的含氧量，既包括溶解在金属中的含氧量，也包括非金属夹杂物中的含氧量。

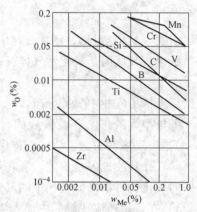

图 3-11　合金元素的含量 w_{Me} 对液态铁中氧的含量的影响（1600℃）

2. 氧化性气体对金属的氧化

焊接时金属的氧化是在药皮、熔滴及熔池等三个反应区中，由 O_2、CO_2、H_2O 等氧化性气体，以及活性熔渣与金属相互作用而实现的。

（1）金属氧化还原方向的判据　在金属、氧化性气体及金属氧化物组成的系统中，是发生金属的氧化还是金属被还原，需要用一个判据来判断。由物理化学可知，金属氧化物的分解压 p_{O_2} 可以作为判据。设在金属、氧、金属氧化物系统中氧的分压为 $\{p_{O_2}\}$，则

$$\{p_{O_2}\} > p_{O_2} \quad 金属被氧化$$
$$\{p_{O_2}\} = p_{O_2} \quad 处于平衡状态$$
$$\{p_{O_2}\} < p_{O_2} \quad 金属被还原$$

金属氧化物的分解压 p_{O_2} 是温度的函数，它随着温度的升高而增加，如图 3-12 所示。从图中可以看出，除 Cu_2O 和 NiO 外，在同样温度下 FeO 的分解压最大，此时 FeO 处于最不稳定的状态。

（2）自由氧对金属的氧化　焊条电弧焊时，虽然有焊条药皮熔化而产生的气氛及熔渣的保护，但是空气中的氧还会侵入焊接区；同时，高价氧化物等受热分解也会产生氧气，其结果使气相中自由氧的分压大于 FeO 的分解压，使铁氧化。反应式如下：

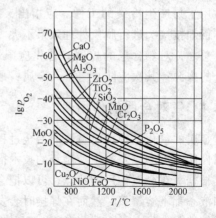

图 3-12　自由氧化物的分解压与温度的关系

$$[\,Fe\,] + \frac{1}{2}O_2 \Longrightarrow FeO + 26.97 kJ/mol$$

$$[\,Fe\,] + O \Longrightarrow FeO + 515.76 kJ/mol$$

从反应的热效应判断，原子氧对铁的氧化比分子氧更为激烈。

焊接钢时，钢液中对氧亲和力比铁大的合金元素，例如 C、Si、Mn 等也要被氧化：

$$[\,C\,] + \frac{1}{2}O_2 \Longrightarrow CO \uparrow$$

$$[\,Si\,] + O_2 \Longrightarrow (SiO_2)$$

$$[\,Mn\,] + \frac{1}{2}O_2 \Longrightarrow (MnO)$$

（3）CO_2 对金属的氧化　焊接区中的 CO_2，可能来源于 CO_2 气体保护焊的保护气体，也可能来源于焊条药皮中含有的大理石（$CaCO_3$）、菱苦土（$MgCO_3$）等碳酸盐，因为碳酸盐受热分解而产生 CO_2 气体。

纯 CO_2 高温分解得到的平衡气相成分见表 3-8。从表中的数据可以看出：当温度高于铁的熔点时，气相中氧的分压 $\{p_{O_2}\}$ 远远大于 FeO 的分解压 p_{O_2}。所以，高温时 CO_2 对于液态铁和其他金属是很强的氧化剂。当温度为 3000K 时，可以认为 $\{p_{O_2}\} \approx 20.3 kPa$（即 0.2atm），此时气相中氧的分压约等于空气中氧的分压。所以，温度高于 3000K 时，CO_2 的氧化性超过了空气。

表 3-8　纯 CO_2 分解得到的平衡气相成分

温度/K		1800	2000	2200	2500	3000	3500	4000
气相成分	CO_2	99.34	97.74	93.94	81.10	44.26	16.69	5.92
（体积	CO	0.44	1.51	4.04	12.60	37.16	55.54	62.72
分数，%）	O_2	0.22	0.76	2.02	6.30	18.58	27.77	31.36
气相中氧的分压 $\{p_{O_2}\}$ （×101.325kPa）		2.2×10^{-3}	7.6×10^{-3}	2.02×10^{-2}	6.3×10^{-2}	18.58×10^{-2}	27.77×10^{-2}	31.36×10^{-2}
饱和时 FeO 的分解压 p_{O_2} （×101.325kPa）		3.81×10^{-9}	1.08×10^{-7}	1.35×10^{-6}	5.3×10^{-5}	—	—	—

应说明的是，CO_2 作为保护气体只能防止空气的侵入，并不能防止金属的氧化。所以，在 CO_2 气体保护焊时必须采用 Si、Mn 含量较高的焊丝（如 H08Mn2Si 等）或药芯焊丝，这样可以进行脱氧，并获得优质的焊缝。在含有碳酸盐的焊条药皮中也应该加入脱氧剂，以利于金属脱氧。

（4）H_2O 蒸气对金属的氧化　气相中的水蒸气分解既使焊缝金属增氢，又使铁及其他合金元素氧化。当气相中含有较多的 H_2O 蒸气时，仅仅进行脱氧并不能保证焊缝质量，所以须同时去氢或减少 H_2O 蒸气的来源。

（5）混合气体对金属的氧化　焊条电弧焊时，焊接区的气相并不是单一的气体，而是多种气体的混合物（见表 3-5）。理论计算表明，钛铁矿型、低氢型两种焊条的电弧气氛中氧的分压 $\{p_{O_2}\}$，在温度高于 2500K 时，大于 FeO 的分解压 p'_{O_2}，因此混合气体对铁会发生氧化。为了保证焊接质量，在焊条药皮中必须加入脱氧剂。

3. 氧对焊接质量的影响

焊接过程中，气相、熔渣与金属反应的结果使焊缝增氧。用各种方法焊接时焊缝的含氧量见表3-9，由表可见，焊接低碳钢时，虽然母材和焊丝的含氧量很低，但是由于焊接冶金的多相反应结果，使焊缝的含氧量增加。不同的焊接方法、焊接材料和焊接参数下，焊缝的含氧量也不同。

表3-9   用各种方法焊接时焊缝的含氧量

材料及焊接方法	平均含氧量(质量分数,%)	材料及焊接方法	平均含氧量(质量分数,%)
低碳镇静钢	0.003 ~ 0.008	纤维素型焊条	0.090
低碳沸腾钢	0.010 ~ 0.020	氧化铁型焊条	0.122
H08 焊丝	0.01 ~ 0.02	铁粉型焊条	0.093
H08 光焊丝焊接	0.15 ~ 0.30	自动埋弧焊	0.03 ~ 0.05
低氢型焊条	0.02 ~ 0.03	电渣焊	0.01 ~ 0.02
钛铁矿型焊条	0.101	气焊	0.045 ~ 0.05
钛钙型焊条	0.05 ~ 0.07	CO_2 气体保护焊	0.02 ~ 0.07
钛型焊条	0.065	氩弧焊	0.0017

氧在焊缝金属中以溶解状态和氧化物夹杂两种形式存在，通常所说的焊缝含氧量是指总含氧量。一般溶解在钢中的氧很少，绝大部分氧以夹杂物的形式存在。但是，氧在焊缝中不论以何种形式存在，对焊缝的性能都有很大的影响。随着焊缝含氧量的增加，其强度、塑性、韧性明显下降；尤其是焊缝金属的低温韧性急剧下降。

在熔池阶段，溶解的氧与碳发生冶金反应，反应产物是不溶于金属的 CO。如果在熔池进行凝固时 CO 气泡来不及逸出，会形成 CO 气孔。

在焊接过程中，氧能烧损钢中的有益合金元素，使焊缝金属的性能变差。在熔滴中所进行的氧与碳的冶金反应，其反应产物 CO 受热膨胀，造成熔滴爆炸，形成飞溅，从而破坏了焊接过程的稳定性。

4. 控制氧的措施

焊接实践证明，在正常的焊接条件下，焊缝中氧的主要来源不是空气，而是来自焊接材料、焊件表面的铁锈、氧化膜、水分等。所以控制氧的措施如下：

（1）采用纯度高的焊接材料   在焊接活性金属及某些合金钢时，应尽量采用低氧或无氧的焊接材料。例如，采用低氧或无氧焊条、焊剂；采用高纯度的惰性气体作为保护气体；或在真空条件下焊接，这样可以降低焊缝金属的含氧量。

（2）采用冶金方法进行脱氧   通过向焊丝或焊条药皮中加入某种合金元素，使这些合金元素在焊接过程中被氧化，从而保护被焊金属及其合金元素不被氧化。脱氧的目的就是尽量减少焊缝中的含氧量，要求减少金属中溶解的氧，以及要排除脱氧的产物，尽量减少金属中的氧化物夹杂。这种措施在生产实际中是行之有效的。

（3）控制焊接参数   增加电弧电压使空气容易侵入电弧，并且增加了氧与熔滴接触的时间，致使焊缝含氧量增加，所以，为了减少焊缝含氧量应尽量采用短弧焊。此外，焊接方法、焊接电流种类和极性以及熔滴过渡特性等对于焊缝含氧量也有一定的影响。须指出，采用控制焊接参数来减少焊缝含氧量的办法是有局限性的。

3.3   焊接熔渣

焊接时焊条药皮或焊剂形成焊接熔渣。熔渣与液体金属发生一系列的物理化学反应，这些反应在很大程度上决定了焊缝的成分和性能。

3.3.1　焊接熔渣的作用

1. 机械保护

焊接时形成的液态熔渣覆盖在熔滴和熔池的表面上，把液态金属与空气隔离开，保护液态金属不被氧化和氮化。熔渣凝固后所形成的渣壳覆盖在焊缝金属上，使高温的焊缝金属不受空气的侵害。

2. 冶金处理

在一定的条件下，熔渣可以去除焊缝中的有害杂质，如脱氧、脱氢、脱硫、脱磷，以及向焊缝金属过渡有益的合金元素。可通过控制熔渣的成分来调整和控制焊缝金属的成分及性能。

3. 改善焊接工艺性能

在熔渣中加入某些物质可以使电弧容易引燃、稳定燃烧、减少飞溅，以及获得良好的焊缝成形等。

3.3.2　焊接熔渣的成分和分类

1. 盐型熔渣

盐型熔渣主要是由氟酸盐、氯酸盐和不含氧的化合物组成的。例如：CaF_2-NaF、CaF_2-$BaCl_2$-NaF、KCl-$NaCl$-Na_3AlF_6、BaF_2-MgF_2-CaF_2-LiF 等渣系。盐型熔渣的特点是氧化性很小，主要用于铝、钛和其他化学活性金属及其合金的焊接，也可用于含活性元素的高合金钢的焊接。

2. 盐-氧化物型熔渣

盐-氧化物型熔渣主要是由氟化物和强金属氧化物组成的。常用的有 CaF_2-CaO-Al_2O_3、CaF_2-CaO-SiO_2、CaF_2-CaO-Al_2O_3-SiO_2 等渣系。此类熔渣的氧化性较小，可用于焊接合金钢。

3. 氧化物型熔渣

氧化物型熔渣主要是由金属氧化物组成的。应用广泛的 MnO-SiO_2、FeO-MnO-SiO_2、CaO-TiO_2-SiO_2 等渣系都是氧化物型熔渣。其特点是含有较多的弱氧化物，如 MnO、SiO_2 等，因此氧化性较强，主要用于焊接低碳钢和低合金钢。

焊接熔渣的化学成分见表 3-10。实际的熔渣是多种化合物组成的复杂体系。为便于研究，常简化为由含量比较多、影响比较大的成分组成的渣系。例如，表 3-10 中低氢型焊条熔渣，可简化为 CaO-SiO_2-CaF_2 三元渣系。

表 3-10　焊接熔渣的化学成分

焊条和焊剂类型	熔渣化学成分（质量分数，%）										熔渣碱度		熔渣类型
	SiO_2	TiO_2	Al_2O_3	FeO	MnO	CaO	MgO	Na_2O	K_2O	CaF_2	B_1	B_2	
钛铁矿型焊条	29.2	14.0	1.1	15.6	26.5	8.7	1.3	1.4	1.1	—	0.88	-0.1	氧化物型
钛型焊条	23.4	37.7	10.0	6.9	11.7	3.7	0.5	2.2	2.9	—	0.43	-2.0	氧化物型
钛钙型焊条	25.1	30.2	3.5	9.5	13.7	8.8	5.2	1.7	2.3	—	0.76	-0.9	氧化物型
纤维素型焊条	34.7	17.5	5.5	11.9	14.4	2.1	5.8	3.8	4.3	—	0.60	-1.3	氧化物型

（续）

焊条和焊剂类型	熔渣化学成分（质量分数，%）										熔渣碱度		熔渣类型
	SiO_2	TiO_2	Al_2O_3	FeO	MnO	CaO	MgO	Na_2O	K_2O	CaF_2	B_1	B_2	
氧化铁型焊条	40.4	1.3	4.5	22.7	19.3	1.3	4.6	1.8	1.5	—	0.60	-0.7	氧化物型
低氢型焊条	24.1	7.0	1.5	4.0	3.5	35.8	—	0.8	0.8	20.3	1.86	0.9	盐-氧化物型
HJ430	38.5	—	1.3	4.7	43.0	1.7	0.45	—	—	6.0	0.62	-0.33	氧化物型
	18.2		18.0		7.0	3.0	14.0			23.0	1.15	0.048	
HJ251	~ 22.0	—	~ 23.0	≤1.0	~ 10.0	~ 6.0	~ 17.0			~ 30.0	~ 1.44	~ 0.49	盐-氧化物型

3.3.3　焊接熔渣的结构理论

熔渣的物化性质及熔渣与金属的作用等和液态熔渣的内部结构有密切关系。关于液态熔渣的结构有如下两种理论。

1. 熔渣的分子理论

熔渣的分子理论以对凝固熔渣进行相分析和化学分析的结果为依据，其要点如下：

（1）液态熔渣由不带电的分子组成　其中包括氧化物分子，如 CaO、SiO_2 等；复合物的分子，如 $CaO \cdot SiO_2$、$MnO \cdot SiO_2$ 等；以及硫化物、氟化物的分子等。

（2）氧化物及其复合物处于平衡状态　例如在熔渣中进行着如下反应：

$$CaO + SiO_2 \Leftrightarrow CaO \cdot SiO_2 \tag{3-7}$$

这是一个放热反应，所以当温度升高时，反应式（3-7）向左进行，渣中独立存在的自由氧化物浓度增加，复合物的浓度减少，熔渣的活性增大；当温度下降时，则引起相反的结果。各种复合物的稳定性可用它们自身的生成热效应来衡量（见表3-11），生成热效应的值越大，这种复合物就越稳定。

表3-11　复合物的生成热效应

复合物	热效应/(kJ/mol)	复合物	热效应/(kJ/mol)
$Na_2O \cdot SiO_2$	264	$(FeO)_2 \cdot SiO_2$	44.5
$(CaO)_2 \cdot SiO_2$	119	$MnO \cdot SiO_2$	32.5
$BaO \cdot SiO_2$	61.5	$ZnO \cdot SiO_2$	10.5
$FeO \cdot SiO_2$	34	$Al_2O_3 \cdot SiO_2$	-193

（3）只有自由氧化物才能参与和液态金属的反应　例如只有渣中的自由氧化物 FeO 才能参与如下的反应：

$$(FeO) + [C] =\!=\!= [Fe] + CO \uparrow$$

式中　（　）——熔渣中成分；

　　　[　]——金属中成分。

而复合物 $(FeO)_2 \cdot SiO_2$ 中的 FeO 不能参与上述反应。

由于熔渣的分子理论能简明地、定性地解释熔渣与金属间的冶金反应，故至今在焊接化学冶金中仍得到应用。但是，分子理论所假设的熔渣结构与实际不符，致使许多重要的现象，例如熔渣的导电性，就无法解释。因此又出现了熔渣的离子理论。

2. 熔渣的离子理论

熔渣的离子理论是在研究熔渣电化学性质的基础上提出的，离子理论的要点如下：

（1）液态熔渣是由阳离子和阴离子组成的电中性溶液　熔渣中离子的种类和存在形式取决于熔渣的成分和温度。负电性大的元素以阴离子形式存在，如 F^-、O^{2-}、S^{2-} 等；负电性小的元素形成阳离子，如 K^+、Na^+、Ca^{2+}、Mg^{2+}、Fe^{2+}、Mn^{2+} 等，而负电性比较大的元素，如 Si、Al、B 等，其阴离子往往不能独立存在，而是与氧离子形成复杂的阴离子，如 SiO_4^{4-}、$Si_3O_9^{6-}$、$Al_3O_7^{5-}$ 等。

（2）离子的分布、聚集和相互作用取决于综合矩　离子的综合矩可以表示为

$$综合矩 = \frac{z}{r} \tag{3-8}$$

式中　z——离子的电荷（静电单位）；

　　　r——离子的半径（10^{-1}nm）。

各种离子在 0℃时的综合矩见表 3-12。当温度升高时，离子半径 r 增大，综合矩减小，但是表中综合矩大小的顺序是不变的。

表 3-12　离子的综合矩

离子	离子半径 /nm	综合矩 $\times 10^2$ /（静电单位/cm）	离子	离子半径 /nm	综合矩 $\times 10^2$ /（静电单位/cm）
K^+	0.133	3.61	Ti^{4+}	0.068	28.2
Na^+	0.095	5.05	Al^{3+}	0.050	28.8
Ca^{2+}	0.106	9.0	Si^{4+}	0.041	47.0
Mn^{2+}	0.091	10.6	F^-	0.133	3.6
Fe^{2+}	0.083	11.6	PO_4^{3-}	0.276	5.2
Mg^{2+}	0.078	12.9	S^{2-}	0.174	5.6
Mn^{3+}	0.070	20.6	SiO_4^{4-}	0.279	6.9
Fe^{3+}	0.067	21.5	O^{2-}	0.132	7.3

离子的综合矩越大，表明它的静电场越强，与异号离子的作用力也就越大。由表 3-12 可知，阳离子中 Si^{4+} 的综合矩最大，而阴离子中 O^{2-} 的综合矩最大，所以它们能很牢固地结合为 SiO_4^{4-} 或更复杂的离子团。

综合矩的大小影响离子在渣中的分布。相互作用力大的异号离子彼此接近而形成集团，而相互作用力小的异号离子也形成集团。所以熔渣的化学成分在微观上是不均匀的，离子的分布是近似有序的，不是完全无序的。

盐型熔渣主要含简单的阴、阳离子，并且综合矩的差异不大，可以认为是结构简单的均匀离子溶液。盐-氧化物型熔渣属于结构比较复杂的化学成分微观不均匀的离子溶液。氧化物型熔渣则属于具有复杂网络结构的化学成分更不均匀的离子溶液。

（3）熔渣与金属的作用是熔渣中的离子与金属原子交换电荷的过程　例如硅还原（即铁氧化）的过程是熔渣中的硅离子与铁原子在熔渣与金属的两相界面上交换电荷的过程。即

$$(Si^{4+}) + 2[Fe] = 2(Fe^{2+}) + [Si]$$

反应结果是硅进入金属，铁变成离子进入熔渣。

总之，焊接熔渣是相当复杂的，某些熔渣中既含有离子，又含有少量分子。虽然熔渣的离子理论对许多现象的解释更合理，但是目前还缺乏系统的热力学资料，所以焊接化学冶金领域中仍在应用分子理论。

3.3.4　焊接熔渣的性能

1. 熔渣的碱度

熔渣的碱度是熔渣冶金性能的重要指标之一，它与熔渣的活性、粘度和表面张力等性能有密切的关系。不同的熔渣结构理论对于碱度的定义和计算方法是不同的。

（1）分子理论认为焊接熔渣中的氧化物按其性质可分为三类

1）酸性氧化物。按照其酸性由强变弱的顺序为 SiO_2、TiO_2、P_2O_5、V_2O_5 等。

2）碱性氧化物。按照其碱性由强变弱的顺序为 K_2O、Na_2O、CaO、MgO、BaO、MnO、FeO、PbO 等。

3）中性氧化物。主要有 Al_2O_3、Fe_2O_3、Cr_2O_3、V_2O_3 等，它们在不同性质的熔渣中，可呈酸性，也可呈碱性。例如，在强酸性熔渣中呈弱碱性，而在强碱性熔渣中呈弱酸性。

根据分子理论，熔渣碱度的定义为

$$B = \frac{\sum(R_2O + RO)}{\sum RO_2} \tag{3-9}$$

式中　　　B——熔渣碱度；

R_2O、RO——熔渣中碱性氧化物的摩尔分数；

RO_2——熔渣中酸性氧化物的摩尔分数。

碱度 B 的倒数称为酸度。

根据碱度值可将焊接熔渣分为酸性渣和碱性渣。理论上认为：当 $B > 1$ 时为碱性渣；$B = 1$ 时为中性渣；$B < 1$ 时为酸性渣。实际上使用式（3-9）计算是不准确的。根据经验，只有当 $B > 1.3$ 时熔渣才是碱性的。造成不准确的原因是，式（3-9）既没有考虑氧化物酸、碱性的强弱程度，也没有考虑酸、碱性氧化物之间形成中性复合物的情况。因此，对式（3-9）进行了修正，提出了比较精确的计算公式：

$$B_1 = \frac{0.018CaO + 0.015MgO + 0.006CaF_2 + 0.014(Na_2O + K_2O) + 0.007(MnO + FeO)}{0.017SiO_2 + 0.005(Al_2O_3 + TiO_2 + ZrO_2)}$$

$$\tag{3-10}$$

式中的 CaO、MgO、CaF_2……以质量分数计。

计算结果为，当 $B_1 > 1$ 时为碱性渣；$B_1 = 1$ 时为中性渣；$B_1 < 1$ 时为酸性渣。表 3-10 中的 B_1 值就是使用式（3-10）计算出来的。从表 3-10 可以看出，只有低氢型焊条和 HJ251 的熔渣才是碱性的，这是符合实际情况的。

（2）离子理论关于碱度的定义与计算　离子理论把液态熔渣中自由氧离子的浓度（或氧离子的活度）定义为碱度。自由氧离子是指游离状态的氧离子。焊接熔渣中自由氧离子的浓度越大，熔渣的碱度越大。离子理论关于熔渣碱度的计算方法中，最常用的是日本的森氏法，即

$$B_2 = \sum_{i=1}^{n} a_i M_i \tag{3-11}$$

式中　B_2——熔渣碱度；

a_i——熔渣中第 i 种氧化物的碱度系数（见表 3-13）；

M_i——熔渣中第 i 种氧化物的摩尔分数。

表 3-13　氧化物的 a_i 值及相对分子质量

分类	氧化物	a_i 值	相对分子质量
碱性	K_2O	9.0	94.2
	Na_2O	8.5	62
	CaO	6.05	56
	MnO	4.8	71
	MgO	4.0	40.3
	FeO	3.4	72
酸性	SiO_2	-6.31	60
	TiO_2	-4.97	80
	Al_2O_3	-0.2	102
	ZrO_2	-0.2	123
	Fe_2O_3	0	159.7

计算结果为，当 $B_2 < 0$ 时为酸性渣；$B_2 = 0$ 时为中性渣；$B_2 > 0$ 时为碱性渣。表 3-10 中的 B_2 值就是用式（3-11）计算的结果。表 3-10 的数据表明，式（3-10）与式（3-11）的计算结果完全一致。

根据熔渣的碱度可以把焊条和焊剂划分为酸性和碱性两类。这两类焊接材料的冶金性能、焊接工艺性能以及焊缝的成分及性能均有显著的不同。

2. 熔渣的粘度

熔渣的粘度是熔渣的重要物理性能之一。熔渣的粘度对焊接工艺性能、金属的保护以及焊接冶金反应都有显著的影响。熔渣的粘度取决于熔渣的成分、结构及温度。熔渣结构越复杂，阴离子的尺寸越大，熔渣质点的移动越困难，熔渣的粘度就越大。

（1）温度对粘度的影响　熔渣粘度与温度的关系如图 3-13 所示。可以看出，随着温度的升高，熔渣粘度下降。酸性渣粘度曲线下降比较缓慢，而碱性渣粘度曲线下降比较迅速。当这两种渣的粘度都变化 $\Delta\eta$ 时，含 SiO_2 多的酸性渣对应的温度变化 ΔT_2 较大，即凝固时间长，称为长渣。长渣不适于仰焊。而碱性渣粘度变化 $\Delta\eta$ 时，对应的温度变化 ΔT_1 较小，即凝固时间短，称为短渣。低氢型和氧化钛型焊条的熔渣属于短渣，适用于全位置焊接。

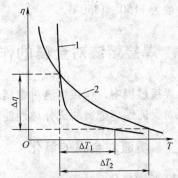

图 3-13　熔渣粘度 η 与温度 T 的关系
1—碱性渣　2—含 SiO_2 多的酸性渣

（2）熔渣成分对粘度的影响　在酸性渣中加入 SiO_2，使 Si-O 阴离子的聚合程度增大，其尺寸也增大，因而熔渣粘度迅速升高。如减少 SiO_2，同时增加 TiO_2，可使复杂的 Si-O 阴离子减少，即降低高温时熔渣的粘度。所以，含 TiO_2 多的酸性渣，它的粘度随温度变化急剧，属于短渣。在酸性渣中，加入碱性氧化物能破坏 Si-O 离子键，减小其尺寸，可降低渣的粘度。

在碱性渣中加入高熔点的碱性氧化物（如 CaO）有可能出现未熔化的固体颗粒，由于增大了渣的流动阻力，而使粘度增加。如果在碱性渣中加入少量 SiO_2，由于 CaO 与 SiO_2 形成低熔点的硅酸盐（如 $CaO \cdot SiO_2$，熔点为 1540℃），可使粘度下降。

焊接钢时，适宜的熔渣粘度在 1500℃ 时为 0.1 ~ 0.2Pa·s。

3. 熔渣的表面张力

熔渣的表面张力对熔滴过渡、脱渣性、焊缝成形及许多冶金反应有重要的影响。

熔渣的表面张力就是气相与熔渣之间的界面张力，主要取决于熔渣的结构和温度。原子之间的键能越大，则表面张力也越大，由于金属键的键能最大，所以液体金属的表面张力最大；具有离子键的物质，如 FeO、MnO、CaO、MgO 等键能比较大，它们的表面张力也较大；具有共价键的物质，如 TiO_2、SiO_2、B_2O_3、P_2O_5 键能较小。

在熔渣中加入酸性氧化物 TiO_2、SiO_2、B_2O_3 等，由于它们形成的阴离子综合矩较小，与阳离子的结合力较弱，而使表面张力减小。在熔渣中加入碱性氧化物 CaO、MgO、MnO 等，可以增加表面张力。此外，加入 CaF_2 也能降低焊接熔渣的表面张力，因为液态 CaF_2 的表面张力在 1470~1550℃时，仅为 0.28N/m。

升高温度可使熔渣的表面张力下降，因为温度升高使离子的半径增大，综合矩减小，同时也增大了离子之间的距离，这样就减弱了离子之间的相互作用力。

4. 熔渣的熔点

熔渣的熔点是影响焊接工艺性能和焊接质量的重要因素之一，因此要求熔渣的熔点（或焊条药皮的熔点、焊剂的熔点）与焊丝和母材的熔点相匹配。

焊接熔渣是多元体系，它由固态转变为液态是在一定的温度区间内进行的。通常把固态熔渣开始熔化的温度称为熔渣的熔点。焊条药皮开始熔化的温度称为焊条药皮的熔点，又称为造渣温度。药皮的熔点越高，其熔渣的熔点也越高。熔渣的熔点取决于组成物的种类、数量和颗粒度。焊条药皮中难熔的物质越多、颗粒越大，其熔点也越高。适于焊接钢的熔渣熔点一般为 1150~1350℃。

3.4　焊接熔渣对金属的作用

焊接过程中，焊接熔渣对金属可以起到机械保护作用。更重要的是熔渣参与焊接冶金反应，对保证焊缝金属的成分与性能起到了重要的作用。

3.4.1　熔渣对金属的氧化

1. 扩散氧化

焊接钢时，FeO 既溶于渣又溶于液态熔池中。在一定温度下达到平衡时，FeO 在两相中的浓度应符合分配定律：

$$L = \frac{(FeO)}{[FeO]} \tag{3-12}$$

若温度不变，当熔渣中的 FeO 增多时，它将向焊缝金属中扩散，而使焊缝的含氧量增加。熔渣中的 FeO 含量与焊缝中含氧量的关系如图 3-14 所示。由图 3-14 可见，焊缝中的含氧量随着熔渣中 FeO 含量的增加而增加。

FeO 的分配常数 L 与熔渣的性质和温度有关。在 SiO_2 饱和的酸性渣中：

$$\lg L = \frac{4906}{T} - 1.877 \tag{3-13}$$

在 TiO_2 饱和的碱性渣中：

$$\lg L = \frac{5014}{T} - 1.980 \qquad (3-14)$$

由式（3-13）和式（3-14）可以看出，当温度 T 增大时，分配常数 L 值减小，这说明在高温时 FeO 更容易向液态钢中分配，所以扩散氧化主要是在熔滴阶段和熔池的高温区进行。在焊接温度下，$L > 1$，所以 FeO 在熔渣中的量总是大一些。

由式（3-13）和式（3-14）可知，在同样温度下，FeO 在碱性渣中比在酸性渣中更容易向金属中分配。也就是说，当熔渣中的 FeO 含量相同时，碱性渣的焊缝含氧量要高（见图 3-15）。这是因为碱性渣含 SiO_2、TiO_2 等酸性氧化物含量较少，FeO 的活度大，容易向金属中扩散而使焊缝的含氧量增加。因此，在碱性焊条药皮中一般不加含 FeO 的物质，并且要求焊接时严格清除工件表面的铁锈及氧化皮，否则会使焊缝增氧，并且会产生气孔等焊接缺欠。在酸性渣中因为含 SiO_2、TiO_2 等酸性氧化物较多，它们与 FeO 形成复合物，例如 $FeO \cdot SiO_2$，而使 FeO 的活度减小。所以，在熔渣中，当 FeO 含量相同时，酸性渣使焊缝的含氧量少。

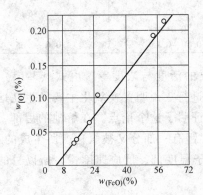

图 3-14　熔渣中的 FeO 含量与焊缝中含氧量的关系

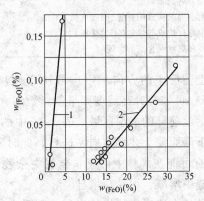

图 3-15　熔渣性质与焊缝含氧量的对应关系
1—碱性渣　2—酸性渣

应该指出，不能由此误认为碱性焊条的焊缝含氧量高于酸性焊条。实际上，碱性焊条的焊缝含氧量低于酸性焊条（见表 3-9），这是因为碱性焊条药皮的氧化势小的缘故。而上述分析中的前提条件是"熔渣中 FeO 含量相同"，这在实际上是不可能的。

2. 置换氧化

如果熔渣中含有较多容易分解的氧化物，它们就可能与液态铁发生置换反应，其结果使铁氧化，该氧化物中的元素被还原。例如，用低碳钢焊丝配合高锰高硅焊剂（如 HJ431）埋弧焊时，发生如下反应：

$$(FeO)$$
$$\uparrow$$
$$(SiO_2) + 2[Fe] \Leftrightarrow [Si] + 2FeO$$
$$\downarrow$$
$$[FeO]$$

$$\lg K_{Si} = \lg \frac{(FeO)^2 [Si]}{(SiO_2)} = -\frac{13460}{T} + 6.04 \qquad (3-15)$$

$$(FeO)$$
$$\uparrow$$
$$(MnO) + 2[Fe] \Leftrightarrow [Mn] + FeO$$
$$\downarrow$$
$$[FeO]$$

$$\lg K_{Mn} = \lg \frac{(FeO)[Mn]}{(MnO)} = -\frac{6600}{T} + 3.16 \qquad (3-16)$$

反应的结果使铁氧化，生成的 FeO 大部分进入熔渣，小部分溶于液态熔池中使焊缝增氧。同时，使焊缝增 Si、增 Mn。

表 3-14　各反应区中金属的成分 （埋弧焊，HJ431）

材质及部位	Si(质量分数,%)	Mn(质量分数,%)
母材	0.01	0.52
焊丝	0.01	0.45
焊丝端部熔滴金属	0.15	0.63
基本上由焊丝构成的焊缝（间接电弧）	0.20	0.86
完全由母材构成的焊缝（不熔化极）	0.04	0.56
由母材和焊丝混合成的焊缝	0.10 ~ 0.15	0.6 ~ 0.65

上述反应的方向和限度取决于温度及反应物质的活度与浓度等。由式（3-15）和式（3-16）可知，升高温度则平衡常数增大，反应向右进行。说明置换氧化主要发生在熔滴阶段和熔池前部的高温区域。表 3-14 中的试验数据也证明了这个论点。在熔池的后部，由于温度下降而使上述反应向左进行，此时已还原的硅、锰有一部分又被氧化，所生成的 SiO_2、MnO 有可能在焊缝中形成非金属夹杂物。但是，由于温度低、反应速度慢，所以总的结果是焊缝中增氧、增锰、增硅。

虽然上述反应使焊缝增氧，但是由于硅、锰的含量同时增加，综合的结果使焊缝性能仍能满足使用要求。所以采用高锰高硅焊剂配合低碳钢焊丝的埋弧焊工艺广泛应用于低碳钢和低合金钢的焊接实践中。对于中、高合金钢的焊接，如果焊缝增氧、增硅，会造成焊缝金属抗裂性及力学性能降低，特别是低温韧性显著降低。

3.4.2　焊缝金属的脱氧

脱氧就是在焊丝、焊剂或焊条药皮中加入某种元素或铁合金，使它在焊接过程中夺取 FeO 中的氧，而自身被氧化，从而使被焊金属不被氧化或减少氧化。用于脱氧的元素或铁合金称为脱氧剂。

尽量减少焊缝中的含氧量是脱氧的目的。这就要求一方面应减少液态金属中溶解的氧，另一方面要排除脱氧产物，因为它是焊缝中夹杂物的主要来源，这类夹杂物会使焊缝含氧量增加。为了满足上述要求，选择脱氧剂须遵循下列原则：

① 在焊接温度下脱氧剂对氧的亲和力应大于母材对氧的亲和力。由图 3-12 可知，焊接铁基合金时，Al、Ti、Si、Mn 等可作为脱氧剂。生产中常用它们的铁合金或金属粉末来脱氧，如钛铁、硅铁、锰铁、铝粉等。

② 脱氧产物应不溶于液态金属，其密度也应小于液态金属的密度。应尽量使脱氧产物处于液态，使它们容易在液态金属中聚集成大的质点，从而使脱氧产物尽快上浮到渣中去，

以减少夹杂物的数量，改善脱氧效果。

③ 须综合考虑脱氧剂对焊缝成分、力学性能及焊接工艺性能的影响。

④ 在满足技术要求的前提下，应注意经济性。

在焊接条件下，化学冶金反应是分区域、连续进行的。同样，焊缝金属的脱氧反应也是分区域、连续进行的，按照脱氧反应进行的方式及特点，可以分为以下三种。

1. 先期脱氧

在药皮加热阶段，固态药皮中所进行的脱氧反应称为先期脱氧，其特点是脱氧过程和脱氧产物与熔滴不发生直接关系。先期脱氧反应主要发生在焊条端部反应区。

含有脱氧剂的药皮被加热时，其中的高价氧化物或碳酸盐分解出的氧和 CO_2 与脱氧剂发生反应，例如：

$$Fe_2O_3 + Mn =\!\!=\!\!= MnO + 2FeO$$
$$FeO + Mn =\!\!=\!\!= MnO + Fe$$
$$MnO_2 + Mn =\!\!=\!\!= 2MnO$$
$$2CaCO_3 + Ti =\!\!=\!\!= 2CaO + TiO_2 + 2CO$$
$$3CaCO_3 + 2Al =\!\!=\!\!= 3CaO + Al_2O_3 + 3CO$$
$$2CaCO_3 + Si =\!\!=\!\!= 2CaO + SiO_2 + 2CO$$
$$CaCO_3 + Mn =\!\!=\!\!= CaO + MnO + CO$$

反应的结果是使气相的氧化性减弱，起到先期脱氧的作用。

先期脱氧的效果取决于脱氧剂对氧的亲和力、脱氧剂的粒度和数量以及焊接参数等因素。碳在先期脱氧中的作用是比较复杂的。虽然碳在高温下对氧的亲和力很大，但是在生产中并不用碳作为脱氧剂，否则熔池中的含碳量增加，容易产生气孔、裂纹等缺欠。

应指出，由于药皮加热阶段温度低，先期脱氧是不完全的，仍然有一部分氧进入熔池，所以必须进一步脱氧。

2. 沉淀脱氧

沉淀脱氧是在熔滴和熔池内进行的，原理是脱氧剂和 FeO 直接反应而把铁还原，脱氧产物浮出液态金属。按照质量作用定律进行的沉淀脱氧对于减少焊缝含氧量起着重要的作用。常用的沉淀脱氧反应有以下几种。

（1）Mn 脱氧反应　在焊条药皮中加入适量的锰铁或焊丝中含有较多的 Mn，可进行如下脱氧反应：

$$[Mn] + [FeO] =\!\!=\!\!= [Fe] + (MnO)$$

$$K = \frac{\alpha_{MnO}}{\alpha_{Mn}\alpha_{FeO}} = \frac{\gamma_{MnO}(MnO)}{\alpha_{Mn}\alpha_{FeO}}$$

式中　γ_{MnO}——渣中 MnO 的活度系数；

α_{MnO}——渣中 MnO 的活度；

α_{Mn}——金属中 Mn 的活度；

α_{FeO}——金属中 FeO 的活度。

当金属中含 Mn 和 FeO 量少时，则 $\alpha_{Mn} \approx [Mn\%]$、$\alpha_{FeO} \approx [FeO\%]$，于是得到

$$[FeO\%] = \frac{\gamma_{MnO}(MnO)}{K[Mn\%]} \tag{3-17}$$

由式（3-17）可知，增加金属中的含锰量，减少渣中的 MnO 可以提高脱氧效果。

熔渣的性质对 Mn 脱氧效果有很大的影响。酸性渣中含有较多的 SiO_2 和 TiO_2，它们与脱氧产物 MnO 生成复合物 $MnO \cdot SiO_2$ 和 $MnO \cdot TiO_2$，从而使 γ_{MnO} 减小，因此脱氧效果较好。相反，在碱性渣中 γ_{MnO} 大，不利于 Mn 脱氧。所以酸性焊条一般用锰铁作脱氧剂，而碱性焊条不单独用锰铁作脱氧剂。

（2）Si 脱氧反应　Si 脱氧反应式如下：

$$[Si] + 2[FeO] \Longrightarrow 2[Fe] + (SiO_2)$$

$$[FeO\%] = \sqrt{\frac{\gamma_{SiO_2}(SiO_2)}{K[Si\%]}} \qquad (3\text{-}18)$$

显然，提高熔渣的碱度和金属中的含硅量，可以改善 Si 脱氧效果。

Si 脱氧能力比 Mn 大，但脱氧产物 SiO_2 的熔点比较高（见表3-15），通常认为它处于固态并且不容易聚合为大的质点，所以容易造成夹杂。SiO_2 与钢液的界面张力小，润湿性好。因此，SiO_2 不容易从钢液中分离而造成夹杂。一般不单独用 Si 进行脱氧。

（3）Mn-Si 联合脱氧　将 Mn、Si 按适当比例加入金属中进行联合脱氧，可以得到较好的脱氧效果。实践证明，当 $[Mn]/[Si] = 3 \sim 7$ 时，脱氧产物可形成硅酸盐 $MnO \cdot SiO_2$，它的熔点低（见表3-15），密度小，在钢液中处于液态（见图3-16）。因此容易聚合为半径大的质点（见表3-16），浮到熔渣中去，可以减少焊缝中的夹杂物，从而降低焊缝中的含氧量。

表3-15　几种化合物的熔点和密度

化合物	FeO	MnO	SiO_2	TiO_2	Al_2O_3	$(FeO)_2SiO_2$	$MnO \cdot SiO_2$	$(MnO)_2SiO_2$
熔点 /℃	1370	1580	1713	1825	2050	1205	1270	1326
密度/(g/cm³)(20℃)	5.80	5.11	2.26	4.07	3.95	4.30	3.60	4.10

表3-16　金属中 $[Mn]/[Si]$ 对脱氧产物质点半径的影响

$[Mn]/[Si]$	1.25	1.98	2.78	3.60	4.18	8.70	15.90
最大质点半径 /cm	0.00075	0.00145	0.0126	0.01285	0.01835	0.00195	0.0006

根据 Mn-Si 联合脱氧的原则，常在 CO_2 气体保护焊焊丝中加入适当比例的 Mn 和 Si。通常焊丝中 $[Mn]/[Si] = 1.5 \sim 3$。用 Mn-Si 焊丝所形成的熔渣主要是由 MnO 和 SiO_2 组成的（见表3-17）。焊缝中的 $[Mn]/[Si]$ 不同，脱氧产物的形态也不同。当 $[Mn]/[Si] = 3.1$ 时，形成的脱氧产物是液态硅酸盐（见图3-16中Ⅳ点），所以焊缝中夹杂物较少。而 $[Mn]/[Si]$ 小时，脱氧产物出现固态 SiO_2，使焊缝夹杂物增多。

其他焊接材料也可利用 Mn-Si 联合脱氧的原则。例如，在碱性焊条药皮中一般加入锰铁和硅铁进行联合脱氧，脱氧效果也比较好。

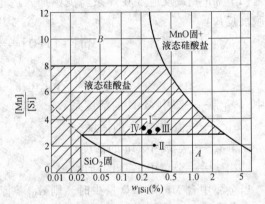

图 3-16　脱氧产物形态与 $[Mn]/[Si]$ 的关系

A、B—固体 + 液态硅酸盐区，1600℃

表 3-17　CO_2 气体保护焊焊接低碳钢时焊缝成分与夹杂物的关系

焊　丝	焊缝成分（质量分数，%）				渣的成分（质量分数，%）				焊缝夹杂物（质量分数，%）	在图 3-16 上的位置
	[Mn]/[Si]	C	Mn	Si	MnO	SiO_2	FeO	S		
H08MnSiA	2.6	0.13	0.78	0.29	38.7	48.2	10.6	0.016	0.014	I
	1.7	0.14	0.82	0.47						II
H08Mn2SiA	2.74	0.12	0.85	0.31	47.6	41.9	8.5	0.050	0.009	III
	3.1	0.14	0.72	0.23						IV

3. 扩散脱氧

扩散脱氧是以分配定律为基础的，是在液态金属与熔渣的两相界面上进行的脱氧反应。由式（3-13）和式（3-14）可知，当温度下降时，FeO 的分配系数 L 增大，即发生如下扩散过程：

$$FeO \longrightarrow (FeO)$$

这就是在熔池后部低温区进行的扩散脱氧。

在酸性渣中，由于 SiO_2 和 TiO_2 能与 FeO 生成复合物 $FeO \cdot SiO_2$ 和 $FeO \cdot TiO_2$，而使 FeO 的活度减小。因此，酸性渣有利于扩散脱氧，而碱性渣的扩散脱氧能力比酸性渣差。

焊接时熔池和熔渣的强烈搅拌作用，在吹力的作用下熔渣不断地向熔池后部运动，这些都有利于沉淀脱氧与扩散脱氧的进行。但是，在焊接条件下冷却速度比较大，扩散时间短，因此扩散脱氧是不充分的。

3.4.3　焊缝金属的脱硫、脱磷

1. 硫的危害及控制措施

硫是焊缝金属中的有害元素。通常硫以 MnS、FeS 两种形式存在于钢中，其中 MnS 对金属的性能影响不大，因为 MnS 不溶于液态铁而浮到熔渣中。即使有少量的 MnS 以夹杂物的形式存在于焊缝中，也是以弥散质点形式分布的。当硫以 FeS 的形式存在时，危害性最大，因为 FeS 与 Fe 在液态可以无限互溶，在室温时 FeS 在固态铁中的溶解度仅为 0.015% ~ 0.02%。在熔池凝固时 FeS 容易发生偏析，以低熔点共晶 Fe + FeS（熔点为 985℃）或 FeS + FeO（熔点为 940℃）的形式呈片状或链状分布于晶界。因此使焊缝金属增加了结晶裂纹的倾向，同时还会降低焊缝的韧性和耐蚀性。

在焊接合金钢（尤其是高镍合金钢）时，硫更为有害。因为此时形成的 NiS 又与 Ni 形成熔点为 644℃的低熔点共晶 NiS + Ni，使焊缝产生结晶裂纹的倾向更大。在合金钢焊缝中，增加含碳量会促使硫发生偏析而加剧它的危害性，因此应尽量减少焊缝中的含硫量。一般在低碳钢焊缝中，硫的质量分数应小于 0.035%，合金钢焊缝中硫的质量分数应小于 0.025%。

控制焊缝中硫的措施有以下方法。

（1）限制焊条、焊剂原材料中的含硫量　焊缝金属中硫的主要来源为母材、焊丝、焊剂或焊条药皮三个方面。但是母材及焊丝中的含硫量一般是比较少的，所以严格控制焊条药皮、焊剂的含硫量是非常重要的。

制造焊条、焊剂时，应严格按照有关标准选择药皮、焊丝的原材料。低碳钢、低合金钢焊丝的硫的质量分数应小于 0.03%；合金钢焊丝的硫的质量分数应小于 0.025%；不锈钢焊丝的硫的质量分数应小于 0.02%。药皮、焊剂、焊丝的原材料都含有硫，均应严格控制其含量。当某些原材料含硫量过高时，应预先进行焙烧处理，使之达到技术要求。

（2）用冶金方法脱硫　选择对硫亲和力比铁大的元素进行脱硫反应，例如：

$$[FeS] + [Mn] = (MnS) + [Fe]$$

$$\lg K = \frac{8220}{T} - 1.86 \tag{3-19}$$

反应的产物 MnS 实际上不溶于熔池，大部分进入熔渣。由式（3-19）可以看出，降低温度使平衡常数 K 增大，有利于脱硫。然而，熔池后部温度低、冷却快、反应时间短，不利于脱硫反应，所以必须增加熔池中的含锰量（$w_{Mn} > 1\%$），才可获得较好的脱硫效果。

在熔渣中，碱性氧化物 MnO、CaO、MgO 进行脱硫的反应如下：

$$[FeS] + (MnO) = (MnS) + (FeO)$$

$$[FeS] + (CaO) = (CaS) + (FeO)$$

$$[FeS] + (MgO) = (MgS) + (FeO)$$

上述反应的产物 MnS、CaS、MgS 不溶于熔池而进入熔渣。显然，增加渣中 MnO、CaO 的含量，减少渣中 FeO 的含量有利于脱硫。

常用的焊条药皮和焊剂的碱度都不高，通常 $B < 2$，脱硫的能力有限；而且实际的焊接材料由于碱度不能随意增加、冶金反应的时间短暂等，使焊接时的脱硫效果受到限制。所以，严格限制焊接材料的含硫量是主要的措施。研究结果表明，稀土元素不仅可以脱硫和改善硫化物的形态、尺寸及分布状况，而且可以提高焊缝的韧性。因此，加强这方面的研究，对于解决新型洁净钢、精炼钢焊接时脱硫是有帮助的。

2. 磷的危害及控制措施

磷在多数钢中是有害的杂质。磷在钢中主要以 Fe_2P、Fe_3P 的形式存在。在液态铁中可溶解较多的磷，而在固态铁中磷的溶解度只有千分之几。磷与铁、镍可以形成低熔点共晶，如 $Fe_3P + Fe$（熔点为 1050℃），$Ni_3P + Ni$（熔点为 880℃）。因此，当熔池凝固时，磷易造成偏析。磷化铁常分布于晶界，减弱了晶间结合力，这样就增加了焊缝金属的冷脆性，使得韧性降低，韧脆转变温度升高。此外，焊接奥氏体钢或低合金钢焊缝含碳量较高时，磷还能促使形成结晶裂纹。所以应当采取技术措施限制焊缝中的含磷量。

控制焊缝中磷的措施有以下方法。

（1）限制焊条、焊剂原材料的含磷量　焊条药皮和焊剂中的锰矿是焊缝增磷的主要来源，锰矿中通常磷的质量分数约为 0.22%，其存在形式为 $(MnO)_3 \cdot P_2O_5$，因此高锰熔炼焊剂含磷的质量分数约为 0.15%，而不含锰矿的焊剂一般磷的质量分数小于 0.05%。

（2）用冶金方法脱磷　为将进入液态金属中的磷脱除，可采用以下脱磷方法：第一步将磷氧化为 P_2O_5；第二步使 P_2O_5 与渣中的碱性氧化物生成稳定的磷酸盐，其反应式如下：

第一步：$\qquad 2[Fe_3P] + 5(FeO) = P_2O_5 + 11[Fe]$

第二步：$\qquad P_2O_5 + 3(CaO) = ((CaO)_3 \cdot P_2O_5)$

$$P_2O_5 + 4(CaO) = ((CaO)_4 \cdot P_2O_5)$$

将上述反应合并得

$$2[Fe_3P] + 5(FeO) + 3(CaO) = ((CaO)_3 \cdot P_2O_5) + 11[Fe]$$

$$2[Fe_3P] + 5(FeO) + 4(CaO) =\!=\!= ((CaO)_4 \cdot P_2O_5) + 11[Fe]$$

这些反应说明,增加熔渣的碱度可以减少焊缝的含磷量,这已被焊接试验所证明。

　　总之,焊接熔渣的碱度受焊接工艺性能的限制不可过分增大。同时,在碱性渣中也不允许含有较多的 FeO,否则会使焊缝增氧,不利于脱硫,甚至产生气孔。所以,碱性渣的脱磷效果很不理想。酸性渣中虽然含有较多的 FeO,有利于磷的氧化,但由于碱度很低,其脱磷能力比碱性渣更低。所以,焊接时脱磷比脱硫更加困难,控制焊缝含磷量的主要措施是严格限制焊接材料中的含磷量。

第4章 焊接材料设计基础

焊接材料是决定焊接接头质量的关键因素之一。焊接材料从光焊条到薄药皮焊条、厚药皮焊条、埋弧焊用焊丝、焊剂、气体保护焊丝、保护气体，直到现在的药芯焊丝，经过了很长时间的发展，每种新焊接材料的出现都使得焊接技术的发展产生一个新的飞跃。

4.1 焊条设计基础

焊条是涂有药皮的供焊条电弧焊用的熔化电极，由药皮和焊芯两部分组成。焊芯是填充金属的主要部分，药皮是由具有不同物理和化学性质的细颗粒物质所组成的紧密的混合物。设计焊条，除了要求掌握有关焊接基础理论知识外，还须继承和掌握传统的、现行的典型药皮类型的特性、化学成分的组成、所选用各种原材料的技术指标要求，掌握好设计原则、设计依据、设计方法、设计步骤等，才能有所创新。

4.1.1 焊条设计的原则和方法

1. 焊条的设计原则

焊条设计的依据主要有以下几点：

1）依据被焊母材的化学成分、力学性能或其他特殊要求（如高温、低温；高压、低压；耐磨、耐腐蚀等）。

2）依据被焊工件的工作条件要求。

3）依据施焊现场设备（如交、直流弧焊机）和施工条件（如室内、室外、高空、水下等）要求。

4）依据焊条制造工艺（如手工蘸制、机械涂压）和设备（如螺旋机、油压机）要求。

焊条的设计原则是：技术上必须可靠，制造上必须可能，经济效益好，卫生指标先进。

2. 焊条的设计方法

焊条的品种繁多，当前国内外不同用途的系列产品约有 300 种，各种焊条经典配方有 1000 个以上，消化、吸收这些经典配方，并在此基础上开拓创新，对于节省人力、物力、财力，加快焊条配方的设计进度具有实际意义。同种焊条的规格不同，其药皮配方也有所区别，一般设计上选择 $\Phi 4mm$ 的焊条作为突破口，其他规格的焊条配方以 $\Phi 4mm$ 的为基础进行调整，这有利于提高工作效能。

焊条配方设计的方法很多，常见的有直观计算法、三角渣系图法、优选法、正交回归设计法、计算机辅助设计法等。

焊条设计是一个多因子试验设计问题，各因子之间往往存在着复杂的交互作用和非线性效应。当前，国内外广泛采用的经验法和单因子轮换法，虽然简单易行，但依赖于经验，局限性较大，往往需要做大量的试验，成本高，研制周期长，且不能考虑因子间的交互作用，难以建立组分与焊条性能之间关系的数学模型和求出最优配方。

随着计算机技术、现代试验设计和最优化技术的发展和应用，有可能通过人机对话方式，把人的经验和智慧与计算机的高速运算和准确判断能力结合起来，以最少的试验量获得充分的信息，建立高精度的数学模型，借助最优化技术，在研究区域求出最优配方。

4.1.2 焊条设计的步骤

根据焊接冶金理论和实践经验，并参照有关技术资料，提出解决焊条设计难点的技术路线。因此，"目标制订明确、难点分析准确、技术路线正确"是研制焊条的关键。在上述基础上制订焊条的试制方案，拟定熔敷金属的合金系统，选定焊芯、药皮类型，并考虑设备条件、原料来源和经济合理性。通过调整试验完成焊条设计工作。

1. 焊芯的设计与选定

焊芯的化学成分和性能直接影响焊缝金属的性能与质量，常用的焊芯有低碳钢和不锈钢两类。

碳钢焊芯设计主要是设计焊芯的化学成分，包括 C、Si、Mn、S、P 的含量。

焊芯的含碳量越高，则焊缝出现气孔和裂纹的倾向越大，当碳的质量分数大于 0.1% 时，就可能引起碳的严重偏析，并易产生结晶裂纹，使焊缝的韧性和塑性急剧下降，同时在液态金属中由于碳氧化形成的大量 CO，还会增大飞溅，或在焊缝中形成气孔。所以，焊芯的含碳量愈低愈好，如 "H08A" 焊芯要求碳的质量分数小于 0.10%。对于耐磨堆焊焊条和铸铁焊条来说，由于其熔敷金属要求较高的含碳量，焊芯的含碳量就可以很高。

锰是很好的脱氧剂和合金剂，具有脱硫作用。试验证明，在焊接低碳钢时，锰的质量分数为 0.5% 左右时脱氧效果最佳。因此 "H08A" 焊芯中锰的质量分数控制在 0.30% ~ 0.55% 之间。

硅是一种强还原剂，在焊接过程中被氧化生成 SiO_2，增加熔渣的酸度与粘度，易使焊缝产生气孔和夹渣。焊芯中硅含量增高可增加电阻率，使焊条焊接时易发红，影响焊接质量。因此，焊丝的含硅量愈低愈好。"H08A" 焊芯中硅的质量分数控制在 0.03% 以下。

硫、磷都是有害杂质，它会降低焊缝的韧性和塑性，增加焊缝产生裂纹的敏感性。因此，焊芯中的硫、磷含量须严加限制，"H08" 和 "H08A" 焊芯硫、磷的质量分数分别控制在 0.04% 和 0.03% 以下。

对于熔敷金属合金含量要求较高的焊条，可以在焊芯中加入合金元素，通过焊芯过渡合金元素。

生产焊芯的盘条已列入国家标准，可根据所设计焊条熔敷金属的化学成分选用。我国除不锈钢、镍基合金、有色金属和少数堆焊焊条外，大多数品种的焊条选用 H08A 焊芯，通过药皮过渡合金元素，实现合金化，获得不同类型或不同用途的焊条。

2. 药皮类型选定及其特性

焊条药皮配方的设计，除了探索新渣系创新产品外，一般是沿用或发展已有的药皮类型，通过试验来完成新焊条的配方设计。常用药皮类型的成分范围见表 4-1。

药皮类型主要根据焊条设计的技术要求选定，焊条设计的技术要求包括力学性能、化学成分、工艺性能指标及其他特殊性能等。

（1）钛型 钛型焊条药皮在碳钢焊条中应用颇多，焊接熔渣在高温时，具有良好的流动性，凝固温度区间较小，一般为 1320 ~ 1420℃，具有短渣特性。

表 4-1　常用药皮类型的成分范围　　　　　　　　（质量分数，%）

药皮类型	SiO$_2$	TiO$_2$	Mn	MgO	Al$_2$O$_3$	CaO	FeO	CaF$_2$	石墨	挥发成分
钛型	15~31	24~48	5~7	≈5	4~6	≤12	4~22	—	—	<12
钛钙型	10~30	20~35	6~9	1~5	5~8	8~12	5~25	—	—	<10
钛铁矿型	23~38	10~18	10~19	1~8	3~9	4~8	7~25	—	—	2~10
氧化铁型	35~40	<1	16~18	<5	<4	<3	30~35	—	—	<2
低氢型	5~25	<22	2~7	<5	<12	8~26	2~20	10~23	—	<20
纤维素型	20~26	11~15	6~8	3~5	9~10	<2	2~12	—	—	2~10
石墨型	<10	<10	<5	<5	—	8~25	BaO 5~30	8~20	15~30	<20

高钛钠型药皮约含质量分数为 50% 的氧化钛，并含有一定量的硅酸盐、锰铁、纤维素等，用钠水玻璃做粘结剂，典型焊条为 E4312 型。该类焊条的电弧稳定，再引弧容易，熔深较浅，渣覆盖良好，脱渣容易，焊波整齐、美观，适用于全位置焊接，可交、直流两用，但熔敷金属的塑性及抗裂性较差，主要用于碳钢薄板结构的焊接，也可用于盖面焊。

高钛钾型药皮的组成与 E4312 相似，但采用钾水玻璃作粘结剂，典型焊条为 E4313 型，电弧更为稳定，工艺性能、焊缝成形比 E4312 好，主要用于焊接碳钢薄板结构或盖面焊。

铁粉钛型焊条（E5014、E4324、E5024）是在 E4313 焊条药皮配方的基础上，添加铁粉设计而成的，提高了熔敷效率。E5014 焊条适用于全位置焊接，焊波整齐，表面均匀光滑、脱渣容易，可交、直流两用，主要用于焊接一般的低碳钢结构。E4324、E5024 含有较多铁粉，药皮较厚，熔敷效率更高，适于平焊和横角焊，飞溅少，熔深浅，焊缝表面光滑，可交、直流两用。

（2）钛钙型　碳钢钛钙型焊条（如 E4303、E5003）的药皮中，含有质量分数为 30% 以上的氧化钛和 20% 以下的钙或镁的碳酸盐矿。熔渣流动性良好，脱渣容易，电弧稳定，熔深适中，飞溅少，焊波整齐。适用于全位置焊接，可交、直流两用。该类型焊条主要用来焊接重要的低碳钢结构。

铁粉钛钙型药皮焊条（如 E4322）是以钛钙型药皮组成为基础，加入较多铁粉设计而成的，从而提高焊条的熔敷效率，其主要工艺性能与普通钛钙型焊条相似。适用于平焊和横角焊，主要用于焊接较重要的低碳钢结构。

（3）钛铁矿型　钛铁矿型药皮的焊接熔渣凝固温度区间为 1130~1260℃。主要用于碳钢焊条，如 E4301、E5001。在这类焊条药皮中，钛铁矿的质量分数一般在 30% 以上，熔渣的流动性较好，电弧稍强，熔深较大，熔渣覆盖良好，脱渣容易，飞溅一般，焊波整齐。药皮组成物可调范围较大。在药皮配方中一般应增加其脱氧能力。该焊条适用于全位置焊接，可交、直流两用，主要用来焊接较重要的低碳钢结构。

（4）氧化铁型　氧化铁型焊条药皮的焊接熔渣凝固温度区间为 1180~1350℃，主要用于低碳钢焊条（如 E4320）。药皮中含有较多的氧化铁，以较多的锰铁作脱氧剂。电弧吹力大，熔深较深，电弧稳定，再引弧容易，熔化速度快，熔渣覆盖好，脱渣容易，焊缝致密，略带凹度，飞溅稍大，对水、锈、油污不敏感，适用于平焊及横角焊。焊接电源为交流或直流正接。主要用于焊接较重要的低碳钢结构。

E4322 焊条也为氧化铁型药皮，工艺性能与 E4320 相似，但焊缝较凸，不均匀。适于单道焊，高速焊接，可交、直流两用，主要用于焊接低碳钢薄板结构。

（5）纤维素型　纤维素型焊条的焊接熔渣凝固温度区间为 1200～1290℃。

高纤维素钠型（如 E4310）焊条药皮中约含有质量分数为 30% 左右的纤维素或其他有机物材料，并加有氧化钛、锰铁等，以钠水玻璃作粘结剂。焊接时有机物在电弧区分解产生大量的气体，保护熔敷金属。电弧吹力大，熔深较深，熔化速度快，熔渣少，脱渣容易，飞溅一般。不能用大电流焊接，以防有机物过早烧损。采用直流反接，主要用于焊接一般的低碳钢结构，如管道的焊接等，也可用于打底焊接。

E4311、E5011 为高纤维素钾型焊条，其药皮是在 E4310 的基础上，添加少量的钙和钾的化合物组成的，电弧稳定，采用交流或直流反接。当采用直流反接时，熔深较浅，其他性能与 E4310 相似，适用于全位置焊接，主要用于焊接一般的低碳钢结构。

（6）低氢型　低氢型焊条药皮应用广泛，在碳钢、低合金钢、高合金钢（如不锈钢）、堆焊、铸铁等焊条中有较多的应用。低氢型药皮的熔渣碱度较高，有利于合金元素的过渡和去除有害杂质。

低氢钠型焊条如 E××15（碳钢或低合金钢）、ED××25（堆焊）、E×-×-×-×-15（不锈钢）等，其药皮的主要组成物是碳酸盐和氟化物，碱度较高，合金元素的过渡系数高，熔渣流动性好，焊接工艺一般，焊波较粗，熔深适中，脱渣性较好。要求焊条烘干，直流反接，短弧操作。对结构钢焊条，可全位置焊接，熔敷金属具有良好的塑性、韧性和抗裂性能，扩散氢含量低，主要用于焊接重要的碳钢结构或强度等级相当的低合金钢结构。

低氢钾型焊条如 E××16、ED××-16（堆焊）等，焊条药皮是在低氢钠型 E××15 的基础上添加稳弧剂组成的，如用钾水玻璃作粘结剂等。焊接电源极性可使用交流或直流反接，操作特点及使用范围与低氢钠型焊条基本相同。

E5018 为铁粉低氢型焊条，其药皮在 E5016 的基础上添加质量分数为 25%～40% 的铁粉，药皮稍厚，焊接电源极性可使用交流或直流反接，宜短弧操作，适于全位置焊接。角焊缝较凸，焊缝表面平滑，飞溅较少，熔深适中，熔敷效率较高，主要用于焊接重要的低碳钢结构，也可焊接与焊条强度等级相当的低合金钢结构。

E4328、E5028 为铁粉低氢型焊条，其药皮与 E5018 相似，但添加了大量的铁粉，药皮很厚，熔敷效率很高，只适用于平焊、横角焊。焊接电源可为交流或直流反接，主要用于焊接重要的低碳钢结构，也可焊接与焊条强度相当的低合金钢结构。

E5048 型焊条药皮中加有更多的碳酸盐，熔渣性能好，具有良好的向下立焊性能。

（7）石墨型　石墨型焊条一般除含有与碱性药皮相近似的成分或钛的矿物外，在药皮中还加入了较多的石墨，使焊缝金属获得较高的游离碳或碳化物。这类药皮的焊条焊接时烟雾较大，其他工艺性能较好，飞溅较少，熔深较浅，引弧容易，可交、直流两用。

该类焊条的药皮极易吸潮、强度较差。施焊时一般以小热输入为宜。主要用于铸铁焊条、堆焊焊条。

（8）盐基型　盐基型焊条的药皮主要由氯盐（如氯化钠、氯化钾、氯化锂等）和氟盐（如氟化钠、氟化钾、冰晶石等）组成。其特点是药皮熔点低、熔化速度快、焊接工艺性能差。宜采用直流反接、短弧操作，主要用于铝及铝合金焊条。由于熔渣具有一定的腐蚀性，因此焊后应仔细清理焊件。

3. 药皮原材料的选用

药皮原材料的选用一般是依照焊条的设计要求（如化学成分、力学性能、工艺性能、制造条件、经济效益等），根据选定的焊芯确定。正确、合理地选用药皮原材料直接影响焊条设计的成败、制造工艺的可行性或难易程度、产品质量等。设计者应依照以下原则进行选用。

1）所选用的药皮原材料必须符合原材料标准或技术条件，这是确保产品质量和制造工艺稳定性的根本原则。

2）同一类原料有品级（如优级、一级、二级等）、纯度（如工业纯、化学纯）差别以及金属或铁合金（也有品级不同）之分，这些差异在价格上有很大不同。正确的选用是以满足焊条设计要求为基点。一般来说，设计技术要求高的产品宜选用较为高级优质的原料，而设计技术指标要求较低时，可选用普通的原材料。碳钢焊条与不锈钢焊条相比，同是用金红石造渣，就品级来讲前者品级宜低（如选用二级），也可用还原钛铁矿代替；后者品级宜高（可选用一级或优级）。同用锰脱氧和补充锰的烧损，前者宜用中碳锰铁，后者宜用金属锰或电解锰。

3）药皮原材料选用应全面考虑其性能，合理利用。如钛白粉和金红石的化学成分虽然基本相同（TiO_2），但晶体结构完全不同，因而电阻率、热导率均有很大差异，且两者的粒度差别也很大，对焊条压涂性能的影响各不相同。在焊条设计和选用原材料时不可互相取代，否则会直接影响焊条的工艺性能和压涂性能。

4）焊条配方设计和原材料选用时，在满足设计要求的条件下，应力求简化组分品种，选用焊条生产中的通用材料，达到方便生产、简化管理的目的。

5）在焊条配方设计和原材料选用上应敢于创新，不断地开发探索新材料，改造旧渣系，创建新渣系，推动焊条技术的不断发展和提高。

近几年，我国焊条制造业开发利用了不少新的原材料，如海泡石、硅泥、绢云母、绢英岩、竹粉等，部分取代了价格昂贵的钛白粉和金红石，对改善焊条的压涂性能、提高焊条质量、降低生产成本，取得了良好效果。

4. 焊条药皮外径的设计

焊条的焊接工艺性能及焊缝金属的内在质量，不仅与焊条药皮配方有关，还与焊条药皮的厚度密切相关。实践证明，过厚的药皮会使药皮套筒增长，引起断弧，有时还会造成药皮成块脱落，焊缝内易形成夹杂物；药皮过薄时，造渣、造气不足，保护不良以及电弧不稳，严重地恶化焊条的工艺性能。药皮厚度的变化，也会直接影响到合金元素的过渡、焊缝金属的合金化和内在质量，对采用药皮过渡合金的焊条尤为重要。焊条药皮的外径是焊条设计的一个组成部分，在焊条调试和生产中必须严格控制。

通常采用药皮重量系数进行药皮组成成分或合金元素过渡和焊缝金属合金化的计算，生产中有时也用药皮重量系数来检查焊条药皮外径尺寸的合理性。药皮重量系数系指焊条药皮与焊芯（不包括夹持端）重量的百分比。一般焊条药皮的重量系数多在 $40\% \sim 60\%$。对要靠药皮过渡大量合金元素的高合金焊条、堆焊焊条、高效铁粉焊条等，药皮重量系数可达 100% 以上，但有一定的限度，因为焊条药皮外径必须限制在某一范围内，否则会给焊条制造和使用带来很大困难，一般为

$$D/d \leqslant 2.1$$

式中　D——焊条药皮外径（mm）；

　　　d——焊芯直径（mm）。

酸性焊条的药皮重量系数比碱性焊条的稍大，这是因为酸性焊条的气体保护效果不如碱性焊条。镍基石墨型铸铁焊条、铝及铝合金盐基型焊条的药皮重量系数较小，造气、脱氧和稳弧是这类焊条药皮的主要作用。

通常情况下，根据所设计焊条的技术要求、药皮类型和采用药皮过渡合金元素的数量，来选定药皮重量系数，并根据药皮重量系数，参照相近似的焊条确定药皮外径尺寸，最后通过试验确定焊条药皮的外径尺寸。

焊条药皮外径尺寸通常以一种规格（如 $\phi 4mm$）作为突破口，然后再调试其他规格的焊条，此时可借助经验公式确定其他规格焊条药皮的外径。

$$D_n = \frac{D_0}{d_0} \times d_n \pm 0.1$$

式中　D_n——需求规格焊条的药皮外径（mm）；

　　　D_0——已知规格焊条的药皮外径（mm）；

　　　d_0——已知规格焊条的焊芯直径（mm）；

　　　d_n——需求规格焊条的焊芯直径（mm）；

　　　± 0.1——由大规格求较小规格焊条时为"＋"，反之为"－"。

生产过程中，焊条药皮外径尺寸靠涂粉模来控制。

4.1.3　焊条的药皮设计

焊条的焊芯多选用 H08A。一般酸性焊条的药皮重量系数约为 35%，碱性药皮略低于此值，而堆焊焊条则较高，可达 160% 左右。厚药皮可过渡大量合金元素，也有药皮重量系数为 1%～20% 的薄药皮焊条，药皮仅起引弧、稳弧作用。

粘接在焊芯上的各种粉料和粘结剂的混合物称为药皮，未涂挂之前的混合物称为涂料，涂料是由多种原材料组成的。焊条药皮中原材料的作用归纳起来有七个方面，即稳弧、造渣、造气、脱氧、合金化、粘结和成形。

1. 稳弧剂

焊条的稳弧性取决于其化学成分，在焊条药皮中加入的具有稳定电弧作用的组分，称为稳弧剂。含有易电离元素及其化合物的物质常用做稳弧剂，药皮中稳弧剂含量越多，电弧稳定性越好。元素的电离势可以作为选择稳弧剂的依据，元素的电离势越小则越易电离，常见元素及化合物的电离势见表 4-2。

表 4-2　常见元素及化合物的电离势

元素	电离势/eV	元素	电离势/eV	元素	电离势/eV
Cs	3.86	Yb	6.20	Si	8.15
K	4.34	Y	6.38	C	11.26
Na	5.14	Cr	6.76	H	13.60
Ba	5.21	Ti	6.82	O	13.61
Li	5.39	Mo	7.10	CO	14.01
Nd	5.51	Mn	7.43	N	14.53
Ce	5.60	Ni	7.63	Ar	15.76
Sm	5.60	Mg	7.64	F	17.42
Al	5.95	Cu	7.72	He	24.58
Ca	6.11	Fe	7.87		
Er	6.08	W	7.98		

由表 4-2 可见，Li、K、Na、Cs 等碱金属元素和 Ba、Ca、Mg 等碱土金属元素的电离势较低。因此，含有碱金属和碱土金属元素的化合物和金属矿物可以作为稳弧剂。考虑到经济性、焊条抗潮性等，目前常用的是含有 K、Na 易电离碱金属元素的碳酸钾、纯碱、长石、云母等，以及含有碱土金属元素的菱苦土、大理石、碳酸钡等。

卤族元素不仅电离势高，而且与电子亲和力很大，能夺取电子形成质量大的负离子而恶化电弧燃烧的稳定性。如碱性低氢焊条药皮中加入的萤石（CaF_2），使电弧稳定性变得很差。

除元素的电离势影响电弧稳定性外，药皮的熔化状态也影响电弧的稳定性。如药皮中加入能产生 CO 和 H_2 的有机物，虽然 CO 和 H_2 的电离势很高，但可使药皮疏松易熔，不形成长的套筒，所以电弧的稳定性也很好。

2. 造渣剂

（1）熔渣的形成 药皮中加入造渣剂，焊接时熔化形成一定数量、具有一定物理、化学性能的熔渣，覆盖着熔化金属，保护熔滴和熔池免受大气中氧、氮的不良影响，并降低焊缝的冷却速度，改善焊缝成形。焊条药皮中常用的造渣剂包括大理石、菱苦土、白云石、碳酸钡等碳酸盐，形成 SiO_2 的石英砂、白泥、云母、白土子、长石等，形成 TiO_2 的钛白粉、金红石、钛铁矿、还原钛铁矿等，含有高价氧化物的赤铁矿、锰矿等矿物，以及氟化物萤石等。碳酸盐和高价氧化物在焊接冶金过程中需要通过分解反应造渣，其他的无需反应直接造渣。

药皮中的碳酸盐和赤铁矿、锰矿，在焊接冶金过程中分解形成熔渣。大理石的主要成分是 $CaCO_3$，菱苦土的主要成分是 $MgCO_3$，其分解反应如下：

$$CaCO_3 = CaO + CO_2$$
$$MgCO_3 = MgO + CO_2$$

理论计算表明，在空气中 $CaCO_3$ 开始分解的温度是 533℃，而 $MgCO_3$ 开始分解的温度是 318℃。加热速度提高，碳酸盐的分解温度升高。药皮中碳酸盐与 CaF_2、SiO_2、TiO_2、Na_2CO_3 等共存时，会使碳酸盐的分解温度降低。另外，碳酸盐的粒度越小，越易分解。大理石分解产生的 CaO 是碱性氧化物，能提高熔渣的碱度，增加熔渣的表面张力和熔渣与熔化金属之间的界面张力，粗化熔滴，影响熔滴的过渡形态，具有脱硫、脱磷能力。同时，大理石分解出的 CO_2 气体，对焊接区起到气保护的作用。菱苦土的作用类似于大理石。

白云石的化学式是 $CaMg(CO_3)_2$，其分解反应分为以下两步。

第一步： $$CaMg(CO_3)_2 = CaCO_3 + MgO + CO_2$$

第二步： $$CaCO_3 = CaO + CO_2$$

赤铁矿、锰矿的主要成分分别为 Fe_2O_3、MnO_2，焊接过程中将逐级分解出低价氧化物作为造渣成分，同时生成大量的氧气，增加电弧气氛的氧化性，分解反应如下：

$$6Fe_2O_3 = 4Fe_3O_4 + O_2$$
$$2Fe_3O_4 = 6FeO + O_2$$
$$4MnO_2 = 2Mn_2O_3 + O_2$$
$$6Mn_2O_3 = 4Mn_3O_4 + O_2$$
$$2Mn_3O_4 = 6MnO + O_2$$

药皮的熔化状态与熔渣的凝固温度范围、粘度、表面张力等是影响焊缝成形的重要因素。

（2）药皮的熔化状态与熔渣的凝固温度对焊缝成形的影响　药皮是多种物质的机械混合物，它们在熔化形成熔渣时，各组成物之间发生相互作用，形成复合化合物、共晶体等多元体系，所以药皮或熔渣的熔化和凝固是在一个温度范围内进行的。药皮熔点是指药皮开始熔化的温度（即造渣温度），而熔渣的凝固温度则是指熔渣转变为固态的温度（是一个温度区间）。通常药皮的熔点总是高于熔渣的凝固温度。

一般要求药皮熔点比焊芯熔点低 150～250℃。药皮熔点过高，焊条末端形成的"套筒"较长，焊接时易断弧，或药皮成块脱落，失去保护作用或落入熔池形成夹渣。相反，药皮熔点过低，则熔化过早，熔渣很稀、易流失，失去对焊缝的保护作用。同时，药皮熔点过低，形成"套筒"太短或不形成"套筒"，则使电弧吹力小而分散，立焊时极易与焊件发生粘连。

熔渣的凝固温度过高，则其凝固时间短，影响冶金反应的充分进行，甚至造成渣压熔池、焊缝成形不良、气孔等缺欠，难以脱渣。焊缝表面产生的"麻点"也与熔渣的凝固温度有关。当熔渣凝固温度较高时，则焊缝结晶过程中，液态金属中过饱和气体析出时，熔渣粘度已经很大，气体不能顺利由渣内逸出而留在熔池与熔渣的界面上，聚集达到一定压力，压迫熔池，就会使焊缝在凝固后存在压痕，即"麻点"。

熔渣凝固温度过低，则熔渣对焊缝起不到限制成形的作用，使焊缝成形不良，同时还延长了熔渣与已凝固焊缝金属的作用时间，使脱渣性能变坏。

药皮熔点的高低取决于药皮组成物的种类及其粒度，药皮组成物的熔点越高、粒度越大，药皮的熔点也越高。药皮中常见化合物的熔点见表 4-3。

表 4-3　药皮中常见化合物的熔点

化合物	熔点/℃	化合物	熔点/℃
TiN	2900	Fe_2O_3	1600
MgO	2800	MnO	1585
CaO	2600	$CaO \cdot SiO_2$	1540
Cr_2O_3	2277	CaF_2	1478
$2CaO \cdot SiO_2$	2130	FeO	1369
Al_2O_3	2050	$2MnO \cdot SiO_2$	1365
TiO_2	1825	$2FeO \cdot SiO_2$	1320
SiO_2	1728	$MnO \cdot SiO_2$	1285
MnS	1620	FeS	1193

熔渣的凝固温度取决于其成分，从表 4-3 可见，大多数氧化物的熔点都比钢铁材料的熔点（1500℃左右）高。但多种一定比例的氧化物混合组成药皮，相互作用后就可以得到合适的熔渣凝固温度，满足焊接要求。例如在实际生产中，对于钛钙型的酸性焊条药皮配方，为了得到适合焊接要求的药皮熔点和熔渣凝固温度，主要是调整二氧化钛、碳酸盐和硅酸盐

三者之间的比例，碳酸盐用量过高则使药皮熔点显著增高。对于碱性低氢型焊条，主要是调整大理石和萤石的比例，大理石含量增加时，药皮熔点也相应提高。

渣系平衡图是确定熔渣成分组成的重要依据，图 4-1 为 $CaO\text{-}SiO_2\text{-}TiO_2$ 三元渣系平衡图，可见，当三者配比恰当时，中间有一个熔点较低的区间。通常生产中用质量分数为 6% ~ 10% 的 CaO、18% ~ 23% 的 SiO_2、31% ~ 34% 的 TiO_2，再配以适量的其他组元，如 FeO、MgO、MnO 等，就可以获得凝固温度为 1300℃ 左右的熔渣，这就是生产中广泛采用的钛钙型渣系。在焊条配方设计时，往往是首先根据实际需要，大致选定一个已经应用的渣系配比，然后再在实践中反复地试验调整，直至合乎要求。

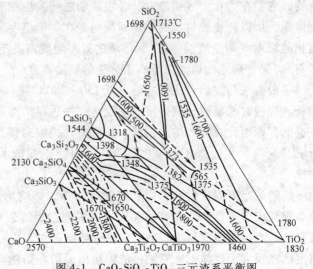

图 4-1　$CaO\text{-}SiO_2\text{-}TiO_2$ 三元渣系平衡图

（3）熔渣的粘度和表面张力对焊缝成形的影响　熔渣的粘度与熔渣的化学成分和温度有关。在熔渣的化学成分一定时，熔渣的粘度随着温度的升高而下降。熔渣的化学成分不同，其粘度随温度变化的速率是不同的。通常碱度小的熔渣，粘度随温度的提高逐渐变小，即粘度随温度变化的速率较小，如图 3-13 所示的曲线 2，这类渣称为"长渣"。而碱度大的熔渣随着温度的升高，粘度急剧下降，即粘度随温度变化的速率较大，这类渣称为"短渣"。低氢焊条和钛钙型焊条的熔渣均属于短渣，短渣对防止液态金属流失非常有利，适于立焊、仰焊。

在焊接温度下，熔渣粘度越小，流动性越大，熔渣也越活泼，冶金反应进行得越充分。但粘度过小，则会造成淌渣，使渣不能全部覆盖于焊缝上，减弱冶金反应的进行并失去对金属的保护作用。相反，若渣的粘度过大，会使冶金反应缓慢，焊缝成形变差。焊接熔渣粘度 μ 通常要求在 1500℃ 时为 0.15Pa · s 左右，立焊、仰焊时可略高一些。

熔渣的粘度主要与熔渣中复杂阴离子的结构有关。阴离子的聚合程度越高，结构越复杂，质点越大，熔渣的粘度就越大。酸性渣中 SiO_2 的含量较高，聚合的 Si-O 离子较多，粘度较大。如向酸性渣中加入碱性氧化物，发生如下反应：

$$2Si_3O_9^{6-} + 3O^{2-} \Longrightarrow 3Si_2O_7^{6-}$$

$$Si_2O_7^{6-} + O^{2-} \Longrightarrow 2SiO_4^{4-}$$

结果使 Si-O 聚合离子变小，粘度下降。

CaF_2 既能促进 CaO 熔化，降低碱性渣的粘度，又能在渣中产生阴离子 F^-，破坏 Si-O 键，降低酸性渣的粘度。Al_2O_3 加入碱性渣中可降低粘度，加入酸性渣中可增大粘度，其影响与 SiO_2 类似。但 TiO_2 对熔渣粘度的影响与 SiO_2 不同，而与 CaO 类似。

各种复合物对熔渣粘度的影响是按下列顺序增加的：$FeO · SiO_2 < MnO · SiO_2 < MgO · SiO_2 < CaO · SiO_2 < Fe_2O_3 · SiO_2 < Al_2O_3 · SiO_2$。

$CaO\text{-}SiO_2\text{-}TiO_2$ 系、$CaO\text{-}SiO_2\text{-}CaF_2$ 系熔渣的等粘度曲线分别示于图 4-2 和图 4-3。

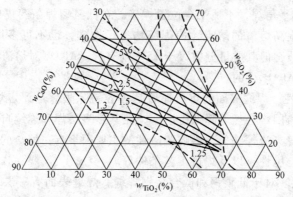

图 4-2　$CaO\text{-}SiO_2\text{-}TiO_2$ 系熔渣等粘度曲线（1600℃）

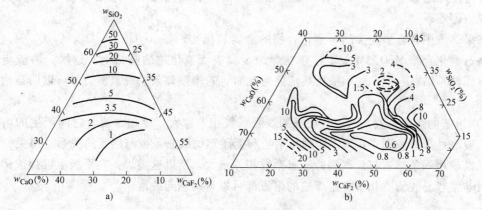

图 4-3　$CaO\text{-}SiO_2\text{-}CaF_2$ 系熔渣等粘度曲线

a）温度 1200℃，加质量分数为 15% 的 Al_2O_3　　b）温度 1500℃，加质量分数为 5% 的 Al_2O_3

熔渣表面张力及其与温度的关系，对焊缝表面成形也有很大的影响。液态熔渣的表面张力以 0.3～0.4N/m 为好，并希望温度下降时能迅速增大，以保证熔渣在液态时能均匀覆盖于熔池表面，而在熔池冷却结晶时，又能急剧增大表面张力，约束焊缝成形。

常见氧化物对熔渣表面张力的影响如图 4-4 和图 4-5 所示。

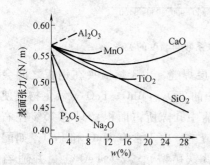

图 4-4　氧化物对 CaF_2 基熔渣表面张力的影响

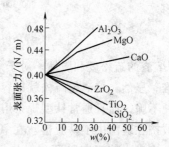

图 4-5　氧化物对 FeO 基熔渣表面张力的影响

液态 TiO_2 的表面张力较小，冷却过程中其表面张力迅速增大，因此以 TiO_2 为主的钛型和钛钙型渣的焊缝成形最为理想。钛铁矿型渣含 TiO_2 不多，全位置焊接性较差；氧化铁型焊条中，SiO_2 和 FeO 虽能降低熔渣的表面张力，却增大了熔渣的凝固温度范围（形成长渣），它只适于平焊和平角焊，不适于全位置焊接。在低氢型焊条药皮中，SiO_2 虽能降低熔渣的表面张力，但却提高熔渣的熔点，使焊缝增氧、增硅，也不可多用。适量的 CaO 能改善钛铁矿型熔渣的性质，但其质量分数大于 15% 则有害。Al_2O_3 对熔渣性能不好，故选用硅酸盐时应尽可能选含 Al_2O_3 少的。

（4）焊条的脱渣性　焊缝表面的熔渣焊后是否容易除去，是评定焊条（或焊剂）质量的主要指标之一。脱渣困难会显著降低生产率，尤其是多层焊和连续自动堆焊更为明显。脱渣不净还容易造成焊缝夹渣等缺欠。影响脱渣性的主要因素有：熔渣的线胀系数、熔渣的氧化性、熔渣的疏松度与脆性，以及焊接工艺条件等。

1）熔渣的氧化性。对于低碳钢和低合金钢焊缝，焊缝表面有一层氧化膜存在，它起着焊缝金属与熔渣之间的联结作用。这层氧化膜主要是 FeO，它的晶格结构是体心立方晶格，FeO 搭建在焊缝金属 α-Fe 的体心立方晶格上，使这层氧化膜牢固地粘接在焊缝金属表面，造成脱渣困难。

如果熔渣中含有形成尖晶石型化合物的金属氧化物，如 Al_2O_3、V_2O_3、Cr_2O_3 等，它们的尖晶石型化合物 $MeO \cdot Me_2O_3$ 搭建在焊缝金属表面氧化物的晶格上。这样，熔渣与焊缝金属牢固地粘结在一起，使熔渣更难清除。此时，若增强焊条的脱氧能力，可以明显地改善脱渣性。

2）熔渣的线胀系数。熔渣与金属的线胀系数相差越大，冷却时两者之间产生的内应力越大，脱渣性越好。图 4-6 为不同焊条熔渣和低碳钢的线胀系数与温度的关系。可见，高钛型和钛铁矿型焊条熔渣与低碳钢的线胀系数相差最大，所以这类焊条在平板上堆焊或薄板对接焊时非常容易脱渣，几乎整条焊缝的熔渣都可以自动翘起脱落。

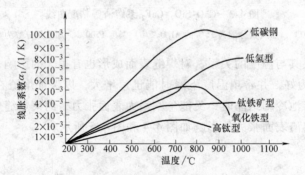

图 4-6　焊条熔渣和低碳钢的线胀系数与温度的关系

3）熔渣的疏松度和脆性。对于角接和深坡口底层焊缝，由于熔渣夹在钢板之间会造成脱渣困难。显然，熔渣越疏松就越容易脱渣。熔渣中的 TiO_2、MnO、FeO 等氧化物能使熔渣密实坚硬不脆，而且通常钛型焊条熔渣疏松度（指渣中孔隙所占面积）只有 15% 左右，焊后熔渣被挤在缝隙中不易脱落。在氧化铁型焊条熔渣中，由于含有 MnO 和 FeO，如配方调整不当，渣壳也较密实坚硬，但如果有 TiO_2 时（钛铁矿型），减少 FeO 含量并适当调整 CaO、MnO、TiO_2 及 SiO_2 的比例，能使渣内部成蜂窝状，且质松脆。钛铁矿型焊条熔渣的疏松度达 50% 左右，因此它的脱渣性要优于钛型焊条。低氢型焊条熔渣的 CaO 增多时，熔渣呈黄白色，质松而不脆；而 CaF_2 增多时，熔渣呈黑色，质坚硬。低氢型焊条熔渣的疏松度仅为 17% 左右，故脱渣性不好。

（5）焊条焊接时的飞溅　　飞溅不仅损失金属，而且落在焊缝两侧的飞溅颗粒粘在工件上不易清除，飞溅的程度可以用收集的飞溅金属粒的数量和尺寸予以评定。

焊条的焊接飞溅与气体爆炸力、电弧力及熔渣表面张力有关。大理石 $CaCO_3$ 在 600℃ 开始分解并释放出 CO_2 气体，若分解过程急剧便会产生爆炸飞溅。熔滴过渡时表面生成氧化膜，而熔滴内部金属过热产生的蒸气压力足够大时，也会引起爆炸飞溅。药皮水分多，熔渣粘度过大，碳被氧化生成 CO，焊接电流过大、电弧过长、熔滴过大等都会影响飞溅程度，此外由于制造时药粉搅拌不均，也会引起飞溅。

3. 造气剂

造气剂在焊接时用以形成一定量的气体，起到隔绝空气、保护焊接区的作用。常用的造气剂为木粉、竹粉、淀粉、纤维素等有机物和大理石、菱苦土、白云石等碳酸盐。

碳酸盐在焊接过程中分解出碱性氧化物和 CO_2，CO_2 在高温下进一步分解为 CO，作为焊接的保护气体。碳酸盐分解出的碱性氧化物则作为熔渣，对液态金属起到渣保护作用。

有机物受热后将发生复杂的分解和燃烧反应，生成 CO_2 和 H_2。如纤维素的反应如下：

$$\left(C_6 H_{10} O_5 \right)_m + \frac{7}{2} m O_2 =\!\!=\!\!= 6m CO_2 + 5m H_2$$

有机物受热分解出 H_2，会使焊缝金属增氢，因此在设计低氢型焊条配方时，不能加入有机物作为造气剂。

4. 脱氧剂、脱硫剂与合金剂

脱氧剂的作用主要是降低药皮或熔渣的氧化性，减少焊缝金属的氧含量。合金剂的作用是补偿合金元素的烧损，使焊缝获得必要的合金成分。常用的脱氧剂、合金剂有锰铁、硅铁、钛铁、钼铁、铝粉等。脱氧剂、合金剂在药皮中多以铁合金的形式加入，有时也采用加入金属粉末的形式。

焊条药皮中加入铁合金和纯金属的作用有两点：一是在焊接过程中进行脱氧、脱硫、脱氮等化学反应，净化焊缝金属；二是对焊缝金属进行合金化，改善焊缝金属的组织和力学性能。

（1）脱氧　　焊缝金属的脱氧方法，一般是将作为脱氧剂的铁合金和纯金属加在焊条药皮中，焊接时脱氧剂熔融在熔渣中，通过熔渣与熔化金属间（包括熔滴和熔池阶段）进行的系列脱氧反应，达到脱氧的目的。

通过比较各元素对氧的亲和力及其氧化物的稳定程度，可以确定作为脱氧剂的元素。对脱氧剂的要求是其对氧的亲和力必须大于 Fe，才能从熔渣、熔池或熔滴中夺取氧，从而使 FeO 还原成 Fe，而脱氧剂被氧化成新的化合物进入熔渣，从而达到脱氧的目的。

由于化学冶金在不同反应区的温度不同，各元素与氧的亲和力排列顺序也有差异。常见元素对氧的亲和力依次减小的顺序如下，可作为选用脱氧剂或分析焊接化学冶金反应的参考。

熔滴阶段（2400～2800K）：

C、Ce、Zr、Sc、Yb、Ca、Al、Ti、Si、B、Mg、Nb、Ta、V、Mn、Cr、Fe、Mo、P、S、H、W、Cu、Ni、Co

$\xleftarrow{\hspace{4cm}}$　　　　　　　　$\xrightarrow{\hspace{4cm}}$

　　　　　活化元素　　　　　　　　　　　　　　钝化元素

熔池阶段（1800～2000K）：

Ca、Be、La、Ce、Yb、Zr、Sc、Al、Mg、Ti、C、Si、B、Ta、Nb、V、Mn、Cr、P、Fe、Mo、H、W、S、Co、Ni、Cu

$\longleftarrow$　　　　　　　活化元素　　　　　　　$\longrightarrow$　　　钝化元素　$\longrightarrow$

焊缝金属的凝固阶段（1500～1800K）：

Ca、Ce、Yb、Zr、Sc、Mg、Al、Ti、Si、B、C、Ta、Nb、V、Mn、Cr、P、Fe、Mo、W、H、S、Co、Ni、Cu

$\longleftarrow$　　　　　　活化元素　　　　　　$\longrightarrow$　　　钝化元素　$\longrightarrow$

　　焊条药皮脱氧剂的选用原则是：脱氧剂与氧的亲和力大于 Fe；脱氧产物稳定且易上浮进入熔渣，不形成夹杂；有利于提高焊缝金属的综合力学性能；价格便宜；简化焊条制造工艺，压涂方便。此外，还应考虑熔渣组元对脱氧反应的影响，例如，含 SiO_2、TiO_2 高的熔渣不宜采用硅铁和钛铁脱氧，而采用锰铁脱氧，可形成碱性氧化物 MnO，易与酸性氧化物 SiO_2 等形成复合化合物进入熔渣，取得良好的脱氧效果。

　　常用的脱氧剂有 Mn、Si、Ti、Al、C 和稀土等，其主要的脱氧反应为

$$[FeO] + [C] = [Fe] + CO\uparrow$$

$$2[FeO] + [Si] = 2[Fe] + (SiO_2)$$

$$2[FeO] + [Ti] = 2[Fe] + (TiO_2)$$

$$[FeO] + [Mn] = [Fe] + (MnO)$$

$$3[FeO] + 2[Al] = 3[Fe] + (Al_2O_3)$$

　　在使用碳脱氧时，必须慎重。CO 若不能从熔池中逸出，将会形成 CO 气孔。焊缝增碳会提高焊缝金属的硬度，降低塑性、韧性，故一般只在堆焊焊条、铸铁焊条中用碳脱氧。

　　铝是强脱氧剂，但生成的 Al_2O_3 熔点较高，易形成夹杂，且易增大飞溅，应尽量少用。

　　钛的脱氧能力较强，药皮刚一熔化其大部分就被烧损，主要进行先期脱氧，能进入熔池脱氧的仅为一小部分，钛还能与氮结合形成氮化钛，起到脱氮作用，消除氮的有害影响。钛能细化晶粒，改善焊缝韧性，但其含量不宜过高，否则会降低焊缝的韧性。在低氢型焊条中常用钛脱氧，但不宜过多使用。

　　硅、锰有良好的脱氧效果，价格便宜，是常用的脱氧剂。

　　（2）脱硫　硫在焊缝金属中以 FeS 的形式存在，是有害杂质，容易引发多种焊接缺欠。药皮中加入的脱氧剂有的还具有脱硫作用。

　　硫是活泼的非金属元素之一，在焊接温度下能与很多金属或非金属元素生成气态或液态化合物。脱硫的实质是将液态金属中的硫转变为不溶于液态金属的化合物，使其进入熔渣或经熔渣逸出。常用的脱硫方法是元素脱硫或熔渣脱硫，对酸性焊条以元素脱硫为主，对碱性焊条可同时采用元素和熔渣脱硫。

　　脱硫的元素与硫的亲和力必须大于 Fe，Ce、Ca、Mg、Mn 等元素满足这个要求。这些元素在焊接温度下，均能夺取 FeS 中的 S，达到脱硫的目的。焊条中常用的脱硫元素是 Mn，其反应如下：

$$[Mn] + [FeS] = [Fe] + (MnS)$$

　　该反应为放热反应，故在熔池后部有利于反应的进行。但在电弧焊条件下，熔池冷却较快，反应难以充分进行，所以只有提高熔池的含锰量，才能取得较好的脱硫效果。但提高含锰量是有一定限度的，所以酸性焊条的冶金脱硫具有一定的局限性。严格控制原材料的含硫量是有效降低焊缝含硫量的关键措施。

脱硫产物 MnS 不溶于金属可进入熔渣，由于脱硫在熔池后部进行，有可能来不及浮出而残留在焊缝金属内部形成夹杂物。由于 MnS 熔点（1620℃）较高，不至于形成结晶裂纹，但会降低焊缝金属的韧性和塑性。采用稀土元素和精炼脱硫剂脱硫取得了良好效果，稀土元素的脱硫产物即使来不及浮出，也会转变为细小的球状夹杂，有利于改善焊缝金属的韧性和塑性。

熔渣中的碱性氧化物，如 MnO、CaO、MgO 等，也能脱硫：

$$[FeS] + [MnO] == (FeO) + (MnS)$$

$$[FeS] + [CaO] == (FeO) + (CaS)$$

$$[FeS] + [MgO] == (FeO) + (MgS)$$

生成的 MnS、CaS、MgS 不溶于液态金属而进入熔渣。

（3）焊缝金属的合金化　焊缝金属的合金化就是将某些需要的合金元素通过一定的方式过渡到焊缝金属中。

焊缝金属合金化的目的主要有两个：一是补偿合金元素在焊接过程中的烧损及蒸发；二是满足焊缝金属成分设计的要求，以改善焊缝的组织和性能。

焊条的种类不同，对焊缝金属合金化的要求也不同。例如，对碳钢或低合金钢焊条，主要是提高焊缝金属的性能，以与钢材相匹配，为确保焊接结构的安全性，关键在于使焊缝金属具有相应强度的同时，保证它具有优良的抗裂性和足够的塑性、韧性；对堆焊焊条，主要是满足对堆焊金属硬度、耐磨性、耐蚀性或耐热性的要求，常过渡 Cr、Mo、W、Mn 等合金元素；对耐热钢、不锈钢等焊条，主要满足化学成分与母材匹配，以及耐热或耐腐蚀等特殊性能的要求等，常过渡 Cr、Mn、Ni、Nb 等合金元素。

利用药皮过渡合金元素是将所需要的合金元素以纯金属或合金的形式加入焊条药皮中，通常多采用碳钢焊芯（如 H08A 等），通过焊接冶金使焊缝金属合金化。药皮过渡合金元素的氧化损失较大，合金元素利用率较低，当需要过渡较多合金元素时，大多采用氧化性较低的碱性渣系。利用焊芯过渡合金元素具有焊缝成分均匀、可靠、合金元素损失少等优点，但非标准的焊芯难以获得。

除了通过在药皮或焊芯中加入合金元素的方式对焊缝金属进行合金化外，熔渣中的 SiO_2 等氧化物也能通过与液态铁的置换反应向焊缝金属过渡合金元素，如

$$(SiO_2) + 2[Fe] == [Si] + 2(FeO)$$

$$(MnO) + [Fe] == [Mn] + (FeO)$$

反应的结果是向焊缝过渡合金元素 Si、Mn，Fe 则被氧化成 FeO，FeO 大部分进入熔渣，少部分溶于液态铁中，使焊缝增氧，这对焊缝的力学性能不利。

焊条中的合金元素（包括药皮和焊芯）在焊接过程中有三个去向：氧化损失、残留损失和过渡到焊缝金属中去。常用合金元素过渡系数说明或评价合金剂的利用率。所谓合金元素的过渡系数，是指焊接材料的合金元素过渡到焊缝金属中的数量与其原始含量的百分比。

$$\eta = \frac{C_d}{C_x + K_b C_y} \times 100\%$$

式中　η——合金元素过渡系数；

C_d——合金元素在熔敷金属中的含量（%）；

C_x——合金元素在焊芯中的含量（%）；

C_y——合金元素在药皮中的含量（%）；

K_b——药皮重量系数。

了解影响过渡系数的因素，对于有效控制焊缝金属的成分，寻求提高过渡系数的途径有着重要意义。影响过渡系数的因素如下：

1）合金元素的物理化学性质。合金元素的沸点越低，饱和蒸汽压越大，越易蒸发损失，过渡系数越小；合金元素对氧的亲和力越大，则越易氧化，过渡系数越小。

当几个合金元素同时合金化时，其中对氧亲和力较大的元素，将对其他元素起到保护作用，即依靠自身的氧化而减少其他合金元素的氧化损失，从而可提高其他合金元素的过渡系数。如在碱性药皮中，加入 Ti、Al 时，可提高 Si、Mn 的过渡系数。

2）合金元素的含量。试验表明，随着药皮中合金元素含量的增加，其过渡系数逐渐增加，当其含量超过某一个值时，其过渡系数趋于一个定值，如图 4-7 所示。这是因为合金剂含量增加，一方面使其他药皮成分（包括氧化剂的含量）相对减少，氧化能力减弱，合金元素的过渡系数增大；另一方面使残留在渣中的损失增加，药皮保护性能变差，故合金元素过渡系数减小。当合金剂含量较低时，第二种因素

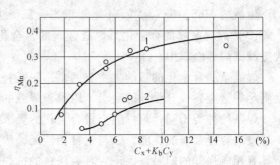

图 4-7　锰的过渡系数与其在焊条中含量的关系

1—碱性渣　2—酸性渣

的作用很小，所以随合金剂含量的增加，过渡系数增大；当合金剂含量继续增加时，第二种因素的作用也随着增大，所以合金元素过渡系数趋于定值，甚至会有下降趋势。

3）合金剂的粒度。增大合金剂的粒度，可减小表面积，从而可减少氧化损失，提高合金元素的过渡系数。合金剂的粒度过大，则难以熔化，会使残留损失增大，不利于合金过渡和化学成分的均匀性。在焊条药皮中，常用的合金剂一般为 100% 过 40 目（粒径不超过 0.425mm）。对不易氧化的合金，粒度影响较小；反之，粒度影响较大。

4）药皮的成分。药皮的成分决定了气相和熔渣的氧化性、熔渣的碱度、表面张力、界面张力等，对合金元素过渡系数影响很大。

5）药皮重量系数和焊接参数。在药皮中合金剂含量不变的条件下，随着药皮重量系数的增加，合金元素过渡系数减小。因为，药皮厚度增加，使药皮的残留损失和氧化损失增大。

焊条中常见合金元素的过渡系数见表 4-4。

表 4-4　常见合金元素的过渡系数

药皮类型	合金元素过渡系数 η(%)									
	Mn	Si	Cr	Ni	Mo	Cu	Nb	V	W	Ti
钛钙型[1]	38	71	77	96	60	96	80	52	—	12.5
氧化铁型	8 ~ 12	14 ~ 17	64	—	71	—	—	—	—	—
低氢型[2]	45 ~ 55	35 ~ 50	72 ~ 82	85 ~ 95	83 ~ 86	95	—	59	≈95	≈0
低氢型[3]	75	—	91	95	95	93	—	—	≈95	

① 药皮重量系数 $K_b \approx 0.65$ （H0Cr21Ni10）。

② $CaCO_3/CaF_2 = 2 \sim 3$，$K_b \approx 0.45$。

③ $CaCO_3/CaF_2 < 1$，$K_b \approx 0.45$。

5. 粘结剂

为了把药皮材料涂覆到焊芯上，并使药皮具有一定的强度，必须在药皮中加入粘结力强的物质，这类物质即为粘结剂。常用的粘结剂是水玻璃，分为钾水玻璃、钠水玻璃或钾钠混合水玻璃。一般来说，酸性焊条常用钾钠混合水玻璃，碱性焊条常用钠水玻璃，由于水玻璃中含有钾、钠等低电离电位元素，所以除起粘结作用外，还可以起到稳弧作用。由于粘结剂在焊接过程中也参与冶金反应，所以应注意水玻璃对焊缝化学成分的影响。如焊接含铝的低温钢、耐蚀钢时，为了防止 SiO_2 的渗硅现象，应采用铝酸钠水玻璃。

水玻璃俗称泡花碱，学名碱金属硅酸盐，其化学组成通式为 $R_2O \cdot nSiO_2$，式中 R_2O 代表碱金属氧化物 Na_2O 或 K_2O。SiO_2 与 R_2O 之间的比值可在很大范围内变化。反应水玻璃性能的指标是模数、浓度及粘度。

（1）模数　水玻璃的模数 m 表示其 SiO_2 与 R_2O 摩尔数的比值，即

$$m = \frac{SiO_2\%}{R_2O\%} \times a$$

式中　a——R_2O 与 SiO_2 相对分子质量的比值，钠水玻璃 $a = 1.032$，钾水玻璃 $a = 1.566$，

钾钠水玻璃 $m = \dfrac{SiO_2\%}{\dfrac{K_2O\%}{1.566} + \dfrac{Na_2O\%}{1.032}}$；

$SiO_2\%$——水玻璃中 SiO_2 的质量分数；

$R_2O\%$——水玻璃中 Na_2O 或 K_2O 的质量分数。

模数表示水玻璃的分子组成，它决定着水玻璃的粘结性。焊条用钠水玻璃的模数一般为 2.8～3.0，钾钠混合水玻璃为 2.5～2.7 与 2.8～3.0。模数大于或等于 3 的水玻璃为中性，模数小于 3 的水玻璃为碱性，模数越小，碱性越强。

（2）浓度　液体水玻璃的浓度是表示水玻璃中含水量多少的指标，含水量越多，则液体水玻璃的浓度越低，黏性也相应降低。浓度过低的水玻璃，可采用煮熬、浓缩的办法使其中部分水分蒸发，以提高液体水玻璃的浓度。

在螺旋式焊条压涂机压涂酸性药皮焊条时，用模数 2.5～2.7 的钾钠水玻璃，其波美浓度为 39°Be′左右；在油压式焊条压涂机压涂碱性药皮焊条时，用模数 2.8～3.0 的钠水玻璃，其波美浓度为 50°Be′左右；当用模数 2.8～3.0 的钾钠混合水玻璃时，其波美浓度为 50°Be′左右。使用多大模数与浓度的水玻璃应视焊条配方和生产工艺而定。生产经验表明，采用高模数低浓度（如 46～48°Be′）的水玻璃作碱性药皮焊条涂料的粘结剂，在解决焊条药皮开裂、起泡、偏心和提高焊条涂料压涂性能方面，有良好的效果。

液体水玻璃的浓度常用波美比重计测定，波美浓度与重度具有如下关系：

$$重度 = \frac{145}{145 - 波美浓度}$$

重度表示单位体积物质的重力，其单位为 N/m^3。

（3）粘度　粘度与液体水玻璃的模数、浓度和温度有关。用粘度不同的水玻璃配制的焊条涂料，其塑性显著不同，对焊条的压涂性能、焊条的烘干、焊条药皮外观质量、耐潮性和强度都有影响。实践表明，配制焊条涂料用粘度高（黏性大）的水玻璃时，易使涂料粘在搅拌机上，难以得到搅拌均匀的涂料，或需延长搅拌时间；若水玻璃黏性较差，则涂料黏

性、塑性差，压涂焊条时易造成两端裸露的焊条。

有资料表明，用粘度为 $0.74 \sim 0.8 Pa \cdot s$ 的液体水玻璃配制的焊条涂料压涂时，无论在焊条外观质量和生产效率方面都得到了良好效果。

水玻璃在空气中的二氧化碳作用下形成表面膜，影响焊条的风干和烘干效果。粘度越高的水玻璃形成表面膜的时间越短，而焊条药皮风干的速度随着水玻璃液体粘度的降低而增加。

6. 成形剂

在焊条药粉中加入某些物质使药皮具有一定的塑性、弹性和流动性，以便于压制焊条时使焊条表面光滑而不开裂。常用的成形剂有白泥、云母、钛白粉、糊精等。

4.1.4　合金元素对焊缝性能的影响

合金元素在碳钢和低合金钢焊缝中主要是形成化合物或固溶体。化合物主要是碳化物、氮化物、氧化物、硫化物或金属间化合物，Ti、V、Nb、Mo 易形成碳化物，而 Ti、Zr、V、Nb、Al、B 易形成氮化物。常见的化合物有 Fe_3C、Mn_2C、Cr_7C_3、Mo_2C、WC、VC、NbC、ZrC、TiC、VN、TiN、AlN、NbN、MnS、FeS、FeO、SiO_2 等。

合金元素对碳钢和低合金高强度钢焊缝的强化方式有固溶强化、析出强化和细化晶粒强化三种形式。

固溶强化是指合金元素固溶于铁素体，使铁素体的硬度和强度提高，其中 Mn、Cr、Ni 在一定含量范围内提高强度的同时还可改善韧性，如图 4-8 和图 4-9 所示。

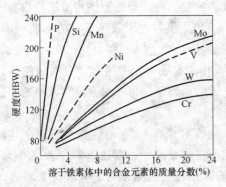

图 4-8　合金元素对铁素体硬度的影响

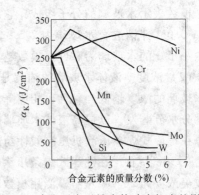

图 4-9　合金元素对铁素体冲击韧度的影响

析出强化是利用在铁素体中有限固溶的元素，如 C、B、Cu、Mo、Ti、Nb、V、N 等，在熔池结晶和冷却过程中析出碳化物、氮化物及金属间化合物，来提高焊缝金属的硬度和强度。

细化晶粒强化是指在焊缝中加入 Ti、Zr、Al、V、B、Mo 及稀土元素，通过细化晶粒，提高焊缝金属的强度和韧性。

在焊条设计和研究过程中，应注意合金元素在焊缝金属中的存在状态、强化作用和对组织转变的影响。

在 Mn-Si 系焊缝中，C 在提高强度的同时，会使塑性、韧性明显下降，且过多的 C 易形成 CO 气孔，裂纹倾向也会增大。因此，应严格控制焊缝的含碳量。Mn 具有提高焊缝强度和脱 S 的双重作用，并且其含量在一定范围时，提高强度的同时还可改善焊缝金属的塑性和韧性。Si 一方面可以提高强度，另一方面又能降低焊缝中的氧含量，但 Si 含量不宜过高，否则将引起焊缝金属塑性和韧性的下降。在低氢型焊条中合理控制 Mn/Si 比，可以提高 Mn、Si 的联合脱氧效果，使焊缝金属达到较高纯度，在提高强度的同时，也能获得良好的塑性和韧性，一般 Mn/Si 应大于 2。对于强度等级较高的焊缝，应相应提高 Mn/Si 比，使其大于 3.0，以减少 S 的有害影响。

在低合金钢焊条设计中，一般应严格控制 C，适量加入 Mn、Si，并加入其他强化元素，采用多元微量元素强化的设计原则，这种焊缝成分设计理念可在较大范围内调整焊缝金属的强度等级，并可获得良好的塑性、韧性和抗裂性。如 Mn-Ti-B 系高韧性焊条就是加入微量的 Ti、B，使焊缝金属强度略有提高的同时，焊缝金属亦具有优良的韧性。有的焊条加入少量 Ni 和稀土元素，也可达到提高焊缝金属韧性和抗裂性的目的。在低合金钢焊缝金属中加入质量分数为 0.3% ~2% 的 Ni，可以改善焊缝金属的抗冷裂性能、提高低温韧性。这主要是由于 Ni 可提高铁素体的韧性、促进针状铁素体的形成。

Nb 对低合金高强度钢焊缝金属的韧性有不利影响，主要是由于 Nb 的析出硬化导致 Mn-Si 系焊缝金属韧性下降，Nb 还会增大结晶裂纹倾向。因此，一般不在低合金钢焊条中加入 Nb。

焊缝金属中含有一定量的 Ti，对改善塑性和韧性有利。主要原因是：Ti 与焊缝金属中的氮结合，可减少固溶氮的有害作用；生成 TiN 作为结晶核心，可以细化晶粒；通过 Ti 脱氧可减少焊缝金属的含氧量，纯化焊缝金属。Ti 也有对焊缝性能的不利影响，主要是，Ti 强化铁素体基体，可提高硬度；Ti 含量较多时可在晶界析出 TiC 和 TiN；Ti 使 $\gamma \rightarrow \alpha$ 的相变温度上升，此时若含 Ti 量较多，含 Mn 不足或不含 Mo 等元素，易形成粗大铁素体或网状组织，含 Ti 过多时还可能出现马氏体组织。因此，控制焊缝金属中的含 Ti 量，实际上就是平衡 Ti 对韧性的有利作用和不利作用，应根据具体情况通过试验确定最佳 Ti 含量范围。

B 在熔池金属凝固过程中与 N 结合为 BN，降低固溶 N 的含量，B 还可细化晶粒。固溶 B 能抑制 γ 晶间的先共析铁素体的析出，提高抗裂性、减少氢脆，B、Ti 共存时效果更佳。

在低碳钢和低合金高强度钢焊缝金属中加入少量的 Cu（0.20% ~0.55%）、Cr（0.30% ~1.25%）、P（0.06% ~0.15%）（均为质量分数）或 Ni、Mo、Al、Ti、Zr 等可有效地提高焊缝金属耐大气腐蚀的能力。

4.1.5　钛钙型药皮焊条的设计

钛钙型药皮是应用最为普遍的一种药皮类型，广泛应用于碳钢、低合金钢、不锈钢、堆焊等焊条，其中钛钙型碳钢焊条和低合金钢焊条所占比例最大。我国的 E4303（J422）焊条属于钛钙型碳钢焊条，在我国焊条产品中占主导地位，约占我国焊条总产量的 80%。这类焊条具有优良的工艺性能和力学性能，适于平焊、立焊、仰焊。在焊条制造工艺上，不但可用油压机生产，也能采用我国广泛使用的螺旋机生产。我国多家企业生产的 E4303 焊条已达到国际先进水平。

（1）性能特点　E4303 焊条属钛钙型药皮的碳钢焊条，具有电弧稳定、飞溅小、熔渣覆盖均匀、脱渣容易、焊缝成形好，焊缝金属的强度、塑性、韧性良好等特点。熔敷金属中一般含氧 0.05% ~0.07%（质量分数，主要以氧化物夹杂形式存在），含氮 0.02% ~0.03%（质量分数），扩散氢含量为 20~30mL/100g，通常情况下抗气孔性能良好。

熔渣熔点为 1200～1250℃，高温时粘度较小，当降至约 1380℃时，粘度急剧增大，表现出良好的"短渣"特性，适于全位置焊接。

钛钙型药皮现已推广应用在不锈钢、堆焊和耐热钢等焊条中。

（2）药皮配方调整的一般规律

1）熔敷金属化学成分的控制。E4303 焊条主要是控制熔敷金属中的 C、Mn、Si、S 和 P 等元素。焊芯多选用 H08A。

① 碳。熔敷金属的含碳量增加，使焊缝的裂纹倾向增大，韧性降低，故一般控制 C 的质量分数不超过 0.10%。如焊芯含碳量较高时，则应设法减少药皮的含碳量（如以低碳锰铁代替中碳锰铁）或适当提高药皮中的氧化铁含量，增加氧化性，如用钛铁矿代替部分金红石。控制盘条、中碳锰铁等原材料的含碳量是降低熔敷金属含碳量的主要措施。

② 锰与硅。适量增加熔敷金属的含锰量，不仅可以提高焊缝的强度，提高常温和低温韧性，而且还可以抑制 S 的有害作用。Mn 的质量分数一般控制在 0.3%～0.6%。硅含量增加，将提高强度，降低韧性，一般控制 Si 的质量分数不超过 0.20%，且使 Mn/Si>2.5。

③ 硫和磷。E4303 焊条熔渣的脱硫和脱磷能力较弱，为减少熔敷金属中的硫、磷含量，必须严格控制原材料的硫、磷含量。为消除硫的有害作用，可适当提高 Mn/S 的比值，一般控制 Mn/S>13。

2）药皮配方的分析及调整。典型钛钙型碳钢焊条，焊接熔渣的化学成分（质量分数）为：SiO_2 25.1%、TiO_2 30.2%、Al_2O_3 3.5%、FeO 9.5%、MnO 13.7%、CaO 8.8%、MgO 5.2%、Na_2O 1.7%、K_2O 2.3%。熔渣的碱度 $B_1=0.74$，属于酸性渣系。焊接时的气体成分（体积分数）为：CO 50.7%、H_2 37.7%、CO_2 5.9%、H_2O 5.7%，气保护作用主要靠 CO 及 H_2。

E4303 焊条药皮中一般含有 30%（质量分数，余同）以上的 TiO_2、20% 以下的碳酸盐、30% 左右的硅酸盐、4% 以下的有机物和 9%～15% 的锰铁等。我国以 TiO_2 为主要成分的原料有天然金红石、人造金红石、钛白粉、还原钛铁矿、钛铁矿、高钛渣等。国外的同类产品多以天然金红石为主（如瑞典），我国最早的同类焊条也有以钛白粉和天然金红石为主的，由于资源、价格等问题，现已不用。E4303 焊条的药皮配方根据我国资源情况，由于加入的 TiO_2 所使用的主要原料不同，基本上有 4 种体系，即人造金红石体系、还原钛铁矿体系、钛铁矿+钛白粉体系和钛铁矿+金红石体系。配方特点也各不相同，4 种体系的典型 E4303 药皮配方范围见表 4-5。

① 人造金红石体系。该体系加入 TiO_2 的原料以人造金红石、钛白粉为主，原料含 TiO_2 品位高，在配方中 TiO_2 的质量分数一般为上限的 37%。这是我国 E4303 焊条较早采用的一个体系。由于 TiO_2 稳定，焊接过程中很难分解出氧，所以氧化性很小。其他原料的质量分数为碳酸盐 20% 左右，脱氧剂 12% 左右，硅酸盐 30% 左右。

② 还原钛铁矿体系。该体系加入 TiO_2 的原料以还原钛铁矿为主，辅以钛白粉。还原钛铁矿仅含质量分数为 55% 左右的 TiO_2，其余主要是 Fe，其氧化性不大，而且还有一定的还原性（相当于铁粉的作用）。由于受药皮重量系数的限制，这种配方 TiO_2 的质量分数通常只能调在下限 30% 左右（即还原钛铁矿+钛白粉为 50% 左右）。其他原料的质量分数为中碳锰铁约 10%，碳酸盐约 19%，硅酸盐约 21%。该体系是目前该类焊条中应用最广的。

表 4-5　4 种体系的典型 E4303 药皮配方范围　　　　　　　（质量分数，%）

原料名称	人造金红石体系	还原钛铁矿体系	钛铁矿 + 金红石体系	钛铁矿 + 钛白粉体系
人造金红石	30	—	14.4	—
钛白粉	8	7.5	5.8	20.8
还原钛铁矿	—	42.3	—	—
钛铁矿	—	—	22.2	22.5
钛铁	—	—	6.9	—
中碳锰铁	12（低碳）	10.3	9.1	15.1
木粉	1	—	1	—
大理石	12.4	5.6	9.6	14.2
菱苦土	7	—	5.8	—
白云石	—	13.2	—	—
白泥	14	13.2	9.6	13.3
长石	8.6	1.1	8	7.6
云母	7	5.6	7.7	6.6
石英	—	1.4	—	—

③ 钛铁矿 + 人造金红石体系。该体系 TiO_2 的加入主要以钛铁矿、人造金红石为主，钛白粉为辅，TiO_2 的质量分数位于中限 33% 左右。钛铁矿中 TiO_2 约占 50%（质量分数，下同），其余为 FeO、Fe_2O_3，焊条药皮具有较大的氧化性。因为 FeO 是碱性氧化物，所以配方中碱性造渣剂碳酸盐应适当降低至 15% 左右；而还原剂（锰铁和钛铁）则需增加至 16% 左右；其余约 25% 为硅酸盐。这种体系使用 Ti-Mn 脱氧，不仅脱氧效果好，脱氧产物 TiO_2 也进入熔渣。这种体系配方调配时，大体上每加入 6% 的钛铁矿，则需相应增加 1% 的脱氧剂，减少 1% 的碳酸盐。

④ 钛铁矿 + 钛白粉体系。这种体系中的 TiO_2 以钛铁矿 + 钛白粉为主。脱氧剂为中碳锰铁，熔渣流动较大，不利于立、仰焊。钛铁矿加入量为 22% 左右时，中碳锰铁可降到 15% 左右，碳酸盐为 14% 左右，其余 27% 为硅酸盐。配方调配中一般每增加 6% 的钛铁矿，需增加 0.5% 的脱氧剂，相应减少 1.5% 的碳酸盐。该体系的配方目前已很少应用。

在 E4303 焊条药皮配方中，碳酸盐的加入原料多为大理石、菱苦土、白云石三种。三种碳酸盐均可分解出碱性氧化物（CaO 或 MgO）和 CO_2，起到气渣联合保护的作用。CO_2 具有氧化性，菱苦土的氧化性最大，大理石最小，白云石居中。碳酸盐分解出的 CO_2 可以烧损有益的合金元素，所以当配方中含碳酸盐多时，脱氧剂也需增加，否则不能保证熔敷金属中足够的含锰量。另一方面，CaO 或 MgO 属于碱性氧化物，在酸性渣中，碱性氧化物越多，熔渣越稀。因此，调整碳酸盐也可以改变 E4303 焊条熔渣的流动性，碳酸盐加入量的确定，还必须注意熔渣中其他碱性氧化物的数量（钛铁矿中 FeO 等），其他碱性氧化物含量多，碳酸盐则应适当减少，以使熔渣具有适宜的流动性。

E4303 焊条的脱氧剂主要是中碳锰铁，其加入量随着配方中碳酸盐、钛铁矿等氧化性组成物的增加而提高。E4303 熔渣为酸性渣，其 SiO_2 含量较多，所以不用硅铁脱氧，一是由于脱氧效果差，增大了熔渣粘度；二是由于硅的过渡会使焊缝金属的强度增加，塑性降低。一般也不采用钛铁脱氧，只有当药皮配方中加入了较多的钛铁矿，由于氧化性增大，需增强脱氧能力时，才用钛铁代替部分中碳锰铁，因为此时如果全部用中碳锰铁脱氧，由于锰铁的增加，熔渣中因 MnO 过多而使熔渣过稀，有损于该类焊条的工艺性能。若用 Ti-Mn 联合脱氧不仅脱氧效果好，而且仍保持 E4303 焊条熔渣的成分和特性。钛铁的加入量一般为钛铁矿量的 1/5 ~ 1/3。

有机物的主要作用是造气，并可改善焊条的压涂性、引弧性和稳弧性，也有一定的脱氧作用，其脱氧效果约为中碳锰铁的 1/2。有机物的加入量一般为 4%（质量分数）以下，小规格焊条宜多加，大规格焊条宜少加或不加。

E4303 焊条药皮常用的硅酸盐原料有：白泥、长石、云母和白土子等。从螺旋机压涂工艺来看，白泥、云母（或白土子）不可缺，因为白泥有很好的黏性和塑性，而云母、白土子有很好的弹性、滑性和吸水性，在焊条干燥过程中又有良好的透气性，这都是螺旋机压涂生产工艺的需要。为此，在需加硅酸盐的总量中，优先满足白泥 10% ~ 15%（质量分数）和云母或白土子 5% ~ 8%（质量分数）的加入量，不足部分再添加长石。

我国天然金红石资源缺乏；钛白粉属于化工产品，易使焊条药皮发红，增大飞溅；人造金红石生产需消耗大量电能。因此，上述三种原料价格较贵，生产焊条的成本较高。还原钛铁矿不仅价格较低，在加入 TiO_2 的同时，又相当于加入了铁粉，对改善焊条的工艺性能、提高产品质量有利，因此，还原钛铁矿系 E4303 焊条得到广泛应用。随着研究的深入和生产经验的积累，与还原钛铁矿配合使用的钛白粉用量也日趋减少，以利于生产成本的进一步降低。根据生产经验，采用减少药皮中细粉数量，平衡涂料塑性、弹性、滑性和流动性之间关系，适当地加大螺旋涂粉机内涂层的厚度，并适当地降低螺旋轴的转速等，不用钛白粉也可以顺利地生产出表皮质量优良的 E4303 焊条，这种焊条药皮配方与用人造金红石和钛白粉体系的相比可降低成本 15% 以上。

采用还原钛铁矿，不用钛白粉的 E4303 焊条药皮配方的示例见表 4-6。不断地提高和稳定还原钛铁矿的质量，如大幅度降低氧化铁的含量，对进一步提高和稳定该类焊条的质量有着重要的作用。

表 4-6　不用钛白粉的 E4303 焊条药皮配方　　　　　（质量分数，%）

名称	还原钛铁矿	白泥	长石	云母	大理石	碱云母	中碳锰铁	木粉	淀粉
配比	53	8	10	6	10	5	9	2	1

4.1.6　低氢型药皮焊条的设计

低氢型药皮以大理石、氟化物为基础，采用钛、硅、锰联合脱氧，熔渣碱度较高，有利于合金元素的过渡和去除有害杂质，已广泛应用于低合金高强度钢、耐热钢、不锈钢、低温钢、堆焊等焊条。E5015 低氢钠型和 E5016 低氢钾型药皮焊条，是该药皮类型焊条的典型代表。这类药皮类型由于配方设计选材简单，气渣联合保护效果好，熔敷金属中的 H、O、N、S、P 等杂质含量低，塑性、韧性等力学性能优良，抗裂性好，广泛用于碳钢、低合金钢等重要结构的焊接。

1. E5015 焊条的设计

（1）性能特点　E5015 焊条以 H08A 作焊芯，造渣、造气剂选用大理石、氟化物等，以钛铁、硅铁、锰铁做脱氧剂，属于低氢钠型碳钢焊条。熔渣为碱性，碱度值一般在 1.4 以上。保护气体主要是 CO、CO_2。

该类焊条采用直流反接，可进行全位置焊接，由于气渣保护作用好，脱氧、去氢、脱硫磷能力强，熔敷金属具有良好的塑性、韧性和抗裂性能，适用于低合金钢的焊接。

焊条使用前应烘干，操作时须采用短弧焊接。

（2）药皮配方的设计　E5015 焊条药皮主要由碳酸盐、氟化物、硅酸盐（可用 TiO_2 代替部分硅酸盐）和铁合金四类物质组成。其中碳酸盐与氟化物的总量为 60%～70%、硅酸盐一般小于 12%、铁合金为 15%～25%（质量分数）。

焊条配方的调整主要考虑焊接冶金过程的特点、所要求的熔敷金属性能、工艺性能等几个方面。

1）焊条工艺性能的调整

① 大理石、氟化物的总量。一般来说可调范围较小，宜控制在 60%～70%（质量分数），对工艺性能影响较大的是大理石与氟化物的配比。试验表明，大理石/氟化物 =1.6～2.5 为宜，比值过大时（即大理石过多），电弧吹力过大、熔渣较黏、飞溅增大、成形不良；当氟化物小于 8% 时，由于去氢不足，还会出现氢气孔。若比值过小即大理石太少而氟化物过多时，使药皮套筒太短、造气不足、电弧吹力不够、电弧不稳、飞溅增大、熔渣过稀。

② 硅酸盐的影响。硅酸盐对碱性熔渣有一定的稀渣作用，当配比小于 3%（质量分数）时，熔渣流动性不良，成形变差；当大于 12%（质量分数）时，渣成黑色玻璃状，脱渣困难。一般硅酸盐的加入量为 5%～10%（质量分数）。当用钛白粉代替部分硅酸盐时，一般钛白粉小于 5%（质量分数），硅酸盐小于 7%（质量分数）。

大理石、萤石和石英是 E5015 焊条主要的造渣、造气剂，三者的配比对焊条的工艺性能有显著影响。电弧稳定性最佳配比（质量分数，余同）为：大理石 45：萤石 15：石英 6 或大理石 45：萤石 22：石英 8；脱渣性最佳配比为：大理石 36：萤石 24：石英 6；焊缝成形最佳配比为：大理石 30：萤石 30：石英 6 或大理石 36：萤石 16：石英 14 或大理石 45：萤石 15：石英 15；熔化系数、熔敷系数、焊接飞溅的最佳配比为：大理石 44：萤石 15：石英 6 或大理石 40：萤石 16：石英 10 或大理石 45：萤石 22：石英 8；扩散氢含量最佳配比为：大理石 36：萤石 24：石英 6 或大理石 45：萤石 22：石英 8。

③ 脱氧剂的影响。钛铁是主要的脱氧剂，脱氧产物 TiO_2 有较强的稀渣作用。钛铁对改善焊条的工艺性能有利，一般常用量为 8%～12%（质量分数）；当配方中全部取消钛铁时，会使焊缝难以成形；当钛铁含量增大到 15%～20%（质量分数）时，渣的流动性特别好，熔滴过渡呈细雾状，焊缝成形美观。

低度硅铁的主要作用除脱氧外，还向焊缝过渡硅。一般常用量小于 4%（质量分数）。当加入量大于 8%～10%（质量分数）时，由于硅铁在钝化过程中带来了较多的氧，会使熔池中的化学冶金反应激烈，熔滴内的气体受热膨胀，使爆炸性飞溅增多，熔渣流动性增加，焊缝成形变差。

锰铁主要起脱氧并向焊缝金属过渡合金的作用。过量的锰铁，往往会造成 MnO 的增多，使熔渣碱度增大，导致流动性变差，焊缝成形不良，脱渣困难。故一般用量以 4%～8%（质量分数）为宜。

2）满足低氢要求的药皮配方设计。E5015 焊条按焊条国家标准规定，熔敷金属中的扩散氢含量必须低于 8mL/100g。研究表明，对于 E5015 焊条，只要配方中大理石和氟化物的总量控制在 60%～70%（质量分数），且不加有机物和含有结晶水的物质，经 400℃ 烘焙后施焊，即可使熔敷金属扩散氢含量小于 5mL/100g。

这类焊条药皮配方中含有较多的大理石、氟化物和铁合金，压涂性能差。有些生产厂为了改善焊条的压涂性能和减少在干燥过程中焊条的粘结现象，常在配方中用云母代替部分石英。由于云母内含有结晶水，若加入质量分数为5%左右的云母可使熔敷金属中扩散氢含量增加$2 \sim 4mL/100g$，改进的方法可采取如下措施：

① 用人工合成云母代替天然云母。人工合成云母具有与天然云母相近似的化学成分和性能，但不含结晶水。这样可以改善焊条压涂性能，同时又不会使焊缝金属增氢，但价格较贵。

② 加入质量分数为0.5% ~1%的纯碱（Na_2CO_3）可增加涂料滑性，改善压涂性能。但不宜大于1%，否则极易使药皮吸潮，增大飞溅。

③ 加入在300℃左右能挥发碳化的有机物，可改善焊条压涂性能，常用的有机物为羧甲基纤维素。

④ 采用高模数、低浓度的水玻璃能有效地改善焊条的压涂性能。

3）保证熔敷金属具有良好的塑性和韧性。使E5015焊条熔敷金属具有良好的综合力学性能，保证其具有较高的塑性和韧性，是配方设计的关键。在配方设计上，应使熔敷金属有适宜的成分匹配和较低的H、N、O、S、P等杂质。

① 提高脱氧能力、控制熔渣碱度。E5015焊条药皮中含有较多的碳酸盐，用于造气、造渣。碳酸盐分解出的CO_2气体，具有较强的氧化性。因此，焊条必须有良好的脱氧能力。

E5015焊条熔渣中，含有较多的CaO、CaF_2等碱性化合物，属于碱性渣。渣中SiO_2的活度很小，不可能用Fe从SiO_2中还原出Si。若使用能形成酸性氧化物的合金元素（如Ti、Si等）脱氧，则可加强脱氧能力，但这些元素的过渡系数较小。若使用能形成碱性氧化物的元素（如Mn）脱氧，则脱氧能力较弱，但其过渡系数较大。故在E5015焊条中锰铁加入量较少（主要是过渡合金元素），而较多地加入钛铁和硅铁脱氧，即所谓Ti-Si-Mn联合脱氧，以获得较强的脱氧能力。另外，还应控制熔渣的碱度，降低熔渣的氧化性。这样就可在冶金过程中，达到精炼金属、降低杂质、提高熔敷金属塑性、韧性的目的。

② 熔敷金属化学成分的合理匹配。为了提高熔敷金属的塑性和韧性，一般控制$w_C \leqslant 0.12\%$，$w_{Mn} = 0.8\% \sim 1.3\%$，$Mn/Si \approx 3$。多数研究结果表明，熔敷金属中钛的含量不宜过高，否则会降低韧性，使低温吸收能量不稳定。我国生产的E5015焊条配方中，大多含有较高的钛铁（一般质量分数大于10%）和加入一定量的钛白粉（质量分数约5%），须改进提高，如用ZrO_2代替TiO_2，可取得较好的效果，并可改善脱渣性能。

E5015焊条配方设计在确保满足焊条理化性能和低氢要求的前提下，应综合平衡各项焊接工艺性能指标、制造工艺等，表4-7为E5015焊条药皮配方示例。

表4-7　E5015焊条药皮配方示例　　　　　　　（质量分数，%）

序号	大理石	萤石	钛铁	低度硅铁	中碳锰铁	石英	钛白粉	云母	纯碱
1	54	15	12	5	5	9	—	—	—
2	44	24	12.5	2.5	4	5	5	2	1

2. E5016 焊条的设计

E5016焊条多以E5015配方为基础，加入适量的稳弧剂演变而来，稳弧剂常用云母、白土子、钛白粉、长石、碳酸钾等。粘结剂改钠水玻璃为钾或钾钠混合水玻璃。表4-8为E5016焊条配方示例。

表 4-8　E5016 焊条配方示例　　　（质量分数,%）

大理石	萤石	石英	钛铁	低度硅铁	中碳锰铁	钛白粉	云母	白土	碳酸钾	钾钠水玻璃
40	24	2	12	3	5.5	5	3.5	3.5	1.5	≈23

3. 提高低氢型焊条性能的途径

对 E5015、E5016 等低氢型药皮焊条来说，主要是提高焊条的工艺性能。目前，美国、日本和西欧等国家对于强度等级为 490~590MPa 的低合金钢焊条，焊接电源可交、直流两用，但普遍用交流焊接。我国的 E5016 焊条的交流稳弧性尚有差距（特别是立焊、仰焊时），脱渣性和再引弧性能等也需改进提高。除改进提高低氢型焊条的工艺性能外，对于低氢型低合金高强度钢焊条来说，总体是向高效、超低氢、高韧性和低尘、低毒方向发展。

（1）提高交流稳弧性的途径

1）用钾水玻璃作粘结剂或在药皮中加入 K_2CO_3。K 的电离势较 Na 低，用钾水玻璃作粘结剂或在药皮中加入 K_2CO_3，可降低电弧空间的有效电离势，有利于电弧的稳定。但钾水玻璃的粘结性不如钠水玻璃，且易使涂料硬化，不利于焊条的压涂，故一般用钾钠混合水玻璃。K_2CO_3 的加入量不宜超过 1.5%（质量分数），否则药皮易吸潮并增大飞溅。

试验表明，单独采用此项措施，虽交流稳弧性有所改善，但仍不理想。

2）在配方中加入质量分数为 10%~20% 的铁粉或少量铝镁合金，有利于提高电弧空间的温度，降低有效电离电位，使电弧稳定燃烧。

国外的一些交流低氢型焊条，就是综合利用上述两项技术措施研制而成的。

3）用 MgF_2 代替 CaF_2。这种方法不仅可以明显地提高电弧稳定性，而且使脱渣性、焊缝成形和抗气孔能力也得到改善。

4）加入少量 $CsCO_3$ 或铝粉。配方中加入质量分数为 0.1%~1% 的 $CsCO_3$ 或 0.5%~3% 的铝粉，Cs 的电离势小于 K 和 Na，因此可以提高电弧的稳定性，而铝粉会提高电弧空间的温度，降低有效电离势。

5）降低药皮熔点。适当降低药皮熔点，缩短药皮套筒的长度。焊条的套筒过长，会使电弧拉长，导致电弧不稳，甚至断弧。

6）采用双层药皮。采用双层药皮时，可使内层药皮含 CaF_2 少一些，外层药皮含 CaF_2 多一些，这样既可以减少电弧中心区氟离子的数量，使交流电弧稳定，又可满足冶金反应与调整熔渣物理化学性能所需要的 CaF_2 量。双层药皮焊条在用交流电源施焊时，具有优良的工艺性能和较高的熔敷效率。

（2）改进脱渣性的途径　　通常的 $CaO\text{-}CaF_2\text{-}SiO_2$ 渣系低氢型焊条，由于熔渣与焊缝金属的线胀系数相差较小，熔渣比较密实、坚硬，焊后脱渣较困难。因此提出了以下改进途径：

1）提高熔渣的线胀系数。在通常的低氢型焊条配方中，加入质量分数为 1%~10% 的油页岩或 ZrO_2 或各加 0.5%~5%，即可达到提高熔渣线胀系数、改善脱渣性的目的。

2）形成松脆的多孔熔渣。一般低氢型焊条熔渣比较致密，在坡口内脱渣较为困难，有关试验表明，药皮配方中增大 CaF_2 的加入量（质量分数 >38%），并以铝镁合金为主要脱氧剂，可形成松脆的多孔熔渣，改善脱渣性。

在低氢焊条配方中加入质量分数为 12%~30% 的 $BaCO_3$，也可使熔渣呈松脆的多孔状，焊缝成形良好，易脱渣。

（3）提高引弧性的途径　　一般低氢型焊条普遍存在引弧性差和引弧处易产生气孔的问

题。为解决此问题，可采用对焊芯端部进行特殊加工，减少有效面积，提高电流密度；调整药皮配方；采用管状焊芯制造焊条等方法。目前行之有效、使用广泛的方法是在焊条引弧端涂敷引弧剂。

一般引弧剂由以下四类物质组成：

1) 导电物质，如石墨、铁粉、锰铁等。

2) 不使焊缝金属增加碳的氧化剂，如氧化锰、氧化铁、高氯酸钾等。

3) 可燃性有机物，如淀粉、糊精等。

4) 粘结剂，如水玻璃等。

当配比恰当时，引弧性能良好。引弧剂的配方成分举例见表4-9。

表4-9　引弧剂的配方成分举例　　　　　　　　（质量分数,%）

材料名称	1	2	3	4	5
石墨	5	20	5	48	36
铁粉	10	5	10	4	—
MnO	6	—	—	—	—
Fe_2O_3	—	—	—	—	2
金红石	—	35	67	17	36
淀粉	5	20	3	13	—
糊精	5	10	2	—	—
硅酸盐	—	—	—	18	膨润土 1
滑石	—	—	—	—	1
水玻璃	5	10	8	水玻璃 + 树脂 35	甲基酚醛型树脂 24

(4) 降低氢的途径　降低扩散氢的主要途径和方法是严格控制氢的来源，提高焊接冶金的去氢能力，具体措施如下：

1) 控制药皮的含水量。在低氢型焊条中尽可能不用或少用含有结晶水的原材料，如白泥、云母、长石、滑石等。不得不使用时须经烘焙或化学处理，如硅酸盐可在 600℃ 烘焙，天然云母经化学处理后获得人工合成云母等。

由于制造焊条工艺的需要，对活性较大的铁合金需经钝化处理，钝化分为湿法和干法两种，应使用干法钝化的铁合金，以减少氢的来源。粘结剂用高模数、低浓度的钠或钾钠混合水玻璃。适当提高低氢型焊条的烘干温度和焊条药皮的抗吸潮能力。

2) 提高焊接冶金去氢能力的途径。在低氢型焊条中常用 CaF_2 冶金去氢，研究表明，在加 CaF_2 和 $CaCO_3$ 的同时，再加入少量的其他氟化物，如 Na_2SiF_6、LiF、K_2TiF_6、K_2ZrF_6、MgF_2、$BaSiF_6$ 等；用 $MgCO_3$ 代替部分 $CaCO_3$；加入适量的活性氧化剂，如氧化铁、氧化锰等；或加入微量元素，如 Te、Se、Ti 及 RE 等元素。上述措施均可显著提高焊接冶金去氢能力，有效降低熔敷金属的扩散氢含量。如在药皮中加入质量分数为 1% ~20% 的氟化物釉料（AlF_2 和 MgF_2），压涂后经 400~600℃ 烘干，可提高焊条药皮的耐吸潮能力，有效降低熔敷金属中的含氢量。

(5) 低氢型焊条降尘、降毒的途径

1) 降低萤石配比。降低低氢型焊条药皮中萤石的配比，或采用其他氟化物代替萤石，是降尘、降毒的主要途径。例如，以 MgF_2 代替 CaF_2，或由少量 NaF、KF 取代 CaF_2 或其他氟化物，既可减少焊条的发尘量，又不改变低氢型焊条的其他性能，其配方范围（质量分数）为：$CaCO_3$ 30% ~60%，SiO_2 10% ~30%，TiO_2 5% ~35%，NaF 及 KF 0.5% ~12%。

2）以镁代钾。在低氢型焊条药皮中，用镁代钾作稳弧剂，可有效地降低烟尘的毒性。

3）降低钾钠水玻璃用量。采用多种方法尽量降低钾钠水玻璃用量，如采用低浓度、低模数的水玻璃或锂水玻璃，或者采用其他类型粘结剂，全部或部分代替钾钠水玻璃，可以取得良好的效果。

4）控制药皮厚度和药皮成分的配比。对低氢型焊条，水玻璃加入量（干量）在 6.5%（质量分数）以下，药皮外径/焊芯直径 $= 1.25 \sim 1.51$、$(CaCO_3 + MgCO_3)/SiO_2 > 8$ 时，可有效地降低焊条的发尘量。

4.1.7　不锈钢焊条和铸铁焊条的设计

1. 不锈钢焊条的设计

不锈钢焊条设计的关键是保证熔敷金属的化学成分。熔敷金属的化学成分主要通过不锈钢芯过渡，药皮过渡合金元素为辅助手段。药皮类型一般选用钛型、钛钙型和低氢型。

钛型或钛钙型药皮的电弧穿透力弱，适于薄板平焊。不锈钢焊芯电阻率大，交流弧焊比直流弧焊易使焊条发红，因而在配方设计上，宜采用低氢型的药皮，以适应全位置中厚板以上的焊接。

设计不锈钢焊条要了解和掌握有关元素的特性和作用。

① 碳。碳是扩大奥氏体区的元素。在熔敷金属中，碳易形成铬的碳化物，使焊缝金属晶粒边缘贫铬，造成保护膜 Cr_2O_3 减少，降低金属的耐蚀性，破坏晶粒间的连接作用，导致弯曲、拉伸时易形成腐蚀裂纹。因此，除需要提高焊缝金属的强度、硬度等情况外，一般在焊条设计上，碳控制得越低越好。碳的控制方法主要是选用含碳量低的不锈钢焊芯。其次，在配方设计上，宜用含碳量低、纯度高的金属铬、金属锰等作为脱氧剂和合金剂。

② 铬。铬是铁素体形成元素。当熔敷金属中含有一定量的铬时，焊缝金属在氧化性介质中很快生成一层铬的氧化膜，阻止介质对焊缝金属的继续腐蚀破坏。但这种焊缝金属在非氧化性介质中（如硫酸、盐酸等）只靠铬是不能抗腐蚀的，还必须加入在非氧化性介质中能使钢钝化的镍、钼、铜等元素。

③ 镍。镍是扩大奥氏体区的元素。镍在不锈钢焊缝金属中，通常用于形成并稳定奥氏体组织，以提高对于非氧化性介质（稀硫酸、磷酸等）的耐蚀性。

④ 钼。钼在某些还原性介质中，能加速不锈钢焊缝金属的钝化，提高对于含有氯离子的溶液及其他非氧化性介质（如热的亚硫酸溶液、沸腾的磷酸及醋酸、亚硫酸盐废液等）的耐蚀性。此外，钼在某些情况下还能提高铬镍不锈钢的抗晶间腐蚀能力。

⑤ 钛和铌。不锈钢焊缝金属中的钛和铌通常用于固定焊缝中的碳，使其形成稳定的碳化物，减少碳在焊缝中的有害作用。钛和铌多通过药皮过渡，药皮配方中的加入量要适当，焊缝金属中的钛含量应大于碳的 5 倍，铌含量应大于碳的 8 倍以上才有显著的效果。

⑥ 锰。锰能有效地稳定奥氏体不锈钢焊缝组织。但锰的加入会稍微降低含铬量较低的不锈耐酸钢的耐蚀性。

⑦ 铜。铜在奥氏体不锈钢焊缝中的质量分数为 2% ~4% 时，可提高在硫酸中的耐蚀性。而在铁素体不锈钢焊缝中，则可提高在某些还原性介质中的耐蚀性。

对于不锈钢焊条，当焊芯和药皮类型确定后，可根据熔敷金属的成分设计要求，在药皮中加入适量的合金剂，就能取得满意的效果。

（1）低氢型药皮配方设计　低氢型不锈钢焊条的设计与低氢型低合金钢焊条的设计相似，可以参考低合金钢焊条的设计理念和经验。同时应注意二者之间的两个不同点：一是不锈钢焊条为活化熔池、净化金属，应适当提高 CaF_2 所占的比例，使大理石与萤石之比为 1 ~ 1.5；二是不锈钢焊条为减少碳的过渡，降低熔敷金属的含碳量，提高焊缝金属的耐蚀性，脱氧剂与合金剂尽量不采用铁合金，而用纯金属，如铬、锰等。

以 Al07（E0-19-10-15）焊条为例，其药皮配方组成范围（质量分数）为：大理石 30% ~ 45%、萤石 20% ~ 40%、TiO_2 0 ~ 5%、云母 0 ~ 6%、铬 3% ~ 9%、锰 1% ~ 3%、钛铁 3% ~ 8%、硅铁 2% ~ 7%，粘结剂为钠水玻璃。

（2）钛钙型药皮配方设计　我国生产的钛钙型药皮的不锈钢焊条普遍存在综合工艺性能差，全部为粗熔滴短路过渡，飞溅较大，药皮易发红开裂，每根焊条前、后段工艺性能差异大等问题，与国外同类焊条相比有较大的差距。

E308-16（A102）是典型的钛钙型药皮不锈钢焊条，药皮配方主要组成（质量分数）为：大理石 15% ~ 20%、萤石 6% ~ 10%、金红石 38% ~ 45%、钛白粉 5% ~ 10%、硅酸盐 3% ~ 10%、脱氧剂和合金剂 15% ~ 25% 及其他 0 ~ 3%。焊芯选用 H0Cr21Ni10。

H0Cr21Ni10 焊芯的导热性差（为碳钢的 1/3），线胀系数大（比碳钢大 50% 左右），药皮温升、发红、开裂等均与焊芯的这些特性有关。合理地设计药皮的配方组成，将熔滴过渡由短路过渡变为渣壁过渡，可以解决药皮易发红、开裂的问题。设计原则如下：

① 适当增加药皮中的硅酸盐含量，降低碳酸盐含量，可细化熔滴，变短路过渡为渣壁过渡，提高焊条的熔敷效率，降低焊条药皮发红、开裂倾向，提高不锈钢焊条的综合工艺性能。

试验表明，对 ϕ4mm 的 E308-16 焊条，当长石 + 云母 > 25%（质量分数）、（长石 + 云母）/（大理石 + 萤石）> 2.5 时，即可形成渣壁过渡。

② 增加药皮套筒长度是实现渣壁过渡的必要条件，而套筒长度与熔滴颗粒度和焊条药皮外径有关。

③ 石英具有细化熔滴的作用，提高了焊条的熔敷效率，降低了焊条药皮的发红倾向。但是，配方中采用石英，易使焊缝金属增硅。

④ Cr_2O_3 具有与长石一样增大药皮高温塑性的作用，适当增加其配比，有利于提高焊条药皮的抗裂性，并可改善焊缝的脱渣性。

⑤ 当药皮中硅酸盐配比较高时，铌的加入（如 E347-16 焊条）会使熔渣产生低价铌的化合物，并与 Al_2O_3、SiO_2 作用产生尖晶石化合物，粘连在焊缝金属的表面上，使脱渣困难。这时可加入适量稀土化合物（如氟化稀土）、冰晶石（氟铝酸钠）粉代替 CaF_2。

⑥ 应严格控制水玻璃加入量和选用较低浓度的水玻璃或改用锂水玻璃，这有利于控制焊缝金属增硅，降低产生气孔的倾向。

2. 铸铁焊条设计

（1）铸铁焊条配方设计的基本原则　根据铸铁的种类和特性，铸铁焊条可依下列基本理论进行设计。

1）向焊缝中过渡适量的碳和硅等元素。这是因为碳和硅是促进石墨化的重要元素，可保证在相应的焊接工艺条件下，使焊接接头充分石墨化，避免或者减少出现硬脆的白口组织。

2）尽可能地降低焊缝金属中的含碳量，使焊缝金属在相应的焊接工艺条件下，变成或者近似变成纯铁组织。这是因为纯铁组织的强度低（$R_m \approx 250\text{MPa}$）、硬度低（$\approx 80\text{HBW}$）、塑性高（$A \approx 50\%$），使焊缝金属具有良好的抗裂性。

3）采用塑性好的异种金属作焊接材料，提高焊缝金属的抗裂性。

4）改变焊缝金属中碳的存在形式，防止或减少 Fe_3C 的产生，提高焊缝金属的塑性、切削加工性和抗裂性。

（2）铸铁焊条药皮配方设计　铸铁焊条根据焊缝金属的不同类型，可分为同质焊缝焊条和异质焊缝焊条两种。铸铁焊条的药皮类型多采用石墨型或低氢型、氧化铁型、钛钙型等。

同质焊缝的铸铁焊条采用石墨型药皮，通过焊芯（如 Z248）或药皮（如 Z208）向焊缝过渡适量的 C 和 Si 等元素，促进石墨化，在一定工艺条件下可避免 Fe_3C 的生成，从而形成灰铸铁组织。必要时可加入适量的球化剂，形成球墨铸铁组织。

异质焊缝的铸铁焊条，焊缝金属可以为钢或近似纯铁，药皮类型为氧化铁型、低氢型和钛钙型，焊芯可用钢芯（H08A）或纯铁芯，以增加碳的烧损，减少碳的过渡，如 EZFe-Z（Z100、Z122Fe），或加入其他合金元素（如 V）与 C 形成碳化物，防止或减少 Fe_3C 的产生，如 EZV（Z116、Z117）等。异质焊缝的焊条也可以形成具有良好塑性的焊缝金属，如 EZNi-1（Z308）、EZNiFe-1（Z408）、EZNiCu-1（Z508）、Cu-Fe（Z607、Z612）等，药皮类型为石墨型、低氢型或钛钙型。铸铁焊条的参考配方示例见表 4-10 和表 4-11。

表 4-10　Z208 铸铁焊条参考配方　　　　　　　　　　（质量分数，%）

大理石	稀土硅铁 2 号	石墨	低度硅铁	萤石	铝粉	白泥	云母	备注
13	4	27	24	12	8	6	6	焊芯 H08A

表 4-11　Z308 镍基铸铁焊条参考配方　　　　　　　　（质量分数，%）

大理石	萤石	碳酸钡	铝粉	锰铁	铁粉	石墨	药皮重量系数	备注
20 ~ 30	12 ~ 18	20 ~ 30	2 ~ 10	2 ~ 5	0 ~ 15	10 ~ 24	28 ~ 30	纯 Ni 焊芯 Ni > 99.8%

4.2　焊丝设计基础

随着自动焊接技术的迅速发展，焊丝的需求量和品种增长很快，尤其是药芯焊丝的发展速度更加突出。我国焊丝的产量约占焊材总量的 40% 左右（2008 年统计），低于工业发达国家的比例。但是，随着社会需求和焊丝制造技术的提高，我国焊丝生产将有一个较大的飞跃，从而逐步缩小与欧、美等工业发达国家的差距。

可按焊丝适用的焊接方法、被焊材料、制造方法与焊丝的形状等，从不同角度对焊丝进行分类。

1）按焊丝适用的焊接方法，可分为 CO_2 焊焊丝、埋弧焊焊丝、电渣焊焊丝、堆焊焊丝、气焊焊丝等。

2）按被焊材料的不同，可分为碳钢焊丝、低合金钢焊丝、不锈钢焊丝、铸铁焊丝和有色金属焊丝等。

3）按制造方法与焊丝的形状，可分为实心焊丝和药芯焊丝。药芯焊丝又可分为气体保护焊丝和自保护焊丝两种。

4.2.1　实心焊丝的设计

1. 实心焊丝的生产

实心焊丝是热轧线材经拉拔加工而成的。产量大而合金元素含量少的碳钢或低合金钢线材，常采用转炉冶炼；产量小而合金元素含量多的线材采用电炉冶炼，分别经开坯、轧制或经连铸连轧成 $\phi6.5mm$（或 $\phi5.5mm$）的盘圆。该盘圆在焊接材料生产厂再经过拉拔、镀铜及绕丝等工序，最终制成焊丝。为了防止焊丝生锈，除不锈钢焊丝及有色金属焊丝外，焊丝都要进行表面处理。目前主要是镀铜处理，包括电镀、浸铜及化学镀等方法。我国常用的镀铜工艺主要有以下两种形式。

（1）化学镀　粗拉放线→粗拉预处理→粗拉→退火→细拉放线→细拉预处理→细拉→化学镀→精绕→包装。

（2）电镀　粗拉放线→粗拉预处理→粗拉→退火→镀铜放线→镀铜预处理→有氰电镀或无氰电镀→细拉→精绕→包装。

有些直径为 $\phi5.5mm$ 的盘圆可以不经过中间软化退火而直接精拉到成品丝尺寸，这时得到的焊丝称为"硬丝"，其挺度、送丝性能较好，不存在软硬不均的弊端。细拉后的焊丝应保证一定的强度，如果焊丝强度太低（即挺度差），送丝不畅，尤其是送丝距离较长时，容易顶弯。焊丝强度太高（即太硬），焊丝不易矫直，影响电弧的瞄准度，同时导丝嘴的磨损加快。细拉焊丝的强度控制范围见表 4-12。

表 4-12　细拉焊丝的强度控制范围

焊丝直径/mm	0.8	1.0	1.2	1.6
强度/MPa	1400 ~ 1600	1300 ~ 1500	1200 ~ 1400	1100 ~ 1300

2. 碳钢和低合金钢焊丝

（1）CO_2 焊接用实心焊丝　CO_2 是活性气体，具有氧化性，焊接时会导致合金元素大量烧损，所以 CO_2 焊接用实心焊丝应有足量的脱氧剂，如 Si、Mn、Ti 等。如果合金元素含量不足，脱氧不充分，将导致焊缝产生气孔，焊缝金属力学性能，特别是韧性明显下降。

焊接厚板或平焊、角焊时，焊接电流大，熔滴呈大颗粒滴状过渡，熔滴中的合金元素容易烧损，故焊丝中除加入 Si、Mn 脱氧元素外，还要加入 Ti、Zr、Al 等强脱氧元素，这些强脱氧元素使熔滴细化、电弧稳定、飞溅减少，焊接工艺性能变好。

我国 CO_2 焊应用广泛，主要焊接低碳钢及低合金钢结构，常用的焊丝是 ER49-1（H08Mn2SiA）及 ER50-6（AWS ER70S-6）焊丝，ER50-6 焊丝中的 Mn、Si 含量比 H08Mn2SiA 稍低，焊缝金属强度稍低，韧性、塑性良好。ER49-1 和 ER50-6 焊丝的工艺性能较好，飞溅不大，抗气孔性好。

（2）MIG/MAG 焊用实心焊丝　MIG 焊一般采用 Ar + O_2 2%（体积分数）或 Ar + CO_2 5%（体积分数）为保护气体，MAG 焊则采用 Ar + CO_2（20 ~ 25）%（体积分数）等为保护气体。MIG 焊主要用于焊接不锈钢等高合金钢，由于 Ar 气较贵，低合金钢的 MIG 焊已逐渐被 MAG 焊取代。

MAG 焊时，由于保护气体有一定的氧化性，使某些易氧化的合金元素烧损，故焊丝中

Mn、Si 等脱氧元素的含量应高于其在母材中的含量。根据等强度匹配同时兼顾韧性的原则，适当提高 Ni、Cr 等合金元素的含量，以满足焊缝金属力学性能的要求。焊接低合金高强度钢时，焊缝中的 C 含量通常低于母材，Mn 含量往往明显高于母材，这不仅是为了脱氧，也是焊缝合金化的要求，这种成分设计有利于提高焊缝强度，减少塑性和韧性的降低。同时，为了改善低温韧性，焊缝中的硅含量不宜过高。

（3）TIG 焊用实心焊丝　TIG 焊时，手工填丝采用切成一定长度（通常约 1m）的焊棒，自动填丝采用盘式焊丝。由于保护气体 Ar 没有氧化性，焊丝成分即为熔敷金属的成分。TIG 焊热输入较小，焊缝强度和塑性、韧性优良，容易满足各种性能要求。

（4）埋弧焊用实心焊丝　低碳钢和低合金钢埋弧焊用焊丝设计为低锰焊丝（如 H08A）、中锰焊丝（如 H08MnA、H10MnSi）和高锰焊丝（如 H10Mn2、H08Mn2Si）三类。

高强度钢焊丝设计含 Mn1%（质量分数）以上，含 Mo0.3% ~ 0.8%（质量分数），如 H08MnMoA、H08Mn2MoA，用于强度较高的低合金高强度钢焊接。此外，根据高强度钢的成分及使用性能要求，还可在焊丝中加入 Ni、Cr、V 及 Re 等元素，以提高焊缝性能。590MPa 级的焊缝金属多采用 Mn-Mo 系焊丝，如 H08MnMoA、H08Mn2MoA、H10Mn2Mo 等；690 ~ 780MPa 级的焊缝多采用 Mn-Cr-Mo 系、Mn-Ni-Mo 系或 Mn-Ni-Cr-Mo 系焊丝；当对焊缝韧性要求较高时，可采用含 Ni 的焊丝，如 H08CrNi2MoA 等。

（5）自保护焊用实心焊丝　自保护焊用实心焊丝是通过焊丝中的合金元素在焊接过程中进行脱氧、脱氮，以保证焊缝金属无缺欠且力学性能满足要求。因此，除提高焊丝中的 C、Si、Mn 等常用元素的含量外，还需要加入强脱氧元素，如 Ti、Zr、Al、Ce 等。

3. 不锈钢实心焊丝

不锈钢实心焊丝既可用于惰性气体保护焊（TIG、MIG 焊），也可用于埋弧焊。

不锈钢实心焊丝的 TIG 焊，广泛用于薄板焊接或打底焊的单面焊双面成形，基本无飞溅，焊道成形美观。

不锈钢实心焊丝的 MIG 焊，既可以实现高效化，又容易实现自动化，广泛用于堆焊及薄板焊接领域。MIG 焊接用的实心焊丝成分与 TIG 焊用的一样，但对某些不锈钢，还有一种 Si 含量较高的 MIG 焊丝，如与 ER308、ER309 焊丝对应的 ER308Si、ER309Si 等，由于 Si 的质量分数高达 0.8% 左右，降低了熔滴金属的表面张力，熔滴颗粒变细，可实现喷射过渡，电弧稳定。同时还能改善液态金属的润湿性，使焊道波纹美观，不易产生未焊透、夹渣、气孔等缺欠。另外，熔渣的熔点低、渣量少，焊接层数在三层以内可免清渣连续焊接。

埋弧焊用不锈钢实心焊丝，其化学成分与气体保护焊用不锈钢焊丝一样，但应配用无锰中硅中氟或无锰低硅高氟型熔炼焊剂或者碱性烧结焊剂。

为了满足石油、化工、原子能等工业不断发展的需求，随着先进冶炼设备的应用和技术进步，冶金产品的性能有了显著提高，国外开发出了许多不锈钢实心焊丝新品种。为了进一步提高耐蚀性，在原来"超低碳"（$w_C \leqslant 0.030\%$）的基础上，开发了"极低碳"（$w_C \leqslant 0.020\%$ 及 $w_C \leqslant 0.010\%$）不锈钢焊丝，如 TG308L2、TG316L1 等。还开发了严格控制焊缝金属中杂质及铁素体含量的不锈钢焊丝，以满足低温工程及原子能工业的需要，如 TG308N 等。

不锈钢焊接时背面氧化一直是焊接工艺上难以解决的一个问题，多采用背面充氩气保护的工艺措施。但是，当容器较大、管道较长或背面无储气空间时，会浪费大量氩气，还会出现保护不良的情况。为了解决这一工艺难题，日本开发制造了 TGF 系列背面自保护不锈钢焊丝，焊丝牌号为 TGF308L、TGH347 等。这是一类带特殊涂层的焊丝，焊接时，保护涂层会渗透到熔池背面，形成一层致密的保护层，使焊道背面不受氧化，冷却后这层渣壳会自动脱落，用压缩空气或水冲的方式极易清除。这种焊丝的使用方法与普通 TIG 焊丝相同，涂层不影响正面的电弧和熔池形态。

4.2.2 药芯焊丝的设计

1. 药芯焊丝的生产

药芯焊丝由薄钢带卷成接口为对接或搭接的圆形钢管，并在其中填满一定成分的药粉，经拉制而成，其横截面呈"O"形，气体保护焊通常以直径为 1.2mm 的细径焊丝为主，兼用直径 2.0 ~ 2.4mm 的粗径焊丝。堆焊焊丝以直径 3.2mm、4.0mm 最为常见。

药芯焊丝从制造方法上可分为有缝药芯焊丝和无缝药芯焊丝两种。有缝药芯焊丝因为制造成本低而得到广泛应用，它的制造方法是由薄钢带通过成形轧辊加工成 U 形槽，在槽中填入药粉，轧成管状，最终尺寸一般是通过拉丝加工而成，也可用进一步轧制减径的方法实现。

药粉质量与药芯焊丝质量之比称为药芯焊丝的药粉填充率。药粉填充率的精确控制和恒定是药芯焊丝生产的关键技术。因此，药芯焊丝生产设备中，对填粉机构的要求较高。

按用途不同，药芯焊丝分为低碳钢、低合金钢、高强度钢、耐热钢、低温钢、耐蚀钢、不锈钢和硬面堆焊用药芯焊丝等。药芯焊丝根据填充药粉的不同，分为熔渣型药芯焊丝和金属粉型药芯焊丝。熔渣型药芯焊丝按照熔渣的碱度可分为钛型（酸性渣）、钛钙型（中性或弱碱性渣）和碱性（碱性渣）药芯焊丝。

一般来说，钛型药芯焊丝焊缝成形好，适于全位置焊接，但是韧性、抗裂性稍差。相反，碱性药芯焊丝韧性、抗裂性好，而焊缝成形及焊接操作性差一些。钛钙型药芯焊丝的性能介于钛型和碱性药芯焊丝二者之间，近年来，随着药芯焊丝的发展，新型的钛型药芯焊丝不仅焊接工艺性好，而且其熔敷金属的扩散氢含量低，韧性优异，钛钙型药芯焊丝现在已很少使用。

金属粉型药芯焊丝具有实心焊丝的低渣性（渣产生量很少）、良好的抗裂性等特点，并兼备钛型药芯焊丝良好的焊接操作性能，其焊接效率比钛型药芯焊丝还要高。

根据药芯焊丝的类型和熔滴过渡形式将药芯焊丝大体归纳为四种基本类型，即钛型、碱性、金属粉型和自保护型四种。

2. 钛型药芯焊丝的设计

（1）钛型药芯焊丝渣系的设计 钛型药芯焊丝主要用金红石、硅酸盐、铝酸盐造渣，属于 TiO_2-SiO_2 渣系。表 4-13 为钛型药芯焊丝药粉和熔渣的基本成分。

表 4-13 钛型药芯焊丝药粉和熔渣的基本成分 （质量分数,%）

成分	SiO_2	Al_2O_3	TiO_2	CaO	Na_2O	K_2O	CO_2	C	Fe	Mn	MnO	Fe_2O_3
药粉	21.0	2.1	40.5	0.7	1.6	1.4	0.5	0.6	20.1	15.8	—	—
熔渣	16.8	4.2	50.0	—	2.8	—	—	—	—	—	21.3	5.7

金红石的主要成分为 TiO_2，它可调整熔渣的熔点和粘度。熔渣中，随着 TiO_2 含量的增加，熔渣的凝固温度范围减小，形成"短渣"，适于全位置焊接。此外，钛还是一种很好的

稳弧元素，它以金属或矿物质的形式加到药粉中，使电弧柔和。

TiO_2 是非常稳定的化合物，不易分解、不会增加焊缝的含氧量。因此，当 TiO_2 同碱性氧化物共存时仍能使熔渣保持许多碱性渣的特点，所以又常把钛型药芯焊丝称为"金红石-碱性"药芯焊丝。

为了使药芯焊丝的熔滴过渡形式达到稳定的射流过渡，必须降低熔滴的表面能，而降低熔滴表面能的最简单方法就是使熔滴表面氧化。熔滴上具有少量的表面活性物质时，可大大降低其表面张力系数。钢液中表面活性最大的物质是氧和硫，如纯铁被氧饱和后其表面张力系数降低到 $1.03N/m$。因此，当钛型药芯焊丝渣中有硅酸盐或酸性氧化物时，渣和液态金属都含有一定量的氧，一般焊缝金属的含氧量（质量分数）不低于 $6.5 \times 10^{-2}\%$，所以在金属与渣的界面上表面张力较小，易于实现射流过渡。

TiO_2 的熔点是 $1700 \sim 1800℃$，因此药粉中需加入一些矿物质，使其与金红石形成低熔点共晶体，将熔渣的熔点降到 $1200℃$ 左右，以满足焊接的需要。由于焊接时送丝速度快，使药粉短时间内熔化是一个技术难点。解决这一技术难点的方法就是在药粉中必须至少加入一种比钢带熔点低的组分，使其有助于传导热量，及时熔化其他高熔点物质。细径药芯焊丝的出现使得钢带外皮和药芯之间的热量传导距离缩短，也使上述问题基本得到解决。

（2）焊丝设计示例 CO_2 焊药芯焊丝的药芯配方一般为钛型渣系，药芯起到保护、稳弧、成形、全位置、脱氧和渗合金等作用，碳钢和低合金钢药芯焊丝一般加入 Mn、Si、Ti 等合金元素。CO_2 焊药芯焊丝克服了 CO_2 焊实心焊丝飞溅大、成形差和大电流下全位置施焊较困难的缺点，具有工艺性好、焊缝质量好、适于交直流焊接电源和生产率高等优点。钛型 CO_2 焊药芯焊丝的药芯配方见表 4-14，可用交、直流电源进行全位置焊接。

表 4-14　CO_2 焊药芯焊丝的药芯配方　　　　　　　　　（质量分数,%）

钛白粉	金红石	石英	长石	大理石	冰晶石	锰铁	硅铁	铁粉
17	5	6	4	4	4	16	6	48

表 4-14 的药芯焊丝适于焊接抗拉强度为 490MPa 级的低碳钢及低合金钢，生产率为 CO_2 焊实心焊丝的 $1.2 \sim 2$ 倍，为焊条电弧焊的 $5 \sim 8$ 倍。

CO_2 焊药芯焊丝的发尘量一般比 CO_2 焊实心焊丝的高 $30\% \sim 40\%$，降低 CO_2 焊药芯焊丝发尘量的主要途径是调整药芯成分的配比，如控制药芯中各成分的含量（质量分数）：氧化铁 $1.5\% \sim 6.0\%$、铁粉 $10\% \sim 50\%$、稳弧剂（Na_2O、K_2O 等）$0.3\% \sim 0.4\%$、TiO_2 $20\% \sim 50\%$、SiO_2 $1\% \sim 9\%$、Al_2O_3 $1\% \sim 12\%$、ZrO_2 $0.5\% \sim 2\%$，焊丝的发尘量可降到与实心焊丝相当的水平。将制作药芯焊丝钢带的碳的质量分数，由通常的 0.08% 降至 0.045% 以下，可使焊丝发尘量减少 30%，也使 CO_2 焊药芯焊丝的发尘量与实心焊丝大致相同。

3. 碱性药芯焊丝的设计

碱性药芯焊丝的药芯主要是由碳酸盐、氟化物和硅酸盐等物质组成，因此熔渣的碱度较高，焊缝金属具有良好的塑性和较高的低温韧性。碱性药芯焊丝药粉和熔渣的基本成分见表 4-15。

碱性药芯焊丝属于 $CaO\text{-}CaF_2\text{-}SiO_2$ 渣系，由于渣中 CaO 和 CaF_2 的含量较多，SiO_2 的分解被阻止，使其难以产生强烈的置换氧化反应，再加上药粉中有强脱氧剂，因此，焊缝的含氧量较低，氧化物夹杂极少。

表 4-15　碱性药芯焊丝药粉和熔渣的基本成分　　　　（质量分数，%）

成分	SiO_2	Al_2O_3	CaO	K_2O	CO_2	C	Fe	Mn	CaF_2	MnO	Fe_2O_3
药粉	7.5	0.5	3.2	0.5	2.5	1.1	55.0	7.2	20.5	—	—
熔渣	14.8	—	11.3	—	—	—	—	—	43.5	20.4	10.3

碱性药芯焊丝的碱度较大，能降低焊缝的氧、硫含量，这是因为增加渣中的 CaO 和 MnO 的含量有利于脱硫。同时渣中加入 CaF_2，能降低渣的粘度，也有利于脱硫。

由于碱性药芯焊丝熔渣的氧化性并不强，所以不能消除有害元素磷的影响。因此，为减少焊缝中的含磷量，必须限制钢带和药粉的磷含量。近年来，随着冶炼水平的提高，钢带中有害元素磷的含量已得到有效控制。

碱性药芯焊丝的扩散氢含量通常都在 5mL/100g 以下，有些碱性药芯焊丝可将其扩散氢含量控制在 3mL/100g 以下。

由于碱性药芯焊丝焊缝的氧含量、杂质含量及扩散氢含量均较低，所获得焊缝金属的塑性、韧性和抗裂性好，具有优良的综合力学性能，使其在药芯焊丝发展初期的几年间成为药芯焊丝的主要品种。但是，碱性药芯焊丝又有许多缺点，如电弧过渡呈粗颗粒过渡形式，不能达到准射流过渡；焊道成凸形和飞溅大；熔渣的流动性太大，不易实现全位置焊接，即使细直径碱性药芯焊丝采用直流正接和短路过渡形式可进行全位置焊接，但易造成未熔合等缺欠。采用脉冲焊接技术可提高碱性药芯焊丝的操作性能，但脉冲焊接技术的运用也仅能在一定程度上提高碱性药芯焊丝的全位置焊接性，焊道凸度、浸润角和根部熔深仍不能达到理想效果。因此，碱性药芯焊丝已被钛型药芯焊丝逐步取代。

4. 金属粉型药芯焊丝设计

金属粉型药芯焊丝被称为"代替实心焊丝的焊接材料"，因为它既有渣量少的实心焊丝的长处，又兼备高熔敷速度、低飞溅等熔渣型药芯焊丝的优点。

金属粉型药芯焊丝最显著的优点如下：

（1）更高的熔敷速度　金属粉型药芯焊丝也是由薄钢带包裹药粉组成的，因此其电流密度大、熔化速度快。同时金属粉型药芯焊丝的药粉中含有大量的铁粉、铁合金和金属粉，非金属矿物粉含量较少。而铁粉、铁合金和金属粉的熔点相对于非金属矿物粉的熔点低，使得熔化药粉的能量降低，从而比实心焊丝和熔渣型药芯焊丝具有更高的熔敷速度。同熔渣型药芯焊丝和实心焊丝相比，金属粉型药芯焊丝的熔化速度可提高 10%～20%。

（2）较高的熔敷效率　熔敷效率是指单位长度的焊接材料实际熔敷到焊缝金属中的金属质量。实心焊丝的熔敷效率最高，一般为 90%～98%；熔渣型药芯焊丝的熔敷效率一般为 80%～87%；金属粉型药芯焊丝的熔敷效率一般为 91%～95%（ϕ1.2mm 焊丝）和 93%～96%（ϕ1.6mm 焊丝）。

（3）焊缝表面渣量少　焊缝表面渣量少，既可以避免焊缝中产生夹渣等缺欠，又可以大大减少清渣工作量，提高了生产率，降低了焊接成本。熔渣量少的另一个优点是在焊接厚板时可以采用窄坡口，从而减少填充金属量。金属粉型药芯焊丝的坡口角度可以从焊条电弧焊和一些熔渣型药芯焊丝采用的 60°坡口降低到 45°坡口，这样所需的填充金属量可减少近 60%。

（4）焊接飞溅小　金属粉型药芯焊丝由于加入了一定量的稳弧剂，如 TiO_2、K_2O、Na_2O 等，电弧燃烧稳定。采用富氩混合气体保护焊时，可得到柔和的喷射过渡，飞溅量大大降低，减轻了焊后清理飞溅的工作量。

（5）焊缝成形好　因为金属粉型药芯焊丝具有良好的电弧特性以及低的烟尘和飞溅，焊接操作可见度很好，易于操作者更好地控制熔池的形状，得到合格的焊接接头。同时，还可以避免出现实心焊丝焊接时（采用富氩混合气体保护）的"指状熔深"。

（6）焊接时产生的烟尘量少　通过降低焊丝的碳含量和药粉中易分解组元等方法，可将焊接时产生的烟尘量降到实心焊丝的水平，比 CO_2 气体保护焊的熔渣型药芯焊丝产生的烟尘量要低 100% ~ 150%。另外，采用脉冲电源焊时，金属粉型药芯焊丝的烟尘量还可进一步降低。

5. 自保护药芯焊丝设计

（1）自保护药芯焊丝设计基础　自保护药芯焊丝 20 世纪 50 年代末出现于美国和前苏联，随后得到了很大发展，尤其在高层建筑、输油管道和海洋平台等领域得到广泛应用。表4-16 为几种典型的自保护药芯焊丝药粉和熔渣的基本成分。

表 4-16　几种典型的自保护药芯焊丝药粉和熔渣的基本成分　　（质量分数,%）

成分	CaF_2 - Al		CaF_2 - TiO_2		CaF_2 - CaO - TiO_2	
	药粉	熔渣	药粉	熔渣	药粉	熔渣
SiO_2	0.5	—	3.6	0.2	4.2	1.8
Al	15.4	—	1.9	—	1.4	—
Al_2O_3	—	11.8	—	6.5	—	6.0
TiO_2	—	—	20.6	27.0	14.7	33.5
CaO	—	—	—	—	4.0	—
MgO	16.2	9.2	4.5	4.5	2.2	6.0
K_2O	0.4	—	0.6	1.8	—	—
Na_2O	0.2	—	0.1	1.0	—	—
C	1.2	—	0.6	—	0.6	—
CO_2	0.4	—	0.6	—	2.1	—
Fe	4.0	—	50.0	—	50.5	—
Mn	3.0	—	4.5	—	2.0	—
Ni	—	—	—	—	2.4	—
CaF_2	63.5	76.1	22.0	53.0	15.3	47.5
MnO_2		0.4		1.1		2.8
Fe_2O_3		2.5		1.9		3.6
AWS 标准	E70T-4 E60T-7		E70T-3		E70T-6	

自保护药芯焊丝首先要解决的问题是如何使熔融金属不受空气（氮和氧）的侵害，使焊缝金属不出现气孔。其次，应保证焊缝金属具有合适的强度和塑性、韧性。

自保护药芯焊丝焊接时焊缝中产生气孔的原因主要有两个：一是因为空气中的氧同熔融金属反应生成氧化铁，钢中的碳同氧化铁反应生成 CO 气体，在焊缝金属结晶时来不及逸出而产生气孔。另一个主要原因就是空气中氮的侵入，形成氮气孔。防止产生 CO 气孔的方法是在药粉中加入一定量的 Al、Ti、Si 等脱氧剂，其与氧的亲和力比铁大，阻止了熔融金属同氧结合生成氧化铁。在自保护药芯焊丝中加入一定量的 Al、Ti 等强氮化物形成元素，生成稳定的氮化物可以防止形成氮气孔。但焊缝中氮化物的数量超过一定极限，则会造成焊缝金属韧性的下降，同时，过量的 Al 存在于焊缝金属中，还会引起晶粒粗大，严重影响焊缝金属的塑性和韧性。

对于自保护药芯焊丝，为保证其焊缝金属不出现气孔并具有合适的强度和塑性、韧性，除在药粉中加入适量的强氮化物形成元素和脱氧元素外，另一种解决途径是通过焊丝中某些药粉在焊接时的汽化和分解，释放出气体形成保护屏障来隔绝空气。

药粉中常加入大理石和萤石，焊接时释放出气体，将熔融的金属与空气隔开。氟化钙的沸点为 2500℃，因为熔滴表面的温度高于 2500℃，所以环绕着焊丝尖端会形成一个 CaF_2 蒸气囊，阻止空气侵入钢液的表面，碳酸钙分解所释放出的 CO_2 也是保护气体。但是，CaF_2 会破坏电弧和熔滴过渡的稳定性，并产生有害气体，同时，焊丝药粉中碳酸钙分解出的 CO_2 气体会使飞溅增大，甚至使焊丝表皮爆开。所以，现代自保护药芯焊丝配方设计中，为了提高焊丝的工艺性能和操作性能，萤石和大理石类碳酸盐在药粉中的含量已大大降低，许多配方甚至不采用碳酸盐。

Al 作为一种强脱氧剂和氮化物形成元素，几乎被用于所有的自保护药芯焊丝。Al 的熔点为 660℃，沸点是 2467℃，通过反应生成稳定的氧化物和氮化物。Al 是一种强铁素体形成元素，过量的 Al 会造成焊缝金属在冷却过程中不发生相变，也不会产生晶粒细化作用，而形成大块的铁素体晶粒，大大降低焊缝金属的塑性，使焊缝金属脆化。为此，需加入一些强奥氏体形成元素来抵消过量的 Al 所带来的有害作用，C 作为一种强奥氏体形成元素常常被加入药粉中，细化焊缝金属晶粒，提高塑性。一般来说焊缝金属的碳的质量分数大都小于 0.1%，但自保护药芯焊丝焊缝金属的碳的质量分数有时可以达到 0.3%。自保护药芯焊丝焊缝金属的 Al 的质量分数最多不超过 1.8%，若 Al 含量过高，则相应的碳含量也随之提高，过高的碳含量会大大提高焊缝金属的强度，降低塑性，同时由于碳化物在晶粒边界的析出造成焊缝金属的韧性也很差。因此，自保护药芯焊丝中 C 和 Al 要做到一个很好的平衡，否则会严重影响焊缝金属的塑、韧性。

Al 和 C 保持平衡的标准是：加入的强奥氏体形成元素 C 的上限以保证焊缝金属不产生脆化为准；加入强铁素体形成元素 Al 含量的下限是在严格和苛刻的焊接工艺条件下，保证单道焊焊缝不出现气孔。

Mg 也是自保护药芯焊丝中常用的一种强还原剂和氮化物形成元素。Mg 的沸点较低，易挥发，使其还原和脱氧的作用降低。Ti 和 Zr 都是强氮化物形成元素，但它们沸点较高，不会形成金属蒸气来保护熔融金属。

Li 可在熔滴尖端形成保护蒸气，防止氮气的侵入，此外，Li 还可以抑制氮气的沸腾，对焊缝的冶金性能没有不利影响。由于 Li 的沸点比钢的熔点低，因此焊缝中不会残留 Li。

在自保护药芯焊丝的药粉中加入大量的 Li_2CO_3、不加入大量的氮化物形成元素（如 Al 等），就完全可以抑制氮气孔的产生，且对焊缝的韧性影响不大。但是，大量的碳 Li_2CO_3 分解释放出的 CO_2 气体，会造成飞溅增大，严重影响焊丝的焊接工艺性能。因此，应选择其他 Li 的化合物（如硅酸锂、氟化锂等），尽量避免使用大量的 Li_2CO_3。硅酸锂、氟化锂等锂的化合物与还原剂结合，在焊接电弧热作用下将锂还原出来。硅酸锂一般可被 Al、Mg 或 Si 等还原剂还原，氟化锂最好用 Ca 作为其还原剂，但 Ca 在空气中很不稳定，易与空气中的水分发生反应。

氧化锂的碱性较强，容易同其他酸性或两性化合物结合，生成很稳定的化合物或复合物，在电弧的高温作用下，可被除 Ca 以外的还原剂还原出金属 Li，并且不会分解出一些破坏电弧稳定性的气体。因此，在一些自保护药芯焊丝配方设计时，将氧化锂同氧化铁结合形

成化合物 $LiFeO_2$ 和 $LiFe_5O_8$，或者形成氧化锂和氧化铁的复合物，这种化合物或复合物中的氧含量在不影响其性能的条件下可以在一定范围内改变。同样，还可以将氧化锂同氧化硅、氧化钙、氧化铝以及氧化锰等酸性或两性氧化物结合生成一些吸潮倾向小且可以被 Al、Mg 等强还原剂还原出金属 Li 的化合物或复合物。

$BaCO_3$ 的分解温度较高，不会在焊丝加热时分解出 CO_2 气体造成焊丝表皮爆裂。同时，Ba 的化合物还有一个很突出的优点，就是 Ba 的化合物在焊接时支持很短的电弧。例如，采用 CaF_2-Al 系自保护药芯焊丝焊接，如果在某一给定电流下能保证电弧正常燃烧的电弧电压为 22V，而对于 BaF_2-Al 系药芯焊丝，此时的电弧电压只需要 13～14V。在低电弧电压下电弧燃烧稳定，操作者在全位置焊接时，能够很好地控制熔池，获得高质量的焊缝，这是因为低电弧电压能使电弧能量降低（焊接电流不变）、焊丝熔化速度下降。如药粉中加 Ba 的自保护药芯焊丝用于管道焊接，在 240A 的焊接电流下其熔敷速度仅为 1.4kg/h。低电弧电压的另一个优点是电弧短，可以减少焊接时熔滴吸收的氮量。因此，在许多海洋平台、管道焊接中使用的药芯焊丝大都含有 Ba 元素。但是，有些 Ba 的化合物会产生有毒气体，这是焊接时的一个不利因素。

金红石是一种应用广泛、性能良好的造渣剂，能改善电弧熔滴过渡和稳定电弧，但它在自保护药芯焊丝中却很少使用，原因有以下两点。首先，自保护药芯焊丝中强脱氧剂的加入将使金属 Ti 被还原出来。进而在焊缝中产生碳化钛和氮化钛沉淀，这样都会造成焊缝金属脆化；其次，当 TiO_2 同强还原剂作用时，其中间产物是 TiO，TiO 的晶粒结构同焊缝金属的 α-Fe 晶格相近，TiO 搭建在焊缝金属 α-Fe 的晶格上，熔渣牢固地粘在焊缝金属的表面。甚至当采用金红石型焊接材料打底、自保护药芯焊丝盖面时，也会产生脱渣困难的现象。因此，对于有些药粉中金红石含量较多的自保护药芯焊丝，须采取轻微脱氧方式改善焊丝的脱渣性。

氟化物是很好的造渣剂和造气剂，Al 是强氮化物形成元素、脱氧剂和造渣剂，这些物质在自保护药芯焊丝的药粉中所占比例较大，且其密度低、流动性差。因此，生产中达到自保护药芯焊丝的填充率就比较困难。因此，常将几种原材料结合进行预熔和烧结，以提高药粉的密度，同时改善药粉的流动性，从而解决自保护药芯焊丝的制造难题。

（2）自保护药芯焊丝设计示例　日本 20 世纪 70 年代的交流自保护药芯焊丝为 CaF_2-Al-Mg 系，都采用 CaF_2 和 Mg 作为造气剂，采用 Al-Mg 合金作为脱氧和脱氮剂。优点是原料便宜、操作性和脱渣性好，但烟雾大，并需在药芯中加 Ni。这是由于为了充分脱氧和脱氮，防止焊缝产生气孔，须加入足够量的 Al，使熔敷金属 Al 的质量分数达到 1% 左右，从而导致焊缝的柱状晶变粗，韧性大幅度下降。因此，必须加入 Ni 抵消 Al 的这种有害作用。典型的药芯配方为（质量分数）：$CaF_2$67%、$CaCO_3$3%、Mn-Fe5%、Al-Mg17%、Ni8%，药芯占焊丝总重量的 22%。

针对上述 CaF_2-Al-Mg 系自保护药芯的不足，随后进行了一系列的改进。如少加 Ni、加入多种氟化物的自保护药芯焊丝，氟化物以加入 CaF_2 为主，同时再加入一部分 LiF、K_2ZrF_6、Na_2ZrF_6 等特殊氟化物，则保护效果更好，因为这些氟化物更容易汽化，分解出的 K、Na 等也有稳定电弧的作用，Zr 还能细化晶粒。

4.3　焊剂设计基础

焊剂是具有一定粒度的颗粒状物质，焊接时熔化形成熔渣和气体，对焊接熔池起保护、冶金处理和改善焊接工艺性能的作用，是埋弧焊和电渣焊的焊接材料。

4.3.1　焊剂的分类

焊剂可按用途、制造方法、化学成分、焊接冶金性能等进行分类。

1. 按焊剂的用途分类

1）按焊剂的用途可分为埋弧焊焊剂、堆焊焊剂、电渣焊焊剂。

2）按所焊材料的种类可分为低碳钢用焊剂、低合金钢用焊剂、不锈钢用焊剂、镍及镍合金用焊剂、钛及钛合金用焊剂等。

2. 按制造方法分类

根据制造方法，焊剂分为熔炼焊剂和非熔炼焊剂两大类，非熔炼焊剂又分为粘结焊剂和烧结焊剂两类。

（1）熔炼焊剂　熔炼焊剂是把各种矿物性原料按配方比例混合配成炉料，然后在电炉或火焰炉中加热到1300℃以上熔化，并完成一定的反应，成分均匀后出炉经过水冷粒化、烘干、筛选得到的焊剂。

（2）非熔炼焊剂　非熔炼焊剂是把各种粉料按配方混合后加入粘结剂（水玻璃、树脂、树胶等），制成一定粒度的小颗粒，经烘焙或烧结后得到的焊剂。根据烘焙温度的不同，非熔炼焊剂又分为粘结焊剂和烧结焊剂。

1）粘结焊剂（也称陶质焊剂或低温烧结焊剂）。通常以水玻璃作粘结剂，经350～500℃低温烘焙或烧结得到。由于烧结温度低，粘结焊剂具有吸潮倾向大、颗粒强度低等缺点。目前我国作为产品供应量还不多。

2）烧结焊剂。通常在较高的温度（700～1000℃）下烧结，烧结后粉碎成一定尺寸的颗粒即可使用。经高温烧结后，焊剂的颗粒强度明显提高，吸潮性大大降低。

与熔炼焊剂相比，烧结焊剂熔点较高，松装比较小，故这类焊剂适于大热输入焊接。烧结焊剂的碱度可以在较大范围内调节而仍能保持良好的工艺性能，可以根据被焊钢材的需要通过焊剂向焊缝过渡合金元素；而且，烧结焊剂适用性强、制造简便。近年来烧结焊剂发展很快。

根据不同的使用要求，还可以把熔炼焊剂和烧结焊剂混合起来使用，称为混合焊剂。

3. 按化学成分分类

按照焊剂的主要成分进行分类，焊剂可分为以下五种类型：

1）按 SiO_2 含量（质量分数）不同可分为：高硅焊剂，$SiO_2 > 30\%$；中硅焊剂，$SiO_2 = 10\% \sim 30\%$；低硅焊剂，$SiO_2 < 10\%$；无硅焊剂。

2）按 MnO 含量（质量分数）不同可分为：高锰焊剂，$MnO > 30\%$；中锰焊剂，$MnO = 16\% \sim 30\%$；低锰焊剂，$MnO = 2 \sim 15\%$；无锰焊剂，$MnO < 2\%$。

3）按 CaF_2 含量（质量分数）不同可分为：高氟焊剂，$CaF_2 > 30\%$；中氟焊剂，$CaF_2 = 10\% \sim 30\%$；低氟焊剂，$CaF_2 < 10\%$。

4）按 MnO、SiO_2、CaF_2 含量进行组合分类。

5）按焊剂的主要成分与特性分类。这种分类方法直观性强，易于分辨焊剂的主要成分与特性。我国的烧结焊剂采用这种分类方法。

4.3.2　熔炼焊剂的设计

1. 常用熔炼焊剂的组成及其配料计算

常用熔炼焊剂的组成见表 4-17。根据熔炼焊剂设计的成分组成来选择炉料，尽量采用高质量含杂质少的原料。每种矿物岩石一般都含有一种或两种以上主要成分，配料时应首先计算含多种成分的原料，最后计算化学成分单纯的材料。例如需要用石英砂、白云石、锰矿、长石、萤石材料时，应首先计算白云石，其次计算长石、锰矿、萤石，最后计算石英砂。

常用熔炼焊剂所用原材料及配料时的计算顺序见表 4-18。

表 4-17　常用熔炼焊剂的组成　　　　　（质量分数,%）

焊剂牌号	焊剂类型	SiO_2	CaF_2	CaO	MgO	MnO	Al_2O_3	FeO	R_2O	S≤	P≤
HJ130	无锰高硅低氟	35~40	4~7	10~18	14~19	TiO_2 7~11	12~16	~2	—	0.05	0.05
HJ131	无锰高硅低氟	34~38	2~5	48~55	—	—	6~9	≤1.0	≤3	0.05	0.08
HJ150	无锰中硅中氟	21~23	25~33	3~7	9~13	—	28~32	≤1.0	≤3	0.08	0.08
HJ151	无锰中硅中氟	24~30	18~24	≤6	13~20	—	22~30		—	0.07	0.08
HJ172	无锰低硅高氟	3~6	45~55	2~5	ZrO_2 2~4 $NaF2$~3	1~2	28~35	≤0.8	≤3	0.05	0.05
HJ230	低锰高硅低氟	40~46	7~11	8~14	10~14	5~10	10~17	≤1.5	—	0.05	0.05
HJ250	低锰中硅中氟	18~22	23~30	4~8	12~16	5~8	18~23	≤1.5	≤3	0.05	0.05
HJ251	低锰中硅中氟	18~22	23~30	3~6	14~17	7~10	18~23	≤1.0	—	0.08	0.05
HJ260	低锰高硅中氟	29~34	20~25	4~7	15~18	2~4	19~24	≤1.0	—	0.07	0.07
HJ330	中锰高硅低氟	44~48	3~6	≤3	16~20	22~26	≤4	≤1.5	≤1	0.06	0.08
HJ350	中锰中硅中氟	30~35	14~20	10~18	—	14~19	13~18	≤1.0	—	0.06	0.07
HJ360	中锰高硅中氟	33~37	10~19	4~7	5~9	20~26	11~15	≤1.0	—	0.10	0.10
HJ430	高锰高硅低氟	38~45	5~9	≤6	—	38~47	≤5	≤1.8	—	0.06	0.08
HJ431	高锰高硅低氟	40~44	3~7	≤8	5~8	32~38	≤6	≤1.8	—	0.06	0.08
HJ433	高锰高硅低氟	42~45	2~4	≤4	—	44~47	≤3	≤1.8	≤0.5	0.06	0.08

表 4-18　常用熔炼焊剂所用原材料及配料时的计算顺序

焊剂	镁砂	钛白粉	萤石	石灰石	铝钒土	石英砂	纯碱	石英砂	白云石	长石	大理石	锰矿	氧化锆	氟化钠	锆石英
HJ130	1	2	3	4	5	6									
HJ131			1	2			3	4							
HJ140			1		3	4			2						
HJ150	3		1			4	5			2					
HJ170		1	2			4	5				3				
HJ171			1								2				
HJ172			1									3	4	5	
HJ173			1	4								3			2
HJ230	1			4								3			2
HJ250	2		1			4	5			3					
HJ251	3		1	4				5				2			
HJ252	2		1					6		3	5	4			
HJ253	2	4	1					6				3			
HJ260	2		1					5				3			
HJ330	2		3				4	5				1			
HJ350		2		4				5				3	1		
HJ360	3		3	4				5				1			

（续）

焊剂	镁砂	钛白粉	萤石	石灰石	铝钒土	石英砂	纯碱	石英砂	白云石	长石	大理石	锰矿	氧化锆	氟化钠	锆石英
HJ430			2			3						1				
HJ431	2		3			4						1				
HJ432			2		3	4						1				
HJ433			3			4					2	1				
HJ450			3		4	5					2	1				

注：表中的数字表示配料时的计算顺序。

2. 熔炼焊剂的成分对熔渣性能的影响

以基本成分为 SiO_2、CaF_2、MgO 和 Al_2O_3，附加成分为 ZrO_2、MnO、CaO 和 TiO_2 的焊剂为例，介绍焊剂成分对熔渣密度、表面张力、界面张力及粘度的影响。

（1）焊剂成分对熔渣密度的影响　图 4-10 为焊剂成分与熔渣密度的关系。可见，提高焊剂中 MgO 和 Al_2O_3 含量，熔渣的密度几乎线性增加；提高 CaF_2 和 SiO_2 含量时，熔渣的密度明显下降。因为 SiO_2 含量增加，引起粗大复合阴离子 $Si_xO_y^{2-}$ 的出现，它与金属阳离子的结合能力弱，并增加熔渣的自由体积。增加 CaO 的含量，可以增大熔渣的密度，这与加入 CaO 后，熔渣中 Ca^{2+} 和 O^{2-} 离子的数量增加，引起硅氧复合离子的解体。MnO 与 CaO 类似，增加 MnO 时熔渣的密度也增大。所有含 MnO 高的焊剂，熔渣密度都比较大。

ZrO_2 的质量分数小于 12% 时，熔渣密度随 ZrO_2 含量的增加而下降；ZrO_2 的质量分数大于 12% 时，熔渣密度随 ZrO_2 含量的增加而提高。

TiO_2 只稍微降低了熔渣的密度，这可能是由于钛氧复合阴离子的形成，不能显著改变熔渣结构的缘故。

（2）焊剂成分对熔渣表面张力的影响　焊剂成分对熔渣表面张力的影响如图 4-11 所示。可见，熔渣的表面张力随着 CaO 含量的增加而增大。MnO 的作用与 CaO 类似，增加 MnO 时熔渣的表面张力也增大。ZrO_2 增多时表面张力增大，这用 ZrO_2 分解成 Zr^{4+} 和 O^{2-} 很容易解释。

TiO_2 只稍微降低熔渣的表面张力，这可能与钛氧复合阴离子不能显著改变熔渣结构有关。

SiO_2 和 CaF_2 都能降低熔渣的表面张力。SiO_2 含量少时，熔渣中存在吸附力弱的阴离子 $Si_xO_y^{2-}$，随着 SiO_2 含量的增加，这种阴离子的数量逐渐增多，其结构进一步复杂化，熔渣中质点间的结合力进一步减弱，因而表面张力逐渐下降。增加 CaF_2 的含量，表面张力急剧下降，这表明 CaF_2 具有较高的表面活性。熔渣的表面张力随着 MgO 含量的增加而增大，这是因为增加熔渣中的 MgO 含量，其中的强阳离子 Mg^{2+} 增多，Mg^{2+} 与熔渣中主要质点之间的结合能较高，从而造成熔渣表面张力的提高。在 Al_2O_3 含量高的熔渣中，通常含有铝氧复合阴离子和阳离子 Al^{3+}。试验表明，阳离子 Al^{3+} 的作用比复合阴离

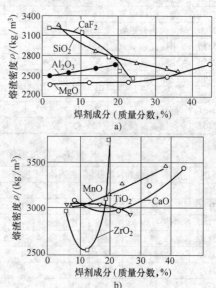

图 4-10　焊剂成分（质量分数）
与熔渣密度的关系
a）基本成分　b）附加成分

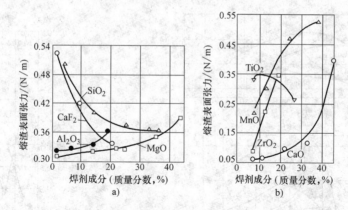

图 4-11　焊剂成分（质量分数）对熔渣表面张力的影响

a）基本成分　b）附加成分

子的作用大得多，所以随着 Al_2O_3 含量的增加，熔渣的表面张力增大。

（3）焊剂成分对熔渣界面张力的影响　焊剂成分对熔渣界面张力的影响如图 4-12 所示，可见，增加 CaF_2 和 SiO_2 含量，熔渣与金属的界面张力降低。随着 Al_2O_3 含量的增加，界面张力增大，这表明液态金属表面层原子与相邻近的熔渣离子作用较弱。随着 MgO 含量的增加，在相间分界层上富集了强阳离子 Mg^{2+}，Mg^{2+} 与 O^{2-} 相互作用的能量较大，故导致界面张力增大。MnO、TiO_2 都会降低界面张力。ZrO_2 属于非表面活性物质，界面张力与 ZrO_2 含量之间呈现出图 4-12 所示的复杂关系。

（4）焊剂成分对熔渣粘度的影响　焊剂成分与熔渣粘度的关系如图 4-13 所示。熔渣的粘度对焊接冶金过程影响很大，如低粘度、具有"长渣"特性的焊剂有利于保证熔池充分脱气。在焊剂中加入 MnO 可降低熔渣的熔点，并且使其具有"长渣"特性。含 MnO 的焊剂 1400℃ 时的粘度为 $0.08 \sim 0.16 Pa \cdot s$，并且在 1000℃ 不凝固，在焊剂中加入 CaO 可提高熔渣的熔点，并使其变成"短渣"，特别是 CaO 的质量分数超过 30% 时，凝固温度高达 1380℃。加入 TiO_2 可提高熔渣的粘度和熔点，加入量不同，对粘度值的影响也不同。

焊剂中 ZrO_2 的质量分数为 10% ~ 40% 时，熔渣的粘度值最大。ZrO_2 的质量分数为 10% 的焊剂，1480℃ 的粘度值达 $1.27 Pa \cdot s$，温度降低到 1420℃ 时，粘度值直线上升到 $1.88 Pa \cdot s$。ZrO_2 含量更高时，其粘度值也更高。

4.3.3　非熔炼焊剂的设计

1. 粘结焊剂的设计

粘结焊剂是将一定比例的各种粉状配料加入适量粘结剂（常用水玻璃），经混合搅拌、粒化和低温烘干（一般在 400℃ 以下）而制成的一种焊剂，称为陶质焊剂。

粘结焊剂的显著特点是在药粉中可以任意加入大量的铁合金，使焊剂具有脱氧、过渡合金元素、对焊缝金属进行变质处理等作用。因此，可以用粘结焊剂和普通焊丝焊接低合金钢，用于堆焊耐磨、耐腐蚀的零部件，焊缝金属需要的合金元素由粘结焊剂过渡。但是，粘结焊剂质地疏松，吸潮性强，不易保管、存放和重复使用，应用范围受到一定限制。

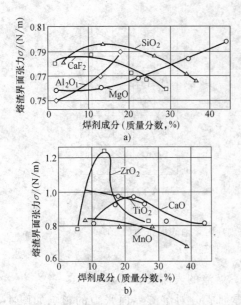

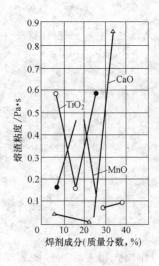

图 4-12　焊剂成分（质量分数）对熔渣界面张力的影响　　　　图 4-13　焊剂成分（质量分数）
　　　　a）基本成分　b）附加成分　　　　　　　　　　　　　　　与熔渣粘度的关系

2. 烧结焊剂的设计

　　烧结焊剂是将一定比例的各种粉状配料加入适量粘结剂，混合搅拌后经高温（一般为 400~1000℃）烧结成块，然后粉碎、筛选而成的一种焊剂。

　　烧结焊剂的组成不同于熔炼焊剂，它和焊条药皮的组成极其相似，通常由矿物、铁合金和化工产品三类物质组成。由于生产时需要高温烧结，因此烧结焊剂中不加有机物，这与焊条药皮不同。烧结焊剂与焊条药皮的作用类似，也起稳弧、造渣、脱氧、合金化等作用。表 4-19 为我国常用烧结焊剂的主要组成成分。

　　与熔炼焊剂相比，烧结焊剂可连续生产，劳动条件较好，成本一般为熔炼焊剂的 1/3~1/2。熔炼焊剂的碱度最高为 2.5 左右；烧结焊剂当碱度达 3.5 时仍具有良好的稳弧性及脱渣性，并可交直流两用，产生的烟尘量也很小。因此，烧结焊剂的碱度可在较大范围内调节。烧结焊剂的碱度高，冶金效果好，所以焊缝金属的强度、塑性和韧性较高，综合力学性能较好。烧结焊剂对铁锈的敏感性低，适于大电流焊接，用不含 SiO_2 的粘结剂，可以避免焊缝增氧、增硅，适于焊接高合金钢。但烧结焊剂比熔炼焊剂容易吸潮，且焊缝成分随焊接参数的变化而波动。

表 4-19　常用烧结焊剂的主要组成成分

焊剂牌号	焊剂渣系类型	焊剂主要组分（质量分数,%）
SJ101	氟碱型	$SiO_2 + TiO_2 = 20 \sim 30$, $CaO + MgO = 25 \sim 35$, $Al_2O_3 + MnO = 20 \sim 30$, $CaF_2 = 15 \sim 25$, $S \leqslant 0.06$, $P \leqslant 0.08$
SJ102	氟碱型	$SiO_2 + TiO_2 = 10 \sim 15$, $CaO + MgO = 35 \sim 45$, $Al_2O_3 + MnO = 15 \sim 25$, $CaF_2 = 20 \sim 30$, $S \leqslant 0.06$, $P \leqslant 0.08$
SJ104	高碱度	$SiO_2 + TiO_2 = 10 \sim 20$, $CaO + MgO = 30 \sim 35$, $Al_2O_3 + MnO = 20 \sim 25$, $CaF_2 = 20 \sim 25$, $S \leqslant 0.06$, $P \leqslant 0.08$
SJ105	氟碱型	$SiO_2 + TiO_2 = 18 \sim 22$, $CaO + MgO = 33 \sim 37$, $Al_2O_3 = 10 \sim 20$, $CaF_2 = 25 \sim 30$, $S \leqslant 0.06$, $P \leqslant 0.08$

（续）

焊剂牌号	焊剂渣系类型	焊剂主要组分（质量分数,%）
SJ107	氟碱型	$SiO_2 + TiO_2 = 10 \sim 15$, $CaO + MgO = 35 \sim 45$, $Al_2O_3 + MnO = 15 \sim 25$, $CaF_2 = 20 \sim 30$, $S \leqslant 0.06$, $P \leqslant 0.08$
SJ201	铝碱型	$SiO_2 + TiO_2 \approx 16$, $CaO + MgO \approx 4$, $Al_2O_3 + MnO \approx 40$, $CaF_2 \approx 30$
SJ202	高铝型	$CaO + MgO + Al_2O_3 > 45$, $SiO_2 < 15$
SJ203	高铝型	$SiO_2 + TiO_2 \approx 25$, $CaO + MgO \approx 30$, $Al_2O_3 + MnO \approx 30$, $CaF_2 \approx 10$,其他 ≈ 5
SJ301	硅钙型	$SiO_2 + TiO_2 = 25 \sim 35$, $CaO + MgO = 20 \sim 30$, $Al_2O_3 + MnO = 24 \sim 40$, $CaF_2 = 5 \sim 15$, $S \leqslant 0.06$, $P \leqslant 0.08$
SJ302	硅钙型	$SiO_2 + TiO_2 = 20 \sim 25$, $CaO + MgO = 20 \sim 25$, $Al_2O_3 + MnO = 30 \sim 40$, $CaF_2 = 8 \sim 10$, $S \leqslant 0.06$, $P \leqslant 0.08$
SJ303	硅钙型	$SiO_2 + TiO_2 \approx 40$, $CaO + MgO \approx 30$, $Al_2O_3 + MnO \approx 20$, $CaF_2 \approx 10$
SJ401	硅锰型	$SiO_2 + TiO_2 \approx 45$, $CaO + MgO \approx 10$, $Al_2O_3 + MnO \approx 40$
SJ402	硅锰型	$SiO_2 + TiO_2 = 35 \sim 45$, $CaO + MgO = 5 \sim 15$, $Al_2O_3 + MnO = 40 \sim 50$, $S \leqslant 0.06$, $P \leqslant 0.08$
SJ403	硅锰型	$SiO_2 + TiO_2 = 35 \sim 45$, $CaO + MgO = 10 \sim 20$, $Al_2O_3 + MnO = 20 \sim 35$, $S \leqslant 0.04$, $P \leqslant 0.04$
SJ501	铝钛型	$SiO_2 + TiO_2 = 25 \sim 35$, $Al_2O_3 + MnO = 50 \sim 60$, $CaF_2 = 3 \sim 10$, $S \leqslant 0.06$, $P \leqslant 0.08$
SJ502 SJ504	铝钛型	$SiO_2 + TiO_2 \approx 45$, $Al_2O_3 + MnO \approx 30$, $CaF_2 \approx 5$, $CaO + MgO \approx 10$
SJ503	铝钛型	$SiO_2 + TiO_2 = 20 \sim 25$, $Al_2O_3 + MnO = 50 \sim 55$, $CaF_2 = 5 \sim 15$, $S \leqslant 0.06$, $P \leqslant 0.08$
SJ601	专用碱性	$SiO_2 + TiO_2 = 5 \sim 10$, $Al_2O_3 + MnO_2 = 30 \sim 40$, $CaO + MgO = 6 \sim 10$, $CaF_2 = 40 \sim 50$, $S \leqslant 0.06$, $P \leqslant 0.06$
SJ602	碱性	$SiO_2 + TiO_2 \approx 10$, $CaO + MgO + CaF_2 \approx 55$, $Al_2O_3 + MnO \approx 30$
SJ603	碱性	$SiO_2 < 15$, $MgO + CaF_2 + Al_2O_3 + > 60$,其他金属元素: ≈ 20
SJ604	碱性	$SiO_2 + TiO_2 = 5 \sim 8$, $Al_2O_3 + MnO = 30 \sim 35$, $CaO + MgO = 4 \sim 8$, $CaF_2 = 40 \sim 50$, $S \leqslant 0.06$, $P \leqslant 0.06$
SJ605	高碱度	$SiO_2 + TiO_2 \approx 10$, $Al_2O_3 + MnO \approx 20$, $CaF_2 \approx 30$, $CaO + MgO \approx 35$
SJ606	碱性	$SiO_2 + MnO = 20 \sim 30$, $Al_2O_3 + Fe_2O_3 = 25 \sim 35$, $CaO + MgO + CaF_2 = 30 \sim 40$,其他: ≈ 10
SJ607	碱性	$SiO_2 + MnO + Al_2O_3 + MgO \approx 80$, $CaF_2 \approx 10$,其他: ≈ 10
SJ608 SJ608A	碱性	$SiO_2 + TiO_2 \leqslant 20$, $CaO + MgO = 6 \sim 10$, $Al_2O_3 + MnO = 30 \sim 40$, $CaF_2 = 40 \sim 50$
SJ701	钛碱型	$SiO_2 + TiO_2 = 50 \sim 60$, $Al_2O_3 + MnO = 5 \sim 15$, $CaO + MgO = 25 \sim 35$, $CaF_2 = 5 \sim 15$

3. 特种烧结焊剂设计

（1）抗潮焊剂设计　为了提高焊剂的抗潮性,可将焊剂原料搅拌均匀后,用硅酸钠或硅酸钾溶液粘结起来,然后在 CO_2 气氛中加热到 $650 \sim 900℃$ 进行烧结。在这样高的温度下,硅酸钠或硅酸钾熔融成为玻璃状,玻璃化后就很难吸潮。即使焊剂表面上有一些附着水分,也不会变成化合水,只要在 $150 \sim 200℃$ 烘干,就能全部去除焊剂中的水分。

碳酸钙在大气中加热到 $600℃$ 以上,就会分解成 CaO 和 CO_2。CaO 很容易吸水,对吸潮性影响很大。为防止碳酸盐分解,宜在 CO_2 气氛中加热,这时即使加热到 $650 \sim 900℃$,碳酸钙仍然是稳定的。

在烧结焊剂中往往加入一些脱氧剂、合金剂,如 Si-Fe、Ti-Fe、Mn-Fe 或铁粉等金属粉末,若在大气中加热到 $650 \sim 900℃$,它们将被氧化,失去脱氧剂和合金剂的作用。但在 CO_2 气氛中加热时,这些金属或合金粉几乎不氧化。因此,通过在 CO_2 气氛中烧结焊剂的方法,可以降低焊剂中合金元素的氧化烧损。

提高焊剂抗潮性的另一种方法是把熔点为 $350 \sim 600℃$ 的玻璃粉加到焊剂中,当焊剂的烧结温度高于玻璃粉的软化温度时,低熔点的玻璃粉熔融并覆盖在焊剂成分中易吸潮组分的表面上，使焊剂有良好的抗潮性。用 CaO 和 B_2O_3 代替部分玻璃粉中的 SiO_2，就可以把其软化温度降低到 $350 \sim 600℃$。采用这种玻璃粉不仅抗潮性好，而且焊接时不会析出对人体有害的气体，对焊缝性能也不产生坏的影响。在这种低熔点玻璃粉中，Na_2O 与 K_2O 之和应控制在 $35\% \sim 60\%$（质量分数），超过 60% 玻璃粉的吸潮性显著增加；小于 35% 玻璃粉的软化温度高于 600℃。CaO 和 B_2O_3 之和应控制在 $3\% \sim 23\%$（质量分数）范围之内，这时焊剂的吸潮性小，玻璃粉的软化温度低。为了改善焊剂的抗潮性和降低玻璃粉的软化温度，可以再加入 15%（质量分数）以下的 Li_2O。低熔点玻璃粉的加入量，通常占焊剂质量的 $0.5\% \sim 15\%$。加入量小于质量分数 0.5% 时，达不到抗吸潮效果；加入的质量分数超过 15%，焊接工艺性能恶化。

制造焊剂时选用的水玻璃对焊剂的吸潮性也有很大影响，可以采用模数为 $2.7 \sim 4.2$、K_2O 与 $K_2O + Na_2O$ 的摩尔数之比为 $0.15 \sim 0.82$ 的水玻璃。这种水玻璃不仅提高了焊剂的抗吸潮性，而且还能提高焊剂的强度。

（2）抗锈性焊剂　使用抗锈性焊剂，可以不清理钢板表面上的锈或漆而直接进行焊接。而采用普通焊剂焊接时，容易产生气孔、凹坑等缺欠。

在焊剂成分中增加氧化物，如 SiO_2、MnO 等和氟化物的含量，可以减少或消除气孔、凹坑等缺欠。氟化物的加入量宜为 $5\% \sim 15\%$（质量分数），其加入量大于 15% 时，尽管抗气孔、凹坑能力良好，但焊缝成形不良。SiO_2 含量应为 $46\% \sim 63\%$（质量分数），MnO 含量为 $25\% \sim 43\%$（质量分数），并要求酸性氧化物与碱性氧化物之比达到 $1.2 \sim 2.0$。焊剂的具体成分（质量分数，%）是：硅砂 18，萤石 9，硅灰石 6，镁砂 3，硅酸锰 64。由于焊剂成分中不含有碳酸盐、金属粉及脱氧剂等，焊剂的烧结温度可以提高到 1000℃。

（3）高韧性焊剂　焊缝金属的韧性除了与焊丝的化学成分和焊接工艺等因素密切相关外，还与焊剂的化学成分有关。增加焊剂中的酸性氧化物含量，将导致焊缝中氧含量的提高和焊缝韧性的下降。反之，增加焊剂中碱性氧化物的含量，可以降低焊缝金属的氧含量，提高焊缝的韧性。在大量试验的基础上，得到焊剂成分与焊缝含氧量的关系如下：

$$(O) \times 10^{-6} = 21.5(SiO_2) + 6.23(Al_2O_3) + 2.23(TiO_2) -$$
$$2.61(MnO) - 3.29(MgO) - 3.54(CaF_2) - 4.57(CaO) - 178 \qquad (4-1)$$

该关系式适用的焊剂成分（质量分数）范围是：SiO_2 13% ~ 51%，Al_2O_3 0 ~ 51%，TiO_2 0 ~ 51%，CaO 0 ~ 36%，MgO 0 ~ 20%，MnO 0 ~ 40%，CaF_2 0 ~ 29%。焊丝的化学成分（质量分数）范围是：C 0.05% ~ 0.16%，Si 0.05% ~ 0.32%，Mn 1.11% ~ 1.91%。

从式（4-1）可以看出，焊剂中增加碱性氧化物的含量，降低酸性氧化物的含量，或者降低酸性氧化物的活度，均能降低焊缝金属的含氧量，提高焊缝金属的韧性。

为了提高焊缝韧性，可以采取以下几个措施：

1）严格限制焊剂中硫和磷的含量。焊剂中硫、磷含量高时，焊缝金属中的硫、磷含量也会增多，导致焊缝金属韧性下降。因此，必须严格限制焊剂中硫和磷的质量分数，要求 $P \leq 0.02\%$、$S \leq 0.015\%$。限制焊剂用原材料中硫、磷含量的同时，在焊剂中加入 MnO、CaO、MgO 等碱性氧化物，也可以降低焊缝金属中的硫含量。焊剂中的磷也是由原材料带入的，特别是锰矿（磷的质量分数达 0.22%）。研究表明，焊剂中磷的质量分数大于 0.03% 时，将向焊缝过渡。为了降低焊剂中的磷含量，在还原气氛中使磷还原成为铁合金沉入炉底而去除，这种脱磷手段的效果是很明显的。提高焊剂碱度对降低焊缝的磷含量也是有效的。

2）用 TiO_2 代替 SiO_2。研究表明，焊剂中的 SiO_2 含量越高，焊缝金属中的氧含量就越高。要降低焊缝的氧含量，必须降低焊剂中 SiO_2 的含量。为了保证焊剂中必要的酸性氧化物的数量，用一定数量的 TiO_2 代替 SiO_2 是最合适的。TiO_2 极难被还原，因而不使焊缝增氧。用 TiO_2 代替 SiO_2 后，尽管焊剂碱度低，焊缝中的氧含量却保持在高碱度焊剂所能达到的低浓度水平上，这对提高焊缝金属的韧性是有利的。此外，提高焊剂中 TiO_2 的含量，可使焊缝中钛的质量分数在 0.03% 以下，若焊剂中再加入一定量的 B_2O_3，焊缝中就会得到微量 B，这样可获得高韧性的 Ti-B 焊缝成分。试验表明，要使焊缝中氧的质量分数小于0.04%，焊剂中的 SiO_2 的质量分数必须小于 20%，为了保证焊剂的工艺性能，TiO_2 加入的质量分数应达到 15% 或更高一些。但当 TiO_2 和 CaO 共存时，易生成 $CaO \cdot TiO_2$，使脱渣性变坏，为了改善脱渣性，可适当加入 BaO。

为了降低焊缝中的氢含量，焊剂的碱度应控制在 1.2~1.5。

3) 用 Al_2O_3 和 ZrO_2 代替 SiO_2。在焊剂中加入 Al_2O_3 等强氧化物，形成所谓的低 SiO_2、高 Al_2O_3 渣系，在该渣系中再加入 ZrO_2 代替一部分 SiO_2，对提高焊缝金属的韧性更有效。ZrO_2 的冶金活性不如 SiO_2，而接近于 CaO、MgO 或 Al_2O_3。ZrO_2 还有改善焊缝成形的作用。采用普通的 SiO_2-MnO 渣系焊剂，焊缝中的含氧体积分数高达 0.05% 以上，焊缝金属在 -20℃ 下的吸收能量仅为 29J；而当采用低 SiO_2、高 Al_2O_3 渣系焊剂时，焊缝中氧的体积分数下降到 0.03%~0.04%，焊缝金属在 -20℃ 下的吸收能量提高到 147J 以上。

应该注意的是，ZrO_2 明显提高焊剂的熔点和粘度，导致焊缝中产生更多的氧化物、氮化物、硫化物及其他更复杂的夹杂物。因此，根据焊剂成分的不同，ZrO_2 可降低或提高焊缝的低温韧性。

4) 增加 CaF_2 的含量。熔炼焊剂中 CaF_2 的加入量一般为百分之几，烧结焊剂中 CaF_2 的加入量一般为 10%~30%（质量分数）。CaF_2 在焊剂中的主要作用是增加焊剂的碱度，提高焊缝金属韧性和降低扩散氢含量。焊剂中 CaF_2 含量对焊缝中氢、氧和氮含量的影响如图4-14~图4-16 所示。由图中可见，随着焊剂中 CaF_2 含量的增加，焊缝中氢、氧、氮含量都降低。其原因是：焊接过程中产生的 SiF_4 或 HF 等含氟气体，降低了电弧气氛中氢、氧和氮的分压。但是 CaF_2 的加入量不能太高，以质量分数 15% 左右为宜，否则将损害电弧稳定性，引起焊接工艺恶化。

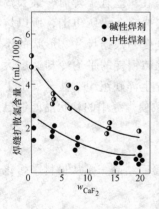

图 4-14　焊剂中 CaF_2 含量对
焊缝中扩散氢含量的影响

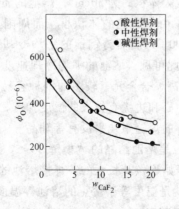

图 4-15　焊剂中 CaF_2 含量对
焊缝中氧含量的影响

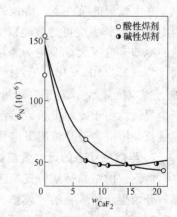

图 4-16　焊剂中 CaF_2 含量对
焊缝中氮含量的影响

第5章 熔池凝固及固态相变

熔池凝固及固态相变过程对焊缝金属的组织、性能具有重要的影响。焊接过程中，由于熔池中的冶金反应和冷却条件的不同，可能得到组织性能差异很大的接头。在熔池凝固过程中还可能会产生气孔、裂纹、夹杂、偏析等缺欠，这些缺欠会严重影响焊缝金属的性能，以致成为发生失效事故的隐患。焊接熔池凝固以后的连续冷却过程中，焊缝金属将发生组织转变。转变后的组织性能取决于焊缝的化学成分及冷却条件，因此，根据焊接特点和母材成分的不同进行分析是必要的。

5.1 熔池凝固

熔焊过程中，母材在高温热源的作用下发生了局部熔化，并且与熔化的焊丝金属混合，形成熔池。在熔滴及熔池形成的过程中，进行了剧烈而复杂的冶金反应。当焊接热源离开以后，熔池金属逐渐冷却，当温度达到母材的固相线时，熔池开始凝固结晶，最终形成了焊缝金属。

由于焊接过程处于非平衡的热力学状态，因此，熔池金属在凝固过程中会产生一些晶体缺陷。分析焊接时熔池的凝固过程，应讨论熔池凝固的特点、熔池凝固的规律、熔池结晶的速度、熔池结晶的形态等。

5.1.1 熔池凝固的特点

焊接熔池的凝固过程与一般铸钢锭的凝固结晶过程不同，焊接熔池的凝固有如下的特点。

1. 熔池的体积小、冷却速度快

在电弧焊的条件下，熔池的最大体积约为 $30cm^3$，熔池的质量在单丝埋弧焊时，最大约为 $100g$，而铸钢锭可达数吨以上。由于熔池的体积小，而周围又被冷金属所包围，所以熔池的冷却速度很大，平均为 $4 \sim 100℃/s$。而铸钢锭的平均冷却速度，根据尺寸、形状的不同，为 $(3 \sim 150) \times 10^{-4}℃/s$。由此可见，熔池的平均冷却速度比铸钢锭的平均冷却速度大 10^4 倍左右。因此，对于含碳量较高、合金元素较多的钢种容易产生淬硬组织，甚至焊道上产生裂纹。由于冷却很快，熔池中心和边缘有较大的温度梯度，致使焊缝中的柱状晶能够迅速成长。所以，通常情况下电弧焊的焊缝中几乎没有等轴晶。

2. 半熔化状态的母材金属晶粒是熔池结晶的"模壁"

铸钢锭的结晶是从铸锭模壁开始形核及长大的。焊接熔池的凝固结晶，是从母材半熔化晶粒开始生长的，它的"模壁"就是温度等于熔点的熔池等温面。

3. 熔池中的液态金属处于过热状态

在电弧焊的条件下，对于低碳钢或低合金钢，熔池的平均温度可达 $(1770 \pm 100)℃$，而熔滴的温度更高，为 $(2300 \pm 200)℃$。一般铸钢锭的温度很少超过 $1550℃$。因此，熔池中的液态金属处于过热状态。由于熔池液体金属的过热程度较大，合金元素的烧损比较严重，使熔池中非自发晶核的质点大为减少，这也是促使焊缝中柱状晶得到发展的原因之一。

4. 熔池在运动状态下结晶

铸钢锭的结晶是在钢锭模中静态下进行的，而一般熔焊时，熔池凝固是随热源移动而进行的。在熔池中金属的熔化和凝固过程是同时进行的，如图 5-1 所示，在熔池的前半部 abc 进行熔化过程，而熔池的后半部 cda 进行凝固过程。此外，在焊接条件下，气体的吹力、焊条的摆动以及熔池内部的气体外逸，都会产生搅拌作用。这一点对于排除气体和夹杂是有利的，也有利于得到致密而性能良好的焊缝。

图 5-1　熔池在运动状态下结晶

5.1.2　熔池结晶的一般规律

熔池金属的结晶与一般金属的结晶基本一样，同样也包括形核和晶核长大的过程。由于熔池凝固的特点，其结晶过程有其自身的规律。

1. 熔池中晶核的形成

从金属学理论可知，生成晶核的热力学条件是过冷度而造成的自由能降低，进行结晶过程的动力学条件是自由能降低的程度。这两个条件焊接过程都具备。

根据结晶理论，晶核有两种：自发晶核和非自发晶核。但在液相中无论形成自发晶核或非自发晶核都需要消耗一定的能量。在液相中形成自发晶核所需的能量为

$$E_K = \frac{16\pi\sigma^3}{3\Delta F_V^2} \qquad (5\text{-}1)$$

式中　σ——新相与液-相间的表面张力系数；

ΔF_V——单位体积内液-固两相自由能之差。

研究表明，在焊接熔池结晶中，非自发晶核起了主要作用。在液相金属中有非自发晶核存在时，可以降低形成临界晶核所需的能量，使结晶易于进行。

在液相中形成非自发晶核所需的能量为

$$E_K' = \frac{16\pi\sigma^3}{3\Delta F_V^2}\left(\frac{2 - 3\cos\theta + \cos^3\theta}{4}\right) \qquad (5\text{-}2)$$

即

$$E_K' = E_K\left(\frac{2 - 3\cos\theta + \cos^3\theta}{4}\right) \qquad (5\text{-}3)$$

式中　θ——非自发晶核的浸润角（见图 5-2）。

由式（5-3）可见，当 $\theta = 0°$ 时，$E_K = 0$，说明液相中有大量的悬浮质点和某些现成表面。当 $\theta = 180°$ 时，$E_K' = E_K$，说明液相中只存在自发晶核，不存在非自发晶核的现成表面。由此可见，当 $\theta = 0° \sim 180°$ 时，$E_K'/E_K = 0 \sim 1$，这就是说在液相中有现成表面存在时，将会降低形成临界晶核所需的能量。

试验研究证明，角 θ 的大小决定于新相晶核与现成表面

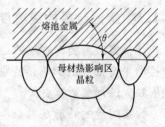

图 5-2　非自发晶核的浸润角

之间的表面张力。如果新相晶核与液相中原有现成表面固体粒子的晶体结构越相似，也就是点阵类型与晶格常数相似，则二者之间的表面张力越小，角 θ 也越小，那么形成非自发晶核的能量也越小。

在焊接条件下，熔池中存在有两种现成表面：一种是合金元素或杂质的悬浮质点，通常情况下这种现成表面所起作用不大；另一种是熔合区附近加热到半熔化状态的母材金属的晶粒表面，非自发晶核就依附在这个表面上，并以柱状晶的形态向焊缝中心成长，形成所谓交互结晶，也称为联生结晶，如图 5-3 和图 5-4 所示。

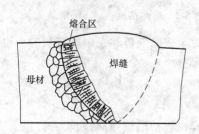

图 5-3　熔合区母材半熔化晶粒上成长的柱状晶

图 5-4　不锈钢自动焊时的交互结晶

为了改善焊缝金属的性能，通过焊接材料加入一定量的合金元素（如钼、钒、钛、铌等）作为熔池中非自发晶核的质点，从而达到细化焊缝金属晶粒的目的。

2. 熔池中晶核的长大

熔池中晶核形成后，以这些新生的晶核为核心，不断地向焊缝中成长。熔池金属结晶开始于熔合区附近母材半熔化晶粒的现成表面。也就是说，熔池金属开始结晶时，是从靠近熔合线处的母材上以联生结晶的形式长大起来。由于每个晶粒的长大趋势不尽相同，有的柱状晶迅速长大，一直长到焊缝中心；有的晶体却在长大时中途停止，不再继续长大；少数晶粒没有明显长大。

晶粒是由众多的晶胞所组成的。在一个晶粒内晶胞具有相同的方位称为"位向"。不同的晶粒具有不同的位向，称为各向异性。因此，在某一个方向上的晶粒最容易长大。此外，散热的方向对晶粒的长大也有很大的影响。当晶体最容易长大的方向与散热最快的方向（或最大温度梯度方向）相一致时，最有利于晶粒长大，这些晶粒优先成长，可以一直长大到熔池的中心，形成粗大的柱状晶。有的晶体由于取向不利于成长，与散热最快的方向又不一致，这时晶粒的成长就会停止下来，如图 5-5 所示，这就是焊缝中柱状晶体选择长大的结果。应指出，柱状晶体成长的形态与焊接条件有着密切的关系，例如焊接热输入、焊缝的位置、熔池的搅拌与振动等。

5.1.3　熔池结晶的线速度

焊接实践证明，熔池的结晶方向和结晶速度对焊接质量有很大的影响，特别是对裂纹、气孔、夹杂等缺欠的形成影响更大。

焊接熔池的外形是半个椭球状的曲面，这个曲面就是结晶的等温面，熔池的散热方向是垂直于结

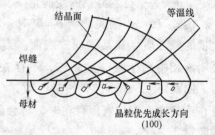

图 5-5　焊缝中柱状晶体的选择长大

晶等温面的。因此，晶粒的成长方向是垂直于结晶等温面的。由于结晶等温面是曲面，理论上认为，晶粒成长的主轴必然是弯曲的。这种理论上的推断已被大量的试验所证实，如图 5-6 所示，晶粒主轴的成长方向与结晶等温面正交，并且以弯曲的形状向焊缝中心成长。

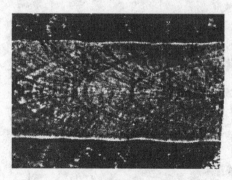

图 5-6　弯曲状成长晶粒

试验证明，熔池在结晶过程中晶粒成长的方向与晶粒主轴成长的线速度及焊接速度等有密切的关系。

晶粒成长线速度分析图如图 5-7 所示。任一个晶粒主轴，在任一点 A 的成长方向是过 A 点的法线（S—S 线）。此方向与 X 轴之间的夹角为 θ，如果结晶等温面在 $\mathrm{d}t$ 时间内，沿 X 轴移动了 $\mathrm{d}x$，此时结晶等温面从 A 移到 B，同时晶粒主轴由 A 成长到 C。当 $\mathrm{d}x$ 很小时，可把 AC 看做 $\overline{AC'}$，同时还可以认为 $\triangle ABC'$ 是直角三角形，如令 $\overline{AC'} = \mathrm{d}s$，则

$$\mathrm{d}s = \mathrm{d}x\cos\theta$$

两端除以 $\mathrm{d}t$，则

$$\frac{\mathrm{d}s}{\mathrm{d}t} = \frac{\mathrm{d}x}{\mathrm{d}t}\cos\theta$$

即

$$v_c = v\cos\theta \tag{5-4}$$

式中　v_c——晶粒成长的平均线速度（cm/s）；

　　　v——焊接速度（cm/s）；

　　　θ——v_c 与 v 方向之间的夹角（°）。

由式（5-4）可见，在一定的焊接速度下，晶粒成长的平均线速度主要决定于 $\cos\theta$ 值。而 $\cos\theta$ 值又决定于焊接参数和被焊金属的热物理性能。利用焊接传热学理论可以推导出它们之间的数学关系。这种计算虽然是定性的，但仍能概要地说明熔池中结晶的规律。

为了深入了解角 θ 的影响因素，可将熔池的形状简化为半个椭球体（见图 5-8），可以推导出以下方程式：

（1）厚大焊件的表面上快速堆焊时

$$\cos\theta = \left\{ 1 + A\frac{qv}{\alpha\lambda T_M}\left(\frac{K_y^2 + K_z^2}{1 - K_y^2 - K_z^2}\right) \right\}^{-\frac{1}{2}} \tag{5-5}$$

式中　A——常数，$A = 0.043217$；

　　　q——热源的有效功率（J/s）；

　　　v——焊接速度（cm/s）；

　　　α——热扩散率（cm²/s）；

　　　λ——热导率［W/(cm·℃)］。

$K_y = \dfrac{Y}{OB}$（见图 5-8），OB 为熔池椭球的短轴之半；$K_z = \dfrac{Z}{OH}$，OH 为熔池椭球的熔深半轴。

（2）薄板上自动焊时

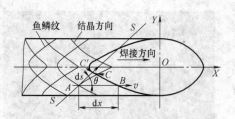

图 5-7　晶粒成长线速度分析图

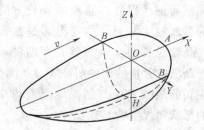

图 5-8　熔池形状

$$\cos\theta = \left\{ 1 + A\left(\frac{q}{\delta\lambda T_{\mathrm{M}}}\right)^2 \left(\frac{K_y^2}{1 - K_y^2}\right) \right\}^{-\frac{1}{2}} \tag{5-6}$$

式中　δ——薄板的厚度（cm）。

分析式（5-4）、式（5-5）、式（5-6）可知：

1）晶粒成长的平均线速度 v_{c} 是变化的。在式（5-6）中，当 $y = OB$ 时，$K_y = 1$、$\cos\theta = 0$，$\theta = 90°$、$v_{\mathrm{c}} = 0$，说明在熔合线上晶粒开始成长的瞬间，成长的方向垂直于熔合线，晶粒成长的平均线速度等于零。

当 $y = 0$ 时，$\cos\theta = 1$、$\theta = 0°$、$v_{\mathrm{c}} = v$，说明当晶粒成长到接触 OX 轴时，晶粒成长的平均线速度等于焊接速度。

由此可见，在晶粒成长过程中，当 y 由 OB 逐渐趋近于 O 时，θ 值由 90° 逐渐趋近于 0°，晶粒成长的平均线速度 v_{c} 由 0 逐渐增大到 v。这表明晶粒成长的方向是变化的；晶粒成长的平均线速度也是变化的，在熔合线上最小（其值为零），在焊缝中心最大（其值等于焊接速度）。

2）焊接参数对晶粒成长方向及平均线速度的影响。由式（5-5）可知，当焊接速度 v 越小时，角 θ 越小，晶粒主轴的成长方向越弯曲（见图 5-9a）。当焊接速度 v 越大时，角 θ 越大，也就是晶粒主轴的成长方向越垂直于焊缝的中心线（见图 5-9b）。工业纯铝钨极氩弧焊（TIG）不同焊接速度时的晶粒成长方向如图 5-10 所示。

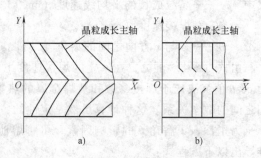

图 5-9　焊接速度对晶粒成长的影响

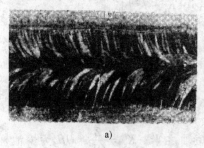

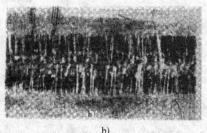

a)　　　　　　　　　　　　b)

图 5-10　工业纯铝 TIG 焊的晶粒生长方向

a）焊接速度 25cm/min　b）焊接速度 150cm/min

当晶粒主轴垂直于焊缝中心时，容易形成脆弱的结合面。因此，采用过大的焊接速度时，在焊缝中心常出现纵向裂纹。焊接奥氏体钢和铝合金时应特别注意不能采用大的焊接速度。实际上，熔池结晶速度与焊接热源作用的周期性变化、化学成分的不均匀性、合金元素的扩散、结晶潜热的析出等因素都有密切关系。因此，熔池结晶速度的变化规律是很复杂的。

研究表明，焊缝晶粒成长的线速度围绕着平均线速度作波浪式变化，而且波浪式起伏的振幅越来越小，最后趋向平均线速度。应指出，晶粒（核）长大需要一定的能量，这个能量由两部分组成：一是因为体积长大而使体系自由能下降；二是因体积长大而产生的新固相表面使体系的自由能增高。晶核长大时所增加的表面能比形成晶核时所增加的表面能要小，晶核长大比形核所需的过冷度要小。因此，焊缝金属开始凝固时，优先在母材的基体上进行联生长大。

5.1.4　熔池结晶的形态

对焊缝的断面进行金相分析发现，焊缝中的晶体形态主要是柱状晶和少量等轴晶。在显微镜下进行微观分析时，可以发现在每个柱状晶内有不同的结晶形态，如平面晶、胞晶及树枝状晶等。结晶形态的不同，是由于金属纯度及散热条件不同所引起的。

熔池结晶过程中晶体的形核和长大都必须具有一定的过冷度。由于在纯金属凝固结晶过程中不存在化学成分的变化，因此，纯金属的凝固点理论上为恒定的温度。液相中的过冷度取决于实际结晶温度低于凝固点的数值。冷却速度越大，实际结晶温度越低，过冷度就越大。

工业上用的金属大多是合金，即使是纯金属，也未达到理论上的纯度。合金的结晶温度与成分有关，先结晶与后结晶的固、液相成分也不相同，造成固-液界面一定区域的成分变化。因此，合金凝固时，除了由于实际温度造成的过冷之外（温度过冷），还存在由于固-液界面处成分变化而造成的成分过冷。所以合金结晶时不必需要很大的过冷就可出现树枝状晶，而且随着不同的过冷度，晶体成长出现不同的结晶形态。

根据成分过冷理论的分析，由于过冷度的不同，会使焊缝组织出现不同的形态。试验表明，结晶形态大致可分为平面晶、胞状晶、胞状树枝晶、树枝状晶及等轴晶五种。不同的结晶形态具有内在的因素。大量的试验表明，结晶形态主要决定于合金中溶质的浓度 C_0、结晶速度 R（或晶粒长大速度）和液相中温度梯度 G 的综合作用。它们对结晶形态的影响如图 5-11 所示。

当结晶速度 R 和温度梯度 G 不变时，随合金中溶质浓度的提高，成分过冷增加，从而使结晶形态由平面晶变为胞状晶、胞状树枝晶、树枝状晶，最后得到等轴晶。

当合金中溶质的浓度 C_0 一定时，结晶速度 R 越快，成分过冷的程度越大，结晶形态也可由平面晶过渡到胞状晶、树枝状晶，最后得到等轴晶。

当合金中溶质浓度 C_0 和结晶速度 R 一定时，随液相温度梯度的提高，成分过冷的程度减小，因而结晶形态的演变方向恰好相反，由等轴晶、树枝晶逐步演变到平

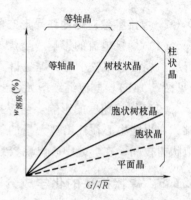

图 5-11　C_0、R 和 G 对结晶形态的影响

面晶。

上述关于不同结晶条件对晶体成长形态影响的一般规律，对于分析焊缝金属的凝固结晶组织、提高焊缝金属的性能和防止缺欠等有重要的指导意义。

1. 实际焊缝的结晶形态

焊接熔池中成分过冷的情况在焊缝的不同部位是不同的，因此会出现不同的焊缝结晶形态。在熔池的熔化边界，由于温度梯度 G 较大，结晶速度 R 又较小，成分过冷接近于零，所以平面晶得到发展。随着远离熔化边界向焊缝中心过渡时，温度梯度 G 逐渐变小，而结晶速度逐渐增大，所以结晶形态将由平面晶向胞状晶、胞状树枝晶，一直到等轴晶的方向发展。图 5-12 表示了结晶形态的变化过程。在对焊缝凝固组织的金相观察中，证实了上述结晶形态变化的趋势。

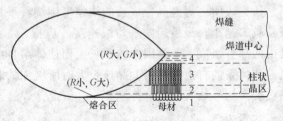

图 5-12　焊缝结晶形态的变化

1—平面晶　2—胞状晶　3—树枝柱状晶　4—等轴晶

实际焊缝中，由于母材的化学成分、厚度及接头形式不同，不一定具有上述全部结晶形态。如图 5-13a 所示，纯度为 99.99%（质量分数）的铝焊缝中，在熔合线附近为平面晶；到焊缝中心为胞状晶；而纯度为 99.6%（质量分数）的铝焊缝出现胞状树枝晶，如图 5-13b 所示，焊缝中心可出现等轴晶，如图 5-13c 所示。

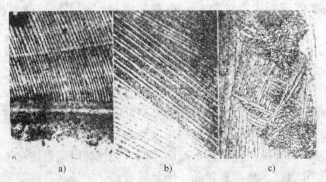

a)　　　　　　　　　b)　　　　　　　　　c)

图 5-13　纯铝薄板（1mm）TIG 点焊焊缝凝固结晶组织形态

a）平面晶—胞状晶　b）胞状树枝晶　c）等轴晶

2. 焊接参数对熔池结晶形态的影响

（1）焊接电流的影响　当焊接速度一定时，焊接电流对焊缝结晶组织的影响如图 5-14 所示。焊接电流较小时，焊缝得到胞状组织（见图 5-14a）；增加电流时，得到胞状树枝晶（见图 5-14b）；电流继续增大，出现更为粗大的胞状树枝晶（见图 5-14c）。

（2）焊接速度的影响　当焊接速度增大时，熔池中心的温度梯度下降很多。快速焊接时，在焊缝中心往往出现大量的等轴晶（见图 5-15c）；而低速焊接时，在熔合线附近出现胞状树枝晶，在焊缝中心出现较细的胞状树枝晶（见图 5-15a、b）。

5.1.5　焊接接头的化学成分不均匀性

在熔池结晶的过程中，由于冷却速度很快，熔池金属中化学成分来不及扩散，合金元素

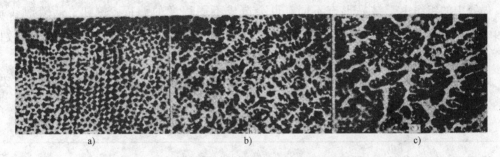

图 5-14　HY80 钢焊接电流对焊缝组织的影响

a）150A　b）300A　c）450A

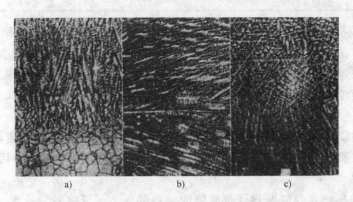

图 5-15　蒙乃尔合金 TIG 焊焊缝结晶形态

a）低焊接速度（6cm/min）下熔合区的胞状树枝晶

b）低焊接速度（16cm/min）下焊缝中心的胞状树枝晶

c）高焊接速度（64cm/min）下焊缝中心的等轴晶

的分布是不均匀的，熔池金属凝固后出现了偏析现象。在焊缝边界处的熔合区，也出现明显的化学成分不均匀，这个区域成为焊接接头的薄弱地带。

1. 焊缝中的化学成分不均匀性

熔池金属在结晶过程中，由于来不及扩散而表现出化学成分的不均匀性。例如，在低碳钢焊缝的晶界，碳的含量要比焊缝的平均含碳量略高一些，称为晶界偏析，这是一种微观偏析。这种现象将影响焊缝的组织性能，严重时会引起焊接裂纹。根据焊接过程的特点，焊缝中的偏析主要有以下三种。

（1）显微偏析　根据金属学平衡结晶过程理论可知，钢在凝固过程中，液固两相的合金成分都在变化着。通常先结晶的固相含溶质的浓度较低，也就是先结晶的固相比较纯；后结晶的固相含溶质的浓度较高，并富集了较多的杂质。由于焊接的冷却速度较快，固相内的成分来不及扩散，在相当大的程度上保持着由于结晶有先后所产生的化学成分不均匀性。

当焊缝结晶的固相呈胞状晶长大时，在胞状晶体的中心，含溶质的浓度最低，而在胞状晶体相邻的边界上，溶质的浓度最高。

当固相呈树枝晶长大时，先结晶的树干含溶质的浓度最低，后结晶的树枝含溶质浓度略高；最后结晶的部分，即填充树枝间的残液，也就是树枝晶和相邻树枝晶之间的晶界上，溶质的浓度是最高的。

　　焊缝中的组织由于结晶形态不同，也会造成不同程度的偏析。例如，低碳钢（$w_C = 0.19\%$，$w_{Mn} = 0.50\%$）焊缝中不同结晶形态时，Mn的偏析见表5-1。从表5-1的数据可知，树枝状晶的晶界偏析较胞状晶的晶界偏析严重。

　　此外，细晶粒的焊缝金属，由于晶界的增多，偏析分散，偏析的程度将会减弱。因此，就减小焊缝金属中的偏析而言，希望得到细晶粒的胞状晶。

表 5-1　不同结晶形态的偏析

位　　置	$w_{Mn}(\%)$
树枝状晶的晶界	0.59
胞状晶的晶界	0.57
胞状晶的中心	0.47

　　（2）区域偏析　焊接时由于熔池中存在激烈的搅拌作用，同时焊接熔池又不断地向前移动，新的液体金属不断地溶入熔池。因此，结晶后的焊缝，从宏观上不会有大体积的区域偏析。但是，在焊缝结晶时，由于柱状晶继续长大和推移，会把溶质或杂质"赶"向溶池的中心。这时熔池中心的杂质浓度逐渐升高，致使在最后凝固的部位产生较严重的区域偏析。

　　当焊接速度较大时，成长的柱状晶最后会在焊缝中心附近相遇，如图5-16所示。溶质和杂质都聚集在那里，凝固后在焊缝中心附近出现的区域偏析，在应力作用下很容易产生焊缝的纵向裂纹。

　　（3）层状偏析　在焊缝断面经过腐蚀的金相试件上，可以明显地看出层状分布图像。这些分层反映出结晶过程的周期性变化是由于化学成分分布不均匀所造成的，这种化学成分不均匀性称为层状偏析，如图5-17所示。

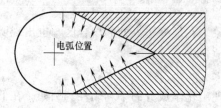

图 5-16　快速焊时柱状晶的成长

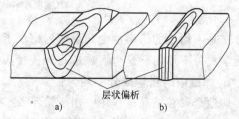

图 5-17　焊缝的层状偏析
a）焊条电弧焊　b）电子束焊

　　熔池金属结晶时，在结晶前沿的液体金属中，溶质浓度较高，同时富集了一些杂质。当冷却速度较慢时，这一层浓度较高的溶质和杂质可以通过扩散而减轻偏析的程度。但冷却速度很快时，成分还没有来得及"均匀化"就已凝固，从而造成了溶质和杂质较多的结晶层。

　　由于结晶过程放出结晶潜热及熔滴过渡时热输入的周期性变化，致使凝固界面的液体金属成分也会发生周期性的变化。采用放射性同位素进行焊缝中元素分布规律的研究证明，产生层状偏析的原因是由于热的周期性作用而引起的。

　　层状偏析集中了一些有害的元素（如C、S、P等），因而缺欠也往往出现在偏析层中。图5-18是由层状偏析所造成的气孔。层状偏析也会使焊缝的力学性能不均匀、耐蚀性下降，以及断裂韧性降低等。

2. 熔合区的化学成分不均匀性

熔合区是焊接接头中的一个薄弱地带，许多焊接结构的失效事故常常是由熔合区的某些缺欠而引起的，例如冷裂纹、再热裂纹和脆性相等常起源于熔合区。因此，对这个区域的一些组织和性能，应给以足够的重视。

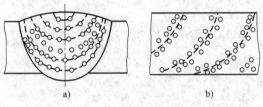

图 5-18　层状偏析与气孔

（1）熔合区的形成　在焊接条件下，熔化过程是很复杂的，即使焊接参数十分稳定，由于各种因素的影响，也会使热能的传播极不均匀，例如熔滴过渡的周期性、电弧吹力的变化等。此外，在半熔化的基本金属上，晶粒的导热方向彼此不同，有些晶粒的主轴方向有利于热的传导，所以该处受热较快，熔化的金属较多。因此，对于不同的晶粒，熔化的程度可能有很大的不同。如图 5-19 所示，有阴影的部分是熔化的晶粒，其中有些晶粒有利于导热而熔化的较多（如图中的 1、3、5），有些晶粒熔化较少（如图中的 2、4）。所以母材与焊缝交界的位置并不是一条线，而是一个区，称为熔合区。

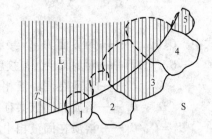

图 5-19　熔合区的晶粒熔化情况

T—温度等于母材熔点的等温面

L—液态金属（熔池）

S—固态金属（热影响区）

（2）熔合区宽度　熔合区的大小决定于材料的液相线与固相线之间的温度范围、被焊材料本身的热物理性质和组织状态。熔合区宽度可按式（5-7）进行估算：

$$A = \frac{T_{\mathrm{L}} - T_{\mathrm{S}}}{\left(\dfrac{\Delta T}{\Delta Y} \right)} \tag{5-7}$$

式中　A——熔合区的宽度（mm）；

T_{L}——被焊金属的液相线温度（℃）；

T_{S}——被焊金属的固相线温度（℃）；

$\dfrac{\Delta T}{\Delta Y}$——温度梯度（℃/mm）。

碳钢、低合金钢熔合区附近的温度梯度为 80～300℃/mm，液、固相线的温度差约为 40℃。因此，一般电弧焊的条件下，熔合区宽度约为

$$A = \frac{40}{300 \sim 80} = 0.13 \sim 0.50 \,(\mathrm{mm})$$

对于奥氏体钢的电弧焊，$A = 0.06 \sim 0.12\mathrm{mm}$。

（3）熔合区的成分分布　熔合区由于存在着严重的化学成分不均匀性，导致性能下降，成为焊接接头中的一个薄弱地带。通过试验研究和理论分析可知，在固-液界面溶质浓度的分布如图 5-20 所示。界面附近溶质浓度的波动是比较大的，图中的实线表示固-液两相共存时溶质浓度的变化，虚线表示凝固后的溶质浓度变化。与界面不同距离处的溶质浓度的理论计算公式如式（5-8）、式（5-9）所示。

当 $y < 0$

$$C_S(y,t) = C_0 - \frac{C_0 - K_0 C_0'}{K_0 \left(\dfrac{D_S + 1}{D_L} \right)^{1/2}} \left[1 + \phi \left(\frac{y}{2(D_S t)^{1/2}} \right) \right]$$

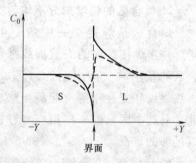

图 5-20　固-液界面溶质浓度的分布

(5-8)

当 $y > 0$

$$C_L(y,t) = C_0' - \frac{K_0 C_0' - C_0}{K_0 + \left(\dfrac{D_L}{D_S} \right)^{1/2}} \left[1 - \phi \left(\frac{y}{2(D_L t)^{1/2}} \right) \right]$$

(5-9)

式中　　$C_S(y, t)$——距界面为 y，接触时间为 t 时，溶质在固相中的质量百分浓度；

$C_L(y, t)$——距界面为 y，接触时间为 t 时，溶质在液相中的质量百分浓度；

C_0、C_0'——溶质在固、液相中的质量百分浓度；

D_S、D_L——溶质在固液共存时，在固液相中的扩散系数；

$K_0 = C_S / C_L$——溶质在固液相中的分配系数，K_0 值见表 5-2；

$\phi(A)$——高斯积分函数（又称克兰伯超越函数），可查专用函数表。

由式（5-8）和式（5-9）可见，熔合区固-液界面附近溶质元素的浓度分布决定于该元素在固、液相中的扩散系数和分配系数。

表 5-2　δ-Fe 中各元素的平衡分配系数 K_0

Al	B	C	Cr	Co	Cu	H	Mo	Mn	O	Ni	N	P	Si	S	Ti	W	V	Zr
0.92	0.11	0.20	0.95	0.94	0.90	0.27	0.86	0.90	0.02	0.83	0.25	0.13	0.83	0.02	0.40	0.95	0.96	0.5

焊接条件下，在熔合区元素的扩散转移是激烈的，特别是硫、磷、碳、硼、氧和氮等。采用放射性同位素 S[35] 研究熔合区硫的分布如图 5-21 所示，图中排在上面的数据是在热输入 $E = 11.76 \text{kJ/cm}$ 条件下测得的；排在下面的数据是在热输入 $E = 23.94 \text{kJ/cm}$ 条件下测得的。由该图可以看出，硫在熔合区的分布是跳跃式变化的。

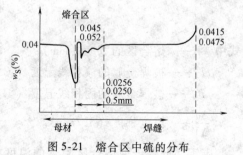

图 5-21　熔合区中硫的分布

总之，熔合区存在着严重的化学成分不均匀性及组织性能上的不均匀性，是焊接接头中的薄弱部位。关于熔合区组织性能的研究，越来越引起国内外焊接研究者的重视，特别是异种金属焊接时的接头不均匀性更是学术研究的热点之一。

5.2　焊缝固态相变

焊接熔池凝固以后，随着连续冷却过程的进行，焊缝金属组织将会发生转变。焊缝金属的组织状态，受焊缝的化学成分和冷却条件的影响。焊缝金属固态相变的机理与一般钢铁材料固态相变的机理相同，可根据焊接特点，结合低碳钢、低合金钢的相变特点进行分析。

5.2.1　低碳钢焊缝的固态相变

由于低碳钢的含碳量较低，所以低碳钢焊缝固态相变后的结晶组织主要是铁素体加少量珠光体。铁素体一般是首先沿原奥氏体边界析出，这样就勾画出凝固组织的柱状晶轮廓，其晶粒十分粗大，甚至一部分铁素体还具有魏氏组织的形态。魏氏组织的特征是铁素体在奥氏体晶界呈网状析出，也可从奥氏体晶粒内部沿一定方向析出，具有长短不一的粗针状或条片状，直接插入珠光体晶粒之中。魏氏组织主要出现在晶粒粗大的过热的焊缝中（见图 5-22），它的脆性较大，韧性差，在焊缝中不希望出现这种组织。

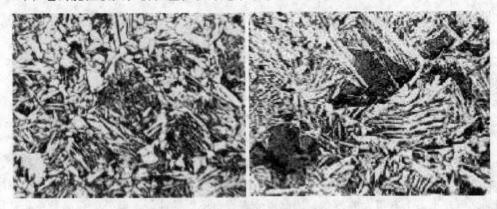

图 5-22　低碳钢焊缝的魏氏组织

在多层焊的焊缝及经过热处理的焊缝金属中，由于焊缝受到了重复加热或二次加热，焊缝的性能将会得到改善。这时焊缝的组织是细小的铁素体和少量珠光体，并使柱状晶组织得到改善。一般使钢中柱状晶消失的临界温度在 A_3 点以上 $20 \sim 30 ℃$。图 5-23 为低碳钢焊缝柱状晶消失的临界温度与加热温度及加热时间的关系。由图可看出，约在 900℃ 以上短时间加热，即可使柱状晶组织消失。

但是，多层焊时由于加热温度和时间不同，所以柱状晶消失的程度也不相同。由图5-24可见，低碳钢单层焊缝受不同温度的再加热时，柱状晶的细化程度不同，因而具有不同的冲击韧度。在 900℃ 附近低碳钢的再加热效果最好，超过 1100℃ 时则发生晶粒粗化；在 600℃ 左右加热时，由于焊缝金属中的碳、氮元素发生时效而使冲击韧度下降。

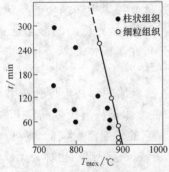

图 5-23　低碳钢单层焊缝柱状
晶消失的临界温度

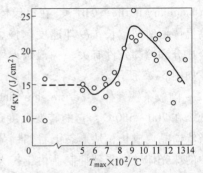

图 5-24　低碳钢单层焊缝再加热
时的冲击韧度变化（20℃）

相同化学成分的焊缝金属，由于冷却速度不同，也会使焊缝的组织、性能有明显的变化。冷却速度越大，焊缝金属中的珠光体越多，晶粒越细化，硬度增高。低碳钢焊缝冷却速度对组织和硬度的影响见表 5-3。

表 5-3　低碳钢焊缝冷速对组织和硬度的影响

冷却速度 /(℃/s)	焊缝组织(体积分数)(%)		焊缝硬度 HV
	铁素体	珠光体	
1	82	18	165
5	79	21	167
10	65	35	185
35	61	39	195
50	40	60	205
110	38	62	228

5.2.2　低合金钢焊缝的固态相变

低合金钢焊缝固态相变后的组织比低碳钢焊缝组织要复杂得多，随着焊接材料、熔合比、与母材混合后的化学成分及冷却条件不同，可出现不同的焊缝组织。除铁素体和珠光体之外，还会出现多种形态的贝氏体和马氏体，它们对焊缝金属的性能有十分重要的影响。应指出，低合金钢焊缝中的铁素体、珠光体与低碳钢焊缝中的铁素体、珠光体虽然在组织结构上相同，但在形态上有很大的差别，因此也会表现出不同的性能。此外，焊缝是在非平衡状态下进行凝固和固态相变的，所以相变后的组织也不会像母材那样均匀。由于焊缝是铸态组织，焊缝中的氧含量往往比母材高 10 倍以上（氧的质量分数可达 0.01%）。较高的氧含量不仅影响焊缝的性能，同时也影响组织转变，使连续冷却转变图向左移动。

根据低合金钢焊缝化学成分和冷却条件的不同，可能出现以下四种固态相变。

1. 铁素体转变

研究表明，低合金钢焊缝中的铁素体形态比较复杂，对于焊缝金属的强韧性有重要的影响。目前虽然对低合金钢焊缝的组织做了许多研究，但对金相组织的分类及本质的认识尚未完全统一，在名词术语上也有一些分歧。根据多数研究者的习惯用法，低合金钢焊缝中的铁素体大体可分为以下四类。

（1）先共析铁素体（Proeutectoid ferrite，PF）　焊缝中的先共析铁素体是焊缝冷却到较高温度时，由奥氏体晶界处首先析出（转变温度为 770～680℃），也称为晶界铁素体（Grain boundary ferrite，GBF）。在奥氏体晶界析出的 PF 数量，与焊接热循环的冷却条件有关。高温停留时间越长，冷却速度越慢，PF 数量就越多。PF 在晶界析出的形态是变化的，与合金成分和冷却条件有关，一般情况下，PF 呈细条状分布在奥氏体晶界，有时也呈块状出现，如图 5-25 所示。

（2）侧板条铁素体（Ferrite side plate，FSP）　侧板条铁素体的形成温度比先共析铁素体稍低，在 700～550℃，它的转变温度范围较宽。侧板条铁素体是从奥氏体晶界 PF 的侧面以板条状向晶内成长，从形态上看如镐牙状（见图 5-26）。它的转变温度偏低，使低合金钢焊缝中的珠光体转变受到抑制。由于扩大了贝氏体的转变领域，这种组织也称为无碳贝氏体（Carbon free bainite，CFB）。

（3）针状铁素体（Acicular ferrite，AF）　针状铁素体的形成温度比 FSP 更低些，约在

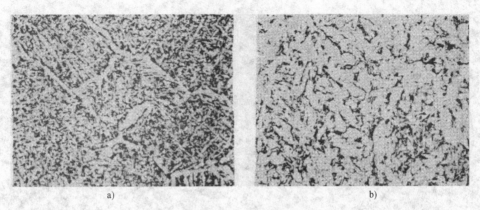

图 5-25 低合金钢焊缝 PF 的形态

a）Q345 钢焊缝的晶界条状铁素体，600×　b）15MnVN 钢焊缝的块状铁素体，400×

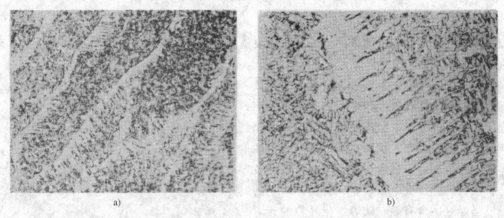

图 5-26 焊缝中侧板条铁素体

a）15MnVN 钢焊缝（E5015 型焊条），160×　b）15MnVN 钢焊缝（E5015 型焊条），400×

500℃附近形成。它是在原始奥氏体晶内以针状分布，常以某些氧化物弥散夹杂质点为核心放射性成长。典型针状铁素体组织如图 5-27 所示，从该图可以看到在先共析铁素体作为晶界的晶粒内部就是针状铁素体组织。

（4）细晶铁素体（Fine grain ferrite，FGF）　细晶铁素体在奥氏体晶粒内形成，通常低合金钢材质含有细化晶粒的 Ti、B 等元素。在细晶铁素体之间有珠光体和碳化物（Fe_3C）析出。细晶铁素体是介于铁素体与贝氏体之间的转变产物，故又称贝氏铁素体（Bainitic ferrite，BF）。细晶铁素体的转变温度通常在 500℃以下，如果在温度约 450℃时转变，可以获得上贝氏体（B_U）组织。图 5-28 是 Q345（16Mn）钢采用 E5015 型焊条得到的焊缝组织，其中为多量的细晶铁素体加少量的珠光体组织。

上述四种铁素体类型是低合金钢焊缝中常见的基本组织形态。应指出，由于焊接条件下影响因素比较复杂，往往会多种组织同时存在，有时可能会有珠光体、贝氏体甚至马氏体等组织。上述四种铁素体类型也不只是在低合金钢焊缝中出现，有时在低碳钢焊缝中也会出现，只是所占的比例不同而已。

2. 珠光体转变

焊接条件属于非平衡的介稳状态，通常在低合金钢焊缝的固态转变中很少能得到珠光体

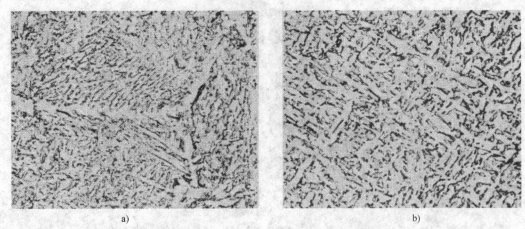

a)　　　　　　　　　　　b)

图 5-27　低合金钢焊缝中针状铁素体

a) 15MnVN 钢焊缝中 AF, 500 ×　　b) 15MVN 钢焊缝中 AF, 800 ×

组织。然而在很缓慢的冷却条件下，例如采取预热、缓冷及后热等技术措施的情况下，有可能获得珠光体组织。

　　在接近平衡状态下，例如热处理时的连续冷却过程，珠光体转变大约发生在 $Ar_1 \sim 550℃$ 之间，碳和铁原子的扩散都比较容易进行，属于典型的扩散型相变。然而在焊接条件下，珠光体转变将受到抑制，也就是合金元素来不及充分扩散，因此扩大了铁素体和贝氏体转变的领域。当焊缝中含有硼、钛等细化晶粒的元素时，珠光体转变可全部被抑制，如图 5-29 所示。

　　珠光体是铁素体和渗碳体的层状混合物，

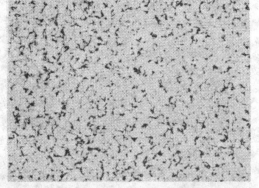

图 5-28　Q345 钢焊缝中的细晶铁素体, 400 ×

领先相为 Fe_3C。但随转变温度的降低，珠光体的层状结构越来越薄而密，在一般光学显微镜下须放大 1000 倍以上方能观察到细层片的结构。根据细密程度的不同，珠光体又分为层状珠光体（Lamellar Pearite）、粒状珠光体（Grain Pearite）（又称托氏体）、细珠光体（又称索氏体）。

3. 贝氏体转变

　　贝氏体（Bainite，B）转变属于中温转变，此时合金元素已不能扩散，只有碳还能扩散，它的转变温度为 $550℃ \sim Ms$。在焊接条件下，低合金钢焊缝金属的贝氏体转变机制十分复杂，出现许多非平衡条件下的过渡组织。按贝氏体形成的温度区间及其特性，可分为上贝氏体（Upper Bainite，B_U）和下贝氏体（Lower Bainite，B_L）

　　在光学显微镜下观察时，上贝氏体呈羽毛状，一般沿奥氏体晶界析出，在电镜下可以看出在平行的条状铁素体间分布有渗碳体。

　　在光学显微镜下观察时，下贝氏体与回火板条马氏体相似。在电镜下可以看到许多针状铁素体和针状渗碳体机械混合，板条之间呈一定的角度。由于下贝氏体的转变温度较低，碳

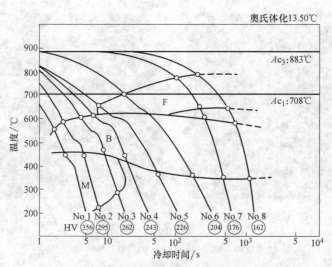

图 5-29　含钛、硼的低合金钢焊缝金属的连续冷却转变图
$(w_C = 0.09\%,\ w_{Ti} = 0.025\%,\ w_B = 0.0006\%,\ w_O = 0.034\%)$

的扩散也较为困难，所以在铁素体内分布有碳化物颗粒。下贝氏体的形成温度区间在 450℃ ~ Ms 之间。上贝氏体和下贝氏体的形态如图 5-30 所示。

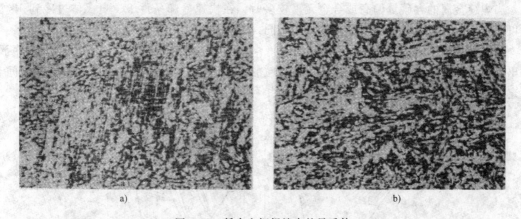

图 5-30　低合金钢焊缝中的贝氏体
a）上贝氏体（10CrMo910 钢 E6015-B3，即 R407 焊条），500 ×
b）下贝氏体（12CrMoVSiTiB 钢，E5515-B3-VNb，即 R417 焊条），300 ×

　　在贝氏体转变温度区间，由于焊缝化学成分和冷却条件的影响，还可能会出现粒状贝氏体组织。它是在块状铁素体形成之后，待转变的富碳奥氏体呈岛状分布在块状铁素体之中，在一定的合金成分和冷却速度下，这些富碳的奥氏体岛可以转变为富碳马氏体和残留奥氏体，又称为 M-A 组元（Constitution M-A）。

　　在块状铁素体上 M-A 组元以粒状分布时称为粒状贝氏体（Grain Bainite，B_g），如以条状分布时称为条状贝氏体（Lath Bainite，B_e）。焊缝中典型的粒状贝氏体的形态如图 5-31 所示。粒状贝氏体不仅在奥氏体晶界形成，也可在奥氏体晶内形成。

　　粒状贝氏体对焊缝强度和韧性的影响值得注意。多数研究表明，粒状贝氏体会降低焊缝的韧性。少数研究认为，粒状贝氏体可提高韧性，这种相反的观点，主要是由于粒状贝氏体

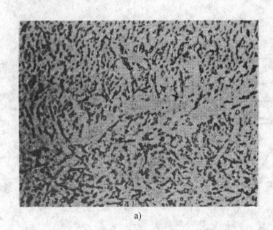 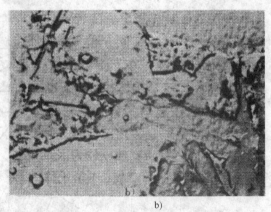

a)　　　　　　　　　　　　　　　b)

图 5-31　焊缝中的粒状贝氏体

a) Q345 (16Mn) 钢，440×　b) Q345 (16Mn) 钢，4800×

的奥氏体岛，可有不同的转变或分解。当岛内奥氏体在冷却过程中部分地转变为马氏体（形成 M-A 组元）时，此时韧性下降；而岛内奥氏体也可能在较缓慢冷却时部分分解为铁素体和渗碳体并有残留奥氏体，此时焊缝的韧性上升。

4. 马氏体转变

当焊缝金属的含碳量偏高或合金元素较多时，在快速冷却条件下，奥氏体过冷到 Ms 温度以下将发生马氏体转变。根据含碳量的不同，可形成不同形态的马氏体。

（1）板条马氏体（Lath Martensite，LM）　低碳低合金钢焊缝金属在连续冷却条件下，常出现板条马氏体。它的特征是在奥氏体晶粒的内部形成细条状马氏体板条，条与条之间有一定的交角，如图 5-32a 所示。

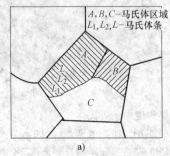 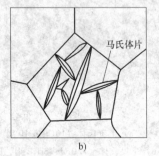

a)　　　　　　　　　　　　　　　b)

图 5-32　马氏体的形态

a) 板条马氏体（位错型）　b) 片状马氏体（孪晶型）

透射电镜观察表明，马氏体板条内存在许多位错，这种马氏体又称为位错马氏体（Dislocation Martensite）。由于这种马氏体的含碳量低，也称为低碳马氏体（Low Carbon Martensite）。研究表明，低碳马氏体不仅具有较高的强度，也具有良好的韧性。一般低碳低合金钢焊缝中出现的马氏体主要是低碳马氏体。

（2）片状马氏体（Plate Martensite，PM）　焊缝中含碳量较高（$w_C \geq 0.4\%$）将会出现片状马氏体，它与低碳板条马氏体在形态上的主要区别是：马氏体片不相互平行，初始形成的马氏体较粗大，往往贯穿整个奥氏体晶粒，使以后形成的马氏体片受到阻碍。片状马氏体的大致形态如图 5-32b 所示。在低合金钢焊缝中，由于含碳量较低，通常不存在这种组织。

透射电镜观察薄膜试样表明，片状马氏体内部的亚结构存在许多细小平行的带纹，称为孪晶带，所以片状马氏体又称为孪晶马氏体（TwinsMartensite）。这种马氏体的含碳量较高，又称为高碳马氏体。孪晶马氏体的硬度很高，而且很脆，在焊缝中不希望出现这种组织。因此，焊接时应尽可能降低焊缝中的碳含量，某些中、高碳低合金钢焊接时，甚至采用奥氏体焊条，所以焊缝中一般不会出现孪晶马氏体。只有含碳量较高的焊接热影响区，在预热温度不足的情况下才会出现孪晶马氏体组织。

低碳板条马氏体与高碳孪晶马氏体在电镜下的组织特征如图 5-33 所示。

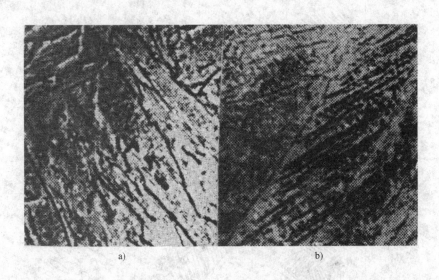

a)　　　　　　　　　　　　　　　　b)

图 5-33　电镜下马氏体的形态
a）低碳板条马氏体 8000 ×　　b）高碳孪晶马氏体 20000 ×

低合金钢焊缝的组织比较复杂，随化学成分和强度级别的不同，可出现不同的组织，一般情况下是几种组织混合存在。根据以上讨论，低合金钢焊缝金属的组织可能出现的形态如图 5-34 所示。

低合金钢焊缝金属连续冷却转变图（WM-CCT 图），对于预测焊缝的组织及调节焊缝的性能具有重要的意义。近年来进行了许多研究工作，建立了一些低合金钢焊缝金属的连续冷却转变图。

焊缝金属连续冷却转变图根据所用焊接材料化学成分的不同可有较大的差异，这里仅按一般等强度匹配的低合金钢焊缝进行讨论。焊缝金属成分为 $w_C = 0.11\%$、$w_{Si} = 0.31\%$、$w_{Mn} = 1.44\%$、$w_O = 0.071\%$，焊态的组织根据冷却条件的不同，主要有先共析铁素体（PF）和侧板条铁素体（FSP），并有一定的针状铁素体（AF）、贝氏体（B）和少量马氏体（M）等。焊缝金属连续冷却转变图（WM-CCT 图）示例如图 5-35 所示。由图可见，缓慢冷却可得到块状的先共析铁素体和珠光体，冷却快时可得到针状铁素体、细晶铁素体和马氏体。

如果焊缝中的合金元素增多或含氧量降低时，将使焊缝金属连续冷却转变图（WM-CCT 图）向右移动，如图 5-36 所示。

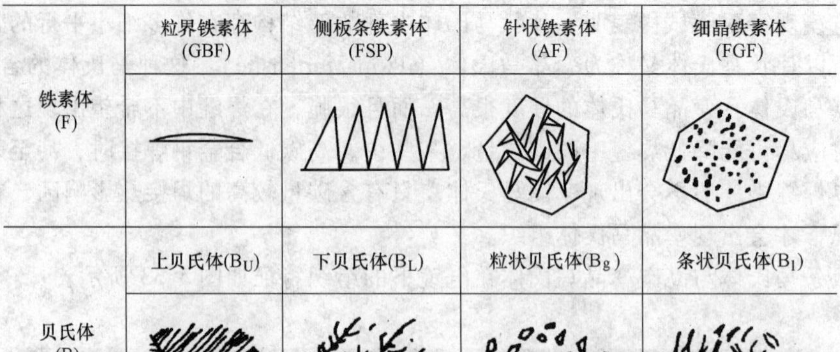

铁素体
(F)
粒界铁素体
(GBF)
侧板条铁素体
(FSP)
针状铁素体
(AF)
细晶铁素体
(FGF)
贝氏体
(B)
上贝氏体(B_U)
下贝氏体(B_L)
粒状贝氏体(B_g)
条状贝氏体(B_l)
珠光体
(P)
层状珠光体
(P_L)
粒状珠光体(托氏体)
(P_R)
细珠光体(索氏体)
(P_S)
马氏体
(M)
板条马氏体(位错)
片状马氏体(孪晶)
岛状M-A单元
M-A

图 5-34 低合金钢焊缝的组织形态分类

奥氏体化1350℃
Ac1=887℃
Ac1=706℃
A
F
AF
B
P
M
温度/℃
900
800
700
600
500
400
300
200
0
No.1 No.2 No.3 No.4 No.5 No.6 No.7 No.8 No.9 No.10
HV 326 278 235 213 199 161 140 131 123 121
1 5 10 5 10^2 5 10^3 5 10^4
冷却时间/s

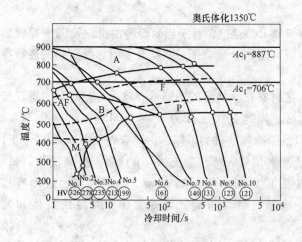

图 5-35 焊缝金属连续冷却转变图（WM-CCT 图）示例

增加合金元素
降低含氧量
增加热输入
GBF
F
FSP
AF
B
温度
O
冷却时间

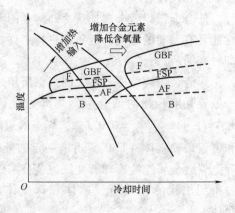

图 5-36 合金元素和含氧量对焊缝金属连续冷却转变图（WM-CCT 图）的影响

5.3　焊缝性能的改善

具有相同化学成分的焊缝金属，由于结晶形态和组织不同，在性能上会有很大的差异。通常，焊接构件在焊后不进行热处理。因此，应尽可能保证焊缝凝固以后，经过固态相变就具有良好的性能。在焊接工作中用于改善焊缝金属性能的途径很多，归纳起来主要是焊缝的固溶强化、变质处理（微合金元）和调整焊接工艺。

5.3.1　焊缝金属的强化与韧化

改善焊缝金属凝固组织性能的有效方法之一是向焊缝中添加某些合金元素，起固溶强化和变质处理的作用。根据目的和要求的不同，可加入不同的合金元素，以改变凝固组织的形态，从而提高了焊缝金属的性能。特别是近年来采用了添加多种微量合金元素，大幅度地提高了焊缝金属的强度和韧性。

研究结果表明，通过焊接材料（焊条、焊丝和焊剂等）向熔池中加入细化晶粒的合金元素，如 Mo、V、Ti、Nb、B、Zr、Al 和稀土等，可以改变焊缝结晶形态，使焊缝金属的晶粒细化，既可提高焊缝的强度和韧性，又可改善抗裂性。

1. 锰和硅对焊缝性能的影响

Mn 和 Si 是一般低碳钢和低合金钢焊缝中不可缺少的合金元素，它们一方面可使焊缝金属充分脱氧，另一方面可提高焊缝的抗拉强度（属于固溶强化），但对韧性的影响比较复杂。

单纯采用 Mn、Si 提高焊缝的韧性是有限的，特别是在采用大热输入方法进行焊接时，难以避免产生粗大先共析铁素体和侧板条铁素体。因此，必须向焊缝中加入其他细化晶粒的合金元素才能进一步改善组织，提高焊缝的韧性。

2. 钼对焊缝性能的影响

低合金钢焊缝中加入少量的 Mo 不仅可以提高强度，也能改善韧性。焊缝中的 Mo 含量少时，形成粗大的先共析铁素体（PF）；当 Mo 含量太高时（$w_{Mo} > 0.5\%$），组织转变温度降低，形成上贝氏体的板条状组织（即无碳贝氏体），韧性显著下降。当 $w_{Mo} = 0.20\% \sim 0.35\%$ 时，有利于形成均一的细晶铁素体（FGF），韧性能大大提高。如果向焊缝中再加入微量 Ti，更能发挥 Mo 的有益作用，使焊缝金属的组织更加均一化，韧性显著提高。

经过正火处理的焊缝，才可以通过焊接材料向低合金钢焊缝中加入 Nb 和 V。因为正火处理才能使 Nb、V 和 N 的析出相脱离与基体的共格关系，致使改善焊缝韧性和降低强度。

3. 铌和钒对焊缝性能的影响

适量的 Nb 和 V 可以提高焊缝的韧性。因为 Nb 和 V 在低合金钢焊缝金属中可以固溶，从而推迟了冷却过程中奥氏体向铁素体的转变，能抑制焊缝中先共析铁素体（PF）、侧板条铁素体（FSP）的产生，有利于形成细小的针状铁素体（AF）组织。如 $w_{Nb} = 0.03\% \sim 0.04\%$，$w_V = 0.05\% \sim 0.1\%$ 可使焊缝具有良好的韧性。另外，Nb 和 V 还可以与焊缝中的氮化合生成 NbN、VN，从而固定了焊缝中的可溶性氮，这也会使焊缝金属提高韧性。但是，采用 Nb 和 V 来韧化焊缝，当焊后不再进行正火处理时，V、Nb 的氮化物，以微细的共格沉淀相存在，导致焊缝的强度大幅度提高，焊缝的韧性下降。

4. 钛、硼对焊缝性能的影响

低合金钢焊缝中有 Ti、B 存在可以大幅度地提高冲击韧度。但 Ti、B 对焊缝金属组织细化的作用是很复杂的，与氧、氮有密切的关系。

Ti 与氧的亲和力很大，焊缝中的 Ti 以微小颗粒氧化物 TiO 的形式弥散分布于焊缝中，从而促进焊缝金属晶粒细化。此外，这些微小颗粒状的 TiO 还可以作为针状铁素体（AF）的形核质点。

Ti 在焊缝中保护 B 不被氧化，因此 B 可以原子状态偏聚于晶界，由于 B 的原子半径很小，仅为 9.8×10^{-9} mm，高温下极易向奥氏体晶界扩散。这些聚集在奥氏体晶界的 B 原子降低了晶界能，抑制了先共析铁素体（PF）、侧板条铁素体（FSP）的形核与生长，从而促使针状铁素体形成，改善了焊缝组织的韧性。

5. 镍对焊缝性能的影响

Ni 既可以提高钢的强度，又可以使钢的韧性（特别是低温韧性）保持很高的水平。当 Ni < 0.3%（质量分数）时，其韧脆转变温度可达 −100℃ 以下；当 Ni 量增高到 4% ~ 5%（质量分数）时，韧脆转变温度可降至 −180℃。由于镍是奥氏体化形成元素，因此增加一定的含镍量可以提高钢材和焊缝的耐蚀性。在高强高韧焊接材料的开发中，增加一定的含镍量可以提高焊缝的低温冲击吸收能量。但是，这种高镍类型的焊接材料在价格上比较贵。

5.3.2　改善焊缝性能的工艺措施

焊接实践表明，通过调整焊接工艺措施可以改善焊缝的性能，所采用的焊接工艺措施有以下几种。

1. 焊后热处理

焊后热处理可以改善焊接接头的组织，可以充分发挥焊接结构的潜在性能。因此，一些重要的焊接结构，一般都要进行焊后热处理。例如珠光体耐热钢的电站设备、电渣焊的厚板结构，以及中碳调质钢的飞机起落架等，焊后都要进行不同的热处理，以改善结构的性能。例如可以采用焊后回火、正火或调质处理。

2. 多层多道焊

对于相同板厚焊接结构，采用多层多道焊可以有效地提高焊缝金属的性能。这种方法一方面由于每层焊缝的热输入变小而改善了熔池凝固结晶的条件，以及减少了热影响区性能恶化的程度；另一方面，后一层对前一层焊道具有附加热处理的退火作用，从而改善了焊缝固态相变的组织。

多层多道焊已发展成为由计算机控制热输入的多丝焊接，丝间距离、焊接参数和层间厚度均由计算机程序进行控制，从而可以获得理想的焊接质量。

3. 锤击焊道表面

锤击焊道表面既能改善后层焊缝的凝固结晶组织，也能改善前层焊缝的固态相变组织。因为锤击焊道可使前一层焊缝不同程度地发生晶粒破碎，使后层焊缝在凝固时晶粒细化，这样逐层锤击焊道就可以改善整个焊缝的组织性能。此外，锤击可产生塑性变形而降低残余应力，从而提高焊缝的韧性和疲劳性能。对于一般碳钢和低合金钢多采用风铲锤击，锤头圆角半径以 1.0 ~ 1.5mm 为宜，锤痕深度为 0.5 ~ 1.0mm。锤击的方向及顺序应先中央后两侧，依次进行，如图 5-37 所示。

4. 跟踪回火处理

跟踪回火处理就是每焊完一道焊缝立即用火焰加热焊道表面，温度控制在 900~1000℃。例如厚度 9mm 的板采用焊条电弧焊方法焊接三层时，每层焊道的平均厚度约为 3mm，则第三层焊完时进行的跟踪回火，对前两层焊缝有不同程度的热处理作用。对上层焊缝（0~

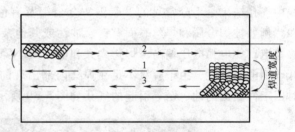

图 5-37　锤击的方向及顺序

3mm）相当于进行正火处理，对中层焊缝（3~6mm）相当于进行约 750℃ 的高温回火，对下层焊缝（6~9mm）相当于进行 600℃ 左右的回火处理。所以采用跟踪回火，不仅改善了焊缝的组织，同时也改善了焊接区的性能，因此焊接质量得到了显著的提高。

5. 振动结晶

振动结晶是改善熔池凝固结晶的一种方法。振动结晶就是采用振动的方法来打碎正在成长的柱状晶粒，从而获得细晶组织。根据振动方式的不同，可分为低频机械振动、高频超声波振动和电磁振动等。

（1）低频机械振动　振动频率在 1×10^4 Hz 以下的属于低频振动。这种振动一般是采用机械方式实现的，其振动器固定在工件或焊丝上。振幅一般在 2mm 以下。这种振动所产生的能量足以使熔池中成长的晶粒遭到破碎，同时也可使熔池金属发生强烈的搅拌作用，不仅使成分均匀，也可使气体和夹杂等快速上浮，从而改善了熔池金属的凝固状态，提高了焊缝金属的质量与性能。

（2）高频超声波振动　利用超声波发生器可得到 2×10^4 Hz 以上的振动频率，但振幅只有 10^{-4} mm。超声波振动对改善熔池凝固结晶、消除气孔、结晶裂纹及夹杂等比低频振动更为有效。有研究指出，超声波振动可使焊接熔池中正在进行结晶的金属承受拉压交变的应力，从而形成一种强大的冲击波，可以有足够的能量打碎正在成长的晶粒，这样就可以增加结晶核心，改变结晶形态，使凝固后的焊缝金属得到晶粒细化。但这种方法需要大功率的超声波发生器、成本较高，所以限制了它在生产上的应用。

（3）电磁振动　这种方法是利用强磁场使熔池中的液态金属发生强烈的搅拌，使成长着的晶粒不断受到冲刷，以至于使晶粒破碎，从而使晶粒细化，并且打乱晶粒的结晶方向，改善了结晶形态。但这种方法实施起来比较麻烦，这也限制了它在生产上的应用。

5.4　焊缝中的气孔和夹杂

焊缝中的气孔和夹杂是焊接生产中经常遇到的一种缺陷，它不仅削弱焊缝的有效断面，同时还会造成应力集中；显著降低了焊接接头的强度和韧性，特别是对动载强度和疲劳强度更有不利的影响。情况严重时，气孔和夹杂还会引起裂纹。因此，在焊接生产中对气孔和夹杂等缺陷都十分重视。

5.4.1　焊缝中的气孔

焊接时熔池中的气泡在凝固时，未能逸出而残留下来所形成的空穴，叫做气孔。焊接实践中气孔缺欠是十分常见的。碳钢、合金钢及有色金属等各种材料中都有产生气孔的可能性。例如被焊金属和焊丝表面有锈、油污或其他杂质；焊条、焊剂烘干不充分；焊接工艺不够稳定，如电弧电压偏高、焊速太大和电流太小等；焊接区保护不良等都会造成气孔缺陷。低碳钢电渣焊时，由于脱氧不足在焊缝内部出现的气孔如图 5-38 所示；低碳钢焊条电弧焊时因工件表面的油、锈等引起的气孔如图 5-39 所示。

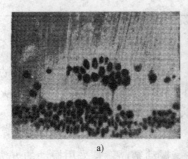

a)　　　　　　　　　　　　　　　b)

图 5-38　电渣焊焊缝的内部气孔

1. 气孔的类型及分布特征

气孔的类型很多，按产生气孔的气体可以分为氢气孔、一氧化碳气孔及氮气孔等；从分布状态可以分为单个气孔、密集的多个气孔以及沿焊缝纵向呈链状分布的气孔；从气孔所在的位置看，有的在表面、有的在焊缝内部或焊缝根部。内部气孔不易被发现，往往带来很大的危害。

焊缝中产生气孔的根本原因是由于高温时金属溶解了较多的气体，例如氢气、氮气等；此外，在进行冶金反应时还产生了相当多的气体，如 CO、H_2O 等。这些气体在焊缝凝固过程中如果来不及逸出时就会产生气孔。研究表明，能够形成气孔的气体共有两类：

图 5-39　焊条电弧焊的表面气孔

① 高温时某些气体溶解于熔池金属中，当凝固和相变时，气体的溶解度突然下降而来不及逸出，残留在焊缝内部的气体，如氢和氮。

② 由于冶金反应产生的不溶于金属的气体，如 CO 和 H_2O 等。

由于产生气孔的气体不同，因而气孔的形态和特征也有所不同。

（1）氢气孔　对于低碳钢和低合金钢的焊接，在大多数情况下，氢气孔出现在焊缝的表面上，气孔的断面形状呈螺钉状，从焊缝的表面上看呈喇叭口形，而气孔的四周有光滑的内壁。这类气孔在个别的情况下也会出现在焊缝的内部。如焊条药皮中含有较多的结晶水，使焊缝中的含氢量过高，因而在凝固时来不及上浮而残存在焊缝内部。

氢气孔形成的原因是，在高温时氢在熔池和熔滴金属中的溶解度很高，溶解了大量的氢气；当熔池冷却时，氢在金属中的溶解度急剧下降，特别是从液态转为固态的 δ-Fe 时，氢的溶解度从 32mL/100g 迅速降至 10mL/100g。由于焊接熔池冷却速度很快，氢来不及逸出时，就会在焊缝中产生气孔。

由此可知，氢气孔是在结晶过程中形成的。在相邻树枝晶的凹陷处是氢气泡的聚集场所，使得气泡的浮出就更加困难。由于氢具有较大的扩散能力，极力挣脱现成表面，上浮逸出，两者综合作用的结果，最后形成了具有喇叭口形的表面气孔。

（2）氮气孔　关于氮气引起的气孔，其机理一般认为与氢气孔相似，气孔的类型也多为表面气孔，但多数情况下气孔是成堆出现，与蜂窝相似。产生氮气孔主要原因是对焊接区域保护不好，有较多的空气侵入熔池所致。在焊接生产中由氮引起气孔较少见，其原因是在焊接过程中对焊接区域加强了保护，防止了空气的侵入，杜绝了氮气的来源。

（3）CO 气孔　这类气孔主要是在焊接碳钢时，由于冶金反应产生了大量的 CO，在结晶过程中来不及逸出而残留在焊缝内部形成气孔。气孔沿结晶方向分布，有些呈条虫状出现在焊缝内部。产生 CO 气孔的原因是由于各种结构钢总含有一定量的碳元素，由于焊接冶金反应而产生了大量的 CO，例如：

$$[C] + [O] =\!=\!= CO$$
$$[FeO] + [C] =\!=\!= CO + Fe$$
$$[MnO] + [C] =\!=\!= CO + Mn$$
$$[SiO_2] + [2C] =\!=\!= 2CO + Si$$

这些反应可以发生在熔滴过渡的过程中，也可以发生在熔池内熔渣与金属相互作用的过程中。由于 CO 不溶于金属，所以在高温时冶金反应所产生的 CO 就会以气泡的形式从熔池中高速逸出，并不会形成气孔。

但是，当热源离开以后，熔池开始凝固时，由于铁碳合金溶质浓度偏析的结果（即先结晶的较纯，后结晶的溶质浓度偏高、杂质较多），可使熔池中的氧化铁和碳的浓度在某些局部地区偏高，有利于进行下列反应：

$$[FeO] + [C] \longrightarrow CO + Fe$$

由于凝固结晶时，熔池金属的粘度不断增大，此时产生的 CO 就不容易逸出，很容易被围困在晶粒之间，特别是在树枝状晶体凹陷最低处产生的 CO 更不容易逸出。此外，这种反应是吸热过程，会促使凝固加快，此时形成的 CO 气泡来不及逸出便产生了气孔。由于 CO 形成的气泡是在结晶过程中产生的，因此形成了沿结晶方向的条虫形内部气孔。

在某些特殊情况下也会出现反常现象。例如，CO_2 气体保护焊时，当焊丝的脱氧能力不足时，CO 气孔可能由内部转至焊缝表面。因此，在判断气孔的类型时，不应只看气孔存在的一般特征，还是应当从形成气孔的具体条件进行分析。

2. 焊缝中形成气孔的机理

试验研究表明，产生气孔的过程是由三个相互联系的阶段所组成，即气泡的生核、长大和上浮。它们各自都有本身所遵循的规律，以下分别进行讨论。

（1）气泡的生核　气泡的生核至少应具备以下两个条件：

① 液态金属中有过饱和的气体。

② 生核要有能量消耗。当有现成表面存在时，可以大大降低能量消耗。

液态金属中存在过饱和气体是形成气孔的重要条件，而焊接时熔池金属可以获得大量的氢、氮、CO 等气体，所以上述第一个条件较易满足。

关于气泡生核所需的能量，根据金属物理方面的研究表明，形成气泡核的数目可由式（5-10）计算。

$$n = C_e^{\frac{4\pi r^2 \sigma}{3kT}} \tag{5-10}$$

式中　n——单位时间内形成气泡核的数目；

C——常数；

e——自然对数的底（e = 2.71828）；

r——气泡核的临界半径（cm）；

σ——气泡与液态金属间的表面张力（dyn/cm^2，$1dyn/cm^2 = 0.1Pa$）；

k——波耳茨曼常数（$k = 1.38 \times 10^{-9} J/K$）；

T——开尔文温度（K）。

计算表明，在正常条件下纯金属的 n 值非常小；$n \approx 10^{-16.2 \times 10^{22}}$。

所以在极纯的液态金属中形成气泡核的可能性极小。然而在焊接熔池中存在大量的现成表面，例如分布不均匀的溶质质点、熔渣与液态金属的接触表面，特别是熔池底部成长的树枝状晶粒，这些现成表面就使气泡核的产生比较容易。

在焊接熔池中具有现成表面存在的条件下，形成气泡核所需的能量如式（5-11）所示：

$$E_p = -(p_h - p_L)V + \sigma A \left[1 - \frac{A_a}{A}(1 - \cos\theta) \right] \tag{5-11}$$

式中　E_p——形成气泡核所需的能量（J）；

p_h——气泡内的气体压力（101kPa）；

p_L——液体压力（101kPa）；

V——气泡核的体积（cm^3）；

σ——相间张力（J）；

A——气泡核的表面积（cm^2）；

A_a——吸附力的作用面积（cm^2）；

θ——气泡与现成表面的浸润角（°）。

由式（5-11）看出，气泡依附在现成表面时，由于降低了相间张力 σ 和提高了 A_a/A 的值，即可使能量 E_p 减少。可以认为：A_a/A 的值最大的地方就是最有可能产生气泡的地方；树枝状晶相邻的凹陷处和母材金属半熔化晶粒的界面上 A_a/A 的值最大，因此，恰好在这些部位最容易产生气泡核。

此外，当 A_a/A 的值一定时，角 θ 越大，形成气泡核所需的能量越小。

（2）气泡的长大　气泡核形成之后，就要继续长大，气泡长大应满足下列条件：

$$p_h > p_0$$

式中　p_h——气泡内部的压力；

p_0——阻碍气泡长大的外界压力。

$$p_h = p_{H_2} + p_{N_2} + p_{CO} + p_{H_2O} + p_{H_2S} + p_{SO_2} + \cdots \tag{5-12}$$

气泡内部压力是各种气体分压的总和。事实上在具体条件下只有其中某一气体起主要作用，而其他气体只起辅助作用。

阻碍气泡长大的外界压力（p_0）是由大气压（p_a）、气泡上部的金属和熔渣的压力（$p_M + p_s$），以及表面张力所构成的附加压力（p_c）所组成的。即

$$p_0 = p_a + p_M + p_s + p_c \tag{5-13}$$

一般情况下，P_M 和 P_s 的数值相对很小，故可忽略不计，所以气泡长大的条件可以简化为

$$p_h > p_a + p_c = 1 + \frac{2\sigma}{r} \tag{5-14}$$

式中　σ——金属与气体间的表面张力（J/cm^2）；

　　　r——气泡半径（cm）。

由于气泡开始形成时体积很小（即 r 很小），所以附加压力很大。有人做过计算，当 $r = 10^{-4}$ cm、$\sigma = 10^{-3} J/cm^2$ 时，则 $p_c \approx 2.1 MPa$。在这样大的附加压力下，气泡很难长大。但在焊接熔池内有许多现成表面，促使气泡不是圆形，而是椭圆形。因此，可以有较大的曲率半径 r，从而降低了附加压力 p_c。这样，气泡长大的条件还是具备的。

（3）气泡的上浮　气泡核形成之后，在熔池金属中经过一个短暂的长大过程，便从液态金属中向外逸出。气泡成长到一定大小脱离现成表面的能力主要决定于液态金属、气相和现成表面之间的表面张力，即

$$\cos\theta = \frac{\sigma_{1 \cdot g} - \sigma_{1 \cdot 2}}{\sigma_{2 \cdot g}} \tag{5-15}$$

式中　θ——气泡与现成表面的浸润角；

　　　$\sigma_{1 \cdot g}$——现成表面与气泡间的表面张力；

　　　$\sigma_{1 \cdot 2}$——现成表面与熔池金属间的表面张力；

　　　$\sigma_{2 \cdot g}$——熔池金属与气泡间的表面张力。

气泡与现成表面的浸润形态和脱离现成表面的过程如图 5-40 所示。

当气泡与现成表面成锐角接触时（$\theta < 90°$），则气泡尚未成长到很大尺寸，便完全脱离现成表面（见图 5-40a）。当气泡与现成表面成钝角接触时（$\theta > 90°$），气泡长大过程中有细颈出现。当气泡长大到脱离现成表面时，仍会残留一个不大的透镜状的气泡核，可以作为新的气泡核心（见图 5-40b）。

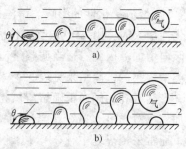

图 5-40　气泡脱离现成表面示意图
a）$\theta < 90°$　b）$\theta > 90°$

根据上面的分析，当 $\theta < 90°$ 时，有利于气泡的逸出；而 $\theta > 90°$ 时，由于形成细颈需要时间，当结晶速度较大的情况下，气泡来不及逸出而形成气孔。由此可见，凡是能减小 $\sigma_{2 \cdot g}$ 和 $\sigma_{1 \cdot 2}$ 以及增大 $\sigma_{1 \cdot g}$ 的因素都可以有利于气泡快速逸出，因为此时可以减小 θ 值。

此外，还应考虑熔池的结晶速度，当结晶速度较小时，气泡可以有充分的时间逸出，容易得到无气孔的焊缝，如图 5-41a 所示。当结晶速度较大时，气泡有可能来不及逸出而形成气孔，如图 5-41b 所示。

结晶速度越大越易引起气孔。实际上气泡逸出的速度对产生气孔也有很大的影响，如果在结晶过程中，即使是结晶速度很大，而气泡的逸出速度更大，那么焊缝中也不会产生气孔。

气泡浮出的速度可用下式进行

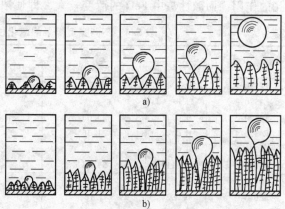

图 5-41　不同结晶速度对形成气孔的影响
a）结晶速度较小　b）结晶速度较大

估算：

$$v = \frac{2}{9} \frac{(\rho_1 - \rho_2)gr^2}{\eta} \qquad (5\text{-}16)$$

式中　v——气泡浮出的速度（cm/s）；

$\quad\quad \rho_1$——液体金属的密度（g/cm^3）；

$\quad\quad \rho_2$——气体的密度（g/cm^3）；

$\quad\quad g$——重力加速度（980cm/s^2）；

$\quad\quad r$——气泡的半径（cm）；

$\quad\quad \eta$——液体金属的粘度（Pa·s）。

由式（5-16）可以看出，气泡的半径越大、熔池中液体金属的密度越大、粘度越小时，则气泡的上浮速度也就越大，焊缝中就不易产生气孔。

综上所述，气孔形成的过程与结晶过程有些类似，也是由生核、核长大所组成，当气泡长大到一定的程度便开始上浮，当气泡的浮出速度小于结晶速度时，就有可能残留在焊缝中而形成气孔。

3. 形成气孔的影响因素及防止措施

（1）冶金因素的影响

1）熔渣氧化性的影响。熔渣的氧化性对焊缝气孔的敏感性具有很大的影响。当熔渣的氧化性增大时，由 CO 引起的气孔倾向是增加的；相反，当熔渣的还原性增大时，则氢气孔的倾向增加。因此，适当调整熔渣的氧化性，可以有效地防止焊缝中这两种类型的气孔。不同类型焊条的试验结果见表5-4。由该表中数据可以看出，无论酸性焊条还是碱性焊条焊缝中，产生气孔的倾向都随熔渣氧化性的增加而出现 CO 气孔。并随氧化性的减小（或还原性增加），CO 气孔也减少，当达到一定程度时，又出现了由氢引起的气孔。

通常采用焊缝中 [C]×[O] 的乘积来表示 CO 气孔的产生倾向。在表5-4的酸性焊条形成的焊缝中，当 [C]×[O] 的乘积为 $31.36 \times 10^{-4}\%$ 时还未出现气孔，而碱性焊条焊缝中 [C]×[O] 的乘积只有 $27.30 \times 10^{-4}\%$ 时就出现了更多的气孔。这是因为在不同渣系中 FeO 的活度不同所引起的，酸性渣中 FeO 的活度较小，需要更大的 FeO 浓度才能起到产生气孔的作用，而碱性渣中 FeO 的活度较大，即便浓度较小也能起到产生气孔的作用。

表 5-4　不同类型焊条的氧化性对气孔倾向的影响

焊条类型	焊缝中含量			氧化性	气孔倾向
	[O](%)	[C]×[O]×10^{-4}(%)	[H][mL/(100g)]		
E4320-1	0.0046	4.37	8.80		较多气孔（氢）
E4320-2	—	—	6.82		个别气孔（氢）
E4320-3	0.0271	23.03	5.24	↓ 增加	无气孔
E4320-4	0.0448	31.36	4.53		无气孔
E4320-5	0.0743	46.07	3.47		较多气孔（CO）
E4320-6	0.1113	57.88	2.70		更多气孔（CO）
E5015-1	0.0035	3.32	3.90		个别气孔（氢）
E5015-2	0.0024	2.16	3.17		无气孔
E5015-3	0.0047	4.04	2.80	↓ 增加	无气孔
E5015-4	0.0160	12.16	2.61		无气孔
E5015-5	0.0390	27.30	1.99		更多气孔（CO）
E5015-6	0.1680	94.08	0.80		密集大量气孔（CO）

2）焊条药皮和焊剂的影响。焊条药皮和焊剂的成分比较复杂，因此对产生气孔的影响也是复杂的。一般碱性焊条药皮中均含有一定量的萤石（CaF_2），焊接时它直接与氢发生作用进行下列反应：

$$CaF_2 + H_2O =\!\!=\!\!= CaO + 2HF$$
$$CaF_2 + H =\!\!=\!\!= CaF + HF$$
$$CaF_2 + 2H =\!\!=\!\!= Ca + 2HF$$

在低碳钢的自动焊焊剂中（如 HJ431）也含有一定量的萤石和较多的 SiO_2，它们在焊接时将发生下列反应：

$$2CaF_2 + 3SiO_2 =\!\!=\!\!= SiF_4 + 2CaSiO_3$$
$$SiF_4 + 2H_2O =\!\!=\!\!= 4HF + SiO_2$$
$$SiF_4 + 3H =\!\!=\!\!= 3HF + SiF$$
$$SiF_4 + 4H + 0 =\!\!=\!\!= 4HF + SiO$$

上述冶金反应中都产生了大量的 HF，这是一种稳定的气体化合物，即使高温也不易分解，当温度高达 6000K 时，HF 只有 30% 发生分解。由于大量的氢被氟占据，因此可以有效地降低氢气孔的倾向。

试验证明，当熔渣中 SiO_2 和 CaF_2 同时存在时，对于消除氢气孔最为有效。由图 5-42 可以看出，SiO_2 和 CaF_2 的含量对于消除气孔具有相互补充的作用。当 SiO_2 少而 CaF_2 较多时，可以消除气孔；相反，SiO_2 多而 CaF_2 少时，也可以消除气孔。

CaF_2 对消除气孔是十分有效的。但是，焊条药皮中含有较多的 CaF_2 时，将会影响电弧的稳定性，也会在焊接过程中产生可溶性氟，例如 KF 和 NaF 的气氛，影响焊工的身体健康，这是采用 CaF_2 消除气孔的不利方面。

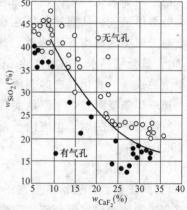

图 5-42　CaF_2 和 SiO_2 的含量（质量分数）对焊缝生成气孔的影响

在焊条药皮和焊剂中，适当增加氧化性组成物的含量，如 SiO_2、MnO、FeO 等，对于消除氢气孔也是很有效的。因为这些氧化物在高温时能与氢化合生成稳定性仅次于 HF 的 OH，所进行的冶金反应如下：

$$FeO + H =\!\!=\!\!= Fe + OH$$
$$MnO + H =\!\!=\!\!= Mn + OH$$
$$SiO_2 + H =\!\!=\!\!= SiO + OH$$

生成的 OH 也不溶于液体金属，可以占据大量的氢而消除气孔，常见几种氧化物形成的 OH 的自由能随温度的变化如图 5-43 所示。

酸性焊条药皮中，如 E4303（J422）、E4301（J423）、E4320（J424）等，都不含 CaF_2 的成分。它们控制氢的技术措施主要是依靠药皮中含有较强氧化性的组成物，以防止产生氢气孔。

碱性焊条药皮中，如 E5016（J506）、E5015（J507）等，除含 CaF_2 外，常含有一定量的碳酸盐 $CaCO_3$、$MgCO_3$ 等，焊接过程中加热后分解出 CO_2，它是具有氧化性的气氛，在高温时可与氢形成 OH 和 H_2O，同样具有防止氢气孔的作用。但 CO_2 的氧化性较强，加入量过多时，有可能产生 CO 气孔。

3）铁锈及水分的影响。在焊接生产中由于焊件或焊接材料表面的铁锈、油污和水分而使焊缝出现气孔的现象十分普遍。铁锈是钢铁腐蚀以后的产物，它的成分为 $mFe_2O_3 \cdot nH_2O$（其中 $Fe_2O_3 \approx 83.28\%$、$FeO \approx 5.7\%$、$H_2O \approx 10.70\%$，质量分数）。铁锈中含有较多的 Fe_2O_3（铁的高价氧化物）和结晶水，对熔池

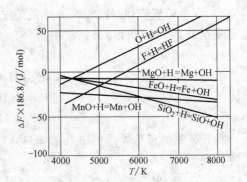

图 5-43　氧化物形成 OH 反应自由能与温度的关系

金属一方面有氧化作用，另一方面又析出大量的氢。加热时，铁锈将进行下列反应：

$$3Fe_2O_3 \Longrightarrow 2Fe_3O_4 + O$$
$$2Fe_3O_4 + H_2O \Longrightarrow 3Fe_2O_3 + H_2$$
$$Fe + H_2O \Longrightarrow FeO + H_2$$

由于增加氧化作用，在结晶时就会促使生成 CO 气孔。铁锈中的结晶水（H_2O），在高温时分解出氢气，从而增加了生成氢气孔的可能性。由此可见，铁锈是一种极其有害的杂质，对于两类气孔均有敏感性。此外，钢板表面上的氧化铁皮主要成分是 Fe_3O_4 及少量的 Fe_2O_3，虽无结晶水，但对产生 CO 气孔还是有较大的影响。所以，在生产中应尽可能清除钢板上的铁锈、氧化铁皮等杂质。

至于焊条受潮或烘干不足而残存的水分，以及由于空气潮湿，同样起增加气孔倾向的作用。所以对焊条的烘干也应给予重视，一般碱性焊条的烘干温度为 $350 \sim 450℃$，酸性焊条为 $200℃$ 左右。

（2）工艺因素影响

1）焊接参数。通常希望在正常的焊接参数下施焊，电流增大能增加熔池存在时间，虽然有利于气体逸出，但会使熔滴变细，比表面积增大，熔滴吸收的气体较多，反而增加了气孔倾向。对于一般不锈钢焊条，当焊接电流增大时，焊芯的电阻热增大，会使药皮中的某些组成物（如碳酸盐）提前分解，因而也增加了气孔倾向。

焊条电弧焊时，如电弧电压过高，会使空气中的氮侵入熔池，因而出现氮气孔。焊接速度过大，往往增加了结晶速度，使气体残留在焊缝中而出现气孔。

2）电流种类和极性。电流种类和极性不同对产生气孔的影响也不一样。通常交流焊时较直流焊时气孔倾向较大，直流反接较正接时气孔倾向小。

试验表明，氢是以质子的形式向液态金属中溶解，在形成质子的同时，由原子中释放出一个电子：

$$H \longrightarrow [H^+] + e$$

当液态金属的表面上电子过剩时，可使上述反应向左进行，即阻碍氢向金属溶解。

直流反接时，因工件是负极，熔池表面上的电子过剩，不利于产生氢质子的反应，因而气孔的倾向最小。当直流正接时，在熔池表面容易发生氢质子的反应，这时一部分氢质子溶入熔池，另一部分在电场的作用下，飞向负极，所以气孔的倾向比直流反接时要大。

当用交流焊接时，在电流通过零点的瞬时，质子可以顺利溶入熔池，因而使气孔的倾向增大。

3）工艺操作方面。在生产中由于工艺操作不当而产生气孔的实例还是很多的，应引起足够的注意。主要应注意以下几方面：

① 焊前仔细清除焊件、焊丝上的油污、铁锈等。

② 焊条、焊剂要严格烘干，并且烘干后不得放置时间过长，最好存放在保温筒或保温箱内，随用随取。

③ 焊接时焊接参数要保持稳定，对于低氢型焊条应尽量采用短弧焊，并适当配合摆动，以利气体逸出。

5.4.2　焊缝中的夹杂

焊缝或母材中有夹杂物存在时，不仅降低焊缝金属的韧性，增加低温脆性，同时也增加了热裂纹和层状撕裂的倾向。

1. 焊缝中夹杂物的种类及其危害性

焊缝中常见的夹杂物有以下三种：

（1）氧化物　焊接金属材料时，氧化物夹杂是普遍存在的，在焊条电弧焊和埋弧焊低碳钢时，氧化物夹杂主要是 SiO_2，其次是 MnO、TiO_2 和 Al_2O_3 等，一般多以硅酸盐的形式存在。这种夹杂物如果密集地以块状或片状分布时，在焊缝中会引起热裂纹，在母材中也易引起层状撕裂。

焊接过程中熔池的脱氧越完全，焊缝中氧化物夹杂越少。实践证明，这些氧化物夹杂主要是在熔池进行冶金反应时产生的，如 SiO_2、MnO 等，只有少量夹杂物是由于操作不当而混入焊缝中的。

（2）硫化物　硫化物夹杂主要来源于焊条药皮或焊剂，经冶金反应转入熔池的。但有时也是由于母材或焊丝中含硫量偏高而形成硫化物夹杂。硫在铁中的溶解度随温度而有较大的变化。高温时，硫在 δ-Fe 中的溶解为 0.18%（质量分数）而在 γ-Fe 中的溶解度只有 0.05%（质量分数），所以在冷却过程中，硫便从过饱和固溶体中析出而成为硫化物夹杂。

焊缝中的硫化物夹杂主要有两种，即 MnS 和 FeS。MnS 的影响较小，而 FeS 的影响较大。因为 FeS 是沿晶界析出，并与 Fe 或 FeO 形成低熔点共晶（熔点为 988℃），它是引起热裂纹的主要的原因之一。

（3）氮化物　焊接低碳钢和低合金钢时，氮化物夹杂主要是 Fe_4N。Fe_4N 是焊缝在时效过程中由过饱和固溶体中析出的，并以针状分布在晶粒上或贯穿晶界。Fe_4N 是一种脆硬的化合物，会使焊缝的硬度增高，塑性、韧性急剧下降。一般焊接条件下焊缝很少存在氮化物夹杂，只有在保护不好时才有可能发生。

由于氮化物具有强化作用，所以在冶金时把氮作为合金元素加入钢中。当钢中含有 Mo、V、Nb、Ti 和 Al 等合金元素时，能与氮形成弥散状的氮化物，从而在不过多损失韧性的条件下，大幅度地提高强度。经过正火热处理后，可使钢具有良好的力学性能，如 15MnVN 钢、06AlNbCuN 钢等。

2. 防止焊缝中夹杂物的措施

防止焊缝中产生夹杂物的最重要方面就是正确选择焊条、焊剂，使之更好地脱氧、脱硫等。其次是注意工艺操作，主要包括以下方面。

1）选用合适的焊接参数，以利于熔渣的浮出。

2）多层焊时，应注意清除前层焊缝的熔渣。

3）焊条要适当地摆动，以便熔渣浮出。

4）操作时注意保护熔池，防止空气侵入。

第6章 焊接热影响区

焊接过程中母材受热的影响组织和性能发生变化的区域称为热影响区（Heat Affected Zone,简称 HAZ）。由于热影响区距焊缝远近不同的各部位所经历的热过程不同，其组织性能差异较大，所以热影响区是焊接接头重点研究的部位。热影响区、熔合区和焊缝构成焊接接头，图 6-1 为焊接接头的宏观组织。

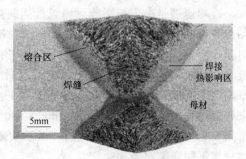

图 6-1　焊接接头的宏观组织

6.1 焊接热循环

焊接热循环是在焊接热源的作用下，焊件上某点的温度 T 随时间 t 的变化，是一个升温、降温的过程。与热处理的热过程相比，具有加热速度快、加热峰值温度高、在某一温度停留时间短的重要特征。焊接热循环是表征焊接热源对母材金属的热作用和焊接热影响区组织性能的重要数据。

6.1.1 焊接热循环的参数

根据焊接热循环对组织性能的影响，一般主要考虑以下四个参数。

1. 加热速度（ω_H）

焊接时的加热速度比热处理条件下快得多，它直接影响奥氏体的均匀化和碳化物的溶解过程。因此，也会影响到冷却时的组织转变和性能。

加热速度的影响因素主要有焊接方法、焊接热输入、母材的几何尺寸及其热物理性质等。由于实际焊接过程中，随着电弧的移动及热量向焊件内的传导，每个瞬时的加热速度并不完全相同，一般比较关注的是接近和高于相变点的加热速度，因此，常用900℃时的加热速度作为评定加热快慢的指标。

2. 加热的最高温度（T_m）

加热的最高温度又称峰值温度，是热循环的重要参数之一。加热的最高温度对于焊接热影响区金属的晶粒长大、相变组织以及碳氮化合物溶解等有很大影响，同时也决定着焊件产生内应力的大小和接头中塑性变形区的范围。焊接时焊缝两侧热影响区加热的最高温度不同，冷却速度不同，就会有不同的组织和性能。例如在熔合区附近的过热段，由于温度高，晶粒发生严重的长大，从而使韧性下降。一般对于低碳钢和低合金钢来讲，熔合区的温度可达 1300～1350℃。

3. 高温停留时间（t_H）

高温停留时间对于扩散均匀化及晶粒的长大、相的溶解或析出影响很大，对于某些活泼金属，高温停留时间还将影响焊接接头对周围气体介质的吸收或相互作用的程度。对于低合金高强度钢，高温停留时间越长，越有利于奥氏体的均匀化过程，但温度太高时（如1100℃以上）即使停留时间不长，也会引起奥氏体晶粒的严重长大（如电渣焊）。

为了便于分析研究，常把高温停留时间 t_H 分为加热过程的停留时间 t' 和冷却过程的停留时间 t''。

4. 冷却速度（ω_C）和冷却时间（$t_{8/5}$、$t_{8/3}$、t_{100}）

冷却速度是决定热影响区组织性能的主要参数。应当指出，焊接的冷却过程在不同阶段的冷却速度是不同的，某一温度下的瞬时冷却速度可用热循环曲线上该点切线的斜率表示。对于低合金钢，在连续冷却条件下，由于在540℃左右组织转变最快，因此，常用熔合线附近540℃的瞬时冷却速度作为冷却过程的评价指标。为了方便，也可采用一定温度范围内的平均冷却速度。由于测定冷却时间更方便，所以许多国家常采用某一温度范围内的冷却时间来研究热影响区组织和性能，如800~500℃的冷却时间 $t_{8/5}$ 常用于不易淬火钢，而易淬火钢常用800~300℃的冷却时间 $t_{8/3}$，以及从峰值温度（T_m）降至100℃的冷却时间 t_{100} 等，这要根据不同研究对象来决定。

焊接热影响区不同点的热循环是不同的，距离焊缝越近的点，加热的最高温度越高。焊接方法不同，焊接热输入的大小和分布不同，其热循环曲线的形状也会发生较大的变化。由此可见，焊接热循环是焊接接头经受的特殊热处理过程，也是焊件经受热作用的清晰描述。已知焊接热循环，可预测热影响区的组织、性能和裂纹倾向；反之，根据对热影响区组织和性能的要求，可合理地选择热循环参数，并指导人们正确地制订焊接工艺。

6.1.2 焊接热循环主要参数的计算

焊接热循环的测试是焊接研究和工程施工中获取数据的重要手段，尽管这种直接测定也存在误差。焊接热循环可以用热像法、热电偶测量法等进行测试。由于热像法所需测量设备较昂贵，目前大量使用的仍是热电偶测量法。

热电偶测量法，对于钢来说一般用铂铑—铂热电偶或镍铬—镍硅（镍铬—镍铝）热电偶。热电偶直径一般为0.2~0.3mm，直径过大将使测量误差增大。

根据焊接传热学的理论，可以推导出焊接热循环的几个主要参数，并可以近似地进行计算。

1. 最高温度 T_m（峰值温度）的计算

根据焊接传热理论，焊件上某点的温度随时间的变化可用式（6-1）和式（6-2）表示。

厚大焊件（点热源）：

$$T = T_0 + \frac{E}{2\pi\lambda t}e^{-\frac{r_0^2}{4at}} \qquad (6-1)$$

薄板（线热源）：

$$T = T_0 + \frac{E/\delta}{2(\pi\lambda c\rho t)^{1/2}}e^{-\frac{r_0^2}{4at}-bt} \qquad (6-2)$$

当 $\frac{\partial T}{\partial t} = 0$ 时，即可求得最高温度 T_m。

点热源：

$$T_m = T_0 + \frac{2E}{\pi e c\rho r_0^2} \qquad (6-3)$$

线热源：

$$T_m = T_0 + \frac{E/\delta}{\sqrt{2\pi e c\rho y_0}}\left(1 - \frac{by_0^2}{2a}\right) \tag{6-4}$$

从式（6-3）和式（6-4）可见，热输入越大，加热的最高温度越高；计算点离热源运行轴线的距离越远，加热的最高温度越低；焊接厚板时加热的最高温度与板厚无关，而焊接薄板时加热的最高温度与板厚成反比。

由于焊接传热理论的一些假设条件与焊接的实际情况有较大差异，故在准确性方面还有不足之处。如果考虑金属的熔点，可建立如下经验公式：

厚板：

$$\frac{1}{\sqrt{T_m - T_0}} = r_0\sqrt{\frac{\pi e c\rho}{E}} + \frac{1}{\sqrt{T_M - T_0}} \tag{6-5}$$

薄板：

$$\frac{1}{T_M - T_0} = \frac{\sqrt{2\pi e c\rho\delta y_0}}{E} + \frac{1}{T_M - T_0} \tag{6-6}$$

式（6-1）～式（6-6）中　E——焊接热输入（J/cm）；

λ——热导率［W/(cm·℃)］；

c——比热容［J/(g·℃)］；

ρ——密度（g/cm³）；

a——热扩散率（cm²/s），$a = \dfrac{\lambda}{c\rho}$；

δ——板厚（cm）；

b——薄板的表面散温系数（1/s），$b = \dfrac{2\beta}{c\rho\delta}$；

β——表面传热系数［J/(cm²·s·℃)］；

r_0——厚焊件上某点距热源运行轴线的垂直距离（cm），

　　　$r_0 = \sqrt{y_0^2 + z_0^2}$；

y_0——薄板上某点距热源运行轴线的垂直距离（cm）；

t——热源到达所求点所在截面后的传热时间（s）；

T_0——钢板的初始温度（℃）；

T_M——钢板的熔点（℃）。

以上最高温度计算公式只适用于邻近焊缝的热影响区。最高温度计算公式有如下几种应用：确定热影响区特定部位的峰值温度；估计热影响区的宽度；计算出预热对热影响区宽度的影响。

2. 高温停留时间 t_H 的计算

t_H 是个复杂的函数，计算十分烦琐。因此，常采用计算与查表相结合的方法求解。

对于厚大焊件：

$$t_H = f_3\frac{E}{\lambda(T_m - T_0)} \tag{6-7}$$

对于薄板：

$$t_H = f_2 \frac{(E/\delta)^2}{\lambda c \rho (T_m - T_0)^2} \qquad (6\text{-}8)$$

式中　f_3、f_2——分别为厚大焊件和薄板的修正系数，是温度无因次系数 $\theta = \dfrac{T - T_0}{T_m - T_0}$ 的函数，

可从图 6-2 中查出；

T_0——预热温度（℃）；

T——停留温度（℃）；

T_m——热循环的最高温度（℃）。

从式（6-7）和式（6-8）可见，t_H 主要与焊接热输入、预热温度和母材的热物理常数有关。对于厚大焊件，t_H 与板厚无关；而对于薄板，t_H 对板厚、热输入和预热温度的变化比厚板敏感得多。因此，焊接薄板比厚板更容易过热。

3. 瞬时冷却速度 ω_c 的计算

焊缝或热影响区的某点达到最高温度后，随后的冷却速度对金属组织、性能等都有重大影响，尤其是对于热处理强化钢更为重要。熔合区是焊接接头的薄弱部位，此处着重研究熔合区的冷却速度。

试验证明，焊缝和熔合区的冷却速度几乎相同，最大相差 5% ~ 10%。为方便起见，可用焊缝的冷却速度代替熔合区的冷却速度。

根据式（6-1）和式（6-2），令 $r_0 = 0$、$y_0 = 0$，并由 $\omega_c = \dfrac{\partial T}{\partial t}$ 确定焊缝及熔合区冷至某一温度 T_c 时的瞬时冷却速度。

对于厚大焊件（点热源）：

$$\omega_c = -2\pi\lambda \frac{(T_c - T_0)^2}{E} \qquad (6\text{-}9)$$

对于薄板（线热源）：

$$\omega_c = -2\pi\lambda c\rho \frac{(T_c - T_0)^3}{(E/\delta)^2} \qquad (6\text{-}10)$$

式中　T_c——所求冷却速度的瞬时温度（℃）；

T_0——焊件的初始温度（或预热温度）（℃）。

热向焊缝下方和水平方向三维传播时，使用式（6-9）厚大焊件计算公式。单道全熔透焊接（或热切割）可采用式（6-10）薄板计算公式。公式的选用主要根据热的传播方式，不能单靠板厚确定，如 300mm 厚的钢板采用电渣焊时，采用薄板公式计算冷却速度较为合理，因为这种工艺是单道全熔透。

除了一些特殊的焊接工艺（如电渣焊、气电立焊等），一般情况下可以通过临界厚度 δ_{cr} 选用计算公式，临界厚度是对冷却速度没有影响的最小厚度，δ_{cr} 的计算公式如下：

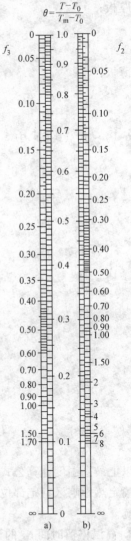

图 6-2　θ 与 f_3 和 f_2 的关系

a) 点热源　b) 线热源

$$\delta_{cr} = \sqrt{\frac{E}{c\rho(T_c - T_0)}} \tag{6-11}$$

$\delta \geqslant \delta_{cr}$ 采用厚大焊件公式，$\delta < \delta_{cr}$ 时采用薄板计算公式。

对于低碳钢和低合金钢，焊条电弧焊条件下，根据经验，厚度 25mm 以上的属于厚大焊件，厚度小于 8mm 属于薄板。如焊件厚度在 8～25mm 之间，求某点的冷却速度时，应将式 (6-9) 乘以修正系数 K 后得到中厚板的瞬时冷却速度。

对于中厚板：

$$\omega_c = -K\frac{2\pi\lambda(T_c - T_0)^2}{E} \tag{6-12}$$

K 是无因次系数 ε 的函数，即 $K = f(\varepsilon)$。

$$\varepsilon = \frac{2E}{\pi c\rho\delta^2(T_c - T_0)} \tag{6-13}$$

根据 ε 的计算值，可从图 6-3 上查得 K 值，然后再用式（6-12）求出中厚板上焊缝或熔合区的瞬时冷却速度。

从式（6-9）～式（6-13）可见，冷却速度 ω_c 主要与焊接热输入、预热温度、板厚及母材的热物理性能参数有关。提高焊接热输入 E 和预热温度 T_0，可以降低冷却速度 ω_c。因此，对于冷裂倾向较大的钢种，为了降低淬硬倾向，防止冷裂纹的产生，往往采用提高预热温度，适当增加热输入的工艺方法。但是，提高热输入和预热温度，又会使 t_H 增大，促使晶粒长大，增加焊接接头的脆化倾向。因此，在调节 E 和 T_0 时，应兼顾各方面的影响。

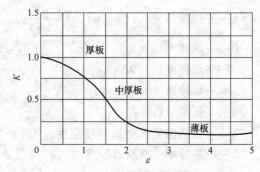

图 6-3　K 与 ε 的关系

冷却速度公式可用于确定焊接条件下的临界冷却速度以及计算预热温度。

对于其他接头形式或有坡口的对接接头，应对板厚 δ 和热输入 E 进行修正，板厚修正系数 K_1 和热输入修正系数 K_2 见表 6-1。

表 6-1　板厚 δ 和热输入 E 的修正系数

接头形式	平板上堆焊	60°坡口对焊	搭接接头	T 形接头	十字接头
板厚 δ 的修正系数 K_1	1	3/2	1	1	1
热输入 E 的修正系数 K_2	1	3/2	2/3	2/3	1/2

计算时，应用 $K_1\delta$ 和 K_2E 分别代替冷却速度计算公式中的 δ 和 E 求解 ω_c。

4. 冷却时间的计算

测定某温度下的瞬时冷却速度会带来较大的误差，目前多采用一定温度范围内的冷却时间来代替冷却速度，并以此作为研究焊接热影响区组织、性能和抗裂性的重要参数。

对于低合金钢，由于在 Ac_3～500℃ 的温度范围内组织转变最快，因此，在这一温度内的冷却速度或冷却时间对热影响区组织性能影响最大。钢材的成分不同，其 Ac_3 也有差异，为了统一起见，常用 800～500℃ 温度范围的冷却时间 $(t_{8/5})$ 代替 Ac_3～500℃ 的冷却时间以研究热影响区的组织性能。对于冷裂倾向较大的钢种，也可以采用 800～300℃ 的冷却时间（$t_{8/3}$）或由加热的最高温度冷至 100℃ 的冷却时间（t_{100}）。

与其他热循环参数一样，冷却时间（$t_{8/5}$、$t_{8/3}$、t_{100} 等）可通过实测得到，也可用计算方法求出。为了使焊接热影响区获得优良的组织性能，提高其抗裂能力，常用冷却时间 $t_{8/5}$、$t_{8/3}$ 等控制最佳焊接参数。

根据焊接传热学理论的推导，$t_{8/5}$ 的计算公式如下：

对于三维传热（厚板）：

$$t_{8/5} = \frac{\eta E}{2\pi\lambda}\left(\frac{1}{500 - T_0} - \frac{1}{800 - T_0}\right) \tag{6-14}$$

对于二维传热（薄板）：

$$t_{8/5} = \frac{(\eta E/\delta)^2}{4\pi\lambda c_p}\left[\left(\frac{1}{500 - T_0}\right)^2 - \left(\frac{1}{800 - T_0}\right)^2\right] \tag{6-15}$$

式中　η——焊接热效率；

E——焊接热输入（J/cm），$E = \dfrac{\eta UI}{v}$；

U——电弧电压（V）；

I——焊接电流（A）；

v——焊接速度（cm/s）；

δ——板厚（cm）；

T_0——预热温度或初始环境温度（℃）；

λ——热导率 [W/(cm·℃)]；

c_p——体积比热容 [J/(cm³·℃)]。

应指出，在利用式（6-14）和式（6-15）计算 $t_{8/5}$ 时，首先应确定传热方式。传热方式除了与板厚有关外，还与热输入、钢板的预热温度及热物性参数等因素有关。为此引入"临界板厚 δ_{cr}"的概念，δ_{cr} 是对 $t_{8/5}$ 不发生影响的板厚，利用式（6-14）和式（6-15）相等可求出 δ_{cr} 的数学表达式：

$$\delta_{cr} = \sqrt{\frac{\eta E}{2c_p}\left(\frac{1}{500 - T_0} + \frac{1}{800 - T_0}\right)} \tag{6-16}$$

只要实际板厚 $\delta \geqslant \delta_{cr}$，应属于三维热传导；当 $\delta < \delta_{cr}$ 时，应属于二维热传导。

6.2　焊接热循环条件下的组织转变

在焊接热循环的作用下，热影响区的组织性能将发生变化。焊接热影响区相变的条件同样取决于系统的热力学条件，即新相与母相间的自由能之差。由于焊接热过程的特点与热处理相比具有较大的差异，因此，焊接时的相变及组织变化也与热处理不同，这就使焊接时的组织转变具有一些特殊性。焊接热过程主要有以下五个特点：

（1）加热温度高　在热处理条件下，最高加热温度一般为 950～1050℃（Ac_3 以上 100～200℃），而焊接时熔合区附近的加热温度，一般接近于金属的熔点。焊接低碳钢和低合金钢时，最高加热温度一般都在 1350℃ 以上。

（2）加热速度快　热处理时为了保证加热均匀和减少热应力，对加热速度有严格的限制，一般为 0.1 ~ 1℃/s。由于焊接采用的热源强烈集中，故加热速度比热处理要快得多，往往比热处理的加热速度高出几十倍甚至几百倍。

（3）高温停留时间短　焊接时由于热循环的特点，在 Ac_3 以上的停留时间很短，一般焊条电弧焊为 4 ~ 20s，埋弧焊为 30 ~ 100s。

（4）自然条件下连续冷却　热处理时可以根据需要来控制冷却速度或在冷却过程的不同阶段进行保温。焊接时一般是在自然条件下连续冷却，冷却速度快，个别情况下才进行焊后保温或焊后热处理。

（5）局部加热　热处理时工件是在炉中整体加热，焊接属于局部集中加热，温度分布不均匀，且随热源移动，局部加热区域也在不断地向前移动，在焊接区造成一个复杂的应力、应变场。焊接热影响区是在这样一个复杂的应力应变状态下进行着不均匀的组织转变。

综上所述，由于焊接热过程的特点，热影响区的组织转变与热处理有着不同的规律。完全按照金属学热处理的理论去研究焊接热影响区的性能往往难以得到令人满意的结果，必须根据焊接时的特点去研究热影响区的组织性能变化规律。

6.2.1　焊接加热过程中的组织转变

1. 再结晶

在相变钢加热时，会发生铁素体 F 向奥氏体 A 转变的相变过程。对某些奥氏体不锈钢及没有相变的金属来说，再结晶是最受关注的过程。再结晶主要与下述三个因素有关：

① 再结晶发生的温度。

② 先期的变形量。

③ 金属的纯度。

再结晶晶粒的成核率及生长率由再结晶温度决定，而再结晶发生的实际温度与材料的先期变形有很大关系。有些金属若没有先期变形，在 T_m 以下的任何温度都不会发生再结晶。再结晶不可缺少的前提是多边化，也就是位错重新排列，以形成新的边界。然后这些边界在所积聚的变形能的驱动下，产生移动。变形能与金属的位错密度有关。试验表明，产生了某一最小变形的金属，再结晶后的晶粒大小与温度关系不大。在细晶粒的金属中，所需的临界变形量不过是百分之几。材料的杂质含量对再结晶影响很大，对多边化起阻碍作用。图 6-4 是纯铁的再结晶时初始晶粒尺寸、先期变形量与再结晶温度的关系。可见，较小的变形量与较高的再结晶温度相配合，可获得最大的晶粒生长；未变形的金属，不发生再结晶。

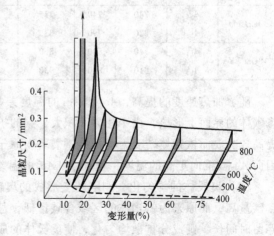

图 6-4　再结晶温度、先期变形量及初始晶粒尺寸间的关系

2. 奥氏体化过程

焊接时的加热速度快，高温停留时间短，这对金属的相变温度和高温奥氏体的均质化有显著影响。低碳钢和低合金钢焊接时，不同焊接方法的加热速度见表6-2。

表6-2　不同焊接方法的加热速度

焊接方法	板厚/mm	加热速度 ω_H/（℃/s）
焊条电弧焊、TIG 焊	5～1	200～1000
单层自动埋弧焊	25～10	60～200
电渣焊	200～50	3～20

（1）相变温度　加热速度越快，母材相变点 Ac_1 和 Ac_3 的温度越高，而且 Ac_1 和 Ac_3 之间的温度差越大。加热时珠光体向奥氏体的转变和铁素体向奥氏体的溶解过程属于扩散型转变，转变时形成晶核需要孕育期。在焊接快速加热的条件下，还没达到扩散所需的孕育期，温度就已经提高了。因此，Ac_1 和 Ac_3 被推向了更高的温度，在这种条件下，转变过热度大，形核率高，转变速度更快。

钢中含有较多的碳化物形成元素时，随着加热速度的提高（见表6-3），相变点 Ac_1 和 Ac_3 显著提高（如 18Cr2WV）。这是由于该类钢中的碳化物形成元素（Cr、W、Mo、Ti、V、Nb 等）的扩散速度更小（是碳的 1/1000～1/10000），阻碍碳的扩散，因而减缓了奥氏体的转变过程。

表6-3　加热速度对相变点和 Ac_1 与 Ac_3 温差的影响

钢种	相变点	平衡温度/℃	加热速度 ω_H/（℃/s）				Ac_1 与 Ac_3 温差/℃		
			6～8	40～50	250～300	1400～1700	40～50	250～300	1400～1700
45 钢	Ac_1	730	770	775	790	840	60	70	110
	Ac_3	770	820	835	860	950			
40Cr	Ac_1	740	735	750	770	840	50	80	100
	Ac_3	780	775	800	850	940			
23Mn	Ac_1	735	750	770	785	830	80	105	110
	Ac_3	830	810	850	890	940			
30CrMnSi	Ac_1	740	740	775	825	920	60	65	60
	Ac_3	820	790	835	890	980			
18Cr2WV	Ac_1	710	800	860	930	1000	60	90	120
	Ac_3	810	860	930	1020	1120			

随着加热速度的提高，Ac_1 和 Ac_3 的温度差加大，珠光体向奥氏体的转变是在铁素体和渗碳体的界面上形核，由于相界面积大，碳的扩散距离短，形核所需的孕育期较短，故 Ac_1 提高较少。而铁素体转变为奥氏体，需要碳原子和铁原子做较长距离的扩散，孕育期较长，因而 Ac_3 被推向更高的温度，使 Ac_1 和 Ac_3 的温差加大。

（2）奥氏体的均匀化　刚刚转变形成的奥氏体成分是不均匀的，原来为渗碳体的区域含碳量高，而原来为铁素体的区域含碳量低，甚至还有残留的碳化物质点。如在 Ac_3 以上的停留时间长，则成分扩散均匀化，使奥氏体的成分趋于一致。

焊接的加热速度快，在 Ac_3 以上的停留时间短，合金元素来不及完成扩散均匀化，所以奥氏体的均匀化程度低，甚至残留碳化物，这对冷却时的相变有明显的影响。特别是钢中含有碳化物形成元素时，影响更为显著。

（3）焊接热影响区奥氏体晶粒的长大　焊接热影响区晶粒粗大对韧性极为不利。奥氏体晶粒的长大实质上是大晶粒吞并小晶粒的晶格改建过程，是自动进行的。这一过程需要原子的扩散，温度越高，原子的扩散能力越强，奥氏体晶粒的长大速度越快。

恒温加热时的晶粒长大与加热温度、保温时间有关，可由下式给出：

$$D^{\alpha} - D_0^{\alpha} = K_0 t \exp\left(-\frac{E_Q}{RT}\right) \tag{6-17}$$

式中　D——加热后长大的晶粒直径（mm）；

　　　D_0——加热前的晶粒直径（mm）；

　　　t——保温时间（s）；

　　　T——加热温度（K）；

　　　α——常数；

　　　K_0——与温度无关的常数；

　　　E_Q——激活能（J/mol）；

　　　R——气体常数。

计算焊接热循环条件下的晶粒长大时，把热循环曲线在时间域上离散化，可认为在每个时间段的加热温度是不变的，即将热循环曲线分为若干个加热温度不同的恒温加热过程。式（6-17）适用于每个加热阶段，然后用叠加方法便可得出热循环过程的晶粒直径计算公式：

$$D_j^{\alpha} - D_0^{\alpha} = K_0 \sum_{i=1}^{j}\left[t_i \exp\left(-\frac{E_Q}{RT_i}\right)\right] \tag{6-18}$$

式中　D_j——第 j 个加热时间段终了的晶粒直径（mm）；

　　　t_i——第 i 个加热时间段的加热时间（s）；

　　　T_i——第 i 个加热时间段的加热温度（K）。

研究表明，在热影响区 1100℃ 以上，随着温度的上升奥氏体晶粒急剧长大，并且晶粒长大主要集中在最高温度附近。在冷却过程中，奥氏体晶粒尺寸还会进一步长大，与加热过程相比，长大量减少。

（4）影响奥氏体晶粒长大的因素　焊接热影响区的奥氏体晶粒长大与焊接热输入、焊接热循环参数、钢材的化学成分及原始组织状态有关。

1）焊接热输入的影响。焊接热输入不仅影响奥氏体晶粒的大小，而且影响晶粒的分布。焊接热输入与焊接热影响区奥氏体晶粒直径的关系如下：

$$\lg(D^4 - D_0^4) = -92.64 + 2\log\eta' E' + \frac{1.291 \times 10^{-1}}{\left(\dfrac{y'}{\eta' E'}\right) + 1.587 \times 10^{-3}} \tag{6-19}$$

式中　D——晶粒直径（mm）；

　　　D_0——$t=0$ 时的晶粒直径（mm）；

　　　E'——单位板厚的焊接热输入（J/cm²）；

　　　y'——至熔合区的距离（mm）；

　　　η'——换算系数，以晶粒尺寸为基准的经验数据，通过调节其值使高温加热范围的晶粒尺寸的计算值与实际情况接近。如对 HT80 钢，TIG 焊时取 0.65，埋弧焊取 0.85。

图 6-5 为焊接热输入对 HT80 钢焊接热影响区奥氏体晶粒尺寸的影响。由图可见，焊接热输入越大，距熔合区越近（即 y' 越小），晶粒直径越大；随着焊接热输入的提高，不仅熔合区奥氏体晶粒直径增大，而且奥氏体长大的范围也增大。因此，可通过调节焊接热输入限制焊接热影响区晶粒的长大。

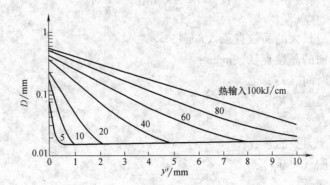

图 6-5　焊接热输入对 HT80 钢焊接热影响区奥氏体晶粒直径的影响

2）焊接热循环参数的影响。

① 最高加热温度（T_m）的影响。T_m 越高，原子的扩散速度越快，晶粒长大越剧烈。钢中的碳化物形成元素对晶粒长大有较大的影响。如图 6-6 所示，加热时间一定的情况下，对于 45 钢，T_m 超过 1100℃ 以后，随着最高加热温度的提高，奥氏体晶粒迅速长大；而对于含有碳化物形成元素的 18Cr2WV 钢，只有当 T_m 高于 1200℃ 以后，奥氏体晶粒才随 T_m 的提高而迅速增大。

焊接热影响区距离焊缝中心线越近的点，最高加热温度越高，晶粒尺寸越大。

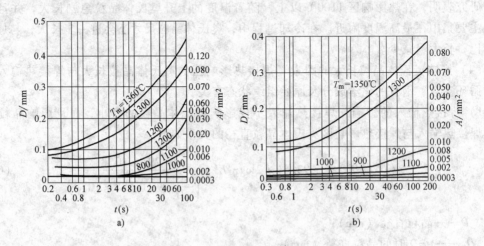

图 6-6　T_m 对晶粒长大的影响

a）45 钢　b）18Cr2WV 钢

A—平均晶粒面积　D—平均晶粒直径

② 高温停留时间（t_H）的影响。不同焊接方法的高温停留时间 t_H 不同，热影响区晶粒长大的倾向也呈现出较大的差异。焊条电弧焊、埋弧焊和电渣焊所用的焊接热输入显著不同，在最高温度相同的条件下（$T_m = 1300 \sim 1350℃$），晶粒长大也存在显著差异，这与 t_H 不同有关。焊条电弧焊在 Ac_3 以上的停留时间 t_H 只有 20s，晶粒长大不严重（晶粒直径 $D = 0.1 \sim 0.3mm$）；埋弧焊的热输入比焊条电弧焊的大，t_H 为 $30 \sim 100s$，晶粒明显长大（$D = 0.3 \sim 0.4mm$）；电渣焊时，由于 t_H 过长，达 $600 \sim 2000s$，故晶粒严重长大（$D = 0.4 \sim 0.6mm$）。

由于电渣焊时晶粒严重长大，焊后必须通过正火处理才能改善焊接接头的性能，否则将使焊接接头的韧性显著变差。

③ 加热速度和冷却速度的影响。在保证焊接热输入不变的条件下，采用大的焊接电流和快的焊接速度，则加热速度提高，相变点 Ac_3 和晶粒显著长大的温度也提高，加热过程的高温停留时间 t' 减小，有利于降低晶粒的粗化倾向，如图 6-7a 所示。

在高温冷却过程中，晶粒继续长大。如高温冷却速度较快，则冷却过程中的高温停留时间 t'' 减小，也有利于抑制晶粒长大，如图 6-7b 所示。

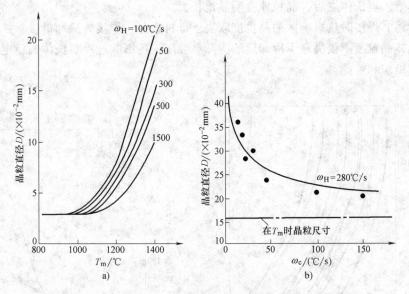

图 6-7　加热速度 ω_H 和冷却速度 ω_c 对晶粒长大的影响

a）ω_H 的影响　　b）ω_c 的影响

3）化学成分的影响。化学成分对焊接热影响区的晶粒长大有明显影响，如钢中含有碳化物或氮化物形成元素（Mo、V、Ti、Nb、W、Zr、Al、B 等）和阻碍碳扩散的元素（如 Ni）都可降低晶粒长大的倾向。在微合金钢中，碳化物和氮化物的存在通过对晶粒边界的沉淀作用，妨碍晶界迁移，阻止晶粒长大。钢中的碳化物和氮化物在焊接热循环的作用下将发生溶解，使对晶粒长大的抑制作用减弱或消失。

图 6-8 为奥氏体中不同碳化物和氮化物完全溶解时温度与时间的关系（图中只有 Ti 的氮化物溶解 26%）。由图 6-8 可见，Nb 的碳氮化物比 Nb 的碳化物有着更低的溶解度。Ti 的氮化物 TiN 呈现出了最高的溶解温度。实际上，即使温度达到熔化温度，TiN 仍不能完全溶解。基于 TiN 沉淀弥散的含 Ti 微合金钢即是上述结果的应用实例。

图 6-9 为不同成分微合金钢在不同最高温度下保温 30min 以后奥氏体晶粒尺寸的热模拟试验结果，六种钢 C、Si、Mn 的质量分数范围为 C 0.09% ~ 0.11%、Si 0.29% ~ 0.38%、Mn1.21% ~ 1.39%，Ti 钢含 Ti 0.009%，TiNb 钢含 Ti 0.008% 和 Nb 0.022%，TiV 钢含Ti 0.01% 和 V 0.05%，TiNbV 钢含 Ti 0.009%、V 0.054% 和 Nb 0.024%、LC-TiNb 钢含 Ti 0.006% 和 Nb 0.029%。可见，含 Ti 微合金钢的平均奥氏体晶粒尺寸是 CMn 钢的 1/15 ~ 1/6（1350℃，保温 30min）；普通含 Ti 钢一直到 1300℃ 时都有极好的奥氏体晶粒长大抗力。V和（或）Nb 的存在会削弱晶粒粗化抑制能力，但这些钢仍优于 CMn 钢。TiNb 钢呈现出稍好一些的晶粒粗化抗力，这说明沉淀物可能比 TiV 钢更稳定一些。

由图 6-9 还可见，C-Mn 钢达到 1000℃ 时，晶粒尺寸迅速长大，由于缺乏 TiN 沉淀，在1000 ~ 1250℃ 之间奥氏体的晶粒尺寸增加 7 倍，当少量的 Ti 加入钢中时，晶粒长大抗力将增加。钢中 TiN 对于抑制奥氏体晶粒长大效果明显，因此，在开发适宜大热输入焊接的钢材时，需要加入适量的碳化物或氮化物形成元素，特别是加入 Ti 形成 TiN。碳化物或氮化物形成元素能在钢中形成稳定的碳化物或氮化物，以弥散的质点分布在晶界上，加热时这些难熔质点阻碍晶界的移动，能降低晶粒粗化的程度。只有加热温度很高或高温停留时间较长，难溶质点全部溶入奥氏体之后，晶粒才会明显地长大。

综上所述，焊接时热影响区的晶粒度取决于母材成分、焊接方法和焊接参数。焊接热影响区的奥氏体晶粒度不仅决定了冷却后的实际晶粒度，还影响过冷奥氏体的稳定性，进而影响冷却后的组织和性能。

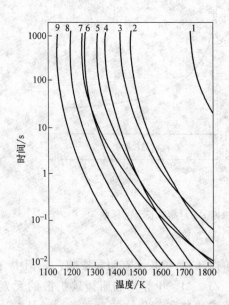

图 6-8　奥氏体中不同碳化物和氮
化物完全溶解时温度与时间的关系

1—Ti 的氮化物（26% 溶解）　2—Nb 的碳氮化物
3—Al 的氮化物　4—Nb 的碳化物　5—V 的氮化物
6—Mo 的碳化物　7—Ti 的碳化物　8—V 的碳化物
9—Cr 的碳化物

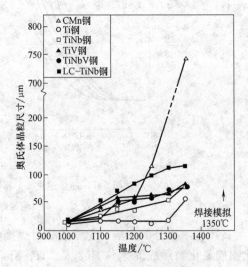

图 6-9　钢的成分和最高温度
对奥氏体晶粒尺寸的影响

6.2.2　焊接冷却过程中的组织转变

焊接加热过程中热影响区形成的奥氏体,在冷却过程中发生分解转变,转变的结果最终决定热影响区的组织和性能。因此,研究焊接条件下冷却过程的组织转变规律,对于正确判断热影响区的组织与性能,合理地制订焊接工艺,保证焊接质量具有重要意义。

连续冷却转变图(CCT)是研究冷却过程组织转变的重要工具,不能用热处理条件下的连续冷却转变图研究焊接热影响区的组织转变,必须根据焊接热循环的特点建立焊接条件下的连续冷却转变图。

1. 冷却过程的组织转变特点

高温下形成的奥氏体在冷却过程中要发生固态相变。冷却条件不同,在冷却过程中既可出现扩散相变,也可出现非扩散相变,得到不同的转变产物。在焊接冷却条件下,随着冷却速度的增大,相图上的各临界线和临界点发生偏移。如图 6-10 示,冷却速度对 Fe-C 相图的临界线及临界点有重要影响,随着冷却速度的提高,A_1、A_3、Ac_m 均移向更低的温度,共析成分已不是一个点($w_C = 0.8\%$),而是一个成分范围。若冷却速度 $\omega_c = 30℃/s$(相当于焊条电弧焊的情况),共析成分范围为 $w_C = 0.4\% \sim 0.8\%$,这意味着,$w_C = 0.4\%$ 的钢在快速冷却时就可以得到全部为珠光体的组织(伪共析组织)。若冷却速度提高到一定程度后,珠光体转变被抑制,出现非平衡的贝氏体(Bs 以下)、马氏体(Ms 以下)等组织。亚共析钢中还会出现魏氏组织。

奥氏体相变可以分为三种基本转变形式。

(1)珠光体转变　珠光体转变的温度一般为 $A_{r1} \sim 550℃$ 之间,在这个温度区间碳原子的扩散和铁原子的自扩散比较容易进行,属于扩散相变。珠光体一般是在奥氏体晶界上不均匀形核。在珠光体形成时,一般认为是渗碳体领先成核,存在渗碳体的部位易于形核而促使奥氏体分解转变。随转变温度的降低,奥氏体分解转变的产物珠光体越来越细,形成较密的片层。

(2)贝氏体转变　贝氏体转变的温度区间为 $Bs \sim Ms$ 之间,Bs 低于 $550℃$。在此温度区间,只有碳原子能进行扩散,铁及合金元素已不能扩散。因此贝氏体转变具有高温扩散相变和低温无扩散相变的综合特点。贝氏体转变特征和马氏体转变有相似之处,但又有区别。贝氏体转变产物和珠光体也有相似之处,也是铁素体和渗碳体两相组织,但形成方式及组织形态有所不同。故贝氏体又称为"中间组织"。

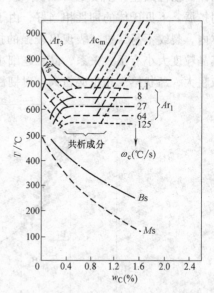

图 6-10　冷却速度 ω_c 对 Fe-C 相图的影响
Ar_1—珠光体开始形成温度　Bs—贝氏体
开始形成温度　Ms—马氏体开始形成温度
Ws—魏氏组织开始形成温度

贝氏体按生成温度区间分为上贝氏体(B_U)和下贝氏体(B_L)。

上贝氏体是过冷奥氏体在较高温度下转变而成,是条状铁素体与渗碳体的机械混合物。

在光学显微镜下，铁素体和渗碳体难以区分，呈羽毛状。上贝氏体一般沿奥氏体晶界析出，领先相是铁素体。在电子显微镜下，条状铁素体大体平行排列（类似于低碳马氏体），在铁素体间分布着渗碳体，呈断续的杆状。

下贝氏体是过冷奥氏体在较低温度下转变形成的，为针状铁素体和针状渗碳体的机械混合物。与上贝氏体一样，下贝氏体也是以铁素体为领先核心，沿奥氏体晶界形核。下贝氏体与高碳钢中针状回火马氏体相似，常以单个针出现，针与针之间呈一定角度。由于转变温度低，碳扩散困难，碳化物只能分布于铁素体片内。在电子显微镜下可看到在针状铁素体片内分布着碳化物颗粒物，并与铁素体长轴约成55°角的方向平行排列。针状回火马氏体中碳化物在两个或多个方向析出，并且针状马氏体有孪晶，下贝氏体中无孪晶。

如果针状铁素体形成之后，待转变的奥氏体呈岛状分布在针状铁素体中，因合金成分及冷却条件的不同，富碳的奥氏体岛还可进一步发生转变，转变的结果可形成富碳马氏体岛及残留奥氏体（M-A组元），这种无碳的铁素体及富碳奥氏体岛（或其转变产物）的混合物，称为粒状贝氏体。显然这并不符合一般的贝氏体定义，因为贝氏体是指条或片状铁素体和非片状碳化物组成的混合物。另外，粒状贝氏体不仅可在晶界上形成，也可大量在奥氏体晶内形成，碳化物的分布是无规则的。粒状贝氏体在低碳高强度钢中研究得较多，在焊接热影响区中可以看到这种组织。

图6-11为不同组织对强度和韧性的影响，韧性以脆性转变温度 T_r 作判据。贝氏体的强度主要靠铁素体的细化实现，同时增加碳化物颗粒的数量以及碳的固溶均有强化作用。上贝氏体的韧性最差，主要是由于其中碳化物断续地平行分布于铁素体条间，因而裂纹易于沿条间扩展。下贝氏体的韧性相当好，由于其中铁素体针成一定交角，且碳化物弥散析出于铁素体内，裂纹不易穿过，表现出较强的抗裂纹扩展能力。粒状贝氏体（B_g）对韧性的影响与其晶粒度大小有很大关系，晶粒越细小，岛状第二相就越细且分散，有利于改善韧性；若晶粒粗大，岛状第二相也必粗大，对韧性也越不利。

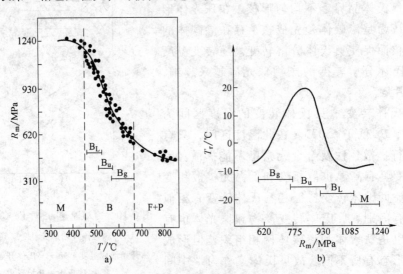

图6-11　不同组织对强度和韧性的影响

（$w_C \approx 0.09\% \sim 0.10\%$ 低合金高强度钢，T 为转变速率最大的温度）

a）对强度的影响　b）对韧性的影响

（3）马氏体转变 马氏体转变发生在奥氏体过冷到 Ms 以下的低温区域。在低温下，由于碳原子已无法扩散，铁原子要通过较大距离的迁移来改组晶格排列也是困难的，属非扩散相变。马氏体是通过共格长大来实现母相的晶格改组的，即首先在奥氏体晶界或晶内某些晶格畸变的地方形成马氏体核心，新旧相界面有共同的原子排列，即共格联系。在共格长大中，新相与母相依靠弹性切变维持共格联系，即奥氏体中的铁原子有规则地（不改变相对位置）迁移一个短距离（不超过一个原子间距），调整成为马氏体晶格；在此过程中碳原子也被带动调整很小的距离，保留在马氏体晶格中，形成了碳在 α-Fe 中的过饱和固溶体。马氏体主要借助于碳的过饱和固溶强化。

根据马氏体形成速度及亚结构特征，马氏体主要有以下两种形态。

1）低碳马氏体（也称板条马氏体）。低碳马氏体的形成速度较低，在光学显微镜下呈条状，故称为板条马氏体，常见于 C < 0.2% 的钢。低碳马氏体的特征是相邻马氏体条的位向差小，大致平行，其组成一个马氏体区域，一个原始奥氏体晶粒中可以形成几个马氏体区域。马氏体的另一个重要特征是其内部存在高密度位错的亚结构，因此，又称为位错马氏体。现在常以条束宽度为指标衡量马氏体的韧性，条束宽度越小，钢的脆性转变温度越低。通常情况下，原奥氏体晶粒越细小，马氏体条束宽度也越小。

2）高碳马氏体（也称针状马氏体）。高碳马氏体的形成速度较高，在光学显微镜下呈针片状，故称针状马氏体。马氏体针片之间互不平行而呈一定角度，在一个奥氏体晶粒内第一片形成的马氏体往往贯穿整个奥氏体晶粒，将奥氏体晶粒加以分割，使以后形成的马氏体针片的大小受到限制，因为马氏体不互相穿越，也不穿越晶界和孪晶晶界，所以马氏体针片的大小是不一样的，而多数马氏体针片中间有一条中脊面。常有残留奥氏体存在于马氏体针片周围。由于高碳马氏体的亚结构为细的孪晶，即在针状马氏体中存在平行排列的孪晶，所以又称为孪晶马氏体。钢的 Ms 越低，马氏体针片内孪晶分布越广，以致成为完全孪晶。

图 6-12 为含碳量对马氏体形态的影响。可见，随着含碳量的提高，Ms 降低，马氏体形态由板条状（位错亚结构）变为条状和针状混合组织，最后完全成为针状（孪晶亚结构）。

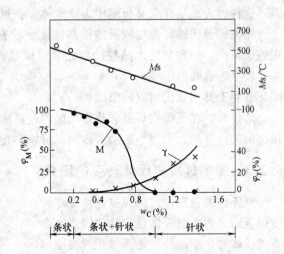

图 6-12 碳对钢中马氏体形态的影响
M—条状马氏体数量 γ—残留奥氏体数量 Ms—马氏体开始转变温度

对中碳钢及一些合金钢来说，在 Ms 以下较高温度区域，先形成条状马氏体，而在较低温度区域形成针状马氏体。除了 Ni 能减少针状马氏体形成倾向外，合金元素促使针状马氏体的形成。马氏体的塑性和韧性主要取决于其亚结构。低碳马氏体具有较高的韧性，而针状马氏体具有高强度、低韧性。马氏体的脆性主要来自孪晶亚结构。孪晶的存在使得只有和孪晶面及孪生方向一致的滑移系才能在塑性形变中起作用，这就等于大大减少了滑移系，因而导致塑性和韧性的下降。另外，针状马氏体中常存在显微裂纹，这些显微裂纹是由于硬脆的针状马氏体形成时,以极大的速度彼此撞击而成,和奥氏体晶界相碰时也会产生。碰撞产生很高的应力,而孪晶马氏体很脆,不能通过塑性变形使应力松弛,因此容易产生显微裂纹。原始奥氏体晶粒越粗大,最初形成的马氏体针片也越大,它受冲击的机会也越多,故显微裂纹敏感性也越大。马氏体含碳量越高（特别是 $w_C > 0.6\%$ 时）,形成微裂纹的倾向越大。

板条状马氏体因为具有较好的塑性和韧性,且它们是相互平行地长大,碰撞的机会很少,所以内部很少有显微裂纹。板条状马氏体内部即使形成微裂纹,因受马氏体区域界及板条界的限制,也不易扩展。

马氏体内的裂纹经200℃（或以上）回火后,大部分将熔合而消失。回火温度高低对马氏体性能影响很大。一般在 150～200℃ 低温回火时,马氏体即可开始分解,碳趋向于脱溶而使马氏体的碳浓度降低,但仍保持共格关系。这种过饱和 α 固溶体和共格碳化物（ε 碳化物）的混合物组织,叫做回火马氏体。回火温度超过250℃,碳将完全脱溶而成为稳定的碳化物（Fe_3C）。在 250～450℃ 中温回火时,组织为细小的渗碳体和保持马氏体外形的 α-Fe 所组成,称为回火托氏体。在450℃以上回火时,马氏体结构将产生回复和再结晶,其组织为粒状碳化物和再结晶的 α-Fe,称为回火索氏体。但在合金元素较多时,对铁素体再结晶有阻碍作用,再结晶不能充分进行,故仍保留马氏体的针片状外形。

（4）魏氏组织的形成　魏氏组织是焊接热影响区奥氏体的常见转变产物。在亚共析钢和过共析钢中,如果由于过热而使奥氏体晶粒粗大,则在适当的冷却条件下可形成魏氏组织。这种魏氏组织在亚共析钢中为铁素体,在过共析钢中为渗碳体。

粗大的奥氏体晶粒在较低的冷却速度、较宽的含碳量范围（$w_C = 0.1\% ~ 0.4\%$）可出现魏氏组织,因此奥氏体晶粒的粗化易形成魏氏组织。较细的奥氏体晶粒只有在很快的冷速、较窄的含碳范围（$w_C = 0.15\% ~ 0.35\% C$）时,才有魏氏组织形成,因此奥氏体晶粒的细化有利于抑制魏氏组织的形成。

熔焊时,在低碳钢焊缝和热影响区的过热区符合魏氏组织的形成条件,魏氏组织使焊接接头的韧性降低。采用小热输入多层焊可以防止或削弱魏氏组织的形成。

6.2.3　影响过冷奥氏体转变的因素

奥氏体的稳定性可用焊接连续冷却转变图判断。影响奥氏体稳定性的因素主要有奥氏体的化学成分、奥氏体化的温度和时间、冷却速度和应力及应变等。

1. 奥氏体化学成分的影响

除 Co 以外,所有固溶于奥氏体的合金元素都使奥氏体稳定性增大,并降低 Ms 点。应指出,形成碳化物和氮化物的元素只有固溶于奥氏体之后,才能增加奥氏体的稳定性。若加热时,碳化物并未溶解,这时碳化物可以成为奥氏体分解的新相核心,加速分解转变,降低了奥氏体的稳定性。如图 6-13 所示,在正常热处理

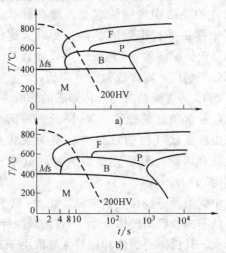

图号	$w_C(\%)$	$w_{Si}(\%)$	$w_{Mn}(\%)$	$w_{Cu}(\%)$	$w_{Al}(\%)$	$w_V(\%)$	$w_N(\%)$
a	0.17	0.48	1.30	0.12	0.023	—	0.006
b	0.18	0.48	1.51	0.16	0.018	0.16	0.018

图 6-13　VN 化合物对连续冷却转变图的影响

的奥氏体化温度下（920～960℃），含有 V、N 元素的钢，奥氏体稳定性反而较小（曲线向左移动）。这是因为形成的 VN 化合物在奥氏体中的溶解温度大体在 980℃以上，所以 VN 化合物可作为奥氏体分解转变的新相核心，而加速其转变。

2. 奥氏体化温度和时间的影响

奥氏体化温度和时间是指形成奥氏体的最高加热温度和在该温度下的保温时间，对于过冷奥氏体的稳定性影响很大。

加热温度越高，保温时间越长，过冷奥氏体的稳定性越大，如图 6-14 所示。这是因为加热温度越高，奥氏体晶粒越粗大，并使碳化物及其他可作为奥氏体分解产物的现成核心易于溶解到奥氏体中，促使增大奥氏体的均匀化程度。这些都不利于奥氏体的分解转变。

晶粒粗化对奥氏体的分解转变及转变产物的形态影响很大。晶粒越粗大，可以形核的晶界总面积越小，也就减少了形核的机会。晶粒粗化后，可以得到典型的板条或片状马氏体；当晶粒细小时，在光学显微镜下无法判定是属于哪类马氏体，在

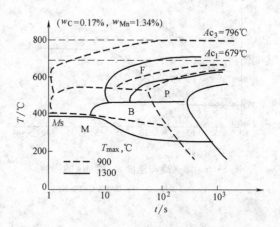

图 6-14　奥氏体化温度对连续冷却转变图的影响
（炉中加热，加热速度很慢）

奥氏体晶粒小于 $10\mu m$（11 级）时，板条马氏体和针状马氏体在形态上是十分相似的。

加热温度越高，保温时间越长，或加热时间越长，碳化物在奥氏体中的溶解量就越多，板条马氏体的相对量就会减少，残留奥氏体数量也有所增多。对于中碳钢，短时加热不仅可保持细小的晶粒，而且由于奥氏体固溶碳量减少，Ms 提高，可得到较多的板条马氏体，较少的残留奥氏体。从图 6-15 可见，在焊接热模拟条件下，提高加热速度也有利于降低奥氏体的稳定性。

3. 冷却速度的影响

当冷却速度很大时，冷却速度对 Ms 点也有一定影响。如图 6-16 所示，Ms 点随着冷却速度的增大而有所上升。快速冷却引起较大的内应力有助于马氏体相变，因而 Ms 点上升。当冷却速度较小时，易使碳扩散而形成碳原子位错偏聚使母相强化，马氏体形核所需切变能量增高，所以 Ms 下降；当冷却速度增大到影响碳的扩散时，由于母相强度降低，马氏体形核所需切变能量减小，因而 Ms 上升；当冷却速度增大到碳原子位错偏聚不能形成时，Ms 升至最高值，随冷却速度的进一步增大，Ms 保持不变；当增大冷却速

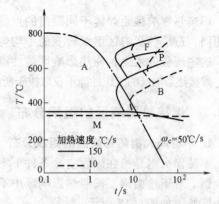

图 6-15　加热速度对连续冷却转变图的影响
（45 钢，$T_{max}=1350℃$）

度使马氏体对滑移的抗力增大时，不均匀切变以孪生方式进行，马氏体就由板条状变为针状。在较低的冷却速度下，缓慢冷却使碳化物析出时，Ms 升高，易得到板条状马氏体。

4. 应力、应变的影响

外加应力以及焊接应力所引起的弹性和塑性形变，对热影响区过冷奥氏体转变有重要影响。不仅影响到珠光体和贝氏体等扩散型转变，也影响非扩散型的马氏体转变。图 6-17 为拉应力对焊接连续冷却转变图的影响，可见有拉应力作用时，连续冷却转变图向左上方偏移，即拉应力明显地降低了奥氏体的稳定性。

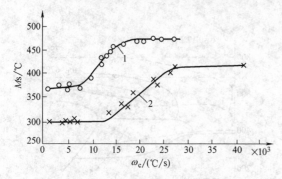

图 6-16　淬火冷却速度 ω_c 对 Ms 的影响
1—Fe-0.5%C　2—Fe-0.5%C-2%Ni

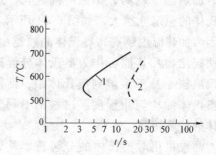

图 6-17　拉应力对连续冷却转变图的影响
（材料：GCr15，奥氏体化温度：930℃，
负荷温度：850℃，拉应力：+92MPa）
1—有应力作用　2—无应力作用

高温下奥氏体的屈服强度较低，易产生塑性变形，使晶体中位错和空位密度增加，晶格变形，这些都可增加奥氏体的内能，从而加速扩散过程，有利于扩散型相变，必然影响到马氏体转变的进行。拉应力造成的弹性形变可以提高 Ms 和马氏体转变量。Ms 点附近产生的塑性变形，则可促进马氏体转变，即 Ms 升高和马氏体转变量增加。形变温度越接近 Ms，形变量越大，形变激发马氏体转变的影响也越强烈；形变温度越高，其影响越弱。

6.3　热影响区的组织及性能

焊接热影响区距焊缝不同距离的点所经历的焊接热循环不同，各点所发生的组织转变也不相同，造成热影响区组织转变的不均匀性，在局部位置还可能产生硬化、脆化和软化等现象。这些现象的发生，使热影响区的性能低于母材，以致成为焊接接头的薄弱环节。

焊接热影响区的组织性能不仅取决于所经历的热循环，而且还取决于母材的成分和原始状态。

6.3.1　焊接热影响区的组织分布

1. 不易淬火钢热影响区的组织分布

不易淬火钢是指在焊后空冷条件下不易形成马氏体的钢种，如固溶强化和沉淀强化的低合金钢。对于这类钢，按照热影响区中不同部位加热的最高温度及组织特征的不同，可分为四个区域，如图 6-18 所示。

（1）熔合区　紧邻焊缝的母材部位，包括半熔化区（加热温度在液相线和固相线之间）。此区范围很窄，一般只有几个晶粒宽。由于该区化学成分和组织性能存在严重的不均匀性，对接头的强度、韧性有很大的影响。在许多情况下是产生裂纹和脆性破坏的发源地。

（2）过热区　加热温度在固相线以下到晶粒开始急剧长大的温度（一般 1100℃）范围

的区域。由于该区加热温度高，奥氏体晶粒严重长大，冷却后会得到粗大的过热组织，因此又称为粗晶区。该区焊后晶粒粗大，韧性很低，通常冲击吸收能量降低20%～30%。与熔合区一样，该区也容易产生脆化和裂纹。过热区和熔合区都是焊接接头的薄弱部位。

过热区的大小与焊接方法、焊接热输入和母材的板厚等有关。气焊和电渣焊时过热区较宽，且常出现粗大的魏氏组织，焊条电弧焊和埋弧焊时过热区较窄，而电子束焊、激光焊时过热区几乎不存在。

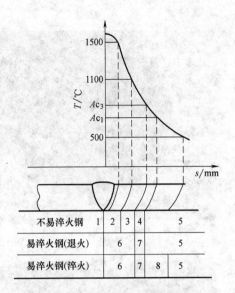

图 6-18 焊接热影响区的分布特征
1—熔合区 2—过热区 3—正火区
4—不完全重结晶区 5—母材 6—完全淬火区
7—不完全淬火区 8—回火区

（3）相变重结晶区（正火区） 该区的加热温度范围是 Ac_3～晶粒开始急剧长大的温度（一般1100℃），在该温度范围内，铁素体和珠光体全部转变为奥氏体，因加热温度较低（低于1100℃），奥氏体晶粒未显著长大，因此在空气中冷却以后会得到均匀而细小的铁素体和珠光体，相当于热处理时的正火组织，所以该区又称为正火区。此区的综合力学性能较好，是热影响区中组织性能最好的区域。

（4）不完全重结晶区 该区的加热温度处于 Ac_1～Ac_3 之间，因此在加热过程中，原来的珠光体全部转变为细小的奥氏体，而铁素体仅部分溶入奥氏体，剩余部分继续长大，成为粗大的铁素体。冷却时奥氏体变为细小的铁素体和珠光体，粗大的铁素体被保留下来。此区的特点是晶粒大小不一，组织不均匀，力学性能也不均匀。

以上这四个区是低碳钢、低合金钢焊接热影响区的主要组织特征。对于时效应变敏感性强的钢，如果母材焊前经过冷加工变形或由于焊接应力而产生应变，则在 Ac_1 以下将发生再结晶和应变时效现象，尽管其金相组织没有明显变化，但处于 Ac_1～300℃左右的热影响区将发生脆化现象，表现出较强的缺口敏感性。

Q345（16Mn）钢焊条电弧焊热影响区各区域的组织特征如图6-19所示。图6-19a 为焊接接头的低倍组织，可见焊缝组织极细，焊缝周围黑色环为母材热影响区；图6-19b 为接头组织，左边柱状晶为焊缝金属，中间黑色区为母材热影响区，右边为原始母材；图6-19c 为焊缝组织，先共析铁素体分布于柱状晶界上，少量无碳贝氏体从晶界伸向晶内，晶内为针状铁素体与珠光体，个别部位有粒状贝氏体；图6-19d 为熔合区组织，左侧为焊缝，右侧为母材过热区；图6-19e 为过热区组织，可见少量由晶界向晶内生长的无碳贝氏体（图中下部位），右边是呈羽毛状的上贝氏体，晶内为板条马氏体；图6-19f 为正火区组织，由块状铁素体与珠光体组成；图6-19g 为不完全重结晶区组织，由铁素体与呈絮状聚集的珠光体组成；图6-19h 为母材组织，由大块状铁素体与珠光体组成。对于 Q345（16Mn）钢，只有在快速冷却的条件下（如厚板焊条电弧焊）才可能出现马氏体组织。

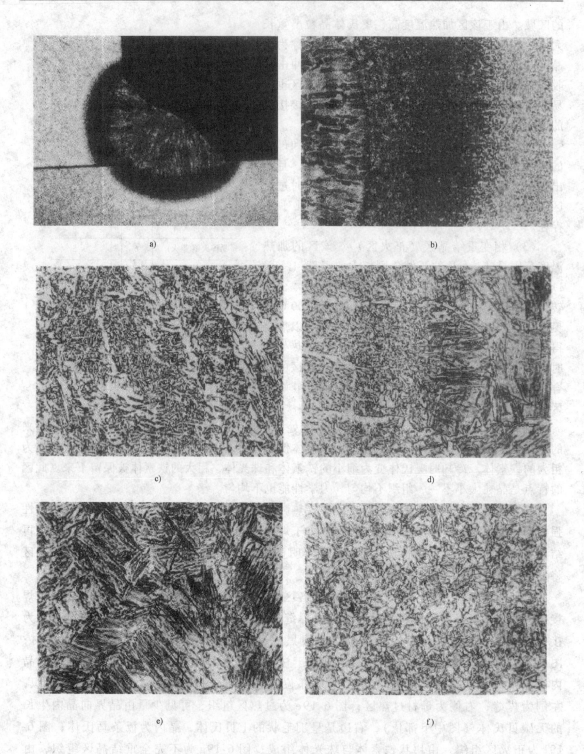

图 6-19　Q345（16Mn）钢角焊缝热影响区各区段的组织
（SMAW，E5017 焊条）
a）焊接接头组织（5×）　b）焊接接头组织（20×）　c）焊缝组织（500×）
d）熔合区组织（500×）　e）过热区组织（500×）　f）正火区组织（500×）

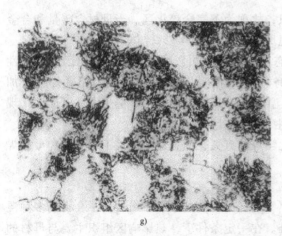
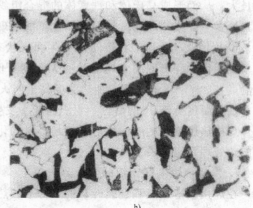

g)　　　　　　　　　　　　　　　　　　　　　　　h)

图 6-19　Q345（16Mn）钢角焊缝热影响区各区段的组织（续）

（SMAW，E5017 焊条）

g）不完全重结晶组织（500×）　h）母材组织（500×）

　　焊接热影响区的大小受多种因素的影响，如焊接方法、板厚、热输入以及焊接工艺等，用不同的焊接方法焊接低碳钢时热影响区的平均尺寸见表 6-4。

表 6-4　不同焊接方法热影响区的平均尺寸

焊接方法	各区的平均尺寸/mm			总宽度/mm
	过热区	相变重结晶区	不完全重结晶区	
焊条电弧焊	2.2 ~ 3.0	1.5 ~ 2.5	2.2 ~ 3.0	6.0 ~ 8.5
埋弧焊	0.8 ~ 1.2	0.8 ~ 1.7	0.7 ~ 1.0	2.3 ~ 4.0
电渣焊	18.0 ~ 20.0	5.0 ~ 7.0	2.0 ~ 3.0	25.0 ~ 30.0
氧乙炔焊	21	4.0	2.0	27.0
真空电子束焊	—	—	—	0.05 ~ 0.75

2. 易淬火钢热影响区的组织分布

　　易淬火钢是指在焊接空冷条件下容易淬火形成马氏体的钢种，如低碳调质钢、中碳钢和中碳调质高强度钢等。这类钢焊接热影响区的组织分布特征与母材焊前的热处理状态有关。

　　如果母材焊前是正火或退火状态，热影响区根据其组织特征分为完全淬火区和不完全淬火区。如果母材焊前为淬火 + 回火状态，热影响区除完全淬火区和不完全淬火区外，还存在一个回火软化区。

　　（1）完全淬火区　该区的加热温度处于固相线到 Ac_3 之间。由于这类钢淬硬倾向大，冷却时将淬火形成马氏体。在焊缝附近的热影响区粗晶，由于晶粒严重长大，会得到粗大的马氏体组织，而相当于正火区的部位得到细小的马氏体组织。这个区域的组织只是粗细不同，属于同一组织类型（马氏体），因此称为完全淬火区。根据冷却速度的不同，该区内还可能出现马氏体和贝氏体的混合组织。

　　（2）不完全淬火区　该区的加热温度在 $Ac_3 \sim Ac_1$ 之间。在快速加热条件下，珠光体（或贝氏体、索氏体）转变为奥氏体，铁素体很少溶入奥氏体，未溶入奥氏体的铁素体得到进一步长大。因此冷却时奥氏体会转变为马氏体，粗大的铁素体被保留下来，并有不同程度的长大，从而形成马氏体和铁素体的混合组织，故称为不完全淬火区。当母材含碳量和合金元素含量不高或冷却速度较慢时，也可能出现贝氏体、索氏体或珠光体。

（3）回火软化区　出现于淬火＋回火状态低合金钢的热影响区，回火软化区的组织性能发生变化的程度取决于焊前的回火温度。例如，母材在焊前的回火温度为 T_t，焊接时加热温度在 $Ac_1 \sim T_t$ 的部位，加热温度高于回火温度 T_t，其组织性能将发生变化，出现软化现象。加热温度低于 T_t 的部位，组织性能不发生变化。

焊接热影响区的组织性能不仅与母材的化学成分有关，而且还与焊接工艺条件和母材焊前的热处理状态有关。

3. 焊接热影响区组织的分析方法

在焊接快速加热和连续冷却的条件下，热影响区的转变属于非平衡转变，会得到多种混合组织，给金相组织的分析和鉴别造成了困难。在一定条件下，热影响区组织主要与母材的化学成分和焊接工艺条件有关，在分析热影响区组织时应该注意如下几点。

（1）母材的化学成分及原始状态　对于含碳或合金元素较低的低碳钢及低合金钢，淬硬倾向较小，热影响区主要为铁素体、珠光体和魏氏组织，可能有少量的贝氏体或马氏体。对于淬硬倾向较大的钢，热影响区主要为马氏体，并依冷却速度的不同可能出现贝氏体、索氏体等组织。

对于不含碳化物形成元素的钢，奥氏体的稳定性（即淬硬倾向）主要取决于奥氏体晶粒长大的倾向。奥氏体晶粒越粗大，越容易产生淬硬组织。对于含碳化物形成元素的钢（如 18MnMoNb 等），只有当碳化物溶解于高温奥氏体时，才增加淬硬倾向，否则会降低淬硬倾向。对于易淬硬钢，热影响区马氏体类型主要取决于含碳量，当含碳量较低时得到低碳马氏体，否则会得到高碳马氏体。

钢中存在较严重的偏析时，会出现反常情况。当在正常成分范围内出现一些预料不到的硬化和裂纹时，偏析可能是造成这种情况的原因之一。例如含锰钢的偏析倾向比较大，在焊接快速加热和冷却条件下，热影响区奥氏体的成分极不均匀，在含碳量比较高的部位，有可能形成脆硬的马氏体而致裂。

应指出，母材的原始组织状态也是分析热影响区组织的重要依据。了解母材的原始组织，对认识热影响区经焊接热循环作用之后的组织性能变化有重要帮助，尤其是对于不完全重结晶区。

（2）焊接工艺条件　主要指焊接方法、焊接热输入和预热温度等。它们主要影响焊接的加热速度、高温停留时间和冷却速度，在一定成分条件下决定了奥氏体晶粒的长大倾向、均质化程度和冷却时的组织转变。对于一定钢种，高温停留时间越长，冷却速度越快，得到的淬硬组织所占的比例越大。

在快速加热和冷却的条件下，即使对于低碳钢，加热温度在 $Ac_1 \sim Ac_3$ 的不完全重结晶区，也可能出现马氏体淬硬组织。这是因为在快速加热条件下，原珠光体的部位转变为高碳奥氏体，来不及扩散均匀化，当冷却速度很快时，这部分高碳奥氏体就转变为马氏体。而铁素体在急热、急冷的过程中始终未发生变化，最后得到马氏体和铁素体的混合组织。

（3）结合焊接热影响区的连续冷却转变图确定热影响区的组织　焊接热影响区的连续冷却转变图把焊接工艺条件与焊后的组织性能联系起来，它是判定热影响区组织的重要依据。根据焊接工艺条件获得 $t_{8/5}$ 后，可通过相应的连续冷却转变图求出该条件下热影响区组织的类型及其所占的比例。

（4）借助其他分析方法　对于同一类组织，可分为多种组织类型。如铁素体按形态不同可分为先共析铁素体、侧板条铁素体、针状铁素体和粒状铁素体等。对于不同形态的组织，还应辅以显微硬度测试、电镜分析以及按组织所处的位置及分布状态等加以确认。

6.3.2　焊接热影响区的热模拟试验

焊接热影响区的组织性能对焊接接头的质量影响很大，因此对焊接热影响区中各个区段的组织性能进行研究是十分必要的。但由于热影响区中各个区段十分狭窄，很难取出相应的试件进行研究。而焊接接头的常规力学性能试验方法，只能反映热影响区的整体性能。为了解决上述问题，各国对焊接热模拟技术及其装置的研究比较重视，并取得了很大进展。

1. 焊接热模拟试验的原理及应用

焊接热模拟试验方法是利用特定的装置在试样上造成与实际焊接时相同或近似的热循环，通过控制加热速度（ω_H）或加热时间（t'）、最高加热温度（T_m）、高温停留时间（t_H）、冷却速度（ω_C）或冷却时间（如 $t_{8/5}$），使得试样的金相组织与所需研究的热影响区特定部位的组织相同或近似，但这一组织区域比实际焊接接头热影响区要放大很多倍。也就是说，在模拟试样上有一个相当大的范围获得这一特定部位的均匀组织，从而可以制备足够尺寸的试样，对其进行各种性能的定量测试。先进的焊接热模拟试验方法除了在试样上施加焊接热循环以外，还可在试样上模拟焊接时的应力或应变，研究热影响区中某一特定部位的各种性能。

Gleeble-1500 型热模拟试验机试样的夹持示意如图 6-20 所示，热模拟后试样的冷却一是靠试样与夹具的接触传导冷却，二是使用喷水（或喷气）急冷装置冷却。与加热过程一样，接触传导时的冷速取决于试样的材质、尺寸、夹持试样的卡头材料以及夹持试样的自由跨度。

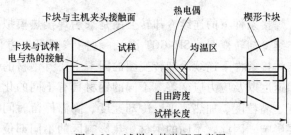

图 6-20　试样夹持装配示意图

热量由试样中心向卡头方向轴向传导，通常使用几倍于试样宽度的水冷铜卡头夹持试样可以获得较大的冷速，要获得极快的冷速需要采用喷水急冷装置。

采用热模拟试验机可以开展下述研究工作：

1）金属材料在特定热循环条件下相变行为的研究，特别是模拟焊接热影响区连续冷却转变图（SH-CCT 图）的分析。

2）焊接热影响不同区段（特别是过热区）组织性能的模拟。

3）定量研究冷裂纹、热裂纹、再热裂纹和层状撕裂的形成条件及机理。

4）模拟应力、应变对组织转变及裂纹形成的影响规律。

通过上述研究，可为焊接工作者确定最佳的焊接工艺及焊接参数，为保证焊接热影响区的质量提供可靠的技术数据。

2. 焊接模拟试验方法的局限性

由于焊接热影响区是温度梯度急剧变化的一个狭窄区域，在该区内各点的组织性能连续变化而又彼此相互制约。而热模拟试样是加热温度、组织变化均匀的隔离体，因此，热模拟试样在加热和冷却过程中的动态行为和组织性能与实际热影响区存在如下差异：

1) 经过对比研究发现，在热循环完全一致的条件下，模拟热影响区的奥氏体晶粒比实际热影响区的晶粒要大。造成这一现象的原因，除模拟最高温度的测定和控制误差以外，主要是由于实际热影响区的温度分布不均匀造成的。热影响区中某一点奥氏体晶粒的长大，是朝低温度区和高温度区扩展。但向低温区长大受到能量限制，向高温区长大又受到高温区晶粒长大的阻止，因此，实际热影响区某点奥氏体晶粒的长大受到温度梯度和组织梯度的障碍。而模拟试样中奥氏体是在均温区长大，不存在上述阻碍，所以其奥氏体晶粒度比实际热影响区中相应点的奥氏体晶粒度大。这说明若使模拟组织与热影响区中的实际组织一致，模拟最高温度应略低于热影响区中的实际最高温度。

2) 由于热影响区中（特别是熔合区附近）的动态应力应变过程十分复杂，难以实测，应力应变的模拟为一假定曲线。事实证明，焊接热影响区的应力应变行为对组织转变及裂纹的形成都有重要影响。因此，如何模拟出实际的应力—应变曲线，仍为模拟工作者的研究目标之一。

目前焊接热模拟技术还存在一定的局限性，需改进提高。但不可否认焊接热模拟技术已成为材料焊接性研究的重要测试手段之一，特别是在测定新钢种模拟焊接热影响区连续冷却转变图（SH-CCT）方面，在研究焊接冷裂纹倾向、脆化倾向以及焊接接头力学性能方面，仍具有十分重要的作用。

6.3.3　焊接连续冷却转变图及其应用

焊接条件下的连续冷却转变图是采用焊接热模拟技术测定的，因此称为模拟焊接热影响区连续冷却转变图（SH-CCT 图），利用该图可以方便地预测焊接热影响区的组织和性能。影响焊接条件下连续冷却转变图的因素主要有钢材的化学成分、最高温度、晶粒度、加热和冷却速度以及应力应变等。不同的钢材具有不同的化学成分，焊接热影响区不同部位的最高温度、晶粒度、加热速度、冷却速度、高温停留时间等存在差异，而这些因素对组织转变有重要影响。因此，不同的钢材、热影响区的不同部位，其连续冷却转变图也有很大差异。由于热影响区的熔合区是焊接接头的最薄弱部位，因此研究焊接热影响区连续冷却转变图时主要针对靠近熔合区的区域。

图 6-21 为 Q345（16Mn）钢的连续冷却转变图及冷却时间与组织、硬度的关系和不同冷却条件下的典型金相组织。由图 6-21 可见，只要知道在焊接条件下熔合区附近（$T_m = 1300 \sim 1350℃$）的冷却时间 $t_{8/5}$，就可以在此图上查出相应的组织和硬度。这样就可预测这种焊接条件下的接头组织性能，也可预测此钢种的淬硬倾向及产生冷裂纹的可能性。同时也可以作为调节焊接参数和改进工艺（预热、后热及焊后热处理等）的依据。不同焊接条件下的 $t_{8/5}$ 可以通过计算或实测的方法获得。因此，建立焊接条件下的连续冷却转变图和 $t_{8/5}$ 与组织硬度的分布图对于焊接性分析和提高焊接接头的质量具有十分重要的意义。

图 6-22a 是 40CrNi2Mo 中碳调质钢模拟焊接热影响区粗晶区的连续冷却转变图。图 6-22b 和图 6-22c 分别为不同 $t_{8/5}$ 的组织图和硬度变化图。可见，该钢马氏体的起始转变温度为 300℃，当 $t_{8/5}$ 小于 140s 时，热影响区粗晶区的组织全部为马氏体，马氏体的最大硬度高达 800HV，这样高硬度的马氏体组织必然导致较低的韧性。

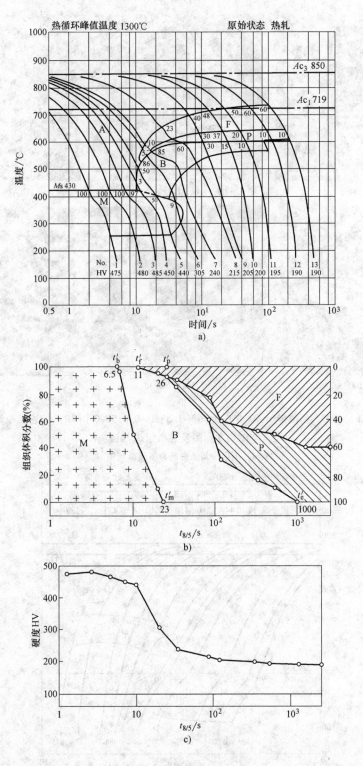

图 6-21　Q345 钢（16Mn：0.16C-0.36Si-1.53Mn-0.015S-0.014P）的连续冷却转变

（SH-CCT）图及显微组织

a) Q345 钢的 SH-CCT 图　b) $t_{8/5}$ 与组织的关系　c) $t_{8/5}$ 与硬度的关系

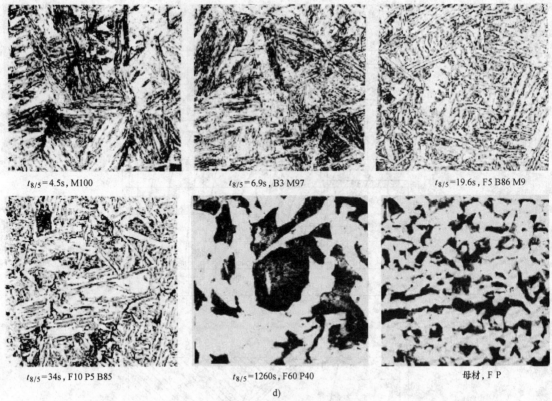

$t_{8/5}$=4.5s，M100　　　　　　$t_{8/5}$=6.9s，B3 M97　　　　　　$t_{8/5}$=19.6s，F5 B86 M9

$t_{8/5}$=34s，F10 P5 B85　　　　　$t_{8/5}$=1260s，F60 P40　　　　　　母材，F P

d)

图 6-21　Q345 钢（16Mn：0.16C-0.36Si-1.53Mn-0.015S-0.014P）的连续冷却转变

（SH-CCT）图及显微组织（续）

d）不同冷却条件的典型显微组织

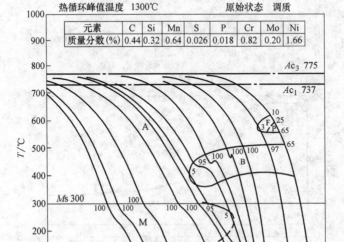

a)

图 6-22　40CrNi2Mo 中碳调质钢的连续冷却转变（SH-CCT）图及不同 $t_{8/5}$ 的组织和硬度图

a）40CrNi2Mo 的连续冷却转变 SH-CCT 图

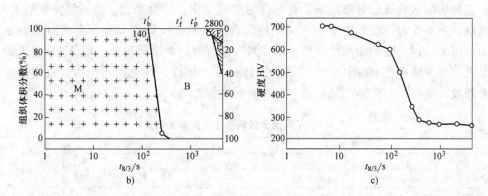

图 6-22　40CrNi2Mo 中碳调质钢的连续冷却转变（SH-CCT）图及不同 $t_{8/5}$ 的组织和硬度图（续）

b）不同 $t_{8/5}$ 的组织图　　c）不同 $t_{8/5}$ 的硬度图

为了减少热影响区的脆化，从减小淬硬脆化倾向出发，应采用大热输入的焊接工艺，但由于这种钢的淬硬倾向大，仅通过增大热输入还难以避免马氏体的形成，相反却增大了奥氏体的过热，促使形成粗大的马氏体，使热影响区中过热区的脆化更加严重。因此，防止热影响区脆化的工艺措施主要是采用小的热输入，同时采取预热、缓冷和后热等措施。因为，采用小的热输入减少了高温停留时间，避免了奥氏体的过热，同时采取预热和缓冷等措施来降低冷却速度，这样对改善热影响区的性能是有利的。

在焊接生产中，热影响区出现的许多问题，如淬硬、冷裂纹、局部脆化等，几乎都与焊接热影响区的组织转变有关。因此，焊接热影响区连续冷却转变图在焊接生产和焊接研究中有着广泛的用途。它是分析焊接热影响区组织性能进而评价钢材焊接性的重要工具，也是合理制订焊接工艺的重要依据。目前许多国家在新钢种大量投产前，就建立该钢焊接热影响区的连续冷却转变图（SH-CCT）。焊接热影响区连续冷却转变图主要应用于三个方面：预先推断焊接热影响区的组织性能、评价热影响区的冷裂倾向、合理地制订焊接工艺。

6.3.4　焊接热影响区的性能

焊接热影响区的组织分布是不均匀的，从而导致热影响区性能也不均匀。焊接热影响区与焊缝不同，焊缝可以通过化学成分的调整再配合适当的焊接工艺来保证性能要求，而热影响区性能不能进行成分上的调整，它是由焊接热循环作用引起的不均匀性问题。对于一般焊接结构，焊接热影响区的性能主要考虑硬化、脆化、韧化、软化，以及综合的力学性能、耐蚀性和疲劳性能等，这要根据焊接结构的使用要求来决定。

常规焊接接头力学性能的试验结果，反映的是整个接头的平均水平，不能反映热影响区中某个区段（如过热区、相变重结晶区等）的实际性能。焊接热模拟技术的发展为研究热影响区不同部位的组织性能创造了良好的条件。

1. 焊接热影响区的硬度

焊接热影响区的硬度与其力学性能相关。一般而言，随着硬度的增大，强度升高，塑性和韧性下降，冷裂纹倾向增大。通过测定焊接热影响区的硬度分布可间接地估计热影响区的力学性能及抗裂性等。焊接热影响区的硬度与被焊钢材的化学成分和冷却条件有关，因硬度试验比较方便，常用热影响区的最高硬度 H_{max} 来间接判断焊接接头的抗裂性。

焊接热影响区的硬度分布反映了各部位的组织变化，一般来说，得到的淬硬组织越多，硬度越高。表 6-5 为一般低合金钢不同比例混合组织的维氏硬度和相应金相组织的显微硬度，由表可见，同一金相组织的硬度也不相同，这与钢的含碳量和合金元素的含量有关。如高碳马氏体的硬度可达 600HV，而低碳马氏体只有 350HV，这说明马氏体数量增多，并不意味着硬度一定高，马氏体的硬度随着含碳量的增加而增大。

表 6-5 不同混合组织和金相组织的硬度

显微硬度 HV				金相组织百分比（体积分数,%）				最高宏观硬度 HV
F	P	B	M	F	P	B	M	
202 ~ 246	232 ~ 249	240 ~ 285	—	10	7	83	0	212
216 ~ 258	—	273 ~ 336	245 ~ 383	1	0	70	29	298
—	—	293 ~ 323	446 ~ 470	0	0	19	81	384
—	—	—	454 ~ 508	0	0	0	100	393

除冷却速度之外，钢的含碳量和合金元素的含量是影响焊接热影响区硬度的重要因素。常采用碳当量来表述钢中合金元素含量对热影响区淬硬性的影响，并通过大量焊接工艺性试验和数学方法建立了焊接热影响区硬度的计算公式。

世界各国根据具体情况建立的碳当量公式对于解决工程实际问题起了良好的作用。

随着钢材碳当量（P_{cm}、$CE_{(IIW)}$）的增加，热影响区的淬硬倾向增大，硬度提高。经过对大量试验数据的回归分析，可得如下关系式：

$$H_{max} = 1274P_{cm} + 45 \tag{6-20}$$

$$H_{max} = 559CE_{(IIW)} + 100 \tag{6-21}$$

低合金高强度钢冷却时间 $t_{8/5}$ 与焊接热影响区最高硬度 H_{max} 的关系如图 6-23 所示。在焊接热影响区的熔合区附近硬度值最高，远离熔合区，硬度降低，并逐渐接近于母材的硬度水平。强度级别越高的钢材，相应的最大允许硬度 H_{max} 也越高。

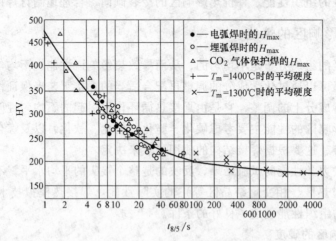

图 6-23 H_{max} 与 $t_{8/5}$ 的关系

板厚 20mm，成分：$w_C = 0.12\%$，$w_{Mn} = 1.4\%$，$w_{Si} = 0.48\%$，$w_{Cu} = 0.15\%$

2. 焊接热影响区淬硬和脆化

随着锅炉、压力容器向大型化和高参数化（高温、高压或低温）方向发展，防止热影响区脆性破坏便成为一个重要的问题。为了保证焊接结构安全运行的可靠性，须防止焊接热影响区的脆化，因此提高热影响区的韧性是一个极为重要的问题。

许多材料的缺口韧性和温度的关系密切，可用温度指标评价材料的缺口韧性，即由韧性断裂变为脆性断裂的转变温度评价。许多试验方法（如静弯试验、冲击试验和落锤试验等）能确定韧脆转变温度 T_{rs}，但应说明，同种材料用不同方法测得的韧脆转变温度并不相同，即使是同一试验方法但试件形式不同（如缺口形状和尺寸不一），结果也不相同。因此，不同的试验方法可以得到不同的韧-脆转变温度 T_{rs}。如通过冲击试验，根据断口标准确定的韧-脆转变温度 T_{rs} 是指断口形貌中韧性断口或脆性断口各占50%的温度。由于热影响区各区段所经历的热作用不同，组织性能各异，各区段的韧性也不相同。

如果用韧-脆转变温度（T_{rs}）作为判据，C-Mn 钢热影响区不同部位韧-脆转变温度的变化如图6-24所示。从焊缝到热影响区，韧脆转变温度有两个峰值：一是过热区，二是 Ac_1 以下的时效脆化区（400～600℃）。而在900℃附近的细晶区具有最低的 T_{rs}，说明这个部位的韧性高，抗脆化的能力强。

（1）粗晶脆化　粗晶脆化主要出现在过热区，是由于奥氏体晶粒严重长大造成的。一般晶粒越粗，韧-脆转变温度越高，如图6-25所示。晶粒长大受到多种因素的影响，其中钢的化学成分、组织状态和加热温度及时间的影响最大。

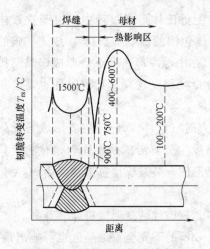

图 6-24　热影响区韧脆转变温度的分布（C-Mn 钢）

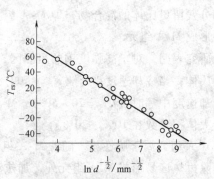

图 6-25　晶粒直径 d 对 T_{rs} 的影响

热影响区粗晶脆化是在化学成分、组织状态不均匀的非平衡状态下形成的，常与组织脆化交混在一起，是两种脆化的叠加。对不同的钢种，粗晶脆化的机制有所侧重。对于易淬火钢主要是由于产生脆性组织所造成（如孪晶马氏体、非平衡的粒状贝氏体以及组织遗传等）；对于淬硬倾向较小的钢，粗晶脆化主要是晶粒长大，甚至形成魏氏组织造成的，如含碳量较低（$w_C < 0.18\%$）的低合金钢。焊接这类钢时应采用比较小的热输入，防止晶粒长大，这种情况下，即使发生淬火，也形成低碳马氏体和下贝氏体组织，具有良好的韧性。

（2）淬硬脆化　一般出现于碳和合金元素含量较多的易淬火钢的焊接热影响区，主要是热影响区形成硬脆的孪晶马氏体造成的。

焊接这类钢时，需配合预热、后热等措施，以降低冷却速度，避免出现脆硬的马氏体。

对于淬硬脆化倾向更大的钢种，需要进行焊后高温回火或调质处理来改善热影响区的韧性。

（3）析出相脆化　金属或合金在焊接冷却或焊后回火过程中，从过饱和固溶体中析出氮化物、碳化物时，引起热影响区脆性增大的现象，称为析出相脆化。

焊接含有碳化物或氮化物形成元素的钢时，过热区原有的第二相（碳化物或氮化物）可大部分溶解。在冷却过程中，由于溶解度的降低，这些碳、氮化物再次发生沉淀。由于焊接时高温停留时间短、奥氏体均匀化程度低，因此再次沉淀的碳、氮化物以块状形式不均匀析出。例如，$Ti(C，N)$ 在晶内析出，AlN 在晶界析出，都呈块状形式。这种形态的第二相严重阻碍位错的运动，导致过热区脆化。若 Fe_3C 沿晶界呈薄膜状析出或形成粗大碳化物，也会导致脆化。

在快速冷却条件下，若碳、氮化物来不及析出，在焊后回火或时效过程中也可能产生脆化（如回火脆性）。若析出物以细小弥散的质点均匀分布在晶内和晶界时，不但不发生脆化，还有利于改善韧性。杂质元素（如 S、P、Sn、Sb 等）在晶界偏析会严重地损害韧性。钢中杂质元素越多，脆性越高，因为这些杂质元素均降低金属的结合能。

（4）M-A 组元脆化　高强度钢在加热到熔点后缓冷，或承受最高温度位于铁素体和奥氏体两相区的热循环后，组织中含有岛状的马氏体。经电镜和衍射分析表明，该组织含有残留奥氏体。目前一般将其称为 M-A 组元。

M-A 组元是在上贝氏体转变温度区间形成的。在上贝氏体形成过程中，由于铁素体含碳量低，随着铁素体的长大，大部分碳富集到被铁素体包围的岛状奥氏体中去（其碳的质量分数可达 0.5%～0.8%）。中、高碳的岛状奥氏体，在中等冷却速度下会形成孪晶马氏体和部分残留奥氏体的混合物，即 M-A 组元。奥氏体合金化程度越高，其稳定性也越高，越容易形成 M-A 组元。

研究表明，对于高强度钢的粗晶区，当冷却速度大时（$t_{8/5} < 20s$），主要形成马氏体和下贝氏体；当冷却速度小时（$t_{8/5} > 50s$），M-A 组元将发生分解形成铁素体和碳化物；只有当冷却速度中等时（$t_{8/5} = 20～50s$），M-A 组元才最易形成。一般焊接热影响区中 M-A 组元的最大体积分数在 10%～20%。

M-A 组元属于脆性相，随着 M-A 组元数量的增多，韧脆性转变温度将显著升高。

除过热区易形成 M-A 组元外，加热温度处于 $Ac_1 ～ Ac_3$ 的不完全重结晶区也可能出现 M-A 组元。在该温度区间，珠光体转变成了富碳的奥氏体（C 的质量分数可达 0.8%），而铁素体未发生溶解。在快速加热和冷却条件下，奥氏体来不及均匀化，在珠光体中原来为渗碳体的地方，形成的奥氏体含碳量更高，稳定性更强，因此急冷后即可形成 M-A 组元。在急冷、急热的条件下，即便是低碳钢，也可能在不完全重结晶区形成 M-A 组元，并导致该区脆化。

M-A 组元本身或 M-A 组元与基体之间的界面容易萌生裂纹，并且位于 M-A 组元与基体应变差最高的界面。

研究结果也表明，M-A 组元的体积含有率对脆化影响不大，细长 M-A 组元的含有率则对脆化有重要影响，即随着细长 M-A 组元含有率的增大，脆化也变得更加严重；M-A 组元的间隔大，韧性就低。说明即使细长 M-A 组元含有量相同，但呈邻近分布，韧性劣化程度则会降低。也有的研究结果指出，球状的 M-A 组元不会导致韧性降低。

3. 防止焊接热影响区脆化的措施

（1）控制母材的成分和组织　对于低合金高强度钢，采用低碳多种微量元素（如 Ti、Nb、Al、稀土元素等）合金化，并严格控制杂质（如 S、P、O 等）含量，在提高强度的同时，可使韧性得到改善。在焊接的冷却条件下，使热影响区获得低碳马氏体、下贝氏体和针状铁素体等韧性较好的组织，从而可避免或降低热影响区的脆化程度。

另外，控制钢中硫化物、磷化物以及硅酸盐夹杂的数量、大小及分布形态也可改善热影响区的韧性。如 MnS 常分布在晶界，轧制时呈层状分布，因而在韧性上表现出各向异性，有时在热影响区还会增大液化裂纹的倾向。当钢中夹杂物数量比较少，且呈细小颗粒均匀分布时，对热影响区的韧性影响较小。

（2）采用合适的焊接工艺

1）确定最佳的 $t_{8/5}$ 范围。$t_{8/5}$ 的大小将最终决定热影响区的组织和性能。图 6-26 是不同强度级别的钢（日本钢号，HT50～HT100），其热影响区韧脆转变温度 T_{rs} 与 $t_{8/5}$ 和热输入的关系。可见，强度级别越高的钢，其 T_{rs} 随 $t_{8/5}$ 的变化越显著，只有超低碳的 HT60 钢对 $t_{8/5}$ 的变化不敏感，而且每种钢所适宜的最佳 $t_{8/5}$ 是不同的。强度级别越高的钢种，合适的 $t_{8/5}$（或 E）越大。最佳韧性对应的 $t_{8/5}$，刚好对应于马氏体＋下贝氏体组织。$t_{8/5}$ 小于或大于该值时韧性都会下降。$t_{8/5}$ 小时，得到 100% 马氏体，且来不及进行自回火，即便是低碳马氏体，其韧性也并非最佳。$t_{8/5}$ 大时，除了因奥氏体晶粒长大引起的脆化，还可能出现上贝氏体和 M-A 组元引起脆化。实践证明，最佳韧性对应的组织为马氏体＋10%～30%（体积分数）下贝氏体。

为了使热影响区获得最佳韧性，应利用相应的连续冷却转变（SH-CCT）图或通过试验方法确定最佳的 $t_{8/5}$ 值的上、下限，然后再利用焊接传热计算方法确定最佳热输入。

2）采用多层多道焊。单道焊时，热影响区仅经受一次热循环。但在多层多道焊时，后续焊道对前层焊道的热影响区有正火或高温回火作用，从而使组织性能得到改善。对于表面焊道的热影响区，最好采用附加"回火焊道"（如 TIG 重熔焊道）的方法，改善其韧性。

3）采用焊后热处理。为了改善焊接热影响区的韧性，采用焊后调质或正火处理自然是有益的。但这在工程上不易实现，而且还会提高工艺成本。实际上，只有要求消除焊接残余应力的结构，焊后才进行回火处理（或称去应力退火）。焊后高温回火对消除淬硬脆化

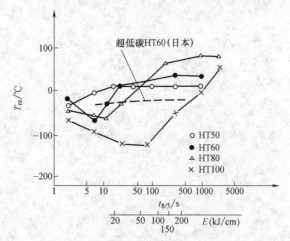

图 6-26　热输入 E 对韧脆转变温度 T_{rs} 的影响

（热模拟，$T_m = 1350℃$；HT50 指日本钢号，余同）

和 M-A 组元引起的脆化无疑是有利的。但对于有回火脆性和再热裂纹倾向的钢种，回火时应避开回火脆性和再热裂纹敏感的温度区间，否则，不仅韧性不能改善，反而会使脆性加剧，甚至产生再热裂纹等缺欠。

在焊接接头中，软化区仅是很窄的一层，并处于强体之间（即硬夹软），它的塑性变形

受到相邻强体的拘束，受力时将产生应变强化的效果。软夹层越窄，约束强化越显著，失强率越低。

带热影响区软化区的接头屈服强度 $(\sigma_s)_J$ 可用下式表示：

$$(\sigma_s)_J = k\sigma_{SB}\left(\frac{1}{m} + \pi\right) \tag{6-22}$$

式中　σ_{SB}——软化区屈服强度；

　　　m——相对宽度，$m = b/\delta$（b 为软化区宽度，δ 为板厚）；

　　　k——常数。

由式（6-22）可见，减小相对宽度，即减小软化区宽度，可提高接头强度。可以看出，对于板厚较小的焊件，相对宽度较大，其接头软化也比较严重，因而更需要限制焊接热输入和预热温度；增大板厚，相对宽度降低，软化区的影响将减弱。

利用焊接传热学的计算模型，可以计算出位于 Ac_1 至峰值温度 T_p 之间的热影响区软化区宽度，即：

$$b = \frac{E/\delta}{\sqrt{2\pi e c\rho}}\left(\frac{1}{Ac_1 - T_0} - \frac{1}{T_p - T_0}\right) \tag{6-23}$$

可见，软化区强度一定时，板厚越大，焊接热输入越小，初始预热温度越低，焊接接头的强度越高（失强越小）。焊接中只要设法减小软化区的宽度，即可将焊接热影响区软化的危害降到最低程度。因此，低碳调质钢焊接时不宜采用大的焊接热输入或较高的预热温度。

第7章 焊接缺欠

　　焊接制品及焊接结构在加工制造过程中，不可避免地会有一些质量上的不足之处，例如会产生裂纹、气孔、夹杂等，通常称为焊接缺欠。本章主要讨论焊接缺欠与焊接缺陷的定义、焊接产品基于质量管理的质量标准与基于合于使用的质量标准含义以及这两个标准的关系，对于熔焊、压焊、钎焊等焊接接头的缺欠进行介绍，对焊接缺欠的评级与处理进行了论述，提供分析焊接缺欠的对策与思路。

7.1　焊接缺欠与焊接缺陷

　　焊接结构在制造过程中，由于受到设计、工艺、材料、环境等各方面因素的影响，使得生产出来的产品不可能每一件都是完美无缺的。也就是说，不可避免地会有焊接缺欠。这种缺欠的存在会在不同程度上影响着产品的质量及使用的安全性。焊接质量检验的目的之一，就是运用各种检验方法把焊件上产生的各种焊接缺欠检查出来，并且按照有关的技术标准对它进行评定、确定等级以及决定对缺欠的处理方法。

7.1.1　焊接缺欠与焊接缺陷的定义

　　焊接学会2008年出版的《焊接词典》（第3版）中明确指出："焊接缺欠（weld imperfection）泛指焊接接头中的不连续性、不均匀性以及其他不健全等的欠缺，原称焊接缺陷。焊接缺欠的容限标准，按国际焊接学会（IIW）第Ⅴ委员会的质量标准（见图7-1），用于质量管理的质量标准为 Q_A。"焊接缺陷（weld defect）是指"不符合具体焊接产品使用性能要求的焊接缺欠，焊接缺陷标志判废或必须返修。焊接缺陷对每一结构，甚至每一结构的每一构件都不相同，通常应根据测试、计算所得的判据才能确定。"

　　GB/T 6417.1—2005《金属熔化焊接头缺欠分类及说明》关于"焊接缺欠"与"焊接缺陷"的定义如下：焊接缺欠是指在焊接接头中因焊接产生的金属不连续、不致密或连接不良的现象，简称'缺欠'。焊接缺陷是指超过规定限值的缺欠。

　　总之，焊接缺欠的含义是泛指焊接接头中的不连续性、不均匀性等不足之处。焊接缺陷是超过规定限值的缺欠，属于不可以接受的缺欠。缺陷是不符合焊接产品使用性能要求的焊接缺欠。因此，判别是否定为焊接缺陷的标准是焊接缺欠的容限。

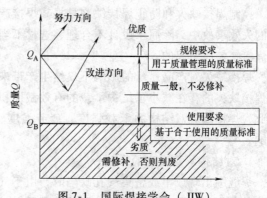

图 7-1　国际焊接学会（IIW）
的质量标准示意图

7.1.2　焊接产品的质量标准

对于具体的焊接产品，都应当根据其设计文件、选用材料、制造工艺、检验方法及标准等制定出相应的产品技术质量规范来判定其产品质量的优劣及等级。

国际焊接学会（IIW）第 V 委员会提出的质量标准示意图如图 7-1 所示。从该图可以看出：

Q_A——用于质量管理的质量标准。生产厂家应当按照相应的技术措施，执行相关技术标准，以达到产品规格的要求。也就是必须要按照 Q_A 进行管理生产。显然，达到 Q_A 标准的产品，就是达到了质量管理要求的质量标准，是优质品，是应该鼓励的方向。这是生产单位努力的目标，也是用户的期望标准。

Q_B——基于合于使用的质量标准。它是最低合用的验收标准。

按照"合于使用"的准则，根据具体产品的使用要求，判断该产品所存在的缺欠是否已经构成为危害该产品使用安全性及可靠性的缺陷。合于使用的准则是评价焊接产品质量、使用安全性、工作可靠性以及技术经济性的综合概念。通过对焊接产品具有的某个缺欠的特征、尺寸、性质、分布形式、所在部位以及形成原因等进行认真、细致的分析、判断，可以得出是否合于使用要求的结论。

只要产品质量不低于基于合于使用的质量标准（Q_B）的水平，该产品即使有缺欠，也能满足使用要求，不必返修就可以投入使用。如果达不到 Q_B 的质量水平则该产品所存在的缺欠只能经过修补处理后，使它达到 Q_B 的水平，才能使用；否则，只能判为废品，不能使用。

总之，达到质量管理的质量标准（Q_A）的产品就是优质品；处于 Q_A 和 Q_B 之间的产品是一般质量的产品，虽然有缺欠，但是可以使用，也不必修补；达不到 Q_B 标准的焊接产品是有缺陷的产品，必须修补，否则判废。

7.1.3　焊接缺欠对接头质量的影响

随着焊接结构强度、韧性、耐热和耐蚀性等性能的提高，对焊接质量提出了更高的要求，控制焊接缺欠和防止焊接缺陷是提高焊接产品质量的关键。据统计，世界上各种焊接结构的失效事故中，除属于设计不合理、选材不当和操作上的失误之外，绝大多数焊接事故是由焊接缺欠所引起的。

焊接缺欠对产品质量的影响不仅给生产带来许多困难，而且可能带来灾难性的事故。由于焊接缺欠的存在减小了结构承载的有效截面积，更重要的是在缺欠周围产生了应力集中。因此，焊接缺欠对结构的承载强度、疲劳强度、脆性断裂以及抗应力腐蚀开裂都有重要的影响。

1. 对结构承载强度的影响

焊缝中出现成串或密集气孔缺陷时，由于气孔的截面较大，同时还可能伴随着焊缝力学性能的下降，使承载强度明显地降低。因此，成串气孔要比单个气孔危险性大。夹杂对强度的影响与其形状和尺寸有关。单个的间断小球状夹杂物并不比同样尺寸和形状的气孔危害大。直线排列的、细条状且排列方向垂直于受力方向的连续夹杂物是比较危险的。

焊接缺陷对结构的静载破坏和疲劳强度有不同程度的影响，在一般情况下，材料的破坏形式多属于塑性断裂，这时缺欠所引起的强度降低，大致与它所造成承载截面积的减少成比例。焊接缺欠对疲劳强度的影响要比静载强度大得多。例如，焊缝内部的裂纹由于应力集中系数较大，对疲劳强度的影响较大；气孔引起的承载截面积减小 10% 时，疲劳强度的下降可达 50%。焊缝内部的球状夹杂物当其面积较小、数量较少时，对疲劳强度的影响不大，但当夹杂物形成尖锐的边缘时，对疲劳强度的影响十分明显。

咬边对疲劳强度的影响比气孔、夹杂大得多。带咬边接头在 10^6 次循环条件下的疲劳强度大约仅为致密接头的 40%，其影响程度也与载荷方向有关。此外，焊缝成形不良以及焊趾区和焊根处的未焊透、错边和角变形等外部缺欠都会引起应力集中，易产生疲劳裂纹而造成疲劳破坏。

夹渣或夹杂物根据其截面积的大小成比例地降低材料的抗拉强度，但对屈服强度的影响较小。几何形状造成的不连续性缺欠，如咬边、焊缝成形不良或焊穿等不仅降低了构件的有效截面积，而且会产生应力集中。当这些缺欠与结构中的残余应力或热影响区脆化晶粒区相重叠时，会引发脆性不稳定扩展裂纹。

未熔合和未焊透比气孔和夹渣更有害。虽然当焊缝有一定余高或用优于母材的焊条制成焊接接头时，未熔合和未焊透的影响可能不十分明显，事实上许多焊接结构也已经工作多年，焊缝内部的未熔合和未焊透并没有造成严重事故，但是这类缺欠在一定条件下可能成为脆性断裂的引发点。

裂纹被认为是危险的焊接缺欠，易造成结构的断裂。裂纹一般产生在拉应力较大和热影响区粗晶组织区，在静载非脆性破坏条件下，如果塑性流动发生于裂纹失稳扩展之前，则结构中的残余拉应力将没有很大的影响，而且也不会产生脆性断裂；但是一旦裂纹失稳扩展，对焊接结构的影响就很严重了。

2. 应力集中

焊接接头中的裂纹、未熔合和未焊透比气孔和夹渣的危害大，它们不仅降低了结构的有效承载截面积，而且更重要的是产生了应力集中，有诱发脆性断裂的可能。尤其是裂纹，在其尖端存在着缺口效应，容易诱发出现三向应力状态，导致裂纹的失稳和扩展，以致造成整个结构的断裂，所以裂纹（特别是延迟裂纹）是焊接结构中最危险的缺欠。

焊接接头中的裂纹常常呈扁平状，如果加载方向垂直于裂纹的平面，则裂纹两端会引起严重的应力集中。焊缝中的气孔一般呈单个球状或条虫形，因此气孔周围应力集中并不严重。焊缝中的单一夹杂具有不同的形状，其周围的应力集中也不严重。但如果焊缝中存在密集气孔或夹杂时，在载荷作用下，如果出现气孔间或夹杂间的连通，则将导致应力区的扩大和应力值的急剧上升。

焊缝的形状不良、角焊缝的凸度过大及错边、角变形等焊接接头的外部缺欠，也都会引起应力集中或产生附加应力。

焊缝余高、错边和角变形等几何不连续缺欠，有些虽然为现行规范所允许，但都会在焊接接头区产生应力集中。由于接头形式的差别也会出现应力集中，在焊接结构常用的接头形式中，对接接头的应力集中程度最小，角接头、T 形接头和正面搭接接头的应力集中程度相差不多。重要结构中的 T 形接头，如动载下工作的 H 形板梁，可采用开坡口的方法使接头处应力集中程度降低；但搭接接头不能做到这一点，侧面搭接焊缝沿整个焊缝长度上的应力分布很不均匀，而且焊缝越长，不均匀度越严重，故一般钢结构设计规范规定侧面搭接焊缝的计算长度不得大于60倍焊脚高度。超过此限定值后即使增加侧面搭接焊缝的长度，也不会降低焊缝两端的应力峰值。

含裂纹的结构与占同样面积的气孔的结构相比，前者的疲劳强度比后者降低15%。对未焊透来说，随着其面积的增加疲劳强度明显下降。而且，这类平面形缺欠对疲劳强度的影响与载荷方向有关。

3. 对结构脆性断裂的影响

脆性断裂是一种低应力下的破坏，而且具有突发性，事先难以发现，因此危害性较大。焊接结构经常会在有缺欠处或结构不连续处引发脆性断裂，造成灾难性的破坏。一般认为，结构中缺欠造成的应力集中越严重，脆性断裂的危险性越大。由于裂纹尖端的尖锐度比未焊透、未熔合、咬边和气孔等缺欠要尖锐得多，所以裂纹对脆性断裂的影响最大，其影响程度不仅与裂纹的尺寸、形状有关，而且与其所在的位置有关。如果裂纹位于拉应力高值区就容易引起低应力破坏；若位于结构的应力集中区，则更危险。如果焊缝表面有缺欠，则裂纹很快在缺欠处形核。因此，焊缝的表面成形和粗糙度、焊接结构上的拐角、缺口、缝隙等都对裂纹形成和脆性断裂有很大的影响。

气孔和夹渣等体积类缺欠低于5%时，如果结构的工作温度不低于材料的塑性-脆性转变温度，对结构安全影响较小。带裂纹构件的塑性-脆性转变温度要比含夹渣构件高得多。除用塑性-脆性转变温度来衡量各种缺欠对脆性断裂的影响外，许多重要焊接结构都采用断裂力学作为评价的依据，因为用断裂力学可以确定断裂应力和裂纹尺寸与断裂韧度之间的关系。许多焊接结构的脆性断裂是由微裂纹引发的，在一般情况下，由于微裂纹未达到临界尺寸，结构不会在运行后立即发生断裂。但是微裂纹在结构运行期间会逐渐扩展，最后达到临界值，导致发生脆性断裂。

所以在结构使用期间要进行定期检查，及时发现和监测接近临界条件的缺欠，是防止焊接结构脆性断裂的有效措施。当焊接结构承受冲击或局部发生高应变和受恶劣环境影响，容易使焊接缺欠引发脆性断裂，交变载荷和应力腐蚀环境都能使裂纹等缺欠变得更尖锐，使裂纹的尺寸增大，加速达到临界值。

4. 应力腐蚀开裂

焊接缺陷的存在也会导致接头出现应力腐蚀疲劳断裂，应力腐蚀开裂通常总是从表面开始。如果焊缝表面有缺陷，则裂纹很快在缺陷处形核。因此，焊缝的表面粗糙度、焊接结构上的拐角、缺口、缝隙等都对应力腐蚀有很大的影响。这些外部缺陷使浸入的介质局部浓缩，加快了微区电化学过程的进行和阳极的溶解，为应力腐蚀裂纹的扩展成长提供了条件。

应力集中对腐蚀疲劳也有很大的影响。焊接接头应力腐蚀裂纹的扩展和腐蚀疲劳破坏，大都从焊趾处开始，然后扩展穿透整个截面导致结构的破坏。因此，改善焊趾处的应力集中也能大大提高接头的抗腐蚀疲劳的能力。错边和角变形等焊接缺欠也能引起附加的弯曲应力，对结构的脆性破坏也有影响，并且角变形越大，破坏应力越低。

综上所述，焊接结构中存在焊接缺陷会明显降低结构的承载能力。焊接缺欠的存在，减小了焊接接头的有效承载面积，造成了局部应力集中。非裂纹类的应力集中源在焊接产品的工作过程中也极有可能演变成裂纹源，导致裂纹的萌生。焊接缺欠的存在甚至还会降低焊接结构的耐蚀性和疲劳寿命。所以，焊接产品的制造过程中应采取措施，防止产生焊接缺陷，在焊接产品的使用过程中应进行定期检验，以及时发现缺欠，采取修补措施，避免事故的发生。

7.2　焊接缺欠的分类

7.2.1　焊接缺欠的分类方法

焊接缺欠的种类比较多，因此有不同的分类方法。

（1）按存在位置分类　有表面缺欠及内部缺欠。

（2）按分布区域分类　有焊缝缺欠、熔合区缺欠、热影响区缺欠及母材缺欠等。

（3）按成形及性能分类　有成形缺欠、连接缺欠及性能缺欠等，如图 7-2 所示。

（4）按产生原因分类　有构造缺欠、工艺缺欠及冶金缺欠等，如图 7-3 所示。

（5）按影响断裂的机制分类　有平面缺欠（如裂纹、未熔合、线状夹渣等）及非平面缺欠（如气孔、圆形夹渣等）。

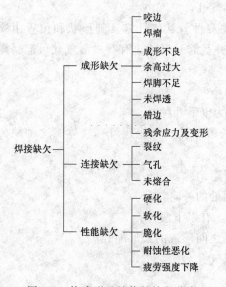

图 7-2　按成形及性能的缺欠分类

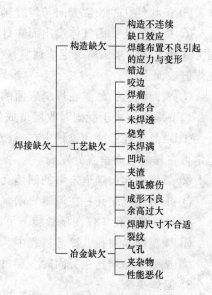

图 7-3　按产生原因的缺欠分类

7.2.2　熔焊接头的缺欠分类

国标 GB/T 6417.1—2005《金属熔化焊接头缺欠分类及说明》对于熔焊接头焊接缺欠按其性质进行了分类，共分为以下 6 类。

1. 裂纹

裂纹是一种在固态下由局部断裂产生的缺欠，它可能源于冷却或应力效果。

在显微镜下才能观察到的裂纹称为微裂纹。裂纹缺欠有以下几种：

（1）纵向裂纹　基本与焊缝轴线相平行的裂纹。它可能位于焊缝金属、熔合区、热影响区及母材等区域。

（2）横向裂纹　基本与焊缝轴线相垂直的裂纹。

（3）放射状裂纹　具有某一公共点的放射状裂纹。这种类型的小裂纹称为星形裂纹。

（4）弧坑裂纹　在焊缝弧坑处的裂纹，可能是纵向、横向或放射状。

（5）间断裂纹群　一群在任意方向间断分布的裂纹。

（6）枝状裂纹　源于同一裂纹并且连在一起的裂纹群。

横向裂纹、放射状裂纹、间断裂纹群及枝状裂纹都可能位于焊缝金属、热影响区及母材的区域。

2. 孔穴

孔穴缺欠包括气体、缩孔、微型缩孔等。

（1）气孔　残留气体形成的孔穴，有以下几种：

① 球形气孔：球形的孔穴。

② 均布气孔：均匀分布在整个焊缝金属中的一些气孔。

③ 局部密集气孔：呈任意几何分布的一群气孔。

④ 链状气孔：与焊缝轴线平行的一串气孔。

⑤ 条状气孔：长度方向与焊缝轴线平行的非球形气孔。

⑥ 虫形气孔：因气体逸出而在焊缝金属中产生的一种管状气孔穴。其形状和位置由凝固方式和气体的来源所决定。通常该气孔成串聚集，并呈鲱骨形状。有些虫形气孔可能暴露在焊缝表面上。

⑦ 表面气孔：暴露在焊缝表面的气孔。

（2）缩孔　由于凝固时收缩造成的孔穴。可以分为以下几种：

① 结晶缩孔：冷却过程中在树枝晶之间形成的长形缩孔，可能残留有气体。这种缺欠通常可在焊缝表面垂直处发现。

② 弧坑缩孔：焊道末端的凹陷孔穴，未被后续焊道消除。

③ 末端弧坑缩孔：在焊道末端，减少焊缝横截面处的外露气孔。

（3）微型缩孔　仅在显微镜下可以观察到的缩孔。有以下两种：

① 微型结晶缩孔：冷却过程中，沿晶界在树枝晶之间形成的长形缩孔。

② 微型穿晶缩孔：凝固时，穿过晶界形成的长形气孔。

3. 固体夹杂

固体夹杂是在焊缝金属中残留的固体夹杂物。包含以下几种：

（1）夹渣　残留在焊缝中的熔渣。

（2）焊剂夹渣　残留在焊缝中的焊剂渣。

（3）氧化物夹杂　凝固时残留在焊缝中的金属氧化物。在某些情况下，特别是铝合金焊接时，因焊接熔池保护不善和紊流的双重影响而产生大量的氧化膜，称为皱褶缺欠。

（4）金属夹杂　残留在焊缝金属中的外来金属颗粒，可能是钨、铜或其他金属。

夹渣、焊剂夹渣、氧化物夹杂等可能是线状的、孤立的或成簇的。

4. 未熔合及未焊透

（1）未熔合　焊缝金属和母材或焊缝金属各焊层之间未结合的部分称为未熔合。它可以分为侧壁未熔合、焊道间未熔合及根部未熔合等几种形式。

（2）未焊透　实际熔深与公称熔深之间的差异称为未焊透。在焊缝根部的一个或两个熔合面未熔化就是根部未焊透缺欠。

5. 形状和尺寸不良

焊缝的外表面形状或接头的几何形状不良，包括以下各项，以及焊缝超高、角度偏差、焊脚不对称、焊缝宽度不齐、根部收缩、根部气孔、变形过大等各种缺欠。

（1）咬边 母材（或前一道熔敷金属）在焊趾处因焊接而产生的不规则缺口，可分为连续咬边、间断咬边、缩沟、焊道间咬边、局部交错咬边。

（2）凸度过大 角焊缝表面上焊缝金属过高。

（3）下塌 过多的焊缝金属伸到了焊缝的根部。

（4）焊缝形面不良 母材金属表面与靠近焊趾处焊缝表面的切面之间的夹角过小。

（5）焊瘤 覆盖在母材金属表面但未与其熔合的过多焊缝金属，可分为焊趾焊瘤及根部焊瘤等。

（6）错边 两个焊件表面应当平行对齐时，未达到规定的平行对齐要求而产生的偏差，包括板材的错边及管材的错边等。

（7）下垂 由于重力而导致焊缝金属塌落。

（8）烧穿 焊接熔池塌落导致焊缝内形成的孔洞。

（9）未焊满 因焊接填充金属堆敷不充分，在焊缝表面产生纵向连续或间断的沟槽。

（10）表面不规则 焊缝表面粗糙过度。

（11）焊接接头不良 焊缝再引弧处局部表面不规则，可能发生在盖面焊道及打底焊道。

（12）焊缝尺寸不正确 指与预先规定的焊缝尺寸产生的偏差，包括焊缝厚度过大、焊缝宽度过大、焊缝有效厚度不足或过大等。

6. 其他缺欠

其他缺欠是指以上 1~5 类未包含的所有其他缺欠，如电弧擦伤、飞溅（包括钨飞溅）、表面撕裂、磨痕、凿痕、打磨过量、定位焊缺欠（例如焊道破裂或熔合，定位未达到要求就施焊等）、双面焊道错开、回火色（不锈钢焊接区产生的轻微氧化表面）、表面鳞片（焊接区严重的氧化表面）、焊剂残留物、残渣、角焊缝的根部间隙不良以及由于凝固阶段保温时间加长使轻金属接头发热而造成的膨胀缺欠等。

7.2.3 压焊接头的缺欠分类

国标 GB/T 6417.2—2005《金属压焊接头缺欠的代号、分类及说明》对于压焊接头焊接缺欠按其性质进行了分类，共有以下 6 类。

1. 裂纹

裂纹是一种在固态下由局部断裂产生的缺欠，通常源于冷却或应力。裂纹缺欠包括纵向裂纹、横向裂纹、星形裂纹、熔核边缘裂纹、结合面裂纹、热影响区裂纹、母材裂纹、焊缝区的表面裂纹以及钩状裂纹（例如对焊试件飞边区域内的裂纹，通常始于夹杂物）等。纵向裂纹及横向裂纹可能位于焊缝、热影响区、未受影响的母材区域中。

2. 孔穴

孔穴缺欠包括气体、缩孔、锻孔等。

3. 固体夹杂

固体夹杂包括夹渣、氧化物夹杂、金属夹杂及铸造金属夹杂等。夹渣、氧化物夹杂可能是孤立的或成簇的分布。

4. 未熔合

接头未熔合包括未焊上、熔合不足、箔片未焊合等。

5. 形状和尺寸不良

形状缺欠是指与要求的接头形状有偏差，包括咬边、飞边超限、组对不良、错边、角度偏差、变形、熔核或焊缝尺寸的缺欠、熔核熔深不足、单面烧穿、熔核或焊缝烧穿、热影响区过大、薄板间隙过大、表面缺欠、熔核不连续、焊缝错位、箔片错位及弯曲接头等缺欠。

6. 其他缺欠

其他缺欠是指以上 5 类未包含的缺欠，如飞溅、回火色（电焊或缝焊区域的氧化表面）、材料挤出物（从焊接区域挤出的熔化金属，包括飞溅或焊接喷溅）等缺欠。

7.2.4　钎焊接头的缺欠分类

我国目前还没有关于钎焊接头缺欠的代号、分类及说明的国家标准。参考 ISO18279：2003（E）的规定，钎焊接头的缺欠有以下几类。

1. 裂纹

钎焊接头的裂纹是指材料的有限分离，主要是二维扩展。裂纹可以是纵向的或横向的。裂纹可能存在于钎缝金属、界面和扩散区、热影响区以及未受影响的母材区中。

2. 气孔

气孔包括气穴、气孔、大气窝、表面气孔、表面气泡、填充缺欠及未焊透等。

3. 固体夹杂物

固体夹杂是钎焊金属中的外部金属或非金属颗粒，它可以分为氧化物夹杂、金属夹杂以及钎剂夹杂等。

4. 钎合缺欠

钎合缺欠是指钎缝金属与母材之间未钎合或未足够钎合。

5. 钎缝的形状及尺寸

这类缺欠包括钎焊金属过多、形状缺欠、线性偏差、角偏差、变形、局部熔化、母材表面熔化、填充金属熔蚀、凹形钎焊金属、粗糙表面、钎角不足及钎角不规则等。

6. 其他缺欠

其他缺欠是指不属于以上 5 类的缺欠，包括钎剂渗漏、飞溅、变色或氧化、母材及填充材料的过合金化、钎剂残余物、过多钎焊金属流动及蚀刻等。

7.3　焊接缺欠的评级与处理

焊接产品在制造过程中，不可避免地会出现不同类型的缺欠。分析焊接缺欠的产生原因是为了防止缺欠的产生，从而有针对性地采取相应的技术措施，减少或消除焊接缺欠，以提高焊接产品的质量水平。同时，还要对于已经出现的缺欠进行分析、研究解决办法及补救的措施。并且明确指出：缺欠达到什么程度时，就应当判定为"缺陷"。也就是要通过理论分析与计算确定缺欠的"容限"。结合具体的焊接产品，确定 Q_A、Q_B 的质量标准，这是非常重要的工作。

7.3.1　焊接缺欠的形成原因

焊接缺欠的具体形成原因在焊接裂纹、气孔、夹杂等相关章节中都有专门的论述。本节是从产生缺欠的总体上进行分析与论述,产生焊接缺欠的主要因素有以下几个方面。

1. 结构因素

包括焊接接头形式、焊缝布置情况、板厚、坡口形状及尺寸等。例如,焊接接头及结构的承载能力、拘束度、强度及刚度、应力及变形等。这些内容与产品的设计有关,也与产品的制造工艺有关。

2. 材料因素

包括母材金属的化学成分及性能、所含杂质的成分与含量,如母材的碳含量、Mn/S值、淬硬倾向、脆化倾向等;焊条、焊丝、焊剂等焊接材料的化学成分与性能,如 C、S、P、[H] 含量,脱氧、脱硫能力,熔渣的熔点及粘度等物化性能等。

3. 工艺因素

包括选用的焊接方法、电源种类与极性、保护气体的种类与流量,预热、后热的温度及范围、定位焊的质量及装配焊接顺序等。例如热输入、电弧长度、电弧偏吹、熔池形状及尺寸、熔宽与熔深的比值、焊缝余高尺寸、焊条的角度与摆动,焊丝、坡口及工件表面油污的清理、焊接夹具的夹紧力以及与焊接工艺有关的技术措施等。

7.3.2　焊接缺欠的评级

焊接缺欠应该按照产品的设计资料或验收规程进行评定,并且将产品上的实际焊缝状况换算成相应的级别。如果讨论的焊接产品没有设计资料或验收规程等技术标准文件,应结合表 7-1 中所列的确定焊接缺欠级别的主要因素进行深入细致的研究,制定出结合具体产品使用的缺欠评级标准。

对于技术要求较高而且又无法进行无损检测的产品,必须对焊接操作及工艺实施过程的适应性进行实际的模拟试件考核,并且认真执行焊接工艺实施全过程的监督制度及责任记录制度。

表 7-1　确定焊接缺欠级别的主要因素

主要因素	应考虑的内容
载荷性质	刚度设计、强度设计、静载荷、动载荷
选用材料	相对于产品要求,具有良好的强度及韧性裕度;强度裕度不大但韧性裕度充足;高强度低韧性;强度及韧性裕度均不大;焊接材料的匹配性
制造条件	焊接工艺方法;产品设计中的焊接可行性;工艺评定及焊接工艺规程的执行情况
产品的工作环境	温度、湿度、工作介质、腐蚀及磨损情况
产品失效后的影响	造成产品损伤,但仍可运行;造成产品损伤,由于停机造成重大经济损失;能引起爆炸或因泄露而引起严重人身伤亡,造成产品报废

1. 熔焊接头的缺欠评级

钢熔焊接头的缺欠评级标准列于表 7-2。从该表中可以看出,缺欠共分 4 级。不同级别的缺欠分别对应着各自焊缝的级别。显然,Ⅰ级缺欠的要求最严格,而Ⅳ级缺欠的要求最低,它们分别对应着Ⅰ级焊缝(优质的焊缝)及Ⅳ级焊缝(最低级的焊缝)。

从表 7-2 中还可以看出,裂纹、焊瘤这两种缺欠对于 4 个级别的焊缝都是不允许的。在表中所列出的全部缺欠条目中，Ⅰ级缺欠标准中，有 12 条均明确写出是"不允许"的。只有这样才能严格地保证焊接质量。

表 7-2 钢熔焊接头的几种缺欠容限分级

缺欠	GB/T 6417.1—2005 代号	缺欠等级			
		Ⅰ	Ⅱ	Ⅲ	Ⅳ
裂纹	100	不允许			
弧坑裂纹	104	不允许			个别长≤5mm 的弧坑裂纹允许存在
表面气孔	2017	不允许		每50mm 焊缝长度内允许直径≤0.3δ，且≤2mm 的气孔两个，孔间距≥6 倍孔径	每50mm 焊缝长度内允许直径≤0.4δ，且≤3mm 的气孔两个，孔间距≥6 倍孔径
表面夹渣	300	不允许		深≤0.1δ，长≤0.3δ，且≤10mm	深≤0.2δ，长≤0.5δ，且≤20mm
未焊透（按设计焊缝厚度为准）	402	不允许		不加垫板单面焊允许值≤0.15δ，且≤1.5mm，每100mm 焊缝内缺欠总长≤25mm	≤0.1δ，且≤2.0mm，每100mm 焊缝内缺欠总长≤25mm
咬边	5011 5012	不允许[1]		≤0.05δ，且≤0.5mm，连续长度≤100mm，且焊缝两侧咬边总长≤10% 焊缝总长	≤0.1δ，且≤1mm，长度不限
焊瘤	506	不允许			
未焊满	511	不允许		≤0.2+0.02δ，且≤1mm，每100mm 焊缝内缺欠总长≤25mm	≤0.2+0.04δ，且≤2mm，每100mm 焊缝内缺欠总长≤25mm
角焊缝焊脚不对称[2]	512	差值≤1+0.1a		差值≤2+0.15a	差值≤2+0.2a
根部收缩	515 5013	不允许	≤0.2+0.02δ，且≤0.5mm	≤0.2+0.02δ，且≤1mm	≤0.2+0.04δ，且≤2mm
接头不良	517	不允许		缺口深度≤0.05δ，且≤0.5mm，每米焊缝不得超过一处	缺口深度≤0.1δ，且≤1mm，每米焊缝不得超过一处
焊缝外形尺寸	—	按选用坡口由焊接工艺确定只需符合产品相关规定要求，不作分级规定			
角焊缝厚度不足（按设计焊缝厚度计）	—	不允许		≤0.3+0.05δ，且≤1mm，每100mm 焊缝长度内缺欠总长≤25mm	≤0.3+0.05δ，且≤2mm，每100mm 焊缝长度内缺欠总长≤25mm
电弧擦伤	601	不允许			个别电弧擦伤允许存在
飞溅	602	清除干净			
内部缺欠	—	GB/T 3323—2005 Ⅰ级	GB/T 3323—2005 Ⅱ级	GB/T 3323—2005 Ⅲ级	不要求
		GB/T 11345—1989 Ⅰ级		GB/T 11345—1989 Ⅱ级	

注：除表明角焊缝缺欠外，其余均为对接、角焊缝通用。δ 为板厚，a 为设计焊缝有效宽度。
[1] 咬边如经修磨并平滑过渡，则只按焊缝最小允许厚度值评定。
[2] 特定条件下要求平级过渡时不受本规定限制（如搭接或不等厚板对接和角接组合焊缝）。

2. 压焊接头的缺欠评级

压焊结构产品的类型较多，使用的材料种类也多，而且应用的场合从航空器件到生活用品，范围非常广泛。因此，目前还没有统一的关于压焊接头缺欠评级标准。某些行业及军工产品有各自的技术标准规范，应当认真执行。对于一般的压焊产品生产，在进行压焊接头设计、焊接、检测及验收工作时，应根据工程的实际情况，深入调研、认真试验及计算，经过论证制定出合理的评级标准，在生产中试用，并且不断总结，加以完善。

（1）焊接接头的等级划分 在军工及重要的民用产品部门，根据压焊产品的承载能力及受力状况，选用材料的焊接性能及该产品在系统中的重要性，将焊接接头划分为 3 个级别（HB 5363—1995、GJB 481—1988、MIL—W—6858D），焊接接头的等级划分见表 7-3。

表 7-3 焊接接头的等级划分

接头等级	质 量 要 求
一级	承受很大的静载荷、动载荷或交变载荷，接头破坏会导致系统失效或危及人员的生命安全
二级	承受较大的静载荷、动载荷或交变载荷的工件，接头破坏会降低系统的综合性能，但不会导致系统的失效和危及人员的生命安全
三级	承受小的静载荷或动载荷的一般接头

（2）焊点和焊缝位置的要求

1）焊点和焊缝位置应当符合设计图样的规定。对于碳钢、结构钢和不锈钢焊点的位置尺寸偏差要求因产品不同而不同。表 7-4 是焊点位置尺寸偏差的国家军用标准 GJB 481—1988 中的数值。

表 7-4 焊点位置尺寸偏差 （单位：mm）

焊点相互位置公称尺寸		允许偏差值	
		一、二级接头	三级接头
边距	≤8	±1.5	±2.0
	>8	±2.0	±2.5
点距	≤15	±2.0	±2.5
	16~30	±3.0	±3.5
	>30	±3.5	±4.0
排距	≤20	±2.0	±3.0
	>20	±3.0	±4.0

2）缝焊的焊缝对中心线的偏差。一级、二级接头应在 ±1.5mm 范围内；三级接头应在 ±2.0mm 范围内，但焊缝边缘应不小于 1mm。

3）钢的闪光对焊的尺寸公差要求。总长度公差对于每个接头一般为 ±0.8mm。若要求更精确的公差，需在闪光焊后进行机械加工。

板材及棒材闪光焊的对准精确度应不超过名义直径或板厚的 5%，对于薄板和管材应不超过板厚或管壁厚的 10%。

4）允许的最小熔核直径。在点焊和缝焊质量检验的某些标准中，按材料厚度明确规定了焊点的最小熔核直径（表 7-5）和焊缝的最小熔核高度。如果低于此规定值，则该焊点为不合格（GJB724A—1988、HB5282—1984、HB5286—1984、HB5427—1989）。

表 7-5 允许的最小熔核直径 （单位：mm）

材料厚度	铝合金	碳钢及低合金钢	不锈钢	钛合金
0.3	—	2.2	2.2	2.5
0.5	2.5	2.5	2.8	3.0
0.8	3.5	3.0	3.5	3.5
1.0	4.0	3.5	4.0	4.0
1.2	4.5	4.0	4.5	4.5

（续）

材料厚度	铝合金	碳钢及低合金钢	不锈钢	钛合金
1.5	5.5	4.5	5.0	5.5
2.0	6.5	5.5	5.8	6.5
2.5	7.5	6.0	6.5	7.5
3.0	8.5	6.5	7.0	8.5
3.5	9.0	7.0	7.6	—
4.0	9.5	—	—	—

（3）接头缺欠的若干规定

1）裂纹缺欠。内部裂纹不允许伸入到熔核半径15%的无缺陷环形区内。裂纹在焊透高度方向，对于一、二级接头，不允许超过单侧板厚的25%；对于三级接头，不允许超过50%，且都不允许超过熔核边界。

裂纹的最大线性尺寸，对于一级接头，不允许超过熔核直径或宽度的15%；对于二级接头，不允许超过20%；对于三级接头不允许超过25%。

2）气孔和缩孔。气孔和缩孔在焊透高度及最大线性尺寸上的限制要求，与上述对于裂纹的要求相同（GJB724A—1998、HB5282—1984）。

3）未熔合和未完全熔合。点焊及缝焊的未熔合或未完全熔合，对于某些材料（如高强度结构钢、马氏体不锈钢）的一级、二级焊接接头，一般不允许存在。

4）压痕过深。点焊和缝焊的压痕深度一般规定应小于板材厚度的15%，最大不超过20%～25%。若超过此规定，则称为压痕过深，作为缺陷处理。在质量标准中，对于一级、二级接头一般允许存在的点数为工件上总数的15%左右；对于三级可以为10%。

5）结合线伸入。该缺欠是指两板贴合面伸入到熔核中的部分，是点焊及缝焊某些高温合金和铝合金时特有的缺欠。检查结合线伸入是在浸蚀后的金相试件上进行，使用工具显微镜测量熔核两侧的伸入量。在质量检验标准中，一般将伸入量限制在0.1～0.2mm。

（4）点焊机和缝焊机的稳定性鉴定　生产实践表明，点焊机和缝焊机的稳定性直接影响着焊接质量。对于焊机进行稳定性鉴定是保证产品焊接质量的有力措施，已纳入点焊和缝焊质量检验标准（HB5282—1984、HB5286—1984）中。

点焊机和缝焊机在安装和大修后，或控制系统改变之后，要求进行焊机的稳定性鉴定。鉴定项目有宏观金相检验、X射线检验及剪切试验等。对于试件数量、检验要求都有具体规定。

1）点焊机的稳定性要求。

① 宏观金相检验。对于一级、二级和三级接头（试件5个），均要求熔核直径应符合表7-5的要求，焊透率在20%～80%，压痕深度<15%，无其他缺欠。

② X射线检验。对于一级、二级接头（试件100个），除允许有<0.5mm的气孔外，无其他缺欠。对于三级接头，不要求。

③ 剪切试验。对于一级、二级接头（试件100个），要求强度值均大于标准中的规定值；90%的试件强度应在试件抗剪力平均值 F_τ 的 ±12.5% 范围内，其余的应在 F_τ 的 ±20% 范围内。

对于三级接头（试件100个），要求强度值均大于标准中的规定值；90%的试件强度应在 F_τ 的 ±20% 范围内，其余的应在 F_τ 的 ±25% 范围内。

2）缝焊机的稳定性要求。对于铝合金要求焊 600mm 长焊缝，碳钢及不锈钢要求焊接 300mm 长焊缝，进行下列检验：

① 宏观金相检验。对于一级、二级接头（纵向试件 2 个、横向试件 3 个），三级接头（纵向试件 1 个、横向试件 2 个），均要求焊缝宽度应大于表 7-5 的值，焊透率在 20% ~ 80%，压痕深度 <15%。

② X 射线检验。对于一级、二级接头（全部焊缝），除允许有 <0.5mm 的气孔外，无其他缺欠。对于三级接头，不要求。

③ 剪切试验。对于一级、二级接头（试件 5 个），要求其强度大于母材抗拉强度的 85%。对于三级接头（试件 5 个），铝合金要求其强度大于母材抗拉强度的 80% ~85%。

3. 钎焊接头的缺欠评级

由于我国目前还没有关于钎焊接头缺欠的国家标准，通常还是参考 ISO18279：2003（E）的规定，将钎焊接头的缺欠分为 B 级（严格要求）、C 级（中等要求）、D 级（一般要求），共 3 个等级。钎焊接头的缺欠评级建议列于表 7-6。

从表 7-6 可以看出，对于局部熔化（或烧穿）缺欠，无论是严格的要求、中等要求、还是一般的要求，都是不允许的。对于裂纹缺欠、母材表面熔融缺欠，B 级与 C 级要求都是不允许的。对于 B 级的严格质量要求，表 7-6 中有 11 种缺欠均明确写出是不允许的。

表 7-6　钎焊接头的缺欠评级建议

缺欠	B 级	C 级	D 级
裂纹	不允许		允许（对试件的功能没有不利影响）
气穴	最大为投影面积的 20%	最大为投影面积的 30%	最大为投影面积的 40%
气孔、大气窝	最大为投影面积的 20%	最大为投影面积的 30%	最大为投影面积的 40%
	对于特殊应用，可以规定最大允许孔径或孔面积		
表面气孔	不允许	允许，最大为投影面积的 20%，对试件的功能没有不利影响	允许（对试件的功能没有不利影响）
表面气泡	不允许		允许
固体夹杂物	最大为投影面积的 20%	最大为投影面积的 30%	最大为投影面积的 40%
	对于特殊应用，可以规定最大允许孔径或孔面积		
熔合缺欠	最大为名义硬钎焊面积的 10%	最大为名义硬钎焊面积的 15%	最大为名义硬钎焊面积的 25%
	当对试件的功能没有不利影响，并且没有切断表面时允许		
填充缺欠	钎焊金属填充投影面积的 80% 或更大	钎焊金属填充投影面积的 70% 或更大	钎焊金属填充投影面积的 60% 或更大
	当对试件的功能没有不利影响，并且没有切断表面时允许		
未焊透	不允许	当对试件的功能没有不利影响，并且没有切断表面时允许	
钎焊金属过多	不允许	允许	
错边（水平错位）、角偏移、变形、硬钎焊金属凹面	当对试件功能没有不利影响时允许		
局部熔化（或熔穿）	不允许		
母材表面熔融	不允许		当对试件功能没有不利影响时允许
填充金属侵蚀	名义材料厚度减少不超过 10%	名义材料厚度减少不超过 15%	名义材料厚度减少不超过 20%
表面粗糙	不允许。粗糙区域将通过机加工得到改善	允许	
钎角不足、钎角不规则、钎剂渗漏、钎剂残余物	不允许	当对试件功能没有不利影响时允许	

（续）

缺欠	B 级	C 级	D 级
飞溅	当对试件功能没有不利影响时允许		允许
变色/氧化	允许,去除变色区域	允许	
母材和填充金属过合金化		当对试件功能没有不利影响时允许	
过多的钎焊金属流动、蚀刻	当对试件功能没有不利影响时允许	允许	

7.3.3　超标缺欠的返修

1）在焊接接头或焊接产品中出现的缺欠，如果不能满足"合于使用"的最低验收标准 Q_B，就应当考虑返修。否则，就判定为废品。

2）对于影响焊接接头使用安全性的缺欠，必须进行认真的、细致的返修工作；对于符合产品安全使用要求的产品缺欠，可以不必返修。对于缺欠是否应当进行返修的决策时，必须认真地进行技术论证，并经总工程师批准。

3）缺欠应当区分为表层缺欠与内部缺欠。表层缺欠应当根据缺欠的形状、尺寸及范围，可采用机械加工方法，有时还应配合焊接方法或表面工程技术进行返修。内部缺欠的返修，在机械加工等方式将缺欠清除干净后，主要是由焊接方法修复。

4）返修工作前应当认真制定返修工艺方案，经过返修焊接工艺评定试验及技术论证后，由该工程项目的总工程师批准。返修工作的原则是要确保产品质量、便于施工、注意节约能源及材料。

5）在返修工作开始时，清除缺欠必须彻底、干净，不留隐患。清除的范围应当比缺欠的部位大 20～30mm。

6）返修工作中的焊接施工，应当由有经验的高级技工或技师进行认真操作。

7）返修次数不宜超过 2 次。

8）经过返修的部位，原则上应当采用该产品焊接工艺规程中规定的无损检测方法进行复检。

第8章 焊 接 裂 纹

焊接裂纹是在焊接应力及其他致脆因素的共同作用下，材料的原子结合遭到破坏，形成新界面而产生的缝隙。它具有尖锐的缺口和长宽比大的特征。近年来各种大容量、高参数（高温、高压等）的成套设备不断出现，各种低合金高强度钢、各种专业用钢（低温、耐热、耐蚀、抗氢等钢种）以及某些高合金钢得到了广泛的应用。焊接裂纹正是这些焊接结构生产中经常遇到的一种危害最严重的焊接缺欠，直接影响产品质量，甚至造成灾难事故。为提高焊接的工艺质量和焊件的使用寿命，克服焊接裂纹成为了焊接技术中急需解决的首要问题。

8.1 焊接裂纹的特点

8.1.1 焊接裂纹的危害性

焊接裂纹不仅直接降低了焊接接头的有效承载面积，而且还会在裂纹尖端形成强烈的应力集中，使裂纹尖端的局部应力大大超过焊接接头的平均应力，这样既降低结构的疲劳强度，又容易引发结构的脆性破坏。焊接裂纹的出现，破坏了材料表面的整体性能，往往会造成或加速结构的腐蚀，减少结构的使用寿命。当承受高温高压的锅炉、储罐等压力容器和管道表面有穿透型裂纹，内部的介质必然发生泄漏，造成经济损失和环境污染。

焊接裂纹不仅给生产带来许多困难，而且可能带来灾难性的事故。据统计，世界上焊接结构所出现的各种事故中，除少数是由于设计不合理、选材不当和操作上的问题之外，绝大多数是由裂纹引起的脆性破坏。

焊接结构产生裂纹轻者需要返修，浪费人力、物力、财力和时间；重者造成焊接结构报废，无法修补；更严重者造成事故、人身伤亡。从焊接工艺应用的早期到现代，国内外屡屡发生由焊接裂纹引起的重大事故。

例如 1979 年 12 月吉林煤气公司球罐破裂事故造成直接经济损失约 627 万元。该球罐的破裂是属于低应力的脆性断裂，主断裂源在上环焊缝的内壁焊趾上，长约 65mm。

1999 年 1 月，重庆綦江县彩虹桥特大垮塌事故造成直接经济损失 631 万元。该桥主拱钢管在加工中，对接焊缝普遍存在裂纹、未焊透、未熔合、气孔、夹渣等严重缺欠。

压力容器是现代社会极为重要的特种设备，当其发生断裂事故时，特别是在高温、高交变热应力及在腐蚀环境下运行的压力容器，一旦发生断裂，就会给社会造成重大损失。尤其是随着我国油气管道建设水平的提高，长输管线正向着高强度等级钢、大壁厚、大直径方向发展，而焊接裂纹是高强度等级、大壁厚钢管焊接生产中的一个重要问题。焊接裂纹会给油气输送管线的安全运行带来隐患，甚至造成灾难性的事故。例如 1960 年美国 Trans-Western 公司一条直径为 762mm 的 X56 钢输气管线发生脆性破裂，破裂长度达 13km。

因此，焊接结构中裂纹问题危害甚大，为提高焊接的工艺质量和焊件的使用寿命，克服焊接裂纹成为焊接技术中急需解决的首要问题。

8.1.2　焊接裂纹产生的因素

形成焊接裂纹的条件是在焊接过程中焊接接头局部区域强度降低，使得该区域强度小于该区域承受的焊接应力，造成开裂。可以通过提高焊接接头的强度和韧性，降低焊接接头应力的方法，防止焊接裂纹的产生。

焊接裂纹的形成受多种相关因素的影响，这些因素大体可归结为两大类：冶金因素和力学因素。

1. 冶金因素

焊接是一系列不平衡的工艺过程的综合，在快速冶金和凝固的条件下，必然产生不同程度的物理和化学状态的不均匀性。

1）焊接冶金过程带来的夹渣与夹杂，以及氮、氢、氧等气体元素含量处于过饱和状态。

2）在热影响区金属中，快速加热与冷却使金属中的晶格缺陷增加，组织不均匀性增加。

3）在焊缝金属中，由于结晶偏析，使化学成分分布不均匀。其中，当低熔点共晶的组成元素如 S、P、Si 等发生偏聚富集时，将对焊接裂纹的形成起重要的作用。

4）合金元素引起的急冷硬化、回火脆化、时效硬化、加工硬化等，使金属发生了不利于提高抗裂纹发生与发展能力的组织转变。

2. 力学因素

内在的热应力、组织应力与外加的拘束应力，以及应力集中相叠加，构成了导致焊接接头金属开裂必不可少的力学条件。

1）在焊接过程中，由于不平衡的快速加热与快速冷却，焊接接头金属承受了热循环的作用；在接头的不同区域，加热的峰值温度不同，冷却速度也不同，产生了不均匀的组织区域，这样在焊接接头中就产生了热应力和组织应力。

2）由于冶金过程中带来的夹渣与夹杂以及空位等缺欠，导致焊接接头存在应力集中。

3）焊接过程中，焊件的拘束应力。

4）使用过程中，外加载荷的作用。

所有这些作用力使整个焊接接头金属处于复杂的应力/应变状态。

需要强调的是导致焊接接头出现裂纹的冶金因素和力学因素，二者之间并非毫无关联，它们之间也存在着某些内在的联系。如金属的热塑性变化特性、热膨胀性以及组织转变特性等构成的冶金因素，在很大程度上对焊接接头金属所处的应力-应变状态起着重要作用。又如当焊缝金属在冶金过程中产生了空位、夹杂以及低熔点共晶时，此处就容易引起应力集中，导致固相金属撕裂，形成裂纹源。

焊接裂纹的产生是焊接过程中许多因素相互作用的结果。既然焊接裂纹的产生与焊接过程的冶金因素与力学因素有关，那么，裂纹的形态与裂纹的产生条件必然有某种本质上的联系。也就是说，裂纹的形态在某种程度上是导致裂纹产生的本质因素的具体表现。因此，可以通过分析裂纹形态、产生机制和影响因素，提出预防焊接裂纹的具体措施。

8.1.3　焊接裂纹的分类及特征

焊接裂纹不仅发生于焊接过程中，有的还有一定的潜伏期即延迟性，有的则产生于焊后的再次加热过程中。在焊接生产中，由于钢材和结构的类型不同，所遇到的裂纹是多种多样的。裂纹的形态和分布特征是很复杂的。焊接裂纹根据其部位、尺寸、形成原因和机理的不同，可以有不同的分类方法。

按裂纹方向可分为纵向裂纹、横向裂纹、辐射状（星状）裂纹。

按裂纹发生的部位可分为根部裂纹、弧坑裂纹、熔合区裂纹、焊趾裂纹及热影响区裂纹。

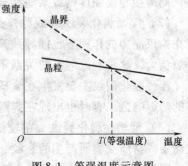

图 8-1　等强温度示意图

以等强温度为准可将裂纹划分为高温下的高温裂纹系列、低温下的低温裂纹系列。等强温度是指晶粒与晶界两者强度相等时的温度，如图 8-1 所示。晶界金属的强度对温度的敏感性大，这是因为金属的晶界在高温下具有粘滞性，晶界区域的金属具有最大的点阵不完整性；而晶内金属由于点阵较为完整，所以其强度对温度敏感性小。两大焊接裂纹系列具有各自的共性特征，高温裂纹系列的共性是具有沿晶开裂、断口表面具有氧化色彩的特征，而低温裂纹系列的共性是一般具有穿晶或沿晶与穿晶混合的断裂形态。

按裂纹形成的条件和机理，大体可分为以下五类。

1. 热裂纹

热裂纹是在固相线附近的高温下产生的（等强温度以上），故又称为高温裂纹。它的特征是沿原奥氏体晶界开裂。根据热裂纹的形态、温度区间和主要原因，又将热裂纹分为结晶裂纹、液化裂纹和多边化裂纹三类。

（1）结晶裂纹　焊缝结晶过程中，在固相线温度以上稍高的温度（固液状态），由于低熔点共晶形成的液态薄膜削弱了晶粒间的连接，在拉应力的作用下发生沿晶开裂，故称结晶裂纹。裂纹沿焊缝的轴向成纵向分布（连续或断续），也可看到焊缝横向裂纹，裂口均有较明显的氧化色彩，表面无光泽。

结晶裂纹主要产生在含杂质较多的碳钢、低中合金钢、单相奥氏体钢、镍基合金及某些铝合金的焊缝中。

（2）液化裂纹　在焊接热循环峰值温度的作用下，在热影响区或多层焊的层间部位，被焊金属由于含有较多的低熔点共晶而被重新熔化，在拉应力的作用下沿奥氏体晶界发生开裂。

液化裂纹主要发生在含 S、P、C 较多的镍铬高强度钢、奥氏体钢以及某些镍基合金的热影响区或多层焊层间部位。

（3）多边化裂纹　焊接时焊缝或热影响区在稍低于固相线的高温区间，在高温和应力作用下，晶格缺陷发生移动和聚集，形成二次边界，即所谓"多边化边界"。因边界上堆积了大量的晶格缺陷，所以它的组织性能脆弱，在高温下处于低塑性状态，只要有轻微的拉应力，就会沿多边化的边界开裂，产生所谓"多边化裂纹"。

多边化裂纹多发生在纯金属或单相奥氏体合金的焊缝中或热影响区。

2. 冷裂纹

冷裂纹是焊接生产中较为普遍的一种裂纹，它是焊后冷至 Ms 点温度下产生的，又称为低温裂纹。它的特征是穿晶（晶内）断裂或沿晶和穿晶混合断裂。根据被焊钢种和结构的不同，冷裂纹也有不同的类别，大致可分以下三类。

（1）延迟裂纹　这种裂纹是冷裂纹中的一种普遍形态，它的主要特点是在焊后不会立即出现，而是有一定孕育期，具有延迟现象，故称为延迟裂纹。这种裂纹的产生主要决定于钢种的淬硬倾向、焊接接头的应力状态和熔敷金属中的扩散氢含量。

延迟裂纹主要发生在低合金钢、中合金钢、中碳钢和高碳钢的焊接热影响区。个别情况下，如焊接超高强度钢或某些钛合金时，也会出现在焊缝金属上。

（2）淬硬脆化裂纹（或称淬火裂纹）　一些淬硬倾向很大的钢种，即使没有氢的诱发，仅在拘束应力的作用下也能导致开裂。这种裂纹基本上没有延迟现象，焊后可以立即发现，一般认为，这种裂纹与氢的关系不大。

淬硬脆化裂纹主要发生在含碳较高的 Ni-Cr-Mo 钢、马氏体不锈钢、工具钢以及异种钢等的热影响区，有时也出现在焊缝上。

（3）低塑性脆化裂纹　在较低的温度下，由于被焊材料收缩应变超过了材料本身的塑性储备或材质变脆而产生的裂纹，称为低塑性脆化裂纹。这种裂纹也是在较低的温度下产生的，所以也属于冷裂纹的另一种形态，但无延迟现象。

3. 再热裂纹

厚板焊接结构消除应力处理（或高温使用）的过程中，在热影响区的粗晶区析出沉淀硬化相（Mo、V、Cr、Nb、Ti 的碳化物），并存在较大残余应力和不同程度的应力集中时，由于应力松弛所产生的附加变形大于该部位的蠕变塑性，则发生再热裂纹，又称为消除应力处理裂纹。这种裂纹的特征是沿晶开裂。

再热裂纹产生于含有沉淀强化元素的高强度钢、珠光体钢、奥氏体钢、镍基合金等的热影响区粗晶区。

4. 层状撕裂

层状撕裂主要是由于钢板内部存在有分层（沿轧制方向）的夹杂物（特别是硫化物、氧化物夹杂），在焊接时产生的垂直于轧制方向的应力，致使在热影响区或稍远的地方，产生"台阶"形层状开裂，并可穿晶扩展。层状撕裂属于低温开裂，一般低合金钢，撕裂的温度不超过 400℃，但它的特征与冷裂纹截然不同。

层状撕裂易发生在含有分层性杂质的低合金高强度钢以及厚壁结构的 T 形接头、十字接头和角接头的热影响区附近。

5. 应力腐蚀裂纹

焊接构件，如容器、管道等在腐蚀介质和拉应力的共同作用下（包括工作应力和残余应力），产生一种延迟破坏的现象，称为应力腐蚀裂纹。应力腐蚀裂纹的形态如同枯干的树枝，从表面向深处发展。一般情况下，常见于低碳钢、低合金钢、不锈钢、铝合金、α 黄铜和镍基合金等材料中。这种裂纹大多属于沿晶断裂性质，少数也有穿晶断裂；从断口来看，为典型的脆性断口。

8.2　焊接热裂纹

热裂纹是在焊接过程中，焊缝和热影响区金属冷却到固相线附近的高温区时所产生的焊接裂纹，其特征是沿原奥氏体晶界开裂。根据所焊金属的材料不同（低合金高强度钢、不锈钢、铝合金和某些特种金属等），产生热裂纹的形态、温度区间和主要原因也各不相同。

根据产生原因，热裂纹可分为结晶裂纹、液化裂纹和多边化裂纹三类。

结晶裂纹又称为凝固裂纹，是焊接生产中最常见的热裂纹形式。通常所说的焊接热裂纹就是指结晶裂纹。结晶裂纹只产生在焊缝中，多呈纵向分布在焊缝中心，也有呈弧形分布在焊缝中心线两侧，而且这些弧形裂纹与焊波呈垂直分布（见图 8-2）。通常纵向裂纹较长、较深，而弧形裂纹较短、较浅。焊缝中心线两侧的弧形裂纹是在平行生长的柱状晶晶界上形成的。在焊缝中心线上的纵向裂纹恰好处在从焊缝两侧生成的柱状晶的汇合面上。弧坑裂纹也属于结晶裂纹，它产生于焊缝收尾处。

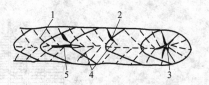

图 8-2　结晶裂纹的位置、走向与
焊缝结晶方向的关系
1—柱状晶界　2—焊缝表面焊波
3—弧坑裂纹　4—焊缝中心线两侧的弧
形结晶裂纹　5—沿焊缝中
心线的纵向结晶裂纹

液化裂纹多为微裂纹，尺寸很小，一般在 0.5mm 以下，个别达 1mm，一般只有在金相磨片上作显微观察时才能发现。近缝区上的液化裂纹多发生在母材向焊缝凸进去的部位，该处熔合线向焊缝侧凹陷而过热严重。有些情况下，液化裂纹还出现在焊缝熔合线的凹陷区（距表面 3~7mm）和多层焊的层间过热区，如图 8-3 所示。尽管液化裂纹的尺寸很小，但常成为冷裂纹、再热裂纹、脆性破坏和疲劳断裂的发源地，所以应当给予足够的重视。

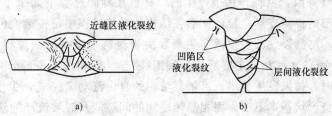

近缝区液化裂纹

凹陷区
液化裂纹

层间液化裂纹

a)　　　　　　b)

图 8-3　液化裂纹的分布形态
a）近缝区液化裂纹　b）多层焊层间的液化裂纹

多边化裂纹是由于在高温时塑性很低而造成的，故又称高温低塑性裂纹。其特点是：在焊缝金属中裂纹的走向与一次结晶并不一致，常以任意方向贯穿于树枝状结晶中；裂纹多发生在重复受热的多层焊层间金属中及热影响区，其位置并不都靠近熔合区；裂纹附近常伴随有再结晶晶粒出现；断口无明显的塑性变形痕迹，呈现高温低塑性开裂特征。

8.2.1　热裂纹的形成机理

1. 结晶裂纹的形成机理

结晶裂纹沿一次结晶的晶界分布，特别是沿柱状晶的晶界分布的这种分布特征，说明焊缝在结晶过程中晶界是个薄弱地带。从焊接凝固冶金得知，焊缝结晶时先结晶部分较纯，后结晶的部分含杂质和合金化元素较多，这种结晶偏析造成了化学不均匀。随着柱状晶的长大，杂质合金化元素就不断被排斥到平行生长的柱状晶交界处或焊缝中心线处，它们与金属形成低熔点相或共晶（例如钢中含硫量偏高时，则生成 FeS，便与铁形成熔点只有 985℃ 的共晶 Fe + FeS）。在结晶后期已凝固的晶粒相对较多时，这些残存在晶界处的低熔点相尚未凝固，并呈液膜状态散布在晶粒表面，割断了一些晶粒之间的联系。在冷却收缩所引起的拉应力作用下，这些远比晶粒脆弱的液态薄膜承受不了这种拉应力，就在晶粒边界处分离形成了结晶裂纹。图 8-4 是在收缩应力作用下，在柱状晶界和在焊缝中心处两侧柱状晶汇合面上形成结晶裂纹的示意图。

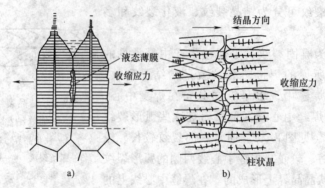

图 8-4　收缩应力作用下结晶裂纹形成示意图

a）柱状晶界形成裂纹　b）焊缝中心线上形成裂纹

根据金属断裂理论，在高温阶段当晶间延性或塑性变形能力 δ_{min} 不足以承受当时发生的应变 ε 时，即发生高温沿晶断裂。因此，热裂纹是由金属的低塑性或脆化（内因）和拉应力（外因）共同作用下产生的。材料在凝固过程中如果不能允许自由收缩，就必然会导致内部的拉伸变形。拉伸变形在结构件焊接过程中是很难避免的。

结晶裂纹的产生倾向主要取决于材料本身在凝固过程中的变形能力。凝固总要经历从液-固态（液相占主要部分）到固-液态（固相占主要部分）再到完全凝固的转变。在液-固态时，如果发生变形，可依靠液相的自由流动来完成，少量的固相晶体只是稍作移动即可，本身形状基本不变，固相晶体之间的间隙能及时被流动的液态金属所填充，因而在该阶段不会形成裂纹。在固-液态时，焊缝以凝固的固相晶体为主，枝晶已生长到相碰，并局部联生，形成封闭的液膜，使少量的液态金属（主要是低熔点合金）的自由流动受到限制；此时当凝固收缩引起晶间液膜拉开后，就无法弥补，形成裂纹。故把该阶段所处的温度区间称为"脆性温度区"，如图 8-5 所示。图 8-6 为 Al-Mn 合金在固相线附近的塑性变形实测结果，可以看到明显的脆性温度区。当金属全部凝固后，它的变形能力又得到迅速提高，很难发生裂纹。

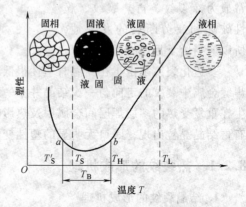

图 8-5　熔池结晶的阶段及脆性温度区

T_B—脆性温度区　T_L—液相线

T_S—固相线　T_H—固液阶段的开始温度

在脆性温度区材料的低塑性或脆化只是形成热裂纹的条件之一，是否产生裂纹，还要考虑产生裂纹的必要条件，即在脆性温度区间内的应变发展情况。图 8-7 可用来说明产生结晶裂纹的具体条件。图中脆性温度区的大小用 T_B 表示，金属在 T_B 区内所具有的延性大小用 δ 表示，在 T_B 区间内的应变量用 ε 表示，其应变增长率用 $\partial\varepsilon/\partial T$ 表示。

由图 8-7 可知，当应变增长率 $\partial\varepsilon/\partial T$ 为直线 1 时，$\varepsilon < \delta_{min}$，不会产生裂纹；当应变增长率 $\partial\varepsilon/\partial T$ 为直线 3 时，$\varepsilon > \delta_{min}$，则会产生裂纹。当应变增长率 $\partial\varepsilon/\partial T$ 为直线 2 时，$\varepsilon = \delta_{min}$，表示临界状态，此时的 $\partial\varepsilon/\partial T$ 称为临界应变增长率。

根据以上分析可知，产生结晶裂纹的主要因素有脆性温度区 T_B 的大小、在脆性温度区

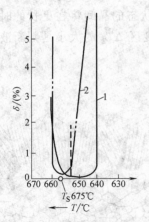

图 8-6 Al-Mn 合金的脆化温度区间
1— Al-1.5% Mn   2—Al-1.5% Mn-0.2% Fe

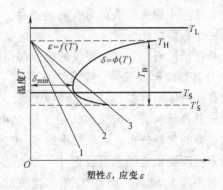

图 8-7 焊接时产生结晶裂纹的条件
T_L—液相线温度 T_S—固相线温度 T_H—固液
阶段的开始温度 T_S'—固液阶段的结束温度
$\delta = \phi(T)$—在脆性温度区焊缝金属的塑性
$\varepsilon = f(T)$—在拉力作用下焊缝金属的应变

内金属的最小塑性 δ_{min} 和在脆性温度区的应变速率 $\partial \varepsilon / \partial T$。

一般来说 T_B 越大，越容易产生裂纹；δ_{min} 越小，越容易产生裂纹；$\partial \varepsilon / \partial T$ 越大，越容易产生裂纹。这三个方面是相互联系、相互影响又相对独立的。例如脆性温度区的大小和金属在脆性温度区的塑性主要取决于化学成分、结晶条件、偏析程度、晶粒大小和结晶方向等冶金因素；而应变增长率主要由金属的线胀系数、焊件的刚度、焊接工艺及温度场的温度分布等力学因素决定。

2. 液化裂纹的形成机理

液化裂纹与结晶裂纹有相似之处，它们都与晶界液膜有关，但其形成机理不同。液化裂纹的形成机理，一般认为是由于焊接时近缝区金属或焊缝层间金属，在高温下使这些区域的奥氏体晶界上的低熔点共晶被重新熔化，在拉应力的作用下沿奥氏体晶间开裂而形成液化裂纹。另外，在不平衡的加热和冷却条件下，由于金属间化合物的分解和元素的扩散，造成了局部地区共晶成分偏高而发生局部晶间液化，同样也会产生液化裂纹。由此可知，液化裂纹也是由冶金因素和力学因素共同作用的结果。

液化裂纹同样也产生于脆性温度区，在该区内母材的近缝区和多层焊的层间，由于存在低熔点组成物，塑性和强度都急剧下降，如图 8-8 所示。在加热过程中，金属塑性在接近熔点（固相线温度）的温度区（ΔT_1）发生陡降，即从晶间低熔点组成物开始熔化的温度到它全部熔化的温度范围（这时部分晶间金属也开始熔化），从图 8-8 上看是从塑性最高的温度到无塑性温度 T_{nD} 这一温度范围（ΔT_1）。在冷却过程中，由于过冷，使塑性回复的温度总是低于加热时塑性开始下降的温度。所以冷却过程的脆性温度区（ΔT_2）比

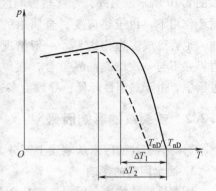

图 8-8 液化裂纹的脆性温度区
——加热   - - - - 冷却
$T_{nD'}$—冷却过程无塑性温度
T_{nD}—加热过程无塑性温度

加热时的 ΔT_1 要大。这样在收缩应力作用下，处于薄弱状态的晶间将在更长的时间内承受应变，为产生裂纹提供更为有利的条件。因此，脆性温度区 ΔT_2 的大小是判断液化裂纹倾向的一个重要指标。

根据试验研究，液化裂纹的起源部位可有以下两处。

（1）裂纹起源于熔合线或结晶裂纹　裂纹启裂后沿晶界向热影响区扩展，如图8-9所示。在熔合线附近的未混合区和部分熔化区，由于熔化和结晶，导致化学成分的重新分布，原母材中的 S、P、Si 等低熔点相元素，就要富集到未混合区中一次结晶晶界上。如果母材中杂质较多，则产生液化裂纹的可能性就较大。裂纹产生后，可以沿热影响区的晶间低熔点相扩展，成为近缝区的液化裂纹。

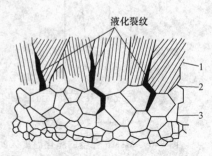

图8-9　近缝区液化裂纹
1—未混合区　2—部分熔化区　3—粗晶区

（2）裂纹起源于粗晶区　当母材中含有较多的杂质（低熔点元素）时，焊接热影响区的粗晶部位发生严重的晶粒长大，使这个部位的杂质富集到少量的晶界上，并且成为晶间液体，在相间张力和冷却收缩应力的作用下，产生液化裂纹。裂纹的扩展根据受力的状态，有时出现平行于熔合线，发展成为较长的近缝区纵向裂纹；有时垂直于熔合线，发展成为较短的近缝区横向裂纹。应指出，这类液化裂纹大多是以微裂纹的形态出现，甚至在宏观上难以发现。

3. 多边化裂纹

多边化裂纹多数发生在焊缝中。焊缝金属结晶时在结晶前沿已凝固的晶粒中萌生出大量晶格缺陷（如空位和位错等），在快速冷却下因不易扩散便以过饱和状态保留在焊缝金属中。在一定温度和应力的条件下，晶格缺陷由高能部位向低能部位转化，即发生移动和聚集，从而形成了二次边界，即所谓"多边化边界"，如图8-10所示。另外，母材热影响区在焊接热循环作用下，由于热应变，金属中的畸变能增加，也会形成多边化边界。一般情况下，二次边界并不与一次结晶晶界重合，在焊后的冷却

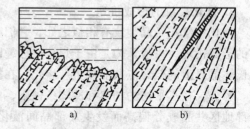

图8-10　由晶格缺陷形成的多变化边界及裂纹
a）结晶过程　b）结晶终了

过程中，由于热塑性降低，导致沿多边化的边界产生裂纹，故称多边化裂纹。

8.2.2　热裂纹的影响因素

影响热裂纹的因素从本质上可分为冶金因素和力学因素两方面。

1. 冶金因素的影响

所谓热裂纹的冶金因素主要是合金状态图的类型、化学成分和结晶组织形态等。

（1）合金相图的类型　平衡状态条件下，热裂纹倾向是随合金相图结晶温度区间的增大而增加。由图8-11可以看出，随着合金元素含量的增加，结晶温度区间和脆性温度区（阴影部分）随之增大，因此热裂纹的倾向也增加，一直到 S 点，此时结晶温度区间和脆性

温度区间达到最大，裂纹敏感性也最大。当合金元素含量进一步增加时，结晶温度区间和脆性温度区反而减小，所以裂纹倾向也随之降低。

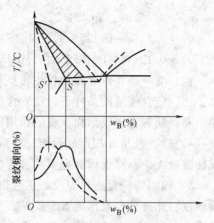

图 8-11　结晶温度区间与裂纹倾向的
关系（B 为某合金元素）

实线—平衡状态　虚线—非平衡状态

由于实际焊接条件下焊缝的凝固均属非平衡结晶，故实际固相线要比平衡条件下的固相线向左下方移动（见图 8-11 上部中的虚线）。它的最大固溶度由 S 点移至 S' 点。与此同时，裂纹倾向的变化曲线也随之左移（见图 8-11 下部中的虚线）。

根据上述分析，并结合大量试验结果，可以利用各种合金相图的类型来预测焊接时热裂纹倾向的大小。由图 8-12 可以看出，虽然相图的类型不同，但产生热裂纹的倾向却都有共同的规律，即裂纹倾向随结晶温度区间（脆性温度区）的扩大而增加。

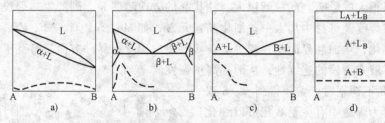

图 8-12　合金相图与结晶裂纹倾向的关系（虚线表示结晶裂纹倾向的变化）
a）完全互溶　b）有限固溶　c）机械混合物　d）完全不固溶

（2）合金元素　合金元素对热裂纹的影响十分复杂又很重要，而且多种元素相互影响要比单一元素的影响更复杂。

1）硫和磷。硫、磷在各类钢中几乎都会增加热裂纹的倾向。在钢的各种元素中，硫和磷的偏析系数最大（见表 8-1）。所以在钢中都极易引起结晶偏析。同时，硫和磷在钢中还能形成多种低熔点化合物或共晶。例如，化合物 FeS 和 Fe_3P 的熔点分别为 1190℃ 和 1166℃；它们与 FeO 形成的共晶 FeS-Fe（熔点 985℃）、Fe_3P-Fe（熔点 1050℃）等在结晶期极易形成液态薄膜，故对各种裂纹都很敏感。

表 8-1　钢中各元素的偏析系数 K　　　　　　　　　　　　　　　（%）

元素	S	P	W	V	Si	Mo	Cr	Mn	Ni
偏析系数 K	200	150	60	55	40	40	20	15	5

2）碳。碳在钢中是影响热裂纹的主要元素，并能加剧其他元素的有害作用。由 Fe-C 相图可知，由于含碳量增加，初生相可由 δ 相转为 γ 相，而硫、磷在 γ 相中溶解度比在 δ 相中低很多，硫约低 3 倍，磷约低 10 倍。如果初生相或结晶终了前是 γ 相，硫和磷就会在晶界析出，使热裂纹倾向增大。

3）锰。锰具有脱硫作用，能置换 FeS 为球状高熔点的 MnS（熔点 1610℃），因而能降低热裂倾向。为了防止硫引起的结晶裂纹，随着钢中含碳量的增加，则 Mn/S 的比值也应随之增加。当

$w_C \geq 0.1\%$ 时，$Mn/S \geq 22$；

$w_C = 0.11\% \sim 0.125\%$ 时，$Mn/S \geq 30$；

$w_C = 0.126\% \sim 0.155\%$ 时，$Mn/S \geq 59$。

锰、硫、碳在焊缝和母材中常同时存在，在低碳钢中对结晶裂纹的共同影响有如下规律：在一定含碳量的条件下，随着含硫量增高，裂纹倾向增大；随着含锰量增多，而裂纹倾向下降；随着含碳量增加，硫的作用则加剧。

4）硅。硅是 δ 相形成元素，少量硅有利于提高抗裂性。但当 w_{Si} 超过 0.4% 时，会因形成硅酸盐夹杂而降低焊缝金属的抗裂性。

5）镍。镍是促进热裂纹敏感性很高的元素，因镍是强烈稳定 γ 相的元素，故降低硫的溶解度。此外，如果形成 NiS 或 NiS-Ni，其熔点很低（分别为 920℃ 和 645℃），有利于形成热裂纹。因此，含镍的钢对硫的允许含量要求比普通碳钢更低。例如，对质量分数为 4% 的 Ni 钢要求（$w_S + w_P$）$< 0.01\%$。

（3）凝固结晶组织形态　焊缝在结晶后，晶粒大小、形态和方向，以及析出的初生相等对抗裂性都有很大的影响。晶粒越粗大，柱状晶的方向越明显，则产生热裂纹的倾向就越大。为此，常在焊缝及母材中加入一些细化晶粒元素，如 Mo、V、Ti、Nb、Zr、Al、RE 等，一方面使晶粒细化，增加晶界面积，减少了杂质的集中程度；另一方面又打乱了柱状晶的结晶方向，破坏了液态薄膜的连续性，从而提高抗裂性。

在焊接 18-8 不锈钢时，希望得到 γ + δ 双相焊缝组织。因为焊缝中有少量 δ 相可以细化晶粒，打乱奥氏体粗大柱状晶的方向性，同时，δ 相还具有比 γ 相能固溶更多的有害杂质而减少有害杂质偏析的有利作用，因此可以提高焊缝的抗裂能力，如图 8-13 所示。

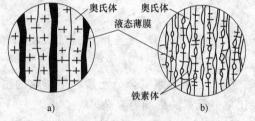

图 8-13　δ 相在奥氏体基体上的分布
a）单相奥氏体　b）γ + δ

2. 力学因素的影响

焊接热裂纹具有高温沿晶断裂性质。发生高温沿晶断裂的条件是金属在高温阶段晶间塑性变形能力不足以承受当时所发生的塑性应变量，即

$$\varepsilon \geq \delta_{min}$$

式中　ε——高温阶段晶间发生的塑性应变量；

δ_{min}——高温阶段晶间允许的最小变形量。

δ_{min} 反映了焊缝金属在高温时晶间的塑性变形能力。金属在结晶后期，即处在液相线与固相线温度附近，有一个所谓"脆性温度区"，在该区域范围内其塑性变形能力最低。脆性温度区的大小及区内最小的变形能力 δ_{min}，由前述的冶金因素所决定。

ε 是焊缝金属在高温时受各种力综合作用所引起的应变，它反映了焊缝当时的应力状态。这些应力主要是由于焊接的不均匀加热和冷却过程而引起，如热应力、组织应力和拘束应力等。与 ε 有关的因素有以下几种：

（1）温度分布　若焊接接头上温度分布很不均匀，即温度梯度很大，同时冷却速度很快，则引起的 ε 就很大，极易发生结晶裂纹。

（2）金属的热物理性能　金属的热膨胀系数越大，则引起的 ε 也越大，越易开裂。

（3）焊接接头的刚性或拘束度　当焊件越厚或接头受到的拘束越大时，引起的 ε 也越大，热裂纹也越易发生。

8.2.3　热裂纹的防止措施

防止热裂纹可从冶金因素和工艺因素两方面着手。

1. 冶金因素方面

（1）控制焊缝中硫、磷、碳等有害杂质的含量　这几种元素不仅能形成低熔相或共晶，而且还能促使偏析，从而增大热裂纹的敏感性。为了消除它们的有害作用，应尽量限制母材和焊接材料中硫、磷、碳的含量。按当前的标准规定：w_S、w_P 都应小于 0.03% ~ 0.04%。用于低碳钢和低合金钢的焊丝，其 w_C 一般不得超过 0.12%。用于高合金钢时，$(w_S + w_P)$ 必须控制在 0.03% 以下，焊丝中的 w_C 也要严格限制，甚至要求用超低碳（$w_C = 0.03\% ~ 0.06\%$）焊丝。

重要的焊接结构应采用碱性焊条或焊剂。

（2）改善焊缝结晶形态　在焊缝或母材中加入一些细化晶粒元素，如 Mo、V、Ti、Nb、Zr、Al、RE 等元素，以提高其抗裂性；焊接 18-8 不锈钢时，通过调整母材或焊接材料的成分，使焊缝金属中能获得 $\gamma + \delta$ 的双相组织，通常 δ 相的体积分数控制在 5% 左右，这样既能提高其抗裂性，也能提高其耐蚀性。

（3）利用"愈合"作用　晶间存在易熔共晶是产生结晶裂纹的重要原因，但当易熔共晶增多到一定程度时，反而使结晶裂纹倾向下降，甚至消失。这是因为较多的易熔共晶可在已凝固晶粒之间自由流动，填充了晶粒间由于拉应力所造成的缝隙，即所谓"愈合"作用。焊接铝合金时就是利用这个道理来研究和选用焊接材料的。

但须注意，晶间存在过多的低熔点相会增大脆性，影响接头性能，故要控制适当。

2. 工艺因素方面

主要指焊接参数、预热、接头设计和焊接顺序等方面，用工艺方法防止热裂纹主要是改善焊接时的应力状态。

（1）合理的焊缝形状　焊接接头形式不同，将影响到接头的受力状态、结晶条件和热的分布等，因而热裂纹的倾向也不同。

表面堆焊和熔深较浅的对接焊缝抗裂性较好，如图 8-14a、b 所示。熔深较大的对接焊缝和角焊缝抗裂性较差，如图 8-14c ~ f 所示。因为这些焊缝的收缩应力基本垂直于杂质聚集的结晶面，故其产生热裂纹的倾向大。

实际上，热裂纹和焊缝的成形系数（$\varphi = B/H$，即宽深比）有关，如图 8-15 所示。

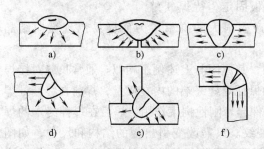

图 8-14　焊接接头形式对裂纹倾向的影响

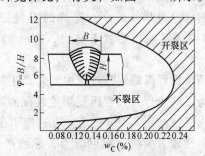

图 8-15　焊缝成形系数 φ 对焊缝热裂纹的影响
（碳钢焊缝：Mn/S ≥ 18，$w_S = 0.02\% ~ 0.35\%$，SAW）

　　一般提高焊缝成形系数 φ 可以提高焊缝的抗裂性。从图 8-15 中可以看出，当焊缝含碳量提高时，为防止裂纹，应相应提高宽深比。要避免采用 $\phi < 1$ 的焊缝截面形状。

　　为了控制焊缝成形系数，必须合理调整焊接参数。平焊时，焊缝成形系数随着焊接电流的增大而减少，随着电弧电压的增大而增大。

　　焊接速度提高时，不仅焊缝成形系数减小，而且由于熔池形状改变（见图 8-16），焊缝的柱状晶呈直线状，从熔池边缘垂直地向焊缝中心生长，最后在焊缝中心线上形成明显的偏析层，增大了热裂纹倾向。

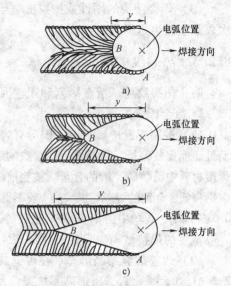

图 8-16　焊接熔池形状的比较
a) 焊接速度低　b) 焊接速度中等
c) 焊接速度高

　　（2）预热以降低冷却速度　一般冷却速度增加，焊缝金属的应变速率也增大，容易产生热裂纹。为此，应采取缓冷措施。预热对于降低热裂纹倾向比较有效，因为预热改变了焊接热循环，能减慢冷却速度；增加焊接热输入也能降低冷却速度，但提高焊接热输入却促使晶粒长大，增加偏析倾向，其防裂效果不明显，甚至适得其反。

　　形成弧坑裂纹的主要原因是因为弧坑处在焊缝末尾，是液源和热源均被切断的位置，比焊缝本身具有更大的冷却速度。在工艺上填满弧坑和衰减电流收弧能减少弧坑裂纹。

　　（3）降低接头的刚度和拘束度　为了减小结晶过程的收缩应力，在接头设计和装焊顺序方面应尽量降低接头的刚度和拘束度。例如，在设计上减小结构的板厚，合理地布置焊缝；在施工上合理安排构件的装配顺序和每道焊缝的焊接先后顺序，尽量避免每道焊缝处在刚性拘束状态焊接，设法让每道焊缝有较大的收缩自由。图 8-17 为由三块平板用 A、B 两条对接焊缝拼接成一块整板的例子。为了减少焊接应力，防止产生热裂纹，最好的装配焊接顺序是：先将 1 板与 2 板组装起来，接着焊接 A 缝，然后再装配 3 板，焊接 B 缝。这样的焊接过程三块板不受拘束。最不理想的装配焊接顺序是：先把三块板装配好，并定位焊，然后先焊 B 缝，后焊 A 缝，这种焊接顺序，先焊的 B 缝已把三块板固定，待焊 A 缝时，A 缝的横向收缩就不自由，在 A 缝终端会产生很大的拘束应力而极易出现纵向结晶裂纹。

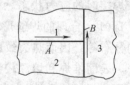

图 8-17　具有交叉焊缝的平板拼接（箭头表示焊接方向）

　　用单面埋弧焊焊长焊缝时，常产生终端裂纹，其原因与上述例子相似。通常长缝对接焊时，为了防止焊接过程因变形使装配间隙改变和保证焊缝终端的内在质量，焊前在终端处焊有引出板，如图 8-18a 所示。在这里引出板对焊件起着刚性拘束作用。焊后在焊件终端的焊缝上出现较大的横向拘束应力，导致产生终端裂纹。只需改变引出板的结构和尺寸，如图 8-18b 所示，焊前在引出板两侧各开一条通槽，再用两段短焊缝连接在焊件终端上，构成弹性拘束，从而缓解了横向拘束应力，避免了焊缝终端开裂。

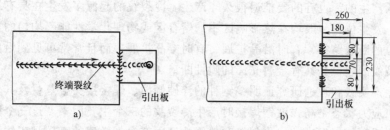

图 8-18 引出板与终端裂纹

8.3 焊接冷裂纹

冷裂纹是焊接生产中较为普遍的一种裂纹，它是焊后冷至较低温度下产生的。对于低合金高强度钢焊接冷裂纹来讲，通常是在 Ms 点附近，是由于拘束应力、淬硬组织和氢的共同作用而产生的。冷裂纹主要发生在低合金钢、中合金钢、中碳和高碳钢的焊接热影响区。个别情况下，焊接超高强度钢或某些钛合金时，冷裂纹也会产生在焊缝金属中。

根据被焊钢种和结构的不同，冷裂纹也有不同的类别，大致可分为以下三类：氢致裂纹（延迟裂纹）、淬硬脆化裂纹和低塑性脆化裂纹。

氢致裂纹是冷裂纹中的一种普遍形态，它的主要特点是在焊后不会立即出现，而是有一段孕育期，裂纹产生具有延迟现象，故又称延迟裂纹。产生这种裂纹主要有三大影响因素：钢种的淬硬倾向、焊接接头的应力状态和熔敷金属中的扩散氢含量。

淬硬脆化裂纹是一些淬硬倾向很大的钢种，焊接时即使没有氢的诱发，仅在拘束应力的作用下，也能导致开裂。含碳较高的 Ni-Cr-Mo 钢、马氏体不锈钢、工具钢以及异种钢等在焊接时有可能出现这种裂纹。它完全是由冷却时马氏体相变而产生的脆性造成的，一般认为与氢的关系不大。这种裂纹基本没有延迟现象，焊后可以立即出现，有时在焊接热影响区，有时在焊缝。产生这种裂纹主要有两大影响因素：一是钢种的淬硬倾向；二是焊接接头的应力状态。一般来说，采用较高的预热温度和使用高韧性的焊条，基本上可以防止这种裂纹的产生。

低塑性脆化裂纹是铸铁、硬质合金等材料焊接冷至低温时，由于其塑性很低，收缩力引起的应变超过了材质本身所具有的塑性储备而产生的裂纹。例如铸铁补焊、硬质合金堆焊和高铬合金焊接时，就会出现这种裂纹。由于是在较低的温度下产生的，所以也属于冷裂纹的另一种形态，但无延迟现象。产生这种裂纹主要受焊接接头应力状态的影响。

铸铁焊接产生低塑性脆化裂纹的温度在 500℃ 以下，从出现位置来看，焊缝及热影响区均有较大的冷裂纹敏感性。铸铁型同质焊缝较长或补焊部位刚度较大时，即使焊缝没有白口或马氏体组织也可能产生冷裂纹。经测定，出现裂纹的温度一般在 500℃ 以下，常伴随脆性断裂的声音。裂纹很少在 500℃ 以上产生的原因，一方面是由于铸铁在较高温度下有一定塑性，另一方面是此时焊缝承受的焊接应力也较小。

8.3.1 冷裂纹的产生机理

对于易淬硬的高强度钢来说，冷裂纹是一种在焊后冷却过程中，在 Ms 点附近或更低的温度区间逐渐产生的，也有的要推迟很久才产生。冷裂纹的起源多发生在具有缺口效应的焊接热影响区，发生位置一般均在热影响区中的熔合区或物理化学性能不均匀的氢聚集的局部地带。冷裂纹的断裂路径，有时沿晶扩展，有时穿晶扩展，而且常常可见到沿晶和穿晶的混合断裂。冷裂纹的裂口是具有金属光泽的脆性断口。

大量的生产实践和理论研究证明，钢种的淬硬倾向、焊接接头含氢量及其分布以及接头所承受的拘束应力状态是高强度钢焊接时产生冷裂纹的三个主要因素。这三个因素在一定条件下是相互联系和相互促进的。当焊缝和热影响区中有对氢敏感的高碳马氏体组织形成，又有一定数量的扩散氢时，在焊接拘束应力的作用下，就可能产生氢致裂纹。

1. 钢的淬硬倾向

钢的淬硬倾向主要决定于化学成分和冷却条件。焊接时钢的淬硬倾向越大，越易产生裂纹。可归纳为以下三方面。

(1) 形成脆硬的马氏体组织　马氏体是碳在 α-Fe 中的过饱和固溶体，碳原子以间隙原子存在于晶格之中，使铁原子偏离平衡位置，晶格发生较大畸变，致使组织处于硬化状态。特别是在焊接条件下，近缝区的加热温度高达 $1350 \sim 1400 \, ^\circ\!C$，使奥氏体晶粒发生严重长大，当快速冷却时，粗大的奥氏体将转变为粗大的马氏体。马氏体是一种脆硬组织，发生断裂时将消耗较低的能量，因此，焊接接头有马氏体存在时，裂纹易于形成和扩展。

应当指出，同属马氏体组织，由于化学成分和形态不同，对裂纹的敏感性也不同。马氏体的形态与含碳量和合金元素有关。低碳马氏体呈板条状，而且它的 Ms 点较高，转变后有自回火作用，因此这种马氏体除具有较高的强度之外，尚有良好的韧性。当钢中的含碳量较高或冷却较快时，就会出现呈片状的马氏体，而且在片内有平行状的孪晶，又称孪晶马氏体。它的硬度很高，性能很脆，对裂纹敏感性很强。钢材的化学成分直接决定着接头的淬硬倾向，因此可根据钢的化学成分粗略估计冷裂纹的倾向，即所谓的碳当量法。

(2) 淬硬会形成更多的晶格缺陷　金属在受力不平衡的条件下会形成大量的晶格缺陷（主要是空位和位错）。在应力和热力不平衡的条件下，空位和位错都会发生移动和聚集，当它们的浓度达到一定的临界值后，就会形成裂纹源。在应力的继续作用下，就会不断地扩展而形成宏观的裂纹。

(3) 淬硬倾向越大氢脆敏感性越大　焊缝和热影响区中有氢存在时，会降低其韧性，产生氢脆。不同组织对氢脆的敏感性也不同，氢脆敏感性增大的排列顺序为：奥氏体、纯铁素体、铁素体＋珠光体、低碳马氏体、贝氏体、索氏体、托氏体、高碳马氏体。淬硬组织高碳马氏体对氢脆的敏感性很强，冷裂很敏感。

以上就是淬硬倾向对产生冷裂的作用。为了识别淬硬的程度，常以硬度作为标志，所以在焊接中常用热影响区的最高硬度 HV_{max} 来评定某些高强度钢的淬硬倾向。它既反映了马氏体含量和形态的影响，也反映了位错密度的影响。

2. 氢的作用

氢是引起高强度钢焊接时产生延迟裂纹的重要因素之一，许多文献上将由氢引起的延迟裂纹称为"氢致裂纹"或"氢诱发裂纹"。试验研究证明，高强度钢焊接接头的含氢量越高，则裂纹的敏感性越大，当局部区域的含氢量达到某一临界值时，便开始出现裂纹，此值称为产生裂纹的临界含氢量。

氢脆现象很早就引起了人们的重视，然而对氢脆的本质目前还不是十分清楚。国内外学者对此进行了深入的研究，提出了多种学说解释氢脆的本质。张文钺和张汉谦分别在其著作中讨论了关于氢脆的几个主要理论，如空洞内气体压力学说、位错陷阱捕氢学说、氢吸附脆化学说、晶格内聚力削弱脆化学说、板状氢聚集脆化学说、氢促进局部延性变形脆化学说等。陈奇志等研究发现，氢致脆断机理即氢使奥氏体不锈钢由韧变脆的根本原因是氢抑制了无位错区中纳米级微裂纹向空洞的转化，微裂纹不是钝化为空洞，而是通过多个微裂纹的形核及相互连接导致裂纹的脆性扩展。蒋生蕊等研究提出，氢脆机理是氢气团促进裂纹尖端位错源开动，促进滞后塑性变形发生，提高塞积群顶端的位错密度和应力强度因子，促进该处微裂纹的形成和扩展。A. H. M. Krom 等研究表明，氢的聚集与应变率密切相关，不均匀应变产生的位错具有捕捉氢的作用，这样就会使得氢在高应变区聚集，使局部区域发生脆化。

　　冷裂纹延迟出现的原因是氢在钢中的扩散、聚集、产生应力，直至开裂需要一定的时间。W. F. Sayage 和张文钺通过对焊接接头氢的微观分布及其逸出动态观察实验也验证了这个规律。实验中发现，在微裂纹的尖端附近，氢气泡间歇地出现，有时也大量逸出。氢是沿着组织晶界逸出，并聚集在夹杂物和缺欠附近，有应力集中的缺口部位氢气泡的数量显著增加。该现象可用氢的应力扩散理论来说明。如图 8-19 所示，由微观缺欠构成的裂纹源常呈缺口存在。在受力的过程中，会在缺口部位形成有应力集中的三向应力区，氢就极力向这个区域扩散，应力也随之提高，当此部位氢的浓度达到临界值时，就会发生启裂和相应扩展。其后，氢又不断地向新三向应力区扩散，达到临界浓度时，又发生新的裂纹扩展，这种过程可周而复始断续进行，直至成为宏观裂纹。这种过程的进展情况要由氢的含量、逸出和内部能量状态等因素而定。由此看来，氢所诱发的裂纹，从潜伏、萌生、

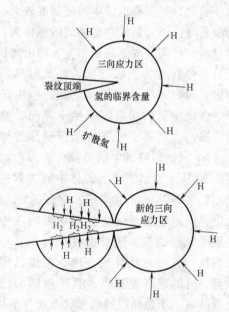

图 8-19　氢致裂纹的扩展过程

扩展，以至开裂是具有延迟特征的。因此可以说，焊接延迟裂纹就是由许多单个的微裂纹断续合并而形成的宏观裂纹。

3. 焊接接头的拘束应力

　　高强度钢焊接时产生延迟裂纹不仅取决于钢的淬硬倾向和氢的有害作用，而且还取决于焊接接头所处的应力状态，甚至在某些情况下，应力状态还起决定作用。

　　焊接接头的拘束应力主要包括热应力、相变应力及结构自身拘束条件（包括结构形式和焊接顺序等方面）所造成的应力。前两种为内拘束应力，后一种为外拘束应力。内、外拘束应力共同作用，使焊接接头处产生很大的内应力，是产生冷裂纹的重要因素之一。

　　焊接拘束应力的大小取决于受拘束的程度，可以采用拘束度 R 来表示。R 是指单位长度焊缝在根部间隙产生单位长度的弹性位移所需要的力。实际上拘束度表示在不同焊接条件下，冷却过程中所产生的拘束应力的程度。如同样的材料与板厚，由于接头的坡口形式不同，即使同样的拘束度，也会有不同的拘束应力。拘束应力按下列顺序依次减小：半 V 形、K 形、斜 Y 形、X 形和正 Y 形。其中以正 Y 形坡口的接头拘束应力最小，而半 V 形坡口拘

束应力最大。

焊接时产生的拘束应力不断增大，当增大到开始产生裂纹时，称为临界拘束应力 σ_{cr}。它实际反映了产生延迟裂纹各个因素共同作用的结果，如钢种的化学成分、接头的含氢量、冷却速度和当时的应力状态等。

4. 高强度钢热影响区延迟裂纹的形成

在焊接高温下，一些含氢化合物分解析出原子状态的氢，大量的氢溶解于熔池金属中，在熔池的冷却凝固过程中，随着温度的下降和组织的变化，氢在金属中的溶解度急剧降低，原子氢不断复合成分子氢，并以气体状态从金属中逸出。但由于焊接冷却速度快，氢来不及完全逸出而残留于焊缝金属。

不同温度下，氢在奥氏体和铁素体中的溶解度和扩散能力有显著的差别。高温时，与铁素体相比，氢在奥氏体中的溶解度较大，扩散系数较小。焊接高强度钢时，由于含碳量较高的孪晶马氏体对裂纹和氢脆的敏感性大，所以一般总使焊缝金属的碳当量低于母材，因而焊缝金属在较高温度下开始相变，即由奥氏体分解为铁素体和珠光体、贝氏体等，个别情况下还可部分转变为低碳马氏体。此时热影响区金属尚未开始奥氏体转变。但由于焊缝金属中氢的溶解度突然下降而扩散能力提高，氢原子便很快由焊缝穿过熔合区 ab 向热影响区中的奥氏体扩散。如图 8-20 所示，因氢在奥氏体中的扩散速度小，来不及扩散到离熔合区较远的母材中，所以使靠近熔合区的热影响区中聚集了大量的氢。随着温度的降低，冷却到奥氏体向马氏体转变时，温度已经很低，氢的溶解度更低，且扩散能力已

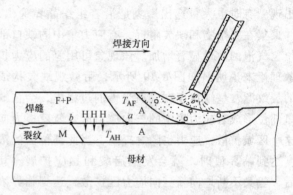

图 8-20　高强度钢热影响区冷裂纹的形成过程

经很微弱，于是便以过饱和状态残存于马氏体中，并聚集在一些晶格缺陷中或应力集中处，当氢的浓度不断增加，而温度不断降低时，有些氢原子结合成氢分子，在晶格缺陷和应力集中处造成很大的压力，而使局部金属产生很大的应力。这样便促使马氏体进一步脆化，在焊接应力和相变应力的共同作用下形成冷裂纹。

当氢的浓度较高时，促使马氏体更加脆化，会形成所谓的焊道下裂纹。若氢的浓度较低，则只有在应力集中处才会出现裂纹，即焊趾裂纹或根部裂纹。

应该指出，焊接热影响区和焊缝金属的淬硬倾向是导致冷裂纹的内在因素。只有当由钢的化学成分和焊接热循环所决定的淬硬组织形成时，氢才能发挥其诱发裂纹的有害作用。

综上所述，焊接高强度钢时，产生冷裂纹的机理在于钢种淬硬之后，受氢的诱发和促进产生脆化，在拘束应力的作用下形成了裂纹。

8.3.2　冷裂纹的防止措施

根据冷裂纹产生的原因可知，避免出现淬硬组织、减少氢的来源、使熔化金属中的氢容易逸出、减少接头的拘束应力，是防止和减少冷裂纹的原则。可以概括为以下两个方面措施。

1. 冶金方面措施

冶金方面主要有两方面内容：一是从母材的化学成分上改进，趋向于降低碳含量和添加多种微量合金元素的方向发展，使低合金高强度钢焊接冷裂纹敏感指数 P_{cm} 降低（主要降低碳含量），从而改善钢的抗裂性能；二是尽可能选用低氢的焊接材料和方法，严格控制氢的来源和用微量合金元素改善焊缝的韧性等措施，以及采用低匹配的焊接材料。

（1）降低淬硬倾向提高抗裂性　调整焊缝金属的化学成分，可改变淬硬倾向。有研究人员通过改变熔敷金属的化学成分，利用 Y 形和 U 形坡口裂纹试验，建立了焊缝金属最高硬度 HV_{max} 与焊接冷裂纹敏感指数 P_{cm} 之间的关系：

$$HV_{max} = 1155P_{cm} + 70$$

其中，$P_{cm} = C + Si/30 + (Mn + Cu + Cr)/20 + Ni/60 + Mo/15 + V/10 + 5B$

（2）选用优质的低氢焊接材料和低氢的焊接方法　由于氢的来源主要是水分，因此应严格控制焊接材料中的水分。焊前需严格烘干焊条或焊剂。强度级别越高的钢，对焊条药皮中的水分控制越严格。目前已研制出含氢量小于 1.0mL/100g 的超低氢焊条。采用 CO_2 气体保护焊也可获得低氢焊缝（扩散氢含量仅为 0.04 ~ 1.0mL/100g）。另外，还应从各方面减少氢的侵入，如保护气体中的水分、焊剂中的水分、母材在冶炼中带入的氢、焊件表面的锈和油污等，都必须严格控制。

采用低匹配的焊条对于防止裂纹也是有效的。例如，日本用 HT80 钢制造厚壁承压水管，经试验及工程上的应用，认为焊缝强度为母材强度的 0.82 倍时，可以近似达到等强度要求。以 HT80 钢为例进行焊接接头拘束条件下扩散氢浓度计算，结果表明，焊根处聚集的氢浓度比热影响区高 30%（焊后 10min）。高强匹配接头氢的聚集比等强匹配要严重得多，也就是说焊缝不易发生应变时，将在焊根处产生较大的应力集中，位错密度增加，焊根聚氢也就严重，有利于诱发裂纹。采用低强匹配焊缝，由焊缝承担塑性应变，将会缓和氢在焊根处聚集，减少冷裂敏感性。

例如，用所谓"软层焊接"的方法制造一些高强度钢球形容器，即内层采用与母材等强的焊条，而表层 2 ~ 6mm 的厚度采用稍低于母材强度的焊条，增加焊缝金属的塑性储备，降低焊接接头的拘束应力，从而提高了抗裂性。

（3）适当加入某些合金元素提高焊缝金属的韧性　近年来许多国家采用钛、硼、铝、钒、铌、硒、碲、稀土等韧化焊缝取得成功，从而也提高了焊缝的抗冷裂能力。因为在拘束应力的作用下，利用焊缝的塑性储备，减轻了熔合区负担，从而使整个焊接接头的冷裂敏感性降低。例如 E5015-G 焊条是在 E5015 焊条的基础上，降低焊缝的硅含量，提高 Mn/S 的值，并加入少量能细化晶粒的钼、钒配制而成。它比 E5015 具有更高的抗冷裂纹能力。

另外，采用奥氏体焊条焊接某些淬硬倾向较大的低中合金高强度钢，可在不预热条件下避免产生冷裂纹。因为奥氏体塑性好，可减缓拘束应力，同时奥氏体焊缝可溶解较多的氢，从而降低了焊接热影响区产生冷裂纹的敏感性。

2. 工艺方面措施

焊接工艺一般包括正确制定施工程序、选择焊接热输入、预热温度、焊后后热以及焊后热处理等。为改善结构的应力状态，应合理地分布焊缝的位置和施焊顺序。

（1）焊接热输入　增大热输入可以降低冷却速度，特别是能延长接头冷却过程中 800 ~ 500℃的冷却时间，避免马氏体转变；同时又有利于氢的逸出，降低产生裂纹倾向。但是增大热输入却延长了高温停留时间，扩大了过热区，晶粒严重长大，使接头脆化，同样会降低抗裂性能。因此对某种结构钢，热输入只能在一定范围内调节。

（2）焊前预热　减少热输入虽然能防止过热，但会引起马氏体转变，所以必须结合采取预热措施。预热不仅能降低冷却速度，延缓 800~500℃ 的冷却时间而避免马氏体转变，还能促使氢的逸出，改善组织，减小应力，因此是防止氢致裂纹的有效措施。防止氢致裂纹的预热温度可以根据钢种的碳当量确定，如图 8-21 所示。随着材料的碳当量增加，防止氢致裂纹的预热温度也需要增加。

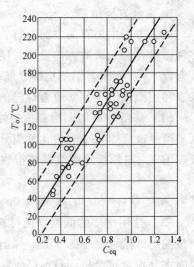

图 8-21　碳当量对预热温度的影响

有研究人员采用插销试验研究了不同预热温度下 HQ80C 的冷裂图，如图 8-22 所示。根据插销试验结果，求出了断裂临界应力 $(\sigma_{cr})_F$ 及启裂临界应力 $(\sigma_{cr})_C$，测定了焊接热影响区粗晶区的组织硬度（HV）。利用 HQ80C 钢的冷裂图确定防止焊接裂纹产生的预热温度。采用 $(\sigma_{cr})_F > \sigma_s$ 的准则，HQ80C 钢防止焊接裂纹产生的预热温度为 89℃。

（3）焊后紧急后热　延迟裂纹主要与氢的扩散和聚集有关，如果焊后很快冷至 100℃ 以下，氢来不及逸出便会造成严重的延迟裂纹。又如厚板多层焊时，随着焊道数目的增多，使焊缝金属中的扩散氢量逐层增加而可能产生横向裂纹。因此采用紧急后热使冷裂纹尚处于潜伏期中，扩散氢就能充分地由焊缝中逸出，从而减少残余应力和改善组织，对防止延迟裂纹的产生有显著的效果。选用合适的后热温度，可适当降低预热温度和代替一些重大产品所需的焊接中间热处理。对于一些低合金高强度钢厚壁容器的焊接，采用后热 300~350℃，保温 1h，就可完全避免延迟裂纹，且还能使预热温度降低 50℃。

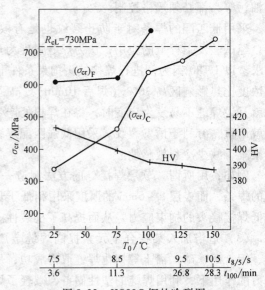

图 8-22　HQ80C 钢的冷裂图

（插销试验：$E = 17.5 \mathrm{kJ/cm}$，$[H] = 3.6 \mathrm{mL/100g}$）

为防止冷裂纹，从根本上说，必须避免淬硬组织和降低氢浓度，同时尽可能减少拘束应力，因此预热和后热是最有效的工艺措施。

（4）采用多层焊接　采用小热输入配合多层焊，可使焊接热循环接近理想的热循环，防止产生淬硬组织，改善接头残余应力和扩散氢浓度分布状态，防止冷裂纹的产生。多层焊时，由于后层对前层有去氢作用，且能改善前层的淬硬组织，因此预热温度可比单层焊时适当降低。但必须严格控制层间温度（层间温度应不低于预热温度）或配合后热，因为氢含量的逐层积累及产生弯曲变形而带来根部焊缝的应力应变集中，反而会增大延迟裂纹的倾向。

有文献研究了厚板多层焊接残余应力分布和扩散氢浓度的分布规律,测定结果如图
8-23、图 8-24 所示。

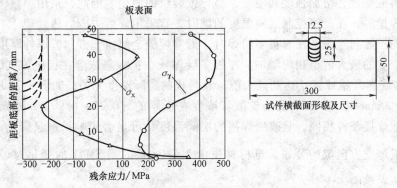

图 8-23 厚板多层焊接残余应力的分布

σ_γ—沿焊接线方向的残余应力 σ_x—垂直焊接线方向的残余应力

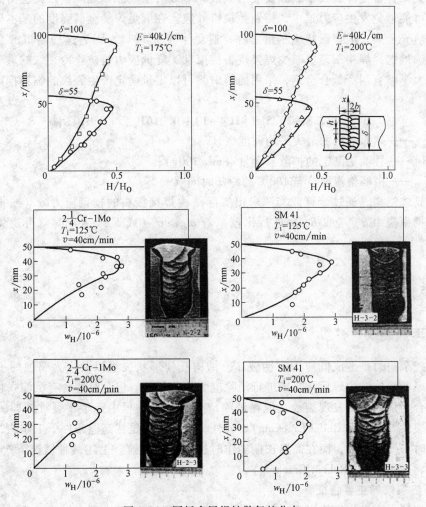

图 8-24 厚板多层焊扩散氢的分布

由图 8-23 可知，在厚板多层焊中，后续焊道金属填充的时候，根部焊缝的纵向拉伸残余应力先减小，随着焊道填充层数的增加，沿着焊缝填充方向，焊缝纵向拉伸残余应力也相应增加，直至达到它的最大值即焊缝金属真实的屈服强度。当焊缝形成较大的拉应力时，会大大降低材料的塑性，增加强度和硬度，易导致裂纹的萌生。因此，采用小热输入配合多层焊进行厚板焊接时，在严格控制层间温度的同时，宜采用焊后去应力热处理。

由于氢的扩散与聚集，在厚板多层焊时，沿着焊缝金属填充方向，焊件厚度方向的局部残余扩散氢浓度的最大值也相应增加。厚板多层焊残余扩散氢浓度在板厚的 $(0.75 \sim 0.90)$ δ 处（从板的底部开始计算）达到最大值，且与板的实际厚度无关，如图 8-24 所示，板厚 δ 为 50mm 和 100mm 时，多层焊残余扩散氢浓度在板厚的 $(0.75 \sim 0.90)$ δ 处聚集达到它的最大值。其他焊接条件相同，只改变焊接的层间温度，可显著影响扩散氢聚集的最大浓度，但没有改变板厚度方向氢的分布。母材材质由 $2\frac{1}{4}$Cr-1Mo 到 SM41 的变化对焊缝金属中扩散氢含量及分布影响不大。

（5）降低应力，减少应力集中　实际生产中设计不当造成的应力集中和施工过程中造成的应力集中，常是冷裂纹形成和发展造成破坏事故的重要原因之一。因此应防止焊缝过分密集，尽可能避免发生应力集中，特别是缺口效应。在满足焊缝金属强度的基本要求下，应尽量减少填充金属。坡口形状应尽量对称，避免半 V 形坡口，因为这种坡口的裂纹敏感性最大。正确地选择焊接工艺、减少焊接接头拘束度、降低应力是防止冷裂纹的重要手段。

天津大学结合国产低合金钢，采用插销试验可以定量确定产生裂纹的临界拘束应力经验公式：

$$\sigma_{cr} = 132.3 - 27.5\lg([H] + 1) - 0.216H_{max} + 0.0102t_{100}$$

式中　H_{max}——热影响区的最大平均硬度（HV）；

$[H]$——甘油法测定的扩散氢含量（mL/100g）；

t_{100}——由峰值温度冷至 100℃ 的冷却时间（s）。

对于具体结构，通过计算或实测求出实际结构焊接接头的拘束应力 σ（或拘束度 R），再与临界拘束应力 σ_{cr}（或 R_{cr}）进行比较，若 $\sigma_{cr} > \sigma$（或 $R_{cr} > R$）时就可避免产生氢致裂纹。

8.4　其他裂纹

8.4.1　再热裂纹

焊接残余应力是造成低应力脆性破坏、结构几何形状失稳以及应力腐蚀的主要原因之一，因此厚壁焊接结构焊后常要求进行消除应力的热处理。但是某些含有沉淀强化元素的钢种和高温合金焊后并未发现裂纹，但在消除应力热处理过程中产生了裂纹，即所谓"消除应力处理裂纹"（Stress Relief Cracking）。另外，有些结构是在高温条件下工作的，即使在焊后热处理时不产生裂纹，而在高温长期工作时也会产生裂纹。上述两种情况下产生的裂纹，通称为"再热裂纹"（Reheat Cracking）。

1. 再热裂纹的主要特征

再热裂纹大多发生在热影响区的粗晶区，极少情况下也可出现在焊缝。母材、焊缝和热影响区的细晶组织，均不产生再热裂纹。再热裂纹具有晶间开裂的特征，裂纹的走向多沿熔合线的奥氏体粗晶晶界扩展（见图 8-25），有时裂纹并不连续，而是断续的，遇细晶就停止扩展。断口一般均被氧化。

再热裂纹与热裂纹虽然都是沿晶开裂，但它们的产生本质有根本区别。热裂纹发生在固相线附近，再热裂纹发生在焊后再次加热的升温过程中，并存在一个敏感温度范围。

图 8-25　再热裂纹的发生部位和形态

2. 发生再热裂纹的条件

（1）能产生沉淀强化的金属材料　再热裂纹最容易出现在能产生一定沉淀强化的金属材料中，如含有 V、Nb、Ti、Mo 等的高强度钢、耐热钢，含有 Al、Ti 的可热处理镍基合金，含 Nb 的奥氏体不锈钢。

有人针对低、中合金钢提出了钢的再热裂纹敏感性和各种合金元素之间的关系式：

$$P_{SR} = Cr\% + Cu\% + 2 \times (Mo\%) + 10 \times (V\%) + 7 \times (Nb\%) + 5 \times (Ti\%) - 2$$

当 P_{SR} 值大于 0 时，容易产生再热裂纹，P_{SR} 值越大对应钢的再热裂纹敏感性越高。可以看出，V 的影响最为敏感。此关系式不适于含碳量极低的钢或高铬钢，而且忽略了硫、磷等杂质的有害作用，具有一定的局限性。

（2）存在较高的残余应力和应力集中　再热裂纹一般发生在厚板、拘束度大的焊接区，例如压力容器的管接头处，而裂纹起源的部位常常在焊趾等应力集中处。如果打磨焊缝的加强高、去除缺口等应力集中处，就可减少裂纹的发生。

（3）与再热温度和时间的关系　再热裂纹敏感性与再热温度和时间有密切关系，并且存在一个最易产生再热裂纹的温度区间。

出现再热裂纹的时间和温度之间的关系图称为裂纹敏感曲线，通常呈"C"形，因此称为裂纹敏感 C 曲线。在低温极限和高温极限的任一温度下，都存在一个最短时间，少于这一时间不会发生开裂，超过这一时间则肯定出现裂纹。不同材料的裂纹敏感温度范围不同，如图 8-26 所示。低合金高强度钢一般在 500～700℃ 的温度，特别在 600℃ 附近，裂纹的出

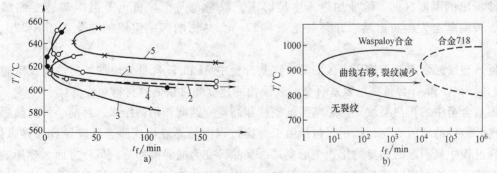

图 8-26　不同材料的再热温度与断裂时间的关系

a）低合金钢　b）镍基合金

1—22Cr2NiMo　2—25CrNi3MoV　3—25NiMoV　4—20CrNiMoVNbB　5—25Cr2NiMoMnV

现最显著，而镍基合金的敏感温度范围则明显高得多。

3. 再热裂纹的产生机理

在热处理应力松弛过程中，粗晶区应力集中部位的某些晶界塑性变形量超过了该部位的塑性变形能力，产生再热裂纹。

（1）沉淀强化钢材　Cr、Mo、Nb、V、Ti 等沉淀强化元素能提高钢的再热裂纹敏感性，主要原因是二次加热时晶粒内部因析出碳化物而强化，迫使残余应力松弛通过蠕变变形发生在晶界上。含 Cr、Mo、Nb、V、Ti 等沉淀强化元素的高强度钢或耐热钢母材中存在弥散分布的合金碳、氮化合物，用于提高钢的高温强度和抗回火能力。焊接过程中靠近熔合线的粗晶区被加热到 1100℃ 以上，组织完全奥氏体化并发生晶粒长大，而先期存在的合金碳化物或氮化物分解固溶到奥氏体中。随后冷却时由于焊接冷速快，碳化物没有足够的时间重新析出，导致这些合金元素在奥氏体发生马氏体相变时过饱和。当热影响区中的粗晶区被再次加热进行去应力热处理时，细小的碳化物就会在应力释放前从初生奥氏体晶粒内部的位错处析出，造成晶内二次硬化，增大了晶内的蠕变抗力。晶界则相对弱化，促使应力释放时蠕变集中于晶界，因此开裂沿晶发生。

二次加热过程中，杂质析出和聚导致晶界弱化，也是促使再热裂纹产生的原因。Sb、As、Sn、S、P 等杂质受ภ向过热粗晶区晶界析出、聚集，导致晶界脆化，促使晶界的高温强度下降。应力释放过程中由于晶界优先滑移，导致在晶界形成微裂纹。

在去应力热处理中温度较低时，间隙原子 C 和 N 会产生应变时效脆化；温度较高时，除了应变脆化或蠕变脆化，还会产生如二次硬化和回火脆性等热致脆化。这些过程又因杂质原子的析出和聚集以及合金元素形成碳化物而得以强化。

（2）可热处理镍基合金　镍基合金的焊后热处理通常是"固溶 + 时效"，在固溶过程中焊件中的残余应力得以释放，而通过固溶后的时效获得最大强度。问题是在固溶处理加热过程中会发生时效，因为时效温度范围低于固溶温度，由于这一时效作用发生在残余应力释放之前，就会在焊后热处理过程中引发裂纹。这种再热裂纹也称为"应变时效开裂"（Strain-age Cracking）。应变时效开裂发生在拘束度高的焊件中，而且焊后加热过程中通过了可发生时效的温度区间。

如图 8-27 所示为应变时效裂纹的发展过程。沉淀析出的温度区间是 $T_1 \sim T_2$（见图 8-27a）为了消除焊接残余应力，焊件要被加热到固溶温度（见图 8-27b），加热过程中会通过沉淀析出的温度区间。除非加热速度足够高，以避免与沉淀析出等温冷却转变曲线的相交，否则就会发生析出然后开裂（见图 8-27c），热影响区中组织的变化如图 8-27d、e 所示。

再热裂纹通常起源于热影响区。随着镍基合金中 Al 和 Ti 含量的增加，再热裂纹敏感性增加，因为 Al 和 Ti 含量高的镍基合金时效硬化的速度非常快而且材料塑性低。

镍基合金中的再热裂纹是热影响区低塑性和高应变共同作用的结果。目前，针对热影响区出现低塑性的原因有几种机制，包括由于焊接过程中晶界液化或固态反应导致晶界脆化、热处理过程中氧引起的晶界脆化、变形模式由穿晶转变为晶界滑移等。另一方面，热影响区高应变的产生原因则可能是焊接应力以及材料热膨胀和收缩。在可热处理镍基合金中，强化相的析出会导致时效过程中的材料收缩，这一时效收缩已获得多次证实，是镍基合金产生再热裂纹的一个因素。

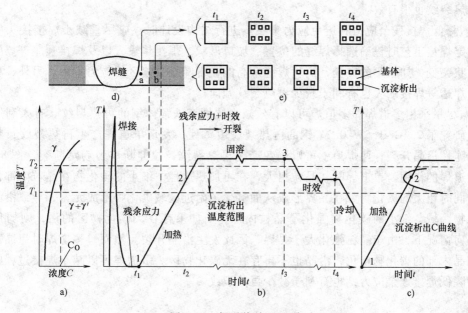

图 8-27　焊后热处理开裂

a）相图　b）焊接和热处理中的热循环　c）沉淀析出等温冷却转变曲线

d）焊接接头截面　e）组织的变化

4. 防止措施

影响再热裂纹敏感性的因素包括冶金因素和工艺因素。

（1）冶金措施　材料的化学成分直接影响过热区粗晶脆性，正确选材有利于减少再热裂纹的发生。图 8-28 显示了几种常用铁素体钢的裂纹敏感 C 曲线（温度和断裂时间的关系），可以发现，2.25Cr-1Mo 比 0.5Cr-Mo-V 更容易避免产生再热裂纹。

（2）工艺措施

1）采用适当的焊接热输入。一般认为，适当增大焊接热输入能减小过热区的硬度，有利于减小再热裂纹敏感性。不过，过大的焊接热输入会导致焊缝和过热区的晶粒粗

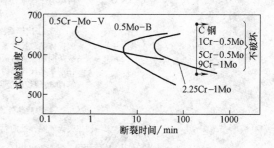

图 8-28　铁素体钢温度和断裂时间的关系

大，提高再热裂纹敏感性，例如焊条电弧焊所焊接头的再热裂纹的敏感性比埋弧焊时小。因此，小热输入配合预热措施应是较为理想的方法。

2）焊接时采用较高的预热温度或配合后热。预热是防止再热裂纹的有效措施之一，可以减小焊接残余应力和减少过热区的硬化；焊前预热、焊后缓冷，在二次加热前过热区已有较粗大的碳化物析出，则再热裂纹就会受到抑制。预热温度一般比防止延迟裂纹的预热温度高一些。焊后如果能及时在不太高的温度下进行后热，也能起到预热的作用，并能适当降低预热温度。

3）选用低强匹配的焊接材料。适当降低焊缝强度，可以提高焊缝金属的塑性，使残余应力在焊缝中松弛，从而降低过热区应力集中。有时仅在焊缝表层采用低强高韧性焊材对于

防止再热裂纹也很有效。

4）降低焊接残余应力和避免应力集中。进行结构设计时，应尽量减小焊接接头的拘束度。制定焊接工艺时正确选择焊缝的位置、坡口形状、焊接热输入以及焊接顺序等。应尽量避免形状突变，如板厚的突变，消除焊缝余高能显著降低近缝区的应力集中。另外，根除咬边、未焊透等焊接缺欠也有利于减少再热裂纹倾向。

5）尽量采用多道焊。多道焊可以有效减少抗蠕变铁素体钢的再热裂纹。有人利用焊接热模拟研究了 2.4Cr-1.5W-0.2V 钢的再热裂纹敏感性，发现单道焊产生再热裂纹，断口为典型的脆性沿晶开裂；两焊道就可以避免产生再热裂纹，拉伸断口为韧窝断裂。图 8-29 解释了多道焊的作用。单道焊时，晶粒粗大，在再加热过程中细小的碳化物在晶粒内部位错处析出，同时粗大的碳化物可在晶界形成从而贫化了附近区域碳化物形成元素，导致沿晶形成无碳化物区域，细小的碳化物强化了晶粒内部，而如果存在无碳化物区的话，则弱化了晶界。任何情况下，由于晶粒强化大于晶界，因此发生沿晶开裂。然而，多道焊时粗晶得以细化，细晶内部的碳化物粗化，沿晶也不再存在无碳化物区。多道焊可以减小焊接过程中的拘束从而降低焊接残余应力，也有利于减少再热裂纹。

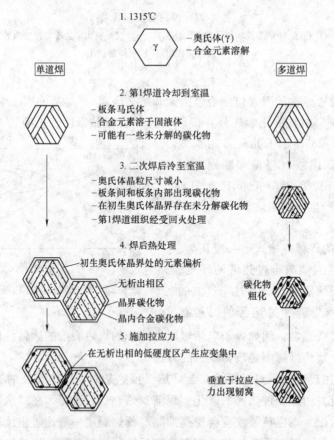

图 8-29　铁素体钢单道焊和多道焊的组织转变和失效模式

6）焊后热处理过程中快速加热。如果焊件在焊后热处理过程中快速加热，就可避免与裂纹 C 曲线相交从而避免产生裂纹，如图 8-30 所示。

8.4.2　层状撕裂

大型厚壁结构在焊接过程中常在钢板的厚度方向承受较大的拉应力，如果钢材的冶炼和轧制质量不高，容易沿钢板轧制方向出现一种阶梯状的裂纹，称为层状撕裂。层状撕裂是一种特殊形式的裂纹，与常见的冷裂纹、热裂纹有着明显的区别。它是非常危险的缺欠，很难发现，也很难修复。

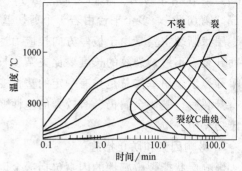

图 8-30　加热速率对镍基合金 Rene41
再热裂纹的影响

1. 层状撕裂特征

层状撕裂属于低温裂纹。对于一般低碳钢和低合金钢，产生温度不超过 $400℃$。与冷裂纹不同，它的发生与母材强度无关，主要与钢中的夹杂物含量及分布形态有关。夹杂物含量越高，层片状分布越明显，对层状撕裂越敏感。由于焊缝夹杂物含量控制严格，因此层状撕裂的发生部位在接头热影响区或靠近热影响区的母材中，而焊缝金属中不会出现层状撕裂。

层状撕裂外观具有阶梯状开裂特征，由平行于轧制表面的平台与大体垂直于平台的剪切壁组成，平台部分常存在各种形式的非金属夹杂物。层状撕裂微观上是穿晶或沿晶扩展。

层状撕裂一般发生在受 Z 向力大的丁字接头、角接接头，对接接头极为少见。图 8-31 示出了层状撕裂的一些典型特征。

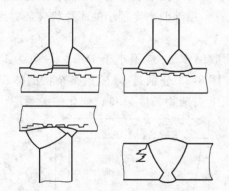

图 8-31　层状撕裂示意图

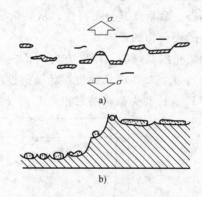

图 8-32　层状撕裂的产生示意图
a）宏观图　b）局部放大图

2. 层状撕裂的形成机理

层状撕裂是焊缝收缩导致高的局部应力以及母材在厚度方向的塑性变形能力差共同造成的。

钢内的一些非金属夹杂物（通常是硅酸盐和硫化物）在轧制过程中被轧成平行于轧向的带状夹杂物，严重降低厚度方向金属的塑性变形能力。厚板结构焊接时（特别是丁字接头和角接接头），焊缝收缩会在母材厚度方向产生很大的拉应力和应变（见图 8-32）。当应变超过母材沿厚度方向的塑性变形能力时，分离就会发生在夹杂物与金属之间，形成微裂纹。冶金学上把这一过程称为脱聚过程。此裂纹尖端的缺口效应造成应力、应变的集中，迫使裂纹沿着自身所处的平面扩展，在同一平面相邻的一群夹杂物连成一片，形成所谓的

"平台"。在相邻的两个平台之间，由于不在一个平面上而产生剪切应力，造成剪切断裂，形成"剪切壁"。多个平台由若干个剪切壁连接，就构成了层状撕裂所特有的阶梯状特征。

层状撕裂主要是由于板厚方向拉应力达到一定程度，使夹杂物与基体金属沿弱结合面脱离而开裂。不过，裂纹的长度要比夹杂物长几倍甚至几百倍，因此层状撕裂绝不是夹杂物的简单开裂。金属基体总是具有一定的塑性变形能力，所以当夹杂物与母材金属脱离或夹杂物本身开裂后，基体金属仍会有较大的塑性变形能力，因而表面存在大量韧窝，而夹杂物则散布于韧窝中。

3. 影响因素和防止措施

影响层状撕裂敏感性的因素包括冶金因素和力学因素。

（1）冶金因素　非金属夹杂物的种类、数量和分布形态是产生层状撕裂的本质原因，它是造成钢的各向异性、力学性能差异的根本所在。

钢中夹杂物的种类很多，最常见的是硫化物和硅酸盐夹杂，两者都属于可变形夹杂物。例如 MnS 轧制后成为不连续的带状并平行于轧向，且分布在不同高低的平面内；硅酸盐轧制时形成平行于轧制方向的微小窄条（轧制温度 1000℃ 以上）。夹杂物的热膨胀系数与钢不同，加热时，夹杂物和钢一起膨胀，脱聚的危险不大，但在冷却过程中由于夹杂物和钢的收缩程度不同，极易在夹杂物周围脱聚，以致形成空隙，这是层状撕裂的发源地。

钢中的硫含量越高，层状撕裂的倾向越大。当然，夹杂物的成分不是影响层状撕裂的决定性因素。不论哪一种夹杂物，它与基体金属的结合力都低于金属基体的强度。所以，只要是片状夹杂物，不论是硫化物还是硅酸盐夹杂，都可导致层状撕裂。因此，关键在于夹杂物的形态、数量及其分布特性。从夹杂物的形状看，端部曲率半径小的薄片状夹杂物比端部钝而厚的夹杂物的影响要大。

为防止层状撕裂，厚度方向（Z 向）的断面收缩率 ψ_z 应不小于 15%，一般为 15% ~ 20%，当 $\psi_z \geqslant 25\%$ 时认为抗层状撕裂性能优异。图 8-33 分别是 ψ_z 随钢夹杂物的体积比 V_i（$V_{夹杂}/V_{试样}$）和夹杂物的累积长度 L_i（单位面积上夹杂物长度总和）变化的关系图。可以

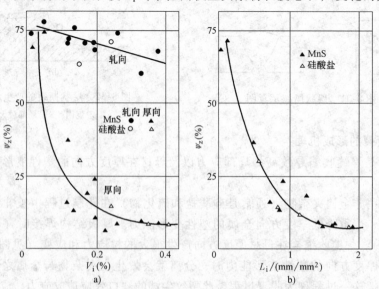

图 8-33　Z 向断面收缩率 ψ_z 与 V_i 和 L_i 的关系

看出，ψ_z 随 V_i 和 L_i 增加而非线性降低。显然，控制钢中的夹杂物可有效提高抗层状撕裂能力。实践证明，大力发展高纯净的 Z 向钢是解决层状撕裂的最佳途径。采用精炼的方法，可以冶炼出含氧、硫极低的钢材，如 Z 向钢、CF 钢等，S 的质量分数只有 0.01% ~ 0.03%，选用这些钢材制造大型重要的焊接结构，可以完全避免产生层状撕裂。

不过，即使含杂质极少的 Z 向钢，如果存在脆性的粗晶组织，同样会使钢材厚度方向的断面收缩率急剧降低。可能的原因是，晶粒粗大之后，单位体积内的晶界长度减少，即使少量夹杂也会向晶界偏聚，从而使晶界弱化（脆化）。因此，制定焊接工艺时应尽量避免使用过大的焊接热输入，避免粗晶脆化。

（2）力学因素　厚壁焊接结构在焊接过程中承受不同的 Z 向拘束应力、焊后的残余应力及载荷，它们是造成层状撕裂的力学条件。沿厚度方向的 Z 向拘束应力和焊接残余应力越大，焊接结构对层状撕裂越敏感。

合理设计接头形式，采取适当的施工工艺，可避免 Z 向拘束应力和应力集中。应尽量采用双侧焊缝，避免单侧焊缝，防止焊缝根部的应力集中（见图 8-34a）；在强度允许的前提下，采用焊接量少的对称角焊缝代替全焊透焊缝，避免产生过大应力（见图 8-34b）；在承受 Z 向拘束应力的一侧开坡口，减少杂质量大的母材的厚度（见图 8-34c）；对于丁字接头，可在承受 Z 向拘束应力的板上预先堆焊一层低强度焊材，缓和焊接应变（见图 8-34d）等。

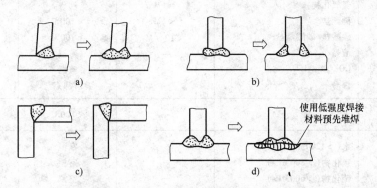

图 8-34　改变接头形式防止层状撕裂的示意图

（3）氢的作用　层状撕裂的主要原因在于夹杂物的分布和应力状态，而氢也可能成为促使启裂和诱发的重要因素。例如，有人发现利用 E7010 纤维素焊条制备的接头其层状撕裂敏感性显著高于熔化极气体保护焊制备接头。

焊接时难免有氢溶入焊缝和热影响区。当含氢量较少时，氢可溶入如同陷阱的夹杂物中，对层状撕裂影响不大。当氢含量较多时，氢会聚集在夹杂物的端部，使该部位启裂并扩展，从而使夹杂物与基体金属分离。这种情况具有氢致启裂发展成为层状撕裂的断裂特征。

当焊缝中的含氢量偏高而局部又存在应力集中（如焊缝根部），氢也有可能先诱发形成冷裂纹，再以冷裂纹作为层状撕裂的发源地。这时层状撕裂与冷裂纹相伴而生。

为防止由冷裂引起的层状撕裂，应尽量采用一些防止冷裂的措施，如减少氢含量、适当提高预热温度、控制层间温度等。

当然，对于远离焊接热影响区的母材处产生的层状撕裂，焊缝中的氢不会产生任何影响。

8.4.3 应力腐蚀裂纹

应力腐蚀裂纹（Stress Corrosion Cracking，SCC）是金属构件在拉应力和一定腐蚀介质的共同作用下所产生的低应力脆性破坏形式。据资料统计，造成应力腐蚀的应力主要是残余应力而不是外加应力，其中焊接应力约占 30% 左右，所以结构焊后即使无载荷存放，只要存在适当的腐蚀介质，也会引起应力腐蚀。由于应力腐蚀开裂具有低应力、脆性破坏的特点，材料在破裂前没有明显的征兆，所以 SCC 是破坏性和危害性极大的一种失效形式。

1. SCC 的特征

不同材料在不同应力状态下和不同的腐蚀介质环境中，所显示的应力腐蚀裂纹特征是不一样的。归纳起来，应力腐蚀裂纹具有以下的共同点。

1）某种金属材料只对特定的某些介质敏感。表 8-2 为常用材料易产生应力腐蚀破裂的环境示例。一般来说，介质的腐蚀性较弱，呈中性或弱酸性，表面保护膜不能稳定存在，易于产生应力腐蚀开裂；若介质的腐蚀性强，会产生全面的均匀腐蚀，反而不易产生应力腐蚀裂纹。此外，腐蚀介质的温度对应力腐蚀裂纹的产生也有很大影响。

表 8-2　产生应力腐蚀裂纹的材料—环境组合

材料	环境	浓度	温度	开裂模式
碳钢	氢氧化物	$\approx 1M$	沸点	沿晶
	硝酸盐	$<1M$	$<100℃$	沿晶
	碳酸盐/碳酸氢盐	$<10^{-2}M$	$<100℃$	沿晶
	液氨	—	室温	穿晶
	$CO/CO_2/H_2O$	—	室温	穿晶
	碳酸水	—	>沸点	穿晶
低合金钢 （如 Cr-Mo，Cr-Mo-V）	水		$<100℃$	穿晶
高强度钢	水（>1200MPa）		室温	混合型
	氯化物（>800MPa）		室温	混合型
	硫化物（>600MPa）		室温	混合型
奥氏体不锈钢	氯化物	$\approx 1M$	沸点	穿晶
	氢氧化物	$\approx 1M$	>沸点	混合型
敏化奥氏体不锈钢	碳酸水	—	>沸点	沿晶
	硫代硫酸盐或连多硫酸盐	$<10^{-2}M$	室温	沿晶
双相不锈钢	氯化物	$\approx 1M$	>沸点	穿晶
马氏体不锈钢	氯化物 + 高 H_2S	$\approx 1M$	$<100℃$	穿晶
	氯化物（一般 + H_2S）	$<1M$	室温	穿晶
高强度铝合金 钛合金	水蒸气	—	室温	穿晶
	氯化物	$<10^{-2}M$	室温	沿晶
	氯化物	$\approx 1M$	室温	穿晶
	甲醇	—	室温	穿晶
铜合金（不含 Cu-Ni）	N_2O_4 高		室温	穿晶
	含氨溶液或其他含氮物质	$<10^{-2}M$	室温	沿晶

2）SCC 具有低应力、脆性破坏的特点。低应力破坏是指应力水平往往低于材料的屈服强度，而脆性破坏断裂前没有明显的塑性变形，断裂往往是突然爆发，所以是一种危险的断

裂形式，往往会造成严重的事故。

3）SCC 往往是金属构件在服役期间发生的延迟破坏。SCC 的过程包括金属构件在特定区域产生腐蚀坑（裂纹核心）、裂纹亚临界扩展、机械失稳扩展三个阶段，亚临界扩展阶段的长短决定延迟时间，延迟时间可以从几秒到几年甚至几十年，具体时间长短决定于应力水平和腐蚀介质。

4）SCC 是由表及里的腐蚀裂纹。因为腐蚀首先发生在金属与介质的相界面上，所以发生 SCC 时，首先是在金属材料接触腐蚀介质的表面开裂，然后向金属基体内部扩展，而且 SCC 一旦发生，裂纹面上试块表面和内部开裂的速度不同，内部扩展速度快、外部慢。所以从表面测量 SCC 裂纹长度不准确。

5）裂纹形态为根须状、河流状（见图 8-35），断口因腐蚀的缘故呈黑色或灰白色，只在最后机械失稳断裂区有金属光泽。实际构件中，如船体、压力容器等板材结构断裂时，断口常出现人字纹花样，人字纹的尖端指向裂纹源。

6）SCC 扩展主要有穿晶、沿晶和混合型三种。一般来说，低碳钢、低合金钢、铝合金、α 黄铜等，SCC 多属沿晶开裂，且裂纹大致是沿垂直于拉应力方向的晶界向金属材料的纵深方向延伸。奥氏体不锈钢在含 Cl^- 的介质中一般为穿晶开裂。对于镁合金则混合型的较多。当然，断口形貌受应力场强度因子 K 的影

图 8-35　炼油厂奥氏体不锈钢管的应力腐蚀

响很大，K 值越大表明应力越大。随着裂纹的扩展，常用高强度钢断口由裂纹源开始可能首先是沿晶破坏，然后是混合型，最后是穿晶。

7）SCC 的破裂速度远大于没有应力（单纯腐蚀）下的破裂速度，但又小于单纯应力作用下的断裂速度。

2. 产生 SCC 的机理

探索应力腐蚀裂纹的起源和扩展的原因和过程，显然是研究应力腐蚀裂纹最重要和最基本的问题。多年来各国科学家在这方面做了大量的工作，也取得了一些显著的成就。但是由于影响应力腐蚀的因素众多而复杂，企图用一种理论去解释应力腐蚀破裂这一复杂的问题是非常困难甚至是不可能的。目前关于应力腐蚀裂纹的产生机理有多种不同的理论，下面仅就一些取得较多共识的理论介绍如下。

（1）阳极溶解理论　Hoar 和 Hines 首先提出该理论，他们认为应力腐蚀裂纹的产生是由于微裂纹尖端阳极快速溶解的结果，应力的存在将加速阳极溶解的速度并且促使金属分离。该理论的核心思想是裂纹扩展的过程是腐蚀作用的过程，而应力只起加速作用。

根据阳极溶解理论，产生应力腐蚀裂纹必须首先形成局部阳极，其次要有形成一个连续的阳极通道的条件，第三要有垂直于裂纹发展方向的拉应力存在。拉应力在裂纹起源和扩展过程中均起到一定作用。

1）裂纹源的产生。形成局部阳极（裂纹源）的原因是多方面的，例如，由于金属材料的原始成分不均匀性而形成的局部阳极；由于在应力作用下局部塑变引起的偏析而形成的局

部阳极；由于表面保护膜的破裂而产生的局部阳极；由于伴随腐蚀反应过程而产生的局部阳极等。

① 材料自身的不均匀性（先天性阳极）。众所周知，工程上常用的一般金属材料，从微观上看，它们的化学成分是不均匀的，由于化学成分的不均匀性，在电解质溶液中，就会有电位差存在。一般说来，晶粒的边界和晶粒内部的化学成分也是不同的，因此，晶粒内部和晶粒边界就有电位差存在，而且在大多数情况下，晶界的电位低于晶粒内部的电位。但是，随着晶界析出物种类和性质的不同，也有可能由于析出物电极电位高于晶粒基体的电极电位而使得在一定的介质中，首先发生应力腐蚀裂纹的不是晶界而是晶粒基体。例如，低碳钢在硝酸盐溶液中，当钢中碳或氮的含量增加时，晶界电位也降低，则应力腐蚀裂纹的敏感性就增大。但是，如果把钢进行淬火，然后在 200～600℃ 温度短时间回火，在晶界上析出碳化物和氮化物，此时，则反而降低了应力腐蚀裂纹的敏感性，这一事实说明晶间析出相的性质与晶界电化学性能和产生应力腐蚀裂纹的倾向性存在一定的关系。

② 由于表面氧化膜的破坏而产生的局部阳极。在腐蚀介质中，金属表面都存在不同程度的保护膜，可以隔绝腐蚀介质和金属基体，防止金属遭受腐蚀。保护膜一旦被局部破坏，就会形成以膜为阴极、裸露的金属为阳极的局面，金属发生阳极溶解。

表面保护膜的破坏是由多种因素造成的，例如机械损伤、应力作用等。在应力作用下，表面保护膜的破坏可以用滑移阶梯来说明，如图 8-36 所示。金属在应力作用下产生的塑性变形，就是金属的位错沿滑移面的运动，结果在表面汇合处出现滑移阶梯，如果表面的保护膜不能随着这个阶梯发生相应的变化（变形），表面保护膜就会被撕裂，局部暴露出活性金属并引起电极电位的降低。

③ 在应力作用下，位错或 C、N 原子的聚集产生的阳极。在应力作用下，裂纹尖端产生塑变区，滑移的结果使晶格缺陷增加，C、N 等原子容易向缺陷处扩散形成偏析，如图 8-37所示。位错聚集和 C、N 偏析，都会使电位降低形成阳极，从而增加对 SCC 的敏感性。

图 8-36　塑性变形引起的滑移台阶

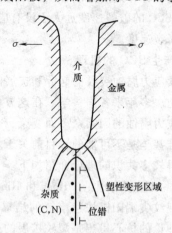

图 8-37　应力引起的局部偏析

2）裂纹的扩展。根据阳极溶解理论，SCC 裂纹的扩展沿活性阳极通道进行。所谓活性通道是指合金中存在一条易于腐蚀的大致连续的路线，而材料其他区域是钝态的。

活性通道可由不同的原因构成，如合金成分和微结构的差异、溶质原子可能析出的高度无序晶界或亚晶界、由于局部应力集中及由此产生的应变引起的阳极晶界区、由于应变引起表面膜的局部破裂。最常见的活性通道是晶界，因为杂质元素析集使其难以钝化。例如，敏化处理的奥氏体不锈钢沿晶界析出铬的碳化物，导致晶界处局部区域铬元素的含量减少，这些区域钝化能力差。与腐蚀介质接触，无应力作用时产生晶间腐蚀，有应力作用时即产生 SCC。

如图 8-38 所示为裂纹扩展过程的模型，裂纹侧面 (A) 由于具有一定的表面膜（氧化膜）使溶解受到抑制，具有很小的溶解速度。而裂纹尖端前沿区因受到了局部应力集中，产生迅速形变屈服，由于在塑性形变过程中金属晶体的位错连续地达到前沿表面，产生为数甚多的瞬间活性点，使裂纹前沿具有非常大的溶解速度，

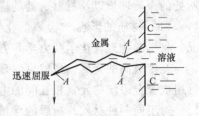

图 8-38　SCC 裂纹扩展过程模型

据有关研究指出，裂纹尖端处的电流密度高于 $0.5 A/cm^2$，而裂纹两侧仅为约 $10^{-5} A/cm^2$。相比之下，裂纹尖端的溶解速度要大 10^4 倍。

阳极溶解理论认为裂纹尖端金属的腐蚀速度决定 SCC 裂纹扩展的速度，因此抑制腐蚀就可有效地控制 SCC。实践证明，利用阴极保护可使敏感金属不发生破裂，或使已经产生裂纹的金属裂纹扩展中止，如取消阴极保护裂纹又会继续扩展。

（2）氢脆理论　氢脆理论认为合金中吸收了腐蚀过程中的阴极反应产物 H，诱导脆性，在应力的作用下产生裂纹并扩展。

H 可以溶解于所有金属中。H 的原子体积小，可以存在于金属原子之间，结果比其他较大的原子扩散起来要快得多。例如，H 在室温下铁素体钢中的扩散系数与盐在水中的扩散系数相近。H 倾向于向金属结构的三向拉应力区扩散，因此会被吸引到处于应力作用下的裂纹或缺口的前方区域。溶解氢可能降低金属的抗裂能力，或有助于发展强烈的局部塑性变形，从而促进金属开裂。氢致开裂可能是沿晶也可能是穿晶，裂纹扩展速率一般都较高，极限情况下可达 $1 mm/s$。

具有体心立方晶格结构的铁素体，金属原子之间的空隙较小，但这些空隙之间的通道较宽，因此 H 在铁素体结构中溶解度较小，但扩散系数较大。相反，面心立方晶格的奥氏体中，原子之间的空隙较大，而空隙之间的通道较小，所以在奥氏体不锈钢这样的材料中 H 具有较高的溶解度和较低的扩散系数。结果，H 由表面扩散到奥氏体材料内部并使之变脆要比铁素体材料花费更长的时间（几年而不是多少天），因此通常认为奥氏体合金对 H 扩散具有免疫性。

多数学者认为，结构钢在含硫化氢介质中的 SCC 机理是氢脆。H_2S 作为一种强渗氢介质，不仅因为它本身提供了氢的来源，而且起着"毒化剂"的作用，阻碍阴极反应所析出的氢原子结合成氢分子和逸出，而在钢的表面富集，提高钢表面氢浓度，其结果是加速氢向钢中的扩散溶解过程，从而破坏金属基体的连续性，造成氢的损伤（氢脆或氢裂）。由腐蚀所引起的内部氢脆，要经历氢原子的化学吸附→溶解（或吸附）→点阵扩散→形成裂纹或气泡四个阶段，其中点阵扩散是这类脆性的主要控制因素。有学者指出，H_2S 引起的应力腐蚀破裂敏感性和氢脆一样，都是在室温附近最敏感；调质后的索氏体敏感性最小，二者都随应变速率的降低而增加，这些现象都说明了 H_2S 引起的应力腐蚀裂纹的本身是受扩散过程控制的内部氢脆。

3. 影响 SCC 的因素

金属的应力腐蚀受各方面因素的影响，内因包括金属的组成、组织结构，外因包括材料所处的介质环境以及材料所处的应力以及应变状态。

（1）材质的影响　　金属的化学成分及偏析情况、组织、晶粒度、晶格缺陷及其分布情况，材料的物理、化学及力学等方面的性能、材料的表面状况等都影响材料的 SCC 敏感性。

纯度极高的金属，虽然也发现有产生 SCC 的现象，但以二元和多元合金的敏感性较高，且组成合金系统的元素相互间的电极电位差越大，此合金系统对 SCC 越敏感。

对于同一种材质，杂质的含量、金相组织、晶格缺陷、晶格尺寸、合金本身的成分等都是影响 SCC 敏感性的因素。杂质含量越高，晶界偏析越严重，材料对 SCC 越敏感。对于钢铁材料，金相组织对 SCC 的敏感性大体是：渗碳体→珠光体→马氏体→铁素体→奥氏体，SCC 倾向依次降低。金属材料的强度级别越高、塑性指标越低，对 SCC 越敏感。

（2）材料所处的应力及应变状态　　SCC 敏感性与材料所承受的载荷性质、大小及应力分布状态有关，同时还与材料所承受的加工过程和服役过程的应力、应变的大小和历史有关。例如，材料所处的应力状态包括线应力、面应力和体应力，SCC 敏感性依次增大，而焊接件又大都处于体应力状态下，所以焊接结构对 SCC 敏感性大，易产生 SCC。载荷性质分为动载荷和静载荷，动载荷比静载荷更容易产生 SCC。而应力水平则是应力越高，出现腐蚀开裂的时间越短；应力越集中，越容易产生 SCC。变形量越大，越容易产生 SCC。

（3）介质环境　　由表 8-2 可知，只有当金属所处的介质能引发其发生应力腐蚀破裂时，金属才能发生应力腐蚀破裂。除了介质成分外，介质的浓度、pH 值、温度等都对 SCC 有很大影响。随有害离子浓度增大，应力腐蚀破裂时间 t_f 缩短，SCC 敏感性增大；随介质温度升高，所需发生 SCC 破坏的有害离子浓度越低，SCC 增大。一般，pH 值升高，材料对 SCC 的敏感性下降，不过材质不同、介质不同，情况可能有所变化。

4. 防止措施

防止 SCC 可以从降低和消除应力、控制环境、改变材料三个方面采取措施，其中最为有效的是消除或减轻应力。

设计时设法使最大有效应力或应力强度降低到临界应力 σ_{cr} 或应力腐蚀门槛应力强度因子 K_{1SCC} 以下。

多数 SCC 不是由于外部载荷（操作应力），而是由于内部残余应力所引起的，因此组装和焊接过程中应避免产生较大的残余应力。应禁止强行组装，还应避免组装过程中造成的各种伤痕如组装拉筋、支柱及夹具留下的痕迹及随意打弧的灼痕，因为这些都可成为应力腐蚀的裂纹源。已存在的伤痕必须进行修整。应选用合理焊接工艺方法，尽量减小残余应力和残余应力集中。

焊后消除应力处理可有效地降低 SCC 的倾向和改善接头的组织，因此对于在腐蚀介质条件下工作的焊接结构，必须进行消除应力处理。焊后消除应力的方法很多，应根据具体结构的情况和技术上的可行性进行选择。一般有整体热处理、局部热处理、机械拉伸、水压试验等方法。

通过表面处理的方法使焊接结构表面产生压应力，将敏感的拉应力层与环境隔离，只要表面层连续、使用过程中又不被破坏，就有良好的耐 SCC 效果。具体方法包括机械法（表面喷丸、喷砂、锤击等）、化学法（如渗氮处理等）。

　　另外，也可以通过采用阴极保护、加缓蚀剂、表面涂覆隔离层等腐蚀防护措施对 SCC 加以控制。如果上述方法都不能采用，那么只有放弃原来选定的材料，改用在该环境中不发生 SCC 的材料。具体可选用成分或结构不同的同类型合金或他种金属，例如奥氏体双相不锈钢对含 Cl⁻ 溶液敏感，高 Cl⁻ 溶液中可选用 18Cr18Ni2Si，或者奥氏体钢中加入少量 Mo 或 Cu。

　　焊接时应注意正确选择焊接材料，因为调整焊缝金属的合金系统是提高耐应力腐蚀的重要手段之一，但必须同时考虑具体的腐蚀介质。焊接工艺的制定应保证不产生硬化组织及不发生晶粒的严重长大，从而减少应力腐蚀裂纹倾向。

8.5　焊接裂纹的综合分析

　　焊接裂纹是焊接结构制造和使用过程中极其普遍而又十分严重的缺欠，因此引起了世界各国的关注与重视。在焊接生产中由于钢种和结构的类型不同，可能出现各种裂纹，如图 8-39 所示。焊接裂纹的产生涉及因素很多，往往难以确定属于何种裂纹，需要进行细致的分析和判断，得出裂纹性质的正确结论，以便找出产生裂纹的原因及防止措施。

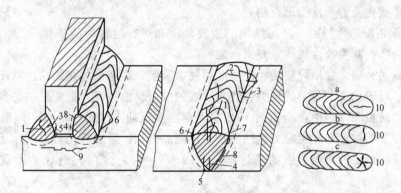

图 8-39　焊接裂纹的宏观形态及其分布

1—焊缝中纵向裂纹　2—焊缝中横向裂纹　3—熔合区裂纹　4—焊缝根部裂纹　5—热影响区根部裂纹　6—焊趾纵向裂纹（延迟裂纹）　7—焊趾纵向裂纹（液化裂纹、再热裂纹）　8—焊道下裂纹（延迟裂纹、液化裂纹、多变化裂纹）　9—层状撕裂　10—弧坑裂纹（火口裂纹）　a—纵向裂纹　b—横向裂纹　c—星形裂纹

　　分析焊接裂纹，需要考虑焊接接头承受的热应力、组织应力及外拘束应力，但在这里不作讨论。有很多学者借助有限元分析，采用数值模拟的方法对焊接裂纹的起源及扩展进行研究。用各种裂纹敏感性试验方法对焊接裂纹的倾向性进行分析属于焊接性研究的范畴，将在下一章详细介绍。本节主要根据各类裂纹的特征，对焊接结构已经产生的裂纹进行宏观、微观及断口分析，然后作出裂纹性质的判断。

8.5.1　宏观分析

　　采用宏观分析方法确定某焊接结构所出现裂纹的性质是工程上采用最多的方法。所谓宏观分析，主要是采用放大镜、低倍金相显微镜、荧光、磁粉、超声波等检测手段，根据材质和焊接材料的化学成分、焊接工艺和产品结构的运行工况条件，对已出现的裂纹进行定性的分析与判断。宏观分析作为一种初步的、基本的分析方法是不可缺少的。通过它可以粗略地判断裂纹源位置及裂纹的性质；对于长裂纹还可以缩小需要深入进行微观分析的范围。

1. 宏观分析的依据

（1）由化学成分判断 化学成分对裂纹的影响是最基本的内在因素。根据某钢种的化学成分，可以大致判断产生裂纹的可能性。例如，对于一般低合金钢母材和焊缝来讲，S、P、C含量偏高时，就有可能产生热裂纹、冷裂纹，甚至应力集中部位经再热处理时还可能产生再热裂纹；若S、P、O较多还能产生层状撕裂。因此，根据C、S、P、O的含量就可以大致判断产生裂纹的成分条件。而根据各种碳当量公式及裂纹敏感性指数经验公式可以对产生裂纹的可能性进行判断，这部分属于焊接性研究的内容，将在下一章中详细介绍。

（2）根据焊接工艺判断 如果在钢种和焊接材料化学成分正常的情况下，出现裂纹的重要原因之一就是施工时焊接工艺不当或违反某些施工规程。例如焊接质量失控、强制组装、预热温度偏低、焊缝表面成形不佳、咬边严重，而内部就有可能存在夹杂、气孔甚至裂纹。

另外，焊接位置、焊接顺序和焊接热输入等也都可以作为判断裂纹性质的参考。例如，焊接位置和施焊顺序不当，往往会产生较大的残余应力，焊接热输入过大或过小，都有可能产生热裂纹或冷裂纹，以至于产生层状撕裂。复合钢板焊接时，焊接材料选择不当会导致焊接裂纹的产生或接头力学性能不合格。

（3）根据工况条件判断 产品结构的服役环境和运行过程中的操作管理，常常是分析裂纹产生原因和判断裂纹性质的重要依据之一。

环境有腐蚀介质，常使焊接结构产生应力腐蚀裂纹，应考虑焊接结构的材质是否对该腐蚀介质敏感。对于化工设备中的压力容器与管道的应力腐蚀裂纹，最常见的是奥氏体不锈钢的酸、碱应力腐蚀和低、中合金钢的H_2S应力腐蚀。长期在气田、油田、海滨和化工区等地带服役的焊接结构都有产生应力腐蚀裂纹的可能。例如，很多液化石油气球罐，由于H_2S的含量没有进行严格的限制，有的高达0.3%～1%（质量分数），造成了严重的应力腐蚀裂纹。

在高温高压下长期使用的焊接结构，有可能产生再热裂纹和蠕变疲劳裂纹等，如果配合其他检测手段（如显微组织分析），很容易确定裂纹的性质。

在低温下使用的焊接结构，容易在原有的裂纹处发生脆性破坏。

此外，在动载、疲劳和射线辐照等条件下工作的结构，多半是使原有的裂纹加速扩展。

关于运行过程中的操作和管理也是属于分析裂纹性质的内容之一。例如，某石化总厂由于误将容器的出口阀关闭，进入高压气体，使容器内的气体密度不断增大，压力不断增高，致使该容器发生破裂，经检验是属于冷裂纹起源的撕裂性破坏。

2. 宏观分析的方法

（1）肉眼观察 焊接技术人员及操作者所发现的焊接裂纹，首先是肉眼看到的焊道上的纵向或横向开裂。对于靠近熔合区的开裂或焊趾、焊根、焊接接头等位置，都要细致观察，当肉眼观察有困难时应当用放大镜观察。记录下肉眼宏观看到的裂纹长度、部位及裂纹数量。

用肉眼观察或放大镜检查之后，能把焊接裂纹试样的取样位置确定下来。切取焊接裂纹金相试样时，应考虑最能暴露焊接裂纹的整个形态，还应考虑便于分析焊接裂纹的裂纹源及焊接裂纹的完整性等。

（2）抛光检查　在宏观肉眼观察之后，在焊接接头的某个断面上应当抛光检查焊接裂纹的形态。在接头断面上抛光检查能全面暴露出裂纹本身的形态，表现出裂纹形貌是否有分支，是相互连接的还是断续的，裂纹边缘是弯曲的还是平直的，裂纹是否沿着与应力垂直的方向扩展，判断裂纹源的位置等。在抛光面上可以清晰地显示裂纹的形态，不致因为浸蚀显示后形成的各种条纹掩盖而影响对焊接裂纹观察的准确性。

（3）低倍金相分析　焊接接头中的微裂纹有时用肉眼和放大镜看不清楚，但在低倍金相显微镜下能明显观察到裂纹的产生部位及扩展方向。

焊接裂纹的宏观分析主要是记录裂纹在试件或工件上产生的部位。如插销试样分析焊接裂纹时，只需要把试样横断面解剖、磨光后即可观察，不需要浸蚀就可以在抛光后的表面上清晰地显现出裂纹的起止部位及裂纹走向。

3. 焊接裂纹宏观特征

（1）裂纹产生的位置　焊接裂纹产生的位置及裂纹本身的形态在一定程度上决定了裂纹的类型，如图 8-39 所示。首先应弄清裂纹是产生在焊缝、热影响区还是母材上。焊缝上可能产生各种热裂纹、冷裂纹、应力腐蚀裂纹，但不会出现再热裂纹和层状撕裂。热影响区产生的裂纹主要是冷裂纹，也有高温液化裂纹以及各种腐蚀裂纹，但不会产生焊缝上特有的结晶裂纹。母材上一般只可能产生层状撕裂和应力腐蚀裂纹。

（2）裂纹的外观形态和走向　在焊件表面露头的热裂纹常有氧化色彩，而冷裂纹断面则有金属光泽。从表面观察热影响区的冷裂纹多呈纵向，焊缝上的冷裂纹多呈横向，但多层焊的打底焊道在焊根处产生的冷裂纹也常贯穿焊缝截面，从焊缝正面看，裂纹在焊缝上呈纵向。结晶裂纹总是位于焊缝柱状晶的交汇面上，或者在焊缝的正中，裂纹呈纵向分布；或者呈较小的短弯曲状，分布在焊缝中心线两侧，垂直于焊波的纹路。呈表面龟裂状的裂纹则可能是应力腐蚀裂纹。

8.5.2　微观分析

用宏观分析方法无法得出肯定的结论时，就需要采用微观分析方法进行深入的分析。通过对焊接裂纹区及其附近的显微组织、化学成分、夹杂等的检查，可判断出裂纹起始的部位及扩展的路径，定性判断出裂纹部位的受力大小及焊接质量等。利用微观分析手段观察组织和裂纹特征，基本上就可以确定裂纹的性质。

1. 微观分析方法

一般采用光学显微镜、扫描电镜、电子探针和俄歇能谱等手段来观察和分析裂纹的特征、起源及扩展。随着科学技术的进步，微观分析的测试手段也在不断完善，例如：利用扫描电镜能谱分析或电子探针分析微区元素及其浓度。这对于鉴别断裂处的某元素浓度、非金属夹杂物、腐蚀产物或氧化膜等是非常有效的。对于一些大型结构，为了不破坏失效的构件，可采用复型金相和胶膜金相，在显微镜下观察金相组织复型和断口复型。这种方法不受构件大小、观察部位及断口凹凸不平的限制。另外，显微组织观察常常不是单一进行的，有时要配合硬度、夹杂物分布的测定工作。

在微观上，裂纹源区一般均是焊接结构的薄弱环节，如焊接热影响区的粗晶区、焊接结构的表面或次表面及应力集中处和材料缺陷处。对于一条主裂纹，由粗到细的形态就是裂纹的扩展过程。当存在放射状微裂纹时，其收敛点位置即为裂纹源。焊接裂纹的扩展途径有沿晶、穿晶和沿晶与穿晶混合三种。

为了分析裂纹的起源及扩展路径，将含裂纹部分切下来，通过逐层抛光、侵蚀的方法来研究裂纹的立体形貌及与组织的对应关系，有时需要采用晶界浸蚀剂浸蚀试样，分析裂纹的具体部位、起源及扩展路径，确定裂纹是穿晶、沿晶还是穿晶和沿晶混合扩展的。裂纹与显微组织的分析不仅要垂直于焊道取样，也要平行于焊道取样。

显微组织与焊接裂纹产生的关系是极为重要的，焊接过热粗晶区容易产生延迟裂纹，这是由于粗大晶粒内部的粗晶马氏体组织的显微硬度较高。显微组织分析注重组织与裂纹间的关系，在显示组织时必须要使它真实、清楚。浸蚀剂应选用适当，浸蚀条件准确，不能过深或过浅。裂纹在浸蚀剂的显示下不能使其因浸蚀而失真，影响裂纹本身的形貌。浸蚀时间要适当掌握，尤其不能太长；浸蚀剂强度不可太大，裂纹内部的浸蚀剂应冲洗彻底，并在热吹风机下迅速处理干净。焊接裂纹试样要在较长时间、较高温度下清除裂纹内残存的浸蚀剂后，立即在显微镜下进行观察，把组织与裂纹的关系拍摄下来。裂纹试样不要长时间放置。

2. 焊接裂纹微观特征

（1）热裂纹 对于低碳钢、强度级别较低的低合金钢、镍基合金、不锈钢、铝合金等，热裂纹主要出现在焊缝，并且具有沿晶的特征，有时还带有氧化的色彩。如果某结构出现具有上述特征的裂纹，就可以判断为热裂纹，如图 8-40 所示为镍基合金热裂纹形貌。有时热裂纹也出现在近缝区，但具有上述特征，所以仍可以作出判断。结晶裂纹与沿奥氏体晶界的先共析铁素体中的低熔点非金属夹杂物有关，这些夹杂物一般与结晶裂纹连在一起，起着诱发结晶裂纹的作用。

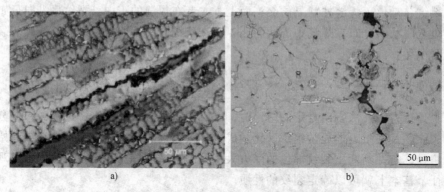

a) b)

图 8-40 NiCr25FeAlY 的 PVR 试样焊接接头热裂纹

a）枝晶间凝固裂纹 b）热影响区液化裂纹

（2）冷裂纹 这种裂纹主要出现在低合金高强度钢、中、高碳钢的焊接热影响区，同时与粗晶淬硬组织有密切关系。裂纹的走向有时穿晶，有时沿晶，根据材质、氢和受力的状态而定。

对于某些强度级别较高的高强度钢和超高强度钢，冷裂纹有时也出现在焊缝上。如在多层焊时，由于层间温度偏低和氢的聚集，冷裂纹也可能出现在焊缝。这时仅用一般显微镜观察有时难以定论，必须用其他更高级的测试手段，如断口分析、探针和透射电镜等。

（3）再热裂纹 这种裂纹的特征是明显的，主要体现在四个方面：再热裂纹发生在热影响区的粗晶区，并且具有晶间开裂的特征；含有一定沉淀强化元素的金属材料才具有产生再热裂纹的敏感性；与再热温度和再热时间有关，存在一个最易产生再热裂纹的敏感温度区；进行消除应力处理之前，焊接区存在有较大的残余应力，并有不同程度的应力集中。除了这四个主要特征之外，再热裂纹的金相组织和裂纹走向都有明显的特征。这种裂纹主要是沿过热粗晶的边界发生和扩展，如再配合热处理前后的检测试验，很容易作出判断。

（4）层状撕裂　在一般光学显微镜下观察，很容易对层状撕裂作出判断，因为它的阶梯状特征极为明显，裂纹在夹杂物处萌生，并沿夹杂物呈梯形扩展，裂纹方向与母材的轧制方向一致，并从母材带状组织中穿过铁素体晶粒。相邻两条裂纹的首尾，由直立的焊缝连通起来，形成台阶状。也有些情况下，阶梯状特征不明显，这时要配合夹杂物分析和断口分析。

（5）应力腐蚀裂纹　这种裂纹的特征更为明显，几乎只在显微镜下观察即可作出判断。从焊缝外观看，无明显的均匀腐蚀痕迹，所观察到的应力腐蚀裂纹呈龟裂形式，断断续续，而且近似横向的裂纹占多数。

最后应当指出，某种材料在某种焊接工艺条件下，具有产生多种裂纹的可能，所以常在同一条裂纹上或在相近的部位产生不同性质的裂纹。有时在热裂纹或冷裂纹的基础上发展成为应力腐蚀裂纹或层状撕裂等，如图 8-41 所示为起源于焊接热裂纹上的应力腐蚀裂纹。因此需要作细致的分析，才能得出正确的判断。

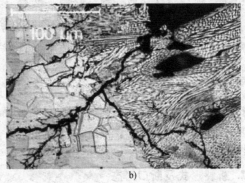

a)　　　　　　　　　　　　　　　　　b)

图 8-41　起源于焊接热裂纹的应力腐蚀裂纹

a) AISI 309, 80℃×720h, 30% $MgCl_2$　b) AISI 309, 105℃×720h, 15% $MgCl_2$

8.5.3　断口分析

1. 裂纹断开与断口分析

（1）裂纹的断开与断口切取　在对裂纹断口分析前，必须人为地将裂纹断开，以获得需要的裂纹断口。有时为了实验室观察的需要，还要对断口进行选取，并切取断口。

在断开裂纹前，应做好相关的记录、测量和照相，特别是裂纹与相关结构的相对位置和表面的痕迹特征等，以保证裂纹断开后，仍能准确确定裂纹的位置、结构特点和受力状态等。

断开裂纹时，需注意保持断面的原始形貌特征不受到机械的和化学的损伤；断口及其附近区域的材料显微组织不能因为受热发生变化。具体实施时，应根据裂纹的位置及扩展方向来选择人为施力点，使试件沿裂纹扩展方向受力，使裂纹张开形成断口，而不会在断开过程中损伤断面。常用的裂纹断开方法有三点弯曲法、冲击法、压力法和拉伸法等。断开裂纹时，最好采用一次性快速断开方法，而不用重复的、交变的或分阶段处理的方法，以免断开时在断面上形成的特征与原始断裂特征混淆。对大型焊接结构件，如锅炉、飞机等，为便于运输和深入地观察分析，需将大型试件切割成小试样。常用的切割方法有砂轮切割、火焰切割、线切割和锯削等，对会产生高温的切割，切割位置应与裂纹保持一定的距离，并用适当的方法进行冷却，以防止裂纹附近的材料组织、性能因受热发生变化，断面特征产生化学损伤。

裂纹断口分析与断裂面断口分析的技术和方法均相同，适用于断裂面断口分析的方法和手段在裂纹断口分析中均可应用；两者的形貌特征和规律也相同。因此，裂纹的断口分析技术和方法可参考一般金属断裂面断口分析。

（2）金属断口分析方法　金属断口分析通常分为宏观断口分析和微观断口分析两种方法。宏观断口分析反映了金属断口的全貌，微观断口分析则揭示了金属断裂的本质，这两种分析方法具有不同的特点，应配合起来进行具体分析。

对金属断口进行宏观分析时，一般先用肉眼或低倍放大镜观察整个断口区域的概貌，然后再选择要对细节进行观察的部位，并逐渐增大放大倍数，以便仔细观察断口结构。通过宏观断口分析，大体上可以判断出金属断裂的类型（脆性断裂、韧性断裂或疲劳断裂），同时也可以找出裂纹源的位置和裂纹扩展的路径。

微观断口分析是指利用光学显微镜、扫描电镜（SEM）和透射电镜（TEM）等仪器设备对断口进行微观观察和分析。扫描电镜具有视野广、景深好、放大倍数连续可调等优点，因此特别适用分析各类裂纹的性质。

另外，在断口分析时，依据断口上所残留的特殊产物，可确定致断的原因。目前断口产物的分析分为成分分析和相结构分析两个方面。成分分析常采用 X 射线荧光分析、光谱分析、质谱分析、电子探针、俄歇能谱仪、光电子谱仪等手段进行；产物的相结构分析常采用 X 射线衍射仪、电子衍射、高分辨率电子显微镜、场离子电子显微镜等方法。

2. 断裂形式及断口形态

金属材料的断裂形式很多，因而断口的形态也很复杂，如图 8-42 所示。这里主要介绍与焊接裂纹有关的断裂形式及断口形态，把各类裂纹中常见的韧窝断裂、解理断裂、准解理

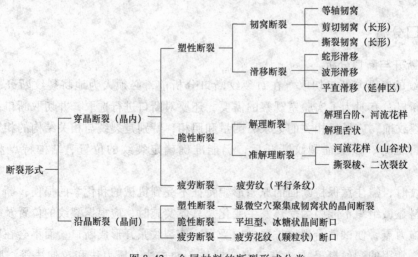

图 8-42　金属材料的断裂形式分类

断裂、沿晶断裂和氢致准解理断裂作简要介绍，其典型断口形貌如图 8-43 所示。

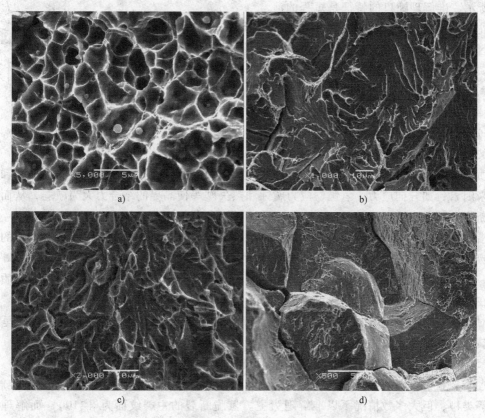

a)

b)

c)

d)

图 8-43 ASTM4130 钢不同条件下典型断口形貌

a) 韧窝断裂（插销试验，剪切唇区） b) 解理断裂（实焊接头，冲击断口放射区）
c) 准解理断裂（热模拟试验，粗晶区） d) 沿晶断裂（插销试验，临界断裂应力时扩展区）

（1）韧窝断裂（Dimple Rupture，DR） 韧窝断裂是金属在外力作用下，随着塑性变形的产生便形成显微空穴，或在析出物、夹杂物的颗粒上形成微孔，随应力的增大，微孔逐渐长大，直至断裂。在断口的表面上出现多个凹凸不平的小坑，即所谓韧窝（见图 8-43a）。根据受力状态及材质的变形方式不同，韧窝可分为三种类型：等轴韧窝、剪切韧窝和撕裂韧窝。

（2）解理断裂（Cleavage Fracture，CF） 解理断裂是金属在正应力作用下，由于晶内原子间的结合键破坏而造成的穿晶断裂。通常沿一定严格的晶面（解理面）发生，如体心立方晶格主要沿（100）晶面发生。一般来说，解理断裂是脆性断裂，但并不是绝对如此。解理断裂通常只在体心立方晶格和密排六方晶格的金属中发生，而面心立方晶格的金属一般不发生解理断裂。

由于材质和受力状态的不同，解理断裂的断口形态也多种多样，如解理台阶、河流花样、舌状花样、扇形花样等，其典型形貌如图 8-43b 所示。

（3）准解理断裂（Quasi-Cleavage fracture，QC） 其断口形貌类似于解理断裂但又有区别，故称准解理断裂。准解理断裂与解理断裂一样，都是穿晶型的断裂，除具有脆性断口的特征之外，还有明显塑性变形的撕裂棱，如图 8-43c 所示。撕裂棱是由许多单独形核的微裂

纹相互连接汇合而成，形成的过程如图
8-44所示。准解理断口的特征是短程的河
流状花样，常在局部地区形成裂纹，又在
该地区短程扩展，形成大量短而弯曲的撕
裂棱。有时在短程河流花样之间出现二次
裂纹。

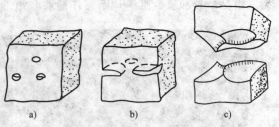

图 8-44　撕裂棱的形成过程
a) 微裂纹形成　b) 裂纹长大　c) 形成撕裂棱

（4）沿晶断裂（Intergranular Frac-
ture，IG）　沿晶断裂是沿多晶体的晶粒
界面彼此分离的一种开裂形式。晶界常常
是杂质和合金元素偏析的地方，甚至形成连续的薄膜而导致脆化，再加上应力、环境和温度
等外来因素，如三向应力、氢脆、应力腐蚀和热失塑等使晶界的结合力大为减弱，从而产生
沿晶断裂。

沿晶断裂一般多为脆性断裂，微观断口反映了晶粒多面体特征，其形貌具有典型的冰糖
状，宏观上断口平齐，无明显塑性变形，表面呈晶粒状，如图 8-43d 所示。此种断口的形
成，一方面因晶内强度较高不易滑移，应变易集中于晶界；另一方面，晶界又由于杂质元素
或氢在晶界的积聚等各种原因导致的脆化，不能承受塑性变形而开裂。

对于某些金属材料（如铝合金）的沿晶断裂，还表现出较大的塑性，其断口除呈现沿
晶断裂的特征之外，还有韧窝，故称为韧窝沿晶断裂。

（5）氢致准解理断裂（Quasi-Cleavage Fracture of Hydrogen Embrittlement，QC_{HE}）　氢致
准解理断裂是由氢引起脆化而导致开裂的。其断口根据含氢量的多少，出现沿晶、准解理、
韧窝等类型，但大多数情况下以准解理为主。氢脆断裂的主裂纹面为（110），而解理面为
（100）。两种开裂途径相汇合时，便形成了峰谷状的起伏花样。根据含氢量的多少和受力状
态，裂纹的扩展途径可分为三种，即沿板条边界、横切板条和沿原奥氏体晶界。

以上简要介绍了焊接裂纹中常遇到的几种断口形貌。实际上还有更多类型的断口形貌，
如疲劳断裂、液膜断裂等。由于多种因素的影响，在一个断口上常出现几种不同的混合断口
形貌（DR + QC + IG），这一点在断口分析时应特别注意。

3. 焊接裂纹的断口形貌

（1）热裂纹断口形貌　焊接热裂纹包括结晶裂纹、液化裂纹和高温失塑裂纹。裂纹断
口均为沿晶断裂，如图 8-45 所示。结晶裂纹的断口形态随着温度降低，断口形态逐渐平坦，
可看到平行于柱状晶的残留液体痕迹。用电子探针对该区进行分析表明，该区多为碳化物、
硫化物、磷化物等低熔点共晶物，如图 8-46 所示。焊缝中除出现热裂纹外，还有近缝区低
熔点共晶引起的微裂纹和热影响区液化裂纹。从断口特征来看，都具有液状薄膜，游动于晶
粒之间，当受力时还产生类似云雾状的塑性变形。

实际上，由于结晶裂纹形成时，晶界面上有连续液层，而裂纹形成后如拉伸应变持续增
长，裂纹就会向晶间液层稍厚（即温度较高）的区域以及晶间液层少而不连续（即温度较
低）的区域扩展。因此结晶裂纹断口的全貌是由具有不同特点的三个典型区域构成的，根
据日本学者松田、中川等对凝固裂纹断口的划分，这三个典型区域分别是树枝状断口区（D
区）、平坦状断口区（F区）及它们之间的树枝状与平坦状组成的混合断口区（D + F区），
如图 8-47 所示。

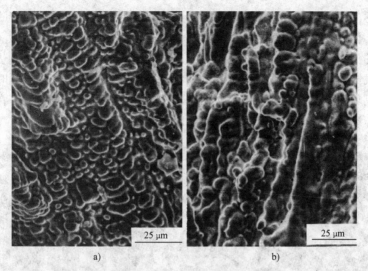

图 8-45 热裂纹沿晶开裂断口形貌

a) 焊缝金属填加适量稀土的断口形貌 b) 焊缝金属无填加稀土的断口形貌

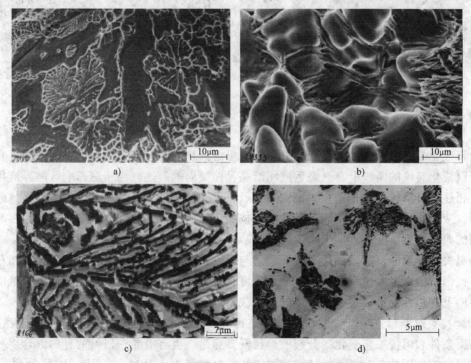

图 8-46 热裂纹断口表面的低熔点共晶物

a) AKOR 2 钢液化裂纹表面的 NbX 共晶 b) 03Cr19Ni11B 钢液化裂纹表面的 (Fe，Cr) 2B-γFe 共晶

c) 17 347-D 钢液化裂纹表面的氮化碳共晶 d) 17 347-D 钢液化裂纹表面的 Ti4S2C2 共晶

裂纹表面的高温区是焊缝后结晶区，该区的浓度过冷度较大，树枝晶结构较发达，而开裂时晶间液层又较厚，所以由断口上可以看到开裂后液相继续沿生长着的树枝晶凝固的情况。这一区域表面凹凸不平，树枝晶结构明显，称为树枝状断口区（见图 8-47a）。

裂纹表面的高温—低温中间区，在开裂时固相晶粒之间只有极薄的液层。这一区域的浓度过冷略低于焊缝后结晶区，树枝晶结构不甚发达而往往具有晶胞树枝晶结构。不甚发达的二次晶轴间薄薄的液层，在开裂后立即凝固于晶粒表面，因而这一区域裂纹断口表面也有凹凸不平的特点，但晶粒表面却相当平整光滑，称树枝状与平坦状混合断口区（见图 8-47b）。

裂纹表面的低温区是焊缝先结晶区。这一区域晶体生长时二次晶轴不发达，晶体多为由平面晶生长形成或由晶胞束构成的柱状晶，柱状晶界面之间较平直。在开裂时这一区域结晶已基本完成，晶界面上只有少量分散存在的液相。此时晶间强度仍不够高，在拉伸应变作用下仍易开裂，但裂纹平面较平坦，称为平坦状断口区（见图 8-47c）。

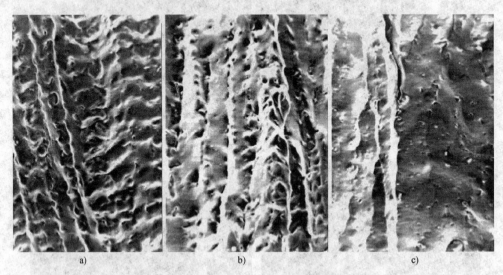

图 8-47　结晶裂纹断口表面形貌

a) D 区　b) D + F 区　c) F 区

由于液化裂纹的形成与低熔点共晶间相的重熔液化或组分液化形成的晶间液膜有直接关系，所以液化裂纹的断口上有开裂后液相沿晶界面凝固的痕迹。由于热影响区晶界液化所形成的液相往往与基体成分相差很大，也不易形成很厚的液层，而且原奥氏体晶界面一般较平坦，所以液化裂纹断口上不易出现发达的树枝晶结构，而常常能观察到的各种共晶在晶界面上凝固的典型形态。

高温失塑裂纹断口亦呈晶界断裂形貌，与凝固裂纹断口中混合区相似，但无液相存在的痕迹。低倍下的高温失塑裂纹的断口平坦，可有较锐利的棱线，在较高的倍数下，可以看到裂纹表面上有塑性变形带及变形带内的韧窝状断口痕迹。

（2）冷裂纹断口形貌　冷裂纹断口形态比较复杂。它随金属材料的性能、强度、含氢量、拘束条件和焊接工艺变化。开裂的途径既有穿晶，也有沿晶，以及两种的混合。一般低合金高强度钢热影响区冷裂纹的断口形态主要有准解理（QC）、沿晶（IG）和少量韧窝（DR）。

焊接冷裂一般具有延迟的特征，因此冷裂的断裂也是分阶段进行的，冷裂纹的断口形态可分为三个特征区，即启裂区、扩展区（放射区）和终断区，与此对应的断口形貌也发生相应的变化。插销试验时，某些低合金钢焊接冷裂纹的启裂、扩展和最终断裂三个区的断口特征可归纳如图 8-48 所示。

图 8-48 中的横坐标表示从缺口根部开始，沿缺口横截面到插销中心的距离（r），纵坐标 K_1 表示在裂纹扩展时裂纹尖端的应力场强度因子。为简化起见，计算 K_1 时没有考虑裂纹

尖端的塑性变形。K_1 的计算采用了带有环形裂纹的圆柱试棒计算公式：

$$K_1 = \frac{F}{D^{3/2}}\left(1.72\frac{D}{d} - 1.27\right)$$

式中　K_1——圆周裂纹圆柱试样的应力强度因子（$N/mm^{\frac{3}{2}}$）；

　　　D——圆柱外径（mm）；

　　　d——裂纹所在截面的直径（mm）；

　　　F——载荷（N）。

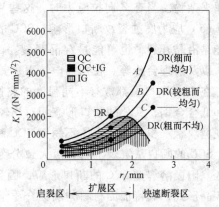

图 8-48　冷裂纹三阶段的断口形貌

A—Q345（16Mn）［H］= 0.94mL/100g，σ = 550N/mm²
B—14MnMoNbB［H］= 0.84mL/100g，σ = 380N/mm²
C—Q390（15MnV）［H］= 0.94mL/100g，σ = 250N/mm²

断口的形貌还受含氢量的影响，随含氢量的增加，断口形貌将由韧窝向准解理和沿晶发展。例如 15MnV 钢，当熔敷金属含氢量由 0.94mL/（100g）增至 7.1mL/（100g）时，就会由 QC + IG 全部转为 IG。因此，随钢种化学成分和熔敷金属中的含氢量不同，断口形貌也发生变化。通过试验，作为定性分析，钢种化学成分 P_{cm} 和［H］对冷裂纹扩展区断口形貌的影响如图 8-49 所示。

（3）再热裂纹断口形貌　再热裂纹的断口特征比较明显，都是发生在焊接热影响区的过热粗晶部位，具有沿晶开裂的特征，其断口形态几乎都是 IG。再热裂纹萌生在晶内变形能力不足而且晶界结合强度又低的条件下。晶内变形能力的降低是由于二次硬化元素的碳化物在晶内析出，导致的"二次析出强化"造成的。而再热过程中发生的晶界弱化与回火脆性类似，来自两方面的因素：一方面是由于 P、S、Sb 等杂质元素在晶界的偏析造成的脆化，另一方面是由于晶界析出碳化物造成的脆化。因此，在再热裂纹平坦冰糖状晶界断口表面上分布着大量的碳化物粒子。在有些情况下（如材料的

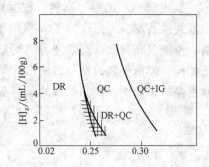

图 8-49　P_{cm} 和［H］对冷裂纹扩展区断口形貌的影响

韧性较好，使用的焊接热输入正常），在断口上虽主要是沿晶裂纹，但在各平台之间还出现少量的准解理裂纹或韧窝；同样，裂纹沿晶界扩展，断口表面密布的浅韧窝中均有碳化物粒子。

（4）层状撕裂断口形貌　层状撕裂的明显特征为平行于板材表面发展的阶梯状裂纹。它是由平行于板材表面开裂的平台和大致与板面垂直的剪切壁连接而成。因此，这种裂纹的宏观断口具有明显的木纹状特征，在高倍显微镜下可以观察到断口平台上分布有大块夹杂物（或粒状夹杂物群），夹杂物之间为韧窝或撕裂棱，显示了一种特殊形式的低塑性破坏；至于相邻平台之间的剪切壁，多属受剪切应力的塑性断裂，因此在断口形态上多为剪切韧窝，也有时出现准解理裂纹，这决定于材质的强度和韧性。

产生层状撕裂的主要原因在于钢中夹杂物的数量、种类、形态及其分布。材质承受 Z 向拉应力时，塑性不足便造成层状撕裂。因此，断口形态也有明显特征。一般低合金钢层状撕裂的断口形态与冷裂纹的氢致准解理类似，但常会看到上、下平台区的断口均有较多的非

金属夹杂物。当有 Z 向拉应力时，这些片状夹杂物都可看成是潜在的小裂纹。

（5）应力腐蚀裂纹断口形貌　SCC 的断口形态比较复杂，根据材质和腐蚀介质的不同，可能是沿晶开裂，也可能是穿晶开裂。而且断口的类型繁多，如山谷形、河流状、柱状骨架，以及解理台阶等。在扫描电镜下，其特征不甚突出（不如光镜下那样有明显特征）。另外，在 SCC 断口上都敷有不同程度的腐蚀产物，很难看清断口的真实形貌。对于一般低碳钢和低合金钢，SCC 的断口形态相对比较简单，仅出现典型的沿晶开裂。在受腐蚀严重时，出现糖块状堆积。而奥氏体不锈钢 SCC 断口形态比较复杂，可能出现多种形态的断口。

SCC 的断口从宏观上看，可大致分为裂纹扩展区（有氧化现象与腐蚀产物）与瞬时断裂区。阳极溶解型 SCC 的断口形貌，因受材料组织及环境介质的影响较为复杂，可有沿晶或穿晶形式，其特征因材料与腐蚀介质组合的不同而有差别。

奥氏体不锈钢的晶界 SCC 一般容易发生在热影响区等受过敏化过程的材料中，其机制仍然与敏化区晶间腐蚀相同，其断口形貌为冰糖状。奥氏体不锈钢的 SCC 中穿晶型为主要形式，根据腐蚀介质种类的不同，其断口上有羽毛状或扇形花样。台阶状的扇形花样相匹配的上下断口有的凹凸对应，有的为凹对凹、凸与凸相对应，前者形成机制类似解理河流的形成，是裂纹沿 $\{100\}$ 面在扩展途中横切螺位错而形成的台阶；而后者可能是 $\{111\}$ 滑移面的交叉线上堆积位错处，发生了局部腐蚀而形成的腐蚀隧道花样。

氢脆型 SCC 的断口形貌，根据材料与介质的各种组合情况、材料的强度、溶解氢的量以及裂纹前端应力强度因子 K 值的不同而各异，但其类型与氢脆断裂相似，可分为晶界断裂、准解理断裂和韧窝断裂。氢脆型 SCC 断口中的韧窝花样与一般情况下的韧窝相比，外观相同，但由于氢的参与，韧窝的尺寸较小。高强度材料的氢脆型 SCC 断口往往是以冰糖状沿晶断裂为主。穿晶扩展的氢脆型 SCC 断口上常见的是准解理花样。

第9章　合金结构钢的焊接性

合金结构钢具有强度高、塑韧性好等特点。近年来热控轧制技术（TMCP）的成熟应用，利用细化铁素体组织、产生贝氏体或马氏体等低温相变组织来提高钢材的强度、韧性和焊接性。为了满足大型焊接结构（如桥梁、工程机械、船舶、电力、能源等）的使用可靠性，众多的焊接工程结构采用新型合金结构钢制造，在社会发展中发挥着重要的作用。新型合金结构钢的焊接冶金和焊接性受到人们的关注。

9.1　微合金控轧钢的焊接

微合金控轧钢是靠控制钢中碳及合金元素含量并配以控轧空冷技术达到各种使用性能，用于制造不同应用条件下的焊接结构。总的趋势是控制碳及合金元素含量，改善钢的焊接性，扩大微合金钢在焊接结构中的应用。

9.1.1　微合金控轧钢的特点

20世纪60年代以前是低合金高强度钢的发展阶段，20世纪70年代起以微合金化和控制轧制技术为基础开发的微合金控轧钢，是钢铁业的重大技术进步之一，在世界范围受到广泛重视，对提高焊接质量和扩大焊接结构的应用具有重要的意义。

1. 微合金钢

在钢中加入质量分数为0.1%左右对钢的组织性能有特殊影响的合金元素，称为微合金元素。多种微合金元素的共同作用称为多元微合金化。微合金钢研发的基本思想是根据轧制方法的不同，向钢中加入微量Nb、Ti、Mo、V、B、RE等元素中的一种或几种，阻止高温奥氏体的长大，控制奥氏体的再结晶温度、增加铁素体的形核核心并通过控轧控冷细化晶粒，从而达到细晶强化的目的。

微合金元素的加入可以细化晶粒，提高钢的强度和获得较好的韧性。但钢的良好性能除了依靠添加微合金元素，更主要的是通过控制轧制工艺的热变形导致的物理冶金因素的变化。与一般热轧钢强度相同的情况下，微合金控轧钢的碳当量低，焊接性优良。

微合金元素在钢中的作用是：高温下未溶解的微合金碳化物或氮化物阻止奥氏体晶粒长大，轧制温度下未溶解或应变诱导析出的微合金碳氮化物阻止再结晶晶粒长大，较低温度弥散析出的尺寸细小的微合金碳氮化物产生强烈的沉淀强化效果。

微合金钢的化学成分与普通低合金高强度钢相同，仅在其中添加了微量的微合金元素。由于加入量很小，不会对钢的冶炼过程产生明显地影响，因此，微合金钢的冶炼工艺与普通低合金高强度钢基本相同。微合金钢与普通低合金高强度钢的主要区别在于微合金元素的存在将明显改变其轧制热形变行为，通过控制微合金钢的轧制及轧后冷却过程，使微合金元素的作用充分发挥，可以使钢材的性能显著提高，发展成新型的高强度高韧性钢。

微合金钢的组织以针状铁素体为主，晶粒尺寸可达$10 \sim 20 \mu m$，先共析铁素体和渗碳体都很少。这类钢多用微量 Ti 处理（Ti 的质量分数为 0.01% ~ 0.02%），由于 TiN 颗粒的溶解温度很高（约 1000℃以上），所以在邻近焊缝的热影响区高温区中 TiN 颗粒很难溶解，阻止了奥氏体晶粒长大，使热影响区的韧性下降不多。

微合金钢发展到现在，实际上并未形成完全独立的钢号，即微合金钢并没有特定的钢号，而仅是在现有钢类中添加了微合金元素而使其性能明显提高的新钢种。目前，世界各国的钢铁材料标准中并未将微合金钢单独列出，而通常是在低合金钢中包含大量的微合金钢种。同时，很多未标注微合金元素的碳钢和低合金钢中也允许加入微合金元素，而使其成为实际上的微合金钢。

国标 GB/T 1591—2008《低合金高强度结构钢》规定钢中必须加入 V、Nb、Ti、Al 等微合金元素，但不规定具体的种类和含量。因此，国标中的低合金结构钢实际上也都是微合金钢。

2. 微合金管线钢

微合金控轧钢是在低碳的 C-Mn 钢基础上通过 V、Nb、Ti 微合金化及炉外精炼、控轧、控冷等工艺，获得细化晶粒和综合性能良好的低合金钢。如输送石油天然气的管线钢 X60、X65 为低碳 Nb 微合金控轧钢，钢中加入微量 Nb 后，固溶于钢中的 Nb 使奥氏体再结晶过程中高温转变延迟到低温，形成细小弥散分布的 Nb（C、N）化合物，具有沉淀强化以及阻碍轧制过程中晶粒长大的作用。通过微合金化及控轧作用，获得强度和韧性良好的细晶组织。X60、X65 钢中加入稀土（RE/S = 2.0 ~ 2.5）的目的是提高钢的韧性，改善各向异性。

20 世纪 60 年代中期开发 X52 管线钢以来，已发展到 80 年代后期的 X80 钢。碳的质量分数由 0.1% ~ 0.14% 下降到 0.01% ~ 0.04%，碳当量相应地由 0.45% 下降到 0.35% 以下。显微组织由铁素体 + 珠光体、针状铁素体发展为极低碳的贝氏体，增强了管线钢抗氢致裂纹的能力，V 型缺口冲击吸收能量大幅度提高，在抗应力腐蚀的要求上也有明显提高。几种管线钢的化学成分和力学性能示例见表 9-1。

表 9-1　几种管线钢的化学成分和力学性能示例

牌号	化学成分（质量分数，%）														
	C	Mn	Si	P	S	V	Ti	Nb	Cr	Mo	Ni	Cu	Al	N	B
X60	0.06	1.21	0.21	0.01	0.01	0.01	0.02	0.02	—	0.20	—	0.15	—	—	—
X65	0.04	1.50	0.21	0.006	0.003	0.041	0.014	0.04	0.041	0.18	0.05	0.118	—	—	—
X70	0.08	1.61	0.24	0.015	0.005	0.035	0.013	0.057	0.036	0.22	0.016	0.122	—	—	—
X80	0.04	1.80	0.21	0.004	0.002	0.002	0.014	0.052	0.020	0.253	0.138	0.034	0.007	0.0001
X100	0.06	0.84	0.18	0.008	0.003	—	0.008	0.04	—	0.25	—	—	0.002	0.0003

牌号	力学性能			
	抗拉强度/MPa	屈服强度/MPa	断后伸长率（%）	冲击吸收能量/J
X60	584	475	32	61（ -40℃）
X65	637	494	39	102（ -20℃）
X70	657	550	39	113（ -20℃）
X80	790	630	38	285（ -20℃）
X100	710	848	30	133（ -20℃）

微合金管线钢的显微组织可分为三大类，即铁素体/珠光体型（F + P）、针状铁素体型（AF）、铁素体/马氏体型（F + M）。目前应用的管线钢主要为前两种类型。铁素体/珠光体组织为第一代微合金管线钢，强度级别为 X42 ~ X70。针状铁素体型管线钢为第二代微合金管线钢，强度级别范围可覆盖 X60 ~ X90。虽然人们已在致力于第三代更高强度级别的铁素体/马氏体型管线钢，如 X100、X120 或更高级别的管线钢开发，仍存在一些问题，如焊接性、止裂性、服役试验等，还需经验积累才能够进入大规模应用。

针状铁素体型管线钢是目前也是今后 10 ~ 20 年天然气输送管线工程的主流钢种。X70 针状铁素体管线钢是目前世界各国进行天然气管线建设的首选级别和品种。从制造成本上看，X80 管线钢将会成为未来新一轮管线建设的重要需求。微合金管线钢焊接的主要问题是热影响区过热区晶粒粗大使抗冲击性能下降，解决措施是在钢中加入沉淀强化元素（形成 TiO_2、TiN）防止晶粒长大，优化焊接工艺及焊接参数等。

3. TMCP 控轧钢

通过轧制后立即加速冷却所生产的钢，称为 TMCP 钢（Thermo-Mechanical Control Processing）。TMCP 钢比用正火处理生产的结构钢晶粒更细，因而在碳当量一定的情况下，可以获得强度更高、断裂韧性也较高的结构钢。和同样强度级别的正火处理生产的钢材相比，TMCP 技术生产的钢材降低了碳含量和其他合金元素含量，使钢的焊接性及接头的力学性能得到很大改善。

TMCP 钢包括控制轧制钢（CR 钢）、经 CR 处理后加速冷却钢（ACC 钢）和直接淬火钢（DC 钢）。现在一般的 TMCP 钢多指控制轧制钢，如果采取了加速冷却则称为水冷型 TMCP 钢（控轧控冷钢）；仅采用控制轧制时，称为非水冷型 TMCP 钢。

钢的良好性能不仅依靠添加微量合金元素，更主要的是通过控轧和控冷工艺的热变形导入的物理冶金因素变化细化钢的晶粒。普通轧钢是在 1250 ~ 1350℃加热后立即进行轧制，终轧温度在 950℃以上；而 CR 技术，为防止奥氏体晶粒粗大，加热温度为 1150 ~ 1200℃，终轧温度一般在 800℃以下。

在容易产生再结晶的高温 γ 区（再结晶区）进行轧制时可细化 γ 晶粒；在难于产生再结晶的低温 γ 区（未再结晶区）进行轧制时可使 γ 晶粒内形变组织均匀性提高；在更低温度的铁素体和奥氏体双相区进行轧制时可使相变后的铁素体晶粒进一步细化。γ 晶粒的细化或均匀化有利于形成更加细小的铁素体晶粒。

经 CR 处理后，如果加速冷却（控轧控冷）使铁素体加速形核，而生长速度得到抑制，可使晶粒进一步细化。加速冷却还会改变钢的最终组织——铁素体、珠光体、贝氏体和马氏体的比例，提高钢的强度。例如，用正火工艺处理的钢屈服强度为 355MPa；如用 TMCP 工艺处理，屈服强度可达到 500MPa，而且碳当量从 0.4% 下降到 0.32%，从而改善了结构钢的焊接性。

通过控制轧钢过程中的加热温度、轧制温度、变形量、变形速率、终轧温度和轧后冷却工艺等参数，使轧件的塑性变形与固态相变相结合，可以获得细小的晶粒和良好的组织，提高钢的强韧性，使其成为具有优异综合性能的钢。

在带材轧机上也可用 TMCP 工艺控制冷却温度并且一直精确控制到终轧温度。采用这种工艺生产的带材，屈服强度可达到 740MPa，碳当量可低于 0.35%，焊接性良好。由于用 TMCP 工艺生产的板材和带材强度较高，焊接性又好，因此可在较短的时间内用较低的成本建造高性能的焊接结构。

　　焊缝中大量的针状铁素体可以显著提高焊缝金属的强韧性。这是由于铁素体针非常细小，平均尺寸约为$1\mu m$，而且铁素体针取向自由，呈大角度晶界，具有较强的抗裂纹扩展能力。因此，使焊缝中出现足够量的针状铁素体是提高焊缝金属强韧性的关键。焊缝中加入多种微量元素可抑制高温奥氏体晶粒长大，促使针状铁素体的形成。

　　合金元素中，Ti、B、RE、Al元素对焊缝的细化具有较为重要的作用。通过优化工艺参数，控制冷却速度可促使针状铁素体的形成。Mn也是微合金钢中的主加元素，一般加入的质量分数为$1.1\% \sim 1.6\%$。Mn的加入不仅提高固溶强化作用，还能降低$\gamma \to \alpha$的转变温度，达到细化铁素体晶粒的作用。适当地调整Mn含量可使奥氏体转变为针状铁素体，使焊缝的强韧性得到进一步提高。

4. 超细晶粒钢（超级钢）

　　世界各国对钢材晶粒大小的表征一般采用与标准金相图比较评级的方法，常见的晶粒度为$1 \sim 8$级。其中$1 \sim 3$级（晶粒直径$250 \sim 125\mu m$）为粗晶，$4 \sim 6$级（晶粒直径$88 \sim 44\mu m$）为中等晶粒，$7 \sim 8$级（晶粒直径$31 \sim 22\mu m$）为细晶，晶粒直径$<20\mu m$为超细晶。晶粒度与屈服强度的关系如图9-1所示。

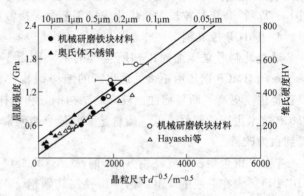

图9-1　晶粒度与屈服强度的关系

　　国内已研制出超洁净度的超细晶粒钢。新一代钢铁材料的特点是超细晶粒、超洁净度、高均匀性、性能价格比更加合理。在传统钢中，晶粒尺寸在$80\mu m$以下就称为细晶粒钢，其中TMCP钢通过控轧控冷技术的应用晶粒尺寸可小于$40\mu m$，最小可达到$10\mu m$。新一代超细晶粒钢通过合金化和应变诱导铁素体相变、两相区轧制等多种复合工艺处理，可使晶粒尺寸达到$0.1 \sim 10\mu m$。钢中$P + S + O + N + H$杂质总的质量分数降低到0.005%以下，使钢的强韧性获得大幅度提高。

　　Hall-Petch关系式是细晶强化的理论依据，即

$$R_{eL} = \sigma_0 + Kd^{-1/2} \tag{9-1}$$

式中　　σ_0——铁素体晶格摩擦力；

　　　　K——常数；

　　　　d——晶粒直径，此时晶粒直径是广义的，对铁素体是晶粒直径，对贝氏体和板条马氏体则是板条尺寸。

　　式（9-1）表明，随着晶粒细化，屈服强度R_{eL}提高。随着晶粒变细，钢材的屈服强度随其$-1/2$次方增加，冲击吸收能量也明显增加。此外，Petch又进一步提出冷脆转变温度vT_{rs}与晶粒尺寸的关系（$vT_{rs} = A - B\ln d^{-1/2}$），表明细晶化能提高钢材抗低温脆断能力。

　　控轧低合金钢的晶粒直径已达到$10 \sim 15\mu m$。如果将晶粒直径减小到$1\mu m$，原来屈服强度400MPa的钢，在成分基本不变的条件下屈服强度可增至800MPa。可从钢的纯净化（$P + S + O + N + H < 0.01\%$，质量分数）、均匀化和晶粒超细化（约$1\mu m$）达到这个目的。这种钢的成分与常用C-Mn-Si钢接近，但C、S、P含量很低，为防止晶粒长大加入微量的Nb

和 Ti。

　　传统的低合金结构钢着重于钢材本身的性能，偏重于氧化提纯、加工成形和相变热处理。国外特别注重从冶金角度入手从根本上解决钢的焊接性问题。通过冶金措施采用低碳微合金化及控轧控冷等工艺措施生产强韧性好、焊接性优良的管线钢、桥梁钢、船舶用钢、压力容器用钢等。

　　超细晶粒钢的生产具有如下特点。

　　(1) 洁净化　洁净化的含义包括：一是最大限度地去除钢中 S、P、O、N、H（有时包括 C）等杂质元素；二是严格控制钢中夹杂物的数量、成分、尺寸、形态及分布。生产中钢液的洁净度从普通钢的 P + S + O + N + H≤0.025%（质量分数）降低到经济洁净钢的 P + S + O + N + H≤0.012%（质量分数）。国外先进钢厂对 P + S + O + N + H 的总质量分数已控制在 0.005% 以下，达到超洁净钢的水平，且有进一步降低的趋势。

　　洁净钢的生产是通过冶炼功能的划分，将过去由炼钢独立完成的冶金功能分为铁液预处理（即脱 Si、脱 S、脱 P 的"铁液三脱"预处理工艺）、炉外精炼和分阶段精炼等工艺，利用最佳的热力学和动力学条件，分别完成脱 S、脱 P、脱 C、脱 O、合金化、成分调整等工艺，从而实现钢的洁净化。如目前生产的管线钢的硫的质量分数已达到 $w_S≤0.002\%$ 的水平，硫的质量分数最低可达 0.0005%，达到了国际先进水平。

　　钢的洁净化显著提高了钢的韧性和焊接接头的抗裂性，焊接性得到明显的改善，相应地要求焊缝也必须洁净化。

　　(2) 细晶化　钢的强化方式有多种，如固溶强化、位错强化、析出强化、细晶强化、热处理强化等（见图 9-2）。这些强化方式中，除了细晶强化以外，其他的强化方式都是在强度提高的同时，韧性下降。只有细晶强化是同时提高强韧性的有效方法。

　　传统的细化晶粒的方法是向钢中加入变质剂增加形核率，通过正火处理细化晶粒（如正火钢），但这种方法细化晶粒是有限的。新一代细晶强化钢在降碳、不提高合金元素含量的条件下，采用多元微合金化和控轧控冷技术较大幅度地细化晶粒来提高钢的强韧性。

　　通过细晶强化可进一步降低低合金高强度钢的碳含量，减少固溶的合金元素，使韧性得到进一步提高。微合金控轧钢的强韧化需要焊缝的高强韧性匹配，这要求焊缝金属不仅要实现洁净化，也要实现细晶化。但焊缝的细晶化不像母材那样可以通过控轧控冷工艺实现，它只有通过合金化完成细化晶粒的目的。

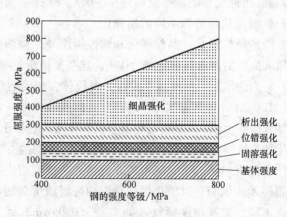

图 9-2　钢的各种强化效果示意图

　　超细晶粒钢的焊接问题主要是热影响区晶粒长大引起的强度降低，防止措施是控制热输入和尽量减小失强区的宽度。如果采用匹配比 1.25 的高匹配焊缝，失强率不超过 40%，其宽度小于 10% 厚度，焊接接头可以和母材等强度。

　　新一代钢铁材料仍处在研发阶段，我国 400MPa 级和 800MPa 级超细晶粒钢的研究已取得实质性进展。例如 400MPa 级超细晶粒钢是在 Q235 钢的基础上通过细化晶粒和纯净化处理而实现的；800MPa 级超细晶粒钢是在 X65 管线钢的基础上进行细化晶粒和纯净化处理实现的。这类钢铁材料的研发成功不仅是钢铁材料的重大变革，而且对焊接技术的发展提出了新的机遇和挑战。

9.1.2 钢材焊接性评定中的问题

1. 钢铁冶金技术的进步

近几十年来，钢铁的冶炼、轧制及热处理技术有了重大突破和明显进步，主要包括炉外精炼、铁液预处理、热控轧制（TMCP）、两相区淬火和微合金化技术等。这些技术可使钢中的硫磷杂质、有害气体及其他杂质等降低到很低的水平，使钢的纯净度明显提高，通过调整钢的组织类型和各种组织比例，细化钢的晶粒，使钢的强度、塑性、韧性及屈强比等综合性能得到显著提高。

在热处理技术上，以往常采用正火（N）、正火 + 回火（NT）、淬火 + 回火（QT）等工艺，后来又开发了两次正火 + 回火（NN′T）、两次淬火 + 回火（QQ′T）等新工艺。两次淬火 + 回火处理可以提高钢的低温韧性和降低钢的屈强比。就提高韧性而言，主要适用于 5Ni 钢、9Ni 钢等低温用钢和含 Ni 较多的高强度高韧性钢。第一次淬火与通常的淬火相同，是在 Ac_3 温度以上淬火；第二次淬火则是从 Ac_3 点以下的 $(\gamma+\alpha)$ 两相区淬火，可得到细化的合金成分富集的 α' 组织，在回火过程中 α' 相生成逆转奥氏体，吸收钢中的 C、N 等有害元素，使铁素体净化，显著地提高钢的低温韧性。

就降低钢的屈强比而言，主要用于建筑行业使用的高强度钢，即通过在两相温度区间进行热处理研制低屈强比的调质钢。这类钢的 Ni 含量很低（$w_{Ni}<0.5\%$），其屈强比约为 0.7；而相近成分的调质钢屈强比 >0.8。选择不同的两相区温度淬火后，可得到不同比例的混合组织，从而得到不同的屈强比。

除了精炼净化、晶粒细化和调控组织外，微细析出物对改善钢的性能，特别是对满足大热输入焊接的要求具有重要的作用。这些微细析出物包括 TiN、AlN、BN、Ti_2O_3、稀土硫化物等。它们的作用一是抑制形成粗大奥氏体，相变后形成细小的变态组织，避免魏氏组织的生成，TiN、AlN 等具有这种作用；二是抑制晶界上 α 相形核，从而避免或减少魏氏组织或侧板条铁素体的生成，B 的析出物具有这种作用，它易于向 γ 晶界偏析；三是在 γ 晶粒内部促使 α 相生核最终得到细小的组织，各种氮化物、氧化物或稀土硫化物等都具有这种作用。

虽然人们早已了解钢中的非金属夹杂物或析出物能促使 $\gamma\rightarrow\alpha$ 相变时 α 相形核，但是直到很晚才认识到它对细化焊接热影响区组织所起的有效促进作用。非金属夹杂物或析出物的概念不同，只有超细颗粒（如直径 <0.05μm）才能起到抑制 γ 晶粒长大的作用。研究表明，TiN 的形态和尺寸对 γ 晶粒尺寸有很大的影响，即 γ 晶粒直径和 TiN 尺寸成正比。添加质量分数为 0.02% ~ 0.04% 的 RE 和 0.002% ~ 0.0035% 的 B，可显著提高大热输入焊接时熔合区的韧性。添加微量 Ti 和 B 也可以促使大热输入焊接热影响区容易形成铁素体加珠光体组织。

研究表明，在大热输入焊接的熔合区附近，冷却过程中具有促使 α 相形核特性的微细颗粒有稀土的超细氧化物颗粒、钛的微小氧化物颗粒（主要指凝固过程中形成的直径小于 3μm 的氧化物），还有 TiN 以及复合析出的 BN、MnS 等颗粒。这些复合或非复合存在的微细的析出物或夹杂物，可以细化大热输入焊接时（热输入达 100～200kJ/cm）热影响区的组织，确保其具有较好的韧性。

2. 对焊接冶金的影响

钢铁工业新技术（如精炼净化、晶粒细化、组织调控和微合金化等）提高了钢材的焊接性，随着碳当量的降低，钢材抗冷裂能力得到改善；硫、磷等杂质元素的净化，显著提高了钢材的抗裂纹能力，也改善了钢的耐蚀性和抗蠕变脆化性能。其次是提高了钢材的力学性能，特别是韧性，在高强度下仍保持优良的韧性。这对焊接结构的安全性提供了更有力的保证，但在焊接结构中却进一步拉大了焊缝与母材之间的性能差距，对焊接冶金和焊材研发提出了更高的要求。

如何使焊缝更加纯净、如何使焊缝力学性能与母材相当或相近、如何使整个焊接接头满足结构的使用性能要求等，都是焊接材料研发的着眼点。尽管已有措施解决了一些问题，如低强匹配，采用 590MPa 级的焊材焊接 780MPa 级的钢材；异质焊材匹配，焊接 9Ni 钢时选用镍基合金焊接材料；在韧性指标上有些焊材的指标远远低于等强的母材指标；在对杂质元素的控制上，焊缝中允许的杂质含量也明显高于母材的要求。这些不对等的指标或要求，主要源自焊材本身的性能难以达到母材的相应要求。

（1）焊接熔池净化　研究结果表明，焊缝中的氧含量越低其韧性越高，特别是氧的质量分数低于 0.02% 时，对韧性的改善效果更明显。焊条电弧焊和埋弧焊等熔渣保护的焊接方法，焊缝中氧的质量分数偏高，多在 0.03% 以上。气体保护焊时，保护气体的成分与焊缝含氧量有直接关系，强氧化性的 CO_2 焊接时，焊缝氧的质量分数达 0.05%；弱氧化性的 Ar＋20% CO_2 气体保护焊时，焊缝氧的质量分数为 0.03%；加入体积分数 5% CO_2 的富氩保护焊，氧的质量分数为 0.02%。纯氩气保护的 TIG 焊接时，焊缝金属氧的质量分数可降低到 0.001% 左右。可见控制保护气体就可以控制焊缝含氧量。

抗拉强度达到 1000MPa 的 TIG 焊焊缝金属，－50℃ 的冲击吸收能量达到 100J 以上。在熔渣保护的情况下，包括焊条电弧焊、埋弧焊和药芯焊丝气体保护焊等，为降低焊缝含氧量，通常采用高碱度渣系。随着碱度的提高，焊缝中氧、硫等有害杂质的含量逐渐下降，使焊缝的韧性得到提高。有人认为，焊缝中含有微量的氧是有利的，它可以形成弥散的夹杂物（如 TiO），成为针状铁素体的新相核心，促使焊缝中有更多的对提高韧性有利的针状铁素体组织。Ti-B 复合韧化是行之有效的提高焊缝韧性的措施之一。向焊缝中过渡微量 Ti，既可以脱氧又可脱氮，还能起到新相生核核心作用，细化焊缝组织。

向焊缝中过渡极微量 B 可抑制先共析铁素体等晶界粗大组织的形成，对提高焊缝韧性也起到重要作用。Ti-B 复合可以使晶界先共析铁素体组织降低并使晶内针状铁素体组织增加，获得最为有利的焊缝组织。为了使焊缝更有效地脱除气体和其他有害杂质，可加入复合合金（也称中间合金），如 Al-Mg-RE、Al-Ti-B 等，以发挥其组合作用。

在碱性渣中，加强脱硫措施可以降低焊缝的含硫量；但是要使焊缝脱磷是很难实现的，脱磷主要应采用低磷焊丝和控制造渣原材料中的磷含量，以减少磷的过渡。这就造成了焊缝与母材之间的性能差距。尽管如此，在精炼净化焊接熔池上仍是有潜力的，焊接过程的熔池净化、组织调控和微合金化等方面有待进行更深入的工作。

（2）焊缝金属晶粒细化　与轧制状态的钢材组织不同，铸态的焊缝金属凝固后形成柱状晶组织，所以细化焊缝应从细化柱状晶入手。一方面是尽量减少柱状晶区的范围，改变柱状晶自身的尺寸和形态，为此应采用较低的热输入，也应尽可能降低焊接电流，还可向熔池中加入某些合金元素，如 V、Nb、Ti、Al 等，起到变质处理的作用，细化一次结晶组织。另一方面是采用多道焊技术，使柱状晶区的一部分发生重结晶，从而减少柱状晶区的比例。多道焊接时，后续焊道对先焊焊道中未熔化部分进行热处理，加热到相变点以上的部分发生重结晶，使其组织细化。如果焊接参数选择得当，包括热输入、焊接电流、焊条直径、施焊时适当摆动等，可以使重结晶区的范围进一步扩大，剩余的柱状晶区范围进一步减小，使整个焊缝区的晶粒尺寸达到细化的目的。应注意，如果后续焊道的高温作用时间过长，重结晶区的晶粒也变得粗大化，导致韧性下降，应尽量避免。

3. 对焊接性评定的影响

低合金结构钢的发展中改善焊接性是一条主线，而含碳量的降低是一个重要标志。淬火-回火（QT）钢通过多元微合金化以及 TMCP 钢通过控轧控冷使碳含量不断下降，改善钢的焊接性，目前钢中碳的质量分数已下降到 0.05% 左右。

新发展的微合金控轧控冷钢是通过精炼在保持低碳或超低碳、不加或少加合金元素的条件下采用微合金化和 TMCP 工艺实现细晶化、洁净化、均匀化来提高钢的强度和韧性，并已研制了新一代超细晶粒钢。新钢种的焊接性得到了明显改善，但也出现了一些新的焊接性问题，特别是关于新钢种的焊接性评定，推动着焊接工作者在焊接方法、工艺、材料等方面发展新技术，解决新问题，不断推动焊接技术的向前发展。

目前常用的钢材焊接性评定方法，基本上是 20 世纪 60～80 年代，各国焊接工作者根据当时的钢材品种和品质通过试验后制定的。随着钢材质量的提高，焊接工艺方法的进步，对钢材焊接性的试验方法及评定标准也需重新研究并制定新的标准。

例如，碳当量公式是按照 20 世纪 60～70 年代开发的含碳较高的低合金高强度钢建立的，如国际焊接学会（IIW）推荐的碳当量公式 C_E，日本 JIS 标准规定的碳当量公式 C_{eq}，主要适合于碳的质量分数 >0.18% 的钢种。而现在大多数低合金高强度钢碳的质量分数已远小于 0.18%，甚至向小于 0.05% 的方向发展。因此，在有关设计规范中，规定按上述碳当量公式作为钢材焊接性评定和选材的判据是不适宜的。

20 世纪 60 年代由日本学者等提出的焊接冷裂纹敏感指数 P_{cm} 在工程上得到广泛应用，但该公式仅适用钢材碳的质量分数范围为 0.07%～0.22%，试验时低碳范围的取样数量太少，应该说对碳的质量分数小于 0.07% 的低碳微合金钢和超低碳贝氏体钢引用该公式来评定焊接性的优劣，也是较为勉强的。

现在常用的一些焊接冷裂纹敏感性试验方法，也基本上是在 20 世纪 80 年代以前形成的。原国家标准中的焊接性试验方法，如斜 Y 形坡口对接裂纹试验方法、搭接接头（CTS）焊接裂纹试验方法、T 形接头焊接裂纹试验方法、压板对接（FISCO）焊接裂纹试验方法、插销冷裂纹试验方法等，已在 2005 年由国家标准化管理委员明令废止。这些方法仍可参照使用，但已不具有国家标准试验方法的权威性。

因此，随着钢材品种的更新换代和品质的大幅度提高，如何合理地评定各种强度级别的微合金控轧控冷钢、低碳或超低碳贝氏体钢、大热输入焊接用钢、新一代耐热钢和低温钢、超细晶粒钢等的焊接性，有待于引入新的思路和新的评定标准。

9.1.3　微合金控轧控冷钢的焊接性分析

微合金控轧控冷钢（TMCP）的特点是高强、高韧、焊接性好。该钢种由于含碳量低、洁净度高、晶粒细化、成分组织均匀，因此具有较高的强韧性。所谓焊接性好是指不预热或仅采用低温预热而不产生焊接裂纹，采用较大热输入焊接热影响区不产生脆化。由于每种钢的成分、组织、性能存在较大差异，因此其焊接性也各不相同。

1. 焊接裂纹

微合金 TMCP 钢中碳及杂质含量低，如 X70 钢碳的质量分数 ≤0.05%，而且 C、S、P 等元素得到有效控制，因此焊接时液化裂纹和结晶裂纹倾向很小。但由于在钢管成形焊接和安装过程中存在较大的成形应力或附加应力，特别是采用多丝大热输入埋弧焊制管时，由于焊缝组织过分粗大，出现 C、S、P 局部偏析，也容易引起结晶裂纹。

正是由于这类钢的含碳量低、合金元素少、淬硬倾向小（如 X70 钢属于针状铁素体钢），因而冷裂纹倾向小。但随着强度级别的提高，板厚的增大，仍具有一定的冷裂纹倾向。如管线钢现场敷设安装进行环缝焊接时，由于常采用纤维素焊条（含氢量高）打底，热输入小，冷却速度较快，熔敷金属含氢量高，会增加冷裂纹敏感性。钢材强度越高，冷裂问题将越突出（如 X80、X100 及 X120 等管线钢）。因此，对于 X80 以上钢种不宜用纤维素焊条进行打底焊。强度级别低于 700MPa 时（如 X80 以下钢种），裂纹一般在热影响区启裂，也可能向焊缝扩展。

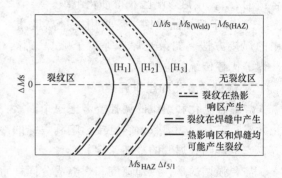

强度级别高于 700 MPa（如 X100、X120）时，焊接裂纹倾向增大，裂纹既可能出现在热影响区，又可能出现在焊缝中。具体启裂位置取决于氢的扩散及母材和焊缝金属的马氏体转变温度 Ms，如图 9-3 所示。

图 9-3　焊缝及热影响区马氏体转变点
Ms 与裂纹的关系

裂纹位置可用焊缝金属及热影响区的马氏体转变点 Ms 作为判据。

（1）热影响区（HAZ）
$$Ms = 521 - 350C - 143Cr - 175Ni - 289Mn - 37.6Si - 295Mo - 1.19Cr \cdot Ni - 23.1(Cr + Mo)C$$

（2）焊缝（Weld）
$$Ms = 521 - 350C - 13.6Cr - 16.6Ni - 25.1Mn - 30.1Si - 20.4Mo - 40Al - 1.07Cr \cdot Ni + 219(Cr + 0.3Mo)C$$

判据：$\Delta Ms = Ms_{(Weld)} - Ms_{(HAZ)}$

2. 热影响区的脆化

高强微合金控轧控冷钢热影响区的脆化是十分重要的问题，一般热输入越大，脆化倾向越严重。热影响区脆化问题主要有粗晶区（CGHAZ）脆化、临界热影响区（ICHAZ）脆化、多层焊时临界粗晶热影响区（IRCGHAZ）脆化、过临界粗晶热影响区脆化（SRCGHAZ）、亚临界粗晶热影响区（SCGHAZ）脆化等。其中，CGHAZ、IRCGHAZ、和 SCGHAZ 的脆化是微合金钢焊接时应引起重视的脆化区域。图 9-4 给出了 X80 钢模拟焊接热影响区的韧性。

为防止热影响区的脆化，常采用如下措施：

1）降低含碳量，控制杂质含量，加入少量 Ni 韧化基体。

2）抑制热影响区的晶粒长大，向钢中加入 Ti、V、Nb 等细化晶粒的元素，通过形成 TiN、TiO、(Nb、Ti) N、VN 等氮（氧）化物抑制热影响区晶粒长大。

3）改善热影响区的组织、通过向钢中加入变质剂，提高相变形核率，细化组织。如向钢中加入细小、均匀弥散分布的 TiO 微粒，可避免形成 GBF + FSP + Bu 等韧性低的混合组织，而在奥氏体晶内形成细小的细晶铁素体或针状铁素体，可显著提高韧性。即便采用较大热输入焊接，也不产生脆化。这种钢特别适合于厚板和中厚板的大热输入焊接。

4）对一般过热敏感的钢种，采用合适的焊接参数，焊接时通过调整焊接参数，减小高温停留时间，避免奥氏体晶粒长大；采用合适的 $t_{8/5}$，使热影响区获得韧化组织。

5）对于超细晶粒钢，需采用能量高度集中的焊接方法，如激光焊、等离子弧焊、脉冲焊等代替传统的电弧焊。

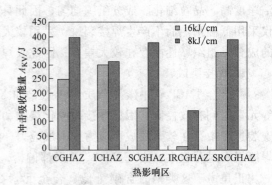

图 9-4　X80 钢模拟焊接热影响区的韧性

粗晶热影响区（CGHAZ）　　$T > 1350℃$
临界热影响区（ICHAZ）　　$Ac_1 \sim Ac_3$
临界粗晶热影响区（IRCGHAZ）
亚临界粗晶热影响区（SCGHAZ）
过临界粗晶热影响区脆化（SRCGHAZ）

3. 焊缝合金化和组织调控

焊缝合金化和组织的调控要考虑三个因素：一是焊缝成分，包括主要合金元素和微合金化元素；二是焊接参数，它直接影响到焊缝的冷却速度；三是结构尺寸，如板厚和接头形式等，它也影响到焊缝的冷却速度。

需要强调的是，冷却速度和焊缝成分同样重要，正是这两个因素的共同作用调控焊缝的组织。如果焊缝金属还要求进行焊后热处理，那么焊缝的组织调控就另当别论了。

对低合金钢而言，为得到更高的强度和韧性，最有利的焊缝组织是针状铁素体、下贝氏体和低碳马氏体（也称板条马氏体）。合金含量较少时生成针状铁素体组织为佳，合金含量较多时不再出现铁素体，而生成贝氏体和/或马氏体，甚至有残留奥氏体。这时以生成下贝氏体和板条马氏体组织为宜，要防止产生上贝氏体和孪晶马氏体组织。

焊缝组织的生成主要取决于两个因素，一是合金成分，特别是主要合金元素的含量；二是冷却速度，取决于热输入、层间温度和接头尺寸及接头形式等。接头尺寸及形式一方面影响到焊缝的冷却条件，另一方面也影响到熔合比，使焊缝化学成分和组织会发生变化。例如角焊缝的冷却速度可为同样板厚的对接焊缝时的 1.5 倍左右。与对接焊缝相比，角焊缝的强度总是偏高，而塑性和韧性偏低。

在接头或坡口形式一定的条件下，采用小截面的多层多道焊能改善焊缝金属的韧性，因为它减小了热输入，同时由于焊道间的相互"热处理"作用产生再结晶而达到细化晶粒的效果。对于固溶强化的焊缝金属，多层多道焊是有利的；但对于沉淀强化的焊缝金属，由于有第二相析出，多层多道焊不一定有利，此时需具体分析。通常情况下，冷却速度较快有利于生成针状铁素体和下贝氏体组织；但冷却速度不能过快，以免生成孪晶马氏体；冷却速度太慢则易于生成先共析铁素体、侧板条铁素体或上贝氏体等粗大组织，使焊缝韧性明显下降。应特别关注热输入和冷却条件的变化，采用同一种焊接材料时会出现性能差别很大的焊缝金属，原因是没有调控好组织。

为了得到针状铁素体组织，在焊缝中加入微合金化元素 Nb、Ti、RE 及其他能形成微细颗粒的元素，都可起到晶内 α 相形核作用，以利于形成细小的铁素体组织，但这些措施主要用于低强度级别的焊接材料。对于强度级别较高的焊接材料，焊缝组织不再是针状铁素体，而是贝氏体或马氏体组织，在这种情况下，α 相形核核心已不起作用了，而碳化物的聚集、析出位置和形态等成为关键因素。在相变温度较高时，碳化物在铁素体边缘聚集析出，呈连续或断续分布，称为上贝氏体组织；如果相变温度较低，碳化物只能在铁素体晶粒内部聚集，按一定方向析出，称为下贝氏体组织；在更低的温度下相变时将生成马氏体组织。

微合金控轧控冷钢可通过细晶化、洁净化、均匀化实现钢的强韧化。而焊缝金属是非平衡结晶，难以精确控制其冶金过程，从而难以实现焊缝金属的洁净化和成分均匀化，也不能通过控轧控冷实现细晶化，而且焊接加热会产生粗大的柱状晶。这给焊缝金属的强韧化和新型配套焊接材料研制带来很大困难。因此高品质焊接材料开发是亟待解决的重要课题，基本解决途径也应在焊缝金属的洁净化、均匀化、细晶化方向努力，包括采取以下方面的措施。

1）选用高洁净度的钢带和焊丝盘圆；严格控制原辅材料中各种铁合金、矿物质中的杂质含量。

2）建立原材料处理系统（包括检验、筛分、对部分原材料的烘焙和预烧结处理、干混等，使原材料成分达到洁净、精确、均匀）。

3）通过优化配方和工艺参数，通过提升冶金反应清除 S、P、O、H、N 等杂质。

4）控制焊缝中夹杂物的数量、种类、形态、尺寸及分布。

5）韧化焊缝组织，通过微合金化措施，阻止焊缝金属高温奥氏体晶粒长大，细化焊缝金属的组织，使焊缝获得细晶铁素体、针状铁素体等强韧化组织。对于强度更高（>600MPa）的微合金钢及超低碳贝氏体钢，可通过降碳并优化合金元素及微合金元素加入量，使焊缝金属成为超低碳贝氏体组织。

6）对实心焊丝 CO_2 气体保护焊，如何降低焊缝金属含硫量是一个难题，目前国内外用于 CO_2 气体保护焊的实心焊丝，一般 $w_S > 0.01\%$。因为硫是表面活性元素，微量的硫可以降低焊接飞溅和改善焊缝成形。如果焊丝中 $w_S < 0.005\%$，焊接飞溅明显增大，焊缝成形不良。要解决这个问题，除在焊丝中增加表面活性元素或采用含有表面活性元素的特种涂层焊丝（不镀铜焊丝）外，还可采用新型数字化逆变焊机，也可使含硫量极低的焊丝在焊接时降低飞溅、改善成形。

钢材品质的提高改善了钢材的焊接性，使不少品种的钢材从"可焊"变为"易焊"。在这方面，我国从 20 世纪 90 年代开始有大的进步，已接近国外的先进水平。

9.1.4 微合金钢的焊接工艺特点

微合金化钢（特别是超细晶粒钢）焊接的关键是如何使焊接熔合区和热影响区的组织性能与母材超细晶状态相匹配。针对超细晶粒钢，按照常规方式焊接的接头晶粒长大倾向比传统钢更为严重，必须采取一些特殊的措施。

1. 控制焊接热输入

从对微合金钢焊接接头性能的影响程度看，焊接热输入可分为两类：一类是低热输入焊接法，如焊条电弧焊、CO_2 焊、TIG 焊、MIG/MAG 焊、药芯焊丝气体保护焊等。另一类是高热输入焊接法，它是在常规的焊接坡口内以相当高的熔敷率施焊，如单丝或多丝埋弧焊、电渣焊、高速 CO_2 焊及双丝高效 MAG 焊等。

在第一类焊接方法中，控制焊接热输入基本上避免了高热输入焊接法造成的接头区晶粒粗大、韧性下降等不利后果，保证了焊接接头良好的组织性能，但焊接效率的大幅度提高也受到限制。为了解决这一矛盾，发展了高速 CO_2 焊、窄间隙焊接、双丝高效 MAG 焊等焊接技术，为高效率的焊接生产提供了技术保证。

焊接热输入取决于焊接接头是否出现冷裂纹和热影响区脆化。微合金钢的碳含量较低，对焊接裂纹不敏感，焊接中的问题主要是热影响区晶粒长大引起的韧性下降。随着微合金钢强度级别的提高，所适用的焊接热输入的范围随之变窄。

焊接含 Nb、V、Ti 的微合金钢，为了避免焊接中由于沉淀析出相的溶入以及晶粒过热引起的热影响区脆化，应限制焊接热输入。严禁在非焊接部位引弧。多层焊的第一道焊缝（打底层）需采用小直径的焊条或焊丝，减小熔合比。一般多采用 MIG 焊、MAG 焊或脉冲 MIG/MAG 焊。

2. 高效 MAG 焊

（1）单丝焊　国际上对高效 MAG 焊的定义是：熔敷率大于 8.0kg/h 的 MAG 焊才能称作高效 MAG 焊。为了能达到这样高的熔敷率，对于直径 1.2mm 的焊丝来说，送丝速度须大于 15m/min，如图 9-5 所示。与该送丝速度相对应的焊接电流达到 350A 以上，即进入稳定的喷射过渡。

为了实现高效 MAG 焊，须采用混合气体（如 Ar + CO_2）和较长的焊丝伸出长度。Ar + He + CO_2 或 Ar + He + O_2 富氩混合气体也能实现高效 MAG 焊。焊丝伸出长度从惯用的 15 ~ 19mm 增加到 25 ~ 35mm，可进一步提高熔敷率并使熔滴轴向喷射过渡和旋转喷射过渡更趋稳定。显然，焊接电流与电弧电压的临界范围也必须严格匹配。

单丝高效 MAG 焊已在低合金高强度钢焊接结构中得到了成功的应用。

（2）双丝 MAG 焊　双丝高效 MAG

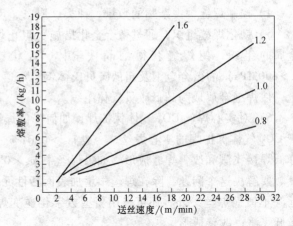

图 9-5　MAG 焊时送丝速度与熔敷率的关系

焊是单丝高效 MAG 焊的进一步发展。双丝高效 MAG 焊可分为两种形式：一是采用同一个导电嘴，以同电位的方式向焊接熔池同时送进两根焊丝，焊接电源可按要求的焊接功率，分别采用单电源或双电源；另一种方式是将两根焊丝分别通过两个相互绝缘的导电嘴，各自由两台焊接电源供电（称为双丝串列电弧高效 MAG 焊）。在这两种双丝高效 MAG 焊中，后一种方法具有更高的焊接效率和更强的工艺适应性。这种双丝串列高效 MAG 焊方法的熔敷率可高达 16kg/h 以上，在大型焊接结构和批量焊接生产中得到应用。

高效 MAG 焊用于 V 形或 U 形坡口厚板对接接头，更能发挥其高熔敷率和高焊接速度的优势，而且焊接热输入可降低 30% ~ 50%，焊缝组织相当细密。双丝串列高效 MAG 焊与常规 MAG 焊、药芯焊丝气体保护焊的比较见表 9-2，采用的是相同焊脚尺寸的角焊缝形式。可见，双丝高效 MAG 焊时，虽然总的焊接电流大于两种气体保护焊，但由于提高了焊接速度，焊接热输入下降了约 40%，这对低合金高强度钢焊接是十分有利的。

双丝串列高效 MAG 焊已在低合金钢焊接结构的生产中得到成功的应用。双丝高效 MAG 焊的不足之处是焊枪结构特殊、焊接速度快，难以人工操作（一般采用机械化焊接），对焊接设备的技术性能要求高，设备投资大。

表 9-2　双丝高效 MAG 焊与常规 MAG 焊、药芯焊丝气体保护焊的比较

焊接方法	焊丝	焊接位置与焊脚尺寸/mm	焊接电流/A	电弧电压/V	焊接速度/(cm/min)	热输入/(kJ/cm)	熔敷率/(kg/h)
单丝高效 MAG 焊	ER70S-6 ϕ1.6mm	平角焊/8	470	31	45	19.45	8.0
常规 MAG 焊	ER70S-6 ϕ2.4mm	平角焊/8	500	34	41	25.0	7.3
药芯焊丝气体保护焊	ER70T-1	平角焊/8	435	29.5	40	19.3	7.1
双丝高效 MAG 焊	ER70S-6 ϕ1.2mm	平角焊/8	300	23	58	13.2	10.5

3. 高速脉冲 MIG/MAG 焊

采用焊接电流波形控制技术的高速脉冲电弧 MIG/MAG 焊是一种特殊的短弧（低电压）脉冲 MIG/MAG 焊接方法，特别适用于厚度 1.5～6.0mm 低合金钢板的高速焊。板厚 2mm 钢板搭接接头的焊接速度可达到 130m/h。由于焊接电弧十分稳定，焊接飞溅明显减小，同时改善了焊缝的成形。

高速脉冲 MIG/MAG 焊的特点是在短路周期内可精确地控制焊接电流波形，使短路过程在低电流下完成。这种焊接方法可以在较低的平均电压下和较高的焊接速度下进行焊接。通过对送丝速度、弧长和电流波形的精确控制，可使高速脉冲 MIG/MAG 焊适应各种焊接工艺的要求。高速脉冲 MIG/MAG 焊的电弧电压比常规脉冲 MIG/MAG 焊约低 4V，这样可以明显地减少咬边，焊接速度可提高 28%。

实心焊丝高速脉冲 MIG/MAG 焊的焊接参数见表 9-3。采用 Ar90% + $CO_2$10%（体积分数）混合气体，焊丝伸出长度 19mm。

表 9-3　实心焊丝高速脉冲 MIG/MAG 焊的焊接参数

接头形式与焊接位置	板厚/mm	焊丝与直径/mm	送丝速度/(m/min)	焊接电流/A	电弧电压/V	弧长修正系数	焊接速度/(m/min)
搭接接头平角焊	6.4	ER70S-6 ϕ1.2mm	10.2	320	21	0.85	0.9
	4.8		10.2	310	12.5	0.85	1.1
	3.2		9.4	298	19.5	0.80	1.4
	2.4		8.4	290	18	0.80	1.5
	2.0		6.9	250	17	0.85	1.5
搭接接头向下立焊	6.4	ER70S-6 ϕ1.2mm	9.1	289	21.7	0.90	0.9～1.0
	4.8		9.1	277	21.1	0.90	1.3
	3.2		7.6	260	19.1	0.90	1.3
	2.4		7.6	260	20	0.95	1.5
	2.0		7.0	250	19	0.95	1.8

4. 高强度管线钢的焊接

输送石油、天然气的高强度管线钢是在低合金控轧钢基础上发展起来的。为了满足油气输送管线对钢材的要求，在成分设计和冶炼、加工成形工艺上采取了多种技术措施而自成体

系。在成分设计上，管线钢大体上都是低碳（或超低碳）Mn-Nb-Ti 系或 Mn-Nb-V（Ti）系，有的还加入 Mo、Ni、Cu 等元素。

根据高强度管线钢全位置环焊缝的焊接特点，一般采用焊条电弧焊和半自动（或自动）药芯焊丝气体保护焊。管线钢焊接材料的选用见表 9-4。

表 9-4　管线钢焊接用的焊接材料

钢号	屈服强度等级/MPa	焊条		气体保护焊		埋弧焊	
		型号	牌号	保护气体	焊丝	焊丝	焊剂
X60	415	E4310、E4311 E5010、 E5015、E5048	J425XG J505XG J507XG	CO_2	E70S-G E501T8-K6 *	H08Mn2MoA H08MnMoA H10Mn2	HJ431 SJ101 SJ301 SJ102
X65	450						
X70	480	E5510、 E5518-G	SRE555-G	CO_2	E80S-G E501T8-Ni1 * JC29-Ni1 *	H08Mn2MoA	SJ101 SJ301

注：* 为自保护焊丝。

（1）焊条电弧焊　选用两类具有全位置焊接性能的焊条，即高纤维素型焊条和低氢型焊条，见表 9-5。

1）纤维素型焊条向下立焊。长输管道普遍采用，适宜于 X60 钢级以下、管径大于或等于 254mm、壁厚 7～16mm 管道的焊接。优点是大电流、高焊速，根焊速度可达 20～50 cm/min，焊接效率高。但纤维素型焊条的扩散氢含量高达 30～40mL/100g，焊缝的低温韧性和抗裂性不如低氢型焊条。因此，如果焊接高强度管线和在寒冷地区进行焊接作业，要采取焊前预热和层间加热，以防止焊接裂纹。

表 9-5　管线钢焊条电弧焊所用的焊条

钢级别	焊道	向上立焊	向下立焊		
		低氢型焊条（AWS）	高纤维素型焊条（AWS）	低氢型焊条（AWS）	低氢型焊条＋纤维素型焊条(AWS)
X42 X46 X52	根焊 热焊 填充、盖面	E7016 E7016 E7018	E6010	—	—
X56	根焊 热焊 填充、盖面	E7016 E7016 E7018	E6010 E7010-P1 E7010-P1	—	—
X60	根焊 热焊 填充、盖面	E7016 E7016 E7018	E6010 E7010-P1 E7010-P1	E8018-G	E6010 E7010-P1 E8018-G
X65	根焊 热焊 填充、盖面	E7016 E7016 E8018、E8018-G	E6010 E7010-P1 E7010-P1	E8018-G	E7010-P1 E8010-P1 E8018-G
X70	根焊 热焊 填充、盖面	E7016-G E9018-G E9018-G	E6010 E8010-P1 E8010-P1	E8018-G	E7010-P1 E8010-P1 E8018-G
X80	根焊 热焊 填充、盖面	E7016-G E9018-G E9018-G	E7010-P1 E8010-P1 E9010-P1	E9018-G	E7010-P1 E8010-P1 E9018-G

2）低氢型焊条向下立焊。焊缝金属含氢量低（小于 5mL/100g），焊缝具有优良的低温韧性和抗裂性，主要应用于硫化氢腐蚀严重或在寒冷环境中运行的管道。但焊接速度低于纤维素型焊条，对根焊时的焊口组对和坡口尺寸要求严于纤维素型焊条，易出现未焊透、未熔合和咬边等根部缺欠，在长输油气管道中一般不单独使用。

3）低氢型焊条向上立焊。主要用于小口径管道的焊接。具有优良的抗裂性，接头尺寸不出现大错边的情况下具有良好的 X 射线检测合格率，常用于工艺厂站内的重要管件和接头。

4）组合焊。用多种焊接方法共同完成一道环焊缝的焊接，可达到最佳的焊接效果。主要有以下几种组合。

① 根焊和热焊用纤维素型焊条向下立焊，填充、盖面采用向上立焊。在厚壁管（7 ~ 16mm）焊接中，向下立焊最具有竞争力。当管壁太厚时，焊接层数也相应增加，焊接燃弧时间因素对整个焊接时间的影响降低了，其高效性优点也就丧失了。因此，对于壁厚超过 16mm 的管线钢，常采用向下立焊和向上立焊两种方法的组合。

② 根焊采用向上立焊，填充、盖面采用向下立焊。对于根焊，向下立焊要求的坡口精度高于向上立焊。在一些接头没有间隙的焊接中，推荐使用向上立焊打底根焊，向下立焊填充、盖面。

③ 纤维素型焊条下向根焊、热焊，其余焊道采用低氢型焊条下向焊。这种焊接方法是近十年管线建设中常用的方法，纤维素型焊条根焊速度快，对管口组对质量要求不高，适宜于机械化焊接作业。填充、盖面用低氢型焊条向下立焊，不但速度快、层间清渣容易，而且焊缝具有优良的抗裂性能和低温韧性。这种方法一般用于 X56 钢级以上管线的焊接，特别是输气管线中。

纤维素型焊条向下立焊的焊接参数见表 9-6。纤维素型焊条向下立焊只能用直流焊机进行焊接操作，焊机须具有陡降的外特性，空载电压要求 80 ~ 100V。

表 9-6　纤维素型焊条向下立焊的焊接参数

焊道	下 向 焊 条		电源极性	焊 接 参 数		
	类型	直径/mm		焊接电流/A	电弧电压/V	焊接速度/(cm/min)
根焊	纤维素型低氢型	3.2或4.0	直流正接直流反接	70 ~ 90或90 ~ 120	25 ~ 30或22 ~ 26	10 ~ 15或13 ~ 18
热焊	纤维素型低氢型	4.0	直流反接	90 ~ 120	22 ~ 26	20 ~ 30
填充	纤维素型低氢型	4.0	直流反接	120 ~ 150	25 ~ 30	20 ~ 30
盖面	纤维素型低氢型	4.0	直流反接	120 ~ 140	25 ~ 30	20 ~ 25

（2）药芯焊丝气体保护焊　由于药芯焊丝半自动焊技术在长输管线野外施工中的独特优势，目前这种焊接方法已被普遍应用于管线建设中。大多是采用 E6010 焊条电弧焊向下立焊打底，自保护药芯焊丝半自动焊进行填充、盖面。例如，西气东输工程主要用奥地利伯乐公司生产的 FOX CEL（AWS E6010）纤维素型焊条进行根焊、热焊（向下立焊），用美国

哈伯特公司生产的 Fabshield 81N1（AWS E71T8-Ni1）自保护药芯焊丝填充、盖面。生产效率高于焊条电弧焊。管线钢焊接用半自动焊、自动焊的焊接材料选用见表 9-7。

表 9-7 管线钢焊接用半自动焊、自动焊的焊接材料选用

钢级别	半自动焊			自动焊	
	根焊焊条（AWS）	填充、盖面用药芯焊丝（AWS）	根焊气体保护焊焊丝（AWS）	根焊焊丝（AWS）	气保护焊焊丝（AWS）
X42，X46，X52	E6010	E61T8-K6	ER70S-4	ER70S-4	E6010
X56，X60	E6010	E71T8-K6，E71T8-Ni1	ER70S-6，ER70S-G	ER70S-6，ER70S-G	ER70S-6，ER70S-G
X65，X70	E6010	E71T8-Ni1	ER70S-6，ER70S-G	ER70S-6，ER80S-G E80C-Ni1（Metalloy 80N1）	ER70S-6，ER80S-G E80C-Ni1（Metalloy 80N1）

自保护药芯焊丝半自动焊的优势表现在如下几个方面：

1）焊接质量高。自保护药芯焊丝半自动焊，焊接一次合格率高达 95%，明显高于焊条电弧焊，降低了焊接劳动强度和现场返修工作量，保证了焊接质量。

2）具有较高的抗风能力，在风速高达 10m/s 的情况下仍可进行焊接作业，低于低氢型焊条电弧焊上限 5m/s 的风速要求，更小于气体保护焊 2m/s 的风速要求，减少了对防风设施的投入。

3）节省焊接材料。自保护药芯焊丝半自动焊熔敷率高于 85%，而焊条电弧焊熔敷率只有约 60%。

药芯焊丝自动焊需专用的内焊机根焊，外焊机填充、盖面，设备较复杂，但焊接效率高，焊接质量好。一般用于大口径、大壁厚管线钢的平原、微丘陵地形较好的地段。

（3）管线钢焊接技术要点

1）根焊。根据管道直径及壁厚选择焊条直径、焊接速度和焊接电流。管径小于 250mm、壁厚在 8mm 以下的管道，可采用直径 3.2mm 焊条。对于管径较大、壁厚较厚的管道可采用直径 4mm 焊条。根焊时采用直拉式运条，不摆动。只有当间隙过大或熔孔过长时，才可往返运条，以防止热输入过大而烧穿。焊条与管子接近垂直位置。

2）热焊（向下立焊）。目的在于加强根焊，并通过热输入使焊道保持较高温度而防止根焊焊道产生裂纹、开裂等缺欠，一般要求两焊道间隔时间不能超过 10min。这一点对高强度钢的管道焊接尤其重要。热焊和填充焊采用直径 4mm 或 5mm 的焊条。热焊时采用直线往复运条，焊接速度要快，并保证坡口边缘熔合良好，热焊之前必须进行彻底清根。

3）预热。有利于去除母材表面水分和加速氢的逸出，降低根部焊道产生裂纹的敏感性，减小热影响区淬硬。预热温度取决于钢材级别、壁厚和环境温度。当壁厚超过 20mm 时须预热。采用感应加热器进行预热，与火焰及电阻带加热器相比，具有加热速度快、均匀、温度控制准确的特点。

9.2 低碳调质钢的焊接

随着科学技术的发展，焊接结构设计日趋向高参数、轻量化及大型化发展，对钢材的性

能提出了更高的要求。抗拉强度 $R_\mathrm{m} \geqslant 600\mathrm{MPa}$ 的高强度钢采用调质处理（淬火 + 回火），通过组织强韧化获得很高的综合力学性能。低碳调质钢的抗拉强度一般为 600 ~ 1300MPa，这类钢既具有较高的强度，又有良好的塑性和韧性。由于性能优异和经济效益显著，低碳调质钢在工程焊接结构中的应用日益广泛，越来越受到工程界的重视。

9.2.1　低碳调质钢的性能特点

低碳调质钢的屈服强度为 490 ~ 980MPa，在调质状态下（淬火 + 回火）供货使用，属于热处理强化钢。这类钢的特点是含碳量较低（质量分数 0.18% 以下），既有高的强度，又有良好的塑性和韧性，可以直接在调质状态下焊接。这类钢在焊接结构中得到了越来越广泛的应用，可用于大型工程机械、压力容器及舰船制造等。

合金元素对钢材塑性和韧性的影响与其强化的作用相反，即强化效果越大，塑性和韧性的降低越明显。在正火条件下，通过增加合金元素提高强度会引起韧性急剧下降。为了进一步改善钢的强度和韧性需要进行调质处理。

作为高强度钢制造工艺的关键一环，调质处理是为了获得强韧性良好的回火马氏体或下贝氏体组织。对于抗拉强度超过 600MPa 的钢材，不需添加过多的合金元素，通过调质处理即可满足强度要求。美国最初是降低装甲钢的碳含量并进行调质处理，大大改善了其性能，在军事装备中得到使用。该项技术成功地解决了加热钢板的均匀冷却、冷却时的变形、淬火组织非均质化以及高屈强比带来的加工成形等难题，使调质钢在压力容器、工程机械等大型焊接结构中得到应用。

低碳调质钢厚板淬火装置的特点是采用压板对钢板施压，防止水冷时产生变形，从钢板上下两面对钢板同时喷雾冷却。连续淬火技术解决了压板部位淬火不足等问题，采用这种装置能够制造出板厚达 150mm 的超厚调质钢。

为了保证良好的综合性能和焊接性，低碳调质钢要求钢中的碳的质量分数不大于 0.18%。添加一些合金元素，如 Mn、Cr、Ni、Mo、V、Nb、B、Cu 等，以提高钢的淬透性和马氏体的耐回火性。这类钢由于含碳量低，淬火后得到低碳马氏体，而且会发生"自回火"，脆性小，具有良好的焊接性和低温冲击韧性，适用于大中型重载焊接结构。

低碳调质钢具有较高的强度和良好的塑性、韧性和耐磨性，特别是裂纹敏感性低，在工程结构制造中有广阔的应用前景。根据使用条件的不同，低碳调质钢可分为以下几种。

1. 高强度结构钢（$R_\mathrm{m} = 600 ~ 980\mathrm{MPa}$）

要求有较高的强度和良好的焊接性，如 14MnMoNbB、15MnMoVNRE、Q550、Q620、Q690、Q800 等，这类钢主要用于工程焊接结构，焊缝及焊接区多承受拉伸载荷或动载荷。这类钢可在调质状态下焊接，必要时进行焊后消除应力处理。

2. 高强度耐磨钢（$R_\mathrm{m} \geqslant 1000\mathrm{MPa}$）

不仅要求强度高、低温缺口韧性好，而且要求具有优良的焊接性，是我国工程机械、采矿机械和制造大型机械装备不可缺少的高强度焊接结构钢。如 HQ100、HQ130 等，主要用于高强度焊接结构耐磨和要求承受冲击磨损的部位。由于采用了先进的冶炼工艺，钢中 S、P 等杂质明显降低，O、N、H 含量均较低。高洁净度使这类钢母材和热影响区具有良好的低温韧性。经淬火 + 回火后的组织是回火低碳马氏体或下贝氏体，这类组织可以保证得到高强度和高耐磨性。

3. 高强度高韧性钢（$R_m \geqslant 700MPa$）

要求在高强度的同时，具有高韧性，主要用于高强度高韧性焊接结构。Ni 能提高钢的强度、塑性和韧性，降低钢的脆性转变温度。Ni 与 Cr 一起加入时可显著增加淬透性，得到高的综合力学性能。这类钢经淬火＋回火后的组织是回火低碳马氏体、下贝氏体或回火索氏体，这类组织可以保证得到高强度、高韧性和低的脆性转变温度。如 12Ni3CrMoV、10Ni5CrMoV 以及美国的 HY-110、HY-130、HP-9-4-20 等，这类钢要求在高强度的同时要具有高韧性，主要用于高强度高韧性焊接结构，如舰船、潜艇外壳等。

9.2.2 低碳调质钢焊缝的强韧性匹配

1. 强度匹配

屈强比（R_{eL}/R_m）是设计焊接结构的重要参数。低的屈强比有利于加工成形，高的屈强比使钢材的强度潜力得以发挥。焊缝强度匹配系数 $S = (R_m)_w/(R_m)_b$ 是表征接头力学非均质性的参数之一。一般要求焊缝强度等于或稍大于母材的强度，即所谓"等强匹配"或"超强匹配"，认为焊缝强度高一些更为安全。实际生产中多是按照熔敷金属强度来选择焊接材料，而熔敷金属强度不等同于焊缝强度，特别是高强度钢焊接时，焊缝金属的强度往往比熔敷金属的强度高出不少。所以出现名义"等强"而实际"超强"的结果。

对于强度级别更高的钢种，使焊缝金属与母材达到"等强匹配"仍存在一些问题。例如，焊缝强度达到了等强，却使焊缝的塑性、韧性下降，焊接性变差。为了防止产生焊接裂纹，施工条件要求极为严格（如预热、控制层温等），施工成本大大提高。

采用"低强匹配"使焊接裂纹显著减少的经验在美国、日本受到关注。"低强匹配"在工程结构中被大量采用。美国学者 Pellini 提出：为了达到保守的结构完整性目标，可采用在强度方面与母材相当的焊缝或比母材低 137MPa 的焊缝。

例如，日本的潜艇用钢 NS110，屈服强度不低于 1098MPa，与之配套的焊条和气体保护焊焊丝的熔敷金属屈服强度要求不低于 940MPa，屈服强度匹配系数为 0.85。采用低强匹配的焊接材料后，将使焊缝的塑性、韧性提高，抗裂性得到改善，降低了焊接施工方面的要求。我国九江长江大桥设计中就限制焊缝的"超强值"不大于 98MPa。

对于承载或承受拉应力的焊缝，应适当提高焊缝金属的强度级别，通常按"等强匹配"选用焊接材料。非承载焊缝或承受压应力的焊缝、按刚度设计的钢结构上的联系焊缝，"低强匹配"可满足使用要求。这样可简化焊接工艺，还能提高焊接结构的整体可靠性。

高强度钢焊接采用"低强匹配"能提高焊接区的抗裂性。但应针对钢材的强度级别考虑"低强匹配"的限度。例如：

1）针对抗拉强度 600MPa 以下的低屈强比高强度钢，选用具备一定韧性而实际"等强"的焊接材料是有利的，这类钢焊接接头的断裂强度和断裂行为取决于焊材的强度和塑韧性的综合作用。

2）对于抗拉强度 700～800MPa 的高强度钢，采用"低强匹配"能防止裂纹，但焊缝强度与母材强度不能相差太大。实践表明，抗拉强度 $R_m = 700～800MPa$ 的高强度钢，"低强匹配"焊缝金属的抗拉强度不应低于 590～680MPa（韧性明显提高）。也就是说，只要焊缝金属的强度不低于母材强度的 85%，仍可保证焊接接头的强韧性水平。

3）匹配系数（焊缝抗拉强度与母材抗拉强度之比）反映接头力学性能的非均质性。当匹配系数大于 0.9 时，可以认为焊接接头强度接近母材强度，因此实践中采用比母材强度低10% 的焊材施焊，是可以保证接头等强设计要求的。当匹配系数大于 0.85 时，接头强度可达到母材强度的 95% 以上。

图 9-6 所示是采用等强匹配、低强匹配和低氢抗潮型焊条等不同匹配焊条为防止焊接冷裂纹所需的预热温度。可见，采用"等强匹配"焊条（E11016-G）时，含氢量为 2.9mL/100g，为防止裂纹产生的预热温度为 125℃。在相同含氢量条件下采用"低强匹配"焊条（E9016-G）只需预热 100℃。若采用"低强匹配"更低氢的抗潮型焊条（含氢量 1.7mL/100g），预热温度仅 70℃ 即可防止焊接裂纹。降低预热温度能改善生产条件，同时也降低了能耗。

生产中通常按产品样本规定的熔敷金属名义值（或标称强度）选择焊材，但是焊缝金属实际强度往往超出熔敷金属名义保证值。按名义强度选用的低强度焊接材料，实际施焊所得的焊缝强度未必低强。再考虑冶金因素、熔合比和拘束强化效应，实际焊缝的强度可能远远高出熔敷金属的名义保证值。因此，选用"低强匹配"的焊材，焊接接头实际强度未必低强；而按"等强匹配"选择焊材则可能造成超强的效果，造成焊缝金属塑韧性和抗裂性的下降。

2. 韧性匹配

（1）强度匹配对焊缝韧性的要求　在重要的高强度钢焊接结构中，保证焊缝金属的韧性比保证强度更为重要。很多焊接结构的破坏事故是低应力下发生的脆性断裂，断裂前在表观上几乎不发生明显的塑性变形。工程上的脆断事故总是起源于宏观缺欠或微裂纹，在远低于屈服应力的条件下，由于疲劳或应力腐蚀等原因使裂纹逐渐扩展，最后导致突然低应力断裂。只要存在裂纹源，裂纹的扩展总是沿着韧性最差的部位进行。这些焊接结构的提前失效，大多是因为

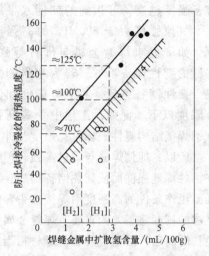

图 9-6　不同匹配焊条为防止焊接冷裂纹所需的预热温度

● —等强匹配焊条（E11016-G）
△ —低强匹配焊条（E9016-G）
○ —抗潮低强匹配焊条
[H_1] —含氢量 2.9mL/100g
[H_2] —含氢量 1.7mL/100g

接头韧性不足引起的。从这一点考虑，焊接接头区的最薄弱部位也要具有足够的韧性储备。

韧性是焊缝金属性能评定中的一个重要指标，特别是针对抗拉强度 800MPa 以上高强度钢的焊接，韧性下降是焊接中一个很突出的问题。高强度钢焊缝金属与母材的强韧性匹配如图 9-7 所示，可见焊缝金属总是未能达到母材的韧性水平。与氩弧焊相比，焊条电弧焊更差些。

对于较低强度的钢，无论是母材或焊缝都有较高的韧性储备（见图 9-7），按等强匹配选用焊接材料，既可保证接头区具有较高的强度，也不会损害焊缝的韧性。但对于高强度钢，特别是超高强度钢，焊缝韧性储备是不高的（见图 9-7）。此时如仍要求焊缝与母材等强，有可能出现因其韧性不足而引起的脆断。此时，少许牺牲焊缝强度而提高其韧性储备，将会更为有利。

低合金钢强度等级越高，焊接接头产生脆性断裂的危险性越大。因为焊缝金属的强度越

高，韧性越低，甚至低于母材的韧性水平。要保持焊缝金属与母材的强韧性匹配，有时是很困难的。随着高强度钢焊接结构的迅速发展，焊缝强韧性与母材的匹配问题，更显得越来越突出。

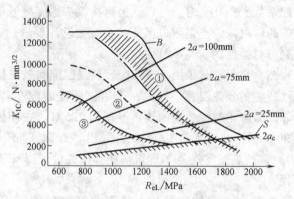

图 9-7 焊缝金属与母材在强度和韧性上的匹配水平
B—母材韧性水平 S—安全工作限 2a—裂纹长度
a_c—临界裂纹尺寸
①—TIG 焊缝韧性水平 ②—MIG 焊缝韧性水平
③—SMAW 焊缝韧性水平

对于抗拉强度 $R_m \geq 800MPa$ 高强度钢，除考虑强度外，还须考虑焊接区韧性和裂纹敏感性。就焊缝金属而言，强度越高，可达到的韧性水平越低。抗拉强度大于 800MPa 的高强度钢，如果要求焊缝金属与母材等强，焊缝的韧性储备不够；若为超强的情况，韧性储备更低，甚至可能低到安全限度以下。例如，工程中一些高强度钢焊接结构脆性破坏时，强度及伸长率都是合格的，主要是由于韧性不足而引起脆断。

所以，即使焊缝与母材等强，但韧性低于安全限度以下，仍是不安全的因素。此时，少许牺牲焊缝强度而使韧性储备提高，对接头综合性能有利。特别是承受动载荷、疲劳载荷和低温工作条件的高强度钢焊接接头，除强度外，还要求有较高的韧性。故保证焊缝金属具有足够的韧性显得尤为重要。焊缝金属的韧性应理解为焊后状态，各种焊后热处理状态和接头经长时间运行后均应具有与母材相当的韧性水平。

（2）高强度钢焊缝韧性的判据 目前采用最广泛的韧性判据是 V 型缺口夏比（Charpy）冲击吸收能量。国内外的焊接材料标准中，高强度钢用焊接材料的强度级别虽不完全一致，但各种强度级别下的熔敷金属韧性指标是相同的，主要有两个体系：

1）欧洲体系，冲击吸收能量要求大于或等于 47J。

2）美国、中国、日本、韩国等采用另一个体系，冲击吸收能量要求大于或等于 27J。

2000 年以后，国际标准化组织（ISO）同时认可了这两个体系，按 A、B 两个体系并列于同一个标准之中，如 ISO 18275：2005、ISO 16834：2006 和 ISO 18276：2005，分别是高强度钢用焊条、实心焊丝和药芯焊丝标准。在这三个标准的 A 体系中统一把熔敷金属的屈服强度划分为 5 个等级，即 550MPa、620MPa、690MPa、790MPa 和 890MPa。熔敷金属的冲击吸收能量不随强度等级变化，是一个固定数值，即 A 体系要求冲击吸收能量不低于 47J，B 体系要求冲击吸收能量不低于 27J。但在同一个冲击吸收能量条件下，又分成若干个试验温度，通常有 20℃、0℃、−20℃、−30℃、−40℃、−50℃、−60℃、−70℃ 和 −80℃。可根据焊接结构的使用温度或对韧性储备的要求选择试验温度，以满足对韧性的不同需要。

例如，在我国南方江河中运行的船舶，其使用环境温度较高，可选用较高的试验温度；在北方江河中运行的船舶，其使用环境温度较低，就选择较低的试验温度。有些焊接结构承受动载荷或疲劳载荷，与同一地区只承受静载荷的结构相比，可采用相同强度的焊材，但应有更大的韧性储备，以保证动载荷或疲劳载荷下仍能安全运行，这时应选择在更低的试验温度下能满足 47J 或 27J 冲击吸收能量要求的焊接材料。

对焊缝金属韧性的评定比对强度性能的评定复杂得多，采用缺口冲击试样测定的冲击吸收能量有时不能真实地反映高强度钢（特别是调质钢）的韧性水平。缺口冲击试验测定的冲击吸收能量实际上由弹性功和塑性功两部分组成，钢材的强度越高或屈强比越高，冲击吸收能量中弹性功所占的比例越大。因此，对于不同强度等级的低合金钢，相同数值的冲击吸收能量并不能表征相等的韧性水平。也就是说，对于不同强度等级的钢材，应制定不同的冲击吸收能量指标（也即强韧性匹配）。从焊接结构抗断裂安全性出发，有关文献对不同强度等级低合金高强度钢的焊缝金属，在最低工作温度要求达到的 V 型缺口冲击吸收能量列于表 9-8。

表 9-8　低合金高强度钢在最低工作温度要求达到的冲击吸收能量

抗拉强度 R_m/MPa	V 型缺口冲击吸收能量 A_{kV}/J	
	纵向	横向
450～590	40	27
600～740	47	35
750～890	56	40
900～1100	65	45

9.2.3　低碳调质钢的焊接性分析

1. 焊接裂纹

（1）焊接裂纹特点　低碳调质钢主要是作为高强度的焊接结构用钢，因此碳含量较低（质量分数不超过 0.18%），在合金成分设计上考虑了焊接性的要求，焊接性远优于中碳调质钢。由于这类钢焊接热影响区形成的是低碳马氏体，马氏体开始转变温度 Ms 较高，所形成的马氏体具有"自回火"特性，使得焊接冷裂纹倾向比中碳调质钢小。

低碳调质钢的合金化原则是在低碳基础上通过加入多种提高淬透性的合金元素，来保证获得强度高、韧性好的"自回火"低碳马氏体和下贝氏体的混合组织。这类钢由于淬硬性大，在焊接热影响区粗晶区有韧性下降和产生冷裂纹的倾向。但热影响区淬硬组织为 Ms 点较高的低碳马氏体，具有一定韧性，裂纹敏感性小。对于 $w_C < 0.12\%$ 的低合金钢，热影响区最高硬度可修正为 400HV。

HQ60 和 HQ70 低碳调质钢拉伸拘束裂纹试验（TRC）的应力与时间关系如图 9-8 所示，采用的是 80% Ar + 20% CO_2（体积分数）混合气体保护焊，焊接参数见表 9-9。

表 9-9　HQ60 钢和 HQ70 钢 TRC 试验的焊接参数

试验编号	焊接参数				环境条件		气体流量 /(L/min)
	焊接电流 /A	电弧电压 /V	焊接速度 /(cm/s)	焊接热输入 /(kJ/cm)	室温 /℃	相对湿度 (%)	
HQ60-A	280～310	30～31	0.41	21	26～30	42～72	20
HQ60-B	280～290	28～29	0.73	12	26～29	63～84	20
HQ70-A	280～290	27～32	0.44	17～21	24～25	53～84	20
HQ70-B	280～290	28～29	0.74	10～12	24～25	47～80	20

图 9-8a 中 HQ60 钢 A 组试样不发生断裂所承受的临界应力值 $\sigma_{cr}=570\text{MPa}$，B 组试样不发生断裂的临界应力值 $\sigma_{cr}=355\text{MPa}$。图 9-8b 中 HQ70 钢 A 组试样不发生断裂的临界应力值 $\sigma_{cr}=590\text{MPa}$，B 组试样不发生断裂的临界应力值 $\sigma_{cr}=265\text{MPa}$。

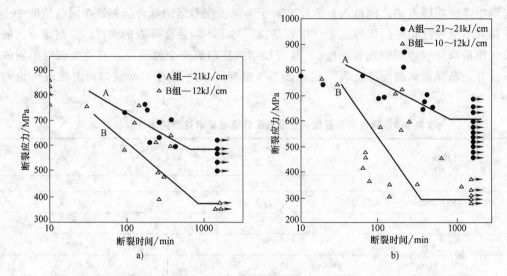

图 9-8　低碳调质钢 TRC 试验的应力与时间关系（Ar80% + CO₂20%，MAG 焊）

a）HQ60　b）HQ70

从 HQ80C 钢的焊接连续冷却转变图（见图 9-9）可以看到，它的过冷奥氏体的稳定性很高，尤其是在高温转变区，使曲线大大地向右移。这类钢的淬硬倾向相当大，本应有很大的冷裂纹倾向，但由于这类钢的特点是马氏体中的碳含量很低，所以它的马氏体转变温度 M_s 点较高。如果在该温度下冷却较慢，生成的马氏体来得及进行一次"自回火"处理，因而实际冷裂纹倾向并不大。也就是说，在马氏体形成后如果能从工艺上提供一个"自回火"

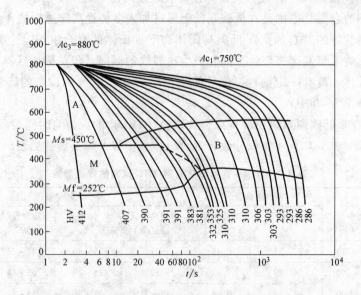

图 9-9　HQ80C 钢的焊接连续冷却转变图

（原始状态为调质，奥氏体晶粒度为 8 级；峰值温度为 1320℃）

处理的条件，即保证马氏体转变时的冷却速度较慢，得到强度和韧性都较高的回火马氏体和回火贝氏体，焊接冷裂纹是可以避免的；如果马氏体转变时的冷却速度很快，得不到"自回火"效果，冷裂纹倾向就会增大。

焊接热影响区具有 ML + BL 混合组织的低碳低合金钢的韧性较好，冷裂纹敏感性小。此外，限制焊缝含氢量在超低氢水平对于防止低碳调质钢焊接冷裂纹十分重要。钢材强度级别越高，冷裂倾向越大，对低氢焊接条件的要求越严格。

采用插销试验在 5 种不同预热温度下（室温、75℃、100℃、125℃、150℃）测定 HQ80C 钢 σ-t 曲线，求出断裂临界应力 $(\sigma_{cr})_f$ 及启裂临界应力 $(\sigma_{cr})_c$；并测定不同预热温度下焊接热影响区淬火粗晶区的维氏硬度（HV），综合组成了冷裂图（见图 9-10），可以判断预热温度 T_0 和 $t_{8/5}$ 对焊接裂纹的影响。利用该冷裂图确定防止焊接裂纹产生的预热温度可采用 $(\sigma_{cr})_f > \sigma_s$ 的准则，即 HQ80C 钢防止焊接冷裂纹的预热温度可定为 89℃。

（2）焊接裂纹率　提高钢材强度级别可大幅度减轻焊接结构重量，例如随着采煤机械（如液压支架）向大工作阻力和高可靠性要求的发展，在保证强度的前提下，减轻支架重量是很重要的问题。Q550 和 Q690 高强度钢是煤矿机械行业液压支架制造用量很大的钢种，对其焊接裂纹敏感性和显微组织的研究，为液压支架焊接工艺制定提供了试验和理论依据。

采用斜 Y 形坡口对接裂纹试验（铁研试验）分析 Q550 和 Q690 高强度钢焊接裂纹倾向。为了比较 Q550 + Q690 异种高强度钢的

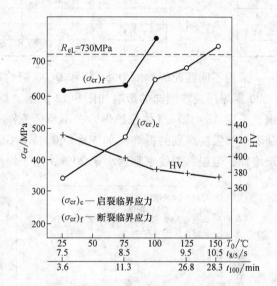

图 9-10　HQ80C 钢的焊接冷裂纹倾向
（插销试验，$E = 17.5$kJ/cm，扩散氢含量 3.6mL/100g）

焊接裂纹敏感性，增加了直 Y 形坡口对接裂纹试验。为了分析焊接热输入对裂纹倾向的影响，采用了从小到大的 5 种焊接热输入。

1）试板厚度 20mm 和 30mm，焊接工艺性试验在车间现场进行，不预热焊，环境温度 25℃；采用不同强度级别的 5 种焊丝施焊，焊丝牌号为 ER50-6、MK G60、MK G60-1、MK GHS70、MK GHS76。焊丝直径为 1.2mm。

2）采用 NBC-500 型 CO_2 气体保护焊机，保护气体为 80% Ar + 20% CO_2，气体流量为 18 ~ 20L/min；焊接参数为：焊接电流 250 ~ 330A，电弧电压 29 ~ 31V，焊接速度 0.4 ~ 0.9 cm/s，焊接热输入 9 ~ 22 kJ/cm。

Q550 高强度钢斜 Y 形坡口对接裂纹试验结果见表 9-10。试验结果表明，采用 ER50-6 焊丝，裂纹率小，600MPa 焊丝裂纹倾向仍不大，焊接热输入控制在 11 ~ 21kJ/cm 是合适的。

近年来发展的控轧控冷技术，通过不加或少加合金元素和细晶化、洁净化来提高钢的强度和韧性，使新钢种的焊接性得到了明显的改善。现场环境温度 20℃ 以上，原本需要焊前进行预热焊接的高强度钢可以在不预热和不焊后热处理条件下进行焊接。

表 9-10　Q550 高强度钢斜 Y 形坡口对接裂纹试验的裂纹率

编号	焊丝	焊接电流 /A	电弧电压 /V	焊接速度 /(cm/s)	热输入 /(kJ/cm)	表面裂纹率 (%)	根部裂纹率 (%)
1	ER50-6	281	29.7	0.715	11.67	0	4.65
2		268	29.7	0.579	13.75	0	—
3		279	29.7	0.536	15.46	0	6.38
4		271	29.7	0.416	19.35	0	5.10
5	MK·G60	277	29.7	0.661	12.45	0	8.33
6		276	29.7	0.648	12.65	0	8.33
7		276	29.7	0.542	15.12	0	12.04
8		277	29.7	0.459	17.92	0	18.00
9	MK·G60-1	287	30.5	0.714	12.26	0	8.89
10		280	30.5	0.593	14.40	0	13.33
11		295	30.5	0.419	21.47	0	7.69
12		290	30.5	0.468	18.90	0	12.07

　　采用不同匹配焊丝的 Q550 钢和 Q690 钢的焊接裂纹倾向如图 9-11 所示。焊接热输入对 Q690 钢焊接裂纹倾向的影响如图 9-12 所示。"铁研试验"结果表明，Q550 和 Q690 高强度钢，采用 $Ar + CO_2$ 气体保护焊，在不预热条件下进行焊接，根部裂纹率可以满足焊接要求。随着焊丝强度级别的提高（如 MK G60、MK G60-1、MK GHS70、MK GHS76），裂纹率也逐渐增加，但根部裂纹率都远小于 20%，用于焊接生产是安全的。

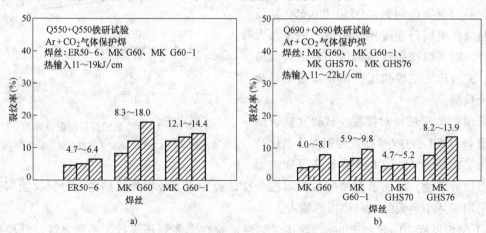

图 9-11　高强度钢焊接的裂纹倾向（铁研试验）
a) Q550 钢　b) Q690 钢

　　例如，Q550 + Q690 高强异种钢直 Y 形坡口对接裂纹试验结果见表 9-11。试验结果表明：Q550 + Q690 高强度异种钢焊接，采用强度级别 500MPa、600MPa 和 700MPa 焊丝的裂纹倾向仍不大，但采用高强度焊丝（700MPa 焊丝）时需限制焊接热输入。焊接热输入控制在 11 ~ 19kJ/cm 是合适的。

　　MK GHS70 和 MK G60 焊丝具有良好的抗裂性，可用于 Q690、Q550 钢或 Q550 + Q690 异种钢的焊接，焊接热输入控制在 20kJ/cm 以下，相应的焊接电流不应超过 300A。增大焊接电流须相应提高焊接速度。

　　（3）焊缝组织对裂纹的影响　Q550 和 Q690 钢是含有 Ni、Cr、Mo 等元素的低合金高强

度钢，合金元素（Ni、Cr、Mo 等）加入的
主要作用是保证淬透性，使其获得低碳马
氏体或下贝氏体组织。这些合金元素还可
提高钢的耐回火性，提高钢的强度，改善
钢的塑性和韧性。

　　影响焊缝和热影响区裂纹敏感性的因
素很多，但起决定作用的是显微组织。焊
缝显微组织取决于焊接材料和焊接热输入。
Q550 钢采用 Ar + CO$_2$ 混合气体保护焊的焊
缝组织为先共析铁素体（PF）、针状铁素
体（AF）+ 珠光体（P）和粒状贝氏体
（Bg）。先共析铁素体沿焊缝柱状晶晶界分

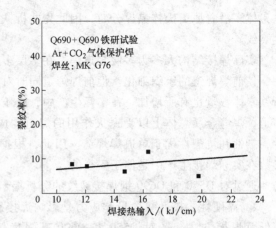

图 9-12　焊接热输入对 Q690 钢裂纹倾向的影响

布，少量无碳贝氏体由晶界向晶内平行生长，晶内为粒状贝氏体、珠光体和较多的针状铁
素体。

表 9-11　Q550 + Q690 高强异种钢直 Y 形坡口对接裂纹率

编号	焊丝	焊接电流 /A	电弧电压 /V	焊接速度 /（cm/s）	热输入 /（kJ/cm）	表面裂纹率 （%）	根部裂纹率 （%）
1		267	29.7	0.758	10.46	0	5.00
2		267	29.7	0.590	13.44	0	9.09
3	MK G60	276	29.7	0.514	15.95	0	11.54
4		285	29.7	0.483	17.53	0	19.15
5		275	29.7	0.491	16.63	0	7.45
6		292	29.8	0.865	10.06	0	—
7		287	29.8	0.842	10.16	0	11.63
8	MK G60-1	295	29.8	0.664	13.24	0	10.64
9		294	29.8	0.445	19.69	0	12.70
10		300	29.8	0.506	17.67	0	—
11		295	29.7	0.751	11.67	0	7.61
12		293	29.7	0.665	13.09	0	7.61
13	MK GHS70	294	29.7	0.521	16.76	0	6.60
14		293	29.7	0.491	17.72	0	—
15		286	29.7	0.432	19.66	0	16.00
16		273	29.7	0.689	11.77	0	8.89
17		266	29.7	0.579	13.65	0	—
18	MK GHS70-G	279	29.7	0.550	15.07	0	7.00
19		278	29.7	0.429	19.25	0	13.33
20		281	29.7	0.467	17.87	0	—

　　铁研试验的焊接裂纹大多沿熔合区扩展。ER50-6 焊丝焊接的焊缝中沿晶界分布的先共
析铁素体比针状铁素体软，当焊缝受拘束载荷（拉应力）时，塑性变形首先在晶界先共析
铁素体处发生，易使裂纹在此萌生和扩展。MK G60 和 MK GHS70 焊丝焊接的焊缝中针状铁
素体很细密，晶粒边界交角大，对裂纹的扩展有阻碍作用。因此，以针状铁素体为主的焊缝
组织晶粒细密均匀，抗拉强度高，塑性和韧性也较好。大热输入焊缝中晶界处的先共析铁素
体由于晶粒粗大，裂纹扩展时改变方向的次数少，阻力小，致使裂纹容易扩展。而且先共析

铁素体多沿着原奥氏体晶界分布，因此先共析铁素体增多的焊缝组织塑性和韧性较差，易萌生裂纹。

实际焊接结构大多为多层多道焊。在多层多道焊焊缝中，后焊焊道对前焊焊道有退火作用，使前焊焊道的组织细化。但前焊焊道同时对后焊焊道有预热作用，使后焊焊道中的先共析铁素体数量也有所增加。在实际生产中，液压支架焊接结构的连接部位一般需要焊接多层多道，焊缝金属总体上以受退火作用的焊道构成，焊缝金属以较细小的针状铁素体组织为主，韧性和抗裂性优于单道焊焊缝。因此，根据"铁研试验"结果制定的焊接工艺及焊接参数在实际焊接生产中是偏于安全的。

通过对 Q550 和 Q690 钢焊接裂纹的分析揭示出如下特征：

1）淬硬性、扩散氢含量和应力是影响焊接裂纹的三大因素。$Ar + CO_2$ 气体保护焊属于超低氢焊接方法，针对 Q550 和 Q690 高强度钢，采用 $Ar + CO_2$ 气体保护焊匹配 600 ~ 700MPa 焊丝，焊接区产生裂纹的倾向不十分敏感。

2）焊接裂纹产生于靠近熔合区的半熔化区，平行于熔化边界线扩展，个别裂纹越过熔合区拐向焊缝中。有大量针状铁素体组织的焊缝韧性好，裂纹敏感性小。

3）斜 Y 形坡口"铁研试验"焊接裂纹启裂点大多位于具有双坡口侧的焊缝根部半熔化区拘束应力集中处；直 Y 形坡口 Q550 + Q690"铁研试验"焊接裂纹启裂于淬硬性大的 Q690 钢一侧的熔合区。

2. 热影响区性能变化

低碳调质钢热影响区是组织性能不均匀的部位，突出的特点是同时存在脆化（即韧性下降）和软化现象。即使低碳调质钢母材本身具有较高的韧性，在结构运行中微裂纹也易在热影响区脆化部位产生和发展，存在出现脆性断裂的可能性。受焊接热循环影响，低碳调质钢热影响区可能存在强化效果的损失现象（称为软化或失强），焊前母材强化程度越大，焊后热影响区的软化程度越明显。

（1）热影响区脆化　抗拉强度 800MPa 低碳调质钢热影响区连续冷却转变组织对韧性（以韧脆转变温度 vT_{rs} 表示）的影响如图 9-13 所示。焊接过程中，低碳调质钢热影响区从快冷时的低碳马氏体（ML）组织向慢冷时的铁素体（F）+ 上贝氏体（Bu）组织变化时，因有效晶粒直径 d_c 变化引起 V 型缺口韧脆转变温度 vT_{rs} 变化。韧脆转变温度 vT_{rs} 与有效晶粒尺寸 $d_c^{-\frac{1}{2}}$ 成线性关系，晶粒直径 d_c 越小，韧脆转变温度 vT_{rs} 越低。

图 9-13 中以 $R_m = 980MPa$ 为分界，可连成两条直线：下方的直线对应于快冷时（小热输入）近缝区附近强度较高的低温转变组织（ML 或 ML + BL）；上方的直线对应于慢冷时（大热输入）形成的强度较低的高温转变组织（Bu 或 F + Bu）。两直线之间

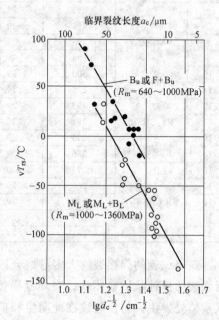

图 9-13　热影响区连续冷却转变组织的韧性与有效晶粒尺寸 d_c 的关系
（抗拉强度 800MPa 低碳调质钢）

韧脆转变温度 vT_{rs} 的差值表明，Bu 组织所表现的脆化不单纯是由于有效晶粒尺寸的粗化，还与上贝氏体组织的结构因素有关。

低碳调质钢热影响区获得较细小的低碳马氏体（M_L）组织或下贝氏体（B_L）组织时，韧性良好，而韧性最佳的组织为 M_L 与低温转变贝氏体（B_L）的混合组织；随着上贝氏体组织的增加韧性急剧下降。下贝氏体（B_L）的板条间结晶位向差较大，有效晶粒直径取决于其板条宽度。当 M_L 与 B_L 混合生成时，原奥氏体晶粒被先析出的 B_L 有效地分割，促使 M_L 有更多的形核位置，且限制了 M_L 的生长，因此 $M_L + B_L$ 混合组织的有效晶粒最为细小，韧性良好。

与单一低碳马氏体组织相比，混合组织中有更多的大角度晶界，裂纹扩展在 M_L 板条束边界或 M_L 与 B_L 边界处受阻而转向。由于单位裂纹扩展的长度变短，韧性明显提高。相反，上贝氏体由于板条宽度大，且板条间结晶方向位相差很小，板条几乎平行生长贯穿原奥氏体晶粒，形成粗大的 Bu 板条束。解理裂纹在 Bu 组织中可连续贯穿一束板条，对应着较低的解理断裂应力，因而韧性较低。

在焊接热循环作用下，特别是 $t_{8/5}$ 增加时，低碳调质钢热影响区过热区易发生脆化。热影响区脆化的原因除了奥氏体晶粒粗化外，更主要的是由于上贝氏体和 M-A 组元的形成。M-A 组元一般在中等冷速下形成，是奥氏体中碳含量升高的结果。

M-A 组元形成条件与上贝氏体（Bu）相似，故 Bu 形成常伴随 M-A 组元。上贝氏体在 $500 \sim 450℃$ 温度范围形成，长大速度很快，而碳的扩散较慢，由条状铁素体包围着的岛状富碳奥氏体区一部分转变为马氏体，另一部分保持为残留奥氏体，即形成 M-A 组元。M-A 组元的韧性低是由于残留奥氏体增碳后易于形成孪晶马氏体，夹杂于贝氏体与铁素体板条之间，在界面上产生微裂纹并沿 M-A 组元的边界扩展。因此，M-A 组元的存在导致脆化，M-A 组元数量越多脆化越严重。M-A 组元实质上成为潜在的裂纹源，起了应力集中的作用。因此 M-A 组元的产生对低碳调质钢热影响区韧性有不利的影响。

冷却时间 $t_{8/5}$ 对 M-A 组元数量的影响如图 9-14 所示。可见，M-A 组元一般只在一定的冷却速度时形成，调整焊接参数可以控制热影响区 M-A 组元的产生。控制焊接热输入和采用多层多道焊工艺，使低碳调质钢热影响区避免出现高硬度的马氏体或 M-A 混合组织，可改善抗脆化能力，对提高热影响区的韧性有利。

（2）热影响区软化　低碳调质钢热影响区峰值温度高于母材回火温度至 Ac_1 的区域会出现软化（强度、硬度降低）。热影响区峰值温度 T_p 直接影响奥氏体晶粒度、碳化物溶解以及冷却时的组织转变。低碳调质钢热影响区软化最明显的部位是峰值温度接近 Ac_1 的区域，这与该区域碳化物的沉淀和聚集长大有关。

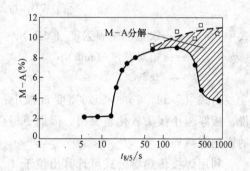

图 9-14　冷却时间 $t_{8/5}$ 对
M-A 组元数量的影响

从强度方面考虑，热影响区软化区是淬火 + 回火钢焊接接头中的一个薄弱环节，对焊后不再进行调质处理的调质钢来说尤为重要。焊前母材强化程度越高（母材调质处理的回火温度越低），焊后热影响区的软化（或称失强率）越严重，如图 9-15 所示。

热影响区软化必然引起强度降低，失强率（D）可表述为

$$D = \frac{(R_\mathrm{m})_\mathrm{b} - (R_\mathrm{m})_\mathrm{h}}{(R_\mathrm{m})_\mathrm{b}} \times 100(\%)\tag{9-2}$$

式中　D——失强率（%）；

　　　$(R_\mathrm{m})_\mathrm{b}$——母材的抗拉强度（MPa）；

　　　$(R_\mathrm{m})_\mathrm{h}$——热影响区软化区的抗拉强度（MPa）。

淬火＋回火钢热影响区硬度降低的程度与母材组织状态有关。热影响区软化区的显微组织包括铁素体和低碳奥氏体的分解产物，这种组织对塑性变形的抗力小，强度和硬度较低。母材原始组织中碳化物弥散度越大，促使热影响区软化的临界温度越高。

低碳调质钢的强度级别越高，母材焊前调质处理的回火温度越低（即强化程度越大），热影响区软化区的范围越宽，焊后热影响区的软化问题越突出。软化区的宽度和软化程度与焊接方法和热输入有关，减小焊接热输入可使其热影响区软化区宽度减小，软化程度也有所降低。

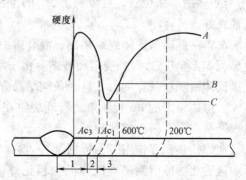

图 9-15　调质钢焊接热影响区的硬度分布
A—焊前淬火＋低温回火　B—焊前淬火＋高温回火
C—焊前退火
1—淬火区　2—部分淬火区　3—回火区

热影响区软化区宽度 b 与板厚 h 之比 m，对软化程度影响很大。软化区是一种"硬夹软"状态，软夹层小到一定程度后可产生"约束强化"效应，即软夹层的塑性应变受相邻强硬部分约束产生应变强化效果。软夹层越窄，约束强化越显著，失强率越小。

带热影响区软化区的接头屈服强度（$(R_\mathrm{eL})_\mathrm{J}$）可表述为

$$(R_\mathrm{eL})_\mathrm{J} = K\sigma_\mathrm{SR}\left(\frac{1}{m} + \pi\right)\tag{9-3}$$

式中　σ_SR——软化区屈服强度（MPa）；

　　　m——相对宽度（mm）；

　　　K——常数。

由式（9-3）可知，相对宽度 m 减小，即软化区宽度 b 减小，接头强度可提高。也就是说，板厚越小接头软化越突出，因而更需要限制焊接热输入和预热温度；板厚增大，软化区的影响将减弱。

利用焊接传热学公式可计算出位于 Ac_1 至峰值温度 T_p 之间的热影响区软化区宽度，即

$$b = \frac{E/h}{\sqrt{2\pi e c\rho}}\left[\frac{1}{(Ac_1 - T_0)} - \frac{1}{(T_\mathrm{p} - T_0)}\right]\tag{9-4}$$

软化区强度一定时，板厚 h 越大，焊接热输入 E 越小，初始预热温度 T_0 越低，焊接接头的强度越高（也即失强率越小）。焊接中只要设法减小软化区的宽度 b，即可将焊接热影响区软化的危害降到最低程度。因此，低碳调质钢焊接时不宜采用大的焊接热输入或较高的预热温度 T_0。

9.2.4　低碳调质钢的焊接工艺特点

1. 焊接方法和焊接材料

低碳调质钢焊接要解决的问题：一是防止裂纹；二是在保证满足高强度要求的同时，提高焊缝金属及热影响区的韧性。为了消除裂纹和提高焊接效率，一般采用熔化极气体保护焊（MIG、MAG）等自动或半自动焊接方法。

焊态下使用的低碳调质钢，应考虑焊缝金属的力学性能与母材接近。母材强度级别较高或焊接大厚度、大拘束度的构件时，为了防止出现焊接冷裂纹，可选用焊缝强度稍低于母材强度的焊材。按等强匹配选择焊材时，应考虑板厚、接头形式、坡口形状及焊接热输入等因素的影响，这些因素对焊缝稀释率（即对焊缝成分和组织）和冷却速度有影响，因此最终影响焊缝金属的力学性能。

对于调质钢焊后热影响区强度和韧性下降的问题，可焊后重新调质处理。对于焊后不能再进行调质处理的，要限制焊接热输入。

焊接屈服强度 $R_{eL} \geqslant 980MPa$ 的低碳调质钢，如 10Ni-Cr-Mo-Co 等，采用钨极氩弧焊、电子束焊可获得良好的焊接质量；对于屈服强度 $R_{eL} \leqslant 980MPa$ 的低碳调质钢，焊条电弧焊、埋弧焊、气体保护焊都能采用；但对于屈服强度 $R_{eL} \geqslant 690MPa$ 的低碳调质钢，熔化极气体保护焊（如 $Ar + CO_2$ 混合气体保护焊）是最合适的焊接方法。采用多丝埋弧焊和电渣焊等热输入大、冷却速度低的焊接方法，焊后须进行调质处理。

低碳调质钢焊后一般不再进行热处理，在选择焊接材料时要求焊缝金属在焊态下应接近母材的力学性能。特殊条件下，如结构的刚度很大、冷裂纹很难避免时，应选择比母材强度稍低的材料作为填充金属。抗拉强度为 700～800MPa 钢焊接材料的选用见表 9-12。

高强高韧性钢用于重要的焊接结构，包括低温和承受动载荷的结构，对焊接热影响区韧性要求较高，不宜采用大热输入的焊接方法。采用焊条电弧焊时要用超低氢焊条。这类钢中 Ni 含量较高，配套焊材也应选择 Ni 含量较高的焊条或焊丝，保证高强度和良好的塑韧性，包括较高的低温韧性。

表 9-12　抗拉强度为 700～800MPa 钢焊接材料的选用

钢号（或屈服强度等级）		焊条		气体保护焊		埋弧焊	
		型号	牌号	保护气体	焊丝	焊丝	焊剂
700MPa	HQ70A HQ70B 14MnMoVN 14MnMoNRE	E7015 E7015-D2 E7015-G	J707 J707Ni，J707RH J707NiW	CO_2 或 Ar + $CO_2$20% （体积分数）	ER69-1 ER69-3 GHS-60N GHS-70 YJ707-1	H08MnMoA H05Mn2Ni2MoA	HJ350 HJ250
	12MnNiCrMoCu					H08MnNi2CrMoA	HJ350
800MPa	12Ni3CrMoV	E8015-G	65C-1（专用焊条）	Ar + $CO_2$20% （体积分数） 或 Ar + O_2（1%～2%） （体积分数）	H08MnNi2CrMoA	H10Mn2SiMoTiA	HJ350
	15MnMoVNRE QJ70 14MnMoNbB	E7515-G E8015-G E8515-G	J757Ni J807，J807RH J857CrNi，J857Cr		H08MnNi2CrMoA H08MnNi2MoA ER76-1，ER83-1 SQJ707CrNiMo （专用）	H08Mn2MoA H08Mn2Ni2CrMoA	HJ350
	HQ80，HQ80C WEl-TEN80					H08Mn2MoA	HJ350

对低碳调质钢焊缝金属有害的脆化元素（如 S、P、N、O、H）须加以限制。在焊条药皮渣系的选择上，由于低氢型药皮具有扩散氢含量低，熔敷金属中 S、P 杂质及含氧量低，

焊缝具有较高的塑性、韧性及抗裂性，因此用于焊接低碳调质钢的焊条几乎都选用低氢型碱性渣系。强度级别 690 ~ 800MPa 的焊缝多采用 Mn-Cr-Mo 系、Mn-Ni-Mo 系或 Mn-Ni-Cr-Mo 系焊丝。对焊缝韧性要求较高时，可采用含 Ni 的焊丝，如 H08CrNi2MoA 等。焊接 690MPa 级以下的高强度钢时，既可采用熔炼焊剂，也可采用烧结焊剂；焊接 800MPa 级高强度钢时，为了得到高的韧性，应采用烧结焊剂。因为熔炼焊剂碱度较低，为提高韧性应提高焊剂碱度，而熔炼焊剂的碱度受限，因此在高强度低碳调质钢中的应用受到限制。

铁素体化元素对低碳调质钢焊缝韧性有不利影响，除了 Mo 在很窄的含量范围（$w_{Mo} = 0.3\% ~ 0.5\%$）有较好的作用外，其余铁素体化元素均在强化焊缝的同时降低韧性，V、Ti、Nb 的作用最明显。奥氏体化元素中 C 对韧性最为不利，Mn、Ni 则在相当大的含量范围内有利于改善焊缝韧性。

2. 焊接参数

这类钢的特点是含碳量低，基体组织是强度和韧性较高的低碳马氏体 + 下贝氏体，这对焊接有利。调质状态下的钢材，只要加热温度超过它的回火温度，性能就会发生变化。焊接时由于热的作用使热影响区强度和韧性的下降几乎是难以避免的。因此，低碳调质钢焊接时要注意两个基本问题：

① 要求马氏体转变时的冷却速度不能太快，使马氏体有"自回火"作用，以防止冷裂纹的产生。

② 要求在 800 ~ 500℃ 之间的冷却速度大于产生脆性混合组织的临界速度。

这两个问题是制定低碳调质钢焊接参数的主要依据。此外，在选择焊接材料和确定焊接参数时，应考虑焊缝及热影响区组织状态对焊接接头强韧性的影响。

不预热条件下焊接低碳调质钢，焊接工艺对热影响区组织性能影响很大，其中控制焊接热输入是保证焊接质量的关键，应给予足够的重视。

（1）焊接热输入的确定　热输入增大使热影响区晶粒粗化，同时也促使形成上贝氏体，甚至形成 M-A 组元，使韧性降低。当热输入过小时，热影响区的淬硬性明显增强，也使韧性下降。焊接热输入的确定以抗裂性和对热影响区韧性要求为依据。从防止冷裂纹出发，要求冷却速度慢为佳；但对防止脆化来说，要求冷却速度快些较好，因此应兼顾两者的冷却速度范围。这个范围的下限取决于不产生冷裂纹，上限取决于热影响区不出现脆性组织。所选的焊接热输入应保证热影响区的冷却速度刚好在该区域内。

对于低碳调质钢，一般认为 $w_C = 0.18\%$ 是形成低碳马氏体的界限，$w_C > 0.18\%$ 时将出现高碳马氏体，对韧性不利。因此，$w_C > 0.18\%$ 时不应提高冷却速度，$w_C < 0.18\%$ 时可以提高冷却速度。对于含碳量低的低合金钢，提高冷却速度（减小热输入）以形成低碳马氏体，对保证韧性有利。也就是说，焊接热输入适当时，得到 $M_L + B_L$ 混合组织时，可以获得最佳的韧性效果。

焊接厚板时，即使采用了大的热输入，冷却速度还是超过了它的上限，这就须通过预热来使冷却速度降到低于不出现裂纹的极限值。在保证不出现裂纹和满足热影响区韧性的条件下，热输入应尽可能选得大一些。通过试验确定每种钢的热输入的最大允许值，然后根据最大热输入时的冷裂纹倾向来考虑是否需要预热，一般要求低温预热。

为了限制过大的焊接热输入，低碳调质钢不宜采用大直径的焊条或焊丝施焊，应尽量采用多层多道焊工艺，采用窄焊道而不用横向摆动的运条技术。这样不仅使热影响区和焊缝金属有较好的韧性，还可以减小焊接变形。双面施焊的焊缝，背面焊道应采用碳弧气刨清理焊根并打磨气刨表面后再进行焊接。

低碳调质高强高韧性钢对接头区强韧性要求较高，这类钢对焊接热输入、预热温度、层间温度的控制更为严格，应采用较小焊接热输入的多层多道焊工艺。

（2）焊前预热和焊后热处理　当低碳调质钢板厚不大、接头拘束度较小时，可以采用不预热焊接工艺。如焊接板厚小于 10mm 的 Q590、Q690 钢，采用低氢型焊条电弧焊、CO_2 气体保护焊或 $Ar + CO_2$ 混合气体保护焊，可以不预热焊接。

当焊接热输入提高到最大允许值裂纹还不能避免时，就须采取预热措施。对低碳调质钢来说，预热的目的是为了防止裂纹，对改善热影响区组织性能影响不大。相反，从它对 $t_{8/5}$ 的影响看，对热影响区韧性还可能有不利的影响，因此在焊接低碳调质钢时采用较低的预热温度（$T_0 \leqslant 200℃$）。

预热的另一个目的是希望能降低马氏体转变时的冷却速度，通过马氏体的"自回火"作用来提高抗裂性能。当预热温度过高时不仅不能防止冷裂，反而会使 800 ~ 500℃ 的冷却速度低于出现脆性混合组织的临界冷却速度，使热影响区韧性下降。所以要避免不必要的提高预热温度，包括层间温度。低碳调质钢焊接结构一般是在焊态下使用，正常情况下不进行焊后热处理。除非焊后接头区强度和韧性过低、焊接结构受力大或承受应力腐蚀以及焊后需要进行高精度加工以保证结构尺寸等，才进行焊后热处理。为了保证材料的强度，焊后热处理温度必须比母材原调质处理的回火温度低 30℃ 左右。

9.3　低合金耐热钢的焊接

低合金耐热钢是为了适应能源、电力等产业的需要而发展起来的专用钢，这类钢以 Cr-Mo 以及 Cr-Mo 基多元合金钢为主，有时还加入少量合金元素 V、W、Nb、B 等，合金元素总的质量分数一般小于 10%。低合金耐热钢具有良好的抗氧化性和高温持久强度，工作温度可高达 600℃，在能源、化工、电力等工业部门得到广泛的应用。

9.3.1　低合金耐热钢的性能特点

低合金耐热钢具有很好的抗氧化性和热强性，广泛用于电力、石油化工部门，如制造蒸汽动力发电设备等。提高锅炉蒸汽温度比提高蒸汽压力对机组效率的影响更显著，可是由于受到耐热钢耐温性能的限制，只能用提高蒸汽压力来提高机组效率。但如果锅炉蒸汽温度不提高，仅依靠提高蒸汽压力来提高机组效率，就意味着要选用蠕变断裂强度低、使用温度低的耐热钢，如 12Cr1MoV 等。当锅炉蒸汽压力从 13.7MPa 提高到 16.7MPa 或 25.5MPa 时，就必须使管道的壁厚大大增加。

管道壁厚的增加给弯管、焊接、热处理、探伤等带来了很多困难。管壁加厚更会引起热应力增大，加剧热疲劳损伤，而且由于自重增大，焊接结构和支吊架等的强度、刚度都成了设计部门要考虑的问题。因此，要提高大型火电机组效率，首先要提高锅炉蒸汽温度。世界各国一直在致力于开发与研制新的低合金耐热钢，使它们能使用于更高的温度区间。不同工业部门所用钢材的使用温度范围如图 9-16 所示。

1. 低合金耐热钢的合金系

就目前世界各国发展情况看，耐热钢可分为两个发展方向：一是铁素体耐热钢（属低合金耐热钢），二是奥氏体耐热钢（属高合金耐热钢）。所谓珠光体、贝氏体、马氏体耐热钢，按国际惯例，归属于铁素体耐热钢。

低合金耐热钢中 Cr 的质量分数为 0.5% ~ 9%，Mo 的质量分数为 0.5% 或 1%。随着 Cr、Mo 含量的增加，钢的抗氧化性、高温强度和抗硫化物腐蚀性能也都增加。在 Cr-Mo 钢中加入少量 V、W、Nb、Ti 等元素后，可进一步提高钢的热强性。低合金耐热钢的合金系基本上分为：Cr-Mo 系、Cr-Mo-V 系、Cr-Mo-W-V 系、Cr-Mo-W-V-B 系、Cr-Mo-V-Ti-B 系等。

这类钢正火后的基体组织以珠光体为主，也称为珠光体耐热钢，是用量最广泛的低合金耐热钢。严格来说，这类钢应叫

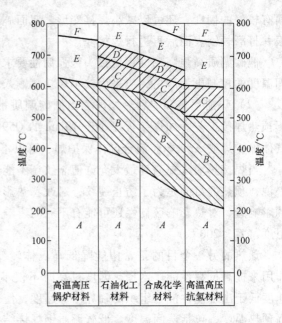

图 9-16　不同工业部门所用钢材的使用温度范围

A—碳钢及普通低合金钢　　B—Cr-Mo 珠光体耐热钢

C—5Cr-0.5Mo 钢　　D—9Cr-1Mo 钢

E—Cr-Ni 奥氏体钢　　F—高温合金

做低、中合金耐热钢，以区别于以 Ni、Cr 为主的高合金耐热钢（即不锈耐热钢）。但是，尽管低合金耐热钢中 Cr 的质量分数有时达到 9%，习惯上仍将其归类为低合金耐热钢。

为了提高耐热钢的热强性，可通过以下三种合金化方式实现强化：

（1）基体固溶强化　加入合金元素强化铁素体基体，常用的 Cr、Mo、W、Nb 元素能显著提高热强性。其中，Mo、W 的固溶强化作用最显著；Cr 质量分数在 1% 左右的强化作用已很显著，继续增加 Cr 含量的强化效果不显著，但可提高持久强度。

（2）第二相沉淀强化　在铁素体为基体的耐热钢中，强化相主要是合金碳化物（V_4C_3 或 VC、NbC、TiC 等）。沉淀强化作用可维持到 $0.7T_M$（T_M 为熔点），固溶强化效果在 $0.6T_M$ 以上显著减弱。但碳化物种类、形态及其弥散度对热强性影响很大。其中体心立方晶系的碳化物 V_4C_3、NbC、TiC 等最为有效；Mo_2C 在温度低于 520℃ 时有一定沉淀强化作用；Cr_7C_3 及 $Cr_{23}C_6$ 在 540℃ 左右已极不稳定而易于聚集。

（3）晶界强化　加入微量元素（RE、B、Ti + B 等）吸附于晶界，延缓合金元素沿晶界的扩散，从而强化晶界。

在能形成稳定合金碳化物的前提下，提高含碳量对热强性是有利的。在 Cr-Mo-V 或 Cr-Mo-W-V 低合金耐热钢中，V/C 质量分数比为 4 时，V 与 C 可全部结合成 V_4C_3，且呈细小弥散分布，蠕变抗力和持久强度最高。如果钢中同时存在 V 与 Ti，当 (V + Ti)/C = 4.5 ~ 6 时具有最高的热强性。显然，碳和强碳化物形成元素的含量要有适宜的配合。若钢中不存在强碳化物形成元素时，例如 Mo 钢或低 Cr-Mo 钢，提高含碳量不利于提高热强性。因为这时形成的碳化物 Mo_2C 或 Cr_7C_3 不稳定而易于聚集长大，同时还减少 Mo、Cr 的固溶强化作用，所以热强性反而降低。这种情况下，含碳量偏低一些有好处。

在低合金耐热钢中，Cr 对热强性的影响比较复杂。最佳 Cr 含量同钢中的其他成分有关，也与工作温度有关。例如 Cr-0.5% Mo 钢在 595℃时，Cr 的质量分数在 5% 左右具有最大的蠕变抗力。而 Cr-1% Mo 钢在 595℃时，Cr 的质量分数在 7.5% 左右具有最大的蠕变抗力。Cr-Mo-V 钢在 600℃时，Cr 的质量分数为 1% ~ 2% 即可得到最大的蠕变抗力和持久强度。

低合金耐热钢发展的另一个趋势是不断提高耐热性，电站设备的热电参数如能提高到 650℃，效率可由目前的 39.8% 提高到 43%。当前开发的 Cr-Mo 耐热钢中增加了 Cr 含量和添加了 V 和 W，使耐热性得到进一步提高。

2. 珠光体耐热钢

合金元素 Cr 能形成致密的氧化膜，提高钢的抗氧化性。Mo 是耐热钢中的强化元素，形成碳化物的能力比 Cr 弱，Mo 优先溶入固溶体，起到强化作用。Mo 的熔点高达 2625℃，固溶后可提高钢的再结晶温度，有效地提高钢的高温强度和蠕变抗力。Mo 可以减小钢材的热脆性，还可以提高钢材的抗腐蚀能力。

钢中的 V 能形成细小弥散的碳化物和氮化物，分布在晶内和晶界，阻碍碳化物聚集长大，提高蠕变强度。V 与 C 的亲和力比 Cr 和 Mo 大，可阻碍 Cr 和 Mo 形成碳化物，促进 Cr 和 Mo 的固溶强化作用。钢中 V 的质量分数不宜过高，否则 V 的碳化物在高温下会聚集长大，造成钢的热强性下降，或使钢材脆化。钢中 W 的作用和 Mo 相似，能强化固溶体，提高再结晶温度，增加耐回火性，提高蠕变强度。钢中 Nb 和 Ti 都是碳化物形成元素，析出细小弥散的金属间化合物，提高钢材的高温强度、抗晶间腐蚀能力和抗氧化能力，并可显著提高蠕变强度，改善钢的焊接性。钢中加入 B 和稀土元素 RE，可净化晶界，提高晶界强度，阻止晶粒长大，提高钢的蠕变强度。

低合金耐热钢的室温强度并不太高，通常是在退火状态或正火 + 回火状态供货，在正火 + 回火或淬火 + 回火状态下使用。热处理的目的是使钢材获得所要求的组织、晶粒尺寸和力学性能。

在电站、核动力装置、石化加氢裂化装置、合成化工容器及其他高温加工设备中，低合金耐热钢的应用相当普遍。耐热钢对保证高温高压设备长期工作的可靠性有重要的意义。在不同的运行条件下，各种耐热钢允许的最高工作温度见表 9-13。

表 9-13 不同的运行条件下各种耐热钢允许的最高工作温度

钢 种	最高工作温度 /℃						
	0.5Mo	1.25Cr-0.5Mo 1Cr-0.5Mo	2.25Cr-1Mo 1CrMoV	2CrMoWVTi 5Cr-0.5Mo	9Cr-1Mo 9CrMoV 9CrMoWVNb	12Cr-MoV	18-8CrNi(Nb)
高温高压蒸汽	500	550	570	600	620	680	760
常规炼油工艺	450	530	560	600	650	—	750
合成化工工艺	410	520	560	600	650	—	800
高压加氢裂化	300	340	400	550	—	—	750

对于低合金耐热钢来说，钢材在工作温度下的屈服强度（或 10^5 h 的持久强度）指标是热动力设备和高温高压容器及管道强度计算中的主要特性值。

合金元素总质量分数小于 2.5% 时，钢的组织为珠光体 + 铁素体；合金元素总质量分数大于 3% 时，为贝氏体 + 铁素体（即贝氏体耐热钢）。这类钢在 500 ~ 600℃ 具有良好的耐热性，加工工艺性能好，又比较经济，是电力、石油和化工部门用于高温条件下的主要结构材料，如用于加氢、裂解氢的高压容器等。但这类钢在高温长期运行中会出现碳化物球化及碳化物聚集长大等现象。

3. 铁素体耐热钢

铁素体耐热钢的发展可分为两条主线，一是逐渐提高主要耐热合金元素 Cr 的含量，质量分数从 2.25% 提高到 12%；二是通过添加 V、Nb、Mo、W、Co 等合金元素，使钢的 $600℃ \times 10^5 h$ 蠕变断裂强度由 35MPa 逐步提高到 60MPa、100MPa、140MPa、180MPa。铁素体耐热钢的发展趋势如图 9-17 所示。

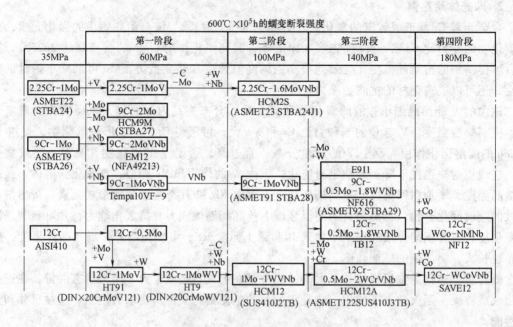

图 9-17　铁素体耐热钢的发展趋势

近年来开发的 T91/P91 钢、T92/P92 钢均属铁素体耐热钢，也称为强韧型铁素体耐热钢。这两种钢的化学成分和力学性能见表 9-14。

表 9-14　T91/P91 钢、T92/P92 钢的化学成分和力学性能

钢种	化学成分（质量分数，%）										
	C	Si	Mn	Ni	Cr	Mo	W	V	Nb	Al	N
T91/P91	0.08 ~ 0.12	0.20 ~ 0.50	0.30 ~ 0.60	≤0.4	8.0 ~ 9.5	0.85 ~ 1.05	—	0.18 ~ 0.25	0.06 ~ 0.10	≤ 0.04	0.06 ~ 0.07
T92/P92	0.07 ~ 0.13	≤ 0.50	0.30 ~ 0.60	≤0.4	8.0 ~ 9.5	0.30 ~ 0.60	1.50 ~ 2.50	0.15 ~ 0.25	0.04 ~ 0.09	≤ 0.04	0.03 ~ 0.07

钢种	常温力学性能				
	抗拉强度 /MPa	屈服强度 σ/MPa	伸长率 （%）	吸收能量 /J	最大硬度 HBW
T91/P91	>585	>415	≥20	220	—
T92/P92	>620	>440	≥25	—	250

注：1. T91/P91 钢的 $w_P \leq 0.02\%$，$w_S \leq 0.01\%$。
　　2. T92/P92 钢的 $w_P \leq 0.02\%$，$w_S \leq 0.01\%$。

（1）T91/P91 钢　为了改善原有的 9Cr-1Mo 耐热钢性能，美国橡树岭国家实验室与燃烧工程公司（CE）联合开发了用于快速中子增殖反应堆计划的钢材。该钢在 593℃、10^5h 条件下的持久强度达 100MPa，韧性也较好。从技术和经济角度分析，这种钢与 9Cr-2Mo 相比，Mo 含量减少一半，Nb、V 也较低。1983 年，美国 ASME 标准认可了这种钢，称为 T91/P91，即 SA213-T91/SA335-P91。20 世纪 80 年代末，德国也从 F12 钢（X20CrMoV121）转向 T91/P91。T91 钢可用于管壁温度≤600℃的过热器、再热器管；P91 钢可用于管壁温度≤600℃的集箱和蒸汽管道。20 世纪 90 年代以来，T91/P91 钢在世界范围内获得应用。

1）T91/P91 钢的成分和强化特点。T91/P91 钢采用了 Nb、V、N 进行微合金化。明显降低了 C 含量，同时大幅度提高了钢的纯净度，把杂质质量分数控制在 0.0015% ~ 0.001% 水平。该钢采用了控轧空冷（TMCP）工艺，除具有更高的强度外，还具有优异的韧性。除了固溶强化、合金碳化物析出强化外，更大程度上由于细化晶粒、析出弥散细小的 Nb、V 的碳、氮化物和高密度位错获得室温和高温强度。

2）T91/P91 钢的临界温度和连续冷却转变图。

① T91/P91 钢的 Ac_1 在 800 ~ 830℃之间，Ac_3 在 890 ~ 940℃之间。T91/P91 钢的连续冷却转变图如图 9-18 所示。

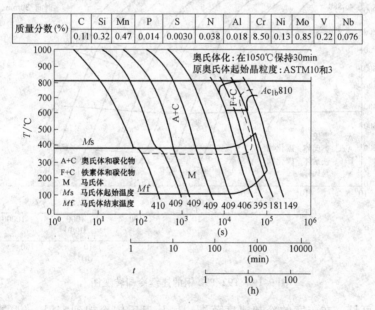

质量分数 (%)	C	Si	Mn	P	S	N	Al	Cr	Ni	Mo	V	Nb
	0.11	0.32	0.47	0.014	0.0030	0.038	0.018	8.50	0.13	0.85	0.22	0.076

图 9-18　T91/P91 钢的连续冷却转变图

② T91/P91 钢在正火 + 回火状态下供货，基体组织为回火马氏体，回火马氏体组织的硬度小于 450HV。

③ T91/P91 钢的 Ms 点为 380 ~ 400℃，Mf 点为 100 ~ 120℃。

④ 美国 ASME 标准给出的 T91/P91 钢的正火温度为 1040℃；德国曼内斯曼钢管公司给出的正火温度为 1040 ~ 1080℃，回火温度 750 ~ 780℃。对于管壁厚度超过 76mm 的钢管，要适当加大正火时的冷却速度，必要时把空冷改为水冷，以保证获得马氏体组织。

（2）T92/P92 钢　20 世纪 90 年代初，日本在大量推广 T91/P91 钢的基础上，发现当使用温度超过 600℃时，T91/P91 钢已不能满足长期安全运行的要求。在调峰任务重的机组，管材的疲劳失效也是个大问题。于是，日本继续在开发新的大机组锅炉用钢方面做了大量的试验研究工作，生产出得到 ASME 标准认可的 T92/P92 钢（NF616），即 SA213-T92/SA335-P92。这些钢种已经在大型锅炉的高温部件上应用。

　　T92/P92 钢是在 T91/P91 钢的基础上开发出来的，是在 T91/P91 钢的基础上再加质量分数为 1.5% ~ 2.0% 的 W，降低了 Mo 含量，增强了固溶强化效果。T92/P92 钢的耐蚀性和抗氧化性与 T91/P91 钢相同，但具有更高的高温强度和抗蠕变性能，焊接性良好。在 600℃ 的许用应力比 T91 钢高约 30%，$600℃ \times 10^5 h$ 的持久强度可达 130MPa，是可替代奥氏体耐热钢的候选材料之一。T92/P92 钢可以用作超临界锅炉的过热器和再热器管材，或可用于壁温 ≤620℃ 的主蒸汽管道。

　　T92/P92 钢的 Ac_1 温度为 800 ~ 845℃，Ac_3 为 900 ~ 920℃；Ms 温度为 370 ~ 400℃，Mf 温度为 100℃，将随着奥氏体原始晶粒度的大小而变化。T92/P92 钢的连续冷却转变图如图 9-19 所示。

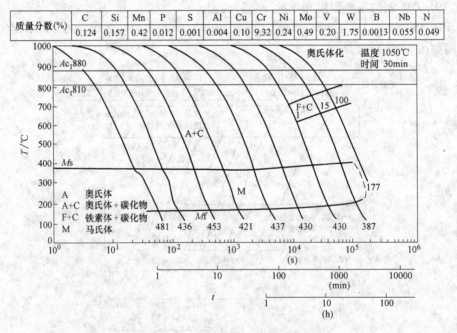

图 9-19　T92/P92 钢的连续冷却转变图

　　由图 9-19 可见，在较宽的冷却速度范围内，从奥氏体冷却到室温，钢的基体组织从奥氏体转变为马氏体组织。T92/P92 钢在正火 + 回火状态下是有碳化物 $M_{23}C_6$ 和 V、Nb 碳氮化物析出的回火马氏体组织。这些析出物通过沉淀强化改善了材料的蠕变断裂强度。另外，Mo 和 W 的固溶强化也起到了强化的作用。

　　（3）T122/P122 钢　T122/P122 钢是改进的 12Cr 钢，实际上属高 Cr 马氏体钢，添加 W2%、Nb0.07% 和 Cu1%（质量分数），固溶强化和析出强化的效果都有很大增强，600℃ 和 650℃ 的许用应力分别比 F12 钢（X20CrMoV121）提高 113% 和 168%，具有更高的热强性和耐蚀性。尤其是由于 C 含量的减少，使焊接冷裂纹敏感性得到改善。

　　T122/P122 钢主要性能如下：

　　1）蠕变强度。经过 20000h 以上蠕变破断试验，证实该钢种具有稳定的高温强度，在

550～650℃温度范围高于同一温度下的 T91 钢；600℃时的许用应力约为 T91/P91 钢的 1.3 倍。

2）抗蒸汽氧化性能和抗高温腐蚀性能优于 9Cr 钢。

3）物理性能。作为高铬马氏体钢，其导热性比奥氏体钢好，热胀系数小，氧化物不易剥离，适于工作温度 620℃以下的主蒸汽管道。

9.3.2 低合金耐热钢的焊接性分析

低合金耐热钢的焊接性与低碳调质钢相近，焊接中存在的主要问题是冷裂纹、热影响区的硬化、软化，以及焊后热处理或高温长期使用中的再热裂纹（SR 裂纹）。如果焊接材料选择不当，焊缝中还有可能产生热裂纹。

1. 组织和性能特点

（1）强度　Cr-Mo 钢及 Cr-Mo-V 钢热处理后的组织为珠光体 + 铁素体。正火时，如果冷却速度较快或合金含量较高，Cr-Mo 钢及 Cr-Mo-V 钢的组织为铁素体 + 贝氏体。珠光体耐热钢的组织稳定性良好，热脆倾向不敏感，但在高温长期运行中，会出现碳化物球化及碳化物聚集长大等现象，降低钢的热强性和冲击韧度。

Cr-Mo 耐热钢的使用温度一般为 400～650℃，要求有一定的蠕变断裂强度，还要求有一定的短时高温强度或具有抗氢脆的性能。高温高压容器制造一般使用高强度耐热钢，以减小板厚。例如，美国 ASTM A387 标准中对 Cr-Mo 钢规定有两个等级：1 级为退火材料，强度较低；2 级为正火 + 回火材料，强度较高。对于厚板，正火冷却不是很充分，如果强度和韧性难以达到要求，可进行强制空冷。

随着化工容器的大型化、高压化，ASTM A387 标准规定的材料强度已不能满足要求，因此厚度达 300mm 的厚板一般采用经过调质处理的 Cr 含量高的钢，如 2.25Cr-1Mo 钢、5Cr-0.5Mo 钢等，以保证强度。图 9-20 所示为 2.25Cr-1Mo 钢和 5Cr-0.5Mo 钢的淬透性。

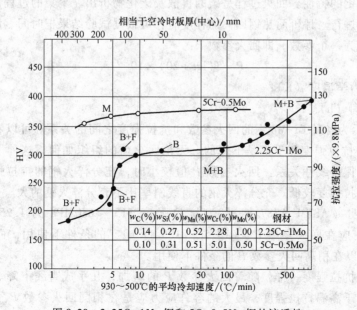

$w_C(\%)$	$w_{Si}(\%)$	$w_{Mn}(\%)$	$w_{Cr}(\%)$	$w_{Mo}(\%)$	钢材
0.14	0.27	0.52	2.28	1.00	2.25Cr-1Mo
0.10	0.31	0.51	5.01	0.50	5Cr-0.5Mo

图 9-20　2.25Cr-1Mo 钢和 5Cr-0.5Mo 钢的淬透性

2. 25Cr-1Mo 钢在冷却速度超过 10℃/min 时变为单相贝氏体，冷却速度达 100℃/min 时出现马氏体，这时的硬度开始上升。而冷却速度在 10℃/min 以下时为铁素体 + 贝氏体，硬度急剧下降。但是一般不会有冷却速度 10℃/min 以下如此缓慢的热处理，只有厚度为 100mm 以上的厚板空冷才能有如此慢的冷却速度。

5Cr-0.5Mo 钢的淬透性很高，2℃/min 的冷却速度就能充分淬火。即使板厚超过 300mm 进行正火，也能得到完全的单相马氏体组织，硬度几乎没有变化。

轻水原子反应堆压力容器、火力发电锅炉汽包使用的 549MPa 的 Mn-Mo 钢或 Mn-Mo-Ni 钢，板厚 50mm 以下用轧制状态，板厚 50～100mm 用正火状态，板厚超过 100mm 时为保证强度，要进行强制空冷或淬火。Mn-Mo-Ni 钢因为含有 Ni，调质处理后，韧性较好。大型原子反应堆使用的厚度达 100～150mm 的钢板，为了保证强韧性，几乎都用 Mn-Mo-Ni 钢。

图 9-21 所示为 Mn-Mo-Ni 钢的淬透性。可以看出，冷却速度达 300℃/min 时，得到的几乎都是马氏体 + 贝氏体组织，只有很少部分初析铁素体组织，硬度高达 440～460HV。低于这个冷却速度，难以形成马氏体组织，硬度急剧下降。冷却速度低于 80℃/min 时，得到的是铁素体 + 珠光体 + 贝氏体的组织，硬度在 300HV 以下，回火后不能保证钢的强度和韧性。因此不希望冷却速度低于 80℃/min。

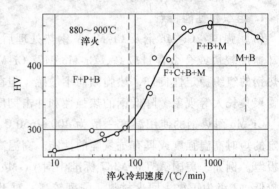

图 9-21 Mn-Mo-Ni 钢的淬透性
(0. 2C-0. 25Si-1. 32Mn-0. 68Ni-0. 19Cr-0. 54Mo-0. 27Cu-0. 019Al)

Cr-Mo 耐热钢不仅要求较高的强度，更要求良好的强韧性组合。为了获得良好的综合性能，须将淬火后的 Cr-Mo 钢在低于相变点温度进行回火使之韧化。过度回火或回火不足，都不能充分发挥钢的特性。回火过程是碳的扩散及碳化物析出、聚集的过程，这个过程需要在高温下长时间进行。评价耐热钢回火的程度时，可根据试验结果把时间、温度对相变反应速度的影响归纳为一个参数，即回火参数 P：

$$P = T(\lg t + 20) \times 10^{-3} \tag{9-5}$$

式中　T——热力学温度（K）；

　　　t——时间（h）。

图 9-22 所示为各种 Cr-Mo 钢的回火参数和抗拉强度之间的关系。可以看出，随着回火参数 P 的增加，抗拉强度几乎都是下降的。无论回火前的组织如何，这种下降直线的斜率虽有变化，但仍保持线性关系。回火参数 P 值较小时，充分淬火钢的抗拉强度较高，而不充分淬火钢的抗拉强度较低。充分淬火钢的直线斜率比不充分淬火钢的大。

图 9-22 表明（ASTM A387 标准），抗拉强度 515～680MPa 的 1. 25Cr-0. 5Mo 钢和 2. 25Cr-1Mo 钢，应在回火参数 $P = (19.5～21.5) \times 10^{-3}$ 的条件下使用，而 3Cr-1Mo 钢和 5Cr-0. 5Mo 钢可以在稍高回火参数 P 的条件下使用。

屈服强度与抗拉强度一样，随着回火参数 P 的增加，几乎成直线下降。高温强度也有类似的现象。对于高温抗拉强度，最大的容许应力应是在相同回火参数 P 下得到的抗拉强度的 1/4。对于焊后进行了消除应力退火的厚大焊接件，计算回火参数 P 时，应将消除应力

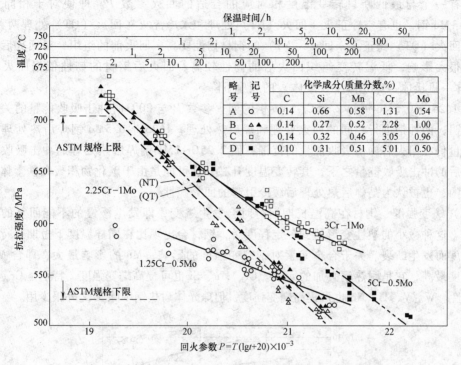

图 9-22　各种 Cr-Mo 钢的回火参数和抗拉强度之间的关系

退火的回火参数加进去，以保证焊接结构的强度是设计所规定的强度。

（2）韧性　图 9-23 所示为 Cr-Mo 钢回火参数 P 与断口转变温度的关系。可以看出，每

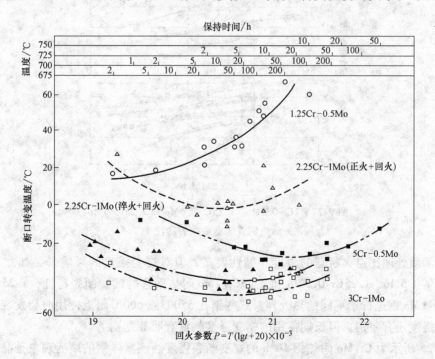

图 9-23　Cr-Mo 钢回火参数 P 与断口转变温度的关系

种钢都有一个与最低断口转变温度相对应的合适的回火参数 P。即使对于相同成分的 2.25Cr-1Mo 钢，也有空冷正火+回火（NT）处理和水冷淬火+回火（QT）处理两种结果。淬火+回火（QT）比正火+回火（NT）的钢材韧性要高。回火前的组织，对回火后钢材的韧性有很大影响，低温转变组织回火后的韧性较高。回火后钢材的韧性依据回火前组织（马氏体→贝氏体→珠光体+铁素体）的顺序下降。

对 1.25Cr-0.5Mo 钢和 2.25Cr-1Mo 钢的回火参数 P 与 20℃时冲击吸收能量的关系进行研究表明，两种钢进行相同的回火处理和焊后热处理，1.25Cr-0.5Mo 钢焊后热处理的冲击吸收能量仍在回火后冲击吸收能量的范围；而 2.25Cr-1Mo 钢焊后热处理的冲击吸收能量却在回火后的冲击吸收能量之下，其转变温度升高，这可能是由于碳化物积聚和铁素体晶粒长大引起的，也被认为是焊后热处理后缓冷引起的回火脆性。

（3）蠕变强度　钢材在高温长期运行时会发生蠕变，即发生缓慢的不能回复的微小塑性变形。这种微小的塑性变形达到一定程度后，钢材会出现比在同样温度下短期运行时低的抗拉强度而发生断裂。关于合金元素对钢蠕变强度的影响，Mo 的影响最大，即含 Mo 钢的蠕变强度最高，它是耐热钢必加的元素。Cr、Mn、Si 也可提高蠕变强度，特别是 Cr，能增加抗氧化性。W、V、Ti、Nb 也可提高蠕变强度，但珠光体耐热钢中除 V 之外很少用。

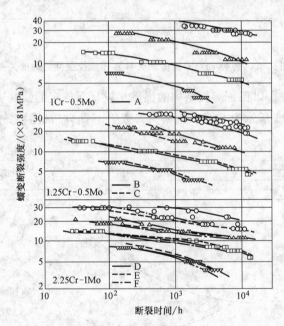

图 9-24　1Cr-0.5Mo、1.25Cr-0.5Mo 和 2.25Cr-1Mo
耐热钢管的蠕变断裂特性

钢材调质处理比退火状态的强度和韧性要高，但对蠕变强度的影响未必如此。图 9-24 所示为 1Cr-0.5Mo、1.25Cr-0.5Mo 和 2.25Cr-1Mo 耐热钢管的蠕变断裂特性，1.25Cr-0.5Mo 和 2.25Cr-1Mo 钢进行了不同的热处理。这些钢在 550℃或 600℃附近使用时会发现，短期使用的蠕变强度还有差别，但长期使用的蠕变强度就没有明显差别了。

图 9-25 所示为 Cr-Mo 耐热钢 10^5h 的蠕变断裂强度。铁素体钢的蠕变现象是晶内发生的滑移，是晶内位错移动的反映。这种位错移动会受到碳化物等析出物质点的阻碍使蠕变速率

下降。析出物质点之间的间隔为原子间隔的 25～50 倍时，具有最好的阻碍位错移动的效果。设备运行将在高温停留很长时间，即使材料在淬火 + 回火中析出的是极细小的碳化物，也会开始聚集，但不能成为阻止已经移动的位错障碍物。退火状态几乎聚集到了能够阻碍位错移动的障碍物，这也是退火处理使之脆化的原因。

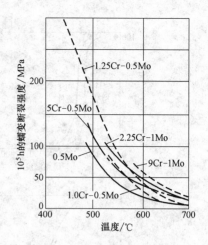

图 9-25　Cr-Mo 耐热钢 10^5 h
的蠕变断裂强度

2. 热影响区硬化及冷裂纹

珠光体耐热钢由于含有较多的合金元素，有很大的淬硬倾向，在焊接冷却条件下能够显著硬化，因此具有较强的冷裂敏感性。珠光体耐热钢中的 Cr、Mo 元素能显著提高钢的淬硬性，这些合金元素推迟了冷却过程中的组织转变，提高了过冷奥氏体的稳定性。对于成分一定的耐热钢，最高硬度取决于奥氏体相的冷却速度。焊接热输入过小时，热影响区易出现淬硬组织；焊接热输入过大时，热影响区晶粒明显粗化。

淬硬性高的珠光体耐热钢焊接中可能出现冷裂纹，裂纹倾向一般随着钢材中 Cr、Mo 含量的提高而增大。当焊缝中扩散氢含量过高、焊接热输入较小时，由于淬硬组织和扩散氢的作用，常在珠光体耐热钢焊接热影响区的粗晶区中出现冷裂纹，通常为穿晶裂纹，特别是在热影响区为淬硬的马氏体组织时更为明显。有时热影响区淬硬性较低，有珠光体 + 马氏体混合组织时，裂纹也可能沿晶界发展。

耐热钢焊接产生冷裂纹的原因有钢材的淬硬性（组织因素）、焊缝扩散氢含量和接头的拘束度（应力状态）。可采用低氢焊条和控制焊接热输入在合适的范围，并采取适当的预热、后热措施，来避免产生焊接冷裂纹。焊接生产中，正确选定预热温度和焊后回火温度对防止冷裂纹是非常重要的。

几种耐热钢的斜 Y 形坡口对接裂纹试验结果的比较如图 9-26 所示。

试验结果表明，对于 P91 钢铸件，预热温度达到 200℃ 就可以防止裂纹；对于 P91 钢管，需要预热到 250℃；对于 P22 钢（2.25Cr-1Mo），则需要预热到 300℃ 以上才能防止焊接冷裂纹，说明 P91 钢的冷裂纹倾向比 P22 钢小。

MCM2S（2.25Cr-1.6WVNb，T23）钢在常温下焊接可以不预热，P92 钢只需要预热到 100℃，HCM12A（12Cr-0.4Mo-2WCuVNb）钢需要预热到 150℃，P91 钢需要预热到 180～250℃。实际焊接时，预热温度可以在此基础上适当提高 50℃ 左右，但没有必要把预热温度提得过高。过高的预热温度对接头区的组织性能是不利的。

目前，耐热钢焊接倾向于提高焊缝的塑性和韧性，而稍降低其强度，这对于避免冷裂纹产生，保障安全运行是一种有效的措施。

3. 再热裂纹（SR 裂纹）

再热裂纹是对焊接接头进行热处理或设备高温运行中在焊接区产生的晶界裂纹。再热裂纹不仅在热影响区的过热区产生，也可能在焊缝金属中产生。珠光体耐热钢再热裂纹的产生取决于钢中碳化物形成元素（Cr、Mo、V、Nb、Ti 等）的特性及其含量。图 9-27 所示为再

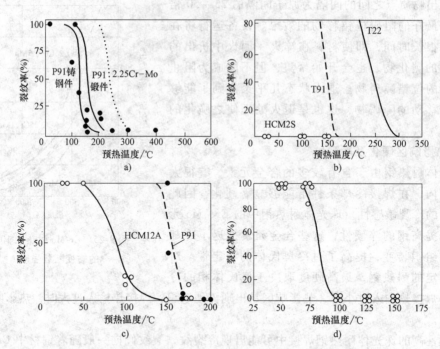

图 9-26　几种耐热钢的斜 Y 形坡口对接裂纹试验结果的比较

a) P91 铸钢件、P91 钢管和 P22 钢的比较　b) T23、T91、T22 钢的比较
c) w_{Cr} 为 12% 的 HCM12A 和 P91 钢的比较　d) 含较多 W 元素的 P92 钢的试验结果

热裂纹与焊后热处理的关系。

　　焊接过程中靠近熔合区的热影响区被加热到 1300℃ 以上，钢中 Cr、Mo、V、Nb、Ti 等的碳化物溶入固溶体。在随后冷却过程中，由于冷却速度较快，碳化物来不及析出，过饱和地留在固溶体中。当对焊接接头进行焊后热处理或设备高温运行中，上述碳化物从固溶体中析出，引起晶粒内部强化，导致晶内强度升高，不易变形。消除应力是高温下材料的屈服强度下降、应力松弛和发生蠕变的过程。这时，由于热影响区过热区金属晶粒内部因碳化物析出已经强化，蠕变的发生只能集中在比较薄弱的晶界处。而晶界往往显示出很差的变形能力，从而导致晶界再热裂纹的产生。

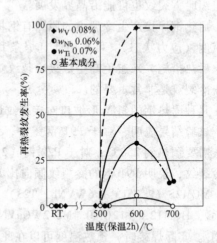

图 9-27　再热裂纹与焊后热处理的关系
（基本成分：0.16C-0.99Cr-0.46Mo-0.6Mn-0.3Si，
斜 Y 形坡口小铁研试验）

　　再热裂纹多出现在焊接热影响区的粗晶区，与焊接工艺及焊接残余应力有关。这种裂纹一般在 500~700℃ 的敏感温度范围形成，裂纹倾向还取决于热处理工艺。采用大热输入的焊接方法时，如多丝埋弧焊或带极埋弧焊，在接头处高拘束应力作用下，焊层间或堆焊层下的过热区易出现再热裂纹。

　　珠光体耐热钢中的 Mo 含量增多时，Cr 对再热裂纹的影响也增大，如图 9-28 所示。Mo

的质量分数从 0.5% 增加至 1.0% 时，再热裂纹敏感性最大的 Cr 的质量分数从 1.0% 降低至 0.5%。但钢中如有质量分数为 0.1% 的 V 元素时，即使 Mo 的质量分数为 0.5%，再热裂纹倾向也很大。

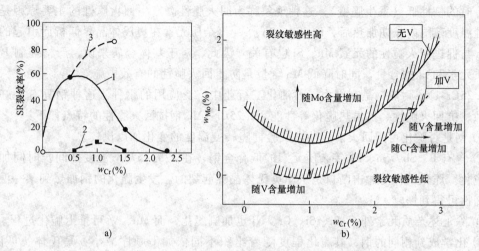

图 9-28　合金元素对钢材再热裂纹敏感性的影响

a）Cr、Mo 含量对再热裂纹的影响（600℃×2h）　b）Cr、Mo、V 含量对再热裂纹的影响

1—1Mo　2—0.5Mo　3—0.5Mo-0.1V

碳元素在 1Cr-0.5Mo 钢中对再热裂纹敏感性的影响如图 9-29 所示，可以看出，随着钢中 V 含量的增加，碳对再热裂纹的影响也加剧。图 9-30 是 V、Nb、Ti 对再热裂纹敏感性的影响，其中 V 的影响最显著。

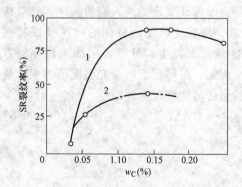

图 9-29　碳元素对再热裂纹的影响

（600℃×2h，炉冷）

1—1Cr-0.5Mo-（0.08~0.09）V

2—1Cr-0.5Mo-（0.04~0.05）V

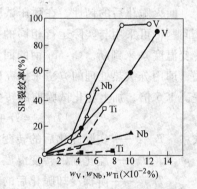

图 9-30　V、Nb、Ti 对再热裂纹的影响

（600℃×2h，炉冷）

●▲■—0.6Cr-0.5Mo-V、Nb、Ti

○△□—1Cr-0.5Mo-V、Nb、Ti

防止再热裂纹的措施如下：

1）采用高温塑性高于母材的焊接材料，限制母材和焊接材料的合金成分，特别是要严格限制 V、Ti、Nb 等合金元素的含量到最低的程度。

2）将预热温度提高到 250℃ 以上，层间温度控制在 300℃ 左右。

3）采用小热输入的焊接工艺，减小焊接热影响区过热区宽度，细化晶粒。

4）选择合适的热处理工艺、避免在敏感温度区间停留较长时间。

4. 回火脆性

某些 Cr-Mo 耐热钢及其焊接接头回火时，在 370~570℃ 温度区间缓冷（或长期运行）比快冷时的韧性低（发生脆变），这种现象称为回火脆性。产生回火脆性的主要原因是在回火脆性温度范围内长期加热后，P、Sb、Sn、As 等杂质元素在奥氏体晶界偏析而引起的晶界脆化，与促进回火脆性的元素 Mn、Si 也有关。因此，对于基体金属来说，严格控制 P 等有害杂质元素和 Si 的含量，同时降低 Mn 含量是防止回火脆性的有效措施。

2.25Cr-1Mo 耐热钢是在电力、石油化工行业中广泛应用的钢种。这种钢具有良好的抗氢腐蚀、抗回火脆性、抗再热脆化等性能。2.25Cr-1Mo 钢抗回火脆性的特点如下：

① 钢是否脆化可用回火前后冲击试验韧脆转变温度的变化加以比较。

② 含有 P、Sb、Sn、As 等杂质元素的低合金钢，在 375~575℃ 温度区间长时间加热易发生脆化。脆化试样的冲击断口是从原奥氏体晶界起裂的。发生脆化的钢加热到某一温度以上，韧性可得到恢复。

③ 除上述杂质元素外，Mn、Si、Cr、Ni 也加剧脆化，而 Mo、W 可推迟脆化过程。

④ 化学成分相同的钢，其脆化程度随着组织不同依如下顺序减小：马氏体、贝氏体、珠光体。若奥氏体晶粒粗大，其脆化程度也大。

焊缝金属回火脆性的敏感性比锻、轧材料更明显，因为焊接材料中的杂质难以控制。一般认为要获得低回火脆性的焊缝金属必须严格控制 P 和 Si 的含量，通过俄歇电子能谱观察到 P 在晶界上的偏析，而且偏析的浓度与 Si 含量有关。研究还发现 Si 和 P 在晶界上形成 Si-P 复合物，促使晶界脆化，因此除了要严格限制 P 含量（$w_P \leqslant 0.015\%$）外，焊缝中 Si 含量要控制在质量分数为 0.15% 以下。

回火脆化后的韧性，在耐压试验或工程应用中是否能保证安全受到人们的关注。针对这个问题，可采用与实际运行相同的条件进行脆化试验，用脆化试验后得到的韧性（或脆性转变温度）来判断。Cr-Mo 钢的回火脆性，短时间加热很难发生，可以采用加速脆化的方法，即用分级热处理的方法来研究回火脆性。为安全起见，将脆化后的转变温度值的变化量提高 1.5 倍，加上脆化试验前的转变温度作为实际脆化后的转变温度，即

$$Tr_{emb} = Tr + 1.5(Tr_{step} - Tr) = Tr + 1.5\Delta Tr_{step} \tag{9-6}$$

式中 Tr_{emb}——实际脆化后的转变温度；

Tr——脆化前的转变温度；

Tr_{step}——阶梯冷却脆化后的转变温度；

ΔTr_{step}——阶梯冷却脆化前、后的转变温度变化量，即 $\Delta Tr_{step} = Tr_{step} - Tr$。

9.3.3 低合金耐热钢的焊接工艺特点

1. 焊接方法

焊条电弧焊、埋弧焊、气体保护焊（TIG、MIG）等可用于耐热钢的焊接，以焊条电弧焊、TIG 焊为主，窄间隙焊也正在扩大应用。钨极氩弧焊用于管道生产可实现单面焊双面成形，但母材 Cr 的质量分数超过 3% 时，焊缝背面应通氩气保护，以改善焊缝成形，防止焊缝表面氧化。TIG 焊的缺点是焊接效率低，往往采用 TIG 焊打底，填充层采用其他高效率的焊接方法，以提高生产率。

　　焊接合金含量较高的中合金耐热钢时，需向焊接区吹送 Ar 等保护气体。此外局部加热会导致 Cr-Mo 钢焊后产生低塑性组织，需对接头区作相应的热处理。

2. 焊接材料

　　为了保证焊缝性能与母材匹配，具有必要的热强性，耐热钢的焊缝成分应与母材相近。为了防止焊缝有较大的热裂倾向，焊缝中碳的质量分数要求比母材低（一般不低于 0.07%）。若焊接材料选择适当，焊缝的性能可以和母材匹配。

　　耐热钢焊接材料的选择原则是：焊缝金属的合金成分及使用温度下的强度应与母材相应的指标一致，或应达到产品技术要求的最低性能指标。如焊后需经退火、正火或热成形等热处理或热加工，应选择合金成分或强度级别较高的焊接材料。珠光体耐热钢焊接材料的选用见表 9-15。珠光体耐热钢和低合金钢异种钢焊接时，一般选用珠光体耐热钢焊条或焊丝。

表 9-15　珠光体耐热钢焊接材料的选用

钢　　种	钢　　号	供货状态	工作温度等级 /℃	适 用 焊 条	
				型号	牌号
C-0.5Mo	15Mo 15MoG 20MoG	正火	≤500	E5003-A1 E5015-A1	R102 R107
0.5Cr-0.5Mo	15Mo 15MoG	正火 + 回火	≤510	E5503-B1 E5500-B1 E5515-B1	R202 R200 R207
1Cr-0.5Mo	15CrMo 15CrMoR 15CrMoG	正火 + 回火	≤520	E5503-B2 E5515-B2	R302 R307、R307R
1Cr-Mo	20CrMo	正火 + 回火	≤520	E5515-B2	R307、R307R
1Cr-0.5Mo-V	12Cr1MoV 12Cr1MoVG 15Cr1MoV	正火 + 回火	≤540	E5500-B2-V E5503-B2-V E5515-B2-V E5518-B2-V	R310 R312 R317 R316Fe
2.25Cr-1Mo	12Cr2Mo 12Cr2MoG 12Cr2MoR	正火 + 回火	≤560	E6000-B3 E6018-B3 E6015-B3	R400、R406 R406Fe R407
3CR-1MoVSiTiB	12Cr3MoVTiB	正火 + 回火	≤600	E5515-B3-VNb	R417Fe、R427
2Cr-MoWVTiB	12Cr2MoWVTiB	正火 + 回火	≤600	E5500-B3-VWB E5515-B3-VWB	R340 R347
MoWVNb	10MoWVNb	正火 + 回火	≤580	E5503-B2-V E5515-B2-V	R312 R317
SiMoVNb	12SiMoVNb	正火 + 回火	≤580	E5500-B2-V E5518-B2-V E5515-B2-V	R312 R316Fe R317

　　在高温下工作的耐热钢焊接结构，应按照所焊结构部件最高设计温度下的强度选择焊接材料。母材和焊缝金属的合金成分虽基本相同，但因显微组织不同，室温和高温强度的比例关系也不一样。焊缝金属的室温强度达到了规定的要求，不代表其高温持久强度也一定符合规定。在选用高温结构焊接材料时，应以保证最高设计温度下的持久强度值为准则。控制焊接材料的含水量是防止焊接裂纹的主要措施之一，耐热钢所用的焊条和焊剂都容易吸潮，在焊接工艺要求中应规定焊条和焊剂的保存和烘干制度。

焊接在回火脆性温度区间长期工作的 2. 25Cr-1Mo 耐热钢时，应选择具有低回火脆性的焊接材料。焊补缺欠或焊后不进行热处理时，为防止产生冷裂纹可采用奥氏体钢焊条（如 E309-16、E309Mo-16 等）。采用奥氏体钢焊条时，焊前预热，焊后一般不进行回火处理。奥氏体焊缝与母材线胀系数不同以及在高温下长期工作时有碳的扩散迁移，在交变温度下工作时易导致熔合区的开裂。长期高温工作还可能引起焊缝中的 σ 相脆化。这些问题也是采用奥氏体焊条时所要考虑的。

3. 焊前预热和焊后热处理

耐热钢一般在预热状态下焊接，焊后大多要进行高温回火处理。耐热钢定位焊和正式施焊前都需预热，若焊件刚度大，宜整体预热。应尽量减小接头的拘束度。焊接过程中保持焊件的温度不低于预热温度（包括多层焊的层间温度），避免中断，不得已中断焊接时，应保证焊件缓慢冷却。重新施焊的焊接件仍须预热，焊接完毕应将焊件保持在预热温度以上数小时，然后再缓慢冷却。焊缝正面的余高不宜过高。

耐热钢的坡口加工可采用火焰切割法，但切割边缘的淬硬层往往成为后续加工的开裂源。为防止切割边缘开裂，厚度 15mm 以上的 Cr-Mo 耐热钢板，切割前应预热至 150℃ 以上。厚度 15mm 以下的耐热钢板，切割前不必预热，切割边缘最好进行机械加工。

耐热钢焊接时，为了防止冷裂纹和消除热影响区硬化现象，正确选定预热温度和焊后回火温度是非常重要的。预热温度的确定主要是依据钢的成分、接头的拘束度和焊缝金属的氢含量。母材碳当量大于 0. 45% 、最高硬度大于 350HV 时，应考虑焊前预热。低合金耐热钢的预热温度和焊后热处理示例见表 9-16。

表 9-16　低合金耐热钢的预热温度和焊后热处理示例

钢号	预热温度/℃	焊后热处理温度/℃	钢号	预热温度/℃	焊后热处理温度/℃
12CrMo	200 ~ 250	650 ~ 700	12MoVWBSiRE	200 ~ 300	750 ~ 770
15CrMo	200 ~ 250	670 ~ 700	12Cr2MoWVB①	250 ~ 300	760 ~ 780
12Cr1MoV	250 ~ 350	710 ~ 750	12Cr3MoVSiTiB	300 ~ 350	740 ~ 760
17CrMo1V	350 ~ 450	680 ~ 700	20CrMo	250 ~ 300	650 ~ 700
20Cr3MoWV	400 ~ 450	650 ~ 670	20CrMoV	300 ~ 350	680 ~ 720
2. 25Cr-1Mo	250 ~ 350	720 ~ 750	15CrMoV	300 ~ 400	710 ~ 730

① 12Cr2MoWVB 气焊接头焊后应正火 + 回火处理，推荐：正火（1000 ~ 1030℃）+ 回火（760 ~ 780℃）。

后热去氢处理是防止冷裂纹的重要措施之一。氢在珠光体中的扩散速度较慢，一般焊后加热到 250℃ 以上，保温一定时间，可促使氢加速逸出，降低冷裂纹的敏感性。采用后热处理可以降低预热温度 50 ~ 100℃。耐热钢焊后热处理的目的除消除焊接残余应力外，更重要的是改善焊接区组织和提高接头的综合力学性能，包括提高接头的高温蠕变强度和组织稳定性，降低焊缝及热影响区硬度等。

第10章 不锈钢及耐热钢的焊接冶金

不锈钢即以不锈、耐蚀性为主要特性，且 Cr 的质量分数至少为 10.5%。碳的质量分数最大不超过 1.2% 的钢。耐热钢是在高温下具有良好的化学稳定性或较高强度的钢。不锈钢通常含有 Cr、Ni、Mn、Mo 等元素，具有良好的耐蚀性和较好的力学性能，适于制造要求耐腐蚀、抗氧化、耐高温和超低温的零部件和设备，应用十分广泛，其焊接具有特殊性。近年来，不锈钢及耐热钢的焊接由于用量增加和经济效益显著而受到人们的关注。

10.1 不锈钢及耐热钢的基本特性

10.1.1 不锈钢及耐热钢的种类

不锈钢是以 Fe-Cr、Fe-Cr-C、Fe-Cr-Ni 为合金系的高合金钢。不锈钢是能耐空气、水、酸、碱、盐及其溶液和其他腐蚀介质的腐蚀，具有高度化学稳定性的合金钢的总称。耐热钢是抗氧化钢和热强钢的总称。在高温下具有较好的抗氧化性并有一定强度的钢称为抗氧化钢；在高温下有一定的抗氧化能力和较高强度的钢称为热强钢。一般来说，耐热钢的工作温度超过 300℃。

不锈钢的类型较多，主要按用途、化学成分、组织类型等分类。

1. 按用途分类

（1）不锈钢　仅指在大气环境下及侵蚀性化学介质中使用的钢，工作温度一般不超过 500℃，要求耐腐蚀，对强度要求不高。应用最广的有 Cr13 系列不锈钢和低碳 Cr-Ni 钢（如 06Cr19Ni10、12Cr18Ni9）或超低碳 Cr-Ni 钢（如 022Cr25Ni22Mo2N、022Cr18Ni15Mo3N 等）。

（2）热稳定钢　在高温下具有抗氧化性，对高温强度要求不高。工作温度可高达 900 ~ 1100℃。常用的有高 Cr 钢（如 10Cr17、16Cr25N）和 Cr-Ni 钢（如 20Cr25Ni20、16Cr25Ni20Si2）。

（3）热强钢　在高温下既有抗氧化能力，又具有一定的高温强度，工作温度 600 ~ 800℃。广泛应用的是 Cr-Ni 奥氏体钢（如 12Cr18Ni9、22Cr12NiWMoV 等）。

2. 按化学成分分类

（1）Cr 不锈钢　$w_{Cr} \geqslant 12\%$，如 12Cr13、68Cr17 等。

（2）Cr-Ni 不锈钢　在铬不锈钢中加入 Ni，以提高耐蚀性、焊接性和冷变形性，如 12Cr18Ni9、07Cr17Ni12Mo2 等。

（3）Cr-Mn-N 不锈钢　含有 Cr、Mn、N 元素，不含 Ni，如 26Cr18Mn12Si2N 等。

3. 按室温组织分类

（1）奥氏体钢　应用最广的一类不锈钢，分为 18-8 系列（如 06Cr19Ni10、12Cr18Ni9、12Cr18Mn8Ni5N、06Cr18Ni12Mo2Cu 等）和 25-20 系列（如 16Cr25Ni20Si2、022Cr25Ni22Mo2N 等）两大类。供货状态多为固溶处理态。此外，还包括沉淀硬化钢，如 05Cr17Ni4Cu4Nb（简称 17-4PH）和 07Cr17Ni7Al（简称 17-7PH）。

（2）铁素体钢　w_{Cr} 17% ~ 30%，主要用作耐热钢，也用作耐蚀钢，如 10Cr17、16Cr25N 及 008Cr30Mo2 高纯铁素体钢。铁素体钢多以退火状态供货。

（3）马氏体钢　以 Cr13 系列最为典型，如 12Cr13、20Cr13、30Cr13、40Cr13 及 14Cr17Ni12。以 Cr12 为基的 15Cr12WMoV 多元合金马氏体钢，用作热强钢。热处理对马氏体钢力学性能影响很大，须根据要求规定供货状态，或是退火状态，或是淬火 + 回火状态。

（4）奥氏体-铁素体双相钢　钢中奥氏体占 40% ~ 60%，δ 铁素体占 60% ~ 40%，这类钢具有优异的耐蚀性。最典型的有 18-5 系列、22-5 系列、25-5 系列，如 022Cr18Ni5Mo3Si2N、022Cr22Ni5Mo3N、022Cr25Ni7Mo4WCuN。与 18-8 不锈钢相比，主要特点是提高 Cr 而降低 Ni，同时添加 Mo 和 N。这类双相不锈钢以固溶处理态供货。

美国钢铁学会（AISI）规定奥氏体不锈钢包括 200 系列和 300 系列。200 系列 C、Mn 和 N 含量高，用于特殊用途，例如耐磨损的场合。300 系列是应用最广泛的奥氏体不锈钢。

4. 不锈钢和耐热钢的区别

我国不锈钢和耐热钢采用相同的牌号，容易混淆。如果将 $w_{Cr} \geqslant 12\%$ 的耐蚀钢泛称为不锈钢的话，耐热钢中大部分也可称为不锈耐热钢，二者的区别主要是用途和使用环境不同。不锈钢主要是在温度不高的所谓湿腐蚀介质条件下使用，尤其是在酸、碱、盐等强腐蚀溶液中，耐蚀性是其最重要的技术指标。耐热钢是在高温气体环境下使用，除耐高温腐蚀（如高温氧化）为必要性能外，高温下的力学性能是评定耐热钢的基本指标。其次，不锈钢为提高耐晶间腐蚀等性能，碳含量越低越好；而耐热钢为保持高温强度，一般碳含量较高。

一些不锈钢也可作为热强钢使用。而一些热强钢也可用作为不锈钢，可称为"耐热型"不锈钢。

10.1.2　不锈钢及耐热钢的物理性能和耐蚀性

1. 不锈钢的物理性能

不锈钢及耐热钢的物理性能与低碳钢有很大差异，其物理性能指标见表 10-1。同种组织状态的钢，其物理性能也基本相同。

表 10-1　不锈钢及耐热钢的物理性能

类型	钢号	密度 (20℃) /(g/cm³)	比热容 (0 ~ 100℃) /[J/(g·℃)]	热导率 (100℃) /[J/(cm·s·℃)]	线胀系数 (0 ~ 100℃) /[μm/(m·℃)]	电阻率 (20℃) /(μΩ/cm)
铁素体不锈钢	06Cr13	7.75	0.46	0.27	10.8	61
	4Cr25N	7.47	0.50	0.21	10.4	67
马氏体不锈钢	12Cr13	7.75	0.46	0.25	9.9	57
	20Cr13	7.75	0.46	0.25	10.3	55
18-8 型 奥氏体不锈钢	06Cr19Ni10	8.03	0.50	0.15	16.9	72
	12Cr18Ni9	8.03	0.50	0.16	16.7	74
	07Cr17Ni12Mo2	8.03	0.50	0.16	16.0	74
25-20 型 奥氏体不锈钢	20Cr25Ni20	8.03	0.50	0.14	14.4	78

一般来说，不锈钢及耐热钢中合金元素含量越多，热导率 λ 越小，线胀系数 α_1 和电阻率 ρ 越大。马氏体不锈钢和铁素体不锈钢的 λ 约为低碳钢的 1/2，α 与低碳钢相近。奥氏体不锈钢的 λ 约为低碳钢的 1/3，α 比低碳钢大 50%，并随着温度的升高，线胀系数也相应地

提高。由于奥氏体钢特殊的物理性能，在焊接过程中会引起较大的变形；特别是异种金属焊接时，由于两种材料的热导率和线胀系数差异很大，会产生很大的应力，是焊接区产生裂纹的主要原因之一。

非奥氏体钢显现磁性；奥氏体不锈钢中只有 25-20 型及 16-36 型不呈现磁性；18-8 型奥氏体不锈钢在退火状态下无磁性，在冷作条件下能显示出强磁性。

2. 不锈钢的耐蚀性

不锈钢的主要腐蚀形式有均匀腐蚀、点腐蚀、缝隙腐蚀、晶间腐蚀和应力腐蚀等。

（1）均匀腐蚀　指接触腐蚀介质的金属表面全部产生腐蚀的现象。均匀腐蚀使金属截面积不断减少，对于被腐蚀的受力零件而言，会使其承受的应力逐渐增加，最终发生断裂。对于硝酸等氧化性酸，不锈钢表面能形成稳定的钝化层，不易产生均匀腐蚀。而对硫酸等还原性酸，只含 Cr 的马氏体钢和铁素体钢不耐腐蚀，含 Ni 的奥氏体钢则显示了良好的耐蚀性。在含氯离子（Cl^-）介质中，Cr-Ni 不锈钢也容易发生钝化层破坏而被腐蚀。钢中含 Mo 在各种酸中均有改善耐蚀性的作用。双相不锈钢如果相比例合适，含足量的 Cr、Mo，耐蚀性与含 Cr、Mo 含量相当的 Cr-Ni 奥氏体钢相近。马氏体钢不适于在强腐蚀介质中使用。

（2）点腐蚀　指在金属材料表面大部分不腐蚀或轻微腐蚀，且分散发生的局部腐蚀，又称坑蚀或孔蚀（Pitting Corrosion）。常见蚀点的尺寸小于 1mm，轻者有较浅的蚀坑，严重的甚至形成穿孔。常因氯离子的存在使不锈钢钝化层局部破坏以至形成腐蚀坑。不锈钢可以通过以下几个途径防止点腐蚀：

① 减少 Cl^- 含量和氧含量；加入缓蚀剂（如 CN^-、NO_3^-、SO_4^{2-} 等）；降低介质温度。

② 在不锈钢中加入 Cr、Ni、Mo、Si、Cu 等合金元素。

③ 尽量不进行冷加工，以减少位错露头处发生点腐蚀的可能。

④ 降低钢中含碳量；添加氮也可提高耐点腐蚀性能。

判定不锈钢耐点腐蚀性能时常采用"点蚀指数"（Pitting Index）PI 来衡量：

$$PI = w_{Cr} + 3.3w_{Mo} + (13 \sim 16)w_N \tag{10-1}$$

一般希望 $PI > 35$。

Cr 的有利作用在于形成稳定的 Cr_2O_3 氧化膜。Mo 的有利作用在于形成 MoO_4^{2-} 离子，吸附于表面活性点而阻止氯离子入侵；N 的作用虽无详尽了解，但可与 Mo 协同作用，富集于表面膜中，使表面膜不易破坏。

（3）缝隙腐蚀　在电解液中，如在氯离子环境中，不锈钢与异物接触的表面间存在间隙时，缝隙中溶液流动将发生迟滞现象，以至溶液局部氯离子浓化，形成浓差电池，导致缝隙中不锈钢钝化膜吸附氯离子而被局部破坏的现象称为缝隙腐蚀（Crevise Corrosion）。与点腐蚀形成机理相比，缝隙腐蚀主要是介质的电化学不均匀性引起的。缝隙腐蚀和点腐蚀是具有共同性质的腐蚀现象。能耐点腐蚀的钢都有耐缝隙腐蚀的性能，同样可用点蚀指数来衡量耐缝隙腐蚀倾向。

（4）晶间腐蚀　在晶粒边界附近发生的有选择性的腐蚀现象。受晶间腐蚀的设备或零件，外观虽呈金属光泽，但晶粒彼此间已失去联系，敲击时已无金属的声音，钢质变脆。晶间腐蚀与晶界层"贫铬"现象有联系。

奥氏体不锈钢加热到 450~850℃ 温度区间会发生敏化，其机理是过饱和固溶的碳向晶粒边界扩散，与晶界附近的 Cr 结合形成铬的碳化物 $Cr_{23}C_6$ 或 （Fe，Cr）C_6 （常写成

$M_{23}C_6$），并在晶界析出。由于 C 比 Cr 扩散
快得多，Cr 来不及从晶内补充到晶界附近，
以至于晶粒周边层 $w_{Cr} < 12\%$，即所谓"贫
铬"现象，降低了组织的局部耐蚀性，从而
造成晶间腐蚀，在晶粒边界上腐蚀成深的凹
槽（见图 10-1）。

若钢中含碳量低于其饱和溶解度，即超
低碳（$w_C = 0.015\% \sim 0.03\%$），不致有
$Cr_{23}C_6$ 析出，因而不会产生"贫铬"现象。
如果钢中含有能形成稳定碳化物的 Nb 或 Ti，
并经稳定化处理（850℃×2h，空冷），使之
优先形成 NbC 或 TiC，不会再形成 $Cr_{23}C_6$，
也不会产生贫铬现象。

高 Cr 铁素体不锈钢也有晶间腐蚀倾向，
但与 Cr-Ni 奥氏体不锈钢相反，从高温
（Cr17 为 1100 ~ 1200℃，Cr25 为 1000 ~
1200℃）急冷时就产生了晶间腐蚀；经
650 ~ 850℃ 加热缓冷后反而消除了晶间腐
蚀。这是由于碳在铁素体中的溶解度比在奥
氏体中小得多，易于析出，而且碳在铁素体
中扩散速率也大，从高温急冷过程中相当于
进行"敏化"而形成了 $Cr_{23}C_6$，在晶粒边界
发生贫铬现象。再在 650 ~ 850℃ 加热，相当
于稳定化处理，促使 Cr 的扩散均匀化，于是
贫铬层消失。

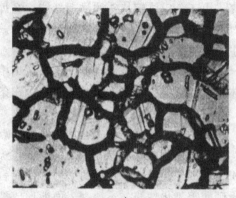

a)

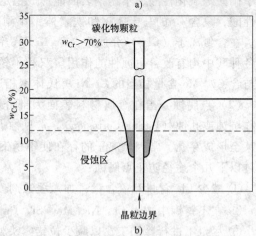

b)

图 10-1　304 型不锈钢（C = 0.06%）晶间腐蚀
a）热影响区晶间腐蚀　b）紧邻晶界碳化
物的贫 Cr 区（晶间腐蚀）示意图

有时也会见到未经敏化加热、未见 $Cr_{23}C_6$ 析出，而出现晶间腐蚀的现象，例如超低碳
不锈钢也有晶间腐蚀倾向。由于 P、Si 等杂质沿晶间偏析而导致晶腐蚀，P 在晶间偏析是
晶内的 100 倍。Si 则促进磷化物的形成。沿晶界沉淀第二相（如 δ 相、富 Cr 的 α′相）也会
增大晶间腐蚀倾向，为此开发了高纯度不锈钢。

固溶处理可改善耐晶间腐蚀性。应适当提高钢中铁素体化元素（Cr、Mo、Nb、Ti、Si
等）含量，降低奥氏体化元素（Ni、C、N）含量。如果奥氏体钢中有一定数量的 δ 铁素体
相，晶间腐蚀倾向可显著减小。含有一定数量 δ 相的双相不锈钢，在耐晶间腐蚀性上优于单
相奥氏体钢，这与存在均匀弥散分布的铁素体相有关。一般说来，奥氏体化元素多富集于 γ
相中，敏化加热时，富 Cr 碳化物易形成于 γ-δ 两相界面的 δ 相一侧，且 Cr 在 δ 相中扩散
快，Cr 易均匀化，不致形成贫铬层。δ 相不多时，常以孤岛状被 γ 相包围；δ 相增多时，由
于同 γ 相共存而呈弥散状态，不能形成连续网状晶界。所以即使出现局部贫 Cr，也不致增
大晶间腐蚀倾向。

（5）应力腐蚀　也称应力腐蚀开裂（Stress Corrosion Cracking，简称 SCC），指不锈钢在
特定的腐蚀介质和拉应力作用下出现的低于抗拉强度的脆性开裂现象。不锈钢的应力腐蚀大

部分是由氯离子引起的。高浓度苛性碱、硫酸水溶液等也会引起应力腐蚀。

Cr-Ni 奥氏体不锈钢因氯化物引起的 SCC 主要属于伴随阳极溶解而产生的开裂，称为活性路径腐蚀 APC（Active Path Corrosion）。有较多 δ 相存在时，在高压加氢或含 H_2S 介质中也会产生氢脆开裂（Hydrogen Embrittlement Cracking，简称 HEC）。马氏体不锈钢和铁素体不锈钢更易产生氢脆性质的应力腐蚀开裂。钢的硬度越高，越易产生氢脆开裂。

Cr-Ni 奥氏体不锈钢耐氯化物 SCC 性，随 Ni 含量的提高而增大。所以，25-20 不锈钢比 18-8 不锈钢具有较好的耐 SCC 性。含 Mo 钢对耐 SCC 不利，18-8Ti 不锈钢比 18-8Mo 不锈钢具有高的耐 SCC 性。铁素体不锈钢比奥氏体不锈钢具有好的耐 SCC 性，但在 Cr17 或 Cr25 中添加少量 Ni 或 Mo，会增大在 42% $MgCl_2$（质量分数）溶液中对 SCC 的敏感性。双相不锈钢的应力腐蚀开裂敏感性与两相的比例有关，δ 相为 40% ~ 50%（体积分数）时具有最好的耐 SCC 性。

10.1.3　不锈钢及耐热钢的高温性能

耐热性是指在高温下，既有抗氧化或耐气体介质腐蚀的性能（即热稳定性），同时又有足够的强度（即热强性）。

1. 高温性能

不锈钢表面形成的钝化膜不仅具有抗氧化和耐腐蚀的性能，还可提高使用温度。例如，若单独用铬来提高钢的抗氧化性，介质温度达到 800℃时，要求 $w_{Cr} \geqslant 12\%$；在 950℃下耐氧化时，要求 $w_{Cr} \geqslant 20\%$；而当 $w_{Cr} \geqslant 28\%$ 时，在 1100℃ 也能抗氧化。18-8 不锈钢不仅在低温时具有良好的力学性能，在高温时又有较高的热强性，在 900℃的氧化性介质和 700℃的还原性介质中，都能保持其化学稳定性，也常用作耐热钢。

Cr 或 Cr-Ni 耐热钢因热处理制度不同，在常温下具有不同的性能。如退火状态的 20Cr13 钢的抗拉强度为 630MPa，1038℃淬火 + 320℃回火时抗拉强度达 1750MPa，但断后伸长率只有 8%；12Cr18Ni9 固溶处理状态下抗拉强度仅为 600MPa，但断后伸长率可高达 55%。

2. 热强合金化

耐热钢的高温性能中首先要保证抗氧化性。为此钢中含有 Cr、Si 或 Al，可形成致密完整的氧化膜而防止继续发生氧化。热强性是指在高温下长时间工作对断裂的抗力（持久强度），或在高温下长时间工作时抗塑性变形的能力（蠕变抗力）。为提高钢的热强性，其措施主要有以下几个方面：

1）提高 Ni 含量以稳定基体，利用 Mo、W 固溶强化，提高原子间结合力。

2）形成稳定的第二相，主要是碳化物相（MC、M_6C 或 $M_{23}C_6$）。因此，为提高热强性希望适当提高碳含量。如能同时加入强碳化物形成元素 Nb、Ti、V 等更有效。

3）减少晶界和强化晶界，如控制晶粒度并加入微量硼或稀土元素等，如奥氏体钢 06Cr15Ni25Ti2MoAlVB 中添加 B 的质量分数约为 0.003%。

3. 高温脆化

耐热钢在热加工或高温长期工作中，可能产生脆化现象。除了 Cr13 钢在 550℃附近的回火脆性、高铬铁素体钢的晶粒长大脆化，以及奥氏体钢沿晶界析出碳化物造成的脆化之外，值得注意的还有 475℃脆化和 σ 相脆化。

（1）475℃脆化　主要出现在 Cr 的质量分数超过 15% 的铁素体钢、铁素体-奥氏体双相

钢和含 δ 铁素体的奥氏体钢中。随着 Cr 含量的增加，475℃脆化的倾向增大。在 430~480℃之间长期加热并缓冷，可导致在常温或负温时出现强度升高而韧性下降的现象，称为 475℃脆化。目前对其机理认识不一致：有人认为是在 Fe-Cr 合金系中以共析反应的方式时效沉淀，析出富 Cr 的 α′相（体心立方结构）所致；也有人认为是析出了有序固溶体 Fe_3Cr 或 FeCr，这种新相的析出是产生 475℃脆化的原因。杂质对 475℃脆化有促进作用，所以高纯度有利于抑制 475℃脆化。已产生 475℃脆化的钢，在 600~700℃加热，保温 1h 后空冷，可以恢复原有性能。

（2）σ 相脆化　σ 相是 Cr 的质量分数约 45% 的 FeCr 金属间化合物，无磁性，硬而脆。在纯 Fe-Cr 合金中，w_{Cr} >20% 即可产生 σ 相。当存在其他合金元素，特别是存在 Mn、Si、Mo、W 等时，会促使在较低 Cr 含量下即形成 σ 相，而且可以是三元组成，如 FeCrMo。Ni、C、N 因可减少 δ 相而有减轻 σ 相形成的作用，因为容易发生 δ→σ。高 Cr-Ni 奥氏体钢，如 25-20 钢也可发生 γ→σ。σ 相硬度高达 68HRC 以上，而且多分布在晶界，显著降低韧性。

10.2　奥氏体不锈钢的焊接

奥氏体不锈钢是很重要的钢种，生产量和使用量约占不锈钢总用量的 70%，是一种十分优良的材料，有极好的耐蚀性和生物相容性，因而在石化、海洋工程、食品、生物医学等领域中得到广泛应用。

10.2.1　奥氏体不锈钢的类型及物理冶金

1. 奥氏体不锈钢的类型

奥氏体不锈钢根据其主要合金元素 Cr、Ni 的含量不同，可分为如下三类：

（1）18-8 型奥氏体不锈钢　应用最广泛的一类奥氏体不锈钢，其他奥氏体钢的钢号都是根据不同使用要求而衍生出来的。主要牌号有 12Cr18Ni9 和 06Cr18Ni9。为克服晶间腐蚀倾向，又开发了含有稳定元素的 18-8 型不锈钢，如 06Cr18Ni11Nb 等。随着熔炼技术的提高，采用真空冶炼降低了钢中的含碳量，制造出了超低碳 18-8 型不锈钢，如 022Cr19Ni10 等。

（2）18-12Mo 型奥氏体不锈钢　这类钢中 Mo 的质量分数为 2%~4%。由于 Mo 是缩小奥氏体相区的元素，为了固溶处理后得到单一的奥氏体相，在钢中 Ni 的质量分数要提高到 10% 以上，如 06Cr17Ni12Mo2、06Cr17Ni12Mo2Ti 等。它与 18-8 型不锈钢相比，具有高的耐点腐蚀性能。

（3）25-20 型奥氏体不锈钢　这类钢铬、镍含量很高，具有很好的耐蚀性和耐热性。由于含镍量很高，奥氏体组织稳定，但 Cr 的质量分数高于 16.5% 时，在高温长期服役会有 σ相脆化倾向，牌号有 06Cr25Ni20 等。

2. 奥氏体不锈钢的物理冶金

（1）奥氏体不锈钢的析出物　奥氏体不锈钢的组织转变分析可借助于 Fe-Cr-Ni 系（w_{Fe} =70%）伪二元相图，如图 10-2 所示。奥氏体不锈钢凝固析出的初始相可以是奥氏体，也可以是 δ 铁素体，分界线约为三元系中的 18Cr-12Ni 成分，即 Cr/Ni 的值是 18:12。也就是说，Cr/Ni 高于此值，凝固初析相是 δ 铁素体；低于此值，初析相是奥氏体。

在奥氏体不锈钢中可以形成很多不同的析出物，这取决于钢的成分和热过程。表 10-2 列出了这些析出物和其晶体结构及化学成分。

由于 $M_{23}C_6$ 碳化物的析出对不锈钢的耐蚀性有很大影响，因而备受关注。如图 10-3 所示，$M_{23}C_6$ 在 700～900℃ 温度区间沿晶界很快析出，只要停留时间稍长，碳化物就会在晶界析出，导致在某些介质中产生晶间腐蚀。由冷作硬化而强化的不锈钢中会加速 $M_{23}C_6$ 的析出。

σ 相、χ 相、η 相和 G 相也可能在奥氏体不锈钢（特别是含 Mo、Nb、Ti 的不锈钢）中形成。在高温长时间停留后形成这些相而使钢脆化。图 10-4 示出 σ 相对 Fe-Cr-Ni 系不锈钢冲击吸收能量的影响。

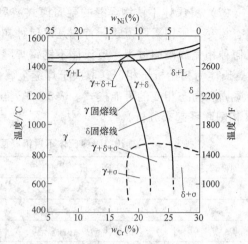

图 10-2　Fe-Cr-Ni 系（$w_{Fe}=70\%$）伪二元相图

表 10-2　奥氏体不锈钢中的析出物

析出物	晶体结构	晶格常数/nm	化学配比
MC	面心立方（fcc）	$a=0.424\sim0.447$	TiC，NbC
M_6C	金刚石立方	$a=1.062\sim1.128$	$(FeCr)_3Mo_3C$，Fe_3Nb_3C，Mo_5SiC
$M_{23}C_6$	面心立方（fcc）	$a=1.057\sim1.068$	$(Ce,Fe)_{23}C_6$，$(Cr,Fe,Mo)_{23}C_6$
NbN	面心立方（fcc）	$a=0.440$	NbN
Z 相	四方晶系	$a=0.307$，$c=0.739$	CrNbN
σ 相	四方晶系	$a=0.880$，$c=0.454$	Fe-Ni-Cr-Mo
Laves 相（η 相）	六方晶系	$a=0.473$，$c=0.772$	Fe_2Mo，Fe_2Nb
χ 相	体心立方（bcc）	$a=0.8807\sim0.8878$	$Fe_{36}Cr_{12}Mo_{10}$
G 相	面心立方（fcc）	$a=1.12$	$Ni_{16}Nb_6Si_7$，$Ni_{16}Ti_6Si_7$
R	六方晶系	$a=1.0903$，$c=1.9342$	Mo-Co-Cr
	菱形六面体晶系	$a=0.9011$，$\alpha=74°27.5'$	Mo-Co-Cr
ε 氮化物（Cr_2N）	六方晶系	$a=0.480$，$c=0.447$	Cr_2N
Ni_3Ti	六方晶系	$a=0.9654$，$c=1.5683$	Ni_3Ti
$Ni_3(Al,Ti)$	面心立方（fcc）	$a=0.681$	Ni_3Al

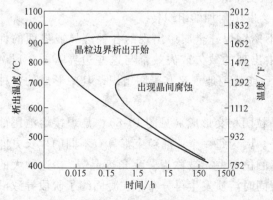

图 10-3　Cr18-Ni8 不锈钢中 $M_{23}C_6$ 碳化物的析出（$w_C=0.05\%$）

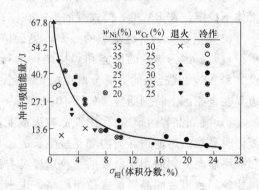

图 10-4　σ 相对 Fe-Cr-Ni 系不锈钢冲击吸收能量的影响

（2）奥氏体不锈钢焊缝的凝固模式　奥氏体不锈钢焊缝的室温组织决定于凝固模式和固态相变。所谓凝固模式，首先是以何种初生相（γ或δ）开始结晶进行凝固过程，其次是以何种相完成凝固过程。奥氏体不锈钢焊缝凝固时，要么以δ铁素体为初始析出相，要么以γ奥氏体为初始析出相，这取决于焊缝金属的成分。研究表明，奥氏体不锈钢焊缝金属有4种凝固和固态相变的可能模式。表10-3列出了这4种凝固模式（可与图10-5所示的Fe-Cr-Ni相图联系起来分析）。

表10-3　奥氏体不锈钢凝固模式、相变反应和显微组织特征

凝固模式	相 变 反 应	显微组织特征
A	$L \rightarrow L + \gamma \rightarrow A$	全部奥氏体，规则的凝固组织
AF	$L \rightarrow L + \gamma \rightarrow L + \gamma + (\gamma + \delta)_{共晶} \rightarrow A + F_{共晶}$	铁素体存在于胞状晶和枝状晶的晶界
FA	$L \rightarrow L + \delta \rightarrow L + \delta + (\delta + \gamma)_{包晶/共晶} \rightarrow F + A$	由铁素体→奥氏体相变后形成的骨架状和板条状铁素体
F	$L \rightarrow L + F \rightarrow F(或 F + A)$	针状铁素体或铁素体晶粒边界有奥氏体和魏氏体形式的侧板条

图10-5中合金①的初生相为γ，直到凝固结束不再发生变化，因此用A表示这种凝固模式，生成全部奥氏体（见图10-6）。合金②的初生相为γ，超过AC面后依次发生包晶和共晶反应，即$L \rightarrow L + \gamma \rightarrow L + \gamma + (\gamma + \delta)_{共晶} \rightarrow A + F_{共晶}$，这种凝固模式以AF表示，由AF模式凝固生成的焊缝组织如图10-7所示。合金③初生相为δ，超过AB面后又依次发生包晶和共晶反应，即$L \rightarrow L + \delta \rightarrow L + \delta + (\delta + \gamma)_{包晶/共晶} \rightarrow F + A$，这种凝固模式以FA表示，由FA模式凝固生成的焊缝组织（A+骨架状铁素体、A+板条状铁素体）如图10-8所示。合金④以δ铁素体相完成整个凝固过程，凝固模式以F表示。

A和AF凝固模式是以奥氏体为初始析出相的凝固过程，首先形成奥氏体；而FA和F凝固模式是以δ铁素体为初始析出相的凝固过程，由于在较低温度下铁素体不稳定，在FA和F模式凝固后，在固态会发生附加的组织转变。

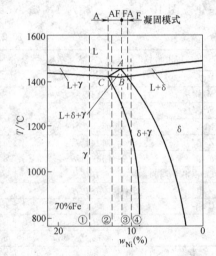

图10-5　凝固模式和Fe-Cr-Ni伪二元相图（$w_{Fe} = 70\%$）的关系

（3）奥氏体钢焊缝组织的界面　奥氏体不锈钢焊缝金属中出现的各种边界或界面的性质很重要，因为焊缝的性能和焊接结构运行中出现的缺欠或失效都与这些边界有关。以A模式和AF模式凝固的焊缝金属在抛光和腐蚀后能清楚地观察其凝固组织，其中形成的各种边界在金相图上特别明显，如图10-9所示。

1）凝固晶界（SGB）。由亚晶粒束或亚晶粒团相交形成（见图10-8），是焊接熔池尾部凝固时晶粒沿熔池边界向内部竞争生长的结果。因为每一个亚晶粒束都具有不同的生长方向和晶格取向，它们相交形成的晶粒边界具有高的位相差，被称为"大角度晶界"，这种大的位相差导致沿凝固晶界形成位错网络。由于凝固时溶质发生再分布，在凝固终了阶段导致沿着晶界形成低熔点薄膜而促使产生凝固裂纹。在奥氏体不锈钢焊缝中的凝固裂纹一般是沿凝固晶界形成的。

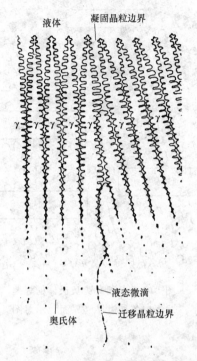

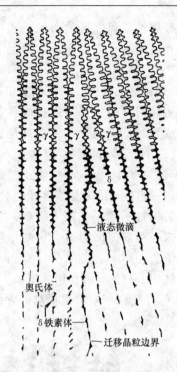

图 10-6　A 模式凝固生成的奥氏体组织示意图　　　图 10-7　AF 模式凝固生成的焊缝组织示意图

2）凝固亚晶界（SSGB）。分开相邻亚晶粒的边界成为"凝固亚晶界"，这种亚晶粒一般呈现为胞状晶和枝状晶。亚晶界可以用光学显微镜明显地观察到，因为其成分和晶粒内部不同。凝固亚晶界两侧晶格取向的差别很小，在晶体学上用"小角度晶界"表征。这种小角度位相差（接近 0°）是由于凝固时亚晶都沿着优先结晶方向（或易生长方向）结晶，在面心立方（fcc）和体心立方（bcc）金属中这个方向是 <100> 方向。因为不需要以位错来补偿微观结构上大的位相差，所以沿着凝固亚晶界的位错密度一般很低。

3）迁移晶界（MGB）。某些情况下凝固晶粒边界发生迁移，这种迁移后带有母体凝固晶粒边界大角度位相差的新晶界称为"迁移晶界"。晶界迁移的驱动力是降低晶界能量，这与母体金属中的晶粒长大相同。原始凝固晶界由取向不同的胞状晶和树枝晶束相交形成，是弯曲的。形成晶体学平直晶界可以降低能量，在这个过程中新的晶界离开老的晶界，再加热时（例如多道焊），这种平直的晶界可能进一步迁移。迁移晶界带着凝固晶界原有两侧晶粒的晶格取向差，仍是一种大角度晶界，位相差大于 30°。

迁移晶界在奥氏体不锈钢组织中很普遍。例如，当焊缝金属以 AF 模式凝固时，铁素体在凝固终了阶段沿凝固亚晶界（SSGB）和凝固晶界（SGB）形成。铁素体对凝固晶界的晶体学"组分"有钉扎作用，可阻止它离开母体凝固晶界发生迁移，这样就因为大角度晶界不能迁移而不能形成迁移晶界。

10.2.2　奥氏体不锈钢的焊接性分析

1. 奥氏体不锈钢焊接接头的耐蚀性

（1）晶间腐蚀　18-8 不锈钢焊接接头有三个部位能出现晶间腐蚀现象。在同一个接头并不能同时看到这三种晶间腐蚀的出现，这取决于钢和焊缝的成分。出现敏化区腐蚀就不会有熔合区腐蚀。焊缝区的腐蚀主要决定于焊接材料。现代技术水平可以保证焊缝区不会产生晶间腐蚀。

1）焊缝区晶间腐蚀。根据贫铬理论，为防止焊缝发生晶间腐蚀：一是通过焊接材料，使焊缝金属或成为超低碳情况，或含有足够的稳定化元素 Nb（因 Ti 不易过渡到焊缝中而不采用 Ti），一般希望 $w_{Nb} \geq 8w_C$ 或 $w_{Nb} \approx 1\%$；二是调整焊缝成分以获得一定数量的 δ 铁素体相。

如果母材不是超低碳不锈钢，采用超低碳焊接材料未必可靠，因为熔合比的作用会使母材向焊缝增碳。

焊缝中 δ 相的有利作用如下：

① 可打乱单一 γ 相柱状晶的方向性，不致形成连续贫 Cr 层。

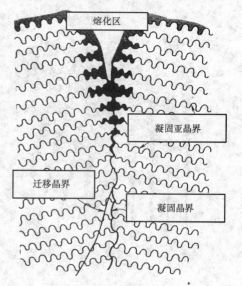

图 10-8　初析相为奥氏体的焊缝组织中各种边界（界面）示意图

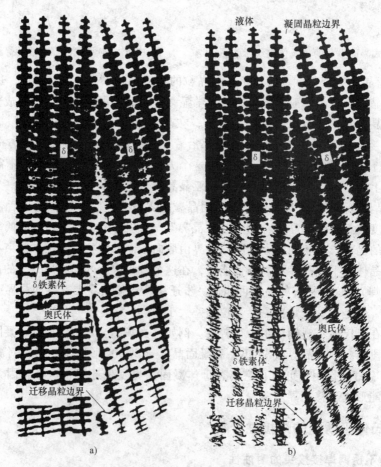

a)

b)

图 10-9　FA 模式凝固生成的焊缝组织示意图

a）A + 骨架状铁素体　b）A + 板条状铁素体

②δ相富 Cr，有良好的供 Cr 条件，可减少 γ 晶粒形成贫 Cr 层。因此，常希望焊缝中存在体积分数为 4% ~ 12% 的 δ 相。过量 δ 相存在，多层焊时易促使形成 σ 相，且不利于高温工作。在尿素之类介质中工作的不锈钢，如含 Mo 的 18-8 不锈钢，焊缝中最好不含 δ 相，否则易产生 δ 相选择腐蚀。

为了获得 δ 相，焊缝成分不会与母材完全相同，一般须适当提高铁素体化元素的含量，或提高 Cr_{eq}/Ni_{eq} 的值。Cr_{eq} 称为铬当量，为把每一铁素体化元素，按其铁素体化的强烈程度折合成相当若干铬元素后的总和。Ni_{eq} 称为镍当量，为把每一奥氏体化元素折合成相当镍元素后的总和。已知 Cr_{eq} 及 Ni_{eq} 即可确定焊缝金属的室温组织。图 10-10 是应用很广的舍夫勒焊缝组织图。

舍夫勒（Schaeffler）焊缝组织图最早于 1949 年根据焊条电弧焊条件确定，这种组织图把室温组织与 Cr_{eq} 和 Ni_{eq} 所表示的焊缝成分联系起来。根据舍夫勒焊缝组织图中 Cr_{eq} 和 Ni_{eq} 的关系式，可以提出计算奥氏体焊缝金属中 δ 相含量的表达式：

$$\varphi(\delta) = 3(Cr_{eq} - 0.93Ni_{eq} - 6.7)$$

为了考虑氮的影响，Ni_{eq} 应计入 N 的作用，不同研究者曾提出几个改进的组织图，其中如德龙焊缝组织图，在 Ni_{eq} 计算中考虑 N 而加进一项 30N。而对 Mn、N 强化的不锈钢，有 1982 年提出的改进舍夫勒焊缝组织图，其 Ni_{eq} 和 Cr_{eq} 的计算式如下：

$$Cr_{eq} = Cr + Mo + 1.5Si + 0.5Nb + 3Al + 5V$$

$$Ni_{eq} = Ni + 30C + 0.87Mn + K(N - 0.045) + 0.33Cu \qquad (10-2)$$

式中，系数 K 与 N 含量有关：$w_N = 0 ~ 0.20\%$ 时，$K = 30$；$w_N = 0.21\% ~ 0.25\%$ 时，$K = 22$；$w_N = 0.26\% ~ 0.35\%$ 时，$K = 20$。

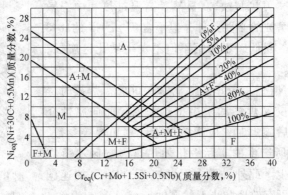

图 10-10　舍夫勒焊缝组织图

上述焊缝组织图只是针对焊条电弧焊条件下化学成分的影响。如果焊缝结晶条件变化，例如焊接方法不同或冷却速度增大，将会是另外一种情况。冷却速度增大时，A + F 区域将显著减小，δ 相含量 0% F 线向右下方偏移，100% F 线则向左上方偏移，这意味着易于获得单相 A 或单相 F 组织。

2）热影响区敏化区晶间腐蚀。敏化区晶间腐蚀是指焊接热影响区中加热峰值温度处于敏化加热区间的部位（故称敏化区）所发生的晶间腐蚀。只有 18-8 钢才会有热影响区敏化区存在，含 Ti 或 Nb 的 18-8Ti 或 18-8Nb，以及超低碳 18-8 钢不易有敏化区出现。对于 $w_C = 0.05\%$ 的 06Cr19Ni10 不锈钢来说，$Cr_{23}C_6$ 的析出温度为 600 ~ 850℃，TiC 的析出温度则高达1100℃，如图10-11所示。如果冷却速度快，铬碳化物就不会析出。为防止18-8钢敏化区腐蚀，在焊接工艺上应采取小热输入、快速焊过程，以减少处于敏化区加热的时间。

3）刀状腐蚀。在焊接熔合区产生的晶间腐蚀，如刀削切口形式，故称为"刀状腐蚀"（Knife-line Corrosion），简称刀蚀。腐蚀区宽度初期不超过3～5个晶粒，但可逐步扩展到1.0～1.5mm。

刀状腐蚀只发生在含Nb或Ti的18-8Nb和18-8Ti钢的熔合区，其实质与$M_{23}C_6$沉淀而形成贫Cr层有关。以18-8Ti为例，如图10-12a所示，焊前为1050～1150℃水淬固溶处理态，$M_{23}C_6$全部固溶，TiC则呈现沉淀游离态（因TiC在固溶处理时大部分不能固溶）。经过焊接后，在焊态下的熔合区，由于经历了1200℃以上的高温过热作用，发生的变化是TiC大部分固溶，峰值温度越高，TiC固溶量越大，如图10-12b所示。

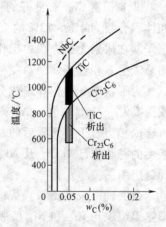

图10-11　06Cr19Ni10不锈钢中碳化物溶解曲线

TiC溶解时分离出来的碳原子插入到奥氏体点阵间隙中，Ti则占据奥氏体点阵节点的空缺位置。冷却时活泼的碳原子趋向奥氏体晶粒周边运动，Ti来不及扩散而保留在原地。因而碳将析集于晶界附近而成为过饱和状态，这已由示踪原子C^{14}自射线照相所证实。这种状态如再经450～850℃中温敏化加热，如图10-12c所示，将发生$M_{23}C_6$沉淀，与之相对应地形成了晶界贫Cr区（图10-12c的影线区域）。越靠近熔合区，贫Cr越严重，因此可形成"刀状腐蚀"。显然，高温过热和中温敏化相继作用，是刀状腐蚀的必要条件，但不含Ti或Nb的18-8钢没有刀状腐蚀发生。超低碳不锈钢不但不发生敏化区腐蚀，也不会产生刀状腐蚀。

18-8Ti钢和18-8Nb钢，最好控制$w_C < 0.06\%$。焊接时尽量减少过热，如避免交叉焊缝和采用小热输入。面向腐蚀介质的一面无法放在最后施焊时，应调整焊缝尺寸和焊接参数，使另一面焊缝焊接时所产生的实际敏化加热热影响区不落在第一面的表面过热区上。此外，稀土元素如La、Ce可加速碳化物在晶内的沉淀，可有效地防止刀状腐蚀。

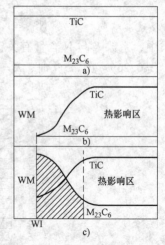

图10-12　18-8Ti钢热影响区中碳化物的分布特征

a）焊前　b）焊态　c）焊后敏化
WM—焊缝　WI—焊缝边界

（2）应力腐蚀开裂（SCC）

1）腐蚀介质的影响。应力腐蚀的特点之一是腐蚀介质与材料组合的选择性，在此特定组合之外不会产生应力腐蚀。如在氯离子的环境中，18-8不锈钢的应力腐蚀不仅与溶液中氯离子有关，还与其溶液中氧含量有关。氯离子浓度很高、氧含量较少或氯离子浓度较低、氧含量较高时，均不会引起应力腐蚀。

2）焊接应力的作用。应力腐蚀开裂是应力和腐蚀介质共同作用的结果。由于低热导率及高热膨胀系数，不锈钢焊后产生较大的残余应力。应力腐蚀开裂的拉应力中，来源于焊接残余应力的超过30%，焊接拉应力越大，越易发生应力腐蚀开裂。在含氯化物介质中，引起奥氏体钢 SCC 的临界拉应力 σ_{th}，接近奥氏体钢的屈服强度 σ_s，即 $\sigma_{th} \approx \sigma_s$。在高温高压环境中，引起奥氏体钢 SCC 的临界拉应力远小于 σ_s。而在 $H_2S_xO_6$ 介质中，由于晶间腐蚀领先，应力则起到加速作用，此时可认为 $\sigma_{th} \approx 0$。

为防止应力腐蚀开裂，退火消除焊接残余应力很重要。残余应力消除程度与"回火参数" LMP（Larson Miller Parameter）有关，即

$$LMP = T(\lg t + 20) \times 10^{-3} \tag{10-3}$$

式中　T——加热温度（K）；

　　　t——保温时间（h）。

回火参数（LMP）越大，残余应力消除程度越大。如 18-8Nb 钢管，外径为 Φ125mm，壁厚 25mm，焊态时的焊接残余应力 $\sigma_R = 120$MPa。消除应力退火后，LMP $\geqslant 18$ 时才开始使 σ_R 降低；当 LMP ≈ 23 时，$\sigma_R \approx 0$。

应指出，为消除应力，加热温度 T 的作用效果远大于加热保温时间 t 的作用。

3）合金元素的作用。应力腐蚀开裂大多发生在合金中，在晶界上的合金元素偏析引起合金晶间开裂是应力腐蚀的主要因素之一。对于焊缝金属，选择焊接材料具有重要意义。从组织上看，焊缝中含有一定数量的 δ 相有利于提高氯化物介质中的耐 SCC 性能，但却不利于防止氢脆开裂型的 SCC，因而在高温或高压加氢的条件下工作就可能有问题。在氯化物介质中，提高 Ni 的含量可提高抗应力腐蚀能力。Si 能使氧化膜致密，因而是有利的；加 Mo 则会降低 Si 的作用。但如果 SCC 的根源是点蚀坑，则因 Mo 有利于防止点蚀，会提高耐 SCC 性能。超低碳有利于提高抗应力腐蚀开裂性能，如图 10-13 所示。

引起应力腐蚀开裂须具备三个条件：首先是金属在该环境中具有应力腐蚀开裂的倾向；其次是由这种材质组成的焊接结构接触或处于选择性的腐蚀介质中；最后是有高于一定水平的拉应力。

（3）点蚀　奥氏体钢焊接接头有点蚀倾向，即使耐点蚀性优异的双相钢有时也会有点蚀产生。但含 Mo 钢耐点蚀性比不含 Mo 的钢要

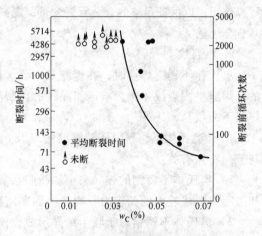

图 10-13　18-8 钢焊接接头 SCC 断裂时间与材料含碳量的关系

（介质—288℃纯水；应力—$\sigma_{0.2} \times 1.36$ 方波交变应力，每个循环保持 75min）

好，如 18-8Mo 就比 18-8 钢耐点蚀性好。点蚀已被视为重要问题，因为点蚀难控制，并常成为应力腐蚀的开裂源。点蚀指数 PI 越小的钢，点蚀倾向越大。最容易产生点蚀的部位是焊缝中的不完全混合区，其化学成分与母材相同，但却经历了熔化与凝固过程，应属焊缝的一部分。焊接材料选择不当时，焊缝中心部位也会有点蚀产生，其主要原因应归结为耐点蚀成分 Cr 与 Mo 的偏析。例如，奥氏体钢 Cr22Ni25Mo 中 Mo 的质量分数为 3% ~ 12%，在钨极氩弧焊（TIG）时，枝晶晶界含 Mo 量与其晶轴含 Mo 量之比（即偏析度）达 1.6，Cr 偏析度达 1.25，因而晶轴负偏析部位易产生点蚀。钨极氩弧焊自熔焊接所形成的焊缝易形成点蚀，甚至填送同质焊丝时也是如此，耐点蚀性仍不如母材。

为提高耐点蚀性，一方面须减少 Cr、Mo 的偏析；另一方面可采用比母材具有更高 Cr、Mo 含量的所谓"超合金化"焊接材料。提高 Ni 含量，晶轴中 Cr、Mo 的负偏析显著减少，因此采用高 Ni 焊丝有利。常采用"临界点蚀温度" CPT (Critical Pitting Temperature) 来评价耐点蚀性，如图 10-14 所示。

图 10-14 中所用母材为 00Cr20Ni18Mo6。除了 D 为自熔 TIG 焊，其余均为填丝 TIG 焊。从图 10-14 可见，除了采用 B、C 两种 Ni 基合金焊丝，其余情况下焊接接头的临界点蚀温度 CPT 值均低于母材的 CPT 值（为 65～70℃）。自熔焊接的接头，其 CPT 刚刚达到 45℃。A 的情况，Mo、Ni、Cr 均提高了含量，虽已成为"超合金化"匹配，但仍达不到母材的水平。因此，为提高耐点蚀性不能进行自熔焊接，焊接材料与母材须"超合金化"匹配；须考虑母材的

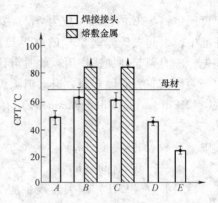

图 10-14　不同焊丝 TIG 焊时的
临界点蚀温度（CPT）
[(Fe₃Cl 6% +NHCl 0.05%（质量分数），24h 侵蚀]
A—00Cr23Ni24Mo8.4N0.29　B—00Cr22Ni62
Mo8.5N0.11　C—00Cr22Ni62Mo8.7Nb3.4
D—不填丝　E—00Cr19Ni13Mo3.7N0.03

稀释作用，以保证足够的合金元素含量；提高 Ni 含量有利于减小微观偏析，必要时可采用 Ni 基合金焊丝。

2. 热裂纹

奥氏体不锈钢焊接时，在焊缝及近缝区都有产生裂纹的可能性，主要是热裂纹，最常见的是焊缝凝固裂纹。热影响区粗晶区的热裂纹大多是液化裂纹。在大厚度焊件中有时也见到焊道下裂纹。

（1）奥氏体不锈钢焊接热裂纹的原因　Cr-Ni 奥氏体钢焊接时有较大的热裂倾向，主要与下列特点有关：

1）奥氏体不锈钢的热导率小和线胀系数大，在焊接局部加热和冷却条件下，接头在冷却过程中形成较大的拉应力。焊缝凝固期间存在较大拉应力是产生热裂纹的必要条件。

2）奥氏体不锈钢易于联生结晶形成方向性强的柱状晶的焊缝组织，有利于有害杂质偏析，而促使形成晶间液膜，易于促使产生凝固裂纹。

3）奥氏体不锈钢及焊缝的合金组成较复杂，不仅 S、P、Sn、Sb 之类杂质可形成易熔液膜，一些合金元素因溶解度有限（如 Si、Nb），也能形成易熔共晶，如硅化物共晶、铌化物共晶。这样，焊缝及近缝区都可能产生热裂纹。在高 Ni 稳定奥氏体不锈钢焊接时，Si、Nb 是产生热裂纹的重要原因之一。18-8Nb 奥氏体不锈钢近缝区液化裂纹就与含 Nb 有关。

（2）凝固模式对热裂纹的影响　凝固裂纹易产生于单相奥氏体（γ）组织的焊缝中，如果为 γ+δ 双相组织，则不易产生凝固裂纹。通常用室温下焊缝中 δ 相数量来判断热裂倾向。如图 10-15 所示，室温 δ 铁素体数量由 0% 增至 100%，热裂倾向与脆性温度区间（BTR）大小完全对应。

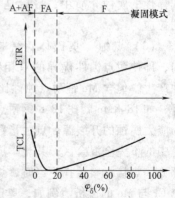

图 10-15　δ 铁素体含量对热裂倾向的影响（Trans-Varestraint 试验）
TCL—裂纹总长　BTR—脆性温度区间

凝固裂纹产生于真实固相线之上的凝固过程后期，用室温组织来评价凝固过程总有缺憾，必须联系凝固模式（结晶模式）进行考虑才更合理。图 10-5 为 Fe-Cr-Ni 三元合金的伪二元相图。图中标出的虚线④合金，其室温平衡组织为单相 γ，实际冷却得到的室温组织可能含 5% ~ 10%（体积分数）的 δ 相。但凝固开始到结束都是单相 δ 相组织，只是在继续冷却时，由于发生 δ→γ 相变，δ 相数量越来越少，在平衡条件下直至为零。

凝固裂纹与凝固模式有直接关系。晶粒润湿理论指出，偏析液膜能够润湿 γ-γ、δ-δ 界面，不能润湿 γ-δ 异相界面。以 FA 模式形成的 δ 铁素体呈蠕虫状，妨碍 γ 枝晶支脉发展，构成理想的 γ-δ 界面，因而不会有热裂倾向。单纯 F 或 A 模式凝固时，只有 γ-γ 或 δ-δ 界面，所以会有热裂倾向。以 AF 模式凝固时，由于是通过包晶/共晶反应面形成 γ + δ，这种共晶 δ 不足以构成理想的 γ-δ 界面，所以仍然可以呈现液膜润湿现象，以致还会有一定的热裂倾向。

显然，AF 与 FA 的分界线具有重要意义。由图 10-5 可知，这个界线应通过点 A（实为共晶线）。按舍夫勒焊缝组织图 Cr_{eq}、Ni_{eq} 的计算，这个界线大体相当 $Cr_{eq}/Ni_{eq} \approx 1.5$。如将这一界线标于舍夫勒焊缝组织图上，可将防止热裂纹所需室温 δ 相数量与凝固模式 AF/FA 界线联系起来。图 10-16 为标有 AF/FA 界线的舍夫勒焊缝组织图。

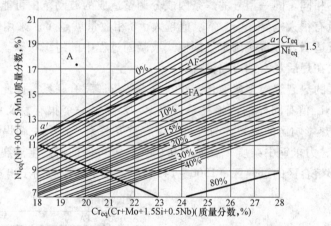

图 10-16　标有 AF/FA 界线的舍夫勒焊缝组织图

西威尔（Siewert）等 1988 年和 1992 年先后发表了标有凝固模式的新焊缝组织图，如图 10-17 即为 WRC-1992 焊缝组织图。图中将 δ 相数量用"铁素体数目"FN（Ferrite Number）表示，是利用 δ 相有磁性而用磁性检验仪测定的读数，可写成 FN0、FN1、FN3、…、FN100。早期的德龙组织图中也标有 FN（只标到 FN18），同时也标出 δ%。两者对照，不足FN10 时，FN 标示值大体相当 δ% 标示值；超过 FN10 后，FN 标示值越来越大于 δ% 的标示值。

在 WRC 新焊缝组织图中，由于 Cr_{eq}（%）、Ni_{eq}（%）的计算不同于舍夫勒组织图，因此图中标出的 AF/FA 界线（图 10-17 中的 aa'）其 Cr_{eq}/Ni_{eq} 小于 1.5，一般为 1.4。

应指出，有时焊缝金属并非一定是以某一单一凝固模式进行凝固，也可见到混合凝固模式，焊缝中一个局部区域是 AF 模式，另一个局部区域则是 FA 模式。例如，E316L（00Cr17Ni12Mo2）不锈钢焊条所焊焊缝，同时存在 AF 及 FA 两个凝固模式，而且热裂纹出现在以 AF 模式凝固的局部区域。

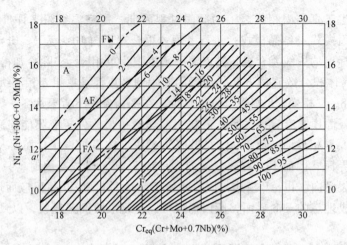

图 10-17　WRC-1992 焊缝组织图

（适用范围：$w_{Mn} \leqslant 10\%$，$w_{Mo} \leqslant 3\%$，$w_{Si} \leqslant 1\%$，$w_N \leqslant 0.2\%$）

从图 10-16 和图 10-17 可以看出，为防止热裂纹所需最少室温 δ 相数量对于不同 Cr_{eq} 的奥氏体钢焊缝并不相同。同一型号的焊条因成分调整造成的波动范围可能比较大，致使熔敷金属中的 δ 相数量有很大差异。Cr_{eq}/Ni_{eq} 值越大，δ 相数量就越多。采用室温 δ 相数量为间接判据是因为缺乏适当方法直接确定凝固模式或凝固过程中的组织状态。有一种新的方法可以直接用浸蚀方法在焊后观察到凝固模式。

焊接热影响区的热裂纹，多属液化裂纹，也与偏析液膜有联系，因此，同焊缝凝固裂纹一样，也与 Cr_{eq}/Ni_{eq} 值有同样的依赖关系，图 10-18 给出一个很有意义的研究结果。由图 10-18 可见，焊接热影响区的热裂纹与母材纯度有重要关系。按舍夫勒焊缝组织图计算，在 $Cr_{eq}/Ni_{eq} < 1.5$ 时，力求钢中杂质 $w_P + w_S < 0.01\%$，方可保证不产生热裂纹。最易产生液化裂纹的部位是紧邻熔合区的过热区（1300 ~ 1450℃），这个部位有利于出现偏析液膜。

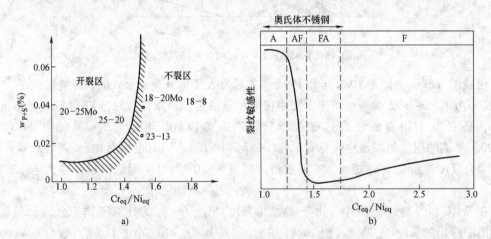

图 10-18　焊接热影响区热裂纹与 Cr_{eq}/Ni_{eq} 的关系

a）Cr_{eq}/Ni_{eq} 和 S + P 的影响　b）Cr_{eq}/Ni_{eq} 和凝固模式的影响

图 10-18 表明，影响焊接热裂倾向的关键是决定凝固模式的 Cr_{eq}/Ni_{eq} 值。由此可知，18-8 系列奥氏体钢，因 Cr_{eq}/Ni_{eq} 处于 1.5 ~ 2.0 之间，一般不易发生热裂纹；而 25-20 系列

奥氏体钢，因 $Cr_{eq}/Ni_{eq} < 1.5$，Ni 含量越高，比值越小，所以具有明显的热裂纹敏感性。

（3）化学成分对热裂纹的影响　调整成分归根结底还是通过组织发生作用。对于焊缝金属，调整化学成分是控制焊缝组织性能（包括裂纹问题）的重要手段。但如何进行冶金化，还未能获得完全有规律的认识。因为，任何钢种都是一个复杂的合金系统，某一元素单独作用与和其他元素共存时发生的作用，往往不尽相同，甚至可能相反。例如，对于 18-8 不锈钢和 25-20 不锈钢，合金化的方向就有所不同。

1）Mn 的影响。在单相奥氏体钢中 Mn 是有利的，若同时存在 Cu 时，Mn 与 Cu 可相互促进偏析，晶界易出现偏析液膜而增大热裂倾向。因而，焊接 25-20 钢时可提高 Mn 含量，焊接 Cr23Ni28Mo3Cu3Ti 不锈钢时，不可添加 Mn，应着眼于脱硫，加入少量 Mn，在不致使 δ 相减少或消失时是有益的。

2）S、P 的影响。焊接奥氏体钢时 S、P 易形成低熔点化合物，增加焊接热裂倾向。P 易在焊缝中形成低熔点磷化物，而 S 易在热影响区形成低熔点硫化物而增加热裂敏感性。在焊缝中，S 对热裂敏感性比 P 弱，因为在焊缝中 S 能形成 MnS，且离散地分布在焊缝中。在热影响区中 S 比 P 对裂纹敏感性更强，因为 S 比 P 的扩散速度快，更容易在晶界偏析。焊缝中 S、P 的质量分数应限制在 0.015% 以内。

S 和 P 对 18-8 钢与 25-20 钢中的影响程度是有差异的。这是因为 S、P 在 δ-Fe 与 γ-Fe 中的溶解度相差很大所致。S 在 δ-Fe 中的溶解度约为在 γ-Fe 中的 10 倍。S、P 在 Ni 中的溶解度均为零，所以高 Ni 奥氏体钢中的 S、P 更易偏析。

3）Si 的影响。Si 是铁素体化元素，焊缝中 $w_{Si} > 4\%$ 后，碳的活动能力增加，形成碳化物或碳氮化合物，因此为了提高抗晶间腐蚀能力，须使焊缝中 w_C 不超过 0.02%。Si 含量增加还会导致含硅脆性相析出、σ 相区扩大，以及形成 Ni-Si、Fe-Si、Cr-Ni-Si-Fe 等低熔点化合物，增加热裂敏感性。

Si 在 18-8 不锈钢中促使产生 δ 相，可提高抗裂性，可不必过分限制；但在 25-20 不锈钢中，Si 偏析强烈，易引起热裂。在 Ni 合金中，$w_{Si} = 0.3\%$ 即可出现热裂纹。25-20 不锈钢焊缝中 $w_{Si} < 2\%$ 时增大 Si 的质量分数，热裂倾向加大；当 $w_{Si} > 2\%$ 时，由于铁素体化作用，出现 δ 相时，即成为 AF 模式凝固时，热裂倾向有所降低。

4）Nb 的影响。铌可与 P、Cr 及 Mn 一起形成低熔点磷化物，而与 Si、Cr 和 Mn 则可形成低熔点硫化物－氧化物杂质。铌在晶粒边界富集，可形成富 Nb、Ni 的低熔点相，结晶温度甚至低于 1160℃。含铌的低熔点相在铁素体和奥氏体中的溶解度不同，从而对热裂倾向影响不同。例如，铌合金化的焊缝金属中铁素体相为 5%（体积分数）时，含铌低熔点相只有 0.3%（体积分数）；而在单相奥氏体中，含铌低熔点相会显著增加到 1.5%（体积分数）。在 $w_{Nb} < 1\%$ 的不锈钢焊缝中，铌对抗裂性的不良影响几乎可以由一次铁素体结晶来补偿。

5）Ti 的影响。钛也可以形成低熔点相，如在 1340℃ 时，焊缝中就可以形成钛碳氮化物的低熔点相。含钛低熔点相的形成对抗裂性的影响不如铌的明显，因为钛与氧有强的结合力，因此钛通常不用于焊缝金属的稳定化，而是用于钢的稳定化。钛主要是对母材及热影响区液化裂纹的形成有影响。

6）碳的影响。碳对于热裂敏感性的影响仅在一次结晶为奥氏体的单相奥氏体化的焊缝金属中，碳对热裂敏感性的影响很复杂，还取决于合金成分。例如，在非稳定化 25-20 不锈钢焊缝金属中，w_C 从 0.05% 到 0.1%，可提高抗裂性。而在铌稳定化的焊缝金属中，碳可以形成低熔点碳化物共晶，增加热裂敏感性。

7）硼的影响。硼是对抗热裂性影响最坏的元素。高温时硼在奥氏体中的溶解度非常低，只有 0.005%（质量分数），硼与 Fe、Ni 都能形成低熔点共晶。因此，要限制焊缝中的硼含量。Cr18Ni10 钢中 w_B 不应超过 0.0035%，对于含 Ti 的钢来说，w_B 要控制在 0.0050% 以下。硼对于单相奥氏体铌稳定化的 Cr-Ni-Mo 钢的影响很大，它可降低固相线温度，增加热裂敏感性，但这种不利作用可通过添加氮来抵消。

总之，凡是溶解度小而能偏析形成易熔共晶的成分，都可能引起热裂纹的产生。凡可无限固溶的成分（如 Cu 在 Ni 中）或溶解度大的成分（如 Mo、W、V），都不会引起热裂。奥氏体钢焊缝，提高 Ni 含量时，热裂倾向会增大；而提高 Cr 含量，对热裂不发生明显影响。在 Ni 含量低的奥氏体钢中加 Cu 时，焊缝热裂倾向也会增大。凡促使出现 A 或 AF 凝固模式的元素，该元素会增大焊缝的热裂倾向。

其实热裂纹不仅出现于枝晶晶界，也会产生于所谓"多边化"边界的亚晶界，称为"多边化裂纹"。Mo、W、Ta 可以提高多边化激活能，因而有利于防止多边化裂纹。

应指出，使用含 Mo、W 的 Ni 基焊丝（如 Hastelloy 合金）的经验表明，Mo、W 的有利作用不仅在于防止多边化裂纹，对防止凝固裂纹也很有好处。

（4）焊接工艺的影响　在合金成分一定的条件下，焊接工艺对是否会产生热裂纹也有一定影响。

为避免焊缝枝晶粗大和过热区晶粒粗化，以致增大偏析程度，应尽量采用小焊接热输入、快速焊工艺，而且不应预热，并降低层间温度。不过，为了减小焊接热输入，不应过分增大焊接速度，而应适当降低焊接电流。增大焊接电流，焊接热裂纹的产生倾向也随之增大。过分提高焊接速度，焊接时反而更易产生热裂纹。这是因为随着焊接速度增大，冷却速度也要增大，于是增大了凝固过程的不平衡性，凝固模式将依次变化为 FA→AF→A，相当于图 10-5 中 A 点向右移动，因此热裂倾向增大。例如，焊接速度为 0.9m/min 的 TIG 焊，或焊接速度为 4m/min 的激光焊，因为是不平衡凝固，致使热裂倾向增大。在高速焊接时，为获得 FA 凝固模式，须调整成分以获得更大的 Cr_{eq}/Ni_{eq} 值。

多层焊时，要等前一层焊缝冷却后再焊接后一层焊缝，层间温度不宜过高，以避免焊缝过热。施焊过程中焊条或焊丝也不宜摆动，采取窄焊道的操作工艺。

3. 析出现象

在不锈钢中，σ 相通常只有在铬的质量分数大于 16% 时才会析出，由于 Cr 有很高的扩散性，σ 相在铁素体中析出比奥氏体中快。δ→σ 的转变速度与 δ 相的合金化程度有关，而不单是 δ 相的数量。凡铁素体化元素均加强 δ→σ 转变，即被 Cr、Mo 等浓化了的 δ 相易于转变析出 σ 相。

σ 相是一种硬脆而无磁性的金属间化合物相，具有变成分和复杂的晶体结构。σ 相的析出使材料的韧性降低，硬度和脆性增加，有时还增加了材料的腐蚀敏感性。σ 相的产生是由 δ→σ 或 γ→σ。

不锈钢中的合金元素影响 σ 相的析出区域和转变动力学。在温度为 816℃、析出时间为 1000h 的条件下，Fe-Cr-Ni 合金中合金元素对 σ 相析出的影响，可用 816℃ 下材料脆化的铬当量来近似表示，即

$$Cr_{eq} = w_{Cr} + 0.31w_{Mn} + 1.76w_{Mo} + 1.70w_{Nb} + 1.58w_{Si} + 2.44w_{Ti} + 1.22w_{Ta} + 2.02w_{V} +$$
$$0.97w_{W} - 0.266w_{Ni} - 0.177w_{Co}$$

$$(10-4)$$

式（10-4）中带 " + " 号的元素由于 σ 相的析出，加速了材料在 816℃ 下的脆化，只有 Ni 和 Co 的作用相反。

碳可大大减慢 σ 相的析出，如果大部分经过固溶处理后留在奥氏体中的碳以 $M_{23}C_6$ 碳化物的形式析出，此时才会析出 σ 相。这是由于碳在 σ 相中的溶解度很小，σ 相仅能从不含有溶解碳的奥氏体中形成。如果碳以碳化物的形式析出，如 $M_{23}C_6$，在碳化物的周围就会贫铬，而那些无碳区的铬含量将会降至形成 σ 相的极限值 16% 以下，从而减慢了 σ 相的析出。只有贫铬区通过 Cr 从周围区域扩散过来达到均匀化，σ 相才能开始析出。如果碳以 Ti、Nb 稳定碳化物的形式保留，那么碳对 σ 相析出的影响就基本丧失。因此钛或铌稳定的钢中，碳对 σ 相析出的减慢作用很小。对于奥氏体不锈钢的焊接接头，由于其组织中 δ 相较少，所以一般情况下不易产生 σ 脆化。但对于长期高温服役、合金元素含量较多的焊接接头，要注意 σ 相析出脆化。

4. 低温脆化

为了满足低温韧性要求，有时采用 18-8 不锈钢，焊缝组织希望是单一 γ 相，为完全面心立方结构，尽量避免出现 δ 相。δ 相的存在，总是恶化低温韧性，δ 相对低温韧性的影响见表 10-4。虽然单相 γ 焊缝低温韧性比较好，但仍不如固溶处理后的 1Cr18Ni9Ti 钢母材，例如 $a_{KU}(-196℃) \approx 230J/cm^2$，$a_{KU}(20℃) \approx 280J/cm^2$。其实 "铸态" 焊缝中的 δ 相因形貌不同，可以具有相异的韧性水平。以超低碳 18-8 钢为例，焊缝中通常可能出现三种形态的 δ 相：球状、蠕虫状和花边条状（Lacy Ferrite），以蠕虫状居多。蠕虫状 δ 相会造成脆性断口形貌，但蠕虫状 δ 相对抗热裂有利。从低温韧性的角度考虑，希望稍稍提高 Cr 含量（对于 18-8 钢可将 Cr 的质量分数提高到稍微超过 20%），以获得少量花边条状 δ 相，低温韧性会得到改善，其冲击韧度值可达到常温时数值的 80%。在这种情况下，焊缝中有少量 δ 相是可以容许的。

表 10-4　焊缝组织状态对韧性的影响

| 焊缝主要组成成分（质量分数,%） | | | | | | 焊缝组织 | $a_{KU}/(J/cm^2)$ | |
C	Si	Mn	Cr	Ni	Ti		20℃	-196℃
0.08	0.57	0.44	17.6	10.8	0.16	γ + δ	121	46
0.15	0.22	1.50	25.5	18.9	—	γ	178	157

10.2.3　奥氏体不锈钢的焊接工艺特点

奥氏体不锈钢具有优良的焊接性，几乎所有熔焊方法和部分压焊方法都可以使用。但从经济、技术性等方面考虑，常采用焊条电弧焊、气体保护焊、埋弧焊及等离子弧焊等。

1. 焊接材料选择

不锈钢及耐热钢用焊接材料主要有焊条、埋弧焊丝和焊剂、TIG 和 MIG 实心焊丝及药芯焊丝。其中由于药芯焊丝具有生产效率高、综合成本低、可自动化焊接等优点，发展很快。在工业发达国家，药芯焊丝是不锈钢焊接生产中用量最大的焊接材料。目前，除了渣量多的药芯焊丝外，也发展了渣量少的金属芯焊丝。

焊接材料的选择决定于具体焊接方法的选择。在选择焊接材料时至少应注意以下几个问题。

1）坚持"适用性原则"。通常是根据不锈钢材质、具体用途和服役条件（工作温度、接触介质），以及对焊缝金属的技术要求选用焊接材料，原则是使焊缝金属的成分与母材相同或相近。

不锈钢焊接材料又因服役所处介质不同而有不同选择，例如，适于在还原性酸中工作的含 Mo 的 18-8 不锈钢，不能用普通不含 Mo 的 18-8 不锈钢代替。与之对应，焊接普通 18-8 不锈钢的焊接材料也不能用焊接含 Mo 的 18-8 不锈钢的焊接材料。同样，适用于抗氧化要求的 25-20 不锈钢焊接材料，也不适应 25-20 热强钢的要求。

2）根据所选焊接材料的具体成分来确定是否适用，并应通过工艺评定试验来检验，不能只根据商品牌号或标准的名义成分就决定取舍。如图 10-19 所示，在舍夫勒焊缝组织图上标有各种焊接材料的成分变动范围。以焊条 E308 为例，实际成分可能是 A、B 或 D 的成分。焊条 E308 用于焊接 18-8 钢，希望为 FA 凝固模式，即应处于 aa' 线右下侧。那么，点 D 的成分不很可靠，点 A 成分已在 aa' 线以上，有热裂倾向，耐晶间腐蚀性也将下降。

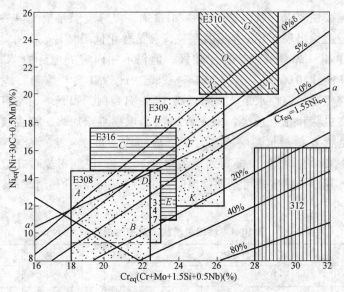

图 10-19　舍夫勒焊缝组织图上不同焊接材料成分变动范围

3）考虑具体应用的焊接方法和焊接参数可能造成的熔合比大小，即应考虑母材的稀释作用，否则将难以保证焊缝金属的合金化程度。有时还需考虑凝固时的负偏析对局部合金化的影响。

4）根据技术条件规定的全面焊接性要求来确定合金化程度，即选择采用同质焊接材料还是超合金化焊接材料。不锈钢焊接时，不存在完全"同质"，常是"轻度"超合金化。例如，06Cr18Ni11Ti 钢，用于耐氧化性酸条件下，其熔敷金属的组成是 0Cr21Ni9Nb。不但 Cr、Ni 含量有差异，而且是以 Nb 代替 Ti。$w_C = 0.4\%$ 的 25-20 热强钢，熔敷金属以 26-26Mo 或 26-35Mo（$w_C = 0.4\%$）为好。

对焊接性要求很严格的情况下，超合金化焊接材料的选用是十分必要的。有时甚至就采用 Ni 基合金（如 Inconel 合金）作为焊接材料焊接奥氏体钢。

5）不仅要重视焊缝金属合金系，而且要注意具体合金成分在该合金系中的作用；不仅考虑使用性能要求，也要考虑防止焊接缺欠的工艺焊接性的要求。为此要综合考虑，特别要限制有害杂质，尽可能提高纯度。

例如，从耐点蚀性考虑，加 Cu 是适宜的，但在低 Ni 的 Fe-Cr-Mo 系双相钢中，会增大热裂倾向。常用的 Inconel625 合金为 Ni60Cr21Mo9Nb3，具有优异的热强性和耐蚀性，但却因 Nb 的存在而具有热裂倾向。所以，在改进型 Inconel625 合金中取消了 Nb，成为 Ni64Cr22Mo9。

常用奥氏体不锈钢推荐选用的焊接材料见表 10-5。

表 10-5　常用奥氏体不锈钢焊接材料的选用

钢材牌号	焊条		气体保护焊实心焊丝	埋弧焊焊丝		药芯焊丝	
	型号	牌号		焊丝	焊剂	型号（AWS）	牌号
06Cr19Ni10 12Cr18Ni9	E308-16 E308-15	A102 A107	H0Cr21Ni10	H0Cr21Ni10	HJ260 HJ151	E308LT1-1	GDQA308L
06Cr17Ni12Mo2	E316-16	A202	H0Cr19Ni12Mo2	H0Cr19Ni12Mo2		E316LT1-1	GDQA316L
06Cr19Ni13Mo3	E317-16	A242	H0Cr20Ni14Mo3	—		E317LT1-1	GDQA317L
022Cr19Ni10	E308L-16	A002	H00Cr21Ni10	H00Cr21Ni10		E308LT1-1	GDQA308L
022Cr17Ni12Mo2	E316L-16	A022	H00Cr19Ni12Mo2	H00Cr19Ni12Mo2		E316LT1-1	GDQA316L
12Cr18Ni9 06Cr18Ni11Ti 06Cr18Ni11Nb	E347-16	A132	H0Cr20Ni10Ti H0Cr20Ni10Nb	H0Cr20Ni10Ti H0Cr20Ni10Nb	HJ172 HJ151	E347T1-1	GDQA347L
06Cr23Ni13 16Cr23Ni13	E309-16	A302	H1Cr24Ni13	—		E309LT1-1	GDQA309L
06Cr25Ni20 20Cr25Ni20	E310-16	A402	H0Cr26Ni21 H1Cr21Ni21	—		—	—

应指出，母材与熔敷金属的匹配要作具体分析。例如，用同质的 1Cr15Ni26Mo9N 熔敷金属同 1Cr15Ni26Mo9N 母材组配，不一定很理想。因为 w_{Ni} 只有 26%，w_{Mo} 则高达 9%，σ 相脆化倾向可能比较大。如果这一产品结构在无 σ 相产生条件下使用时，这一组配还应视为是合理的。

2. 焊接工艺要点

焊接不锈钢和耐热钢时，也同焊接其他材料一样，有一定的规律可以遵循。

（1）合理选择焊接方法　与焊条电弧焊相比，采用不锈钢药芯焊丝可将断续的生产过程变为连续的生产方式，从而减少了接头数目，而且不锈钢药芯焊丝不存在焊条发热和发红现象。与实心焊丝电弧焊相比，药芯焊丝合金成分调整方便，对钢材适应性强，焊接速度快。同埋弧焊相比，其热输入远小于埋弧焊，焊接接头性能更好。

选择焊接方法时限于具体条件，可能只能选用某一种。但须充分考虑到质量、效率和成本及自动化程度等因素，以获得最大的综合效益。例如奥氏体不锈钢管打底焊时，若采用背面充氩的实心焊丝打底焊工艺，不仅焊前准备工作较多，而且由于氩气为惰性气体，没有脱氧或去氢的作用，对焊前的除油、去锈等工作要求较严，尤其是现场高空、长距离管道施工时，背面充氩几乎是不可能的。采用药芯焊丝，可免去背面充氩的工艺，但焊后焊缝正、背面均需要清渣。如果采用实心焊丝（ER308L-Si、ER316L-Si）配合多元混合气体（Ar + He + CO_2）进行不锈钢管打底焊，背面无需充氩，焊后也无需清渣，可大大提高生产效率。再如，焊接不锈钢薄板时，选用 TIG 焊是比较合适的；焊接不锈钢中、厚板时，宜选用气体保护焊或埋弧焊。但应根据施工条件及焊缝位置具体分析。例如对于平焊缝，板厚大于 6mm 时，可采用焊剂垫或陶瓷衬垫单面焊双面成形，不仅背面无需清根，还可节约焊接材料，提高生产效率。

（2）控制焊接参数，避免接头产生过热现象　奥氏体不锈钢热导率小，热量不易散失，焊接所需的热输入比碳钢低 10% ~20%。过高的热输入会造成焊缝开裂，降低耐蚀性，变形严重。采用小电流、窄焊道快速焊可使热输入减少，配合一定的急冷措施，可防止接头过热的不利影响。此外，还应避免交叉焊缝，并严格控制层间温度。

（3）对接头设计的合理性应给予足够的重视　以坡口角度为例，采用奥氏体不锈钢同质焊接材料时，坡口角度取 60°（同一般结构钢的相同）是可行的；但如采用 Ni 基合金作为焊接材料，由于熔融金属流动更为粘滞，坡口角度取 60°容易发生熔合不良现象。Ni 基合金的坡口角度一般要增大到 80°左右。

（4）控制焊接工艺稳定以保证焊缝金属成分稳定　因为焊缝性能对化学成分的变动有较大的敏感性，为保证焊缝成分稳定，必须保证熔合比稳定。

（5）控制焊缝成形　表面成形是否光整、是否有易产生应力集中之处会影响到接头的工作性能，尤其对耐点蚀和耐应力腐蚀开裂有重要影响。例如，采用不锈钢药芯焊丝时，焊缝呈光亮银白色，飞溅小，比不锈钢焊条、实心焊丝更易获得光整的表面成形。

（6）防止焊件工作表面的污染　奥氏体不锈钢焊缝受到污染，其耐蚀性会变差。焊前应清除焊件表面的油脂、污渍、油漆等杂质，否则这些有机物在电弧高温作用下分解，引起焊缝产生气孔或增碳，从而降低耐蚀性。但焊前和焊后的清理工作也常会影响耐蚀性，现场经验表明，焊后采用不锈钢丝刷清理奥氏体焊接接头，反而会产生点蚀。控制焊缝施焊程序，保证面向腐蚀介质的焊缝最后施焊，这样可避免面向介质的焊缝及其热影响区发生敏化。

10.3　铁素体及马氏体不锈钢的焊接

10.3.1　铁素体不锈钢的焊接性分析

铁素体不锈钢分为普通铁素体不锈钢和高纯度铁素体不锈钢。

1）普通铁素体不锈钢包括以下几种：

① 低铬铁素体不锈钢（$w_{Cr} = 12\% ~14\%$），如 022Cr12、06Cr13、06Cr13Al 等。

② 中铬铁素体不锈钢（$w_{Cr} = 16\% ~18\%$），如 022Cr18Ti、10Cr17Mo 等；低 Cr 和中 Cr 钢，只有碳量低时才是铁素体组织。

③ 高铬铁素体不锈钢（$w_{Cr} = 25\% ~30\%$），如 16Cr25N、008Cr30Mo2 等。

2）高纯度铁素体钢对钢中 C + N 的含量限制很严，可有以下三种：

① $w_C + w_N \leq 0.035\% ~0.045\%$，如 019Cr18Mo2 等。

② $w_C + w_N \leqslant 0.03\%$，如 019Cr19MoNbTi 等。

③ $w_C + w_N \leqslant 0.01\% \sim 0.015\%$，如 008Cr27Mo、008Cr23Mo2 等。

铁素体型不锈钢在室温下具有纯铁素体组织，塑性、韧性良好。由于铁素体的线胀系数较奥氏体的小，其焊接热裂纹和冷裂纹问题并不突出。通常情况下，铁素体型不锈钢不如奥氏体不锈钢容易焊，主要是指焊接过程中可能导致焊接接头的塑性、韧性降低即发生脆化的问题。铁素体不锈钢的耐蚀性及高温下长期服役可能出现的脆化是焊接过程中不可忽视的问题。高纯铁素体钢比普通铁素体钢的焊接性要好得多。

1. 焊接接头的脆化

铁素体不锈钢的晶粒在 900℃ 以上极易粗化；加热至 475℃ 附近或自高温缓冷至 475℃ 附近；在 550 ~ 820℃ 温度区间停留（形成 σ 相）均使接头的塑性、韧性降低而脆化。因此，铁素体不锈钢焊接性的主要问题是如何在焊态使接头区保持足够的塑性和韧性。

（1）高温脆化　铁素体不锈钢焊接接头加热至 950 ~ 1000℃ 以上后急冷至室温，焊接热影响区的塑性和韧性显著降低，称为"高温脆化"。其脆化程度与合金元素 C 和 N 的含量有关。C、N 含量越高，焊接热影响区脆化程度越严重。焊接接头冷却速度越快，韧性下降值越多；如果空冷或缓冷，对塑性影响不大。这是由于快速冷却过程中，基体组织位错上析出细小分散的碳、氮化合物，阻碍位错运动，此时强度提高而塑性明显下降；缓冷时，位错上没有析出物，塑性不会降低。这种高温脆性十分有害，同时耐蚀性也显著降低。因此，减少C、N 含量，对提高焊缝质量是有利的。出现高温脆性的焊接接头，若重新加热至 750 ~ 850℃，可以恢复其塑性。

高温脆化是铁素体钢在高于 $0.7T_m$（熔点）温度停留而发生的，这个温度区间远高于铁素体不锈钢推荐使用的温度，所以高温脆化一般是在热-机械加工和焊接过程中发生的。在高温停留引起的脆化受很多因素的影响，在本质上是成分和微观组织的影响，包括以下方面：

1）Cr 和间隙原子（C、N、O）含量。图 10-20 示出高温停留时间对含有不同 C、N 含量的铁素体不锈钢冲击吸收能量的影响，当 $w_N > 0.02\%$ 时，冲击吸收能量明显下降。

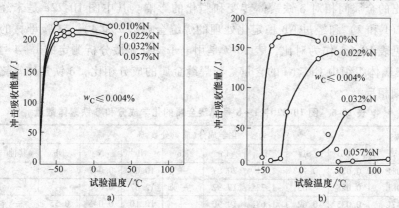

图 10-20　加热温度对不同 N 含量的 Cr17 铁素体不锈钢冲击吸收能量的影响

a）加热到 815℃ 保温 1h 水淬　b）加热到 1150℃ 保温 1h 水淬

2）晶粒尺寸。图 10-21 示出晶粒尺寸和间隙元素（$w_C + w_N$）含量对 Cr25 铁素体钢冲击吸收能量的影响。由图 10-21 可知，对于高纯度的钢，随着其晶粒长大，韧性和塑性有很

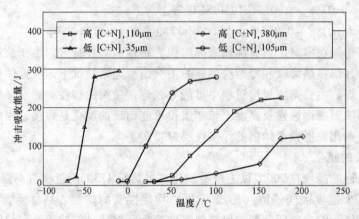

图 10-21　晶粒尺寸和间隙元素含量对 Cr25 铁素体不锈钢冲击吸收能量的影响

大的降低。

（2）σ 相脆化　普通铁素体不锈钢中 $w_{Cr} > 21\%$ 时，若在 520～820℃ 之间长时间加热，即可析出 σ 相。σ 相的形成与焊缝金属中的化学成分、组织、加热温度、保温时间以及预先冷变形等因素有关。钢中促进铁素体化的元素（如 Al、Si、Mo、Ti 和 Nb）均能强烈地增大产生 σ 相的倾向；Mn 使高铬钢形成 σ 相所需的 Cr 含量降低；而 C 和 N 能稳定奥氏体相并与铬形成化合物，会使形成 σ 相所需的铬含量增加；Ni 使形成 σ 相所需的温度提高。由于σ 相的形成有赖于 Cr、Fe 等扩散迁移，故形成速度较慢。$w_{Cr} = 17\%$ 的不锈钢只有在 550℃回火 1000h 后才会开始析出 σ 相。当加入质量分数为 2% 的 Mo 时，σ 相析出时间大为缩短，约在 600℃ 回火 200h 后即可出现 σ 相。因此，对于长期工作于 σ 相形成温度区的铁素体不锈钢的焊接高温构件，必须引起足够的重视。

σ 相是非铁磁性的，主要由 δ 铁素体转变形成。也就是说，σ 相在 δ 铁素体中析出比在奥氏体中析出快得多，铁素体中 Cr 更容易扩散而促使 σ 相析出。可以通过磁性铁素体测试仪来检测 δ 铁素体含量（或 σ 相的相对含量）。图 10-22 是不同焊缝在 500～1100℃ 退火 10h空冷后，析出的金属间相对 δ 铁素体转变和脆化的影响。其中图 10-22a 是未经稳定化处理的焊缝金属（1 和 2）和经过 Nb 稳定化处理的焊缝金属（3 和 4）。试验母材的化学成分和铁素体数量见表 10-6。作为对比，表 10-7 是用电子探针显微分析测定的 1～4 号焊缝金属中δ 铁素体和奥氏体组织中 Cr、Ni 的含量。与焊缝金属的成分相比，δ 铁素体富铬贫镍，而奥氏体中情况则相反。

表 10-6　图 10-22 中 1～8 号焊缝金属的化学成分和 δ 铁素体数量

焊缝编号	AWS钢号	化学成分（质量分数，%）									δ 铁素体数量/FN
		C	Si	Mn	Cr	Mo	Ni	N	Nb	其他	
1	E308L	0.027	0.74	1.71	20.07	—	10.02	0.047	—	—	10
2	E308L	0.028	0.65	1.73	19.92	—	12.67	0.056	—	—	3
3	E347L	0.033	0.62	1.68	19.90	—	10.10	0.045	0.55	—	8
4	E347L	0.035	0.85	1.58	18.03	—	9.02	0.052	0.055	—	7
5	E316L	0.032	0.76	0.75	19.22	2.49	12.32	0.043	—	—	12
6	E309MoL	0.018	0.90	0.75	22.50	2.50	11.83	0.059	—	—	23
7	—	0.038	0.25	4.50	18.45	2.20	15.52	0.047	—	—	0
8	—	0.031	0.38	5.02	19.37	6.44	24.66	0.150	—	Cu 1.48	0

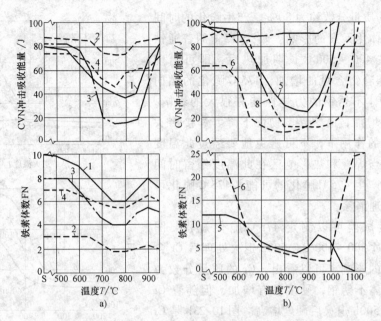

图 10-22　不锈钢焊缝金属在 500～1100℃×10h 退火后空冷对 δ 铁素体转变和脆化的影响

a）Cr-Ni 焊缝金属　b）Cr-Ni-Mo 焊缝金属

表 10-7　图 10-22 中 1～4 号焊缝金属中的 Cr、Ni 含量和 δ 铁素体数量

焊缝编号	δ 铁素体数量/FN	化学成分（质量分数，%）					
		焊缝中元素平均含量		δ 铁素体中元素含量		奥氏体中元素含量	
		Cr	Ni	Cr	Ni	Cr	Ni
1	10	20.07	10.02	23.6	6.4	19.9	10.6
2	3	19.92	12.67	23.6	8.8	19.8	13.1
3	8	19.90	10.10	23.8	6.3	19.8	11.2
4	7	18.03	9.02	22.1	6.1	17.8	10.0

从图 10-22a 可见，进行 600～900℃×10h 退火后，从 δ 铁素体中析出 σ 相会造成韧性降低，含 Nb 的焊缝金属（3 和 4）韧性降低明显。δ 铁素体向 σ 相的转变与焊缝韧性的降低大致成比例。随着 δ 铁素体转变为 σ 相，韧性下降。σ 相含量 3%～4%（体积分数）就足以使奥氏体焊缝金属脆化。在 900℃ 退火后，只有少量 δ 铁素体转化为 σ 相，在该温度下 σ 相析出速率明显降低。在 950℃ 左右，σ 相和 δ 铁素体在奥氏体中开始重新溶解。

图 10-22b 示出含铁素体（5 和 6）和全部奥氏体（7 和 8）Cr-Ni-Mo 焊缝金属 σ 相的析出情况，随着 Mo 的加入，σ 相析出范围扩展到高温区。在无 Mo 焊缝中，950℃ 时不再析出 σ 相，而含 Mo 质量分数为 2.5% 的焊缝中，在 1000～1050℃ 其 σ 相才停止析出。所以含 Mo 焊缝比不含 Mo 焊缝金属的固溶退火温度高。Cr 含量和 δ 铁素体含量最高的焊缝（6）表现出最严重的脆化趋势，在 600℃ 就开始脆化。含 Cr 18.5%、Mo 2.2%（质量分数）的全部奥氏体焊缝金属（7）经过 10h 退火后，没有发生脆化，因为它没有 δ 铁素体。奥氏体中析出 σ 相需要相当长的时间，例如 750℃×250h 后，σ 相才开始从奥氏体组织中析出，2000h 以后析出停止，同时冲击吸收能量降低 50%。

（3）475℃ 脆化　475℃ 脆化是由铁素体中偏析引起的，偏析相是富铁和富铬的顺磁性成分，含 Cr 的质量分数约为 80%。产生脆化的时间和温度受铁素体化元素的影响。$w_{Cr} > 15\%$ 的普通铁素体不锈钢在 400~500℃ 长期加热后，即可出现 475℃ 脆化。随着铬含量的增加，475℃ 脆化的倾向增大，对铁素体不锈钢的力学性能有很大的影响，如硬度、强度增加，而塑性、韧性下降。焊接接头在焊接热循环的作用下，不可避免地要经过此温度区间，特别是当焊缝和热影响区在此温度停留时间较长时，均有产生 475℃ 脆化的可能。475℃ 脆化可通过焊后热处理消除。

通过硬度试验可以测定 475℃ 脆化过程。图 10-23a 示出经过 300~600℃、500h 退火处理后 Cr 含量对硬度变化的影响。可以看出，Cr 的质量分数为 16.3% 的铁素体不锈钢，硬度没有增加，但随着 Cr 含量增加，在 500h 退火后硬度增高。图 10-23b 是 Cr 的质量分数为 26%~30% 的铁素体钢退火时间对硬度的影响，硬度增加得很缓慢。图 10-23c 是铁素体-奥氏体双相钢的特性，脆化只发生在 δ 铁素体中。

2. 焊接接头的晶间腐蚀

碳的质量分数为 0.05%~0.1% 的普通铁素体铬钢发生腐蚀的条件和奥氏体铬-镍钢稍有不同。从 900℃ 以上快速冷却，铁素体铬不锈钢对腐蚀很敏感，但经过 650~800℃ 的回火后，又可恢复其耐蚀性。所以，焊接接头产生晶间腐蚀的位置是紧挨焊缝的高温区。

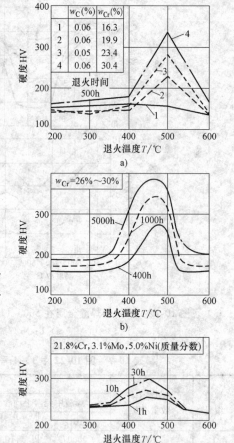

图 10-23　退火温度和 Cr 含量
对 475℃ 脆化的影响
a）Fe-Cr 合金　b）$w_{Cr} = 26\%$~
30% 钢　c）铁素体-奥氏体双相钢

普通铁素体不锈钢焊接接头的晶间腐蚀机理与奥氏体不锈钢相同，符合贫铬理论。铁素体不锈钢一般在退火状态下焊接，其组织为固溶微量碳和氮的铁素体及少量均匀分布的碳和氮的化合物。当焊接温度高于 950℃ 时，碳、氮的化合物逐步溶解到铁素体相之中，得到碳、氮过饱和固溶体。由于碳、氮在铁素体中的扩散速度比在奥氏体中快得多，在焊后冷却过程中，甚至在淬火冷却过程中，都来得及扩散到晶界区。加之晶界处碳、氮的浓度高于晶内，故在晶界上沉淀出 $(Cr, Fe)_{23}C_6$ 碳化物和 Cr_2N 氮化物。由于铬的扩散速度慢，导致在晶界上出现贫铬区。在腐蚀介质的作用下即可出现晶间腐蚀。由于铬在铁素体中的扩散比在奥氏体中的快，故为了克服焊缝高温区的贫铬带，只需 650~800℃ 短时间保温，即可使过饱和的碳和氮完全析出，而铬又来得及补充到贫铬区，从而恢复到原来的耐蚀性。若在 600℃ 较长时间保温或焊接接头自 900℃ 以上缓慢冷却，使碳、氮化物充分析出，达到或接近钢材退火状态下固溶的碳和氮含量的平衡值时，仍能保持其耐蚀性。

高纯度高铬铁素体不锈钢主要化学成分有 Cr、Mo 和 C、N。其中 C + N 总的质量分数不等，都存在一个晶间腐蚀的敏化临界温度区，即超过或低于此区域不会产生晶间腐蚀。同时还有一个临界敏化时间区，即在这个时间区之前的一段时间，即使在敏化临界温度也不会产生晶间腐蚀。因此，高纯度高铬铁素体不锈钢须满足既在敏化临界温度区，又在临界敏化时间区内才有可能产生晶间腐蚀。例如，C + N 总的质量分数为 0.0106% 的 26Cr 合金，其敏化临界温度区为 475~600℃。由于 C + N 总含量很低，在 600℃ 以上温度，晶界上没有足够能引起贫铬和增加腐蚀率的富铬碳化物、氧化物沉淀；又由于其离开临界敏化时间区很远，该合金由 950℃ 和 1100℃ 水淬或空冷，虽说冷却过程中都经过敏化临界温度，但仍可保持良好的耐蚀性。

无论普通铁素体不锈钢还是高纯度铁素体不锈钢焊接接头的晶间腐蚀倾向都与其合金元素的含量有关。随着钢中碳和氮的总含量降低，晶间腐蚀倾向减小。钼可以降低氮在高铬铁素体不锈钢中的扩散速度，有助于临界敏化时间向后移动较长的时间，因此含有钼的高铬铁素体不锈钢具有较高的抗敏化性能。合金元素钛和铌为稳定化元素，能优先与铬和碳、氮形成化合物，避免贫铬区的形成。

10.3.2　铁素体不锈钢的焊接工艺特点

铁素体不锈钢焊接接头韧性较低，主要是由于单相铁素体钢易于晶粒粗化，热影响区和焊缝容易形成脆性马氏体，还有可能出现 475℃ 脆性。

1. 焊接方法

普通铁素体不锈钢的焊接可采用焊条电弧焊、药芯焊丝电弧焊、熔化极气体保护焊、钨极氩弧焊和埋弧焊。无论采用何种焊接方法，都应控制热输入，以抑制焊接区的铁素体晶粒过分长大。工艺上可采取多层多道快速焊、强制冷却焊缝的方法，如通氩或冷却水等。

高纯度铁素体不锈钢的焊接有氩弧焊、等离子弧焊和真空电子束焊。采用这些方法的目的主要是净化熔池，防止杂质沾污。

2. 焊接材料的选择

焊接铁素体不锈钢及其与异种钢焊接时填充金属主要有三类：同质铁素体型、奥氏体型和镍基合金。铁素体不锈钢常用的焊条和焊丝见表 10-8。

表 10-8　铁素体不锈钢焊条、焊丝的选用

钢种	对接头性能的要求	焊接材料						预热及焊后热处理
		焊条		实心焊丝		药芯焊丝		
		牌号	型号	焊丝牌号	合金类型	型号	牌号	
06Cr13	—	G202 G207	E410-16 E410-15	H0Cr14	06Cr13	— —	— —	—
		A102 A107	E308-16 E308-15	H0Cr18Ni9	Cr18Ni9	E308LT1-1	GDQA308L	
Cr17 Cr17Ti	耐硝酸腐蚀、耐热	G302 G307	E430-16 E430-15	H0Cr17Ti	Cr17	E430T-G	GDQF430	预热 100~150℃，焊后 750~800℃ 回火
	耐有机酸、耐热	G311	—	H0Cr17Mo2Ti	Cr17Mo2			
	提高焊缝塑性	A102 A107	E308-16 E308-15	H0Cr18Ni9	Cr18Ni9	E308LT1-1	GDQA308L	不预热，焊后不热处理
		A202 A207	E316-16 E316-15	HCr18Ni12Mo2	18-12Mo	E316LT1-1	GDQA316L	

（续）

钢种	对接头性能的要求	焊接材料						预热及焊后热处理
		焊条		实心焊丝		药芯焊丝		
		牌号	型号	焊丝牌号	合金类型	型号	牌号	
Cr25Ti	抗氧化	A302 A307	E309-16 E309-15	HCr25Ni13	25-13	E309LT1-1	GDQA309L	不预热，焊后760~780℃回火
Cr28 Cr28Ti	提高焊缝塑性	A402 A407	E310-16 E310-15	HCr25Ni20	25-20	—	—	不预热，焊后不热处理
		A412	E310Mo-16	—	25-20Mo2			

采用同质焊接材料时，焊缝与母材金属有相同的颜色、相同的线胀系数和基本相似的耐蚀性，但焊缝金属呈粗大的铁素体组织，韧性较差。为了改善性能，应尽量限制杂质含量，提高其纯度，同时进行合理的合金化。以 Cr17 钢为例，焊缝中添加 Nb 的质量分数 0.8% 左右，可以显著改善其韧性，室温冲击吸收能量可达 52J，焊后热处理韧性还可有所改善。而不含 Nb 的 Cr17 焊缝，室温冲击吸收能量很低，即使焊后热处理，塑性可以得到改善，但韧性变化不大。

在不宜进行预热或焊后热处理的情况下，也可采用奥氏体不锈钢焊接材料，此时有两个问题须注意：

1）焊后不可退火处理。因铁素体不锈钢退火温度范围（787~843℃）正好处在奥氏体钢敏化温度区间，除非焊缝是超低碳或含 Ti、Nb，否则容易产生晶间腐蚀及脆化。另外，焊后退火如是为了消除应力，也难达到目的，因为焊缝与母材具有不同的线胀系数。

2）奥氏体不锈钢焊缝的颜色和性能与母材不同，这种异质接头的耐蚀性可能低于同质的接头，须根据用途来确定是否适用。采用异种材料焊接时，焊缝具有良好的塑性，但不能防止热影响区的晶粒长大和焊缝形成马氏体组织。

3. 低温预热及焊后热处理

铁素体不锈钢在室温的韧性很低，易形成高温脆化，在一定条件下可能产生裂纹。通过预热，使焊接接头处于富有韧性的状态下焊接，能有效地防止裂纹的产生。但是，焊接热循环又会使焊接接头近缝区的晶粒急剧长大粗化，从而引起脆化。因此，预热温度的选择要慎重，一般控制在 100~200℃，随着母材金属中铬含量的提高，预热温度可相应提高。但预热温度过高，又会使焊接接头过热而脆硬。

高 Cr 铁素体不锈钢也有晶间腐蚀倾向。焊后在 750~850℃ 进行退火处理，使过饱和的碳和氮完全析出，铬来得及补充到贫铬区，以恢复其耐蚀性；同时也可改善焊接接头的塑性。退火后应快冷，以防止 475℃ 脆性产生。应注意，高 Cr 铁素体不锈钢在 550~820℃ 长期加热时会出现 σ 相，而在 820℃ 以上加热可使 σ 相重新溶解。所以，焊后热处理制度的控制很重要，加热及冷却过程应尽可能快速冷却。

铁素体不锈钢的晶粒在 900℃ 以上易粗化且难以消除，因为热处理工艺无法细化铁素体晶粒。因此，焊接时应采取小的热输入和较快的冷却速度；多层焊时，还应严格控制层间温度。

高纯铁素体不锈钢由于碳和氮含量很低，具有良好的焊接性，高温脆化不显著，焊前不需预热，焊后也不需热处理。焊接中主要问题是如何控制焊接材料中碳和氮的含量，以及避免焊接材料表面和熔池的沾污。

10.3.3　马氏体不锈钢的焊接性分析

马氏体不锈钢是以 Fe-Cr-C 三元合金为基础的，这类钢高温下存在的奥氏体在空气中冷却的条件下足以产生奥氏体到马氏体的转变，属于淬硬组织的钢种。与其他类型的不锈钢相比，马氏体不锈钢可以达到很宽的强度范围，屈服强度可从退火状态下的 275MPa 到淬火 + 回火状态下的 1900MPa，具有较高的硬度，但耐蚀性和焊接性差一些。

1. 马氏体不锈钢的类型

（1）Cr13 型马氏体不锈钢　通常所说的马氏体不锈钢大多指这一类钢，如 12Cr13、20Cr13、30Cr13、40Cr13。这类钢经高温加热后空冷就可淬硬，一般均经调质处理。

（2）热强型马氏体不锈钢　以 Cr12 为基进行多元合金化的马氏体不锈钢，如 2Cr12WMoV、21Cr12MoV、2Cr12Ni3MoV。高温加热后空冷也可淬硬。因用于高温，希望将使用温度提高到普通 Cr13 钢的极限温度 600℃ 以上，添加 Mo、W、V 同时，往往还将碳含量提高一些。因此，热强马氏体钢的淬硬倾向会更大一些，一般均经过调质处理。

（3）超低碳复相马氏体钢　这是一种新型马氏体高强度钢。成分特点是，钢的含碳量 w_C 降低到 0.05% 以下并添加 Ni（w_{Ni} = 4% ~ 7%），也可能含有少量 Mo、Ti 或 Si。典型的钢种如 0.01C-13Cr-7Ni-3Si、0.03C-12.5Cr-4Ni-0.3Ti、0.03C-12.5Cr-5.3Ni-0.3Mo。这几种钢均经淬火及超微细复相组织回火处理，可获得高强度和高韧性。这种钢也可在淬火状态下使用，因为低碳马氏体组织并无硬脆性。

w_{Ni} >4% 以上的超低碳合金钢淬火后形成低碳马氏体 M，经回火加热至 As（低于 Ac_1）以上即开始发生 M→γ′ 的所谓"逆转变"。As 为逆转变开始温度。因为并非在 Ac_1 以上发生转变形成的奥氏体 γ，也不同于残留奥氏体，而将 γ′ 称为逆转变奥氏体。γ′ 富碳、富 Ni，因而很稳定，冷却至 -196℃ 也不会再转变为马氏体（除非经冷作变形），为韧性相。因而回火后获得的是超微细化的 M + γ′ 复相组织，具有优异的强韧性组合，所以称为"超低碳复相马氏体钢"。

这类钢的特性与析出硬化马氏体钢很相似，淬火形成的马氏体不会导致硬化，如图 10-24 曲线 3 所示。

应指出，无论析出硬化马氏体钢或析出硬化半奥氏体钢，都无淬硬倾向，不需预热，采用同质焊接材料或奥氏体焊接材料，都能顺利地获得满意的焊接接头，但焊后须进行适当的热处理。

2. 焊接性分析

（1）熔化区组织转变　马氏体不锈钢熔池先凝固成 δ 铁素体，而由于碳和其他合金元素的偏析，凝固终了会形成奥氏体或奥氏体 + 铁素体组织。固态焊缝继续冷却时铁素体转变成奥氏体（低于约 1100℃ 全部转变为奥氏体），进一步冷却奥氏体将转变为马氏体。这个转变过程有以下几个相变路径：

1）相变路径一：L→L + F_p→F_p→F_p + A→A→马氏体（M）。

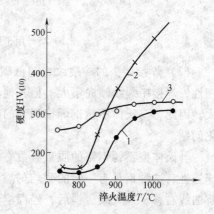

图 10-24　各类马氏体钢的硬度与淬火温度的关系

1—12Cr13　2—20Cr13　3—00Cr13Ni7Si3

形成全部马氏体组织。如果一些铁素体是在凝固终了时形成的，可能富集铁素体化元素；在凝固温度以下冷却时这些铁素体不转变为奥氏体，而残留在凝固晶界或亚晶界，最终的焊缝组织是马氏体和"共晶铁素体"的混合物。

2）相变路径二：$L \rightarrow L + F_p + (A + F_{共晶}) \rightarrow F_p + A + F_{共晶} \rightarrow A + F_{共晶} \rightarrow M + F_{共晶}$

形成马氏体 + 共晶铁素体两相组织。因为凝固终了形成的铁素体是通过共晶反应形成的，共晶数量决定于铁素体化元素和奥氏体化元素的比值和凝固条件。

3）相变路径三：$L \rightarrow L + F_p \rightarrow F_p \rightarrow A + F_p \rightarrow M + F_p$

形成马氏体 + 先共析铁素体两相组织。先共析铁素体可能在高温时不完全转变成奥氏体，而在冷却时残留在组织中直至室温。

此外，由于奥氏体相变不完全，铁素体可残留在 δ 铁素体枝晶的心部，这和奥氏体不锈钢组织中的"骨架"铁素体形成相似。在冷却时也可能有一些碳化物析出（取决于冷却速度），一般是 $M_{23}C_6$ 和 M_7C_3（$w_C > 0.3\%$ 的不锈钢）。

图 10-25 是用于铁素体和马氏体不锈钢的焊缝组织图，该图适用的成分范围（质量分数，%）为：Cr 11 ~ 30、Ni 0.1 ~ 3、Si 0.3 ~ 1、Mn 0.3 ~ 1.8、Al 0 ~ 0.3、C 0.07 ~ 0.2、Mo 0 ~ 0.2、Ti 0 ~ 0.5、N 0 ~ 0.25，覆盖了大多数铁素体不锈钢和马氏体不锈钢的成分范围。

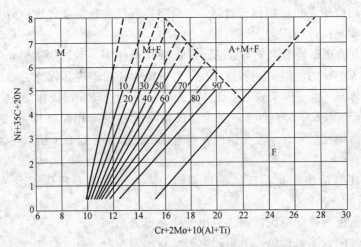

图 10-25　用于铁素体和马氏体不锈钢的焊缝组织图

（2）焊接接头的冷裂纹　超低碳复相马氏体不锈钢无淬硬倾向，并具有较高的塑性和韧性，焊接中裂纹倾向不大。但其他马氏体不锈钢均有硬脆倾向，含碳量越高，硬脆倾向越大。因此，马氏体不锈钢焊接遇到的问题是含碳量较高的马氏体钢淬硬性导致的冷裂纹和脆化问题。

马氏体型不锈钢铬的质量分数在 12% 以上，还含有适量的碳和镍，以提高其淬硬性和淬透性，这种钢具有一定的耐均匀腐蚀性能。Cr 能增加钢的奥氏体稳定性，即使奥氏体分解曲线右移，加入碳、镍后，经固溶再空冷也会发生马氏体转变。因此，马氏体型不锈钢焊缝和热影响区焊后状态的组织为硬脆的马氏体组织。马氏体型不锈钢导热性较碳钢差，焊后残余应力较大，如果焊接接头刚度大或焊接过程中含氢量较高，当从高温直接冷至 120 ~ 100℃ 以下时，很容易产生冷裂纹。

　　实践表明，在电站建设中，几十毫米厚的厚壁马氏体不锈钢钢管 2Cr12MoV 采用焊条电弧焊时，很易产生冷裂纹；而在航空发动机中所使用的马氏体不锈钢薄板板厚一般小于 6mm，在钨极氩弧焊时很少发现冷裂纹。也就是说，拘束度越大，越容易引起冷裂纹。这说明这种钢种虽有冷裂纹倾向，但是否发生冷裂纹还要取决于具体的焊接条件。

　　（3）焊接接头的硬化现象

　　Cr13 型马氏体不锈钢以及 Cr12 系列的热强钢，可以在退火状态或淬火状态下进行焊接。无论焊前原始状态如何，冷却速度较快时，近缝区会出现硬化现象，形成粗大马氏体的硬化区。对于多数马氏体不锈钢（如 12Cr13 和 Cr12WMoV），由于焊接成分特点往往使其组织处于舍夫勒焊缝组织图中的 M 和 M + F 的边界区，在冷却速度较小时（例如 12Cr13 的冷却速度小于 10℃/s），近缝区会出现粗大的铁素体，塑性和韧性也明显下降。所以，焊接时冷却速度的控制是一个关键措施。

　　超低碳复相马氏体钢热影响区中无硬化区出现。由图 10-26 可见，超低碳复相马氏体不锈钢对焊接热循环不很敏感，整个热影响区的硬度可以认为是基本均匀的。而淬火态焊接的 20Cr13 钢，在近缝区附近部位还有软化现象，硬度几乎降低一半。无论退火态的 12Cr13 还是淬火态的 20Cr13，在近缝区都出现了硬化。

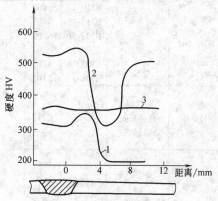

图 10-26　高强度马氏体
不锈钢 TIG 焊后的硬度
1—12Cr13　2—20Cr13　3—0Cr15NiTMoAl

10.3.4　马氏体不锈钢的焊接工艺特点

　　马氏体不锈钢的焊接主要有焊条电弧焊、埋弧焊及熔化极气体保护焊，焊接时主要以控制热输入及冷却速度为主。

1. 焊接材料的选择

　　最好采用同质填充金属来焊接马氏体钢，但焊后焊缝和热影响区将会硬化变脆，有很高的裂纹倾向。因此，应考虑合理的合金化，如添加少量 Ti、Al、N、Nb 等以细化晶粒，降低淬硬性。例如，$w_{Nb} = 0.8\%$ 的焊缝具有微细的单相铁素体组织，焊态或焊后热处理均可获得比较满意的性能，也可通过焊前预热、焊后缓冷及热处理来改善接头的性能。

　　焊接构件不能进行预热或不便进行热处理时，可采用奥氏体不锈钢焊接材料。焊后焊缝金属为奥氏体组织，具有较高的塑性和韧性，松弛焊接应力，并能溶入较多的固溶氢，降低接头形成冷裂纹的倾向。但焊缝为奥氏体组织，焊缝强度不可能与母材相匹配。另外，奥氏体焊缝与母材比较，在物理、化学和冶金性能上都存在很大差异，有时可能出现破坏事故。例如，在循环温度工作时，由于焊缝与母材线胀系数不同，在熔合区产生切应力，能导致接头过早破坏。采用奥氏体焊接材料时，须考虑母材稀释的影响。

　　马氏体不锈钢常用的焊接材料见表 10-9。

　　对于热强型马氏体钢，希望焊缝成分接近母材，并且在调整成分时不出现 δ 相，而应为均一的微细马氏体组织。δ 相不利于韧性的提高。15Cr12WMoV 之类的马氏体热强钢，主要成分为铁素体化元素（Mo、Nb、W、V），因此，为保证获得均一的马氏体组织，须用奥氏

表 10-9　马氏体不锈钢常用的焊接材料

母材牌号	对焊接性能的要求	焊接材料						预热及层间温度/℃	焊后热处理
		焊条		实心焊丝		药芯焊丝			
		型号	牌号	焊丝	焊缝类型	型号	牌号		
12Cr13 20Cr13	抗大气腐蚀	E410-16 E410-15	G202 G207	H0Cr14	Cr13	E410T-G	GDQM410	150~300	700~730℃回火,空冷
	耐有机酸腐蚀并耐热	—	G211	—	Cr13Mo2	—	—	150~300	—
	要求焊缝具有良好塑性	E308-16 E308-15 E316-16 E316-15 E310-16 E310-15 E309-16 E309-15	A102 A107 A202 A207 A402 A407 A302 A307	H0Cr18Ni9 H0Cr18Ni12Mo2 HCr25Ni20 HCr25Ni13	Cr18Ni9 18-12Mo2 25-20 25-13	E308LT1-1 E316LT1-1 E309LT1-1	GDQA308L GDQA316L GDQA309L	补预热（厚大件预热200℃）	不进行热处理
14Cr17Ni2		E310-16 E310-15 E309-16 E309-15 E308-16 E308-15	A402 A407 A302 A307 A102 A107	HCr25Ni13 HCr25Ni20 HCr18Ni9	25-13 25-20 Cr18Ni9	E308LT1-1 E309LT1-1	GDQA308L GDQA309L	200~300	700~750℃回火,空冷
Cr11MoV	540℃以下有良好的热强性	—	G117	—	Cr10MoNiV	—	—	300~400	焊后冷至100~200℃,立即在700℃以上高温回火
15Cr12WMoV	600℃以下有良好的热强性	E11MoVNiW-15	R817	—	Cr11WMoNiV	—	—	300~400	焊后冷至100~200℃,立即在740~760℃以上高温回火

体化元素加以平衡，即应有适量的 C、Mn、N、Ni。15Cr12WMoV 钢碳的质量分数规定在 0.17% ~0.20% 之间，如焊缝碳的质量分数降至 0.09% ~0.15%，组织中会出现较大量的块状和网状的 δ 相（也会有碳化物），使韧性急剧降低，也不利于抗蠕变的性能。若适当提高碳的质量分数（不大于 0.19%），同时添加 Ti，减少 Cr，情况会有所好转。在调整成分时应注意马氏体点 Ms 变化所带来的影响。由于合金化使 Ms 降低越大，冷裂敏感性就越大，并会产生较多残留奥氏体，对力学性能不利。

超低碳复相马氏体不锈钢宜采用同质焊接材料，但焊后如不经超微细复相化处理，则强韧性难以达到母材的水平。

2. 焊前预热和焊后热处理

采用同质焊材焊接马氏体不锈钢时，为防止焊接接头形成冷裂纹，宜采取预热措施。预热温度的选择与材料厚度、填充金属、焊接方法和构件的拘束度有关，其中与碳含量关系最大。例如，Cr13 钢，$w_C < 0.1\%$ 时可以不预热；$w_C = 0.1\% ~0.2\%$ 时，应预热到 260℃缓冷；$w_C = 0.2\% ~0.5\%$ 时，可以预热到 260℃，但焊后应及时退火。

马氏体不锈钢的预热温度不宜过高，否则将使奥氏体晶粒粗大，并且随冷却速度降低，还会形成粗大铁素体加晶界碳化物组织，使焊接接头塑性和强度均有所下降。

焊后热处理的目的是降低焊缝和热影响区硬度、改善其塑性和韧性，同时减少焊接残余应力。焊后热处理须严格控制焊件的温度：焊件焊后不可随意从焊接温度直接升温进行回火热处理。因为焊接过程中形成的奥氏体尚未完全转变成马氏体，如果立即升温到回火温度，奥氏体会发生珠光体转变，或碳化物沿奥氏体晶界沉淀，产生粗大铁素体加碳化物组织，从而降低焊接接头的韧性，而且对耐蚀性也不利。如果焊接接头焊后空冷到室温后再进行热处理，马氏体不锈钢会出现空气淬硬倾向，造成常温塑性降低，并且在常温下的残留奥氏体将继续转变为马氏体组织，使焊接接头变得又硬又脆，组织应力也随之增大；若再加上扩散氢的聚集，焊接接头就有可能产生冷裂纹。正确的方法是：回火前使焊件适当冷却，让焊缝和热影响区的奥氏体基本分解为马氏体组织。

焊后热处理须根据具体成分制定具体工艺。对于碳含量高且刚度大的构件，如 21Cr12MoV，要严格控制焊后热处理工艺。焊后空冷至 150℃，立即在此温度保温 1~2h。一方面可让奥氏体充分分解为马氏体，不至于发生脆化；另一方面还可使焊缝中的氢向外扩散，起到消氢作用。然后加热到回火温度，适当保温，可形成回火马氏体组织。若焊后空冷到 300℃时，虽可避免马氏体的产生，但在随后的高温回火过程中，奥氏体会转变成铁素体或碳化物沿晶界析出，性能不如前述的回火马氏体组织。

对于 Cr13 型焊条熔敷金属，焊后加热到 600℃可开始恢复韧性，在 850℃左右韧性最好，至 900℃以上韧性急剧下降到很低的水平。而 Nb 的质量分数在 0.8% 左右的 Cr13Nb 焊条熔敷金属，加热至 600℃以上时，韧性伴随升温而提高；在 900℃加热时韧性也有所下降，但仍具有很高的韧性水平。

回火对于超低碳复相马氏体钢焊缝金属的强韧性有影响，需要根据钢的具体成分确定其逆变开始温度 A_s。从图 10-24 可见，超低碳复相马氏体钢的硬度变化对淬火加热温度是不敏感的。试验表明，这种钢在 950℃以上加热淬火未见硬度有变化，而在 800℃以下加热，也不会出现 δ 相，强韧性组合很好。

10.4　奥氏体-铁素体双相不锈钢的焊接

双相不锈钢是在固溶体中铁素体相和奥氏体相各占约一半，一般较少相的含量至少也需要达到 30% 的不锈钢。这类钢综合了奥氏体不锈钢和铁素体不锈钢的优点，具有良好的韧性、强度及优良的耐氯化物应力腐蚀性能。

10.4.1　奥氏体-铁素体双相不锈钢的类型

1. 低合金型双相不锈钢

00Cr23Ni4N 钢是瑞典最先开发的一种低合金型的双相不锈钢，不含钼，铬和镍的含量也较低。由于钢中 Cr 的质量分数为 23%，有很好的耐孔蚀、缝隙腐蚀和均匀腐蚀的性能，可代替 304L 和 316L 等常用奥氏体不锈钢。

2. 中合金型双相不锈钢

典型的中合金型不锈钢有 0Cr21Ni5Ti、1Cr21Ni5Ti。这两种钢是为了节约镍，分别代替 0Cr18Ni9Ti 和 1Cr18Ni9Ti 而设计的，但比后者具有更好的力学性能，尤其是强度更高（约为 1Cr18Ni9Ti 的 2 倍）。

022Cr19Ni5Mo3Si2N 双相不锈钢是目前合金元素含量最低、焊接性良好的耐应力腐蚀钢种，它在氯化物介质中的耐孔蚀性同 317L 相当，耐中性氯化物应力腐蚀性显著优于普通 18-8 型奥氏体不锈钢，具有较好的强度-韧性综合性能、冷加工工艺性及焊接性，适用作结构材料。

022Cr23Ni5Mo3N 属于第二代双相不锈钢，钢中加入适量的氮不仅改善了钢的耐孔蚀性和耐应力腐蚀开裂性，而且由于奥氏体数量的提高有利于两相组织的稳定，在高温加热或焊接热影响区能确保一定数量的奥氏体存在，从而提高了焊接热影响区的耐蚀性和力学性能。这种钢焊接性良好，是应用最普遍的双相不锈钢材料。

3. 高合金双相不锈钢

这类双相不锈钢 Cr 的质量分数高达 25%，在双相不锈钢系列中出现最早。20 世纪 70 年代以后发展了两相比例更加适宜的超低碳含氮双相不锈钢，除钼以外，有时还加入了铜、钨等进一步提高耐蚀性的元素，如 022Cr25Ni6Mo2N、022Cr25Ni7Mo3Cu2N、022Cr25Ni7Mo4WCuN 等。

4. 超级双相不锈钢

这种类型的双相不锈钢是指 PREN（PRE 是 Pitting Resistance Equivalent 的缩写，指抗点蚀当量；N 指含氮钢）大于 40，$w_{Cr} = 25\%$ 和 Mo 含量高（$w_{Mo} > 3.5\%$）、氮含量高（$w_N = 0.22\% \sim 0.30\%$）的双相钢，例如 022Cr25Ni7Mo4N、022Cr25Ni7Mo3.5WCuN 和 00Cr25Ni6.5Mo3.5CuN 等。

10.4.2 奥氏体-铁素体双相不锈钢的耐蚀性

1. 耐应力腐蚀性

与奥氏体不锈钢相比，双相不锈钢具有强度高，对晶间腐蚀不敏感和较好的耐点腐蚀和耐缝隙腐蚀的能力，其中优良的耐应力腐蚀性是开发这种钢的主要目的。其耐应力腐蚀机理主要有以下几点：

1）双相不锈钢的屈服强度比 18-8 型不锈钢高，即产生表面滑移所需的应力水平较高，在相同的腐蚀环境中，由于双相不锈钢的表面膜因表面滑移而破坏的应力较大，应力腐蚀裂纹难以形成。

2）双相不锈钢中一般含有较高的 Cr、Mo 合金元素，而加入这些元素可延长孔蚀的孕育期，使不锈钢具有较好的耐点蚀性，不会由于点腐蚀而发展成为应力腐蚀；而 18-8 型不锈钢中不含钼或很少含钼，其含铬量也不是很高，所以其耐点腐蚀能力较差，由点腐蚀扩展成孔蚀，成为应力腐蚀的起始点而导致应力腐蚀裂纹的延伸。

3）双相不锈钢的两个相的腐蚀电极电位不同，裂纹在不同相中和在相界的扩展机制不同，其中必有对裂纹扩展起阻止或抑制作用的阶段，此时应力腐蚀裂纹发展极慢。

4）双相不锈钢中，第二相的存在对裂纹的扩展起机械屏障作用，延长了裂纹的扩展期。此外，两个相的晶体形面取向差异，使扩展中的裂纹频繁改变方向，从而大大延长了应力腐蚀裂纹的扩展期。

2. 耐晶间腐蚀性

双相不锈钢与奥氏体不锈钢一样也会发生晶间腐蚀，均与贫铬有关，只是发生晶间腐蚀的情况不同。如 022Cr19Ni5Mo3Si2N 双相不锈钢在 650～850℃ 进行敏化加热处理不会出现晶间腐蚀。当敏化加热到 1200～1400℃ 时，空冷的试样无晶间腐蚀现象，但水冷时则有轻微的晶间腐蚀倾向，这是由于加热到 1200℃ 以上时，铁素体晶粒急剧长大，奥氏体数量随加热温度的升高而迅速减少。到 1300℃ 以上温度时，钢内只有单一的铁素体组织且为过热的粗大晶粒，水冷后，粗大的铁素体晶粒被保留下来，在 δ-δ 相界面容易析出铬的氮化物，如 Cr_2N 等，在其周围形成贫铬层，导致晶间腐蚀。

3. 耐点蚀性

双相不锈钢中含有 Cr、Mo、N 等元素，可使点蚀指数（PI 值）增大，明显地降低点蚀速率，尤其 N 的作用更为明显，点蚀指数 PI 中 N 的系数可以增大到 30。此外，增大焊接热输入，可提高热影响区中的 γ 相数量，也有利于提高耐点蚀性。

10.4.3　奥氏体-铁素体双相不锈钢的焊接性分析

与纯奥氏体不锈钢相比，双相不锈钢焊后具有较低的热裂倾向；与纯铁素体不锈钢相比，双相不锈钢焊后具有较低的脆化倾向，且焊接热影响区晶粒粗化程度也较低，因而具有良好的焊接性。但双相不锈钢中因有较大比例铁素体存在，而铁素体钢所固有的脆化倾向，如 475℃ 脆化、σ 相析出脆化和晶粒粗化依然存在，只是因奥氏体组织的平衡作用而获得一定缓解，焊接时，仍应引起注意。选用合适的焊接材料不会发生焊接热裂纹和冷裂纹；双相不锈钢具有良好的耐应力腐蚀性、耐点腐蚀性、耐缝隙腐蚀性及耐晶间腐蚀性。

1. 双相不锈钢焊接的冶金特性

（1）焊缝金属的组织转变　事实上所有双相不锈钢从液相凝固后都是完全的铁素体组织，这种组织一直保留至铁素体溶解度曲线的温度，只有在更低的温度下部分铁素体才转变成奥氏体，形成奥氏体—铁素体双相组织。

双相不锈钢焊接的特点是焊接热循环对焊接接头组织的影响。无论焊缝或是焊接热影响区都会有相变发生，因此，焊接的关键是要使焊缝金属和焊接热影响区均保持有适量的铁素体和奥氏体的组织。

图 10-27 为 60% Fe-Cr-Ni 伪二元合金相图。设合金的名义成分为 C_0。由图 10-27 可知，合金以 F 凝固模式凝固，凝固刚结束为单相 δ 组织。随着温度的下降，开始发生 δ→γ 转变，由于晶粒边界及亚晶界富集有稳定奥氏体的元素（Ni、Mn、Cu、N、C），γ 相优先形成于这些部位。由于焊接过程是不平衡冷却过程，冷却中 δ→γ 转变不完全，室温时会保留有相当数量的 δ 相，成为 γ + δ 两相组织。显然，与平衡冷却过程相比，焊接后室温所得的奥氏体 γ 相的数量比平衡时少得多，也就是说，同样成分的焊缝和母材，焊缝中的 γ 相要比母材少得多。例如，如果采用同质焊丝焊接

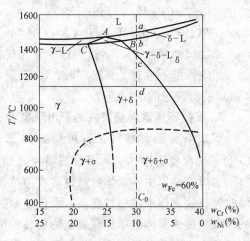

图 10-27　Fe-Cr-Ni 伪二元合金相图

Cr22Ni5Mo3N，焊缝中 γ 相只有 30% 左右，而母材原始 γ 相为 50%。但如果焊缝中 Ni 的质量分数提高到 7.0% ~ 8.5%，则可保证焊缝中 γ 相达到 40% ~ 60%。所以，对于双相钢焊缝应当用奥氏体化元素（Ni、N）进行"超合金化"，以保证焊缝中 δ/γ 有适当的比例。

焊后短时固溶处理也可增加一些 γ 相，这是由于未能充分转变的 δ 还可再进行 δ→γ 转变。同样，多层多道焊接热循环、焊后缓冷也会起到一些改善效果。

（2）焊接热影响区的组织转变　在焊接加热过程中，整个热影响区受到不同峰值温度的作用。最高温度接近钢的固相线（此处为1410℃），如图 10-28 所示。但只有在加热温度超过原固溶处理温度的区间（图 10-28 中的点 d 以上的近缝区域），才会发生明显的组织变化。一般情况下，峰值温度低于固溶处理温度的加热区，无显著的组织变化，δ 相虽有些增多，但 γ 与 δ 两相比例变化不大。通常情况下也不会见到析出相，如 σ 。超过固溶处理温度的高温区（图 10-28 的 d-c 区间），会发生晶粒长大和 γ 相数量明显减少，但仍保持轧制态的条状组织形貌。紧邻熔合区的加热区，相当于图 10-28 的 c-b 区间，γ 相将全部溶入 δ 相中，成为粗大的单相等轴 δ 组织。这种 δ 相在冷却下来时可转变形成 γ 相，但已无轧制方向而呈羽毛状，有时具有魏氏体组织特征。因焊接冷却过程造成不平衡的相变，室温所得到的 γ 相数量在近缝区常具有较低值。这一 γ 相最少的区域宽度决定于图 10-28 中 b-c 区间大小。

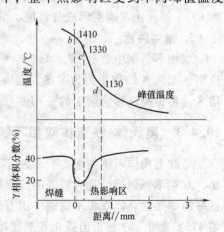

图 10-28　24-52MoCu 双相不锈钢焊接接头中 γ 相数量与峰值加热温度的关系
（母材 23.67Cr-4.99Ni-1.47Mo-1Cu-N，
焊丝 24.26Cr-7.97Ni-1.75Mo-1.22Cu-N）

除合金相图外，还可利用各种线性关系来判定双相不锈钢焊缝金属和热影响区的组织特性。母材成分或 Cr_{eq}、Ni_{eq} 对热影响区能否形成"健全"的 δ + γ 两相组织有重要影响。所谓"健全"组织是指不存在 γ-γ 或 δ-δ 相界。可用当量指数 B 来衡量：

$$B = Cr_{eq} - Ni_{eq} - 11.6 \qquad (10-5)$$

式中　$Cr_{eq} = Cr + Mo + 1.5Si$（%）；

$Ni_{eq} = Ni + 0.5Mn + 30（N + C）$（%）。

单层焊时虽然 B < 7，过热区的 γ 相仅在部分 δ 晶界上析出，未形成"健全"的 δ + γ 组织，组织性能不理想。多层焊时，B ≤ 7 是可行的。母材原始相比例 δ/γ 接近 50/50 时，B ≤ 4 可以获得理想的组织。

2. 双相不锈钢焊接接头的析出现象

双相不锈钢焊接时，有可能发生三种类型的析出，即析出铬的氮化物（如 Cr_2N、CrN）、二次奥氏体（$γ_2$）及金属间相（如 σ 相等）。

当焊缝金属中铁素体数量过多或为纯铁素体组织时，很容易有氮化物的析出，这与在高温时氮在铁素体中的溶解度高，而快速冷时溶解度下降有关。尤其是在焊缝近表面，由于氮的损失，使铁素体量增加，氮化物更易析出。焊缝若是健全的 δ + γ 两相组织，氮化物的析出量很少。因此，为了增加焊缝金属的奥氏体数量，可在填充金属中提高奥氏体化元素镍、氮的含量。另外，采用大的热输入焊接，也可防止纯铁素体晶粒的生成而引起的氮化物析出。当热影响区 δ/γ 相比例失调，致使 δ 相增多而 γ 相减少，出现 δ-δ 相界时，也会在这种相界上有析出相存在，如 Cr_2N、CrN 以及 $Cr_{23}C_6$ 等；也可能出现 σ 相，但氮化物析出常居主要地位。

在含氮量高的超级双相不锈钢多层焊时会出现二次奥氏体 γ_2 的析出。特别是前道焊缝采用低热输入而后续焊缝采用大热输入焊接时，部分铁素体会转变成细小分散的二次奥氏体 γ_2，这种 γ_2 也和氮化物一样会降低焊缝的耐蚀性，尤其以表面析出影响更大。

一般来说，采用较高的热输入和较低的冷却速度有利于奥氏体的转变，减少焊缝金属的铁素体量，但是热输入过高或冷却速度过慢又会带来金属间相的析出问题。通常双相不锈钢焊缝金属中不会发现有 σ 相析出，但在焊接材料或热输入选用不合理时，也有可能出现 σ 相。

图 10-29 所示为两种奥氏体-铁素体双相不锈钢的等温冷却转变图。可以看出，在 800℃ 只停留几分钟，γ 相和铬的碳化物、氮化物开始析出，这将导致腐蚀率增加。停留 10 ~ 15min，钢中和焊缝中开始析出 σ 相。在 650 ~ 690℃ 温度进行热处理，冲击吸收能量下降很快。475℃ 脆化也能在几分钟内出现，冲击吸收能量降到很低。因此，焊件应避免在 300 ~ 500℃ 和 600 ~ 900℃ 温度区间热处理。

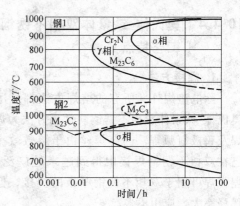

图 10-29　两种奥氏体-铁素体双相
不锈钢的等温冷却转变图

由于含碳量低，以及含氮的原因，双相不锈钢碳化物析出的倾向并不严重。由于含铬量高，贫铬现象也不足以在晶界产生问题。

3. 双相不锈钢焊接接头的力学性能

双相不锈钢焊缝中的 δ 铁素体含量（体积分数）为 30% 时，可获得良好的力学性能和令人满意的抗腐蚀能力。表 10-10 给出了含氮双相不锈钢焊缝的 δ 铁素体含量、化学成分和力学性能。SMAW 热输入 9 ~ 11kJ/cm，GMAW 热输入 20 ~ 22kJ/cm（Ar + 2.5% CO_2），不预热焊，层间温度 100 ~ 150℃。

表 10-10　含氮双相不锈钢焊缝的 δ 铁素体含量、化学成分和力学性能

编号	化学成分（质量分数，%）					
	C	Cr	Mo	Ni	N	其他
1	0.034	20.83	2.71	9.15	0.15	—
2	0.036	22.21	2.82	8.81	0.13	—
3	0.034	22.79	2.84	8.21	0.13	—
4	0.037	22.52	3.03	8.51	0.14	—
5	0.048	26.04	2.07	7.44	0.33	Mn 4.50

编号	力学性能					δ 铁素体含量（体积分数,%）
	焊接方法	屈服强度/MPa	抗拉强度/MPa	断后伸长率（%）	冲击吸收能量/J	
1	SMAW	627	786	23.6	63	17 ~ 23
2	SMAW	622	792	23.1	59	29 ~ 36
3	SMAW	644	808	22.6	46	43 ~ 55
4	GMAW	608	809	26.8	98	28 ~ 37
5	SMAW	698	892	32.0	40	27 ~ 36

通过加入 Mn 及提高 N 的质量分数至 0.35% 左右，可使焊缝的屈服强度提高到接近 700MPa。为了防止长期工作产生 475℃ 脆化，双相不锈钢焊件的工作温度应控制在 280℃

以下。

　　不同焊接方法时双相不锈钢（22Cr-8Ni-3MoNL）焊缝金属冲击吸收能量与温度的关系如图10-30所示。从图中可见，焊缝冲击吸收能量受焊接方法和焊接材料的影响，主要取决于焊接过程中氧的影响。氧含量增加，焊缝冲击吸收能量下降。采用纯氩 GTAW 焊不会导致焊缝增氧，因此焊缝韧性最好。

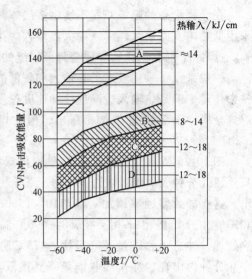

图 10-30　双相不锈钢焊缝金属
冲击吸收能量与温度的关系
A—GTAW 焊（纯氩）　　B—GTAW（Ar +
2.5% CO_2）C—SAW 和 SMAW（碱性焊剂）
D—SAW 和 SMAW（酸性焊剂）

10.4.4　奥氏体-铁素体双相不锈钢的焊接工艺特点

1. 焊接方法

　　除电渣焊外，所有的熔焊方法都可用于焊接奥氏体-铁素体双相不锈钢。常用方法为焊条电弧焊及钨极氩弧焊。药芯焊丝由于熔敷效率高，也已在双相不锈钢焊接中得到越来越广泛的应用。埋弧焊可用于双相不锈钢厚板的焊接，但问题是稀释率大，应用不多。

2. 焊接材料

　　采用奥氏体相占比例大的焊接材料来提高焊接金属中奥氏体相的比例，对提高焊缝金属的塑性、韧性和耐蚀性是有益的。对于含氮的双相不锈钢和超级双相不锈钢的焊接材料，通常采用比母材高的镍含量和母材相同的含氮量，以保证焊缝金属有足够的奥氏体量。通过调整焊缝化学成分，双相不锈钢能获得令人满意的焊接性。

　　双相不锈钢常用的焊接材料见表 10-11。

表 10-11　双相不锈钢常用的焊接材料

钢号	焊条		氩弧焊焊丝	药芯焊丝		埋弧焊	
	型号	牌号		型号	牌号	焊丝	焊剂
022Cr19Ni5Mo3Si2N	E316L-16 E309MoL-16 E309-16	A022Si A042 A302	H00Cr18Ni14Mo2 H00Cr20Ni12Mo3Nb H00Cr25Ni13Mo3	E316LT1-1 E309LT1-1	GDQA316L GDQA309L	H1Cr24Ni13	HJ260 HJ172 SJ601
12Cr21Ni5Ti 022Cr22Ni5Mo3N	E308-16 E309MoL-16	A102 A042 或成分相近的专用焊条	H0Cr20Ni10Ti H00Cr18Ni14Mo2	E308LT1-1	GDQA308L	—	—
022Cr25Ni6Mo2N	E309L-16 E308L-16 ENi-0 ENiCrMo-0 ENiCrFe-3	A072 A062 A002 Ni112 Ni307 Ni307A	H0Cr26Ni21 H00Cr21Ni10 或同母材成分焊丝 或镍基焊丝	E309LT1-1 E2209T0-1	GDQA309L GDQS2209 BOHLER CN 22/9 N-FD	—	—

3. 焊接工艺措施

（1）控制热输入　双相不锈钢要求在焊接时遵守一定的焊接工艺，一方面是为了避免焊后由于冷却速度过快而在热影响区产生过多的铁素体，另一方面是为了避免冷却速度过慢在热影响区形成过多粗大的晶粒和氮化铬沉淀。如果通过适当的工艺措施，将焊缝和热影响区不同部位的铁素体含量（体积分数）控制在 70% 以下，则双相不锈钢焊缝的抗裂性会相当好。但当铁素体含量（体积分数）超过 70% 时，在焊接应力很大的情况下会出现氢致冷裂纹。为避免焊缝中 Ni 含量下降过多，必须阻止 Ni 含量低的母材过多稀释。否则，铁素体含量增加会对焊缝耐蚀性、韧性和抗裂能力产生不良影响。

焊接时，焊缝和热影响区的冷却时间 $t_{12/8}$ 不能太短。应根据材料的厚度，选择合适的冷却速度。电弧焊时由于加热速度和冷却速度快，温度在 1200℃ 以上时，热影响区在加热时 $\gamma \rightarrow \delta$ 转变以及冷却时 $\delta \rightarrow \gamma$ 转变都出现延迟。

图 10-31 所示为双相不锈钢电弧焊焊缝化学成分和冷却速度对从 1350℃ 冷却时不同冷速下 δ-γ 转变的影响。图中给出 3 种 N、Ni 含量不同的合金 $\delta \rightarrow \gamma$ 开始转变的曲线，3 种合金在 1350℃ 时停留 5s 后进行铁素体化。正常焊接时的冷却曲线在曲线 a 和曲线 b 之间。从这些曲线能得到 $\delta \rightarrow \gamma$ 起决定作用的冷却时间 $t_{12/8}$，即由 1200℃ 冷却到 800℃ 的时间。合金 1 为 22Cr-3Mo-5.5Ni，没有额外增加 N，它的铁素体含量最高。焊接时冷却速度快，使得焊缝中铁素体含量（体积分数）超过 80%。焊缝中添加 N 0.15%（质量分数），相当于增加 3 个单位的 Ni 当量，提高了 $\delta \rightarrow \gamma$ 转变的起始温度，焊缝冷却至室温后奥氏体含量上升。合金 3 为 Ni 9% 和 N 0.15%（质量分数），铁素体含量最低。

焊接厚板时，应采用较高的热输入；焊接薄板时，尤其是板厚小于 5mm 时，应采用较低的焊接热输入。

（2）多层多道焊　Ni 和 N 的另一个有利作用在图 10-31 中没有示出，只有在多道焊时效果才比较明显，即随着 δ-γ 转变温度的提高，焊缝中

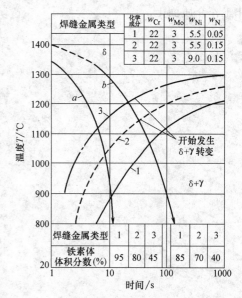

图 10-31　化学成分和冷却速度对二次 δ-γ 转变的影响

（a 与 b 之间为正常冷却速度，1、2、3 为合金编号对应焊缝 δ-γ 转变开始线）

被随后焊道重新加热到 1000℃ 区域得到退火重熔的效果，一部分过冷度大的铁素体可能重新转变为奥氏体。N 的另一个作用是在焊缝及热影响区高温区，由于促使 $\delta \rightarrow \gamma$ 转变温度提高而使得晶粒粗化的时间缩短。因此 N 可阻止 δ 铁素体的晶粒粗化而使焊缝得到细化的微观组织。

由于多道焊中过多的铁素体含量和粗晶组织对耐蚀性和韧性有不良影响，因此应注意 $\delta \rightarrow \gamma$ 在 800~1200℃ 温度范围的冷却速度。由于 $t_{12/8}$ 受热输入和材料厚度的影响，不能只考虑焊接热输入，被焊材料的厚度也应予考虑。

采用多层多道焊时，后续焊道对前层焊道有热处理作用，焊缝金属中的铁素体进一步转

变成奥氏体，成为奥氏体占优势的两相组织，毗邻焊缝的焊接热影响区组织中的奥氏体相也增多，从而使焊接接头的组织和性能得到改善。

高级双相不锈钢通常含有合金元素 N，焊缝中同样也要含 N，但焊缝中 Ni 的质量分数要随之增加到 8% ~ 9%，从而使焊缝中的 δ 铁素体含量（体积分数）稳定在 30% ~ 40% 范围。由于多道焊时，后道焊缝对前道焊缝的再热作用，使得一部分过冷铁素体又转变为奥氏体。所以与单道焊相比，多道焊焊缝中的铁素体含量（体积分数）要低 10% 左右。

（3）焊接顺序及工艺焊缝　与奥氏体不锈钢焊缝相反，双相不锈钢接触腐蚀介质的焊缝要先焊，使最后一道焊缝移至非接触介质的一面。其目的是利用后道焊缝对先焊焊缝进行一次热处理，使先焊焊缝及其热影响区的单相铁素体组织部分转变为奥氏体组织。

如果要求接触介质的焊缝必须最后施焊，则可在焊接终了时，在焊缝表面再施以一层工艺焊缝，便可对表面焊缝及其邻近的焊接热影响区进行所谓的热处理。工艺焊缝可在焊后经加工去除。如果附加工艺焊缝有困难，在制定焊接工艺时，尽可能考虑使最后一层焊缝处于非工作介质面上。

第 11 章　轻金属的焊接

铝、镁、钛等金属通常被称为轻金属，相应的铝合金、镁合金、钛合金被称为轻合金。轻金属的特点是密度小（$\rho = 0.53 \sim 4.5 \mathrm{g/cm^3}$）、化学活性大，与氧、硫、碳和卤族元素形成的化合物相当稳定。在工业上应用广泛的轻金属是铝、镁、钛及其合金。近年来轻金属的应用已从原来的航空航天部门扩展到电子、通讯、汽车、交通、轻工和民用领域。轻金属的焊接也引起人们越来越多的关注。

11.1　轻金属焊接的战略意义

本书所针对的轻金属是指与焊接应用联系密切的铝及铝合金、镁及镁合金、钛及钛合金等。随着社会经济的发展，铝、镁、钛及其合金的应用越来越广泛，轻金属结构的焊接也引起人们越来越多的关注。

11.1.1　发展轻金属结构的意义

近年来，世界范围内的能源消耗不断增长，而且在可以预见的未来还将持续增长。以液体燃料为动力的航空、铁路、汽车等交通运输领域的能耗是能源消耗整体结构的主要方面。减重增效已被发达国家公认为是提高能源利用效率的重要手段。由于具有高比强度（R_{m}/ρ）和高比刚度（E/ρ），轻金属（主要是铝合金、钛合金、镁合金等）及其焊接结构的使用是减轻整体结构重量、提高能源利用效率的有效途径之一。

例如，轻金属焊接结构在空客 380 和波音 787 等大型飞机制造中得到成功应用，按重量百分比，空客 380 中铝合金占 61%，钛合金占 10%；波音 787 中铝合金占 20%，钛合金占 15%。美国新一代战机 F22 中也大量使用轻金属焊接结构，钛合金占结构重量的 41%，铝合金占 11%；美军大型运输机 C17 中钛合金占结构重量的 19%，铝合金占 77%。发达国家高速列车制造中，以铝合金取代耐候钢比用不锈钢替代车体重量还可再降低 25%，但成本变化不大。

我国《国家中长期科学和技术发展规划纲要》中也明确将轻量化作为中国科技发展的基本国策。在中国近期实施的重大科技发展项目，如大飞机项目、高速列车项目和载人航天项目，都对结构的轻量化有明确的要求。但是。由于轻金属材料自身的特点和焊接工艺的特殊性，决定了这些材料的焊接接头区域组织和性能发生了显著的变化，这些变化对轻金属整体结构的性能和寿命有重要的影响。

轻金属所具有的特殊优异性能和发展潜力促使世界各国越来越重视对轻金属的研发和推广应用，近年来轻合金的发展取得显著成效。

11.1.2　轻金属焊接的现状

轻金属具有自己特殊的性能，但是轻金属焊接比常规钢铁材料的焊接更复杂，这给焊接工作带来很大的困难。

轻金属焊接对中国在大飞机、高速列车、新型汽车、新一代战机等民用和国防领域整体结构制造技术的发展具有重要的意义。对通过应用轻金属焊接结构实现减重增效、缓解能源短缺状况具有重要的实际意义。

由于轻金属在提高材料利用率、减轻结构重量、降低成本方面独具优势，发达国家已将轻金属焊接技术应用于大型飞行器和高速列车的制造中。我国对轻金属焊接的研究已有几十年的历史，但这些研究工作较分散，具有很大的局限性，目前仍难以形成轻金属焊接的完整理论与技术。焊接技术依然是中国大型轻金属结构制造的瓶颈。掌握轻金属焊接的完整理论和技术，对轻金属焊接方面存在的一系列关键共性基础问题的系统研究是重要前提。

例如，航空航天技术的发展对铝合金的强度和减重提出了更高的要求，铝锂合金在近几十年得到了快速发展。因为每加入质量分数为 1% 的 Li，可使铝合金质量减轻 3%，弹性模量提高 6%，比弹性模量增加 9%，这种合金与在飞机产品上使用的 2024 和 7075 铝合金相比，密度下降 7% ~ 11%，弹性模量提高 12% ~ 18%。俄罗斯 1420 合金与硬铝 2A16 合金相比，密度下降 12%，弹性模量提高 6% ~ 8%，耐蚀性好，疲劳裂纹扩展速率低，抗拉强度、屈服强度和断后伸长率相近，焊接性较好。

美国在 20 世纪 70 年代初已用 15kW 的 CO_2 激光焊针对飞机制造业中的各种轻金属零部件进行焊接性试验。在欧盟国家中，意大利首先于 20 世纪 70 年代末从美国引进 CO_2 激光焊技术，随后欧盟对航空发动机、航天工业中的各种容器及轻量级结构立项，开展了长达 8 年的激光焊应用研究。近年来新的应用成果是铝合金飞机机身的制造，用激光焊技术取代传统的铆钉，从而减轻飞机机身的重量近 20%，提高强度近 20%，此项技术用于空客 318、空客 380 以及一些无人驾驶飞机的制造。

镁及镁合金由于性能独特，正成为继钢铁、铝合金之后的第三大工程金属材料，被誉为"21 世纪绿色工程材料"。世界镁产业正以每年 15% ~ 25% 的幅度增长，这在近代工程金属材料的开发应用中是前所未有的。例如，在航空材料发展中，结构减重、承载和功能一体化是飞机机体结构材料发展的重要方向。镁合金由于其低密度、高比强度的特性很早就在航空工业上得到应用。但是镁合金易腐蚀在一定程度上限制了其应用范围。

航空材料减重的经济效益和性能改善十分显著，民用飞机与汽车减重相同重量带来的燃油费用节省，前者是后者的近 100 倍。而战斗机的燃油费用节省又是民用飞机的近 10 倍，更重要的是机动性能改善可极大地提高其战斗力。因此，航空工业正采取各种措施增加镁合金的用量，在相应的零部件上得以开发应用。

航空发动机零件、飞机蒙皮和舱体、壁板、飞机长桁、翼肋、飞机舱体隔框、战机座舱舱架、喷气发动机前支承壳体、起落架外筒等各种承力构件以及各种附件等都应用了镁合金。具体实例包括：用 ZM2 合金制造 WP7 各型发动机的前支承壳体和壳体盖；用 ZM5 合金制造地空导弹舱体、战机座舱骨架等；添加稀土的 ZM6 合金用于直升机 WZ6 发动机和歼击机翼肋等重要零件；研制的稀土高强镁合金（MB25、MB26）已替代部分中强铝合金，在高性能战机上获得应用。

例如，B-36 重型轰炸机每架使用 4086kg 的镁合金薄板；喷气式战机"洛克希德 F-80"的机翼也是用镁合金制造的，使结构零件的数量从 4.7 万多个减少到 1.6 万多个；B-52 轰炸机也采用了 1633kg 的镁合金；Falon GAR-1 空对空导弹有 90% 的结构采用镁合金制造，其中弹体是由厚 1.02mm 的 AZ31B-H24 薄板轧制、纵向焊接而成；发射宇航飞船的"大力神"火箭也使用了约 600kg 变形镁合金，直径 1m 的"维热尔"火箭外壳是用变形镁合金挤压管材制造的。

战术航空导弹、鱼雷壳体、军用雷达、地球卫星等，也都大量应用了变形镁合金。

从 20 世纪 50 年代开始，由于航空航天技术的迫切需要，钛及钛合金得到了迅速的发展。现在，钛及钛合金不仅是航空航天工业中不可缺少的结构材料，在造船、化工、冶金、医疗器械等方面也获得了广泛的应用。

在美国，钛合金主要应用于宇航领域；在日本，大部分钛合金用于非航空航天方面。目前全世界有 30 多个国家从事钛合金的研究和开发，其中美国、俄罗斯研发钛合金的历史较长，实力最强。从世界各国钛及钛合金的应用情况看，在美国、西欧和俄罗斯，钛及钛合金的 60% ~ 70% 应用于航空航天领域，民用工业应用相对较少；日本和中国则有所不同，民用工业领域应用的钛及钛合金占 85% ~ 90%，航空航天领域占 10% ~ 15%。

钛合金和复合材料作为新一代的航空材料，已成为与铝合金和高强度钢并驾齐驱的四大飞机结构材料之一，其应用水平是衡量飞机先进性的重要标志。第四代战斗机要实现超声速巡航和隐身能力，复合材料与钛合金必不可少。因此，钛合金焊接技术也被认为是第四代战机制造的标志性技术之一。

11.2　铝及铝合金的焊接

铝及铝合金具有良好的耐蚀性、较高的比强度和导热性，应用范围仅次于钢铁材料。由于轻质的需要，铝合金一直是航空航天飞行器的主要结构材料，主要用于飞机蒙皮和舱体等部位，在民用飞机上用量高达 80%。铝及其合金还应用于汽车、高速列车、地铁车辆、舰船等交通运载工具中，表现出安全、节能和减少废气排放等优越性能，为铝合金的焊接应用展现了广阔的前景。

11.2.1　铝及铝合金的种类和性能

1. 铝及铝合金的分类

铝具有热容量和熔化潜热高、耐蚀性好，在低温下能保持良好的力学性能等特点。铝及铝合金分为工业纯铝、变形铝合金（分为非热处理强化铝合金、热处理强化铝合金）和铸造铝合金。铝合金的分类及性能特点见表 11-1。

表 11-1　铝合金的分类及性能特点

分类		合金名称	合金系	性能特点	示例
变形铝合金	非热处理强化铝合金	防锈铝	Al-Mn	耐蚀性、压力加工性与焊接性好，但强度较低	3A21
			Al-Mg		5A05
	热处理强化铝合金	硬铝	Al-Cu-Mg	力学性能高	2A11、2A12
		超硬铝	Al-Cu-Mg-Zn	硬度强度最高	7A04、7A09
		锻铝	Al-Mg-Si-Cu	锻造性好	2A14、2A50
			Al-Cu-Mg-Fe-Ni	耐热性好	2A70、2A80
铸造铝合金		铝硅合金	Al-Si	铸造性好，不能热处理强化，力学性能较低	ZL102

（续）

分类	合金名称	合金系	性能特点	示例
铸造铝合金	特殊铝硅合金	Al-Si-Mg，Al-Si-Cu	铸造性良好，可热处理强化，力学性能较高	ZL101、ZL107
		Al-Si-Mg-Cu		ZL105、ZL110
		Al-Si-Mg-Cu-Ni		ZL109

（1）非热处理强化铝合金　通过加工硬化、固溶强化提高力学性能，特点是强度中等、塑性及耐蚀性好，又称防锈铝。Al-Mn合金和Al-Mg合金属于防锈铝合金，不能热处理强化，但强度比纯铝高，并具有优异的耐蚀性和良好的焊接性，是焊接结构中应用广泛的铝合金。

（2）热处理强化铝合金　通过固溶、淬火、时效等提高力学性能。经热处理后可显著提高抗拉强度，但焊接性较差，熔焊时产生焊接裂纹的倾向较大，焊接接头的力学性能（主要是抗拉强度）严重下降。热处理强化铝合金包括硬铝、超硬铝、锻铝等。

1）硬铝。Cu、Mn是硬铝的主要成分，为了得到高强度，Cu的质量分数一般控制在4.0%～4.8%。Mn的主要作用是消除Fe对耐蚀性的不利影响，还能细化晶粒、加速时效硬化。在硬铝合金中，Cu、Si、Mg等元素能形成化合物，促使硬铝合金在热处理时强化。退火状态下硬铝的抗拉强度为160～220MPa，经过淬火及时效后抗拉强度增加至312～460MPa。但硬铝的耐蚀性差。

2）超硬铝。合金中Zn、Mg、Cu的总质量分数可达9.7%～13.5%，在当前航空航天工业中仍是强度最高（抗拉强度达500～600MPa）和应用最多的一种轻合金材料。超硬铝的塑性和焊接性差，接头强度远低于母材。由于合金中Zn含量较多，形成晶间腐蚀及焊接热裂纹的倾向较大。

3）锻铝。具有良好的热塑性，而且Cu含量越少热塑性越好，适于作铝合金锻件用。具有中等强度和良好的耐蚀性，在工业生产中得到广泛应用。

铝锂合金是近代铝合金的一个重大发展。这些低密度的铝锂合金是为了取代常规铝合金、减轻飞机重量、节省燃料开发的。用铝锂合金替代常规铝合金可使结构重量减轻10%～15%，刚度提高15%～20%，适于用作航空航天结构材料。20世纪70～80年代能源危机给航空业带来的压力推动了铝锂合金的发展，提出用新的铝锂合金取代传统高强2000和7000系列铝合金的目标。80年代以后又开发了高强度的Al-Li-Cu和Al-Li-Cu-Mg合金系并获得应用。

2. 铝及铝合金的性能

铝及铝合金密度小、塑性好、易于加工、耐蚀性好。铝的电导率较高，导电性好。铝具有面心立方结构，无同素异构转变，无"延—脆"转变，具有优异的低温韧性，在低温下能保持良好的力学性能。铝及铝合金塑性好，可承受各种压力加工，可用铸造、轧制、冲压、拉拔和滚轧等各种工艺方法制成形状各异的制品。

经过冷加工变形后铝的强度增高，塑性下降。当铝的变形度达到60%～80%时，抗拉强度可达150～180MPa，而断后伸长率下降至1%～1.5%。因此可通过冷作硬化来提高铝的强度。经过冷作硬化的铝材，在250～300℃温度区间可引起再结晶过程，使冷作硬化消除。铝的退火温度为400℃，经过退火处理的铝称为退火铝或软铝。

铝及铝合金具有优异的耐蚀性和较高的比强度（强度/密度）。铝在大气中的耐蚀性很好，由于铝比较活泼，与空气接触时表面生成致密的难熔 Al_2O_3 膜（熔点 2050℃），保护铝材不被继续氧化。铝在浓硝酸中因表面钝化而非常稳定，但铝对碱类和带有氯离子的盐类耐蚀性较差。铝及铝合金的物理性能见表 11-2。

表 11-2　铝及铝合金的物理性能

合金	密度 /(g/cm³)	比热容 /[J/(kg·K)] (100℃)	热导率 /[W/(m·K)] (25℃)	线胀系数 /(10⁻⁶/K) (20~100℃)	电阻率 /(10⁻⁶Ω·m) (20℃)	备注 (原牌号)
1×××	2.69	900	221.9	23.6	2.66	纯铝 L×
3A21	2.73	1009	180.0	23.2	3.45	防锈铝 LF21
5A03	2.67	880	146.5	23.5	4.96	防锈铝 LF3
5A06	2.64	921	117.2	23.7	6.73	防锈铝 LF6
2A12	2.78	921	117.2	22.7	5.79	硬铝 LY12
2A16	2.84	880	138.2	22.6	6.10	硬铝 LY16
6A02	2.70	795	175.8	23.5	3.70	锻铝 LD2
2A10	2.80	836	159.1	22.5	4.30	锻铝 LD10
7A04	2.85	—	159.1	23.1	4.20	超硬铝 LC4

工业纯铝主要用于不承受载荷，但要求具有某种特性（如塑性、耐蚀性或高的导电、导热性等）的结构件。高纯铝主要用于科学研究、化学工业及特殊用途。防锈铝（铝锰合金、铝镁合金）主要用于要求高的塑性和焊接性、在液体或气体介质中工作的低载荷零件，如油箱、汽油或润滑油导管、液体容器和其他用拉深制作的小载荷零件等。铝及铝合金广泛用于航空航天、建筑、汽车、机械制造、电工、化学工业等领域，在飞机制造中铝合金是主要的结构材料，大部分关键部件，如涡轮发动机轴向压缩机叶片、机翼、骨架、外壳、尾翼等都是由铝合金制造的。

铝及铝合金熔焊时有如下困难和特点：

1）铝和氧的亲和力很大，在铝及铝合金表面有一层难熔的氧化铝膜，远远超过铝的熔点，这层氧化铝膜不溶于金属并且妨碍被熔融填充金属润湿。在焊接或钎焊过程中应将氧化膜清除或破坏。

2）铝的导热性和导电性约为低碳钢的 5 倍，焊接时应使用大功率或能量集中的热源，有时还要求预热。

3）铝的线胀系数约为低碳钢的 2 倍，凝固时收缩率比低碳钢大 2 倍。因此，焊接变形大，若工艺措施不当，易产生裂纹。熔焊时，铝合金的焊接性首先体现在抗裂性上。在铝中加入 Cu、Mn、Si、Mg、Zn 等合金元素可获得不同性能的合金，各种合金元素对铝合金焊接裂纹的影响如图 11-1 所示。

4）铝及铝合金的固态和液态色泽不易区别，焊接操作时难以控制熔池温度；铝

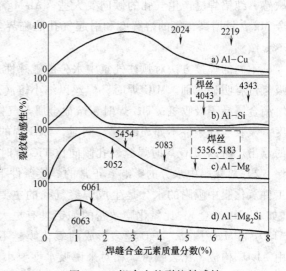

图 11-1　铝合金的裂纹敏感性

在高温时强度很低，焊接时易引起接头处金属塌陷或下漏。

5) 铝从液相凝固时体积缩小 6%，由此形成的应力会引起接头的过量变形。

6) 焊后焊缝易产生气孔，焊接接头区易发生软化。

11.2.2　铝及铝合金的焊接性分析

铝及铝合金的化学活性和导热性强，表面易形成难熔氧化膜，焊接时易造成不熔合。由于氧化膜密度与铝的密度接近，易成为焊缝中的夹杂物。氧化膜可吸收较多水分而成为焊缝气孔的来源。铝及其合金的线胀系数大，焊接时易产生翘曲变形。

1. 焊缝中的气孔

铝及铝合金熔焊时最常见的缺欠是焊缝气孔，特别是对于纯铝和防锈铝的焊接。

(1) 形成气孔的原因　氢是铝及其合金熔焊时产生气孔的主要原因，氢的来源是弧柱气氛中的水分、焊接材料及母材所吸附的水分，其中焊丝及母材表面氧化膜吸附的水分对气孔有很大影响。

1) 弧柱气氛中水分的影响。由弧柱气氛中水分分解而来的氢，溶入过热的熔融金属中，凝固时来不及析出成为焊缝气孔，这时所形成的气孔具有白亮内壁的特征。

弧柱气氛中的氢之所以能使焊缝形成气孔，与它在铝中的溶解度变化有关。由图 11-2 可见，平衡条件下氢的溶解度沿图中的实线变化，凝固时可从 0.69mL/100g 突降到 0.036mL/100g，相差约 20 倍（在钢中相差不到 2 倍），这是氢易使铝焊缝产生气孔的重要原因之一。铝的导热性很好，在同样的工艺条件下，铝熔合区的冷却速度为高强度钢焊接时的 4～7 倍，不利于气泡浮出，易于促使形成气孔。

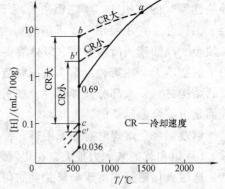

图 11-2　氢在铝中的溶解度（$p_{H_2} = 101kPa$）

同样的焊接条件下，纯铝对气氛中的水分较敏感，纯铝焊缝产生气孔的倾向要大些。Al-Mg 合金 Mg 含量增高，氢的溶解度和引起气孔的临界氢分压 p_{H_2} 随之增大，因而对气氛中的水分不太敏感。

不同的焊接方法对弧柱气氛中水分的敏感性也不同。TIG 焊或 MIG 焊时氢的吸收速率和吸氢量有明显差别。MIG 焊时，焊丝以细小熔滴形式通过弧柱落入熔池，由于弧柱温度高，熔滴金属易于吸收氢；TIG 焊时，熔池金属与气体氢反应，表面积小和熔池温度低于弧柱温度，吸收氢的条件不如 MIG 焊。同时，MIG 焊的熔深一般大于 TIG 焊的熔深，不利于气泡的浮出。所以 MIG 焊时焊缝气孔倾向比 TIG 焊时大。

2) 氧化膜中水分的影响。正常的焊接条件下对气氛中的水分已严格限制，这时焊丝或工件氧化膜中吸附的水分是生成焊缝气孔的主要原因。氧化膜不致密、吸水性强的铝合金（如 Al-Mg 合金），比氧化膜致密的纯铝具有更大的气孔倾向。因为 Al-Mg 合金的氧化膜由 Al_2O_3 和 MgO 构成，MgO 越多形成的氧化膜越不致密，更易于吸附水分；纯铝的氧化膜只由 Al_2O_3 构成，比较致密，相对来说吸水性要小。Al-Li 合金的氧化膜更易吸收水分而促使产生气孔。

　　铝焊丝表面氧化膜的清理对焊缝含氢量的影响很大，若是 Al-Mg 合金焊丝，影响将更显著。MIG 焊由于熔深大，坡口端部的氧化膜能迅速熔化，有利于氧化膜中水分的排除，氧化膜对焊缝气孔的影响小得多。

　　TIG 焊时，在熔透不足的情况下，母材坡口根部未除净的氧化膜所吸附的水分是产生焊缝气孔的主要原因。形成熔池时，如果坡口附近的氧化膜未完全熔化而残存下来，氧化膜中的水分因受热而分解出氢，并在氧化膜上萌生气泡；由于气泡附着在残留氧化膜上，不易脱离浮出，常造成集中的大气孔。坡口端部氧化膜引起的气孔常沿着熔合区坡口边缘分布，内壁呈氧化色。由于 Al-Mg 合金比纯铝更易于形成疏松而吸水性强的厚氧化膜，所以 Al-Mg 合金比纯铝更易产生这种集中的氧化膜气孔。因此，焊接 Al-Mg 合金时，焊前须仔细清除坡口端部的氧化膜。

　　Al-Li 合金焊缝中的气孔倾向比常规铝合金更为严重。这是由于 Li 元素的活性以及合金表面在高温时形成的表面层造成的。表面层中 Li_2O、$LiOH$、Li_2CO_3、Li_3N 等化合物是使气孔增加的原因。这些化合物在合金表面易吸附环境中的水分，焊接时导致氢进入熔池。

　　（2）防止焊缝形成气孔的途径　　防止焊缝中形成气孔可从两方面着手。一是限制氢溶入熔融金属，减少氢的来源，或减少氢与熔融金属作用的时间；二是促使氢自熔池逸出，即在熔池凝固之前改善冷却条件使氢以气泡形式及时排出。

　　1）减少氢的来源。限制焊接材料（如焊丝、保护气体）含水量，焊接材料使用前要进行干燥处理，氩气管路要保持干燥。氩气中的含水量小于 0.08%（质量分数）时不易形成气孔。

　　焊前采用化学方法或机械方法清除焊丝及母材表面的氧化膜。化学清洗有脱脂去油和去除氧化膜两个步骤，铝合金化学清洗溶液及处理方法示例见表 11-3。清洗后到焊前的间隔时间对气孔也有影响，间隔时间延长，焊丝或母材吸附的水分增多。化学清洗后一般要求尽快进行焊接。对于大型构件，清洗后不能立即焊接时，施焊前应用刮刀刮削坡口端面并及时施焊。

表 11-3　铝合金化学清洗溶液及处理方法示例

作　用	溶液配方	处理方法
脱脂去油	Na_3PO_4　50g Na_2CO_3　50g Na_2SiO_3　30g H_2O　　1000g	在 60℃ 溶液中浸泡 5～8min，然后用 30℃ 热水冲洗，再用冷水冲洗，用干净的布擦干
清除氧化膜	NaOH（除氧化膜）5%～8% HNO_3（光化处理）30%～50%	50～60℃ NaOH 中浸泡（纯铝 20min，铝镁合金 5～10min），用冷水冲洗。然后在 30% HNO_3 中浸泡（≤1min）。最后在 50～60℃ 热水中冲洗，放在 100～110℃ 干燥箱中烘干或风干

　　正反面全面保护，配以坡口刮削是有效防止气孔的措施。背面吹惰性气体也有助于减少气孔。将坡口下端根部刮去一个倒角（成为倒 V 形小坡口），对防止根部氧化膜引起的气孔很有效。MIG 焊时，采用粗直径焊丝，比用细直径焊丝时的气孔倾向小，这是由于焊丝及熔滴比表面积降低所致。

　　2）控制焊接工艺。焊接工艺对气孔的影响可归结为对熔池高温存在时间的影响，也就是对氢溶入和析出时间的影响。焊接参数选择不当时，造成氢的溶入量多而又不利于逸出时，气孔倾向势必增大。TIG 焊时，采用大焊接电流配合较高的焊接速度对减少气孔较为有利。焊接电流不够大，焊接速度又较快时，根部氧化膜不易熔掉，气体不易排出，气孔倾向增大。

MIG 焊时，焊丝氧化膜的影响更明显，减少熔池存在时间难以防止焊丝氧化膜分解出的氢向熔池侵入，因此希望增大熔池存在时间以利气泡逸出。从图 11-3MIG 焊时焊缝气孔倾向与焊接参数的关系可见，降低焊接速度和提高热输入，有利于减少焊缝中的气孔。薄板焊接时，焊接热输入的增大可以减少焊缝中的气体含量；但中厚板焊接时，由于接头冷却速度较大，热输入增大后的影响并不明显。T 形接头的冷却速度约为对接接头的 1.5 倍，在同样的热输入条件下，薄板对接接头的焊缝气体含量比 T 形接头高得多。因此，MIG 焊条件下，接头冷却条件对焊缝气孔有明显的影响，必要时可采取预热来降低接头冷却速度，以利气体逸出，这对减少焊缝气孔有一定好处。

当电弧能量减小时，气孔可降低到最小值；但随后电弧能量继续减小时，气孔又缓慢增加。改变弧柱气氛的性质，对焊缝气孔倾向也有影响。例如，在 Ar 中加入少量 CO_2 或 O_2 等氧化性气体，使氢发生氧化而减小氢分压，能减少气孔的生成。但是 CO_2 或 O_2 的含量要适当控制，含量少时无效，过多时又会使焊缝表面氧化严重而发黑。

2. 焊接热裂纹

（1）铝合金焊接热裂纹的特点　铝合金焊接时的热裂纹主要是焊缝凝固裂纹和近缝区液化裂纹。铝合金属于共晶型合金，最大裂纹倾向与合金的"最大凝固温度区间"相对应。但是，由于相图与实际情况有较大出入，例如，T 形角接头 Al-Mg 合金焊缝裂纹倾向最大的成分 X_m 是在 w_{Mg} 为 2% 附近（见图 11-4），并不是凝固温度区间最大（w_{Mg} 15.36%）的合金。

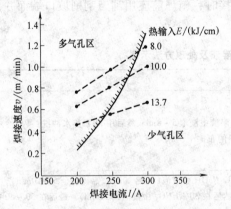
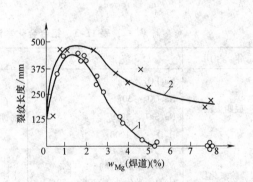

图 11-3　MIG 焊时焊缝气孔倾向与焊接参数的关系　　图 11-4　Al-Mg 合金焊缝凝固裂纹与 Mg 的关系
（板 Al-Mg2.5%，焊丝 Al-Mg 3.5%）　　　　　（T 形角接头）

1—连续焊道　2—断续焊道

裂纹倾向最大时的合金组元 X_m 小于它在合金中的极限溶解度，例如 Al-Mg 合金的 X_m 约 2%；Al-Zn 合金的 X_m 中 w_{zn} 为 10% ~ 12%；Al-Si 合金的 X_m 中 w_{si} 约为 0.7%；Al-Cu 合金的 X_m 中 w_{Cu} 约为 2% 等。这是由于焊接加热和冷却过程很快，在不平衡的凝固条件下固相线向左下方移动。固-液相之间的扩散来不及进行,先凝固的固相中合金元素含量少,而液相中却含有较多的合金元素,以致可在较小的平均浓度下就出现共晶。例如在 $80 \sim 100℃/s$ 冷却速度下,Al-Cu 合金的固相线向左下方移动,极限溶解度的成分为 $w_{Cu}0.2\%$ Cu(而不是原来的 5.65%),共晶温度降低到 525℃(原来是 548℃)。合金中存在其他元素或杂质时,可能形成三元共晶,其熔点比二元共晶更低一些,凝固温度区间也更大一些。

易熔共晶的存在是铝合金焊缝产生凝固裂纹的原因之一。关于易熔共晶的作用,不仅要看其熔点高低,更要看它对界面能的影响。易熔共晶成薄膜状展开于晶界时,会增大合金的热裂倾向;若成球状聚集在晶粒间时,合金的热裂倾向小。

近缝区液化裂纹同焊缝凝固裂纹一样,也与晶间易熔共晶有联系,但这种易熔共晶夹层并非晶间原已存在的,而是在焊接加热条件下因偏析而形成的,所以称为晶间液化裂纹。铝合金的线胀系数比钢约大 1 倍,在拘束条件下焊接时易产生较大的焊接应力,也是促使铝合金具有较大裂纹倾向的原因之一。

Al-Li 合金焊接时的热裂纹主要为凝固裂纹,与金属的凝固温度区间以及该区间内的塑性有关。在 Al-Li 合金中,Li 对焊接热裂纹敏感性的影响如图 11-5 所示。当 Li 的质量分数为 2.6% 时热裂纹敏感性最大。其他元素对 Al-Li 合金的热裂纹倾向也有影响,例如从 Cu、Mg 与 Al 形成二元合金时的热裂纹倾向看,Cu 的影响比 Mg 大得多,如图 11-5a、b 所示。因此,中强度的 Al-Li-Mg 合金的热裂纹倾向并不大。相反,一些高强度的 Al-Li-Cu 和 Al-Li-Cu-Mg 合金,其热裂纹敏感性成为焊接这些 Al-Li 合金的主要问题。

(2)防止焊接热裂纹的途径 解决热裂纹的途径主要是通过填充材料改变焊缝的合金成分,细化晶粒,控制低熔点共晶的数量和分布,以及控制焊接热输入等。母材的合金系对焊接热裂纹有重要的影响。获得无裂纹的铝合金接头并同时保证使用性能要求是很困难的。例如,硬铝和超硬铝就属于这种情况。对于纯铝、铝镁合金等,有时也存在焊接裂纹问题。焊缝金属的凝固裂纹主要通过合理确定焊缝的合金成分,并配合适当的焊接工艺进行控制。

1)合金系的影响。加入 Cu、Mn、Si、Mg、Zn 等合金元素可获得不同性能的铝合金。调整焊缝合金系的着眼点,从抗裂角度考虑,在于控制适量的易熔共晶并缩小结晶温度区间。由于铝合

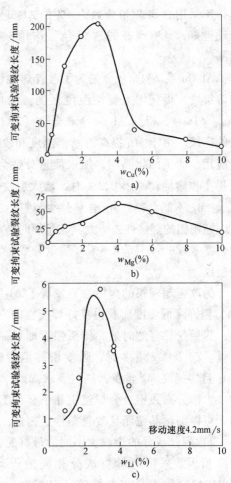

图 11-5 铝中加入不同合金元素对
焊接热裂纹的影响

金为共晶型合金，少量易熔共晶会增大凝固裂纹倾向，一般是使主合金元素含量超过 X_m，以便产生"愈合"作用。从图 11-6 可见，不同的防锈铝 TIG 焊时，填送不同的焊丝以获得不同 Mg 含量的焊缝，具有不同的抗裂性。Al-Mg 合金焊接时，采用 Mg 的质量分数超过 3.5% 的焊丝为好。而 3A21（Al-Mn）合金采用 Al-Mg 合金焊丝并不理想，Mg 含量不足，当焊丝中 Mg 的质量分数超过 8% 时，才能改善 3A21 焊缝的抗裂性。

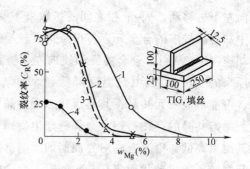

图 11-6　焊丝成分（质量分数）对不同母材
焊缝热裂倾向的影响
1—3A21　2—Al-Mg2.5%　3—Al-Mg 3.5%
4—Al-Mg 5.2%

裂纹倾向大的硬铝类高强铝合金，在原合金系中进行成分调整以改善抗裂性成效不大，不得不采用含 Si 质量分数为 5% 的 Al-Si 合金焊丝（ER4043）。因为可形成较多的易熔共晶，流动性好，具有很好的"愈合"作用，有很高的抗裂性，但强度和塑性不能达到母材的水平。

Al-Cu 系 2A16 合金是为了改善焊接性而设计的硬铝合金。Mg 可降低 Al-Cu 合金中 Cu 的溶解度，促使增大脆性温度区间。为此取消 Al-Cu-Mg（硬铝）中的 Mg，添加少量 Mn（$w_{Mn} < 1\%$），得到 Al-Cu-Mn 合金（2A16）。Cu 的质量分数为 6%～7% 正处在裂纹倾向不大的区域。由于 Mn 提高再结晶温度和改善热强性，所以 Al-Cu-Mn 合金也可作为耐热铝合金应用。为了细化晶粒，加入质量分数为 0.1%～0.2% 的 Ti 是有效的。$w_{Fe} > 0.3\%$ 时，降低强度和塑性；$w_{Si} > 0.2\%$ 时，增大裂纹倾向。Si、Mg 同时存在时，裂纹倾向更为严重；因 Cu 与 Mg 不能共存，Mg 含量越少越好，一般限制 $w_{Mg} < 0.05\%$。

超硬铝的焊接性差，尤其在熔焊时易产生裂纹，接头强度远低于母材。其中 Cu 的影响最大，在 Al-Zn 6%-Mg 2.5%（质量分数，下同）中只加入质量分数为 0.2% 的 Cu 即可引起焊接裂纹。

为改善超硬铝的焊接性，发展了 Al-Zn-Mg 系合金。它是在 Al-Zn-Mg-Cu 系基础上取消 Cu，稍许降低强度而获得良好焊接性的一种时效强化铝合金。Al-Zn-Mg 合金焊接裂纹倾向小，焊后仅靠自然时效，接头强度即可回复到母材的水平。合金的强度决定于 Mg 及 Zn 的含量。Zn 及 Mg 增多时，强度增高但耐蚀性下降。Al-Zn-Mg 系合金所用焊丝不允许含有 Cu，且应提高 Mg 含量，同时要求 Mg > Zn。

大部分高强铝合金焊丝中几乎都有 Ti、Zr、V、B 等微量元素，一般是作为变质剂加入的，可以细化晶粒而且改善塑性、韧性，并可显著提高抗裂性。

2）焊丝成分的影响。不同的母材配合不同的焊丝 T 形接头试样 TIG 焊的裂纹倾向如图 11-7 所示。采用与母材成分相同的焊丝时，具有较大的裂纹倾向。采用 Al-Si5% 焊丝（ER4043）和 Al-Mg5% 焊丝（ER5356）的抗裂性较好。

Al-Zn-Mg 合金专用焊丝 X5180（Al-Mg 4%-Zn 2%-Zr 0.15%）具有良好的抗裂性。从图 11-7 可见，因易熔共晶数量多而有很好"愈合"作用的焊丝"4145"，抗裂性比焊丝"4043"更好。Al-Cu 系硬铝 2219 采用焊丝 2319 焊接具有满意的抗裂性。

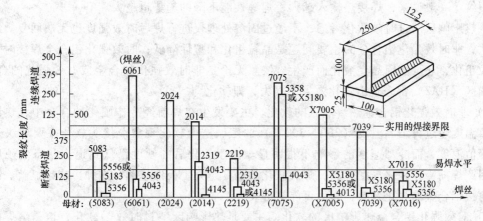

图 11-7　母材与焊丝组合的抗热裂性试验（刚性 T 形接头；TIG）

（括号中数字为母材代号，无括号的数字为焊丝代号）

3）焊接参数的影响。焊接参数主要影响焊缝凝固后的组织，也影响凝固过程中的应力变化，因而影响裂纹的产生。采用热能集中的焊接方法，可防止形成方向性强的粗大柱状晶，从而改善抗裂性。减小热输入可减少熔池过热，有利于改善抗裂性。焊接速度的提高，促使增大焊接接头的应力，增大热裂倾向。大部分铝合金的裂纹倾向都较大，即使采用合理的焊丝，在熔合比大时裂纹倾向也会增大。因此增大焊接电流是不利的，而且应避免断续焊接。

3. 焊接接头的力学性能

（1）熔焊接头的软化　非时效强化铝合金（如 Al-Mg 合金）在退火状态下焊接时，接头与母材是等强的；在冷作硬化状态下焊接时，接头强度低于母材，表明在冷作状态下焊接时接头有软化现象。时效强化铝合金无论是在退火还是在时效状态下焊接，焊后不经热处理，接头强度均低于母材。特别是在时效状态下焊接的硬铝，即使焊后经人工时效处理，接头强度系数（即接头强度与母材强度之比的百分数）也未超过 60%。

Al-Zn-Mg 合金的接头强度与焊后自然时效的时间长短有关，焊后仅增长自然时效的时间，接头强度即可提高到接近母材的水平。其他时效强化铝合金焊后不论是否经过时效处理，接头强度均未能达到母材的水平。

铝合金焊接时的不等强性表明焊接区发生了软化。这是焊接沉淀强化铝合金时普遍存在的问题。铝合金强度越高，接头软化问题越突出，铝锂合金也不例外。这类合金焊接接头的软化主要是由于焊缝时效不足和热影响区的过时效。接头性能上的薄弱环节可以存在于焊缝、熔合区或热影响区的任何一个区域中。

焊缝时效不足是由于焊接冷却速度快，焊缝凝固后大量的溶质元素在枝晶间偏析而导致固溶体中的过饱和度不足。就焊缝而言，在退火状态焊缝成分与母材一致时，强度可能差别不大，但焊缝塑性不如母材。若焊缝成分不同于母材，焊缝性能则决定于所选用的焊接材料。为保证焊缝强度和塑性，固溶强化合金优于共晶型合金。例如用 4A01（Al-Si5%）焊丝焊接硬铝，接头强度及塑性在焊态下远低于母材。共晶数量越多，焊缝塑性越差。多层焊时，后一焊道可使前一焊道重熔一部分，由于没有同素异构转变，不仅看不到像钢材多层焊时的层间晶粒细化的现象，还可发生缺欠的积累，特别是在层间温度过高时，甚至使层间出现热裂纹。一般说来，焊接热输入越大，焊缝性能下降的趋势也越大。

从热影响区的过时效软化考虑，不经过固溶处理仅进行焊后时效强度也无法回复。对于熔合区，非时效强化铝合金的主要问题是晶粒粗化和塑性降低；时效强化铝合金焊接时，除了晶粒粗化，还可能因晶界液化而产生裂纹。无论是非时效强化的合金或时效强化的合金，热影响区（HAZ）都表现出强化效果的损失，即软化。

1）非时效强化铝合金热影响区的软化。主要发生在焊前经冷作硬化的合金中，热影响区峰值温度超过再结晶温度（200～300℃）的区域产生软化现象。接头软化主要取决于加热的峰值温度，而冷却速度的影响不很明显。由于软化后的硬度已低到退火状态的硬度水平，因此焊前冷作硬化程度越高，焊后软化的程度越大。板件越薄，这种影响越显著。冷作硬化薄板铝合金的强化效果，焊后可能全部丧失。

2）时效强化铝合金热影响区的软化。主要是热影响区"过时效"软化，这是熔焊条件下很难避免的。软化程度决定于合金第二相的性质，与焊接热循环有关。第二相越易于脱溶析出并易于聚集长大时，越容易发生"过时效"软化。

Al-Cu-Mg 合金比 Al-Zn-Mg 合金的第二相易于脱溶析出。如图 11-8 所示，自然时效状态下焊接时，Al-Cu-Mg 硬铝合金热影响区的强度明显下降，即明显软化，这是焊后经 120h 自然时效后的情况；如图 11-9 所示，Al-Zn-Mg 合金焊后经 96h 自然时效时，热影响区的软化程度却显著减小；经 2160h（90 天）自然时效时，软化现象几乎完全消失。这表明，Al-Zn-Mg 合金在自然时效状态下焊接时，焊后经自然时效可使接头强度性能回复或接近母材的水平。

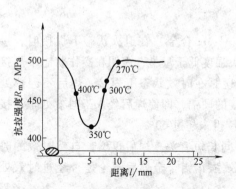

图 11-8　Al-Cu-Mg（2A12）合金焊接热
影响区的强度变化（手工 TIG）

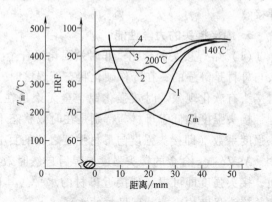

图 11-9　Al-Zn4.5-Mg1.2 合金焊接热影响区的
硬度变化（焊前自然时效，MIG）
T_m—峰值温度　1、2、3、4—表示不同
的焊后自然时效时间
1—3h　2—96h　3—720h　4—2160h

时效强化铝合金中的超硬铝和硬铝类似，热影响区有明显软化现象。对于时效强化合金，为防止热影响区软化，应采用小的焊接热输入。现代科学技术的发展促进了铝及铝合金焊接技术的进步。可焊接的铝合金材料范围逐步扩大，现在不仅可以成功地焊接非热处理强化的铝合金，而且解决了热处理强化的高强超硬铝合金焊接的难题。

（2）搅拌摩擦焊接头的力学性能

1）接头区的硬度。图 11-10 所示是 6N01-T5（日本牌号）铝合金搅拌摩擦焊接头的硬度分布，并与 MIG 焊接头的硬度分布进行比较。可以看出，铝合金搅拌摩擦焊接头的硬度比较高。铝合金时效有自然时效和人工时效之分。对 2014 和 7075 铝合金搅拌摩擦焊接头焊后进行了 9 个月自然时效，最初 2 个月接头区硬度回复速度剧烈。经自然时效 9 个月后，2014 和 7075 铝合金焊接接头都没有回复到母材的硬度值，但 7075 铝合金焊接接头硬度的回复大一些。厚度 6mm 的 6063-T5 铝合金搅拌摩擦焊接头，经人工时效的硬度分布如图 11-11 所示。由图可见，在 175℃保温 2h 后焊接接头的硬度接近于母材的硬度，人工时效促使焊缝金属中的针状析出物和 β′相析出，导致接头硬度的回复。但人工时效 12h 后，接头区一部分处于过时效状态。

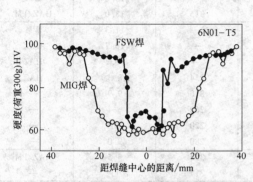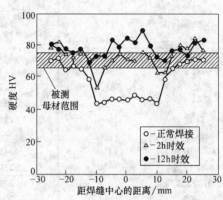

图 11-10　搅拌摩擦焊和 MIG 焊接接头的硬度分布　　图 11-11　6063-T5 铝合金搅拌摩擦焊接头硬度的变化

2）拉伸性能。搅拌摩擦焊和其他方法焊接的 6005-T5 铝合金接头的拉伸试验结果见表 11-4。由表可知，等离子弧焊的接头抗拉强度最高为 194MPa，MIG 焊为 179MPa，搅拌摩擦焊接头的抗拉强度最低（175MPa），但搅拌摩擦焊接头的伸长率最高为 22%。2000 系铝合金的搅拌摩擦焊接头断裂发生在热影响区。

表 11-4　焊接方法对 6005-T5 铝合金接头拉伸性能的影响

焊接方法	屈服强度 $\sigma_{0.2}$ /MPa	抗拉强度 /MPa	伸长率 （%）	断裂位置
搅拌摩擦焊	94	175	22	焊缝金属
等离子弧焊	107	194	20	焊缝金属
MIG 焊	104	179	18	焊缝金属

英国焊接研究所（TWI）试验认为，2000 系、5000 系和 7000 系铝合金的搅拌摩擦焊接头强度性能接近于母材（也有的低于母材）。铝合金搅拌摩擦焊接头的拉伸试验结果见表 11-5。

对于热处理强化铝合金，采用熔焊方法时焊接接头性能发生变化是一个大问题。飞机制造用的 2000 系、7000 系硬铝，时效处理后进行搅拌摩擦焊，或搅拌摩擦焊后进行时效处理，二者焊接接头的抗拉强度可达到母材的 80% ~ 90%。

在日本，6000 系的 6N01-T6（日本牌号）铝合金广泛应用于铁路车辆制造，焊接和时效处理顺序对接头力学性能有很大的影响。该合金在大气和水冷中进行搅拌摩擦焊的接头拉伸试验结果（见表 11-6）表明，经时效处理后，焊接接头的抗拉强度得到了提高。特别是在水冷中焊接的试件经时效处理后改善效果最为显著。因为水冷使软化区变小，这样的时效处理硬度回复效果好。一边水冷一边进行搅拌摩擦焊时，接头强度与被焊金属的厚度有关，随着板厚的增大，接头强度下降，如图 11-12 所示。

表 11-5　铝合金搅拌摩擦焊接头的拉伸试验结果

母材	焊接速度 /(cm/min)	屈服强度 $\sigma_{0.2}$ /MPa	抗拉强度 /MPa	断后伸长率 （%）	断裂位置
2014-T6	—	247	378	6.5	HAZ
5083-0	—	142	299	23.0	PM
5083	4.6	143	—	19.8	WM
5083	6.6	156	—	20.3	WM
5083	9.2	144，154	—	16.2，18.8	WM
5083	13.2	141	—	13.6	WM
5083-H112	15.0	156	315	18.0	HAZ/PM
6082	26.4	132	—	11.3	WM
6082	37.4	144	—	10.7	HAZ
6082	53.0	141	—	10.7	HAZ
6082	75.0	136	254	8.4	HAZ
6082-T4 时效	—	285	310	9.9	
6082-T5	—		260		
6082-T6	150	145	220	7.0	
6082-T6 时效	150	230	280	9.0	
7075-T7351	—	208	384	5.5	HAZ/PM
7108-T79	90	205	317	11	

注：PM—母材，WM—焊缝，HAZ—热影响区，HAZ/PM—热影响区和母材交界处。

表 11-6　冷却方式和时效处理对接头拉伸性能的影响

状态	屈服强度 $\sigma_{0.2}$ /MPa	抗拉强度 /MPa	断后伸长率 （%）
空冷	122	203	12.5
空冷时效处理	185	230	7.6
水冷	143	220	11.1
水冷时效处理	238	267	6.0

　　铝合金搅拌摩擦焊焊缝金属承受载荷的能力，等于或高于母材垂直于轧制方向的承载能力。与电弧焊接头弯曲试验不同，搅拌摩擦焊接头弯曲试验的弯曲半径为板厚的 4 倍以上。在这种试验条件下，各种铝合金搅拌摩擦焊接头的 180°弯曲性能都很好。

　　与 TIG 和 MIG 等熔焊方法相比，铝合金搅拌摩擦焊接头的抗疲劳性能有明显的优势，一是因为搅拌摩擦焊接头经过搅拌头的摩擦、挤压、顶锻得到的是精细的等轴晶组织；二是由于焊接过程是在低于材料熔点温度下完成的，焊缝组织中没有熔焊时经常出现的凝固过程中产生的缺欠，如偏析、气孔、裂纹等。对不同的铝合金（如 2014-T6、2219、5083、7075

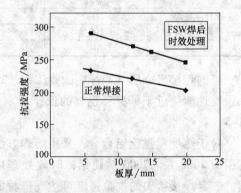

图 11-12　搅拌摩擦焊接头强度与板厚的关系
[6N01-T6（日本牌号）铝合金水冷中搅拌摩擦焊]

等）搅拌摩擦焊接头的疲劳性能研究表明，铝合金搅拌摩擦焊接头的疲劳性能均优于熔焊接头，其中 5083 铝合金搅拌摩擦焊接头的疲劳性能可达到与母材相同的水平。

3）韧性。对板厚 30mm 的 5083 铝合金进行双道搅拌摩擦焊，焊接速度为 40mm/min，对该搅拌摩擦焊接头进行的低温冲击试验（见图 11-13）表明，无论是在液氮温度，还是液氦温度下，搅拌摩擦焊接头的低温冲击吸收能量都高于母材，断面呈韧窝状。而 MIG 焊接头在室温下的低温冲击吸收能量均低于母材。铝合金搅拌摩擦焊的焊缝区具有良好的韧性，原因是搅拌摩擦焊的焊缝组织晶粒细化的结果。

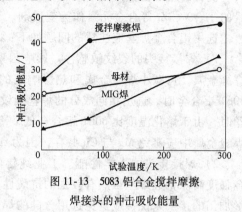

图 11-13　5083 铝合金搅拌摩擦焊接头的冲击吸收能量

11.2.3　铝及铝合金的焊接工艺特点

铝及铝合金的焊接方法很多，各种方法有其不同的应用场合。除了传统的熔焊、电阻焊方法外，其他焊接方法（如等离子弧焊、电子束焊、扩散焊、搅拌摩擦焊等）也可用于铝合金焊接。应根据铝及铝合金的牌号、焊件厚度以及对焊接性的要求等选择焊接方法。表 11-7 中所列为部分铝及铝合金的相对焊接性。

1. 铝用焊接材料

（1）焊丝　铝合金焊丝分为同质和异质焊丝两大类。应从焊接构件使用要求，选择适合于母材的焊丝作为填充材料。先要考虑焊缝成分，还要考虑接头的力学性能、耐蚀性、结构的刚度等。选用熔化温度低于母材的填充金属，可减小热影响区晶间裂纹倾向。非热处理强化铝合金的焊接接头强度，按 1000 系、4000 系、5000 系顺序增大。含镁的质量分数 3% 以上的 5000 系焊丝，应避免在使用温度 65℃ 以上的结构中采用，因为这些合金对应力腐蚀裂纹很敏感，在上述温度和腐蚀环境中会发生应力腐蚀开裂。

表 11-7　部分铝及铝合金的相对焊接性

焊接方法	焊接性及适用范围				适用厚度/mm		说　明
	工业纯铝 1070 1100	铝锰合金 3003 3004	铝镁合金 5083 5056	铝镁合金 5052 5454	铝铜合金 2014 2024	推荐	可用	
TIG 焊（手工、自动）	很好	很好	很好	很好	很差	1~10	0.9~25	填丝或不填丝,厚板需预热,交流电源
MIG 焊（手工、自动）	很好	很好	很好	很好	较差	≥8	≥4	焊丝为电极,厚板需预热和保温,直流反接
脉冲 MIG 焊（手工、自动）	很好	很好	很好	很好	较差	≥2	1.6~8	适于薄板焊接
电阻焊（点焊、缝焊）	较好	较好	很好	很好	较好	0.7~3	0.1~4	需要电流大
等离子弧焊	很好	很好	很好	很好	较差	1~10	—	焊缝晶粒小,抗气孔性能好
电子束焊	很好	很好	很好	很好	较好	3~75	≥3	焊接质量好,适于厚件焊接

铝及铝合金较通用的焊丝是 ER4043，这种焊丝的液态金属流动性好，凝固收缩率小，具有优良的抗裂性能。为了细化焊缝晶粒、提高焊缝的抗裂性及力学性能，在焊丝中加入少量的 Ti、V、Zr 等合金元素作为变质剂。

选用铝合金焊丝应注意的问题如下：

1）焊接接头的裂纹敏感性。影响因素是母材与焊丝的匹配。选用熔化温度低于母材的焊缝金属，可减小焊缝金属和热影响区的裂纹敏感性。例如，焊接 Si 质量分数为 0.6% 的 6061 铝合金时，选用相同成分的焊丝裂纹敏感性很大，但用 Si 质量分数为 5% 的 ER4043 焊丝时，由于熔化温度比 6061 铝合金低，冷却过程中有较高的塑性，所以抗裂性良好。此外，焊缝金属中应避免 Mg 与 Cu 共存，因为 Al-Mg-Cu 有很高的裂纹敏感性。

2）焊接接头的力学性能。工业纯铝的强度低，4000 系列铝合金居中，5000 系列铝合金强度高。铝硅焊丝虽然有较强的抗裂性，但含硅焊丝的塑性较差，所以对焊后需要塑性变形加工的接头来说，应避免选用含硅的焊丝。

3）焊接接头的使用性能。填充金属的选择除取决于母材成分外，还与接头的几何形状、耐蚀性要求以及对焊接件的外观要求有关。例如，为了使容器具有良好的耐蚀性或防止所储存产品对其的污染，储存过氧化氢的焊接容器要求高纯度的铝合金。在这种情况下，填充金属的纯度至少要相当于母材。

（2）保护气体　焊接铝及铝合金的惰性气体有 Ar 和 He。气体中氧、氮增多将恶化阴极雾化作用。氧的质量分数超过 0.3% 使钨极烧损加剧，超过 0.1% 使焊缝表面无光泽或发黑。TIG 焊时，交流加高频焊接选用纯 Ar，适用于大厚度板；直流正极性焊接选用 Ar + He 或纯 Ar。

MIG 焊时，板厚 < 25mm 时，采用纯 Ar；板厚 25 ~ 50mm 时，采用添加体积分数为 10% ~ 35% Ar 的 Ar + He 混合气体。板厚 50 ~ 75mm 时，宜采用添加体积分数为 10% ~ 35% 或 50% He 的 Ar + He 混合气体。板厚 > 75mm 时，推荐用添加体积分数为 50% ~ 75% He 的 Ar + He 混合气体。

2. 铝及铝合金的钨极氩弧焊（TIG 焊）

利用钨极与工件之间形成电弧产生的热量熔化待焊处，外加填充焊丝获得牢固的焊接接头。钨极及焊缝区域由喷嘴中喷出的惰性气体保护，防止焊缝区和周围空气的反应。

铝合金 TIG 焊应用广泛，可焊接板厚 1 ~ 20mm，特别适于厚度小于 3mm 的薄板，工件变形小。交流 TIG 焊具有"阴极雾化"去除氧化膜的作用，可不用熔剂，避免了焊后残留熔剂、熔渣对接头的腐蚀，接头形式不受限制，焊缝成形好、表面光亮。氩气流对焊接区的冲刷使接头冷却速度加快，改善了接头的组织性能，适于全位置焊接。由于不用熔剂，焊前清理的要求比其他焊接方法严格。

焊接铝及铝合金较适宜的方法是交流 TIG 焊和交流脉冲 TIG 焊，其次是直流反接 TIG 焊。用交流焊接铝及铝合金时可在载流能力、电弧可控性及电弧清理等方面实现最佳配合，故铝及铝合金 TIG 焊大多采用交流电源。采用直流正接（电极接负极）时，热量产生于工件表面，形成深熔透，对一定尺寸的电极可采用更大的焊接电流。即使是厚板也不需预热，母材几乎不发生变形。虽然焊铝很少采用直流反接 TIG 焊，但这种方法在连续焊或补焊薄壁热交换器、管道和壁厚 2.4mm 以下的组件时有熔深浅、电弧容易控制等优点。

（1）钨极　钨的熔点是 3400℃。钨在高温时有强烈的电子发射能力，在钨极中加入微量稀土元素钍、铈、锆等的氧化物后，电子逸出功显著降低，载流能力明显提高。铝及铝合金 TIG 焊时，钨极作为电极主要起传导电流、引燃电弧和维持电弧稳定燃烧的作用。

（2）焊接参数 为了获得优良的焊缝成形及焊接质量，应根据焊件的技术要求合理地选定焊接参数。铝及铝合金 TIG 焊的主要焊接参数有电流种类、极性和电流大小、保护气体流量、钨极伸出长度、喷嘴至工件的距离等。自动 TIG 焊的焊接参数还包括电弧电压（弧长）、焊接速度及送丝速度等。

焊接参数是根据被焊材料和厚度，先确定钨极直径与形状、焊丝直径、保护气体及流量、喷嘴孔径、焊接电流、电弧电压和焊接速度，再根据焊接效果调整有关参数，直至符合使用要求为止。

铝及铝合金 TIG 焊焊接参数的选用要点如下：

1）喷嘴孔径与保护气体流量。铝及铝合金 TIG 焊的喷嘴孔径为 5～22mm；保护气体流量一般为 5～15L/min。

2）钨极伸出长度及喷嘴至工件的距离。钨极伸出长度对接焊缝时一般为 5～6mm，角焊缝时一般为 7～8mm。喷嘴至工件的距离一般约为 10mm。

3）焊接电流与电弧电压。与板厚、接头形式、焊接位置及焊工技术水平有关。手工 TIG 焊时，采用交流电源，焊接厚度小于 6mm 铝合金时，最大焊接电流可根据电极直径 d 按经验公式 $I = (60～65)d$ 确定。电弧电压主要由弧长决定，通常使弧长近似等于钨极直径比较合理。

4）焊接速度。铝及铝合金 TIG 焊时，为了减小变形，应采用较快的焊接速度。手工 TIG 焊一般是根据熔池大小、熔池形状和两侧熔合情况随时调整焊接速度，一般的焊接速度 8～12m/h；自动 TIG 焊时，在焊接过程中焊接速度一般不变。

5）焊丝直径。由板厚和焊接电流确定，焊丝直径与两者之间成正比关系。

交流电的特点是负半波（工件为负）时，有阴极雾化作用；正半波（工件为正）时，钨极因发热量低，不容易熔化。为了获得足够的熔深和防止咬边、焊道过宽和随之而来的熔深及焊缝外形失控，必须维持短的电弧长度，电弧长度约等于钨极直径。为了防止起弧处及收弧处产生裂纹等缺欠，有时需要加引弧板和引出板。当钨极端部被加热到一定的温度后，才能将电弧移入焊接区。自动钨极氩弧焊的焊接参数见表 11-8。

表 11-8 自动钨极氩弧焊的焊接参数

焊件厚度 /mm	焊接层数	钨极直径 /mm	焊丝直径 /mm	喷嘴直径 /mm	氩气流量 /(L/min)	焊接电流 /A	送丝速度 /(m/h)
1	1	1.5～2	1.6	8～10	5～6	120～160	—
2		3	1.6～2		12～14	180～220	65～70
3	1～2	4	2	10～14	14～18	220～240	
4		5	2～3			240～280	70～75
5	2			12～16	16～20	280～320	
6～8	2～3	5～6	3	14～16	18～24		75～80
9～12		6	3～4			300～340	80～85

钨极脉冲氩弧焊扩大了 TIG 焊的应用范围，焊接过程稳定，热输入精确可调，焊件变形小，接头质量高，特别适用于焊接精密零件。在焊接时，高脉冲提供大电流值，以保证留间隙的根部完全熔透；低脉冲可冷却熔池，从而防止接头根部烧穿。脉冲作用还可以减少向母

材的热输入，有利于薄铝件的焊接。交流钨极脉冲氩弧焊有加热速度快、高温停留时间短、对熔池有搅拌作用等优点，焊接薄板、硬铝可得到满意的焊接接头。交流钨极脉冲氩弧焊对仰焊、立焊、管全位置焊、单面焊双面成形，可以得到较好的焊接效果。铝及铝合金交流脉冲 TIG 焊的焊接参数见表 11-9。

表 11-9　铝及铝合金交流脉冲 TIG 焊的焊接参数

母材	板厚/mm	钨极直径/mm	焊丝直径/mm	电弧电压/V	脉冲电流/A	基值电流/A	脉宽比（%）	气体流量（L/min）	频率/HZ
5A03	1.5	3	2.5	14	80	45	33	5	1.7
5A03	2.5	3	2.5	15	95	50	33	5	2
5A06	2	3	2	10	83	44	33	5	2.5
2A12	2.5	3	2	13	140	52	36	8	2.6

3. 铝及铝合金的熔化极氩弧焊（MIG 焊）

焊接电弧是在惰性气体保护中的焊件和铝合金焊丝之间形成，焊丝作为电极及填充金属。由于焊丝作为电极，可采用高密度电流，因而熔深大，填充金属熔敷速度快，焊接生产率高。用于厚件的焊接，可焊厚度 50mm 以下。

铝及铝合金 MIG 焊通常采用直流反极性，这样可保持良好的阴极雾化作用，不必用熔剂去除妨碍熔化的氧化铝薄膜，这层氧化铝膜的去除是利用焊件金属为负极时的电弧作用。因此，MIG 焊接后不会因没有仔细去除熔剂而造成焊缝金属的腐蚀。焊接中薄厚度板材时，可用纯氩作保护气体；焊接厚大件时，采用 Ar + He 混合气体保护，也可采用纯氦保护。焊前一般不预热，板厚较大时，也只需预热起弧部位。根据焊炬移动方式的不同，铝及铝合金 MIG 焊工艺分为半自动 MIG 焊和自动 MIG 焊。

（1）铝及铝合金半自动 MIG 焊工艺　熔化极半自动氩弧焊多采用平特性电源，焊丝直径为 1.2 ~ 3.0mm。可采用左焊法，焊炬与工件之间的夹角约为 75°，以提高操作者的可见度。多用于定位焊缝、短焊缝、断续焊缝及铝容器中的椭圆形封头、人孔接管、支座板、加强圈、各种内件及锥顶等。

熔化极半自动氩弧焊的定位焊缝应设在坡口反面，定位焊缝的长度 40 ~ 60mm。对于相同厚度的铝锰、铝镁合金，定位焊缝的焊接电流应降低 20 ~ 30A，氩气流量增大 10 ~ 15L/min。

脉冲 MIG 焊可以将熔池控制得很小，焊接变形小，抗气孔和抗裂性好，焊接参数调节广泛，容易进行全位置焊接，尤其适于焊接薄板、薄壁管的立焊缝和全位置焊缝。脉冲 MIG 焊电源是直流脉冲，脉冲 TIG 焊的电源是交流脉冲。它们的焊接参数基本相同，用于薄板或全位置焊，适于厚度 2 ~ 12mm 的工件。纯铝、铝镁合金半自动脉冲 MIG 焊的焊接参数见表 11-10。

（2）铝及铝合金自动 MIG 焊工艺　由自动焊机的小车带动焊枪向前移动。根据焊件厚度选择坡口尺寸、焊丝直径和焊接电流等焊接参数。自动 MIG 焊熔深大，厚度 6mm 的铝板对接焊可不开坡口。当厚度较大时一般采用大钝边，但需增大坡口角度以降低焊缝的余高。适用于形状较规则的纵缝、环缝及水平位置的焊接。

铝及铝合金 MIG 焊需注意的问题如下：

1）喷射过渡焊接时，电弧电压应稍低一点，使电弧略带轻微爆破声，此时熔滴形式属于

表 11-10　纯铝、铝镁合金半自动脉冲 MIG 焊的焊接参数

合金牌号	板厚/mm	焊丝直径/mm	基值电流/A	脉冲电流/A	电弧电压/V	脉冲频率/HZ	氩气流量/(L/min)	备注
1035	1.6	1.0	20	110～130	18～19	50	18～20	喷嘴孔径 16mm 焊丝牌号 1035
	3.0	1.2		140～160	19～20		20	焊丝牌号 1035
5A03	1.8	1.0	20～25	120～140	18～19		20	喷嘴孔径 16mm,焊丝牌号 5A03
5A05	4.0	1.2		160～190	19～20		20～22	喷嘴孔径 16mm,焊丝牌号 5A05

喷射过渡中的射滴过渡。弧长增大对焊缝成形不利，对防止气孔也不利。

2）在中等焊接电流范围内（250～400A），可将弧长控制在喷射过渡区与短路过渡区之间，进行亚射流电弧焊接。这种熔滴过渡形式的焊缝成形美观，焊接过程稳定。

3）粗丝大电流 MIG 焊（400～1000A）在平焊厚板时具有熔深大、生产率高、变形小等优点。但由于熔池尺寸大，为加强对熔池的保护，应采用双层气流保护焊枪（外层喷嘴送 Ar 气，内层喷嘴送 Ar-He 混合气体），这样可扩大保护区域和改善熔池形状。

4）大电流时，为了保护熔池后面的焊道，可在双层喷嘴后面再安装附加喷嘴。

采用自动 MIG 焊得到的铝及其合金焊接接头的力学性能良好，部分纯铝和防锈铝焊接接头的力学性能见表 11-11。

表 11-11　部分纯铝和防锈铝焊接接头的力学性能

母材牌号	板厚/mm	焊丝型号	焊丝直径/mm	焊接层数	抗拉强度/MPa	冷弯角
1060（L2）	8	SAl-1	3	1	80.5～80.8	180°（熔合区有裂纹）
	10	SAl-1	3	1/1	73.1～77.3	180°完好
1050（L3）	12	SAl-2	3	1/1	77.0～77.3	180°完好
5A02（LF2）	12	SAlMg-2	3	1/1	177.5～188	92°～130°
	25	SAlMg-2	4	1/1	177.6～175.8	107°～164°
5A03（LF3）	20	SAlMg-2	3	1/1	233～234 / 239～240	34°～35° / 40°～46°
	20	SAlMg-5	4	1/1	296～299	64°～74°
5A06（LF6）	18	SAlMg-5	4	1/1	314～330	32°～72°

4. 铝及铝合金的搅拌摩擦焊（FSW）

（1）铝合金搅拌摩擦焊的特点　铝合金搅拌摩擦焊的原理如图 11-14 所示。它是利用一种特殊形式的搅拌头插入工件的待焊部位，通过搅拌头的高速旋转，与工件之间进行摩擦搅拌，摩擦热使该部位金属处于热塑性状态并在搅拌头的压力作用下从其前端向后部塑性流动，从而使待焊件压焊为一个整体。搅拌头对其周围金属起着碎化、摩擦、搅拌等作用。

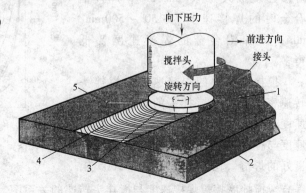

图 11-14　铝合金搅拌摩擦焊的原理图
1—搅拌头前沿　2—搅拌针　3—搅拌头后沿
4—焊缝　5—细扇

　　搅拌摩擦焊过程中接头处金属不熔化，是一种固态焊接过程，焊接时不存在熔焊时的各种缺欠，可以焊接用熔焊方法难以焊接的材料，如硬铝、超硬铝等。由于不存在熔焊过程中的熔化、结晶和接头部位大范围的热塑性变形，焊后接头内应力小、变形小，可实现板件的低应力无变形焊接。搅拌摩擦焊扩大了轻质结构材料的应用范围，由于焊接问题而难以使用铝合金的场合可选用比强度高的铝合金。

　　铝合金搅拌摩擦焊连接方面的研究较多，已成功地进行了搅拌摩擦焊的铝合金包括纯铝（1000系列）、Al-Cu合金（2000系列）、Al-Mn合金（3000系列）、Al-Si合金（4000系列）、Al-Mg合金（5000系列）、Al-Mg-Si合金（6000系列）、Al-Zn合金（7000系列）及其他铝合金（8000系列），也已实现铝基复合材料的搅拌摩擦焊。

　　铝合金搅拌摩擦焊的可焊厚度最初是1.2~12.5mm，现已在工业生产中应用搅拌摩擦焊成功地焊接了厚度12.5~25mm的铝合金，并已实现单面焊的厚度达50mm，双面焊可以焊接厚度70mm的铝合金。

　　搅拌摩擦焊的焊接参数是：搅拌头的尺寸、搅拌头的旋转速度、搅拌头与工件的相对移动速度等。表11-12是几种铝合金搅拌摩擦焊常用的焊接速度。对于铝合金的焊接，摩擦搅拌头的旋转速度可以从每分钟几百转到上千转。焊接速度一般在1~15mm/s之间。搅拌摩擦焊可以方便地实现自动控制。在搅拌摩擦焊过程中搅拌头要压紧工件。

表11-12　几种铝合金搅拌摩擦焊常用的焊接速度

材料	板厚/mm	焊接速度/(mm/s)	焊道数
Al 6082-T6	5	12.5	1
Al 6082-T6	6	12.5	1
Al 6082-T6	10	6.2	1
Al 6082-T6	30	3.0	2
Al 4212-T6	25	2.2	1
Al 4212 + Cu 5010	1 + 0.7	8.8	1

　　不同的被焊金属在不同板厚条件下的最大焊接速度如图11-15所示。板厚为5mm时，焊接铝时搅拌摩擦焊的焊接速度最大为700mm/min；焊接铝合金时的焊接速度为150~500mm/min；异种铝合金的焊接速度要低得多。

　　搅拌摩擦焊的焊接速度与搅拌头转速密切相关，搅拌头的转速与焊接速度可在较大范围内选择，只有焊接速度与搅拌头转速相互配合才能获得良好的焊缝。图11-16所示为5005铝

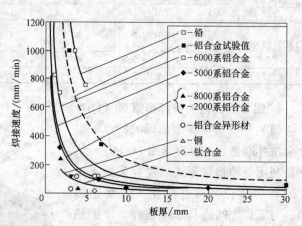

图11-15　各种材料搅拌摩擦焊的临界焊接速度计算值

镁合金搅拌摩擦焊焊接速度与搅拌头转速的关系图，可以看出，焊接速度与搅拌头的转速存在着最佳范围。在高转速、低焊接速度的情况下，由于接头获得了搅拌摩擦过剩的热量，部分焊缝金属由肩部排出形成飞边，使焊缝金属的塑性流动不好，焊缝中会产生空隙（中空）

状的焊接缺欠，甚至产生搅拌指棒的破损。优良接头区的最佳范围因搅拌头（特别是搅拌指棒）的形状不同而有所变动。

图 11-17 为几种铝合金搅拌摩擦焊的最佳焊接参数，可以看出，Al-Si-Mg 合金（6000系）对搅拌摩擦焊的工艺适应性比 Al-Mg 合金（5000 系）的适用范围要大得多。

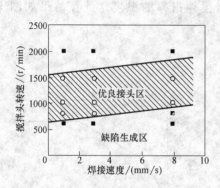

图 11-16　5005 铝镁合金搅拌摩擦焊
焊接速度与搅拌头转速的关系图

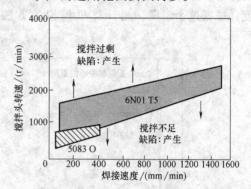

图 11-17　几种铝合金搅拌摩擦焊的最佳焊接参数

（2）搅拌摩擦焊的焊接热输入和温度分布　搅拌摩擦焊的热输入（E）以搅拌头的转速（R）与焊接速度（v）之比来表示，即单位焊缝长度上搅拌头的转速

$$E = R/v \tag{11-1}$$

式中　R——搅拌头的转速（r/min）；

　　　　v——搅拌头纵向行走的距离，即焊接速度（mm）。

相对于电弧焊的焊接热输入定义来说，搅拌摩擦焊的热输入不是单位能的概念。搅拌摩擦焊通过高速旋转把机械能转变为热能，这个过程产生的热量与搅拌头的转速大小密切相关。因此，用搅拌头的转速与焊接速度的比值 R/v，可以定性地表明在搅拌摩擦焊过程中对母材热输入的大小。

R/v 值越大，表明对母材的热输入越大。R/v 值的大小，也对应着被焊金属焊接的难易程度。显然，要求搅拌摩擦焊热输入越大的金属，焊接难度越大。

搅拌头的转速与焊接速度的比值一般为 2 ~ 8。搅拌摩擦焊的热输入在此范围可获得无缺欠的优良焊接接头。在实际生产中，焊接 5083 铝合金可采用较小的热输入，焊接 7075 铝合金时可采用稍大些的热输入，焊接 2024 铝合金的焊接热输入应较大些。

搅拌摩擦焊对接头处给予摩擦热加之旋转搅拌，产生强烈的塑性流动和再结晶，焊缝为非熔化状态，所以将其归类为固相焊。但也有研究发现，在搅拌头的肩部正下方温度高，对于 7030 铝合金搅拌摩擦焊来说，焊缝为固-液相共存状态。由于搅拌头肩部正下方焊缝金属的升温速度达到 330℃/s，造成局部瞬间熔化也是可能的。

搅拌摩擦焊接头的组织性能与焊接区温度分布密切相关。但搅拌摩擦焊的热循环和温度分布的测定是很困难的。因为，采用热电偶测量焊接接头区温度分布时，焊缝金属的强塑性流动易损坏热电偶端头，目前多是在热影响区进行温度测量。

图 11-18 所示为 6063-T6 铝合金搅拌摩擦焊的热循环曲线，距离焊缝中心线 2mm 处的温度大于 500℃。有人经过试验得到纯铝搅拌摩擦焊的焊缝温度最高为 450℃。由于纯铝的熔化温度为 660℃，因此搅拌摩擦焊实质上是在金属熔点以下的温度发生塑性流动。英国焊接研究所试验结果表明，搅拌摩擦焊的焊缝区最高温度为熔点的 70%，纯铝焊接最高温度

不超过 550℃。热传导计算结果与以上的实测值基本一致。

　　搅拌指棒的温度测量是一个很重要的问题，至今还没有令人信服的实测数据。因为搅拌指棒插入在焊缝金属内旋转，温度测量十分困难。有人在被焊金属固定的情况下，将旋转的搅拌指棒压入到板厚 12.7mm 的 6061-T6 铝合金中，测量距离搅拌指棒端部 0.2mm 处的温度；根据这个温度，用计算机模拟的方法计算出搅拌指棒的温度，计算结果如图 11-19 所示。

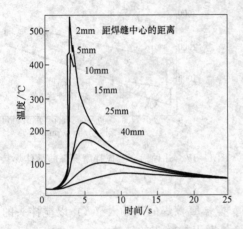

图 11-18　6063-T6 铝合金搅拌摩擦焊的热循环曲线
（板厚 4mm，焊接速度 0.5mm/min，搅拌头直径 15mm）

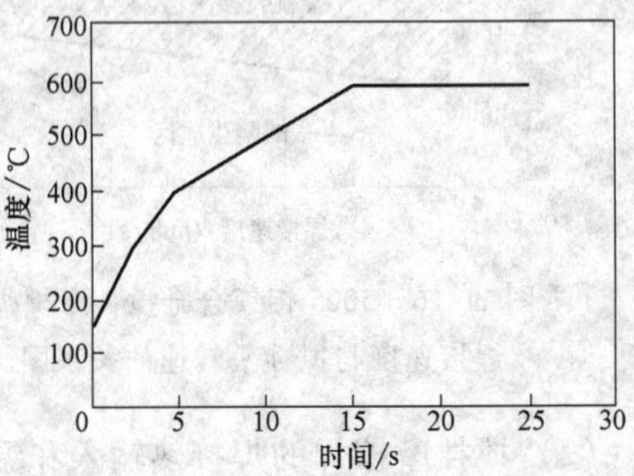

图 11-19　搅拌指棒外围温度的计算结果
（搅拌指棒直径 5mm，长度 5.5mm）

　　根据搅拌指棒压入速度可以推定，约需 24s 搅拌指棒全部压入被焊金属中。由图 11-19 可见，从 15s 到 24s 这一时间段内搅拌指棒外围温度为一常数（约 580℃），达到 6061 铝合金固相线温度。搅拌摩擦焊时搅拌指棒的温度不能高于这个温度，因为搅拌指棒的高温抗剪强度或高温抗疲劳强度就处于这个温度范围。因此，搅拌指棒外围区的温度比前述焊缝金属的温度高出几十摄氏度。

　　图 11-20 所示是 6063 铝合金搅拌摩擦焊焊缝区等温线分布的计算结果。图中的斑点为搅拌头的肩部区，图中曲线上的数字为等温线的最高温度。

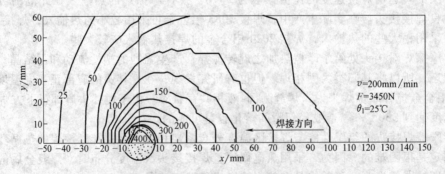

图 11-20　6063 铝合金搅拌摩擦焊焊缝区的等温线分布图

　　焊接速度对搅拌摩擦焊接头区温度分布影响很大，由于热源（搅拌头）在固体金属中移动，焊缝中心处最高温度的上限不会超过母材的固相线温度。焊接速度对焊缝最高温度影响的计算结果如图 11-21 所示，可以看出，焊接速度低时的焊缝最高温度为 490℃，焊接速度高时的焊缝最高温度为 450℃。虽然二者最高温度差并不大，但在实际搅拌摩擦焊中大幅度提高焊接速度是困难的，因为母材热输入低，焊缝金属塑性流动性不好，易造成搅拌头损坏。因此，提高焊接速度是以在适当的摩擦焊作用下焊缝金属发生良好的塑性流动为前提的。

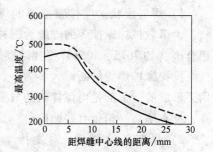

图 11-21　焊接速度对焊缝
最高温度的影响

日本学者对板厚 4mm 的 6N01 铝合金搅拌摩擦焊过程中的热输入进行了测量。图 11-22 为在相同的焊接速度和铝合金焊件完全熔透的情况下，搅拌摩擦焊（FSW）和熔化极氩弧焊（MIG）的焊接热输入比较，搅拌摩擦焊的热输入范围为 1.2 ～ 2.3kJ/cm，大约是 MIG 热输入的一半。

铝合金搅拌摩擦焊的焊接速度对热输入的影响如图 11-23 所示，图中总热输入 Q 是搅拌指棒热输入 q_1 和肩部热输入 q_2 之和。可以看出，铝合金母材总的热输入随着焊接速度的增大和搅拌头旋转速度的降低而减小。

搅拌指棒形状及肩部直径对总热输入也有影响。搅拌指棒及肩部直径越大，在同等转速下总热输入也越大。这样的规律在焊接 6000 系和 2000 系铝合金时是一样的。根据图 11-23 的结果，把总热输入分为搅拌指棒和肩部各自的热输入，对二者进行比较的结果如图 11-24 所示。可以看出，搅拌指棒的发热量约为总热输入的 55% ～ 60%，这个热输入的比例在转速 800 ～ 1600r/min 的参数下几乎不受影响。

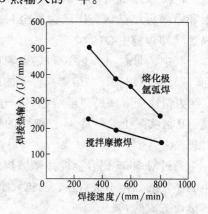

图 11-22　搅拌摩擦焊和熔化
极氩弧焊焊接热输入的比较
（厚度为 4mm 的 6N01 铝合金）

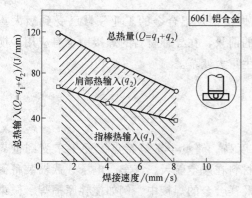

图 11-23　铝合金搅拌摩擦焊
焊接速度对热输入的影响

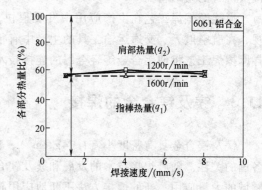

图 11-24　搅拌摩擦焊焊接速度对搅拌
指棒和肩部热输入的影响

带有螺纹的搅拌指棒已用于焊接生产，这种搅拌指棒对产生热量的影响特别显著。

（3）搅拌摩擦焊焊缝组织　铝合金搅拌摩擦焊的焊缝是在摩擦热和搅拌指棒的强烈搅拌作用下形成的，与熔焊熔化结晶形成的焊缝组织，或与扩散焊、钎焊形成的焊缝组织相比有明显的不同。

1）焊缝形状。搅拌摩擦焊的焊缝断面形状分为两种：一种为圆柱状，另一种为熔核状。大多数搅拌摩擦焊的焊缝为圆柱状；熔核状的断面多发生于高强度和轧制加工性不好的铝合金（如 7075、5083）搅拌摩擦焊焊缝中。

搅拌摩擦焊焊缝断面大多为一倒三角形，中心区是由搅拌指棒产生摩擦热在强烈搅拌作用下形成的，上部是由搅拌头的肩部与母材表面的摩擦热而形成的。焊缝表面与母材表面平齐，没有增高，稍微有些凹陷。

2）焊接区的划分。对搅拌摩擦焊焊缝区的金相分析表明，铝合金搅拌摩擦焊接头依据金相组织的不同分为 4 个区域（见图 11-25），A 区为母材，B 区为热影响区，C 区为塑性变形和局部再结晶区，D 区为完全再结晶区（即焊缝中心区）。

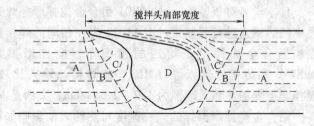

图 11-25　搅拌摩擦焊接头区的划分

其中，母材（A 区）和热影响区（B 区）的组织特征与熔焊条件下的组织特征相似。与熔焊组织完全不同的是 C 区和 D 区。C 区为塑性变形和局部再结晶区，这个区域中部分晶粒发生了明显的塑性变形和部分再结晶。D 区实质上是一个晶粒细小的熔核区域，在此区域的焊缝金属经历了完全再结晶的过程。

通过对 5005 铝合金搅拌摩擦焊焊缝组织的分析，在焊缝中心区发现了等轴结晶组织，但是晶粒的细化不很明显，晶粒大小多在 $20 \sim 30 \mu m$。这可能是由于焊接热输入过大，产生过热而造成的。

对 2024 铝合金和 AC4C 铸铝的异种金属搅拌摩擦焊接头的分析表明，由于圆柱状焊缝金属的塑性流动，出现了环状组织（称为洋葱环状组织）。这种洋葱环状组织是搅拌摩擦焊接头特有的组织特征。

搅拌摩擦焊工艺在生产应用中发展很快，在焊接铝及铝合金的工业领域已受到极大重视，在航空航天、交通运输工具的生产中有很好的前景，在异种材料的焊接中也有应用。搅拌摩擦焊工艺将使铝合金等轻金属的连接技术发生重大变革。

11.3　镁及镁合金的焊接

镁及镁合金具有密度小（$1.74 g/cm^3$）、比强度高、储量丰富等特点，近年来受到世界各国的关注。随着焊接技术的发展和镁及镁合金材料在航空航天、汽车、电子、武器装备等领域的大量应用，新的焊接方法不断地应用到镁及镁合金的焊接中，例如搅拌摩擦焊、微束电子束焊等。了解镁及镁合金的性能及焊接性特点，对于镁及镁合金的焊接应用具有重要的意义。

11.3.1　镁及镁合金分类、成分及性能

1. 镁及镁合金的分类及应用

镁是比铝更轻的有色金属，其熔点、密度均比铝低。纯镁由于强度低，很少用作工程材

料，常以镁合金的形式使用。镁合金具有较高的比强度和比刚度，具有高的抗振性，能承受比铝合金更大的冲击载荷。镁合金还具有优良的切削加工性，易于铸造和锻压，在航空航天、光学仪器、通讯以及汽车、电子产业中获得越来越多的应用。

镁的合金化一般是利用固溶-时效处理所造成的沉淀硬化来提高合金的性能。选择的合金元素在镁基体中应有明显的变化，在时效过程中能形成强化效果显著的第二相，同时应考虑合金元素对耐蚀性和工艺性能的影响。

镁及其合金的分类主要有三种方式：按化学成分、成形工艺和是否含 Zr。根据化学成分，以主要合金元素 Mn、Al、Zn、Zr 和 RE（稀土）为基础，可以组成基本的合金系：如 Mg-Mn、Mg-Al-Mn、Mg-Al-Zn-Mn、Mg-Zr、Mg-Zn-Zr、Mg-RE-Zr、Mg-Ag-RE-Zr、Mg-Y-RE-Zr 等。按照有无 Al，可分为含 Al 镁合金和不含 Al 镁合金；按有无 Zr，可分为含 Zr 镁合金和不含 Zr 镁合金。根据成形工艺，分为铸造镁合金（ZM）和变形镁合金（MB）两大类，但两者没有严格的区分，铸造镁合金如 AZ91、AM20、AM50、AM60、AE42 等也可作为锻造镁合金。镁合金的分类示意图如图 11-26 所示。

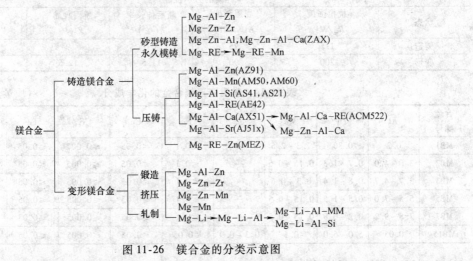

图 11-26　镁合金的分类示意图

我国铸造镁合金主要有如下三个系列：Mg-Zn-Zr、Mg-Zn-Zr-RE 和 Mg-Al-Zn 系。应用较广泛的是压铸镁合金，主要有以下四个系列：AZ 系列 Mg-Al-Zn、AM 系列 Mg-Al-Mn、AS 系列 Mg-Al-Si 和 AE 系列 Mg-Al-RE。变形镁合金有 Mg-Mn、Mg-Al-Zn 和 Mg-Zn-Zr 系。

MB1 和 MB8 属于 Mg-Mn 系镁合金，这类镁合金虽然强度较低，但具有良好的耐蚀性，焊接性良好。并且高温塑性较高，可进行轧制、挤压和锻造。MB1 主要用于制造承受外力不大，但要求焊接性和耐蚀性好的零件，如汽油和润滑油系统的附件。MB8 由于强度较高，其板材可制造飞机蒙皮、壁板及内部零件，型材和管材可制造汽油和润滑油系统的耐蚀零件，模锻件可制造外形复杂的零件。

MB2、MB3 以及 MB5 ~ MB7 镁合金属于 Mg-Al-Zn 系镁合金，这类镁合金强度高、铸造及加工性较好，但耐蚀性较差。其中 MB2、MB3 合金的焊接性较好，MB7 合金和 MB5 合金的焊接性稍差。MB2 镁合金主要用于制作形状复杂的锻件、模锻件及中等载荷的机械零件；MB3 主要用于制造飞机内部组件、壁板等；MB5 ~ MB7 镁合金主要用于制作承受较大载荷的零件。

MB15 属于 Mg-Zn-Zr 系镁合金，具有较高的强度和良好的塑性及耐蚀性，是目前应用较多的变形镁合金。主要用作室温下承受载荷和高屈服强度的零件，如机翼长桁、翼肋等。

2. 镁及镁合金的成分及性能

纯镁的主要物理及力学性能见表 11-13，纯镁的力学性能与组织状态有关，变形加工后力学性能明显提高。纯镁的抗拉强度与纯铝接近，但屈服强度和塑性比纯铝低。镁合金的优点是能减轻产品的重量，但在潮湿的大气中耐蚀性差，缺口敏感性较大。镁在水及大多数酸性溶液中易腐蚀，但在氢氟酸、铬酸、碱及汽油中比较稳定。常见变形镁合金的化学成分见表 11-14。

表 11-13　纯镁的主要物理及力学性能

纯镁的物理性能				
密度 ρ /(g/cm^3)	熔点 T_m/℃	线胀系数 α(0~100℃)/(10^{-6}/℃)	热导率 λ/[W/(cm·K)]	比热容 C/[(J/g·K)]
1.74	651	26.1	0.031	0.102

纯镁的力学性能				
状态	抗拉强度 R_m/MPa	屈服强度 $\sigma_{0.2}$/MPa	断后伸长率 A(%)	断面收缩率 Z(%)	硬度 HBW
铸造	115	25	8.0	9	3
变形	200	90	11.5	12.5	36

表 11-14　常见变形镁合金的化学成分　　　　　　（质量分数，%）

合金牌号	Al	Zn	Mn	Zr	Si	Cu	Ni	Fe	Mg
MB1	0.2	0.30	1.3~2.5	—	≤0.1	≤0.05	≤0.007	≤0.05	余量
MB2	3.0~4.0	0.7~1.3	0.15~0.5	—	≤0.1	≤0.05	≤0.005	≤0.05	余量
MB3	3.7~4.7	0.8~1.4	0.3~0.6	—	≤0.1	≤0.05	≤0.005	≤0.05	余量
MB5	5.5~7.0	0.5~1.5	0.15~0.5	—	≤0.1	≤0.05	≤0.005	≤0.05	余量
MB7	7.8~9.2	0.2~0.8	0.15~0.5	—	≤0.1	≤0.05	≤0.005	≤0.05	余量
MB15	0.05	5.0~6.0	0.1	0.3~0.9	≤0.05	≤0.05	≤0.005	≤0.05	余量

变形镁合金的力学性能与加工工艺、热处理状态等有很大关系，尤其是加工温度不同，材料的力学性能会处于很宽的范围。在 400℃ 以下进行挤压，挤压合金发生再结晶。在 300℃ 进行冷挤压，材料内部保留了冷加工的显微组织特征，如高密度位错或孪生组织。在再结晶温度以下进行挤压可使压制品获得更好的力学性能。表 11-15 是各种变形镁合金的力学性能。

表 11-15　各种变形镁合金的力学性能

合金牌号	抗拉强度 R_m/MPa	屈服强度 $\sigma_{0.2}$/MPa	断后伸长率 A(%)	抗剪强度 σ_τ/MPa	硬度 HBW	状态
MB1	260	180	4.5	130	40	挤压棒材
	210	120	8	—	45	板材
MB2	270	180	15	160	60	挤压棒材
	250	145	20	—	50	板材
MB3	330	240	12	—	—	厚 0.8~3mm 板材
	270	170	15	—	—	厚 12~30mm 板材
MB5	290	200	16	140	64	挤压棒材
	280	180	10	140	55	锻件

（续）

合金牌号	抗拉强度 R_m/MPa	屈服强度 $\sigma_{0.2}$/MPa	断后伸长率 A(%)	抗剪强度 σ_τ/MPa	硬度 HBW	状态
MB6	326	210	14.5	150	76	挤压棒材
	310	215	8	—	70	锻件
MB7	340	240	15	180	64	挤压棒材
	310	220	12	—	—	锻件
MB8	260	150	7	—	—	挤压棒材
	260	160	10	—	55	厚 3.1~10mm 板材
MB15	335	280	9	160	—	挤压棒材
	310	250	12	—	—	锻件

　　变形镁合金的弹性模量择优取向不敏感，因此在不同变形方向上，弹性模量的变化不明显。变形镁合金压缩屈服强度低于其拉伸屈服强度 50%~70%，因此应注意镁合金弯曲时产生不均匀塑性变形情况。

　　合金元素对镁合金组织和性能有重要的影响。加入不同的合金元素，可以改变镁合金共晶化合物或第二相的组成、结构和形态，可得到性能完全不同的镁合金。镁合金的主要合金元素有 Al、Zn、Mn 等。合金元素对镁合金性能的影响见表 11-16。

表 11-16　合金元素对镁合金性能的影响

元素	冶金性能	力学性能	耐蚀性
Al	改善铸造性，有形成显微疏松的倾向	提高强度，低温下（<120℃）沉淀硬化；对蠕变性能不利	提高耐蚀性，增加应力腐蚀敏感性
Ca	有效的晶粒细化作用，可抑制熔融金属的氧化	改善蠕变性能	对抗腐蚀不利
Cu	易形成金属玻璃的合金系，改善铸造性	—	对抗腐蚀不利，必须限制
Fe	Mg 与低碳钢坩埚几乎不反应	—	对抗腐蚀不利，必须限制
Li	增大蒸发及燃烧危险，只能在有保护的或密封的炉中熔炼	降低密度，增加塑性	强烈降低耐蚀性，Mg-Li-Al 合金在空气中也产生应力腐蚀
Mn	以沉淀 FeMnAl 化合物来控制 Fe 含量，细化沉淀产物	提高韧性，增大蠕变抗力	由于控制 Fe 的作用而提高耐蚀性，过量的 Mn 增加腐蚀速度
Ni	易形成非晶态的合金系		对耐腐蚀不利，必须限制
RE	改善铸造性，减少显微疏松，细化晶粒	在室温和高温下固溶强化和沉淀硬化；改善高温抗拉及蠕变性能	提高耐蚀性，提高应力腐蚀敏感性
Si	降低铸造性，与许多其他合金元素形成稳定的硅化物，与 Al、Zn 及 Ag 相溶，弱的晶粒细化剂	改善蠕变性能	有害
Zn	增加熔体流动性，弱的晶粒细化剂，有形成显微疏松和热裂的倾向	沉淀硬化，改善室温强度，如不加入 Zr 则有脆化及热脆倾向	较小影响，增加应力腐蚀敏感性；加入足量的 Zr 可补偿 Cu 的有害影响
Zr	最有效的晶粒细化剂，与 Si、Al 及 Mn 不相容，从熔体中清除 Fe、Al 及 Si	稍改善室温抗拉强度	提高耐蚀性，降低应力腐蚀敏感性

3. 镁合金的时效过程

镁合金时效过程非常复杂，可能出现的沉淀过程见表 11-17。镁合金时效过程的特点是有一个与镁点阵形成共格沉淀物的阶段，这种沉淀物具有特殊的晶格结构，类似于 Al-Cu 合金时效时形成的 θ'' 相。沉淀相以片状或盘状的形式存在，平行于沿 $\{10\bar{1}0\}_{Mg}$ 和 $\{11\bar{2}0\}_{Mg}$ 平面的 $<0001>_{Mg}$ 方向。

表 11-17　镁合金中可能出现的沉淀过程

合金系	沉淀过程
Mg-Al	过饱和固溶体 → 在 $[0001]_{Mg}$ 上形核的 $Mg_{17}Al_{12}$ 平衡沉淀物（非共格）
Mg-Zn-(Cu)	SSSS → G. P. 区 --------→ $MgZn_2$ --------→ $MgZn'_2$ --------→ Mg_2Zn_3 盘状　　杆状　　盘状　　三角晶系 $//\{0001\}_{Mg}$　$\perp\{0001\}_{Mg}$　$//\{0001\}_{Mg}$　$a=1.724nm$ （共格）　cph　　$(11\bar{2}0)_{MgZn2}//(10\bar{1}0)$　$b=1.445nm$ 　　　$a=0.52nm$　cph　　$c=0.52nm$ 　　　$c=0.85nm$　$a=0.52nm$　$\gamma=138°$ 　　　（共格）　$c=0.848nm$　（非共格） 　　　　　　（半共格）

Mg-RE(Nd)	SSSS → G. P. 区 --------→ β'' --------→ β' --------→ β
	Mg-Nd 片　　Mg_3Nd　　Mg_3Nd　　$Mg_{12}Nd$
	$//\{10\bar{1}0\}_{Mg}$　cph　　fcc　　bct
	（共格）　DO_{19} 超结构　片状　　$a=1.03nm$
	　　　片状　　$a=0.736nm$　$c=0.593nm$
	　　　$(0001)_{\beta''}//(0001)_{Mg}$　$(011)_{\beta'}//(0001)_{Mg}$　（非共格）
	　　　$\{10\bar{1}0\}_{\beta''}//(10\bar{1}0)_{Mg}$　$(111)_{\beta'}//\{\bar{2}110\}_{Mg}$
	　　　　　（半共格）

注：SSSS—过饱和固溶体。

11.3.2　镁及镁合金的焊接性分析

1. 氧化、氮化和蒸发

镁的化学性质极其活泼，镁比铝更容易与氧结合，在镁合金表面生成氧化镁（MgO）膜，熔点高（2500℃），密度大（3.2g/cm³）。MgO 膜没有 Al_2O_3 膜致密，其多孔疏松、脆性大，而且阻碍焊缝成形，因此在焊前要采用化学方法或机械方法对镁合金表面进行清理。在焊接过程的高温条件下，熔池中易形成氧化镁夹渣，这些氧化镁夹渣熔点高，密度大，在熔池中以细小片状的固态夹渣形式存在，不仅严重阻碍焊缝形成，也会降低焊缝的力学性能。熔焊过程中熔池内产生的氧化膜需借助于气焊熔剂或电弧的阴极雾化作用加以去除。

当焊接保护欠佳时，在焊接高温下镁还易与空气中的氮生成氮化镁 Mg_3N_2。氮化镁夹渣会导致焊缝金属的塑性降低，使接头变脆，应加强保护。由于镁的沸点低（约1100℃），在电弧高温下 Mg 易产生蒸发，造成环境污染。此外由于镁合金的热导率高，电弧气氛中没有隔绝氧的情况下还易引起镁的燃烧。因此焊接镁时，需要采取更加严格的保护措施，如需用气剂或氩气保护。

与焊接铝相似，镁焊接时易产生氢气孔，氢在镁中的溶解度随温度的降低而急剧减小，当氢的来源较多时，焊缝中出现气孔的倾向较大。镁合金焊缝中常见到连续气孔和密集气孔，防止措施是对焊件、焊丝进行严格清理，增强氩气保护效果。

镁及镁合金在没有隔绝氧的情况下焊接时，易燃烧，熔焊时需要惰性气体或焊剂保护。由于镁焊接时要求用大功率的热源（快速焊），当接头处温度过高时，母材会发生"过烧"现象。因此，焊接镁及镁合金时须控制焊接热输入。

对接接头间隙太大时在电弧前端容易出现烧穿，为此需要加入较多的填充焊丝，这时焊丝端部遮挡了电弧的阴极雾化和搅拌作用，夹渣不易排出。

2. 热裂纹倾向

除 Mg-Mn 系合金外，大部分镁合金焊接性较差，焊接时有热裂纹倾向，容易产生焊接裂纹。影响镁合金焊接热裂纹的因素主要是焊接应力、元素偏析、低熔点共晶和晶粒粗化等。

镁及镁合金的线胀系数较大，约为钢的 2 倍、铝的 1.2 倍，因此焊接过程中易产生较大的焊接热应力和变形，也会加剧焊接接头热裂纹的产生。镁合金焊接过程中焊缝金属易产生结晶偏析，熔合区附近会产生过热，存在较严重的热裂纹倾向，这对于获得良好的焊接接头是不利的。镁与一些合金元素（如 Cu、Al、Ni 等）固溶并易形成低熔点共晶，如 Mg-Cu 共晶（熔点480℃）、Mg-Al 共晶（熔点437℃）及 Mg-Ni 共晶（熔点508℃）等，这些共晶的脆性温度区间较宽，焊接时促使生成热裂纹。

镁的熔点低，热导率高，焊接时较大的焊接热输入会导致焊缝及近缝区金属产生粗晶现象（过热、晶粒长大、结晶偏析等），从而降低接头的性能。晶粒粗化和结晶偏析也是引起焊接接头热裂纹倾向的原因。表 11-18 是各种镁合金的热裂倾向及防止措施。

表 11-18　镁合金的热裂倾向及防止措施

镁合金	热裂倾向	防止措施
Mg-Mn 系二元合金（MB8）	合金相组织为 α+β(Mn)+Mg$_9$Ce。该合金的结晶区间窄，热裂倾向小，若近缝区经二次或多次加热，会产生含 Mg9Ce 的低熔共晶（加入 Ce 是为了改善接头力学性能、热稳定性和细化晶粒）	在焊丝中加入 w_{Al}4% ~ 5%与 Ce 反应形成均匀弥散分布在晶界上的 Al$_2$Ce
Mg-Al-Zn 系合金（MB2、MB3、MB5、MB6、MB7 及 ZM5）	加入 Zn 和 Al，可提高接头屈服强度，并阻止焊接时晶粒的长大。但 Zn、Al 含量增加时，低熔点共晶也增加，热裂纹倾向也增加，且有晶间过烧现象	限制 Zn 和 Al 的过量增加
Mg-Zn-Zr 系合金（MB15、MZ1、MZ2、MZ3）	结晶区间大，热裂倾向大	采用含有稀土（RE）的焊丝，并高温预热，可显著降低热裂倾向
Mg-Zn-Zr-稀土系合金	热裂倾向小，特别是横向裂纹和弧坑裂纹由于稀土的加入明显减少	采用结晶区间宽而熔点低于母材的焊接材料

防止镁合金焊接热裂纹的措施是选用合适的焊缝填充金属，控制焊接热输入；对于大厚度或刚度较大的结构件，需对焊接件进行预热和焊后热处理。

Mg-Mn 系合金（如 MB8）具有很窄的结晶温度范围（645 ~ 651℃），热裂纹倾向小，焊接性良好。为了改善合金的力学性能、热稳定性及细化晶粒，一般在 MB8 镁合金中加入 0.15% ~ 0.35%（质量分数）的稀土元素 Ce。MB8 镁合金的金相组织由 α+β(Mn)+Mg$_9$Ce 组成，近缝区常常析出 Mg$_9$Ce 低熔点共晶，导致热裂纹产生。在焊丝中加入质量分数为 4% ~5% 的 Al 夺取 Ce，生成分布在晶界的 Al_2Ce，有利于提高合金的抗热裂性。

Mg-Al-Zn 系合金（如 MB3）在镁中加入 Al 和 Zn，可阻止焊接时晶粒长大。焊接 Mg-Al-Zn 系变形镁合金（如 MB2、MB5、MB6、MB7）时，随着 Al、Zn 含量增加，结晶温度区间扩大，共晶数量增多。Zn 加入合金中能提高强度、降低伸长率、增大合金的热裂纹敏感性，因此 Zn 含量高的镁合金对裂纹很敏感，焊接性较差。

Mg-Al-Zr 系合金（如 MB15）结晶温度范围大，焊接时热裂纹倾向大，焊接性较差。但若采用含稀土的合金焊丝，并焊前预热，热裂纹倾向可显著减小，特别是横向裂纹和弧坑裂纹倾向减小更为显著。因此焊接 Mg-Al-Zr 系镁合金，可选用结晶范围宽和熔点低于母材的 Mg-Al-Zr-RE 填充焊丝。

镁合金焊缝具有细化晶粒的特点，晶粒平均尺寸小；Al 的质量分数超过 1.5% 的镁合金对应力腐蚀很敏感，焊后应消除残余应力。

3. 气孔与烧穿

与焊接铝相似，镁及其合金焊接时易产生氢气孔，氢在镁中的溶解度随温度的降低急剧减小，当氢的来源越多时，焊缝中出现气孔的倾向越大。由于镁合金焊接时散热快，要求采用大功率的热源，当接头处温度过高时，镁合金母材会发生"过烧"现象，因此焊接镁及其合金时也须控制焊接热输入。防止气孔的措施主要是加强焊前对工件表面和焊丝的清理。

焊接热输入的大小与受热次数对镁合金接头的组织和性能有一定影响，因此应限制接头返修或补焊次数。同时应注意焊接方法、焊接材料及焊接工艺的变化会导致接头力学性能的差异。焊后退火对消除焊接应力及改善接头组织有利，但退火工艺必须兼顾工件的使用和技术要求。

在焊接镁合金薄件时，由于镁合金的熔点较低，而氧化镁膜的熔点很高，使得接头不易熔合，焊接操作时难以观察焊缝的熔化过程。随着焊接区温度的升高，镁合金熔池的颜色也没有显著变化，极易导致焊缝产生烧穿和塌陷等。

4. 热输入对组织性能的影响

焊接热输入过大会使镁合金焊接接头的组织性能变坏。焊接镁合金时应采用大的焊接电流和较快的焊接速度，因为小电流焊接时易产生气孔，焊接速度慢会使热输入增大，易导致焊接区过热和热裂纹。

镁合金热影响区组织性能与焊接热输入之间有一定的对应关系。以 MB2 合金为例，热输入为 5.36kJ/cm 时，从焊缝金属到熔合区附近的热影响区是沿晶界均匀分布的细晶组织；当热输入增至 6.99kJ/cm 时，熔合区附近的晶粒开始粗化；当热输入继续增至 14.07kJ/cm，晶间出现了粗大的金属间化合物，接头区组织和性能恶化。

多次加热对镁合金焊接区组织性能有不利的影响，如导致组织严重粗化、产生热裂纹，对接头的力学性能和耐蚀性等也有不利影响。

焊后热处理对消除焊接应力和改善接头的组织性能是有利的，但退火温度的选择须兼顾整个焊接构件的技术要求，保持材料的原始状态（如冷作硬化、淬火时效状态等）。以 MB3 合金用同质焊丝的焊接接头为例，退火前后的组织有很大的差别。未经退火的焊缝组织为均匀的等轴细晶粒，在晶界处有一定数量的低熔点金属间化合物。经过 280℃、320℃、360℃ 退火（保温 5h），并空冷后，金属间化合物相应减少，特别是 360℃ ×5h 退火处理的焊缝中金属间化合物几乎全部溶入固溶体中。

11.3.3 镁及镁合金的焊接工艺特点

1. 焊接材料的选用

镁合金可以用钨极氩弧焊（TIG）、电阻点焊等方法进行焊接，但通常采用氩弧焊工艺。氩弧焊适用于所有的镁合金焊接，能得到较高的焊缝强度，焊接变形小，焊接时可不用气焊熔剂。对于铸件可用氩弧焊进行焊接修复并能得到满意焊接质量的接头。

镁合金氩弧焊时可采用铈钨电极、钍钨电极及纯钨电极，一般选用与母材化学成分相同的焊丝。为了防止在近缝区沿晶界析出低熔共晶，增大金属的流动性，减少裂纹倾向，也可采用与母材不同的焊丝。表 11-19 是常用镁合金的焊接性比较及适用焊丝。

表 11-19 常用镁合金的焊接性比较及适用焊丝

合金牌号	结晶区间 /℃	焊接性	适用焊丝
MB1	646 ~ 649	良好	同质焊丝，如 MB1
MB2	565 ~ 630	良好	同质焊丝，如 MB2
MB3	545 ~ 620	良好	同质焊丝，如 MB3
MB5	510 ~ 615	可焊	同质焊丝，如 MB5
MB7	430 ~ 605	可焊	同质焊丝，如 MB7
MB8	646 ~ 649	良好	一般采用焊丝 MB3
MB15	515 ~ 635	稍差	同质焊丝，如 MB15

小批量焊接生产时可采用边角料作焊丝，但应将其表面加工光洁，一般采用热挤压成形的焊丝。大批量生产应选择挤压成形的焊丝，焊丝使用前应进行选择，方法是将焊丝反复弯曲，有缺陷的焊丝（如疏松、夹渣及气孔）容易被折断。

2. 焊前清理、开坡口及预热

焊丝使用前须仔细清理表面，主要有机械和化学两种清理方法。机械清理法是用刀具或刷子去除氧化皮；化学清理法一般是将焊丝浸入 20% ~ 25%（质量分数）硝酸溶液浸蚀 2min，然后在 50 ~ 90℃ 的热水中冲洗，再进行干燥。清理后的焊丝一般应当天用完。表 11-20 是镁合金焊丝使用前的化学清理方法。

表 11-20 镁合金焊丝使用前的化学清理方法

工作条件		槽液成分 /(g/L)	工作温度 /℃	处理时间 /min
脱脂	① 碱液清洗	NaOH 10 ~ 25 Na_3PO_4 40 ~ 60 Na_2PO_3 20 ~ 30	60 ~ 90	5 ~ 15 将零件在碱液中抖动
	② 在流动热水中冲洗	—	50 ~ 90	4 ~ 5
	③ 在流动冷水中冲洗	—	室温	2 ~ 3
碱腐蚀	① 溶液中清洗	NaOH 350 ~ 450	对 MB8 70 ~ 80 对 MB3 60 ~ 65	2 ~ 3 5 ~ 6
	② 在流动热水中冲洗	—	50 ~ 90	2 ~ 3
	③ 在流动冷水中冲洗	—	室温	2 ~ 3
在铬酸中中和处理	① 中和处理	CrO_3 150 ~ 250 SO_4 < 0.4	室温	5 ~ 10 或将零件上的锈除尽
	② 在流动冷水中冲洗	—	—	2 ~ 3
	③ 在流动热水中冲洗	—	50 ~ 90	1 ~ 3
用干燥热风吹干			50 ~ 70	吹干为止

　　镁及镁合金焊接时，接头坡口的形式极为重要。图 11-27 所示为镁及镁合金焊接或修复时的坡口形式示例。

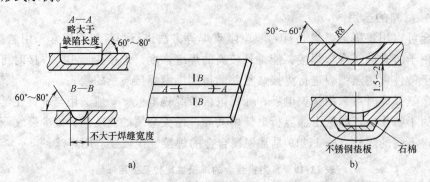

图 11-27　镁及镁合金补焊修复时的坡口形式

　　为了防止腐蚀，镁及镁合金通常进行过氧化处理，使其表面有一层铬酸盐氧化膜，但这层氧化膜会严重阻碍焊接过程，因此焊前须清除氧化膜及其他油污。机械清理可以用刮刀或不锈钢钢丝刷将焊缝区 25～30mm 范围的杂物及氧化层除掉。板厚小于 1mm 时，背面的氧化膜可不必清除，这样可以防止烧穿，避免发生焊缝塌陷现象。

　　焊接前是否需要进行预热取决于母材厚度和拘束度。对于厚板接头，如果拘束度较小，一般不需要预热；薄板、形状复杂和拘束度较大的接头，经常需要预热，以防止产生裂纹，尤其是高锌镁合金。

　　预热有整体预热及局部预热两种，整体预热在炉中进行，预热温度以不改变其原始热处理状态或冷作硬化状态为准。例如，经淬火时效的 ZM5 合金为 350～400℃ 或 300～350℃，一般在 2～2.5h 内升至所需温度，保温时间以壁厚每 25mm 乘以 1h 计算，最好采用热空气循环的电炉，可防止焊件发生局部过热现象。采用局部加热时应慎重，因为用气焊火焰、喷灯进行局部加热时，温度很难控制。目前铸件的焊接修复都采用氩弧焊冷补焊法，效果良好。

3. 镁及镁合金焊接方法

　　镁合金的氩弧焊一般采用交流电源，焊接电源的选用主要决定于合金成分、板材厚度以及背面有无垫板等。例如 MB8 和 MB3 具有较高的熔点，焊接 MB8 要比 MB3 所需的焊接电流大 10%～15%。为了减少过热，防止烧穿，焊接镁合金时应尽可能实施快速焊接。如焊接镁合金 MB8 时，当板厚 5mm、V 形坡口、反面用不锈钢成形垫板时，焊接速度可达 35～45cm/min 以上。

　　（1）钨极氩弧焊（TIG）　镁合金 TIG 焊时，钨极直径取决于焊接电源，焊接中钨极头部应熔成球形。选择焊枪喷嘴直径的主要依据是钨极直径及焊缝宽度，焊枪喷嘴直径不同时，氩气流量也不同。镁合金氩弧焊中用的氩气纯度要求较高，一般采用一级纯氩（体积分数 99.99% 以上）。

　　镁合金 TIG 焊时，板厚 5mm 以下采用左焊法；板厚大于 5mm 采用右焊法。平焊时，焊枪轴线与成形的焊缝成 70°～90° 角，焊枪与焊丝轴线所在的平面应与焊件表面垂直。焊丝应贴近焊件表面送进，焊丝与焊件间的夹角为 5°～15°。焊丝端部不得浸入熔池，以防止在熔池内残留氧化膜，这样就可借助焊丝端头对熔池的搅拌作用，破坏熔池表面的氧化膜并便于控制焊缝余高。

　　镁合金焊接时应尽量采用短弧（弧长 2mm 左右），以充分发挥电弧的阴极雾化作用并使熔池受到搅拌，便于气体逸出熔池。焊接不同厚度的镁合金时，在厚板侧需削边，使接头处两工件保持相同厚度，削边宽度等于板厚的 3～4 倍。焊接参数按板材的平均厚度选择，焊接操作时钨极端部应略指向厚板一侧。

　　镁合金钨极氩弧焊（TIG）和熔化极氩弧焊（MIG）焊丝的选择取决于母材的成分，常用镁合金氩弧焊用焊丝的化学成分见表 11-21。变形镁合金 TIG 焊的焊接参数见表 11-22。

表 11-21　常用镁合金氩弧焊（TIG、MIG）用焊丝的化学成分

牌号	主要化学成分（质量分数，%）							
	Al	Mn	Zn	Zr	RE（稀土）	Cu	Si	Mg
ERAZ61A	5.8～7.2	≥0.15	0.4～1.5	—	—	≤0.05	≤0.05	余量
ERAZ101A	9.5～10.5	≥0.13	0.75～1.25	—	—	≤0.05	≤0.05	余量
ERAZ92A	8.3～9.7	≥0.15	1.7～2.3	—	—	≤0.05	≤0.05	余量
ERAZ33A			2.0～3.1	0.45～1.0	2.5～4.0			余量

表 11-22　变形镁合金 TIG 焊的焊接参数

板材厚度 /mm	接头形式	焊接层数	钨极直径 /mm	喷孔直径 /mm	焊丝直径 /mm	焊接电流 /A	氩气流量 /(L/min)
1～1.5	不开坡口对接	1	2	10	2	60～80	10～12
1.5～3		1	3	10	2～3	80～120	12～14
3～5		2	3～4	12	3～4	120～160	16～18
6		2	4	14	4	140～180	16～18
18	V 形坡口对接	2	5	16	4	160～250	18～20
12		3	5	18	5	220～260	20～22
20	X 形坡口对接	4	5	18	5	240～280	20～22

　　下面以 AZ31B 镁合金薄板的 TIG 焊为例进行介绍。

　　图 11-28 是 AZ31B 镁合金薄板三种接头的手工钨极氩弧焊（TIG）的焊接接头示意图，主要包括 T 形、对接和角接接头。

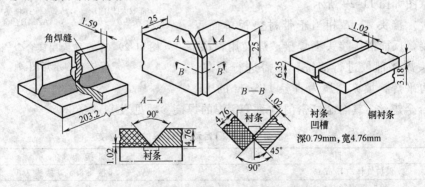

图 11-28　AZ31B 镁合金薄板手工 TIG 焊焊接接头示意图

　　厚度为 1.6mm 和 3mm 的 AZ31B 镁合金薄板 T 形接头单道焊（角焊缝长 203mm，焊脚尺寸 3mm）采用手工 TIG 焊时，调整焊机、气体流量和焊接速度，以获得优质、外形美观和熔透率合适的焊缝。焊后从立板未焊一侧打断焊接接头，显露焊缝根部，然后从断口检查熔透深度，检查有无气孔、未熔合和其他缺欠。

将 25mm×25mm×4.8mm 的 AZ31B 镁合金板挤压角形结构的斜边焊接起来，用于制造框架结构。该框架结构有四个直角接头，如图 11-28 所示。表 11-23 是 AZ31B 镁合金薄板手工 TIG 焊的焊接参数。

表 11-23　AZ31B 镁合金薄板手工 TIG 焊的焊接参数

项目	接头形式及焊接参数		
	T 形	角接和对接	对接
焊缝形式	单边角焊	V 形坡口	I 形坡口
焊接位置	横向角焊	向上立焊，平焊	平焊
保护气体和流量	Ar，5.5L/min	Ar，5.5L/min	Ar，5.5L/min
电极直径/mm	2.4	3	3
焊丝直径/mm	1.6	2.4	1.6
焊接电流/A	110	125	135
焊接速度/(cm/min)	25.4	25.4	25.4
焊后去应力处理	260℃×15min	177℃×1.5h	177℃×1.5h

焊前工序包括加工斜边角、开坡口、清理及装夹。横向和垂直对接接头坡口角度为 90°，钝边为 1mm。将焊接接头酸洗后，在夹具中装配，横向对接接头采用扁平衬条，垂直角接接头采用角形衬条。然后采用手工 TIG 焊进行焊接，采用高频稳定的交流电源、EWP 型钨极以及 ER-AZ61A 型填充焊丝。焊接时外侧角接头采用向上立焊的单道焊，对接接头采用单道平焊。

此外，航空航天用气密门的框架结构带有密封凹槽，采用 AZ31B-1124 镁合金薄板与 AZ31B 镁合金挤压件 TIG 焊接而成，属于小批量生产，但要求的质量较高。航空航天用镁合金气密门焊接结构示意图如图 11-29 所示。

焊接时，接头 A、B 相当于带衬垫板单面 V 形坡口对接，反面搭接接头不焊接。焊前用铬酸-硫酸对接头焊接部位进行清洗，不需进行预热。焊接位置为平焊，填充金属为直径 1.6mm 的 ER AZ61A 镁合金焊丝。镁合金气密门自动 TIG 焊的焊接参数见表 11-24。

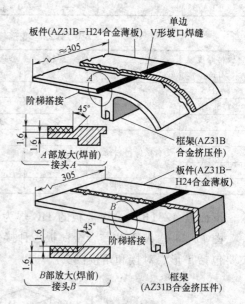

图 11-29　航空航天用镁合金气密门焊接结构示意图

表 11-24　镁合金气密门自动 TIG 焊的焊接参数

项　目	焊接参数
保护气体/(L/min)	Ar 气。A 接头 8.5，B 接头 7.6
钨电极直径/mm	3.2
焊接电流/A	A 接头 175，B 接头 135
送丝速度/(cm/min)	165
焊接速度/(cm/min)	A 接头 51，B 接头 38

TIG 焊设备中采用水冷焊枪、高频交流电源及 EWP 型钨极。将焊枪安置在切割机自动行走架上实现 TIG 自动焊。焊后接头进行 177℃×1.5h 的焊后去应力处理。

（2）熔化极氩弧焊（MIG）　镁合金进行熔化极氩弧焊时，采用直流恒压电源，以反极性施焊。可采用短路、脉冲、喷射三种熔滴过渡方式，分别适于焊接板厚小于 5mm 的薄板、薄中板及中厚板。不推荐使用滴状过渡方式进行焊接，焊接位置限于平焊、横焊和向上立焊。镁合金对接接头熔化极氩弧焊（MIG 焊）的焊接参数见表 11-25。

表 11-25　镁合金对接接头熔化极氩弧焊的焊接参数

板厚/mm	坡口形式	焊道	焊丝直径/mm	送丝速度/(cm/min)	焊接电流/A	电弧电压/V	氩气流量/(L/min)
短路过渡							
0.6	I 形①	1	1.0	356	25	13	18.8 ~ 28.3
1.0	I 形①	1	1.0	584	40	14	18.8 ~ 28.3
1.6	I 形①	1	1.6	470	70	14	18.8 ~ 28.3
2.4	I 形①	1	1.6	622	95	16	18.8 ~ 28.3
3.2	I 形②	1	2.4	343	115	14	18.8 ~ 28.3
4.0	I 形②	1	2.4	420	135	15	18.8 ~ 28.3
4.8	I 形②	1	2.4	521	175	15	18.8 ~ 28.3
脉冲过渡③							
1.6	I 形①	1	1.0	914	50	21	18.8 ~ 28.3
3.2	I 形①	1	1.6	711	110	24	18.8 ~ 28.3
4.8	I 形①	1	1.6	1207	175	25	18.8 ~ 28.3
6.4	V 形，60°④	1	2.4	737	210	29	18.8 ~ 28.3
喷射过渡⑤							
6.4	V 形④	1	1.6	1321	240	27	23.7 ~ 37.7
9.6	V 形④	1	2.4	724 ~ 757	320 ~ 350	24 ~ 30	23.7 ~ 37.7
12.5	V 形④	2	2.4	813 ~ 914	360 ~ 400	24 ~ 30	23.7 ~ 37.7
16	双 V 形⑥	2	2.4	838 ~ 940	370 ~ 420	24 ~ 30	23.7 ~ 37.7
25	双 V 形⑥	2	2.4	838 ~ 940	370 ~ 420	24 ~ 30	23.7 ~ 37.7

注：焊接速度 61 ~ 66cm/min。
① 不留间隙。
② 间隙 2.3mm。
③ 除板厚 4.8mm 的脉冲电压为 52V 外，其他脉冲电压均为 55V。
④ 钝边 1.6mm，不留间隙。
⑤ 也可用于等厚的角焊缝。
⑥ 钝边 3.2mm，不留间隙。

（3）搅拌摩擦焊　搅拌摩擦焊是一种新型的固相连接技术，利用不同形状的搅拌头伸入到工件中的待焊区域，通过搅拌头在高速旋转时与工件之间产生的摩擦热使金属产生塑性流动。在搅拌头的压力作用下从前端向后端塑性流动，从而形成焊接接头。

搅拌摩擦焊过程中金属不发生熔化，焊接时温度相对较低，因此不存在熔焊时产生的各种缺欠。焊接过程中无飞溅、气孔、烟尘，并且不需要填丝和气体保护，目前已经对 AM60、AZ31、AZ91、MB8 等镁合金进行了焊接。表 11-26 是 MB8 镁合金搅拌摩擦焊接头的力学性能，表 11-27 是 AZ31 镁合金搅拌摩擦焊接头的弯曲试验结果。

（4）电子束焊　采用电子束焊可获得良好接头的镁合金有 AZ91、AZ80 系列等。电子束焊时，在电子束下镁蒸气会立即产生，熔化的金属流入所产生的熔孔中。由于镁金属的蒸气压力高，因而所生成的熔孔通常比其他金属大，焊缝根部会产生气孔。同时镁合金电子束焊还易引起起弧及焊缝下塌等现象，起弧易导致焊接过程中断，因此须严格控制操作工艺以防止气孔、起弧及焊缝下塌现象产生。

表 11-26 MB8 镁合金搅拌摩擦焊接头的力学性能

焊接速度 $v/(\text{mm/min})$	30	60	95	118	235	300
抗拉强度	143	141	146	134	159	172
R_{m}/MPa	130	132	138	135	151	167
接头与母材强度比	64	63	65	60	71	76
$R_{\text{m}}/R_{\text{m 母材}}(\%)$	58	57	61	60	67	74

表 11-27 AZ31 镁合金搅拌摩擦焊接头的弯曲试验结果

试样号	焊接参数		弯曲角度 $\alpha/(°)$	跨距 l/mm	抗弯强度 $\sigma_{\text{b}}/\text{MPa}$
	搅拌头转速 $v_{\text{r}}/(\text{r/min})$	焊接速度 $v/(\text{cm/min})$			
1	600	11.8	30，背弯	70	233.2
2	750	75	85，背弯	70	279.9
3	1500	30	80，正弯	70	303.8

电子束焊通常采用真空焊接，但由于镁金属气体的挥发对真空室的污染很大，研究发现非真空电子束焊适合于镁合金的焊接。焊接时电子束的圆形摆动和采用稍微散焦的电子束，有利于获得优质焊缝。在焊缝周围用过量的金属或紧密贴合的衬垫能够减少气孔。但目前填充金属的方法对减少气孔的效果不是很理想。可通过合理调节焊接参数使气体在焊缝金属凝固前完全逸出，以避免形成气孔，其中电子束功率尤其是电子束流大小须严格控制。

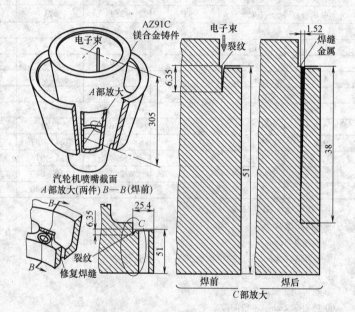

图 11-30 电子束焊修复汽轮机喷嘴疲劳裂纹示意图

例如，镁合金汽轮机喷嘴铸件（AZ91C）容易产生疲劳裂纹，采用电子束焊的长聚焦能力可以简化其补焊过程。图 11-30 所示的铸件有直线状未穿透裂纹，贯穿于镁合金主体和轴承架的连接件中，裂纹位于喷嘴下部约 305mm 处，区域很窄，用其他的焊接方法很难达到，并且由于喷嘴已经进行精加工，并与其他部件配合，不允许产生变形及随后进行的机加工。

焊前准备包括用丙酮擦洗裂纹区，不需要铲掉裂纹，也不需要填充金属，将工件放在移动工作台上，工件位于电子枪下 318mm 处，焊前用光学装置检查电子束和每条焊缝的对中，使电子束与凸台之间有合适的间隙。

选用的电子束功率应使熔透超出表观裂纹深度，但不能熔透截面，将电子束焦点调到距工件表面 6.35mm 处，焊接时采用三级固定式焊枪，用夹具将工件固定在自动跟踪导向架上，自动沿着裂纹有效长度直线移动，单道焊只需几秒时间即可获得较窄的焊缝。焊后接头不需进行热处理。表 11-28 是镁合金汽轮机喷嘴裂纹电子束焊修复的焊接参数。

表 11-28 汽轮机喷嘴裂纹电子束焊修复的焊接参数

项　目	焊 接 参 数	项　目	焊 接 参 数
焊机容量(最高真空度)	150kV, 40mA　$(6.67 \times 10^{-2}\text{Pa})$	焊接真空度	$2.67 \times 10^{-2}\text{Pa}$
真空室尺寸	635mm × 559mm × 711mm	电子束斑点尺寸	0.762mm
焊接功率	140kV, 40mA	焊接速度	76.2cm/min

11.4　钛及钛合金的焊接

钛及钛合金具有高强度，良好的塑性及韧性，最为突出的是比强度高，是一种优良的轻质结构材料。近年来，结构材料中钛及钛合金的应用越来越多，如在航空航天、石油化工、船舶制造、仪器仪表等领域都得到广泛的应用。我国钛资源丰富，冶炼和加工技术不断提高，钛及钛合金焊接结构将有很大的发展前景。

11.4.1　钛及钛合金的分类及性能

1. 钛及钛合金的分类

（1）工业纯钛　工业纯钛的牌号（TA1、TA2、TA3）和性质与纯度有关，纯度越高，强度和硬度越低，塑性越好，越容易加工成形。钛在 885℃ 时发生同素异构转变。在 885℃ 以下为密排六方晶格结构，称为 α 钛；在 885℃ 以上为体心立方晶格结构，称为 β 钛。钛合金的同素异构转变温度随着加入合金元素的种类和数量的不同而变化。工业纯钛的再结晶温度为 550 ~ 650℃。

工业纯钛中含有的杂质元素有氢、氧、铁、硅、碳、氮等。其中氧、氮、碳与钛形成间隙固溶体，铁、硅等与钛形成置换固溶体，起固溶强化作用，显著提高钛的强度和硬度，但降低塑性和韧性。氢以置换方式固溶于钛中，微量的氢能使钛的韧性急剧降低，增大缺口敏感性，并引起氢脆。

（2）钛合金　在纯钛中加入一定量的合金元素便可得到钛合金。钛合金按性能和用途可分为结构钛合金、耐蚀钛合金、耐热钛合金和低温钛合金等；根据退火组织可分为 α 钛合金、β 钛合金和 α + β 钛合金三大类，牌号分别以 TA、TB、TC 加顺序数字表示。TA4 ~ TA10 表示 α 钛合金，TB2 ~ TB4 表示 β 钛合金，TC1 ~ TC12 表示 α + β 钛合金；钛合金的相变温度和结晶组织发生相应的变化，强度、塑性、抗氧化性等显著提高。

1）α 钛合金。通过加入 α 稳定元素 Al 和中性元素 Sn、Zr 等固溶强化而形成。有时也加入少量 β 稳定元素（质量分数小于 20%）。α 钛合金中的主要合金元素是 Al，Al 溶入钛中形成 α 固溶体，提高再结晶温度。w_{Al} 为 5% 的钛合金，再结晶温度从纯钛的 600℃ 提高到 800℃；耐热性和力学性能也有所提高。铝还能够扩大氢在钛中的溶解度，减少氢脆敏感性。但 Al 的加入量不宜过多，否则易出现 Ti_3Al 相而引起脆性，通常铝的质量分数 w_{Al} 不超过 7%。

α 钛合金具有高温强度高、韧性好、抗氧化、焊接性好、组织稳定等特点，强度比工业纯钛高，但加工性能较 β 和 α + β 钛合金差。α 钛合金不能进行热处理强化，但可通过

600~700℃的退火处理消除加工硬化，或通过不完全退火（550~650℃）消除焊接时产生的应力。

TA7（Ti-5Al-2.5Sn）是一种应用广泛的α钛合金，具有较好的高温强度和高温蠕变性能，540℃时蠕变强度达到516MPa，适用于制造450℃以下连续承载的构件。TA7加工后一般要进行800~850℃的退火处理，以消除应力。

2）β钛合金。含有很高比例的β相稳定化元素（如Mo、V），使马氏体转变β→α进行得很缓慢，在一般工艺条件下，组织几乎全部为β相。通过时效处理，β钛合金的强度可得到提高，强化机理是α相或化合物的析出。β钛合金在单一β相条件下加工性良好，具有优良的加工硬化性能，但高温性能差，脆性大，焊接性较差，易形成冷裂纹，在焊接结构中应用较少。

3）α+β钛合金。由α相和β相两相组织构成。α+β钛合金中含有α相稳定元素Al，为了进一步强化合金，添加了Sn、Zr等中性元素和β稳定元素，其中β相稳定元素的加入量不超过6%（质量分数）。α+β钛合金兼有α和β钛合金的优点，既具有良好的高温变形能力和热加工性，又可通过热处理强化。随着α相比例的增加，加工性能变差；随着β相比例增加，焊接性变差。α+β钛合金退火状态时断裂韧性高，热处理状态时比强度大，硬化倾向较α和β钛合金大。α+β钛合金的室温、中温强度比α钛合金高，并且由于β相溶解氢等杂质的能力较α相大，因此氢对α+β钛合金的危害较α钛合金小。由于α+β钛合金力学性能可在较宽的范围内变化，可使其适应不同的用途。

TC4（Ti-6A-4V）是应用最广泛的α+β钛合金，基本相组成是α相和β相。但在不同的热处理工艺下，两相的比例、性质和形态不同。将TC4合金加热到不同温度后空冷可得到不同的组织。TC4钛合金的室温强度高，在150~350℃时具有良好的耐热性，还具有良好的压力加工性和焊接性，而且可通过焊后的固溶和时效处理进一步强化。

2. 钛及钛合金的性能特点

钛及钛合金的比强度很高，是很好的热强合金材料。钛的线胀系数小，在加热和冷却时产生的热应力较小。钛的导热性差，摩擦因数大，切削、磨削加工性和耐磨性较差。钛的弹性模量较低，不利于结构的刚度，也不利于钛及钛合金的成形和矫直。钛的主要物理性能见表11-29。

表 11-29　钛的主要物理性能（20℃）

密度 /(g/cm³)	熔点 /℃	比热容 /(J/(kg·K))	热导率 /(J/(m·s·K))	电阻率 /(μΩ/cm)	线胀系数 /(10⁻⁶/K)	弹性模量 /MPa
4.5	1668	522	16	42	8.4	16

工业纯钛容易加工成形，但加工后会产生加工硬化。为恢复塑性，可采用真空退火处理（700℃×1h）。钛与氧的亲和力很强，在室温条件下就能在表面生成一层致密稳定的氧化膜。由于氧化膜的保护作用，使钛在大气、高温气体（550℃以下）、中性及氧化性介质、不同浓度的硝酸、稀硫酸、氯盐溶液以及碱溶液中都有良好的耐蚀性，但氢氟酸对钛具有腐蚀作用。工业纯钛的化学活性随着加热温度的升高而迅速增大，在固态下具有很强的吸收各种气体的能力。

钛及钛合金的力学性能见表11-30。钛及钛合金具有良好的耐蚀性、塑性、韧性和焊接性。板材和棒材可用于制造350℃以下工作的零件，如飞机蒙皮、隔热板、热交换器、化学工业的耐蚀结构等。

表 11-30　钛及钛合金的力学性能

合金牌号	材料状态	板材厚度/mm	室温力学性能（不小于）				高温力学性能	
			抗拉强度 R_m/MPa	断后伸长率 $A(\%)$	残余伸长应力 $\sigma_{r0.2}$/MPa	弯曲角 $\alpha/(°)$	抗拉强度 R_m/MPa	持久强度 σ_{100h}/MPa
TA1	退火	0.3 ~ 2.0 2.1 ~ 10.0	370 ~ 530	40 30	250	140 130	—	—
TA2	退火	0.3 ~ 25.0	440 ~ 620	20 ~ 35	320	80 ~ 100	—	—
TA3	退火	0.3 ~ 10.0	540 ~ 720	20 ~ 30	410	80 ~ 90	—	—
TA6	退火	0.8 ~ 10.0	685	12 ~ 20	—	40 ~ 50	420（350℃） 340（500℃）	390（350℃） 195（500℃）
TA7	退火	0.8 ~ 10.0	735 ~ 930	12 ~ 20	685	40 ~ 50	490（350℃） 440（500℃）	440（350℃） 195（500℃）
TB2	淬火、时效	1.0 ~ 3.5	≤980 1320	20 8		120		
TC1	退火	0.5 ~ 10.0	590 ~ 735	20 ~ 25		60 ~ 100	340（350℃） 310（400℃）	320（350℃） 295（400℃）
TC2	退火	0.5 ~ 10.0	685	12 ~ 25		50 ~ 80	420（350℃） 390（400℃）	390（350℃） 360（400℃）
TC3	退火	0.8 ~ 10.0	880	10 ~ 12	—	30 ~ 35	590（400℃） 440（500℃）	540（400℃） 195（500℃）
TC4	退火	0.8 ~ 10.0	895	10 ~ 12	830	30 ~ 35	590（400℃） 440（500℃）	540（400℃） 195（500℃）

注：高温持久强度是持续 100h 条件下测得的。

11.4.2　钛及钛合金的焊接性分析

钛及钛合金的焊接性特点是由钛及钛合金的物理、化学性质及热处理性能所决定的。了解钛及钛合金的焊接性特点，是确定焊接工艺、提高接头焊接质量的前提。

1. 接头区脆化

常温下，由于表面氧化膜的作用，钛及钛合金能保持高的稳定性和耐蚀性。但钛在高温下，特别是在熔融状态时对于气体有很高的化学活性。而且在 540℃ 以上钛表面生成的氧化膜较疏松，随着温度的升高，容易被空气、水分、油脂等污染，使钛与氧、氮、氢的反应速度加快，降低焊接接头的塑性和韧性。在高温下钛与氧、氮、碳、氢等的亲和力很强，无保护的钛在 300℃ 以上开始吸氢，600℃ 以上开始吸氧，700℃ 以上开始吸氮，如图 11-31 所示。这些氢、氧、氮气体被钛吸收后，会引起接头的脆化。

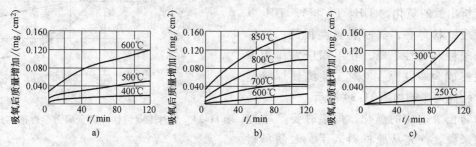

图 11-31　温度和时间对钛吸氧、氮、氢程度的影响

（1）氧和氮的影响　氧、氮均是 α 相稳定元素，氧在 α 钛、β 钛中溶解的最大摩尔分数分别为 14.5% 和 1.8%，氮则分别为 7% 和 2%。钛与氧在 600℃以上发生强烈的作用，当温度高于 800℃时，氧化膜开始向钛中溶解扩散。氮则在 700℃以上与钛发生强烈作用，形成脆硬的 TiN。氧、氮在高温的 α 钛、β 钛中都容易形成间隙固溶体，造成钛的晶格畸变，使强度、硬度提高，但塑、韧性显著降低。而且氮与钛形成的固溶体造成的晶格畸变较氧更严重。因此，氮比氧更剧烈地提高钛的强度和硬度，降低钛的塑性。钛合金薄板的塑性可以用 R/δ（板材弯曲半径与厚度之比）的值表示。

氧和氮与钛生成的化合物促使焊接接头的硬度提高，塑性严重下降。图 11-32 是焊缝中氮、氧含量对接头强度、弯曲塑性的影响。采用氩弧焊和等离子弧焊焊接钛及钛合金时，如果氩气纯度达不到要求或焊缝和热影响区保护不好，焊接接头将随氩气中氧、氮和空气含量的增加而硬度提高，图 11-33 是氩气中氧、氮和空气含量对工业纯钛焊缝硬度的影响。

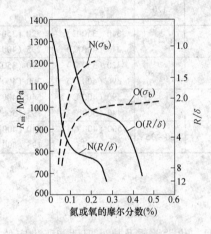

图 11-32　焊缝中氮、氧含量对
接头强度、塑性的影响

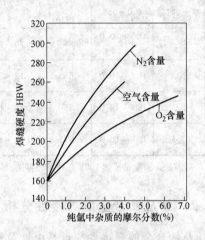

图 11-33　氩气中氧、氮和空气含量
对工业纯钛焊缝硬度的影响

（2）氢的影响　氢是 β 相稳定元素，在 β 钛中溶解的量较大，而在 α 钛中溶解的量很小。钛与氢在 325℃时发生共析转变 β→α + γ。在 325℃下氢在 α 钛中溶解的质量分数急速下降，常温时仅为 0.00009%。氢溶于钛中，不仅导致产生气孔，而且冷却时共析转变析出钛的氢化物 TiH₂（γ 相）。TiH₂ 以细片状或针状存在，其断裂强度很低，使焊接接头塑性和韧性下降，在组织应力作用下还会促使成为裂纹源。氢对工业纯钛焊缝金属力学性能的影响如图 11-34 所示。

为防止氢造成的脆化，焊接时要严格控制氢的来源。首先从原材料入手，限制母材

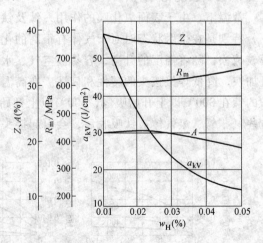

图 11-34　氢对工业纯钛焊缝金属力学性能的影响

和焊材中氢的含量以及表面吸附的水分，提高氩气的纯度，使焊缝的氢含量控制在 0.015%

（质量分数）以下。其次可采用冶金措施，提高氢的溶解量。添加质量分数为 5% 的铝可使氢在 α 钛中的常温溶解质量分数达到 0.023%。添加 β 相稳定元素 Mo、V 可使室温组织中残留少量 β 相，溶解更多的氢，降低焊缝的氢脆倾向。

当焊接重要构件时，可将焊丝、母材放入真空度为 $1.33 \times 10^{-3} \sim 1.33 \times 10^{-2}$ Pa 的真空炉中加热至 800~900℃，保温 5~6h 进行脱氢处理，将氢的质量分数控制在 0.0012% 以下，可提高焊接接头的塑性和韧性。

（3）碳的影响 碳主要来源于母材、焊丝和油污等。常温时碳在 α 钛中溶解的质量分数为 0.13%。在溶解度范围内，碳以间隙形式固溶于 α 钛中，使钛的强度提高，塑性下降，但影响程度不如氧、氮显著。碳超过溶解度时析出硬脆的 TiC，并呈网状分布，其数量随碳含量的增高而增多，使得焊缝的塑性迅速下降，在焊接应力作用下容易产生裂纹。因此，碳在钛及钛合金中的质量分数不得超过 0.1%，当钛及钛合金中碳的质量分数达到 0.28% 时焊接接头变得很脆。此外焊缝中的含碳量应小于母材的含碳量。焊前应仔细清理焊件和焊丝上的油污，避免焊缝增碳。

（4）合金元素的影响 在钛中加入 Al、Ni、Si、Nb、Cr、Mn、V、Mo 等合金元素能够提高钛合金的强度；有时为获得某些特殊性能，如抗氧化性和耐蚀性等，还可加入不同种类的合金元素。这些合金元素的加入会使钛合金的相变温度及结晶组织结构发生较大的变化，影响钛及其合金焊接接头的性能，如图 11-35 所示。

Al 元素不仅可提高钛及其合金焊接接头的强度，还能提高焊缝的热强性、耐蚀性、抗蠕变和抗氧化的能力。焊缝中的 Al 的质量分数小于 3% 时，不会改变熔化金属的微观组织；当 Al 的质量分数为 5% 时，焊缝金属会产生粗大的针状组织，使焊缝金属的塑性有所降低；当 Al 的质量分数为 7% 时，接头塑性下降，冷弯角仅为不含 Al 的钛合金焊接接头的 40%，但焊缝的韧性变化不大。所以焊接时应控制焊缝金属中的 Al 的质量分数不超过 6%。焊缝中的 Sn 的质量分数控制在 8%~10%，不仅有利于提高焊缝金属的塑、韧性，还能提高接头的抗拉强度。

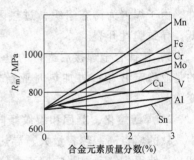

图 11-35 合金元素对钛合金接头强度的影响

Mo 的质量分数一般控制在 3%~4%，焊缝金属具有良好的塑性和韧性。如 Mo 的质量分数大于 6%，虽然能够提高接头强度，但塑性、韧性下降明显。加入 Mn、Fe、Cr 等元素提高焊缝抗拉强度的作用最为显著。在焊缝中适量加入 Nb、W、Si 等合金元素可明显提高接头的抗氧化能力。此外，加入合金元素对降低氢脆的影响可起到良好的效果，例如。当焊缝中加入质量分数为 5% 的 Mo 时，可获得冲击韧度为 49J/cm² 的接头。

工业纯钛薄板在空气中加热到 650~1000℃ 时，不同保温时间对焊接接头弯曲性能的影响如图 11-36 所示。可见，加热温度越高，保温时间越长，焊接接头塑性下降得越多。焊接接头在凝固结晶过程中，焊缝和热影响区的金属在正、反面得不到有

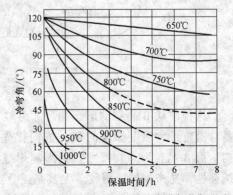

图 11-36 保温时间对焊接接头弯曲性能的影响

效保护的情况下，很容易吸收氮、氢。焊接时对熔池及温度超过 400℃ 的焊缝和热影响区（包括焊缝背面）要加以妥善保护。

钛及钛合金焊接时，为保护焊缝及热影响区免受空气的污染，通常采用高纯度的惰性气体或无氧氟—氯化物焊剂。采用无氧氟—氯化物焊剂进行焊接时，熔渣和金属发生化学反应：$Ti + 2MnF_2 \longrightarrow TiF_4 + 2Mn$。由于氟化物在液态金属中不溶解，所以焊缝金属冷却后不会形成非金属夹杂，但焊剂中一些元素可能溶入熔池。

（5）焊接热输入的影响　钛合金焊接热影响区发生的组织转变类似于基体金属淬火时的组织转变。根据合金元素含量和热输入的不同，钛合金中能形成一些亚稳定相（如 α'、α''、ω、β），这些亚稳定相能显著地改变近缝区金属的性能。因此，控制焊接热输入，避免在钛合金近缝区的最终组织中产生脆性和不稳定相是非常重要的。高强度钛合金焊接时，焊接热输入作用下的组织转变特性，更易导致焊缝金属的脆化。

焊接后，为了消除残余应力、稳定焊接接头的组织和性能、防止脆化，焊后可进行适当的热处理。

1）α 钛和近 α 钛合金有良好的焊接性（前者为单相 α 组织，无相变；后者 β 相含量很少），这类钛合金焊接后主要是进行去应力退火，稳定接头区性能。

2）$\alpha + \beta$ 钛合金焊接后进行热处理，不仅为了消除应力，还为了改善合金的塑性和稳定组织，一般是进行稳定化退火处理（与合金的最佳退火工艺相同）。$\alpha + \beta$ 钛合金的焊接件，由于焊缝为铸态组织，过热区晶粒粗大，焊后不宜采用强化热处理，以免合金塑性太低，导致脆性开裂。

3）β 钛合金焊接后进行的退火，实质上是时效处理，因为 β 钛合金焊后冷却快，得到的是亚稳定 β 相；再加热时亚稳定 β 相发生分解。因此，焊后要进行时效处理以免焊缝变脆。

2. 焊缝熔化、凝固和裂纹倾向

钛的熔点高、热容量大、导热性差，因此焊接时易形成较大的熔池，并且熔池的温度很高。这使得焊缝及热影响区高温停留的时间较长，晶粒长大倾向较大。因此钛合金熔化焊焊缝金属的特点是生成粗大的柱状 β 晶粒，这些晶粒是以熔合区边缘的半熔化固相为形核基底，背向散热方向生长而形成的（见图 11-37）。

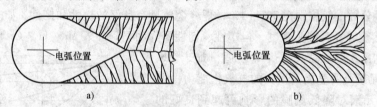

图 11-37　熔焊焊缝金属晶粒外延生长示意图
a）泪滴形熔池　b）椭圆形熔池

这种柱状 β 晶粒的形态和尺寸由"竞相生长"过程决定，也取决于焊接熔池的形状。β 晶粒沿着最大温度梯度的某一方向优先平行生长，对体心立方结构的 β 晶粒为 <100> 方向。而 β 晶粒形态和尺寸直接影响焊缝金属的性能，由于晶粒粗大，降低接头的塑性和断裂韧性，易产生焊接裂纹。尤其是工业纯钛、α 钛合金和 β 钛合金，焊缝及热影响区粗大的晶粒难以用焊后热处理方法回复，且焊缝金属呈铸态，焊后强度下降较大。

因此，控制焊缝金属晶粒尺寸是焊接工作者研究的重点。细化焊缝金属晶粒的手段主要有焊接时严格控制热输入、电磁搅拌、电弧摆动、低频和高频脉冲、变质处理、喷射保护气体等。例如，可采用电磁搅拌、变质处理及两者结合的方法使钛合金焊缝金属晶粒细化，并取得良好的效果。熔焊时应采用能量集中的热源，减小热影响区；或采用较小的焊接电流和较快的焊接速度，避免产生焊接裂纹。

对于 α + β 钛合金，如果 β 组织含量较少，则焊接性较好，但接头塑性比 α′合金低；β 组织较多的合金在冷却过程中会出现各种马氏体相，如 α′相、α″相和 ω 相，塑韧性进一步下降。冷却速度越快，塑韧性下降越严重，裂纹倾向越大。所以焊接 α + β 钛合金时宜采用较大的热输入。此外，进行合适的焊后热处理，也可减少焊接裂纹。

钛合金焊缝中心凝固裂纹和末端收缩裂纹也时有发生，这些热裂纹可通过控制 β 晶粒的形态及减小焊缝的拘束度来消除。比较 Ti-6Al-4V、Ti-6Al-6V-2Sn、Ti-5V2Al-3Cr-3Sn 三种钛合金焊接凝固裂纹的敏感性可知，Ti-6Al-4V 合金焊缝中没有凝固裂纹，其他两种钛合金焊缝中有明显的凝固裂纹，其中 Ti-5V2Al-3Cr-3Sn 合金对焊接凝固裂纹最为敏感。这与合金中溶质原子扩散速度慢、合金元素枝晶偏析密切相关。

当焊缝中氧、氢、氮含量较多时，焊缝和热影响区的性能变脆，在较大的焊接应力作用下容易出现冷裂纹，这种裂纹是在较低温度下形成的。焊接钛合金时，热影响区有时也会出现延迟裂纹，原因是由于熔池中的氢和母材金属低温区中的氢向热影响区扩散，引起氢在热影响区的含量增加并析出 TiH_2，使热影响区脆性增大。此外，氢化物析出时的体积膨胀会引起较大的组织应力，再加上氢原子的扩散与聚集，最终使得接头形成裂纹。防止这种延迟裂纹的方法是尽可能降低焊接接头的氢含量。为此，应选用含氢量低的母材、焊丝和氩气，注意焊前清理、焊后去氢处理，并进行消除应力处理。必要时，也可进行真空退火处理。

钛及钛合金由于高温塑性较好，液相线与固相线的温度区间窄，而且凝固时的收缩量也比较小，加上硫、磷、碳等杂质元素少，在晶界上很少形成低熔点共晶聚集，所以一般很少产生热裂纹。但当母材和焊丝质量不合格，特别是当焊丝有裂纹、夹杂等缺欠时，会在夹杂和裂纹处积聚大量有害杂质而使焊缝产生热裂纹。所以钛合金焊接时应特别注意母材和焊接材料的成分标准是否符合要求。

3. 焊缝中的气孔

钛和钛合金焊接时氩气、母材及焊丝中含有的 O_2、N_2、H_2、CO_2、H_2O 都可能引起气孔。钛及钛合金焊缝形成气孔的影响因素见表 11-31。其中氢是钛及钛合金焊接中形成气孔的主要气体。氢气孔多数产生在焊缝中部和焊接熔合区附近。

表 11-31　钛及钛合金焊缝形成气孔的影响因素

影 响 因 素	形成气孔的原因
焊接区气氛	在熔池中混入 O_2、N_2、H_2 等杂质气体
焊丝	焊丝表面吸附杂质气体；焊丝表面存在灰尘和油脂；焊丝表面存在氧化物；焊丝内部含有杂质气体等
焊件	焊件表面吸附杂质气体；焊件表面存在灰尘和油脂；焊件表面存在氧化物；焊件内部含有杂质气体等
焊接条件	钨极氩弧焊时焊接电流太大；焊接速度太快等
坡口形式	坡口角度太小

（1）氢气孔形成的原因　　氢在高温时溶入熔池，冷却结晶时过饱和的氢来不及从熔池

逸出时，便在焊缝中积聚形成气孔。氢在高温钛中的溶解度曲线如图 11-38 所示。从图中可以看出，氢在钛中的溶解度随着液体温度的升高反而下降，并在凝固温度时发生溶解度突变。焊接时熔池中部比熔池边缘的温度高，使熔池中部的氢除向气泡核扩散外，同时也向熔合区扩散，因此在熔池边缘氢容易过饱和而生成氢气孔。

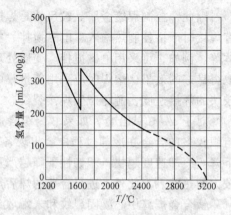

图 11-38　氢在高温钛中的溶解度曲线

（2）减少气孔的措施　焊接接头中的气孔不仅造成应力集中，而且使气孔周围金属的塑性降低，从而使整个焊接接头的力学性能下降，甚至导致接头的断裂破坏。因此必须严格控制气孔的生成。防止气孔产生的关键是杜绝气体的来源，防止焊接区被污染，通常采取以下措施：

1）焊前仔细清除焊丝、母材表面上的氧化膜及油污等有机物；严格限制原材料中氢、氧、氮等杂质气体的含量；焊前对焊丝进行真空去氢处理以改善焊丝的含氢量和表面状态。

2）缩短焊件清理后到焊接的时间间隔，一般不要超过 2h，否则要妥善保存，以防吸潮；采用机械方法加工坡口端面，并除去剪切痕迹。

3）正确选择焊接参数，延长熔池停留时间，以便于气泡的逸出；控制氩气的流量，防止紊流现象。

4）可以采用真空电子束焊或等离子弧焊；采用低露点氩气，其纯度 > 99.99%（体积分数）；焊炬上通氩气的管道不宜采用橡皮管，以尼龙软管为好。

5）采用脉冲氩弧焊可明显减少气孔，氩气脉冲通断比以 1:1 为好。

6）采用 $AlCl_3$、$MnCl_2$ 和 CaF_2 等涂于焊接坡口上，并控制对接坡口间隙为 0.2~0.5mm。

此外，钛的弹性模量比不锈钢小，在同样的焊接应力条件下，钛及钛合金的焊接变形是不锈钢的一倍，因此焊接时应采用垫板和压板将待焊工件压紧，以减小焊接变形。垫板和压板还可以传导焊接区的热量，缩短焊接区的高温停留时间，减小焊缝的氧化。

4. 焊接接头的组织变化

钛合金焊缝凝固结晶特点直接影响其组织性能，焊接方法及焊接参数等也会影响焊缝凝固组织的晶粒生长、晶粒尺寸和焊后冷却速度，最终影响焊缝组织性能。其中熔合区的微观组织对接头区性能影响很大。焊后热处理是改变焊缝组织性能的有效手段，可通过特定的热处理达到改善微观组织的目的。

为了研究钛合金焊接接头区的组织变化，用钨极氩弧焊（TIG）试验了两种焊接接头。将较厚的纯钛板材的接头加工成 V 形坡口（60°），清理干净接头处的氧化物、金属残渣和油污后，用以下两种工艺进行焊接：

1）低氧焊缝。前 2 条焊道在充氩焊箱内焊接，后 2 条焊道在焊箱外用焊炬上的氩气进行保护。

2）高氧焊缝。4 条焊道均在焊箱外进行焊接，仅有氩气保护。

对两组试样的力学性能试验表明，两组焊缝的强度都不如基体金属，低氧焊缝的强度约为基体金属的 67%，高氧焊缝的强度仅为基体金属的 25%。低氧焊缝的氧含量与基体金属和焊丝的基本相同，而高氧焊缝的氧含量是基体金属和焊丝的 2 倍多。

显微组织分析表明，沿焊缝自上而下，接近表面处的氧含量和硬度有所升高，碳、氮含量则相对稳定，氧含量高的焊缝硬度明显高于氧含量低的焊缝；垂直于焊缝方向，在焊缝中心线上的硬度最低，在热影响区的硬度有所增加，基体金属处于一恒定值，而且氧、碳、氮含量也基本恒定。

两组焊缝的显微组织分析表明，弯曲试验后的焊缝上均发生开裂；由于两组焊缝的热输入相同，焊缝和热影响区的显微组织相似：焊缝的显微组织为典型的 α 相，焊缝中心处的晶粒尺寸粗大，β 相在晶界上析出；热影响区的晶粒尺寸逐渐降低至基体金属的 20μm；基体金属的 α 相为等轴晶，α 相晶内外残留有少量高温 β 相。高氧含量的焊缝上部存在明显的氧污染，还可见到带有魏氏体片的针状 α 相和沿晶界析出的 β 相。这是由于高温下 Ti 与 TiO_2 之间发生包晶反应所致，焊后快速冷却时，氧的存在使部分 β 相保留到室温。

钛合金焊接区加热到高于 α→β 转变的临界温度时，晶粒开始长大的瞬间是以晶界突跃式位移的方式进行的；随着晶粒尺寸的增大，晶粒长大的速度减慢。但是随着温度提高，晶粒长大的速度又重新加快。

钛合金焊接时热影响区中的 β 相晶粒的长大，首先取决于最高加热温度，在此温度下的停留时间和近缝区的冷却速度对晶内组织和晶粒尺寸产生显著影响，而对晶内组织的影响又远大于对晶粒尺寸的影响。在靠近熔合区的热影响区粗晶区，晶粒长大使焊接接头的强度和塑性降低；钛合金焊缝和近缝区金属的粗大结晶组织，也将导致韧性降低。

钛合金焊缝金属中细小的魏氏组织和晶界 α 相分布提高了接头区的断裂韧度，这与退火 β 钛合金断裂韧度提高相一致。这种高断裂韧度的产生原因是沿 β 相晶界裂纹尖端的钝化及分枝。用高能密度焊接方法焊接 α + β 钛合金时，焊缝金属断裂韧度明显低于母材。

尽管优化了焊接工艺及焊接参数，采用了冶金和焊后热处理等措施，使钛合金焊缝金属的静载强度和塑性提高到接近母材的水平，但由于焊缝金属中粗大柱状晶的存在，使钛合金焊缝金属动载强度和耐蚀性能显著降低。

以上分析表明，钛及钛合金焊接中，加强氩气保护和控制热输入对提高焊接接头的抗裂性和力学性能是非常重要的。

11.4.3　钛及钛合金的焊接工艺特点

钛及钛合金的性质非常活泼，溶解氮、氢、氧的能力很强，所以普通的焊条电弧焊、气焊、CO_2 气体保护焊不适用于钛及钛合金的焊接，应用较多的焊接方法有钨极氩弧焊、熔化极氩弧焊等。钛及钛合金的主要焊接方法及特点见表 11-32。

表 11-32　钛及钛合金的主要焊接方法及特点

焊接方法	特　点
钨极氩弧焊	1）可以用于薄板及厚板的焊接，板厚 3mm 以上时可以采用多层焊 2）熔深浅，焊道平滑 3）适用于修补焊接
熔化极氩弧焊	1）熔深大，熔敷量大 2）飞溅较大 3）焊缝外形较钨极氩弧焊差

（续）

焊接方法	特　　点
等离子弧焊	1）熔深大 2）10mm 的厚板可以一次焊成 3）手工操作困难
电子束焊	1）熔深大，污染少 2）焊缝窄，热影响区小，焊接变形小 3）设备价格高
激光焊	1）熔深大 2）不用真空室 3）可以进行精密焊接 4）设备价格高
扩散焊	1）可以用于异种金属或金属与非金属的焊接 2）形状复杂的工件可以一次焊成 3）变形小

氩弧焊用于焊接厚度在 3mm 以下的钛及钛合金，分为敞开式焊接和箱内焊接两种类型，又各自分为手工焊和自动焊。敞开式焊接是利用氩弧焊焊枪喷嘴、拖罩和背面保护装置通以 Ar 或 Ar + He 混合气体，把焊接高温区与空气隔开，防止空气侵入而污染焊接区的金属。当焊件结构复杂，难以实现拖罩或背面保护时，应采用箱内焊接。箱体在焊接前要先抽真空，然后充 Ar 或 Ar + He 混合气体，在箱体内施焊，是一种整体气体保护的焊接方法。

（1）焊前准备

1）机械清理。对于焊接质量要求不高或酸洗困难的焊件，可用细砂布或不锈钢钢丝刷擦拭，或用刮刀刮削待焊边缘去除表面氧化膜。采用气割下料的工件，机械加工切削层的厚度应不小于 2mm。然后用丙酮或乙醇、四氯化碳或甲醇等溶剂去除坡口两侧的有机物质及焊丝表面的油污等。焊前经过热加工或在无保护气体的情况下热处理的工件，需要通过喷丸或喷砂清理表面，然后进行化学清理。

2）化学清理。室温条件下将钛板浸泡在 HF（体积分数为 2% ~ 4%）+ HNO$_3$（体积分数为 30% ~ 40%）+ H$_2$O 的溶液中 15 ~ 20min，然后用清水冲洗并烘干。热轧后未经酸洗的钛板，由于氧化膜较厚，应先进行碱洗。碱洗时，将钛板浸泡在含烧碱 80% 、碳酸氢钠 20%（质量分数）的浓碱水溶液中 10 ~ 15min，溶液温度保持在 40 ~ 50℃。碱洗后取出冲洗再进行酸洗。酸洗液的配方为：每升溶液中硝酸 55 ~ 60mL，盐酸 340 ~ 350mL，氢氟酸 5mL。酸洗时间 10 ~ 15min（室温下浸泡）。取出后分别用热水、冷水冲洗，用白布擦拭、晾干。经酸洗的焊件、焊丝应在 4h 内焊完，否则要重新酸洗。焊丝可放在 150 ~ 200℃ 的烘箱内保存，随取随用。

（2）坡口的制备与装配　钛及钛合金钨极氩弧焊的坡口形式及尺寸见表 11-33。搭接接头由于背面保护困难，接头受力条件差，尽可能不采用。母材厚度小于 2.5mm 的 I 形坡口对接接头，可不添加填充焊丝。厚度更大的母材，需要开坡口并添加填充金属。应尽量采用平焊。采用机械方法加工的坡口，对接头装配要求高。钛板的坡口加工最好采用刨、铣等冷加工工艺，以减小热加工时出现的坡口边缘硬化，减小机械加工时的难度。

焊前须对钛及钛合金焊件仔细的装配。定位焊的焊缝间距为 100 ~ 150mm，定位焊缝长度为 10 ~ 15mm。定位焊所用的焊丝、焊接参数及保护气体等与正式焊接时相同，在定位焊缝停弧时应延时关闭氩气。

表 11-33 钛及钛合金钨极氩弧焊的坡口形式及尺寸

坡口形式	板厚 δ/mm	坡口尺寸		
		间隙 /mm	钝边 /mm	角度 α /(°)
I 形	0.25 ~ 2.3	0	—	—
	0.8 ~ 3.2	$(0 \sim 0.1)\delta$	—	—
V 形	1.6 ~ 6.4			30 ~ 60
	3.0 ~ 13			30 ~ 90
X 形	6.4 ~ 38	$(0 \sim 1.0)\delta$	$(0.1 \sim 0.25)\delta$	30 ~ 90
U 形	6.4 ~ 25			15 ~ 30
双 U 形	19 ~ 51			15 ~ 30

（3）焊接材料的选择

1）氩气。用于钛及钛合金焊接用的氩气为一级氩气，纯度为 99.99%（体积分数），露点在 -40℃ 以下，杂质总含量 <0.02%（体积分数），相对湿度 <5%（体积分数），水分 <0.001mg/L。焊接中氩气的压力降至 1MPa 时应停止使用，以保证焊接质量。

2）焊丝。填充焊丝的成分一般应与母材金属成分相同。常用牌号有 TA1、TA2、TA3、TA4、TA5、TA6 及 TC3 等。为提高焊缝金属的塑性，可选用强度比母材金属稍低的焊丝。如焊接 TA7 及 TC4 等钛合金时，为提高焊缝塑性，可选用纯钛焊丝，但要保证焊丝中的杂质含量比母材金属低，仅为一半左右，例如 $w_O \leqslant 0.12\%$、$w_N \leqslant 0.03\%$、$w_H \leqslant 0.006\%$、$w_C \leqslant 0.04\%$。

焊前须对焊丝进行清理，否则焊丝表面的油污等可能成为焊缝金属的污染源。没有标准牌号的焊丝时，可从基体金属上裁切出狭条作焊丝，狭条宽度和厚度相同。

（4）保护措施 由于钛及钛合金对空气中的氧、氮、氢等有很强的亲和力，因此须在焊接区采取良好的保护措施，以确保焊接熔池及温度超过 350℃ 的热影响区的正反面与空气隔绝。钛及钛合金钨极氩弧焊时的保护措施及特点见表 11-34。

表 11-34 钛及钛合金钨极氩弧焊时的保护措施及特点

类别	保护位置	保护措施	用途及特点
局部保护	熔池及其周围	采用保护效果好的圆柱形或椭圆形喷嘴，相应增加氩气流量	适用于焊缝形状规则、结构简单的焊件，操作方便，灵活性大
	温度 ≥400℃ 的焊缝及热影响区	1）附加保护罩或双层喷嘴 2）焊缝两侧吹氩 3）适应焊件形状的各种限制氩气流动的挡板	
	温度 ≥400℃ 的焊缝背面及热影响区	1）通氩垫板或焊件内腔充氩 2）局部通氩 3）紧靠金属板	
充氩箱保护	整个工件	1）柔性箱体（尼龙薄膜、橡胶等），采用不抽真空多次充氩的方法提高箱体内的氩气纯度。但焊接时仍需喷嘴保护 2）刚性箱体或柔性箱体附加刚性罩，采用抽真空（$10^{-2} \sim 10^{-4}$Pa）再充氩的方法	适用于结构形状复杂的焊件，焊接可达性较差
增强冷却	焊缝及热影响区	1）冷却块（通水或不通水） 2）用适用焊件形状的工装导热 3）减小热输入	配合其他保护措施以增强保护效果

焊缝的保护效果除和氩气纯度、流量、喷嘴与焊件间距、接头形式等有关外，还和焊炬、喷嘴结构形式和尺寸有关。钛的热导率小、焊接溶池尺寸大，因此喷嘴的孔径应相应增大，以扩大保护区。钛板氩弧焊常用的焊炬喷嘴及拖罩如图 11-39 所示。该结构可获得具有一定挺度的气流层，保护区直径达 30mm 左右。如果喷嘴的结构不合理，会出现紊流和挺度不好的层流，两者都会使空气混入焊接区。

为了提高焊缝、热影响区的性能，可采用增强焊缝冷却速度的方法，即在焊缝两侧或焊缝反面设置空冷或水冷铜滑块。对已脱离喷嘴保护区，但仍在 350℃ 以上的热影响区表面仍需继续保护，通常采用通有氩气流的拖罩。拖罩长度 100～180mm，宽度 30～40mm，具体长度可根据焊件形状、板厚、焊接参数等确定，但要使温度处于 350℃ 以上的焊缝及热影响区得到充分的保护。拖罩外壳的四角应圆滑过渡，同时拖罩应与焊件表面保持一定距离。

焊接长焊缝当焊接电流大于 200A 时，在拖罩下端帽沿处需设置冷却水管，以防拖罩过热，甚至烧坏铜丝网和外壳。钛及钛合金薄板手工 TIG 焊用拖罩常与焊炬连接为一体，并与焊炬同时移动。管对接时，为加强对管正面后端焊缝及热影响区的保护，一般是根据管的外径设计制造专用环形拖罩，如图 11-40 所示。

钛及钛合金焊接中背面也需要加强保护。通常采用在局部密闭气腔内或整个焊件内充氩气，以及在焊缝背面加通氩气的垫板等措施。平板对接焊时可采用背面带有气孔的纯铜垫板，如图 11-41 所示。氩气从焊件背面的纯铜垫板气孔流出（孔径 ϕ1mm、孔距 15～20mm），并短暂地储存在垫板的小槽内，以保护焊缝背面不受有害气体的侵害。

为了加强冷却，垫板应采用纯铜制作，其凹槽的深度和宽度要适当，否则不利于氩气的流通和储存。焊缝背面不采用垫板的，可加用手工移动的氩气拖罩。批量生产钛管时，对接焊可在氩气保护罩内焊接，管转动焊炬不动。

氩气流量的选择以达到良好的焊接表面色泽为准，过大的流量不易形成稳定的气流层，而且增大焊缝的冷却速度，容易在焊缝

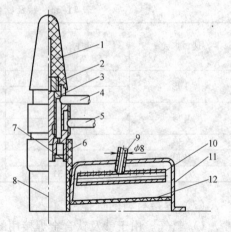

图 11-39　钛板氩弧焊常用的焊炬及拖罩
1—绝缘帽　2—压紧螺母　3—钨极夹头　4—进气管　5—进水管　6—喷嘴　7—气体透镜　8—进气管　9—气体分布管　10—拖罩外壳　11—铜丝网　12—帽沿

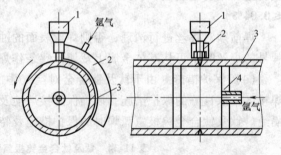

图 11-40　管对接环缝焊时的拖罩
1—焊炬　2—环形拖动　3—管　4—金属或纸质挡板

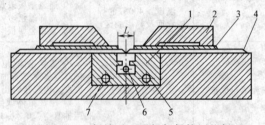

图 11-41　焊缝反面通氩气保护用垫板
1—铜垫板　2—压板　3—纯铜冷却板　4—钛板
5—出水管　6、7—进水管
L—压板间距离

表面出现钛马氏体。拖罩中的氩气流量不足时，焊接接头表面呈现出不同的氧化色泽；流量过大时，将对主喷嘴的气流产生干扰。焊缝背面的氩气流量过大也会影响正面第一层焊缝的气体保护效果。

焊缝和热影响区的表面色泽是保护效果的标志，钛材在电弧作用后，表面形成一层薄的氧化膜，不同温度下所形成的氧化膜颜色是不同的。要求焊后表面最好为银白色，其次为金黄色。工业纯钛焊缝的表面颜色与接头冷弯角的关系见表 11-35。多层、多道焊时，不能只凭盖面层焊缝的色泽来评价焊接接头的保护效果。因为若底层焊缝已被杂质污染，焊盖面层时保护效果良好，结果仍会由于底层的污染而降低接头的塑性。

表 11-35　工业纯钛焊缝的表面颜色与接头冷弯角的关系

焊缝表面颜色	温度 /℃	保护效果	污染程度	焊接质量	冷弯角 α/(°)
银白色	350 ~ 400	良好	小↓大	良好	110
金黄色	500	尚好		合格	88
深黄色	—				70
浅蓝色	—	较差		不合格	66
深蓝色	520 ~ 570	差			20
暗灰色	≥600	极差			0

（5）焊接参数的选择　钛及钛合金焊缝和热影响区有晶粒长大倾向，尤以 β 钛合金最为显著，而晶粒长大难以用热处理方法加以调整。所以钛及钛合金焊接参数的选择，既要防止焊缝在电弧作用下出现晶粒粗化的倾向，又要避免焊后冷却过程中形成硬脆组织。焊接中应采用较小的焊接热输入，使温度刚好高于形成焊缝所需的最低温度。如果热输入过大，焊缝容易被污染而形成缺欠。

表 11-36 是钛及钛合金手工 TIG 焊的焊接参数，主要适用于对接长焊缝及环焊缝。

表 11-36　钛及钛合金手工 TIG 焊的焊接参数

板厚 /mm	坡口形式	钨极直径 /mm	焊丝直径 /mm	焊接层数	焊接电流 /A	氩气流量/(L/min) 主喷嘴	拖罩	背面	喷嘴孔径 / mm	备注
0.5	I 形坡口对接	1.5	1.0	1	30 ~ 50	8 ~ 10	14 ~ 16	6 ~ 8	10	对接接头的间隙为 0.5mm，不加钛丝时的间隙为 1.0mm
1.0 ~ 1.5		2.0	1.0 ~ 2.0	1	40 ~ 80	8 ~ 12	14 ~ 16	6 ~ 10	10 ~ 12	
2.0 ~ 2.5		2.0 ~ 3.0	1.0 ~ 2.0	1	80 ~ 120	12 ~ 14	16 ~ 20	10 ~ 12	12 ~ 14	
3.0	V 形坡口对接	3.0	2.0 ~ 3.0	1 ~ 2	120 ~ 140	12 ~ 14	16 ~ 20	12 ~ 14	14 ~ 18	坡口间隙 2 ~ 3mm，钝边 0.5mm。焊缝反面加钢垫板，坡口角度 60° ~ 65°
3.5 ~ 4.5		3.0 ~ 4.0	2.0 ~ 3.0	1 ~ 2	120 ~ 150	12 ~ 16	16 ~ 25	12 ~ 14	14 ~ 20	
5.0 ~ 6.0		4.0	3.0 ~ 4.0	2 ~ 3	130 ~ 180	12 ~ 16	20 ~ 28	12 ~ 14	18 ~ 20	
7.0 ~ 8.0		4.0	3.0 ~ 4.0	2 ~ 4	140 ~ 180	12 ~ 16	25 ~ 28	12 ~ 14	20 ~ 22	
10.0 ~ 13.0	对称双 Y 形坡口	4.0	3.0 ~ 4.0	4 ~ 8	160 ~ 240	14 ~ 16	25 ~ 24	20 ~ 22	20 ~ 22	坡口角度 60°，钝边 1mm；坡口角度 55°，钝边 1.5 ~ 2.0mm，间隙 1.5mm
20.0 ~ 22		4.0	4.0 ~ 5.0	6 ~ 12	200 ~ 250	14 ~ 16	25 ~ 28	20 ~ 24	20 ~ 22	
25 ~ 30		4.0	3.0 ~ 4.0	15 ~ 18	200 ~ 220	16 ~ 18	26 ~ 30	20 ~ 26	20 ~ 22	

钨极氩弧焊一般采用具有恒流特性的直流弧焊电源，并采用直流正接，以获得较大的熔深和较窄的熔宽。在多层焊时，第一层一般不填加焊丝，从第二层再填加焊丝。已加热的焊丝应处于气体的保护之下。多层焊时，应保持层间温度尽可能低，等到前一层冷却至室温后再焊下一道焊缝，以防止过热。

厚度 0.1 ~ 2.0mm 的纯钛及钛合金板材、对焊接热循环敏感的钛合金以及薄壁钛管全位置焊接时，宜采用脉冲氩弧焊。这种方法可成功地控制钛焊缝的成形，减少焊接接头过热和粗晶倾向，提高焊接接头的塑性。而且焊缝易于实现单面焊双面成形，获得质量高、变形量小的焊接接头。表 11-37 是厚度 0.8~2.0mm 钛板脉冲自动 TIG 焊的焊接参数。其中脉冲电流对焊缝熔深起着主要作用，基值电流的作用是保持电弧稳定燃烧，待下一次脉冲作用时不需要重新引弧。

表 11-37　钛及钛合金脉冲自动 TIG 焊的焊接参数

板厚/mm	焊接电流/A		钨极直径/mm	脉冲时间/s	休止时间/s	电弧电压/V	弧长/mm	焊接速度/(m/h)	氩气流量/(L/min)
	脉冲	基值							
0.8	50~80	4~6	2	0.1~0.2	0.2~0.3	10~11	1.2	18~25	6~8
1.0	66~100	4~5	2	0.14~0.22	0.2~0.34	10~11	1.2	18~25	6~8
1.5	120~170	4~6	2	0.16~0.24	0.2~0.36	11~12	1.2	16~24	8~10
2.0	160~210	6~8	2	0.16~0.24	0.2~0.36	11~12	1.2~1.5	14~22	10~12

　　钛及钛合金板很厚时，采用熔化极氩弧焊（MIG）可减少焊接层数，提高焊接速度和生产率，降低成本，也可减少焊缝气孔。但 MIG 焊采用的是细颗粒过渡，填充金属受污染的可能性大，因此对保护要求较 TIG 焊更严格。此外，MIG 焊的飞溅较大，影响焊缝成形和保护效果。薄板焊接时通常采用短路过渡，厚板焊接时则采用喷射过渡。

　　MIG 焊时填丝较多，这就要求焊接坡口角度较大，厚度 15~25mm 的板材，可选用 90°单面 V 形坡口。钨极氩弧焊的拖罩可用于熔化极氩弧焊，但由于 MIG 焊焊速高、高温区长，拖罩应加长，并采用流动水冷却。MIG 焊时焊材的选择与 TIG 焊相同，但是对气体纯度和焊丝表面清洁度的要求更高，焊前须对焊丝进行彻底清理。

　　（6）焊后热处理　钛及钛合金的接头在焊接后存在着很大的残余应力。如果不消除，将会引起冷裂纹，增大应力腐蚀开裂的敏感性，降低接头的疲劳强度，因此焊后须进行去应力处理。按合金的化学成分、原始状态和结构使用要求，有焊后退火处理和淬火-时效处理。

　　1）退火处理。退火处理的目的是消除应力，稳定组织、改善力学性能。退火工艺分为完全退火和不完全退火两类。α 和 β 钛合金（TB2 除外）一般只作退火热处理。由于完全退火的加热温度较高，为避免焊件表面被空气污染，必须在氩气或真空中进行。不完全退火由于加热温度较低，可在空气中进行，空气对焊缝及焊件表面的轻微污染，可用酸洗方法去除。

　　退火后的冷却速度对 α 和 β 钛合金不敏感，对 α + β 钛合金十分敏感。对于这种合金，须以规定的速度冷却到一定温度，然后分阶段冷却或直接空冷，而且开始空冷的温度不应低于使用温度。

　　2）淬火-时效处理。淬火-时效处理的目的是提高焊后接头的强度。但由于高温加热氧化严重，淬火时发生的变形难于校正，而且焊件较大时不易进行淬火处理，因此一般很少采用，仅对结构简单、体积不大的压力容器适用。

　　消除应力处理前，焊件表面须进行彻底的清理，然后在惰性气体气氛中进行消除应力热处理。几种钛及钛合金焊后消除应力热处理的工艺参数见表 11-38。

11.4.4　钛及钛合金的焊接实例

1. 乙烯工程中钛管的焊接实例

某乙烯工程中有 13 种规格（$\Phi33.7mm \times 1.5mm \sim \Phi508mm \times 4.5mm$）的纯钛管需进行

全位置焊接，采用拖罩保护与管内充氩保护相结合的气体保护方式。

表 11-38 钛及钛合金焊后消除应力热处理的工艺参数

材料	工业纯钛	TA7	TC4	TC10
温度 /℃	482~593	533~649	538~593	482~649
保温时间 /h	0.5~1	1~4	1~2	1~4

（1）拖罩保护　自动 TIG 焊的拖罩结构为全密封带罩轨结构，如图 11-42 所示。罩体为厚 1mm 的薄铜板和直径为 ϕ8mm 的铜管所焊成的两半圆体，以铰链和挂钩连接。铜管两侧沿罩壳方向钻有两排相互错开、孔距 6mm 的 ϕ1mm 小孔。罩轨是由铸造黄铜车削而成的两个半圆体，以铰链和螺栓连接，共 3 块，两块用于焊直管，一块则与弯管相匹配。

焊前先将罩轨卡在管子接头两侧，然后把罩体安放在罩轨上，通过上部进气管或连接件固定在机头上，机头转动时带动罩体沿罩轨转动。当钛管直径大于 100mm 时可用不带罩轨的拖罩。

（2）管内充氩气保护　钛管对接焊时采用管内充氩保护比较困难，特别是当管道系统复杂，而且管道又很长时，内部通氩保护更为困难，只得根据具体情况尽量缩小内部充氩保护的容积，以达到排除管内的空气为原则。对直径小于 100mm 的管可用整体充氩保护，管径在

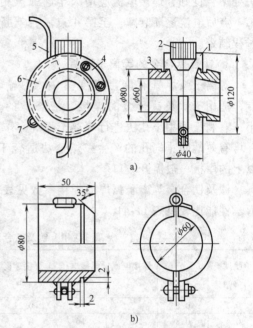

图 11-42　拖罩和罩轨的结构示意图

a）拖罩结构　b）罩轨结构

1—罩体　2—喷嘴　3—罩轨　4—挂钩

5—进气管　6—排气管　7—铰链

100~500mm 间的采用局部隔离充氩保护；管径大于 500mm 的采用局部拖罩跟踪保护。充进管内的氩气达到充氩容积的 5~6 倍时方可将管内的空气排净。生产中衡量管内充氩清洗的效果是用在一定的氩气流量下充氩的时间来确定的。

充氩前应将充氩管端部周围钻若干小孔，以便对管壁充氩。考虑到氩气的密度比空气大，充气点要选择在充氩管道系统的最低点；而放气点则选择在最高点。其余管接头处用密封胶带封住。

（3）焊接工艺　焊前在钛管对接接头处进行定位焊，定位焊时管内也要充氩，焊接参数与正式焊接相同。定位焊缝长 10~15mm。钛管手工钨极氩弧焊（TIG）的焊接参数见表 11-39。

表 11-39 钛管手工 TIG 焊的焊接参数

管壁厚度 /mm	钨极直径 /mm	焊丝直径 /mm	钨极伸出长度 /mm	焊接电流 /A		氩气流量/（L/min）			备注
				第一层	第二层及以后几层	主喷嘴	拖罩	管内	
2	2	1.2	7	80	115	9	14	7	
3	2~3	1.6	7	100	115	9	14	7	第一层均不加焊丝
4	3	2~3	8	115	135	11	16	9	
5	3	2~3	8	115	135	11	16	9	

图 11-43 为钛管对接接头焊接时起弧点及收弧点的位置，图中第 1 点为起弧点，起弧点应设置在定位焊缝上；第 1 ~ 2 点间的焊缝容易产生未焊透缺欠，因此焊接电流应适当增大；第 2 点后焊接电流可适当减小 3 ~ 5A；到第 3 点时为使焊缝接头处熔合良好，焊接电流应增大至起弧点相同的电流值；超过第 1 点后电流逐渐衰减；至第 4 点后，就断电收弧，整个焊接过程结束。

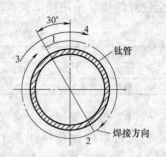

图 11-43　钛管对接接头焊接时起弧点及收弧点的位置示意图

2. 钛及钛合金的等离子弧焊

等离子弧焊具有能量密度集中、热输入大、效率高的特点，适用于钛及钛合金的焊接。液态钛的表面张力大、密度小，有利于采用小孔法进行等离子弧焊。采用小孔法可以一次焊透厚度 2.5 ~ 15mm 的板材，并可有效地防止气孔的产生。熔透法适合于焊接各种钛板，但一次焊透的厚度较小，3mm 以上的厚板一般需开坡口。

钛及钛合金等离子弧焊的焊接参数见表 11-40。TC4 钛合金 TIG 焊和等离子弧焊接头的力学性能比较见表 11-41。

表 11-40　钛及钛合金等离子弧焊的焊接参数

厚度 /mm	喷嘴 孔径 /mm	焊接电流 /A	焊接电压 /V	焊接速度 /(cm/s)	送丝速度 /(cm/s)	焊丝直径 /mm	氩气流量/(L/min)			
							离子气	保护气	拖罩	背面
0.2	0.8	5	16	0.21	—	—	0.25	10		2
0.4	0.8	6	16	0.21	—	—	0.25	10		2
1	1.5	35	18	0.33	—	—	0.5	12	15	4
3	3.0	150	24	0.64	1.67	1.6	4	15	20	6
6	3.0	160	30	1.89	1.6	7	25	25	15	
8	3.0	170	30	0.5	2	1.6	7	25	25	15
10	3.5	230	38	0.25	1.17	1.6	6	25	25	15

注：电源极性为直流正接，不开坡口。厚度 0.2、0.4mm 的板采用熔透法焊接，其余采用小孔法。

表 11-41　TC4 钛合金 TIG 焊和等离子弧焊焊接接头的力学性能比较

焊接方法	抗拉强度/MPa	屈服强度/MPa	断后伸长率(%)	断面收缩率(%)	冷弯角/(°)
等离子弧焊	1005	954	6.9	21.8	53.2
钨极氩弧焊	1006	957	5.9	14.6	6.5
母材	1072	983	11.2	27.3	16.9

注：钨极氩弧焊采用 TC3 填充焊丝，而等离子弧焊不填充焊丝。

焊接接头去掉余高，拉伸试样都断在热影响区的过热区。两种焊接方法的接头强度都能达到母材强度的 93%；等离子弧焊的接头塑性可达到母材的 70% 左右，而 TIG 焊只有母材的 50% 左右。

纯钛等离子弧焊的气体保护方式与钨极氩弧焊相似，可采用氩弧焊拖罩，但随着板厚的增加和焊接速度的提高，拖罩要加长，使处于 350℃ 以上的金属得到良好的保护。背面垫板上的沟槽尺寸一般宽度和深度各 2.0 ~ 3.0mm，背面保护气流的流量也要增加。厚度 15mm 以上的钛板焊接时，一般开钝边为 6 ~ 8mm 的 V 形或 U 形坡口，用小孔法封底，然后用熔透法填满坡口（氩弧焊封底时，钝边仅 1mm 左右）。用等离子弧焊封底可减少焊道层数，减少填丝量和焊接角变形，并能提高生产率。熔透法多用于厚度 3mm 以下的薄件焊接，比钨极氩弧焊容易保证焊接质量。等离子弧焊时容易产生咬边，可以采用加填充焊丝或加焊一道装饰焊缝的方法消除。

3. 钛合金的电子束焊

真空电子束焊具有能量集中和焊接效率高等优点，很适用于钛及钛合金的焊接。例如，厚度为 50mm 的 Ti-6A1-4V 钛合金板不用开坡口一次就能焊透；厚度为 100 ~ 150mm 的 Ti-6Al-4V 钛合金板焊接时，焊接速度达 18m/h。真空电子束焊可以保护焊接接头不受空气的污染，保证焊接质量。采用电子束焊方法焊接纯钛和 Ti-6A1-4V、Ti-8A1-1Mo-V、Ti-6A1-2.5Cr 以及 Ti-5Al-2.5Si 钛合金可获得热影响区窄、晶粒细、变形小的焊接接头。

电子束焊前须对钛合金工件净化处理，净化处理后也须保持清洁，不可继续污染。清理方法多用酸洗或机械加工。为了防止电子束流偏离或产生附加磁场，焊接时须采用铝或铜等无磁性材料作夹具。电子束焊接时，一般工件都很厚，而且为对称接口，为保证焊接质量，焊前装配时应控制间隙；否则，将会被电子束所穿透，或因未熔透而形成凹槽，影响接头质量。

为改善焊缝向母材的过渡，可采用两道焊法，第一道是用高功率密度的深熔焊，保证焊透；第二道为低功率密度的修饰焊。这种做法改善了焊缝成形，有利于提高接头的力学性能。在焊封闭环形焊缝时，由于电子束压力的作用，使大量已熔化金属被推向焊接熔池的后端、未经熔化的金属表面上焊缝局部突起增厚。所以在收弧时，由于局部未焊透，在起始处留下了凹陷，影响焊缝的质量。为此，在焊接工艺上要保证整个焊缝全部焊透，并在收尾时修整起始段焊缝的成形。这就要求电子束焊环形焊缝时须具有电流衰减的控制系统，一般是采取束流衰减或增大焊接速度或两者相结合来进行。另外，电子束摆动也可以改善焊缝成形、细化晶粒和减少气孔，提高接头质量。

钛合金真空电子束焊的焊接参数见表 11-42。

表 11-42 钛合金真空电子束焊的焊接参数

板厚 /mm	加速电压 /kV	电子束电流 /mA	焊接速度 /（m/min）	备注
1.3	85	4	1.52	—
5.1	125	8	0.46	高压
5.1	28	180	1.27	低压
9.5 ~ 11.4	36	220 ~ 230	1.4 ~ 1.52	
12.7	37	310	2.29	焊透
12.7	19	80	2.29	焊缝表明
25.4	23	300	0.38	—
50.8	46	495	1.04	焊透
50.8	19	105	1.04	焊缝表面
57.2	48	450	0.76	焊透
57.2	20	110	0.76	焊缝表面

4. 发动机钛合金组件的电子束焊实例

登月火箭发动机燃料喷射系统的 Ti-6Al-4V 合金（相当于 TC4）集油箱组件的焊接结构形式如图 11-44 所示。其中环缝 B 靠近 60 个孔处（距焊缝中心线仅 0.76mm），焊接操作难度很大。母材焊前经固溶和时效处理，为防止变形，焊后不作热处理。焊接工艺如下：

（1）装配 使用安装在真空室内可转动工作台上的特制夹具装配，部件均需倒角，以利于装配。装配前接头区域应经严格清理。

（2）抽真空与定位焊　抽真空同时使电子束与焊缝 B 对中，在两个孔之间相隔90°焊4处定位焊缝，然后从侧向移动部件使电子束与焊缝 A 对中后，焊8处等距定位焊缝。

（3）焊接焊缝 A　采用摆动电子束，并以功率衰减方式，转动焊件以焊接焊缝 A。TC4合金组件电子束焊的焊接参数见表11-43。

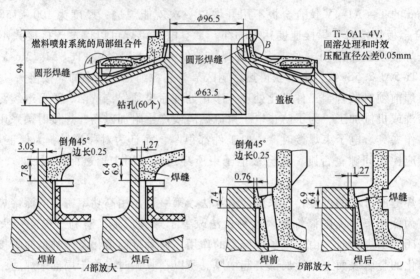

图 11-44　火箭发动机喷射系统集油箱组件的焊接结构

表 11-43　TC4 合金组件电子束焊的焊接参数

焊缝	焊接电流 /A	焊接电压 /V	焊接速度 /(cm/s)	工作距离 /mm	电子束焦点	电子束摆动
焊缝 A	定位焊 4mA 全焊缝 20mA	定位焊 110kV 全焊缝 130kV	1.55	152.4	在焊件表面（全部焊缝）	1.1mm，1000Hz
焊缝 B	定位焊 4mA 全焊缝 16.9mA	定位焊 110kV 全焊缝 130kV	1.52	133.4		1.1mm，1000Hz

注：1. 焊缝 B 近处的孔用铜插入块和装在孔上的铜圈冷却。

　　2. 直线摆动，与接头圆周正切。

（4）焊接焊缝 B　先打开真空室重新对中电子束，为防止距接头不到 0.76mm 处的孔区烧穿，要拆卸夹具部件以使铜插入块放入靠近接头的孔中，且为插入块配上铜圈。为使转台能保持较高的焊接速度，还须更换齿轮。一切准备工作就绪后，在抽真空后开始焊接。采用与焊缝 A 相同的摆动工艺和功率递减方法，焊接参数见表11-43。除使用铜激冷块外，为改善热循环，须用较小的焊接电流，并尽可能减小熔深。

第 12 章　先进陶瓷材料的焊接

高技术陶瓷正处在快速发展中，已经成为重要的工程材料。从整体上看，陶瓷是硬而脆的高熔点材料，具有低的导热性、良好的化学稳定性和热稳定性，以及较高的抗压强度和独特的性能，如绝缘和电、磁、声、光、热及生物相容性等，可用于机械、电子、航天、医学、能源等各个领域，成为现代高技术材料的重要组成部分。先进陶瓷材料的焊接应用也日益受到人们的重视。

12.1　陶瓷材料的性能特点

陶瓷是指以各种金属的氧化物、氮化物、碳化物、硅化物为原料，经适当配料、成形和高温烧结等人工合成的无机非金属材料。陶瓷具有许多独特的性能。这类材料一般是由共价键、离子键或混合键结合而成，结合力强，具有很高的弹性模量和硬度。

陶瓷材料按其应用特性分为功能陶瓷和工程结构陶瓷两大类。功能陶瓷是指具有电磁、光、声、热等功能以及耦合功能的陶瓷材料。工程结构陶瓷强调材料的力学性能，以其具有的耐高温、高强度、高硬度、高绝缘性、高耐磨性、高耐蚀性等，在工程领域得到广泛应用。常见的工程结构陶瓷见表 12-1。

表 12-1　常见的工程结构陶瓷

种　　类		组　成　材　料
氧化物陶瓷		Al_2O_3、MgO、ZrO_2、SiO_2、UO_2、BeO 等
非氧化物陶瓷	碳化物	SiC、TiC、B_4C、WC、UC、ZrC 等
	氮化物	Si_3N_4、AlN、BN、TiN、ZrN 等
	硼化物	ZrB_2、WB、TiB_2、LaB_6 等
	硅化物	$MoSi_2$ 等
	氟化物	CaF_2、BaF_2、MgF_2 等
	硫化物	ZnS、TiS_2、$M_xMo_6S_8$（$M = Pb$、Cu、Cd）等
	碳和石墨	C

氧化物陶瓷不仅包括少量玻璃相或其他晶相的单组分陶瓷（如氧化铝、氧化铍等），也包括许多以天然矿物为原料的多组分陶瓷（如镁橄榄石等）。

12.1.1　结构陶瓷的性能特点

1. 物理性能

陶瓷材料的物理性能与金属材料有较大的差别，主要表现在以下几个方面：陶瓷的线胀系数比金属低，一般为 $10^{-6} \sim 10^{-5}/K$；陶瓷的熔点（或升华、分解温度）比金属的熔点高得多，有些陶瓷可在 $2000 \sim 3000℃$ 的高温下工作且保持室温时的强度，而大多数金属在 $1000℃$ 以上就基本上丧失了强度。也有些新型的特殊陶瓷具有特定条件下的导电性能，如导电陶瓷、半导体陶瓷、压电陶瓷等。还有一些陶瓷具有特殊的光学性能，如透明陶瓷、光导纤维等，但它们主要是功能陶瓷而不是结构陶瓷。

2. 化学性能

陶瓷的组织结构十分稳定。在它的离子晶体中，金属原子被非金属（氧）原子所包围，受到非金属原子的屏蔽，因而形成极为稳定的化学结构。一般情况下不再与介质中的氧发生作用，甚至在 1000℃ 的高温下也不会氧化。由于化学结构稳定，大多数陶瓷具有较强的抵抗酸、碱、盐类的腐蚀，以及抵抗熔融金属腐蚀的能力。

3. 力学性能

陶瓷材料多为离子键构成的离子晶体（如 Al_2O_3）或共价键组成的共价晶体（如 Si_3N_4、SiC），这类晶体结构具有明显的方向性。多晶体陶瓷的滑移系很少，受到外力时几乎不能产生塑性变形，常发生脆性断裂，抗冲击能力较差。由于离子晶体结构的关系，陶瓷的硬度和室温弹性模量也都较高。陶瓷内部存在大量的气孔，致密度比金属差很多，所以抗拉强度不高，但因为气孔在受压时不会导致裂纹扩展，所以陶瓷的抗压强度还是比较高的。脆性材料铸铁的抗拉强度与抗压强度之比一般为 1/3，而陶瓷则为 1/10 左右。

陶瓷是非常坚固的离子/共价结合（比金属键更强），这种结合使陶瓷具有高硬度，高压缩强度，低导热、导电性及化学不活泼性。这种结合也表现出一些不好的特性，如低延伸性。通过控制显微组织可以克服陶瓷固有的高硬度并制出陶瓷弹簧。已经开发应用的复合陶瓷，其断裂韧度可达钢的一半。

12.1.2　几种常用的结构陶瓷

1. 氧化物陶瓷

常用的氧化物陶瓷有氧化铝陶瓷、氧化铍陶瓷和部分稳定氧化锆陶瓷等。表 12-2 是常用的几种氧化物陶瓷的物理性能。

表 12-2　常用的几种氧化物陶瓷的物理性能

材料名称		氧化铝（质量分数）			氧化铍 (BeO)	氧化锆 (ZrO_2)	氧化镁 (MgO)	镁橄榄石 ($2MgO \cdot SiO_2$)
		Al_2O_3 75%	Al_2O_3 95%	Al_2O_3 99%				
熔点（分解点）/℃		—	—	2025	2570	2550	2800	1885
密度/(g/cm³)		3.2~3.4	3.5	3.9	2.8	3.5	3.56	2.8
弹性模量/GPa		304	304	382	294	205	345	—
抗压强度/MPa		1200	2000	2500	1472	2060	850	579
抗弯强度/MPa		250~300	280~350	370~450	172	650	140	137
线胀系数 /(10^{-6}/K)	25~300℃	6.6	6.7	6.8	6.8	≥10	≥10	10
	25~700℃	7.6	7.7	8.0	8.4	—	—	12
热导率 /[W/(cm·K)]	25℃	—	0.218	0.314	1.592	0.0195	0.419	0.034
	300℃	—	0.126	0.159	0.838	0.0205	—	—
电阻率/(Ω·cm)		$>10^{13}$	$>10^{13}$	$>10^{14}$	$>10^{14}$	$>10^{14}$	$>10^{14}$	$>10^{14}$
介电常数		8.5	9.5	9.35	6.5		8.9	6.0
介电强度/(kV/mm)		25-30	15-18	25-30	15		14	13

（1）氧化铝陶瓷　主要成分是 Al_2O_3 和 SiO_2。Al_2O_3 含量越高，性能越好，但工艺更复杂。氧化铝有十多种同素异构体，常见的主要有三种：α-Al_2O_3、β-Al_2O_3 和 γ-Al_2O_3。γ-Al_2O_3 属于尖晶石型立方结构，高温下不稳定。在 1600℃ 转变为 α-Al_2O_3。α-Al_2O_3 在高温下十分稳定，在达到熔点 2050℃ 之前没有晶格类型转变。氧化铝陶瓷的主要性能特点是硬

度高（1200℃仍可保持 82HRA），有很好的耐磨性、耐蚀性、耐高温性能，可在 1600℃高温下长期使用。氧化铝陶瓷还具有良好的电气绝缘性能，在高频下的电绝缘性能尤为突出，每毫米厚度可耐压 8000V 以上。氧化铝陶瓷的缺点是韧性低，抗热振性能差，不能承受温度的急剧变化。这类陶瓷主要用于制造刀具、模具、轴承、熔化金属的坩埚、高温热电偶套管及化工行业中的一些特殊零部件，如化工泵的密封滑环、轴套和叶轮等。

（2）部分稳定氧化锆（ZrO_2）陶瓷　有三种晶格类型：四方结构（t 相）、立方结构（C 相）和单斜结构（m 相）。加入适量的稳定剂后，四方结构（t 相）在室温以亚稳定状态存在，称为部分稳定氧化锆（简称 PSZ）。部分稳定氧化锆陶瓷正逐渐应用于发动机的结构件，其抗弯强度在 600℃时可达 981MPa。在应力作用下发生的四方结构（t 相）向单斜结构（m 相）的马氏体转变称为"应力诱发相变"，在相变过程中吸收能量，使陶瓷内裂纹尖端的应力场松弛，增加了裂纹的扩展阻力，实现氧化锆陶瓷的增韧。部分稳定氧化锆陶瓷的断裂韧度远高于其他结构的陶瓷。目前发展起来的几种氧化锆陶瓷中，常用的稳定剂包括 MgO、Y_2O_3、CaO、CeO_2 等。

1）高强度氧化锆陶瓷（MG-PSZ）。抗弯强度为 800MPa，断裂韧度为 $10MPa \cdot m^{1/2}$。抗振型 MG-PSZ 的抗弯强度为 600MPa，断裂韧度为 $8 \sim 15MPa \cdot m^{1/2}$。

2）四方多晶氧化锆陶瓷（Y-TZP）。以 Y_2O_3 为稳定剂，抗弯强度可达 800MPa，最高可达 1200MPa，断裂韧度可达 $10MPa \cdot m^{1/2}$ 以上。

3）四方多晶 ZrO_2-Al_2O_3 复合陶瓷。利用 Al_2O_3 的高弹性模量可使多晶氧化锆陶瓷晶粒细化，硬度提高，四方结构的 t 相含量增加，可以大大地提高陶瓷的强度和韧性。用热压烧结方法制造的 ZrO_2-Al_2O_3 复合陶瓷的抗弯强度可高达 2400MPa，断裂韧度可达 $17MPa \cdot m^{1/2}$。

2. 非氧化物陶瓷

包括氮化硅（Si_3N_4）、碳化硅（SiC）、氮化硼（BN）与氮化钛（TiN）等。碳化硼（B_4C）在工业材料中的硬度仅次于金刚石和立方氮化硼，用于需要高耐磨性的部件。由于非氧化物陶瓷材料在高温下仍具有高强度、高硬度、抗磨损、耐腐蚀等性能，已成为机械制造、冶金和航天等高科技领域中的关键材料。

几种非氧化物陶瓷的物理性能和力学性能见表 12-3。

表 12-3　几种非氧化物陶瓷的物理性能和力学性能

性能	氮化硅 (Si_3N_4)		碳化硅 (SiC)		氮化硼 (BN)		氮化铝 (AlN)	赛隆 (Sialon)	
	热压烧结	反应烧结	热压烧结	常压烧结	六方	立方	—	常压烧结	热压烧结
熔点(分解点)/℃	1900 (升华)	1900 (升华)	2600 (分解)	2600 (分解)	3000 (分解)	3000 (分解)	2450 (分解)	—	—
密度/(g/cm³)	3 ~ 3.2	2.2 ~ 2.6	3.2	3.09	2.27	—	3.32	3.18	3.29
硬度 HRA	91 ~ 93	80 ~ 85	93	90-92	2 (莫氏)	4.8 (莫氏)	1400 (HV)	92 ~ 93	95
弹性模量/GPa	320	160 ~ 180	450	405	—	—	279	290	31.5
抗弯强度/MPa	65	20 ~ 100	78 ~ 90	45	—	—	40 ~ 50	70 ~ 80	97 ~ 116
线胀系数/(10^{-6}/K)	3	2.7	4.6 ~ 4.8	4	7.5	—	4.5 ~ 5.7	—	—
热导率/[W/(cm·K)]	0.30	0.14	0.81	0.43	—	—	0.7 ~ 2.7	—	—
电阻率/(Ω·cm)	$>10^{13}$	$>10^{13}$	$10 \sim 10^3$	$10 \sim 10^3$	$>10^{14}$	$>10^{14}$	$>10^{14}$	$>10^{12}$	$>10^{12}$
介电常数	9.4 ~ 9.5	9.4 ~ 9.5	45	45	3.4 ~ 5.3	3.4 ~ 5.3	8.8		

（1）氮化硅陶瓷　六方晶系，以 Si_3N_4 为结构单元，具有极强的共价键性，有 α-Si_3N_4 和 β-Si_3N_4 两种晶体。氮化硅陶瓷的特点是强度高，反应烧结氮化硅陶瓷的室温抗弯强度达 200MPa，在 1200～1350℃高温下可保证强度不衰减。热压烧结氮化硅陶瓷室温抗弯强度高达 800～1000MPa，加入某些添加剂后抗弯强度可达 1500MPa。氮化硅陶瓷的硬度很高，仅次于金刚石、立方氮化硼和碳化硼等几种物质。用氮化硅陶瓷制造的发动机可以在更高的温度下工作，使发动机的燃料充分燃烧，提高热效率，减少能耗与环境污染。

（2）碳化硅陶瓷　具有高的导热性、高耐蚀性和高硬度，是一种键能很高的共价键化合物，具有金刚石的结构类型。常见的碳化硅晶格类型为 2100℃以下稳定存在的立方结构 β-SiC 和 2100℃以上稳定存在的六方结构 α-SiC。在压力为 1atm（101.325kPa）时，碳化硅在 2830℃左右分解。碳化硅陶瓷的特点是高温强度高，在 1400℃时抗弯强度仍保持在 500～600MPa 的较高水平。碳化硅陶瓷具有很好的耐磨损、耐腐蚀、抗蠕变性能。由于碳化硅陶瓷具有高温强度高的特点，可用于制造火箭尾喷管的喷嘴、浇注金属用的喷嘴、热电偶套管、加热炉管以及燃气轮机的叶片、轴承等，还可用于热交换器、耐火材料等。

（3）赛隆陶瓷（Sialon）　由 Si_3N_4 和 Al_2O_3 构成的陶瓷称为赛隆陶瓷，其成形和烧结性能优于纯 Si_3N_4 陶瓷，物理性能与 β-Si_3N_4 相近，化学性能接近 Al_2O_3。这种陶瓷可以采用热挤压、模压、浇注等方法成形，在 1600℃常压无活性气氛中烧结即可达到热压氮化硅陶瓷的性能，是目前常压烧结强度最高的陶瓷材料。近年来赛隆陶瓷得到了较快的发展。

3. 陶瓷复合材料

提高陶瓷材料性能的方法之一是制作陶瓷基复合材料。加入其他化合物或金属元素，形成的复合 Al_2O_3 陶瓷，可改善氧化物陶瓷的韧性和抗热振性。几种氧化铝复相陶瓷与热压氧化铝陶瓷的力学性能见表 12-4。由于分散的第二相可阻止 Al_2O_3 晶粒长大，又可阻碍微裂纹扩展，所以复相陶瓷的抗弯强度明显提高。含 5%（体积分数）SiC 的 Al_2O_3 复相陶瓷的抗弯强度可达 1000MPa 以上，断裂韧度提高到 $4.7MPa \cdot m^{1/2}$。

陶瓷可作为复合物系统（如玻璃钢 GRP）和金属基复合材料（如氧化铝强化的 Al/Al_2O_3）的增强剂，即将陶瓷纤维、晶须或颗粒混入陶瓷基体材料中。使基体和加入的材料保持固有的性能，而陶瓷复合材料的综合性能远远超过单一材料本身的性能。

表 12-4　几种 Al_2O_3 复相陶瓷与热压陶瓷的力学性能

主要性能	热压烧结 Al_2O_3	热压烧结 Al_2O_3＋金属	热压烧结 Al_2O_3＋TiC	热压烧结 Al_2O_3＋ZrO_2	热压烧结 Al_2O_3＋SiC（W）
密度/（g/cm³）	3.4～3.99	5.0	4.6	4.5	3.75
熔点/℃	2050	—	—	—	—
抗弯强度/MPa	280～420	900	800	850	900
硬度 HRA	91	91	94	93	94.5
热导率/[W/（cm·K）]	0.04～0.045	0.33	0.17	0.21	0.33
平均晶粒尺寸/μm	3.0	3.0	1.5	1.5	3.0

陶瓷复合材料主要分为纤维增强和晶须或颗粒增强复合材料两大类。

（1）纤维增强陶瓷复合材料　纤维是连续的或接近连续的细丝，在保持或提高强度的同时能增强韧性和抗高温性能。可以做成纤维的材料有 Al_2O_3、SiC、Si_3N_4 等。但是，陶瓷基体加入纤维后很难进行加工，许多靠纤维增强的陶瓷复合材料就因为纤维分布不均匀、加工（焊接）后纤维性能下降或基体密实性不足等原因而达不到提高性能的目的。

（2）晶须或颗粒增强陶瓷复合材料　晶须是短小的单晶体纤维，无论是棒状或针状，其纵横比约为 100，直径小于 $3\mu m$。以 SiC 晶须增强的 Al_2O_3 陶瓷复合材料已经引起广泛关注。将 SiC 晶须加入单一的 Al_2O_3 陶瓷或多元基体中，能使材料的强度和断裂韧度提高很多，而且还具有优异的抗热振性、耐磨性和抗氧化性。以 ZrO_2 韧化的 Al_2O_3 系列陶瓷复合材料是以弥散分布的部分稳定的 ZrO_2 颗粒来提高 Al_2O_3 陶瓷基体的强度和韧性。

陶瓷由于具有良好的介电性、耐热性、真空致密性、耐蚀性等，在工程技术中得到广泛应用。陶瓷具有持久的热稳定性，耐各种介质的侵蚀性，具有很高的电绝缘性能和绝磁性能，具有很广阔的应用前景。

12.2　陶瓷连接的要求和存在问题

工程陶瓷材料由于具有高强度、耐腐蚀、低导热及高耐磨等优良性能，在航空航天、机械、冶金、化工、电子等方面具有应用前景。但陶瓷材料固有的硬脆性使其难以加工、难以制成形状复杂的构件，在工程应用上受到很大限制。推进陶瓷实用化的方法之一是将其与塑韧性高的金属材料连接制成复合构件，发挥两种材料的性能优势，弥补各自的不足。因此焊接是陶瓷推广应用的关键技术之一。

12.2.1　陶瓷与金属连接的基本要求

1. 陶瓷连接的形式

陶瓷材料的加工性能差，塑性和韧性低，耐热冲击能力弱以及制造尺寸大而形状复杂的零件较为困难，因此陶瓷通常都是与金属材料一起组成复合结构来应用。当陶瓷与其他材料（一般为金属材料）连接时，确定好适当的接头设计及连接技术，陶瓷将给部件提供附加功能并改善其应用性能。所以陶瓷与金属材料之间的可靠连接是推进陶瓷材料应用的关键。

焊接是陶瓷在生产中应用的一种重要的加工形式。例如在核工业和电真空器件生产中，陶瓷与金属的焊接占有非常重要的地位。陶瓷材料的连接有如下几种形式：

1）陶瓷与金属材料的连接。

2）陶瓷与非金属材料（如玻璃、石墨等）的连接。

3）陶瓷与半导体材料的连接。

2. 对接头性能的要求

应用较多的是陶瓷与金属材料的焊接，这种焊接结构在电器、电子元件、核能工业、航空航天等领域的应用逐渐扩大，对陶瓷与金属接头性能的要求也越来越高，总体要求如下：

1）陶瓷与金属的焊接接头，必须具有较高的强度，这是焊接结构件的基本性能要求。

2）焊接接头必须具有真空的气密性。

3）接头的残余应力应极小，在使用过程中应具有耐热性、耐蚀性和热稳定性。

4）焊接工艺应尽可能简化，工艺过程稳定，生产成本低。

12.2.2　陶瓷与金属连接存在的问题

由于陶瓷材料与金属原子结构之间存在本质上的差别，加上陶瓷材料本身特殊的物理、化学性能，因此，无论是与金属连接还是陶瓷本身的连接都存在不少问题。当陶瓷与金属连接时，为了实现二者的可靠结合，需要在连接材料之间作一个界面。这个界面材料应符合以下几点要求：

① 界面材料与被焊材料有相近的线胀系数。

② 合理的结合类型，也就是离子/共价键结合。

③ 陶瓷与金属间晶格的错配。

陶瓷与金属材料焊接中出现的主要问题如下。

1. 陶瓷与金属焊接中的热膨胀与热应力

陶瓷的线胀系数比较小，与金属的线胀系数相差较大，通过加热连接陶瓷与金属时，热胀冷缩使接头区产生很大的残余应力，削弱接头的力学性能；热应力较大时还会产生裂纹，导致连接陶瓷接头的断裂破坏。

控制应力的方法之一是在焊接时尽可能地减少焊接部位及其附近的温度梯度，控制加热和冷却速度，降低冷却速度有利于应力松弛而使应力减小。另一个减小应力的办法是采用金属中间层，使用塑性材料或线胀系数接近陶瓷线胀系数的金属材料。

2. 陶瓷与金属很难润湿

陶瓷材料润湿性很差，或者根本就不润湿。采用钎焊或扩散焊的方法连接陶瓷与金属材料，由于熔化的金属在陶瓷表面很难润湿，故难以选择合适的钎料与基体结合。为了使陶瓷与金属达到钎焊连接的目的，最基本条件之一是使熔融钎料对陶瓷表面产生润湿，或提高对陶瓷的润湿性，最后达到钎焊连接。例如，采用活性金属 Ti 在界面形成 Ti 的化合物，可获得良好的润湿性。

此外，在陶瓷连接过程中，也可在陶瓷表面进行金属化处理（用物理或化学的方法覆上一层金属），然后再进行陶瓷与陶瓷或陶瓷与其他金属的连接。这种方法实际上就是把陶瓷与陶瓷或陶瓷与其他金属的连接变成了金属之间的连接，但是这种方法的接头结合强度不高，主要用于密封的焊缝。

3. 易生成脆性化合物

由于陶瓷和金属的物理、化学性能差别很大，连接时界面处除存在着键型转换以外，还容易发生各种化学反应，在结合界面生成各种碳化物、氮化物、硅化物、氧化物以及多元化合物等。这些化合物硬度高、脆性大，是产生微裂纹和造成接头脆性断裂的主要原因。

确定界面脆性化合物相时，由于一些轻元素（C、N、B 等）的定量分析误差很大，需制备多种试样进行标定。多元化合物的相结构确定一般通过 X 射线衍射方法和标准衍射图谱进行对比，但有些化合物没有标准图谱，使物相确定有一定的难度。

4. 陶瓷与金属的结合界面

陶瓷与金属接头在界面间存在着原子结构能级的差异，陶瓷与金属之间是通过过渡层（扩散层或反应层）而结合的。两种材料间的界面反应对接头的形成和组织性能有很大的影响。接头界面反应和微观结构是陶瓷与金属焊接研究中的重要课题。

陶瓷材料主要含有离子键或共价键，用通常的熔焊方法使金属与陶瓷产生熔合是很困难的。用金属钎料钎焊陶瓷材料时，或者对陶瓷表面先进行金属化处理，对被焊陶瓷的表面改性；或是在钎料中加入活性元素，使钎料与陶瓷之间有化学反应发生，通过反应使陶瓷的表面分解形成新相，产生化学吸附机制，这样才能形成结合牢固的陶瓷与金属结合的界面。

12. 2. 3　陶瓷与金属的连接方法

陶瓷与金属之间的连接方法，包括机械连接、粘接和焊接。陶瓷与金属常用的焊接方法主要有钎焊、扩散焊、电子束焊、激光焊等，见表 12-5。

表 12-5　陶瓷与金属的常用焊接方法

钎焊	陶瓷表面金属化法	烧结粉末金属法	Mo-Mn 法
			Mo-Fe 法
		其他金属化法	蒸涂金属化法
			溅射金属化法
			离子涂覆
	活性金属化法	Ti-Ag-Cu 法	
		Ti-Ni 法、Ti-Cu 法、Ti-Ag 法	
	氧化物钎焊法		
	氟化物钎焊法		
扩散焊	直接扩散连接		
	间接扩散连接(加中间层的扩散连接)		
其他连接方法	电子束焊		
	激光焊		
	超声波压焊		

陶瓷与金属直接进行焊接的难度很大，采用一般的焊接方法很难实现，甚至不能进行直接焊接。因此，陶瓷与金属焊接须采取特殊的工艺措施，使金属能润湿陶瓷或与之发生化学反应。金属对陶瓷的润湿和金属与陶瓷之间的化学反应，以及连接过程中两者热胀冷缩的差异和所造成的热应力，甚至引起开裂等，是陶瓷与金属连接时的主要问题。

陶瓷与金属的熔焊方法（包括电子束焊、激光焊、电弧焊等）及适用材料见表 12-6。因为陶瓷材料极脆，塑、韧性很低，使熔焊方法受到很大限制。

表 12-6　陶瓷与金属的熔焊方法及适用材料

分类	原　　理	适用材料	说　　明
激光焊	用高能量密度的激光束照射陶瓷接头进行熔焊的方法。激光器采用输出功率大的脉冲振荡方式。焊前工件需预热以防止激光集中加热因热冲击而产生裂纹	氧化物陶瓷(Al_2O_3、莫来石等)、Si_3N_4、SiC 与陶瓷之间的连接	对 Al_2O_3 预热温度为 1300K。不采用中间层，可获得与陶瓷强度接近的接头强度。预热时可利用非聚焦的激光束。为增大熔深，焊接速度宜慢，但过慢会使晶粒粗大
电子束焊	利用高能量密度的电子束照射接头区进行熔化连接	与激光焊法相同。此外还可连接 Al_2O_3 与 Ta、石墨与 W	同激光焊法。还须在真空室内进行焊接
电弧焊	用气体火焰加热接头区，到温度升至陶瓷具有导电性时，通过气体火焰炬中的特殊电极在接头处加电压，使结合面间电弧放电产生高热以进行熔化连接	某些陶瓷-陶瓷连接，陶瓷与某些金属连接(如 ZrB_2 与 Mo、Nb、Ta，ZrB_2、SiC 与 Ta)	具有导电性的碳化物陶瓷和硼化物陶瓷可直接焊接。焊接时需控制电流上升速度和最大电流值

陶瓷与金属连接的钎焊法、扩散连接方法比较成熟，应用较广泛；电子束焊和激光焊也正在扩大其应用。此外，陶瓷与金属连接还可采用超声波压焊、摩擦压焊等方法。

12.3　陶瓷材料的焊接性分析

陶瓷材料与金属之间存在本质上的差别，加上陶瓷本身特殊的物理、化学性能，因此，陶瓷与金属焊接存在不少问题。陶瓷的线胀系数较小，与金属的线胀系数相差较大，焊接接头区会产生残余应力，应力较大时会导致接头处产生裂纹，甚至引起断裂。陶瓷与金属焊接中的主要问题包括应力和裂纹、界面反应、结合强度低等。

12.3.1　焊接应力和裂纹

陶瓷与金属的化学成分和热物理性能有很大差别，特别是线胀系数差异很大（见图12-1）。例如 SiC 和 Si_3N_4 的线胀系数分别只有 $4 \times 10^{-6}/K$ 和 $3 \times 10^{-6}/K$，而铝和铁的线胀系数分别高达 $23.6 \times 10^{-6}/K$ 和 $11.7 \times 10^{-6}/K$。此外，陶瓷的弹性模量也很高。在焊接加热和冷却过程中陶瓷、金属产生差异很大的膨胀和收缩，在接头附近产生较大的热应力，由于热应力的分布极不均匀，使结合界面产生应力集中，以致造成接头区产生裂纹。当集中加热时，尤其是用高能束热源进行熔焊时，靠近焊接接头的陶瓷一侧产生高应力区，陶瓷本身属硬脆的材料，很容易在焊接过程或焊后产生裂纹。

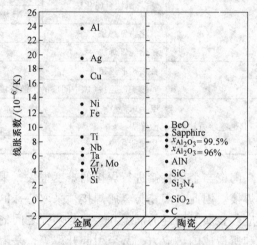

图 12-1　陶瓷和金属的线胀系数

陶瓷与金属的焊接一般在高温下进行，因此，焊接温度与室温之差也是增大接头区残余应力的重要因素。为了减小陶瓷与金属焊接接头的应力集中，在陶瓷与金属之间加入塑性材料或线胀系数接近陶瓷线胀系数的金属作为中间层是有效的。

中间层多选择弹性模量和屈服强度较低、塑性好的材料，通过中间层金属或合金的塑性变形减小陶瓷/金属接头区的应力。采用弹性模量和屈服强度较低的金属作为中间层是将陶瓷中的应力转移到中间层中。同时使用两种不同的金属作为复合中间层也是降低陶瓷/金属焊接应力的有效办法，一般以 Ni 作为塑性金属、W 作为低线胀系数材料使用。

扩散焊时采用中间层可以降低扩散温度、减小压力和缩短保温时间，以促进界面扩散和去除杂质元素，同时也是为了降低接头区产生的残余应力。Al_2O_3 陶瓷与 06Cr13 铁素体不锈钢扩散焊时，中间层厚度对减小残余应力的影响如图 12-2 所示。

陶瓷与金属扩散焊用作中间层的金属主要有 Cu、Ni、Nb、Ti、W、Mo、铜镍合金、钢等。对这些金属的要求主要是线胀系数与陶瓷相近，并且在构件制造和工作过程中不发生同素异构转变，以免引起线胀系数的突变，破坏陶瓷与金属的匹配而导致焊接结构失效。中间层可以直接使用金属箔片，也可以采用真空蒸发、离子溅射、化学气相沉积（CVD）、喷涂、电镀等方法将金属粉末预先置于陶瓷表面，然后再与金属进行焊接。

中间层厚度增大，残余应力降低，Nb 与氧化铝陶瓷的线胀系数最接近，作用最明显。但是，中间层的影响有时比较复杂，如果界面有化学反应，中间层的作用会因反应物类型与厚度的不同而有所变化。中间层选择不当甚至会引起接头性能恶化。如由于化学反应形成脆性相或由于线胀系数不匹配而增大应力，使接头区出现裂纹等。

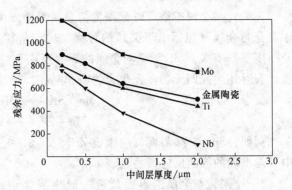

图 12-2　中间层厚度对 Al₂O₃/不锈钢接头

残余应力的影响

（加热温度 1300℃、保温时间 30min、压力 100MPa）

陶瓷与金属钎焊时，为了最大限度地释放钎焊接头的应力，可选用一些塑性好、屈服强度低的钎料，如纯 Ag、Au 或 Ag-Cu 钎料等；有时还选用低熔点活性钎料，例如，用 Ag52-Cu20-In25-Ti3 和 In85-Ti15 铟基钎料真空钎焊 AlN 和 Cu。铟基钎料对 AlN 陶瓷有很好的润湿性，控制钎焊温度和时间可以形成组织性能较好的钎焊接头，如图 12-3 所示。

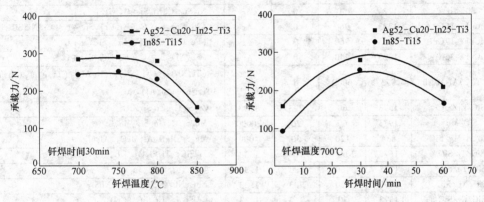

图 12-3　钎焊温度和时间对接头承载力的影响

为避免陶瓷与金属接头出现焊接裂纹，除添加中间层或合理选用钎料外，还可采用以下工艺措施：

1）合理选择被焊陶瓷与金属，在不影响接头使用性能的条件下，尽可能使两者的线胀系数相差最小。

2）应尽可能减小焊接部位及其附近的温度梯度，控制加热速度，降低冷却速度，有利于应力松弛而使焊接应力减小。

3）采取合理设计缺口、突起和使端部变薄等措施改善陶瓷与金属的接头结构。

12.3.2　界面反应和形成过程

1. 界面反应产物

陶瓷与金属之间的连接是通过过渡层（扩散层或反应层）而结合的。陶瓷/过渡层/金属之间的界面反应对接头的形成和性能有很大的影响。接头界面反应的物相结构是影响陶瓷与金属结合的关键。

在陶瓷与金属扩散焊时，陶瓷与金属界面发生反应形成化合物，所形成的物相结构取决于陶瓷与金属（包括中间层）的种类，也与焊接条件（如加热温度、表面状态、中间合金及厚度等）有关。SiC陶瓷与金属的界面反应一般生成该金属的碳化物、硅化物或三元化合物，有时还生成四元、多元化合物或非晶相，反应式为

$$Me + SiC \longrightarrow MeC + MeSi \tag{12-1}$$

$$Me + SiC \longrightarrow MeSi_x C_y \tag{12-2}$$

例如，SiC与Zr界面反应生成ZrC、Zr_2Si和三元化合物$Zr_5Si_3C_x$。SiC陶瓷与金属接头中可能出现的界面反应产物见表12-7。

Si_3N_4陶瓷与金属的界面反应一般生成该金属的氮化物、硅化物或三元化合物，例如Si_3N_4与Ni-20Cr合金界面反应生成Cr_2N、CrN和Ni_5Si_2，但与Fe、Ni及Fe-Ni合金则不生成化合物。Si_3N_4陶瓷与金属接头中可能出现的界面反应产物见表12-8。Si_3N_4陶瓷与金属Ti、Mo、Nb界面反应中，当分别用N_2和Ar作保护气氛时，即使采用相同的加热温度和时间，所得到的界面反应产物也不相同。

表 12-7　SiC 陶瓷与金属连接接头的界面反应产物

接头组合	温度/K	时间/min	压力/MPa	气氛/mPa	反应产物
SiC/Ni	1223	90	0	Ar	$Ni_2Si + C$、$Ni_5Si + C$、Ni_3Si
SiC/Fe-16Cr	1223	960	0	Ar	$(Ni,Cr)_2Si + C$、$(Ni,Cr)_5Si_2 + C$、$(Cr3Ni5Si1.8)C$
SiC/Fe-17Cr	1223	960	0	Ar	$(Fe,Cr)_7C_3$、$(Fe,Cr)_4SiC$、$\alpha + C$
SiC/Fe-26Ni	1223	240	0	Ar	$(Fe,Ni)_2Si + C$、$(Fe,Ni)_5Si_2 + C$、$\alpha + C$
SiC/Ti-25Al-10Nb	973	6000	0	—	$(Ti,Nb)C$、$(Ti,Nb)_3(Si,Al)$、$(Ti,Nb)_5(Si,Al)_3$、$(Ti,Nb)_5(Si,Al)_3C$
SiC/Zr/SiC	1573	60	7.3	1.33	$Zr_5Si_3C_x$、Zr_2Si、ZrC_x
SiC/Mo	1973	60	20	20000	Mo_5Si_3C、Mo_5Si_3、Mo_2C
SiC/Al-Mg/SiC	834	120	50	4000	Mg_2Si、MgO、Al_2MgO_4、Al_8Mg_5
SiC/Ti/SiC	1673	60	7.3	1.33	Ti_3SiC_2、$Ti_5Si_3C_x$、TiC、$TiSi_2$、Ti_5Si_3
SiC/Ta/SiC	1773	480	7.3	1.33	TaC、$Ta_5Si_3C_x$、Ta_2C
SiC/Nb/SiC	1790	120	7.3	1.33	NbC、Nb_2C、$Nb_5Si_3C_x$、$NbSi_2$
SiC/Cr/SiC	1573	30	7.3	1.33	$Cr_5Si_3C_x$、Cr_3SiC_x、Cr_7C_3、$Cr_{23}C_6$
SiC/V/SiC	1573	120	7.3	1.33	$V_5Si_3C_x$、V_5Si_3、V_3Si、V_2C
SiC/Al/SiC	873	120	50	4000	Al-Si-C-O 非晶相

表 12-8　Si_3N_4 陶瓷与金属连接接头的界面反应产物

接头组合	温度/K	时间/min	压力/MPa	气氛/mPa	反应产物
Si_3N_4/Incoloy909	1200	240	200	Ar	TiN、$Ni_{16}Nb_6Si_7$
Si_3N_4/Ni-20Cr/Si_3N_4	1473	60	50	0.14	CrN、Cr_2N、Ni_5Si_2
Si_3N_4/Ti	1073	120	0	N_2	$TiN + Ti_2N$
	1323	120	0	Ar	$TiN + Ti_2N + Ti_5Si_3$
Si_3N_4/Mo	1473	60	0	N_2	Mo_3Si、Mo_5Si_3
	1473	60	0	Ar	Mo_3Si、Mo_5Si_3、$MoSi_2$
Si_3N_4/Cr	1473	60	—	—	CrN、Cr_2N、Cr_3Si
Si_3N_4/Nb	1473	60	0	N_2	Nb_5N、Nb_4N_3、$Nb_{4.62}N_{2.14}$
	1673	60	7.3	Ar	Nb_5Si_3、$NbSi_2$、Nb_2N、$Nb_{4.62}N_{2.14}$
Si_3N_4/V/Mo	1523	90	20	5	V_3Si、V_5Si_3
Si_3N_4/AISI316	1273	1440	7	1	α-Fe、γ-Fe
Si_3N_4/Ni-Cr	1073~1473	95	0	Ar	Ni_2Si、Ni_3Si_2、Cr_3Si、Cr_5Si_3、$(Cr,Si)_3Ni_2Si$
Si_3N_4/Ni-Nb-Fe-36Ni/MA6000	1473	60	100	—	NbN、Ni_8Nb_6、Ni_6Nb_7、Ni_3Nb

Al_2O_3 陶瓷与金属的界面反应一般生成该金属的氧化物、铝化物或三元化合物，例如 Al_2O_3 与 Ti 的反应生成 TiO 和 $TiAl_x$。Al_2O_3 陶瓷与金属接头中可能出现的界面反应产物见表 12-9。ZrO_2 与金属的反应一般生成该金属的氧化物和锆化物，例如 ZrO_2 与 Ni 的反应生成 NiO_{1-x}、Ni_5Zr 和 Ni_7Zr_2。

表 12-9　Al_2O_3 陶瓷与金属连接接头的界面反应产物

接头组合	温度 /K	时间 /min	压力 /MPa	气氛 /mPa	反应产物
$Al_2O_3/Cu/Al$	803	30	6	1.33	$Al + CuAlO_2$、$Cu + CuAl_2O_4$
$Al_2O_3/Ti/1Cr18Ni9Ti$	1143	30	15	1.33	TiO、$TiAl_x$
$Al_2O_3/Cu/AISI1015$	1273	30	3	O_2	Cu_2O、$CuAlO_2$、$CuAl_2O_4$
$Al_2O_3/Cu/Al_2O_3$	1313	1440	5	0.13	Cu_2O、$CuAlO_2$
$Al_2O_3/Ta-33Ti$	1373	30	3	0.13	$TiAl$、Ti_3Al、Ta_3Al
Al_2O_3/Ni	—	—	—	—	NiO、Al_2O_3、$NiO \cdot Al_2O_3$
$Ni/ZrO_2/Zr$	1273	60	2	1	Ni_5Zr、Ni_7Zr_2
$ZrO_2/Ni\text{-}Cr\text{-}(O)/ZrO_2$	1373	180	10	100	NiO_{1-x}、Cr_2O_{3-y}、$ZrO_{2-z}(0 < x、y、z < 1)$

2. 扩散界面的形成

用复合中间层扩散连接陶瓷和金属的过程中，由于陶瓷和金属的微观组织、成分、物理化性能和力学性能差异很大，中间层元素在两种母材中的扩散能力不同，造成中间层与两侧母材发生反应的程度也不同，所以产生扩散连接界面形成过程的非对称性。

以 Al_2O_3-TiC 复合陶瓷与 W18Cr4V 高速钢加中间层的扩散焊为例，界面组织结构和元素分布存在着明显的不对称现象。Al_2O_3-TiC 陶瓷与 W18Cr4V 钢扩散焊界面形成过程的非对称性如图 12-4 所示。Al_2O_3-TiC/W18Cr4V 扩散焊过程分为四个阶段。

（1）第一阶段　Ti-Cu-Ti 中间层熔化阶段。图 12-4a 所示为扩散连接之前，Ti-Cu-Ti 复合中间层放置在 Al_2O_3-TiC 陶瓷和 W18Cr4V 钢中间。扩散连接过程开始后，压力逐渐施加在试样上，中间层中的 Cu 较软发生塑性变形，加快了界面的接触，为原子扩散和界面反应提供了通道。随着加热温度的升高，Al_2O_3-TiC/W18Cr4V 界面之间开始发生固相扩散，由于固态时元素的扩散系数较小，所以元素扩散距离很短。

根据 Cu-Ti 二元合金相图（见图 12-5），随着温度的升高，在 Cu/Ti 界面上生成一系列的 CuTi 化合物。当温度升高到 985℃ 时，Cu-Ti 界面局部接触部位出现浓度梯度很大的液相区（见图 12-4b），随后液相区扩大，向整个界面蔓延并向 Cu 和 Ti 两侧扩展（见图 12-4c）。由于 Cu 的扩散系数（$D_{Cu} = 3 \times 10^{-9} \text{m}^2/\text{s}$）大于 Ti 的扩散系数（$D_{Ti} = 5.5 \times 10^{-14} \text{m}^2/\text{s}$），Cu 比 Ti 扩散快，Cu 先全部熔化（见图 12-4d），然后 Ti 也全部熔化（见图 12-4e）。熔化的 Cu-Ti 液相填充 Al_2O_3-TiC 和 W18Cr4V 的整个界面。由于施加了压力，在压力作用下部分液相被挤出界面，Cu-Ti 液相区变窄。

由于存在液相扩散和浓度梯度，Ti-Cu-Ti 中间层的熔化非常迅速，中间层熔化完成时间与整个连接时间相比非常短（瞬间液相），此阶段 Ti 向两侧母材的扩散有限。中间层熔化结束后，液相区的中心线仍为原始中间层中心线（见图 12-4e）。

（2）第二阶段　液相成分均匀化。刚熔化的 Cu-Ti 液相浓度分布不均匀，所以 Cu 和 Ti 之间进一步相互扩散。Ti 是活性元素，Cu-Ti 液相填充金属对 Al_2O_3-TiC 和 W18Cr4V 钢表面有润湿性。施加的压力促进了 Cu-Ti 液态合金的扩展。在此过程中，Cu-Ti 液相填充金属中

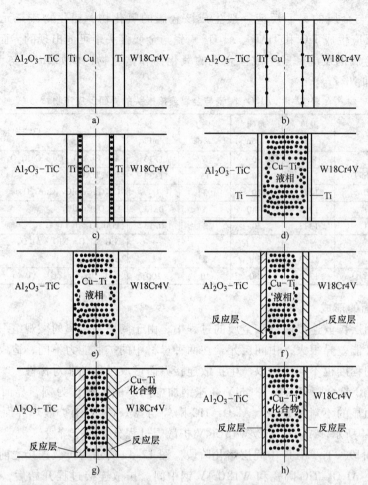

图 12-4 Al_2O_3-TiC 陶瓷与 W18Cr4V 钢扩散焊界面形成过程示意图

a) 初始状态   b) Cu-Ti 界面局部液化   c) Cu-Ti 液相铺满整个界面   d) Cu 全部熔化
e) Ti 全部熔化   f) Cu-Ti 互相扩散同时 Ti 与母材反应形成反应层   g) Cu-Ti 液
相反应形成化合物，反应层增大   h) 固相成分均匀化

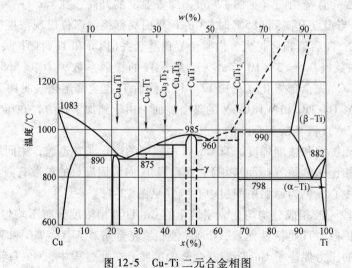

图 12-5   Cu-Ti 二元合金相图

的 Ti 向 Al_2O_3-TiC 和 W18Cr4V 两侧扩散并发生反应（见图 12-4f），母材中的元素也向 Cu-Ti 液相扩散，使液相区成分均匀化。由于 Al_2O_3-TiC 陶瓷的晶粒间有微小的空隙，有利于 Ti 在 Al_2O_3-TiC 陶瓷中扩散。W18Cr4V 钢中的 C 原子很小，扩散速度很快，易于向 Cu-Ti 液相扩散，在液-固界面与 Ti 反应生成 TiC，阻碍了 Ti 向 W18Cr4V 的扩散。所以 Ti 向 Al_2O_3-TiC 中扩散的距离大于向 W18Cr4V 侧扩散的距离。该阶段结束时，液相中心线向 Al_2O_3-TiC 陶瓷侧偏移。

（3）第三阶段　液相凝固过程。随着液-固界面上 Ti 原子的扩散，在 Al_2O_3-TiC 与液相界面，Ti 与 Al_2O_3-TiC 中的 Al、O 等发生反应，生成 Ti-Al、Ti-O 化合物反应层；在液相与 W18Cr4V 界面，Ti 与 W18Cr4V 钢中的 Fe、C 等反应成 TiC、FeTi 等反应层。液相区中的溶质原子逐渐减少，当溶质原子的浓度小于固相线浓度时，液相开始凝固（液-固界面向液相中推进），界面反应层继续长大，Cu-Ti 液相逐渐减少，最终液相区全部消失，如图 12-4g 所示。由于 Ti 向 Al_2O_3-TiC 侧的扩散速度大于向 W18Cr4V 侧的速度，液相凝固结束时，Al_2O_3-TiC 侧反应层的厚度大于 W18Cr4V 侧反应层的厚度，界面中心线偏移原中间层中心线的位置。

（4）第四阶段　固相成分均匀化。液相区完全凝固后，随着扩散连接过程的进行，Al_2O_3-TiC/W18Cr4V 界面过渡区元素仍有很大的浓度梯度。通过保温阶段，界面元素之间相互扩散，反应层中的成分进一步均匀化，形成成分相对均匀的界面层（见图 12-4h）。固相成分均匀化需要很长时间，界面一般不能达到完全均匀化。Al_2O_3-TiC/W18Cr4V 界面过渡区组织形态和元素分布呈现出很大的不对称性。

3. 扩散焊界面反应机理

Al_2O_3-TiC/W18Cr4V 扩散焊接头剪切断口 X 射线衍射分析表明，Al_2O_3-TiC/W18Cr4V 界面过渡区中存在着 TiC、TiO、Ti_3Al、CuTi、$CuTi_2$、FeTi、Fe_3W_3C 等多种反应产物。这些反应产物位于 Al_2O_3-TiC/W18Cr4V 界面过渡区不同的反应层中（见图 12-6）。下面从 Al_2O_3-TiC 陶瓷侧到 W18Cr4V 钢侧分析界面过渡区各反应层发生的界面反应。

图 12-6　Al_2O_3-TiC/W18Cr4V 扩散焊界面过渡
区组织结构

（1）Al_2O_3-TiC/Ti 界面（反应层 A）　Al_2O_3-TiC 复合陶瓷的 Al_2O_3 相和 TiC 相之间，只有在温度大于 1650℃时，才有较剧烈的反应。试验中的扩散连接温度为 1160℃，远低于 1650℃。TiC 是 NaCl 结构的离子键化合物，吉布斯自由能为 ΔG^0（TiC）$= -190.97 + 0.016T$，受温度变化的影响很小。

Ti 是过渡金属，活性很大，在陶瓷和金属的连接中被用作活性元素，与陶瓷反应形成反应层。在 Al_2O_3-TiC/Ti 界面，主要是 Ti-Cu-Ti 中间层中的 Ti 和 Al_2O_3 陶瓷之间的反应。

Al_2O_3-TiC/W18Cr4V 扩散连接过程中，Ti 与 Al_2O_3 发生如下反应：

$$3Ti + Al_2O_3 \longrightarrow 3TiO + 2Al \tag{12-3}$$

生成 TiO 和 Al 原子。

根据 Ti-Al 二元相图，在扩散焊温度下，Ti 和 Al 之间可能发生以下反应：

$$Ti + 3Al \longrightarrow TiAl_3 \tag{12-4}$$

$$Ti + Al \longrightarrow TiAl \tag{12-5}$$

$$3Ti + Al \longrightarrow Ti_3Al \tag{12-6}$$

由于最后只生成 Ti_3Al 相，因此还存在着以下反应：

$$TiAl_3 + 2Ti \longrightarrow 3TiAl \tag{12-7}$$

$$TiAl + 2Ti \longrightarrow Ti_3Al \tag{12-8}$$

在扩散反应开始时，Ti、Al 相互扩散。因 Al 的扩散速度快，在 Ti、Al 的界面上首先形成 $TiAl_3$，随后在 $TiAl_3$ 和 Ti 的界面上形成 TiAl，最后 TiAl 和 Ti 反应生成 Ti_3Al。

Ti 是强碳化物形成元素，所以中间层中的自由 Ti 与 Al_2O_3-TiC 陶瓷中的 C 反应生成 TiC。

$$Ti + C \longrightarrow TiC \tag{12-9}$$

与 Al_2O_3-TiC 中的 TiC 共存聚集于 Al_2O_3-TiC/Ti 界面。通过上述分析可知，反应层 A 主要生成了 TiO、Ti_3Al 和 TiC 相。

（2）Ti-Cu-Ti 中间层内（反应层 B）　用 Ti-Cu-Ti 中间层扩散焊 Al_2O_3-TiC 陶瓷和 W18Cr4V 钢的过程中，反应层 B 主要发生 Ti 和 Cu 之间的反应。由于 Ti 在 Cu 中的溶解度很小，Ti 主要以金属间化合物的形式存在。根据 Cu-Ti 二元合金相图，在 Cu/Ti 界面上，当加热温度达到 985℃ 时开始形成 Cu-Ti 液相。在 Cu-Ti 液相区内，Ti 和 Cu 的扩散速度很快，能够进行充分的扩散。

该系统中 CuTi 的生成自由能最低，最易生成。反应产物还与 Cu-Ti 的相对浓度有关，Cu 与 Ti 除生成 CuTi 外，还生成 $CuTi_2$。由于扩散焊中施加了压力，Cu-Ti 液相中多余的 Cu 会在压力的作用下被挤出界面。

由于 C 原子扩散速度很快，Al_2O_3-TiC 陶瓷和 W18Cr4V 钢中的 C 很快向 Cu-Ti 液相内部扩散，与 Ti 反应生成 TiC，弥散分布在 Cu-Ti 液相中，凝固后以 TiC 颗粒存在于 Cu-Ti 固溶体中，增强了界面过渡区的性能。反应层 B 中的相主要是 CuTi、$CuTi_2$ 和 TiC。

（3）Ti/W18Cr4V 界面 Ti 侧（反应层 C）　Ti-Cu-Ti 中间层形成 Cu-Ti 瞬间液相后，W18Cr4V 钢中的 C 原子会迅速向 Ti/W18Cr4V 界面扩散。由于 Ti 是强碳化物形成元素，在 Ti/W18Cr4V 界面上 Ti 和 C 形成 TiC 相。随着保温时间的延长，TiC 聚集于 Ti/W18Cr4V 界面，生成连续的 TiC 层。

Fe 和 Ti 的互溶性很小，主要以 Fe-Ti 金属间化合物形式存在。Cu-Ti 液相中的 Ti 向 W18Cr4V 钢中扩散，同时 W18Cr4V 钢向 Cu-Ti 液相溶解、扩散。Ti 和 Fe 发生以下反应：

$$2Fe + Ti \longrightarrow Fe_2Ti \tag{12-10}$$

$$Fe + Ti \longrightarrow FeTi \tag{12-11}$$

形成 FeTi、Fe_2Ti，随着反应的进行，Fe_2Ti 转化为 FeTi。

在 Ti/W18Cr4V 界面上 Ti 优先与 C 反应生成 TiC，阻碍了 Ti 向 W18Cr4V 钢中的扩散，所以 FeTi 只在 Ti/W18Cr4V 界面很小的范围存在。Ti/W18Cr4V 界面 Ti 侧的反应层 C 主要是 TiC 相和少量的 FeTi 相。

（4）Ti/W18Cr4V 界面近 W18Cr4V 钢侧（反应层 D）　W18Cr4V 高速钢中的碳化物数量多，对钢的性能影响很大。扩散连接过程中，W18Cr4V 高速钢中的 C 向 Ti/W18Cr4V 界面扩散，与 Ti 反应生成 TiC，在 W18Cr4V 侧形成一个脱碳层，C 浓度降低，该区域主要含 Fe、W 及少量 C，生成 Fe_3W_3C，使得 W18Cr4V 钢中的碳化物颗粒变得细小，未发生反应的 Fe 以 α-Fe 的形式保存下来。所以反应层 D 主要是 Fe_3W_3C 等碳化物和 α-Fe。

　　Al_2O_3-TiC/W18Cr4V 扩散焊接头从 Al_2O_3-TiC 一侧到 W18Cr4V 侧，界面结构依次为：Al_2O_3-TiC/TiC + Ti_3Al + TiO/CuTi + $CuTi_2$ + TiC/TiC + FeTi/Fe_3W_3C + α-Fe/W18Cr4V，如图 12-7 所示。界面过渡区相结构的形成与扩散焊的焊接参数密切相关。界面过渡区各反应层界限并不明显，有时交叉在一起。由图 12-7 可见，Ti 几乎出现在所有的界面反应产物中，表明 Ti 参与界面反应的各个过程。在 Al_2O_3-TiC/W18Cr4V 扩散焊过程中，Ti 是界面反应的主控元素。

12.3.3　连接界面的结合强度

　　扩散条件不同，界面反应产物不同，扩散焊接头性能有很大差别。加热温度提高，界面扩散反应充分，使接头强度提高。用厚度 0.5mm 的铝片作中间层对钢与氧化铝进行扩散焊时，加热温度对扩散焊接头抗拉强度的影响如图 12-8 所示。

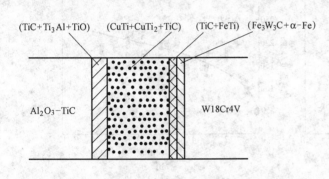

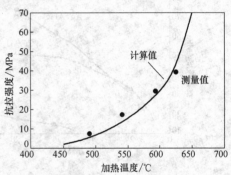

图 12-7　Al_2O_3-TiC/W18Cr4V 界面过渡区的相结构　　图 12-8　加热温度对扩散焊接头抗拉强度的影响

　　但是，加热温度过高可能使陶瓷的性能发生变化，或出现脆性相而使接头性能降低。此外，陶瓷与金属扩散焊接头的抗拉强度与金属的熔点有关，在氧化铝与金属扩散焊接头中，金属熔点提高，接头抗拉强度增大。

　　陶瓷与金属扩散焊接头抗拉强度（R_m）与保温时间（t）的关系为

$$R_m = B_0 t^{1/2} \tag{12-12}$$

其中 B_0 为常数。但是，在一定加热温度下，保温时间存在一个最佳值。Al_2O_3/Al 扩散焊接头中，保温时间对接头抗拉强度的影响如图 12-9a 所示。用 Nb 作中间层扩散连接 SiC 和不锈钢时，时间过长后出现了强度较低、线胀系数与 SiC 相差很大的 $NbSi_2$ 相，而使接头抗剪强度降低，如图 12-9b 所示。用 V 作中间层扩散连接 AlN 时，保温时间过长也由于 V_5Al_8 脆性相的出现而使接头抗剪强度降低。

　　扩散焊中施加压力是为了使接触面处产生微观塑性变形，减小表面不平整和破坏表面氧化膜，增加表面接触面积，为原子扩散提供条件。为了防止陶瓷与金属结构件发生较大的变形，扩散焊时所施加的压力一般较小（<100MPa），这一压力范围足以减小表面局部不平整和破坏表面氧化膜。压力较小时，增大压力可以使接头强度提高，如 Cu 或 Ag 与 Al_2O_3 陶瓷、Al 与 SiC 陶瓷扩散焊时，施加压力对扩散焊接头抗剪强度的影响如图 12-10a 所示。与

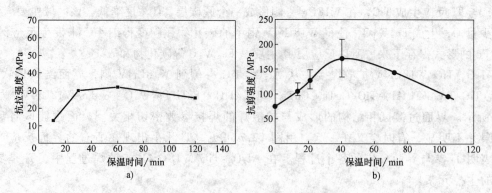

图 12-9　保温时间对接头强度的影响

a) 对抗拉强度的影响　b) 对抗剪强度的影响

加热温度和保温时间的影响一样，压力也存在一个获得最佳强度的值，如 Al 与 Si_3N_4 陶瓷、Ni 与 Al_2O_3 陶瓷扩散焊时，压力分别为 4MPa 和 15 ~ 20MPa。

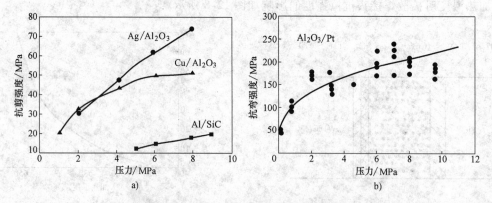

图 12-10　压力对扩散焊接头强度的影响

a) 对抗剪强度的影响　b) 对抗弯强度的影响

　　压力的影响与材料的类型、厚度以及表面氧化状态有关。用贵金属（如金、铂）连接 Al_2O_3 陶瓷时，金属表面的氧化膜非常薄，随着压力的提高，接头强度提高直到一个稳定值。Al_2O_3 与 Pt 扩散焊时压力对接头抗弯强度的影响如图 12-10b 所示。

　　表面粗糙度对扩散焊接头强度的影响十分显著。因为表面粗糙会在陶瓷中产生局部应力集中而容易引起脆性破坏。Si_3N_4/Al 接头表面粗糙度对接头抗弯强度的影响如图 12-11 所示，表面粗糙度 Ra 由 $0.1\mu m$ 变为 $0.3\mu m$ 时，接头抗弯强度从 470MPa 降低到 270MPa。

　　界面反应与焊接环境条件有关。在真空扩散焊中，避免 O、H 等参与界面反应有利于提高接头的强度。如图 12-12 所示为用 Al 作中间层连接 Si_3N_4 时，环境条件对接头抗弯强度的影响。氩气保护下焊接接头强度最高，抗弯强度超过 500MPa。空气中焊接时接头强度低，界面处由于氧化产生 Al_2O_3，沿 Al/Si_3N_4 界面产生脆性断裂。虽然加压能破坏氧化膜，但当氧分压较高时会形成新的氧化物层，使接头强度降低。在高温（1500℃）下直接扩散焊 Si_3N_4 陶瓷时，由于高温下 Si_3N_4 陶瓷容易分解形成孔洞，在 N_2 气氛中焊接可以限制 Si_3N_4 陶瓷的分解，N_2 压力高时接头抗弯强度较高。在 1MPa 氮气中焊接的接头抗弯强度比在 0.1MPa 氮气中焊接的接头抗弯强度高 30% 左右。

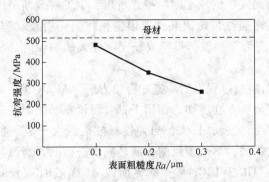

图 12-11　表面粗糙度对接头抗弯强度的影响

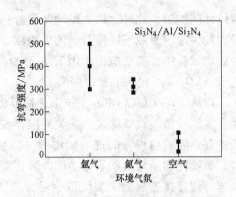

图 12-12　环境条件对接头抗弯强度的影响

对陶瓷/金属连接接头强度评估的方式有拉伸、剪切、弯曲和剥离等多种方式，根据试样的尺寸，多采用抗剪强度进行评估。对不同焊接参数下获得的 Al_2O_3-TiC/W18Cr4V 扩散焊接头，采用线切割方法从扩散界面位置切取剪切试样。试样表面经磨制后用专用夹具夹持在 WEW-600t 微机屏显液压万能试验机上进行剪切试验。在剪切开始阶段，随着载荷的增大位移呈线性增加，当载荷达到最大值后，迅速降低，接头迅速发生断裂，表明接头的塑性变形很小，接头发生了脆性断裂。Al_2O_3-TiC/W18Cr4V 扩散焊界面抗剪强度的试验结果见表 12-10。

表 12-10　Al_2O_3-TiC/W18Cr4V 扩散焊界面抗剪强度的试验结果

焊接参数	剪切面积/(mm × mm)	最大平均载荷/kN	抗剪强度/MPa
1080℃ × 45min,10MPa	10 × 10	9.53	95.3
1100℃ × 45min,10MPa	12 × 10	14.57	121
1130℃ × 45min,15MPa	10 × 10	15.40	154
1160℃ × 45min,15MPa	10 × 10	14.10	141

扩散焊加热温度从 1080℃ 上升到 1130℃，连接压力从 10MPa 提高到 15MPa，Al_2O_3-TiC/W18Cr4V 扩散焊界面抗剪强度从 95.3MPa 增加到 154MPa（见图 12-13）。这是由于随着加热温度的提高，中间层与两侧母材的反应更充分，界面附近形成了良好的冶金结合。压力增大可以使界面接触更紧密，为原子扩散提供更多通道。但是当加热温度升高到 1160℃ 时，Al_2O_3-TiC/W18Cr4V 扩散焊界面抗剪强度反而开始降低，抗剪强度为 141MPa。这是由于温度过高时，界面反应形成了较厚的 TiC 反应层，从而降低了接头的抗剪强度。

例如，Al_2O_3-TiC/W18Cr4V 扩散焊时，接触界面处容易形成应力集中，使得扩散焊界面在冷却阶段产生较大的收缩，引起微裂纹。这些微裂纹在外部载荷的作用下继续扩展，最终导致 Al_2O_3-TiC/W18Cr4V 扩散焊界面的断裂。

Al_2O_3-TiC/W18Cr4V 扩散焊界面 Al_2O_3-TiC 陶瓷侧易造成应力集中，成为微裂纹源。微裂纹的形成并不一定能够引发解理断裂，只有作用于其上的局部应力超过临界应力时，微

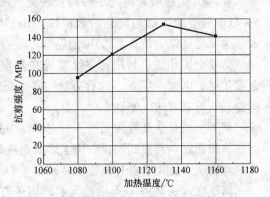

图 12-13　加热温度对 Al_2O_3-TiC/W18Cr4V
扩散焊界面抗剪强度的影响

裂纹才能扩展。此外，因为解理是沿着一定晶面发生的原子键断裂，所以，引发解理断裂的微裂纹尖端应有原子间距量级的尖锐度，如果微裂纹顶端因某种原因钝化将阻止引发解理。在剪切试验中，剪切应力作用下使 Al_2O_3-TiC 界面微裂纹扩展形成长度足够大的裂纹时，将造成 Al_2O_3-TiC 接头的解理断裂。

以 Al_2O_3-TiC/W18Cr4V 扩散连接界面剪切断裂过程为例。施加剪切力前，Al_2O_3-TiC 侧存在空洞、微裂纹等缺欠，缺欠周围存在高应力区。在剪切力作用下，空洞聚集、微裂纹开始扩展。随着剪切力的进一步增大，微裂纹不断扩展、长大，当弹性释放能远大于表面能时，裂纹把剩余能量积累为动能，裂纹可持续扩展。解理裂纹的扩展是高速进行的，当微裂纹与剪切直接造成的主裂纹汇合后，沿 Al_2O_3-TiC/W18Cr4V 扩散界面或 Al_2O_3-TiC 陶瓷基体发生断裂。

12.4　陶瓷与金属的钎焊

12.4.1　陶瓷与金属的钎焊特点

钎焊是利用陶瓷与金属之间的钎料在高温下熔化，其中的活性组元与陶瓷发生化学反应，形成稳定的反应梯度层使两种材料结合在一起。

陶瓷材料含有离子键或共价键，表现出非常稳定的电子配位，很难被金属键的熔融金属润湿，所以用通常的熔焊或钎焊方法使金属与陶瓷产生熔合或钎合是很困难的。为了使陶瓷与金属达到钎焊的目的，应使钎料对陶瓷表面产生润湿，或提高对陶瓷的润湿性。例如，采用活性金属 Ti 在界面形成 Ti 的化合物，可使陶瓷表面获得良好的润湿性。

陶瓷与金属的钎焊比金属材料之间的钎焊复杂得多，多数情况下要对陶瓷表面进行金属化处理或采用活性钎料才能进行钎焊。为了改善被焊陶瓷表面的润湿性，陶瓷与金属常用的钎焊工艺有如下两种。

1. 陶瓷-金属化法（也称为两步法）

陶瓷-金属化法是先在陶瓷表面进行金属化后，再用普通钎料与金属钎焊。陶瓷表面金属化最常用的是 Mo-Mn 法，此外还有蒸发金属化法、溅射金属化法、离子注入法等。

Mo-Mn 法是最常用的一种陶瓷表面金属化法在 Mo 粉中加入质量分数为 10%～25% 的 Mn 以改善金属镀层与陶瓷的润湿性。Mo-Mn 法由陶瓷表面处理、金属膏剂化、配制与涂敷、金属化烧结、镀镍等工序组成。

蒸发金属化法是利用真空镀膜机在陶瓷上蒸镀金属膜，如先蒸镀 Ti、Mo，再在 Ti-Mo 金属化层上电镀一层 Ni。这种方法的特点是蒸镀温度低（300～400℃），能适应各种不同的陶瓷，获得良好的气密性。

溅射金属化法是将陶瓷放入真空容器中并充入氩气，利用气体放电产生的正离子轰击靶面，将靶面材料溅射到陶瓷表面上形成金属化膜。这种方法能在较低的沉积温度下形成高熔点的金属层，适用于各种陶瓷，特别是 BeO 陶瓷的表面金属化。

离子注入法是将 Ti 等活性元素的离子直接注入陶瓷表面，使陶瓷上形成可以被一般钎料润湿的表面。以 Al_2O_3 陶瓷为例，离子注入量为 2×10^{16}～3.1×10^{17} 个/cm^2 时，Ti 的注入深度可达 50～100nm，陶瓷表面润湿性得到大大改善。

2. 活性金属化法（也称为一步法）

采用活性钎料直接对陶瓷与金属进行钎焊。在钎料中加入活性元素，使钎料与陶瓷之间发生化学反应，形成反应层和结合牢固的陶瓷与金属结合界面。反应层主要由金属与陶瓷的化合物组成，可以被熔化的钎料润湿。

活性金属化法常用的活性金属是过渡族金属，如 Ti、Zr、Hf、Nb、Ta 等。这些金属元素对氧化物、硅酸盐等有较大的亲和力，可以在陶瓷表面形成反应层。反应层主要由金属与陶瓷的复合物组成，这些复合物可以被熔化的金属润湿，达到与金属钎接的目的。

陶瓷与金属钎焊用钎料含有活性元素 Ti、Zr 或 Ti、Zr 的氧化物和碳化物，它们对氧化物陶瓷具有一定的活性，在一定的温度下能够直接发生反应。

采用 Ag-Cu-1.75Ti 钎料在氩气中钎焊 Si_3N_4 陶瓷和 Cu 的研究表明，金属 Cu 表面越光滑，Si_3N_4/Cu 钎焊接头的抗剪强度越高。钎焊时稍施加压力（2.5kPa），使先熔化的富 Ag 钎料被挤出，剩余的钎料中富 Cu 相增多，减缓接头应力，可以提高接头的抗剪强度。但压力进一步增大后，钎料被挤出太多，Ti 不足以与陶瓷反应并润湿陶瓷，会降低接头的抗剪强度。

12.4.2　陶瓷与金属的表面金属化法钎焊

1. 陶瓷表面的金属化

陶瓷表面的金属化不仅可以用于改善非活性钎料对陶瓷的润湿性，还可以在高温钎焊时防止陶瓷发生分解和产生孔洞。如 Si_3N_4 陶瓷在真空（10^{-3} Pa）中，达到 1100℃ 以上时 Si_3N_4 陶瓷就要发生分解，产生孔洞。

（1）Mo-Mn 法陶瓷金属化法　将纯金属粉末（Mo、Mn）与金属氧化物粉末组成的膏状混合物涂于陶瓷表面，再在炉中高温加热，形成金属层。在 Mo 粉中加入质量分数为 10%～25% 的 Mn 是为了改善金属镀层与陶瓷的结合。不同组分的陶瓷要选用相应的金属化膏剂，这样才能达到陶瓷表面金属化的最佳效果。配方的正确选择是陶瓷表面金属化工艺的关键。表 12-11 给出了 Mo-Mn 法烧结金属粉末的配方和烧结参数示例。

表 12-11　Mo-Mn 法烧结金属粉末配方和烧结参数示例

序号	配方组成（质量分数，%）								适用陶瓷（质量分数，%）	涂层厚度/μm	金属化温度/℃	保温时间/min
	Mo	Mn	MnO	Al_2O_3	SiO_2	CaO	MgO	Fe_2O_3				
1	80	20	—	—	—	—	—	—	$Al_2O_3$75	30～40	1350	30～60
2	45	—	18.2	20.9	12.1	2.2	1.1	0.5	$Al_2O_3$95	60～70	1470	60
3	65	17.5	质量分数为95%的 Al_2O_3 粉　17.5						$Al_2O_3$95	35～45	1550	60
4	59.5	—	17.9	12.9	7.9	1.8（$CaCO_3$）	—	—	$Al_2O_3$95（Mg-Al-Si）	60～80	1510	50
5	50	—	17.5	19.5	11.5	1.5	—	—	透明刚玉	50～60	1400～1500	40
6	70	9	—	12	8	1	—	—	BeO99	40～50	1400	30
									$Al_2O_3$95		1500	60

一般钎料（如 Ag-Cu 钎料）对陶瓷金属化层的润湿性还不能达到钎焊的要求，所以通常要在 Mo-Mn 金属化层上再镀一层镍来增加金属化层对钎料的润湿性。镀镍层的厚度为 4～6μm，镀镍后的陶瓷还需在氢气炉中 1000℃ 的温度下烧结 15～25min，这道工序称为二次金属化。

（2）蒸发金属化法　利用真空镀膜机在陶瓷件上蒸镀金属膜，实现陶瓷表面金属化。

将清洗后的陶瓷件包上铝箔，只露出需要金属化的部位，放入镀膜机的真空室内。当真空度达 4×10^{-3} Pa 后，将陶瓷件预热到 $300 \sim 400 ℃$，保温 10min。先开始蒸镀 Ti，然后再蒸镀 Mo，形成金属化层。蒸镀后还需要在 Ti、Mo 金属化层上再电镀一层 Ni（厚度 $2 \sim 5 \mu m$），然后在真空炉中进行钎焊。这种方法较 Mo-Mn 法、活性法有更高的封接强度。缺点是蒸镀高熔点金属比较困难。

（3）溅射金属化法　将陶瓷放入真空容器中并充以氩气，在电极之间加上直流电压，形成气体辉光放电，利用气体放电产生的正离子轰击靶面，把靶面材料溅射到陶瓷表面上实现金属化。溅射沉积时，工件可以旋转，使陶瓷金属化面对准不同的溅射金属，依次沉积所需要的金属膜。沉积到陶瓷表面的第一层金属化材料是 Mo、W、Ti、Ta 或 Cr，第二层金属化材料为 Cu、Ni、Au 或 Ag。在溅射过程中，陶瓷的沉积温度应保持在 $150 \sim 200 ℃$。这种方法涂层厚度均匀，与陶瓷结合牢固，能在较低的沉积温度下制备高熔点的金属涂层。

（4）离子注入法　涂覆装置与溅射涂覆装置相似，该设备的阴极为安放陶瓷工件的支架，阳极是作为蒸发源的热丝，热丝的材料为待涂覆的金属材料，真空容器内通入氩气。当阴、阳极之间接通直流高压电（$2 \sim 5kV$）后，在阴、阳极之间形成氩的等离子体。在直流电场的作用下，氩的正离子轰击陶瓷工件的表面达到净化陶瓷表面的目的。溅射清洗完成后移开活动挡板，开始加热热丝，使金属蒸发。金属蒸气在电场作用下被电离成正离子并被加速向作为阴极的陶瓷表面移动，在轰击陶瓷表面的过程中形成结合牢固的金属涂层。这种金属化方法温度低（工件沉积温度小于 $300 ℃$），沉积速率高，涂层结合牢固。缺点是只适宜沉积一些比较容易蒸发的金属材料，对熔点较高的金属沉积比较困难。

（5）热喷涂法　利用低压等离子弧喷涂技术在 Si_3N_4 陶瓷表面喷涂两层 Al。喷涂第一层前，先将陶瓷预热到略高于 Al 的熔点温度以增强 Al 对 Si_3N_4 陶瓷的吸附。第一层喷涂的 Al 不能太厚，一般不超过 $2 \mu m$。在第一层的基础上再喷涂第二层厚度约 $200 \mu m$ 的 Al，热喷涂后的 Si_3N_4 陶瓷直接以 Al 涂层为钎料在 $700 ℃ \times 15min$、加压 0.5MPa 的条件下钎焊，接头的抗弯强度达到 340MPa，比直接用 Al 片在同样的条件下钎焊陶瓷的接头强度（230MPa）高得多。

2. 陶瓷钎焊的钎料

陶瓷金属化后再进行钎焊，使用最广泛的一种钎料是 BAg72Cu。也可以根据需要选用其他的钎料。陶瓷与金属连接常用的钎料见表 12-12。

表 12-12　陶瓷与金属连接常用的钎料

钎料	成分（质量分数，%）	熔点/℃	流点/℃
Cu	100	1083	1083
Ag	>99.99	960.5	960.5
Au-Ni	Au 82.5，Ni 17.5	950	950
Cu-Ge	Ge 12，Ni 0.25，Cu 余量	850	965
Ag-Cu-Pd	Ag 65，Cu 20，Pd 15	852	898
Au-Cu	Au 80，Cu 20	889	889
Ag-Cu	Ag 50，Cu 50	779	850
Ag-Cu-Pd	Ag 58，Cu 32，Pd 10	824	852
Au-Ag-Cu	Au 60，Ag 20，Cu 20	835	845
Ag-Cu	Ag 72，Cu 28	779	779
Ag-Cu-In	Ag 63，Cu 27，In 10	685	710

　　直接钎焊陶瓷的关键是使用活性钎料,在钎料能够润湿陶瓷的前提下,还要考虑高温钎焊时陶瓷与金属线胀系数差异会引起的裂纹,以及夹具定位等问题。

　　用于直接钎焊陶瓷与金属的高温活性钎料见表 12-13。其中二元系钎料以 Ti-Cu、Ti-Ni 为主,这类钎料蒸气压较低,700℃时小于 1.33×10^{-3} Pa,可在 1200 ~ 1800℃使用。三元系钎料为 Ti-Cu-Be 或 Ti-V-Cr,其中 49Ti-49Cu-2Be 具有与不锈钢相近的耐蚀性,并且蒸气压较低,在防泄漏、防氧化的真空密封接头中使用。不含 Cr 的 Ti-Zr-Ta 系钎料,也可以直接钎焊 MgO 和 Al_2O_3 陶瓷,这种钎料获得的接头能够在温度高于 1000℃的条件下工作。国内研制的 Ag-Cu-Ti 系钎料,能够直接钎焊陶瓷与无氧铜,接头抗剪强度可达 70MPa。

表 12-13　用于直接钎焊陶瓷与金属的高温活性钎料

钎料	熔化温度/℃	钎焊温度/℃	用途及接头性能
92Ti-8Cu	790	820 ~ 900	陶瓷-金属
75Ti-25Cu	870	900 ~ 950	陶瓷-金属
72Ti-28Ni	942	1140	陶瓷-陶瓷,陶瓷-石墨,陶瓷-金属
68Ti-28Ag-4Be	—	1040	陶瓷-金属
54Ti-25Cr-21V	—	1550 ~ 1650	陶瓷-陶瓷,陶瓷-石墨,陶瓷-金属
50Ti-50Cu	960	980 ~ 1050	陶瓷-金属
50Ti-50Cu(原子比)	1210 ~ 1310	1300 ~ 1500	陶瓷与蓝宝石,陶瓷与锂
49Ti-49Cu-2Be	—	980	陶瓷-金属
48Ti-48Zr-4Be	—	1050	陶瓷-金属
47.5Ti-47.5Zr-5Ta	—	1650 ~ 2100	陶瓷-钽
7Ti-93(BAg72Cu)	779	820 ~ 850	陶瓷-钛
5Ti-68Cu-26Ag	779	820 ~ 850	陶瓷-钛
100Ge	937	1180	自粘接碳化硅-金属($R_m = 400MPa$)
85Nb-15Ni	—	1500 ~ 1675	陶瓷-铌($R_m = 145MPa$)
75Zr-19Nb-6Be	—	1050	陶瓷-金属
56Zr-28V-16Ti	—	1250	陶瓷-金属
83Ni-17Fe	—	1500 ~ 1675	陶瓷-钽($R_m = 140MPa$)
66Ag-27Cu-7Ti	779	820 ~ 850	陶瓷-钛

　　由于陶瓷与金属连接多在氢气炉或真空炉中进行,当用陶瓷金属化法对真空电子器件钎焊时,对钎料的要求如下:

　　① 钎料中不含有饱和蒸气压高的化学元素,如 Zn、Cd、Mg 等,以免在钎焊过程中这些化学元素污染电子器件或造成电介质漏电。

　　② 钎料中氧的质量分数不能超过 0.001%,以免在氢气中钎焊时生成水汽。

　　③ 钎焊接头要有良好的松弛性,能最大限度地减小由陶瓷与金属线胀系数差异而引起的热应力。

　　在选择陶瓷与金属连接的钎料时,为了最大限度地减小焊接应力,有时也不得不选用一些塑性好、屈服强度低的钎料,如纯 Ag、Au 或 Ag-Cu 共晶钎料等。

　　玻璃化法是利用毛细作用实现连接，这种方法不加金属钎料而加无机钎料（玻璃体），如氧化物、氟化物的钎料。氧化物钎料熔化后形成的玻璃相能向陶瓷渗透，浸润金属表面，最后形成连接。玻璃体固化后没有韧性，无法承受陶瓷的收缩，只能靠配制成分使其线胀系数尽量与陶瓷的线胀系数接近。这种方法的实际应用也是相当严格的。

　　调整钎料配方可以获得不同熔点和线胀系数的钎料，以便适用于不同的陶瓷和金属的连接。这种玻璃体中间材料实际上是 Si_3N_4 陶瓷晶粒间的粘结相（如 Al_2O_3、Y_2O_3、MgO 等）以及杂质 SiO_2，是烧结时就有的。连接在超过 1530℃ 的高温下（相当于 Y-Si-Al-O-N 的共晶点）进行，不需加压，通常用氮气保护。

3. 陶瓷金属化钎焊工艺

　　以 Mo-Mn 金属化法为例，陶瓷金属化钎焊连接的工艺流程如图 12-14 所示。

图 12-14　Mo-Mn 法陶瓷金属化钎焊连接的工艺流程

　　金属化膏剂的制备和涂覆工艺是：将各种原料的粉末按比例称好，加入适量的硝棉溶液（乙醚 + 乙醇）、醋酸丁酯、草酸二乙酯等。膏剂多由纯金属粉末加适量的金属氧化物组成，粉末粒度在 1～5μm 之间，用有机粘结剂调成糊状，用毛笔刷涂或其他喷涂方法均匀地涂在需要金属化的陶瓷表面上。涂层厚度 30～60μm。涂覆后，将陶瓷放入钼坩埚中，在氢气炉中烧结，1300～1500℃ 温度下保温 0.5～1h。金属化层多为 Mo-Mn 层，难以与钎料浸润，必须镀上一层厚度 4～6μm 的镍。

　　将处理好的金属件和陶瓷件装配在一起，在接缝处装上钎料。在氢气炉或真空炉中钎焊连接。在钎焊过程中加热和冷却速度不能过快，以防止陶瓷件炸裂。

12.4.3　陶瓷与金属的活性金属化法钎焊

　　过渡族金属（如 Ti、Zr、Nb 等）具有很强的化学活性，这些元素对氧化物、硅酸盐等有较大的亲和力，可通过化学反应在陶瓷表面形成反应层。在 Au、Ag、Cu、Ni 等系统的钎料中加入这类活性金属后，形成活性钎料。活性钎料在液态下极易与陶瓷发生化学反应而形成陶瓷与金属的连接。

　　反应层主要由金属与陶瓷的复合物组成（表现出与金属相同的微观结构，可被熔化金属润湿），达到与金属连接的目的。活性金属的化学活性很强，钎焊时活性元素的保护是很重要的，这些元素一旦被氧化就不能再与陶瓷发生反应。因此活性金属化法钎焊一般是在 $10^{-2}Pa$ 以上的真空或惰性保护气氛中进行，一次完成钎焊连接。

1. 活性钎料

　　活性钎料通常以 Ti 作为活性元素，可用于钎焊氧化物陶瓷、非氧化物陶瓷以及各种无机介质材料。由于活性金属化法钎焊是用活性钎料与陶瓷直接钎接，工序简单，所以发展很快。表 12-14 是常用的几种活性金属化法钎料的比较。

表 12-14　常用的几种活性金属化法钎料的比较

钎料	钎料加人方式	钎焊温度/℃	保温时间/min	陶瓷材料	金属材料	特点及应用
Ag-Cu-Ti	在陶瓷表面预涂厚度为 20 ~ 40μm 的 Ti 粉，然后再厚度为 0.2mm 的 Ag69Cu26Ti5 钎料施焊	850 ~ 880	3 ~ 5	高氧化铝、蓝宝石、透明氧化铝、镁橄榄石、微晶玻璃、云母、石墨及非氧化物陶瓷	Cu,Ti,Nb	对陶瓷润湿性良好，接头气密性好，应用广泛。常用于大件匹配性钎接和软金属与高强度陶瓷钎接。缺点是钎料含 Ag 量大，蒸气压高易沉积在陶瓷表面，使绝缘性能下降
Ti-Ni	用厚度为 10 ~ 20μm 的 Ti71.5Ni28.5 箔作钎料施焊	990 ± 10	3 ~ 5	高氧化铝、镁橄榄石陶瓷	Ti	钎焊温度较高，蒸气压较低，对陶瓷润湿性良好，特别适用于 Ti 与镁橄榄石陶瓷的匹配钎焊。缺点是钎焊温度范围窄，零件表面需严格清理
Cu-Ti	w_{Ti} 为 25% ~ 30%，Cu 余量，用符合上述匹配的 Ti(Cu) 箔或粉做钎料施焊	900 ~ 1000	2 ~ 5	高氧化铝、镁橄榄石及非氧化物陶瓷	Cu,Ti,Ta,Nb,Ni-Cu	钎焊温度较高，蒸气压低，对陶瓷润湿性良好，合金脆硬，适用于匹配钎焊或高强度陶瓷钎焊

2. 活性金属化法钎焊连接工艺

以活性金属化法 Ti-Ag-Cu 钎料为例，陶瓷与金属的活性金属化法钎焊的工艺流程如图 12-15 所示。

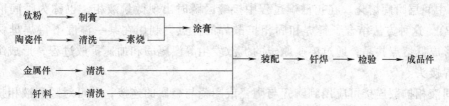

图 12-15　陶瓷与金属的活性金属化法钎焊的工艺流程

陶瓷件可在超声波清洗机中清洗，金属件通过碱洗、酸洗去除金属表面的油污、氧化膜等。清洗过的零件立即进入下一道工序。制备活性钎料膏剂所用的钛粉纯度（体积分数）应在 99.7% 以上，粒度为 270 ~ 360 目（约 53 ~ 43μm）。制膏剂时取重量为钛粉 1/2 的硝棉溶液，加上少量的草酸二乙酯稀释，调成膏状。用毛笔或喷涂的方法将活性钎料膏剂均匀地涂覆在陶瓷的钎焊面上。涂层要均匀，厚度一般为 25 ~ 40μm。

陶瓷表面的膏剂晾干后与金属件及 AgCu28 钎料装配在一起。在 10^{-2}Pa 以上的真空或惰性气氛中进行钎接连接，当真空度达到 $5 × 10^{-3}$Pa 时，逐渐升温到 779℃ 使钎料熔化，然后再升温至 820 ~ 840℃，保温 3 ~ 5min 后降温冷却。温度过高或保温时间过长会使活性元素与陶瓷件反应强烈，引起钎缝组织疏松，形成漏气。在加热或冷却过程中，注意加热速度、冷却速度，以避免因加热速度、冷却速度过快而造成陶瓷开裂。

对钎焊件要进行耐烘烤性能检验和气密性检验。对真空器件或电器件，要进行漏气、热冲击、热烘烤和电绝缘强度等检验。

12.5　陶瓷与金属的扩散焊

12.5.1　陶瓷与金属扩散焊的特点

扩散焊是陶瓷/金属连接常用的方法，是在一定的温度和压力下，被连接表面相互接触，通过使接触面局部发生塑性变形，或通过被连接表面产生的瞬态液相而扩大被连接表面的物理接触，然后结合层原子间相互扩散而形成整体可靠连接的过程。这种连接方法的特点是接头质量稳定，连接强度高，接头高温性能和耐蚀性好。

1. 直接扩散焊接

直接扩散焊接要求被连接件的表面非常平整和洁净，在高温及压力作用下达到原子接触，进而实现连接界面原子的扩散迁移。

2. 间接扩散焊接

在陶瓷焊接中间接扩散焊接是最常用的扩散焊方法。通过在被连接件间加入塑性好的金属中间层，在一定的温度和压力下完成连接。间接扩散焊可以使加热温度降低，避免被连接件组织粗大，减少了不同材料连接时热物理性能不匹配所引起的问题，因此是陶瓷与金属连接的有效手段。间接扩散连接分为如下两种方式。

1）陶瓷、金属和中间层三者都保持固态不熔融状态，只是通过加热、加压，使陶瓷与金属之间的接触面积逐渐扩大，某些成分发生表面扩散和体积扩散，消除界面孔穴，使界面发生移动，最终形成可靠连接。

2）中间层瞬间熔化，在扩散焊过程中接缝区瞬时出现微量液相，也称为瞬间液相扩散焊（TLP）。这种方法结合了钎焊和固相扩散焊的优点，利用在某一温度下待焊母材与中间层之间形成低熔点共晶，通过溶质原子的扩散发生等温凝固和加速扩散过程，形成组织均匀的扩散焊接头。

瞬间液相扩散连接可应用到陶瓷与陶瓷或陶瓷与金属的连接，并可对瞬间液相扩散连接接头形成过程、中间层设计、连接温度和压力等对接头性能的影响、连接机理等进行深入的研究。

微量液相的出现有助于改善陶瓷与金属界面接触状态，能降低连接温度，允许使用较低的扩散压力。获得微量液相的方法主要有两种：

① 利用共晶反应。利用某些异种材料之间可能形成低熔点共晶的特点进行液相扩散连接（称为共晶反应扩散连接）。这种方法要求一旦液相形成应立即降温使之凝固，以免继续生成过量液相，所以要严格控制加热温度和保温时间。

将共晶反应扩散连接原理应用于加中间层扩散连接时，液相总量可通过中间层厚度来控制，这种方法称为瞬间液相扩散连接（或过渡液相扩散连接）。

② 添加特殊钎料。采用与母材成分接近但含有少量既能降低熔点又能在母材中快速扩散的元素（如 B、Si、Be 等），用这种钎料作为中间层，以箔片或涂层方式加入。与普通钎焊相比，这种钎料层厚度较薄，钎料凝固是在等温状态下完成的，而钎焊时钎料是在冷却过程中凝固的。

在陶瓷与金属的焊接中，扩散焊具有广泛的应用和可靠的质量控制。陶瓷材料扩散焊工艺主要有以下几种：

① 同种陶瓷材料直接扩散焊。

② 用另一种薄层材料扩散焊同种陶瓷材料。

③ 异种陶瓷材料直接扩散焊。

④ 用第三种薄层材料扩散焊异种陶瓷材料。

陶瓷与金属焊接时，常采用填加中间层的扩散焊以及共晶反应扩散焊等。陶瓷材料扩散焊的主要优点是：连接强度高，尺寸容易控制，适合于连接异种材料。主要不足是扩散温度高、时间长且在真空下或惰性气氛中连接、设备一次投入大、试件尺寸和形状受到限制。

陶瓷与金属的扩散焊既可在真空中，也可在氢气氛中进行。金属表面有活性膜时更易产生相互间的化学作用。因此在焊接真空室中充以还原性的活性介质（使金属表面保持一层薄的活性膜）会使扩散焊接头具有更牢固的结合和更高的强度。

氧化铝陶瓷与无氧铜之间的扩散焊温度达到900℃可得到合格的接头强度。更高的强度指标要在 1030 ~ 1050℃ 焊接温度下才能获得，因为此时铜具有很高的塑性，易在压力下产生变形，使实际接触面增大。影响扩散焊接头强度的主要因素是加热温度、保温时间、施加的压力、环境介质、被连接面的表面状态以及被连接材料之间的化学反应和物理性能（如线胀系数等）的匹配。

12.5.2　扩散焊的焊接参数

固相扩散焊中，加热温度、压力、保温时间及焊件表面状态是影响扩散焊质量的主要因素。固相扩散焊中界面的结合是靠塑性变形、扩散和蠕变机制实现的，其扩散焊温度较高，陶瓷/金属扩散焊温度通常为金属熔点的 0.8 ~ 0.9 倍。由于陶瓷和金属的线胀系数和弹性模量不匹配，易在界面附近产生很大的应力，很难实现直接扩散焊。为缓解陶瓷与金属接头残余应力以及控制界面反应，抑制或改变界面反应产物以提高接头性能，常采用加中间层的扩散焊。

1. 加热温度

加热温度对扩散过程的影响最显著，连接金属与陶瓷时温度有时达到金属熔点的90%以上。固相扩散焊时，元素之间相互扩散引起的化学反应，可以形成足够的界面结合。反应层的厚度（X）可通过下式估算：

$$X = K_0 t^n \exp(-Q/RT) \tag{12-13}$$

式中　K_0——常数；

　　　t——连接时间（s）；

　　　n——时间指数；

　　　Q——扩散激活能（J/mol），取决于扩散机制；

　　　T——热力学温度（K）；

　　　R——气体常数（8.314J/K·mol）。

加热温度对接头强度的影响也有同样的趋势，根据拉伸试验得到的温度对扩散焊接头抗拉强度（R_m）的影响可用下式表示：

$$R_m = B_0 \exp(-Q_{app}/RT) \tag{12-14}$$

式中　B_0——常数；

Q_{app}——表观激活能，可以是各种激活能的总和。

加热温度提高使接头强度提高，但是温度提高可能使陶瓷的性能发生变化，或出现脆性相而使接头性能降低。

陶瓷与金属扩散焊接头的抗拉强度与金属的熔点有关，在氧化铝与金属的扩散焊接头中，金属熔点提高，接头抗拉强度增大。

例如，用铝作中间层连接 Si_3N_4 陶瓷，在不同的加热温度下扩散接头的界面结构和抗弯强度有很大的差别。图 12-16 所示是加热温度对 $Si_3N_4/Al/Si_3N_4$ 扩散接头抗弯强度的影响。可以看出，低温连接时，由于在接头界面残留有中间层铝，扩散接头的抗弯强度随着温度的提高而急剧下降，主要是铝的性能影响了接头强度。经过 1970K 扩散焊处理的接头，抗弯强度随着加热温度的提高而增加，这是由于残留的 Al 在高温下形成了 AlN 陶瓷，AlN 的强度比铝高，而且 AlN 与 AlSi 聚合带比较致密，从而提高了接头强度。

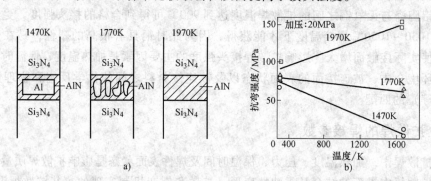

图 12-16　$Si_3N_4/Al/Si_3N_4$ 扩散接头组织和抗弯强度

a）界面结构变化　b）温度对抗弯强度的影响

2. 保温时间

SiC/Nb 扩散焊接头反应层厚度与保温时间的关系如图 12-17 所示。

保温时间对扩散焊接头强度的影响也有同样的趋势，抗拉强度（R_m）与保温时间（t）的关系为：$R_m = B_0\, t^{1/2}$，其中 B_0 为常数。

在其他条件相同时，随着加热温度和保温时间的增加，扩散焊反应层厚度也增加，如图 12-18 所示。

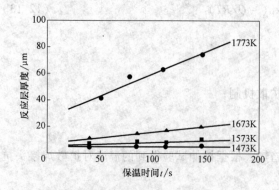

图 12-17　SiC/Nb 扩散焊接头反应层厚度
与保温时间的关系

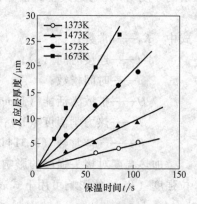

图 12-18　SiC/Ti 反应层厚度与
加热温度和保温时间的关系

3. 压力

为了防止构件变形，陶瓷与金属扩散焊所加的压力一般小于 100MPa。固相扩散焊陶瓷与金属时，陶瓷与金属界面会发生反应形成化合物，所形成的化合物种类与连接条件（如温度、表面状态、杂质类型与含量等）有关。不同类型陶瓷与金属接头中可能出现的界面反应产物见表 12-15。

扩散条件不同，界面反应产物不同，接头性能有很大差别。一般情况下，真空扩散焊的接头强度高于在氩气和空气中扩散焊的接头强度。陶瓷与金属扩散焊时采用中间层，不仅降低了接头产生的残余应力，还可以降低加热温度，减小压力和缩短保温时间，促进扩散和去除杂质元素。

表 12-15　不同类型陶瓷与金属接头中的界面反应产物

接头组合	界面反应产物	接头组合	界面反应产物
Al_2O_3/Cu	$CuAlO_2$, $CuAl_2O_4$	Si_3N_4/Al	AlN
Al_2O_3/Ti	$NiO \cdot Al_2O_3$, $NiO \cdot SiAl_2O_3$	Si_3N_4/Ni	Ni_3Si , $Ni(Si)$
SiC/Nb	Nb_5Si_3 , $NbSi_2$, Nb_2C , $Nb_5Si_3C_x$, NbC	$Si_3N_4/Fe-Cr$ 合金	Fe_3Si , Fe_4N , Cr_2N , CrN , Fe_xN
$SiC-Ni$	Ni_2Si , Ni_3Si	AlN/V	$V(Al)$, V_2N , V_5Al_8 , V_3Al
SiC/Ti	Ti_5Si_3 , Ti_3SiC_2 , TiC	$ZrO_2/N-Cr-(O)/ZrO_2$	$NiO_{1-x}Cr_2O_{3-y}$, ZrO_{2-z} , $0 < x,y,z < 1$

中间层的选择很关键，选择不当会引起接头性能的恶化。如由于化学反应激烈形成脆性反应物而使接头抗弯强度降低，或由于线胀系数不匹配而增大残余应力，或使接头耐蚀性降低，甚至导致产生裂纹和断裂。中间层可以用不同的形式加入，通常以粉末、箔状或通过金属化加入中间层也需与压力相匹配。

Al_2O_3、SiC、Si_3N_4 及 WC 等陶瓷研究和开发较早，发展比较成熟。而 AlN、ZrO_2 陶瓷发展得相对较晚。陶瓷的硬度与强度较高，不易发生变形，所以陶瓷与金属的扩散焊除了要求被连接的表面非常平整和清洁外，扩散焊时还须压力大（压力 $0.1 \sim 15MPa$）、加热温度高（通常为金属熔点 T_m 的 $0.8 \sim 0.9$ 倍），焊接时间也比其他焊接方法长得多。陶瓷与金属的扩散焊中，最常用的陶瓷材料为氧化铝陶瓷和氧化锆陶瓷。与此类陶瓷焊接的金属有铜（无氧铜）、钛（TA1）、钛钽合金（Ti-5Ta）等。

例如，氧化铝陶瓷具有硬度高、塑性低的特点，在扩散焊时仍将保持这种特性。即使氧化铝陶瓷内存在玻璃相（多半分布在刚玉晶粒的周围），陶瓷也要加热到 $1100 \sim 1300℃$ 以上才会出现蠕变性能，陶瓷与大多数金属扩散焊时的实际接触首先是在金属的局部塑性变形过程中形成的。表 12-16 列出了各种 Al_2O_3 陶瓷与不同金属相匹配的组合、扩散焊条件及接头强度。

表 12-16　各种 Al_2O_3 陶瓷与不同金属的扩散焊条件及接头强度

陶瓷-金属组合		气氛	加热温度 /℃	抗弯强度 /MPa
95%[①]氧化铝陶瓷（含 MnO）	Fe-Ni-Co	H_2（真空）	1200	100（120）
	不锈钢	H_2（真空）	1200	100（200）
	Ti	真空	1100	140
	Ti-Mo	真空	1100	100

（续）

陶瓷-金属组合		气氛	加热温度 /℃	抗弯强度 /MPa
72%氧化铝陶瓷	Fe-Ni-Co	H_2	1200	100
	不锈钢	H_2（真空）	1200	115
	Ti	真空	1100	125
	Ni	真空	1200	130
99.7%氧化铝陶瓷	不锈钢	真空	1250～1300	180～200
	Ni	真空	1250～1300	150～180
	Ti	真空	1250～1300	160
	Fe-Ni-Co	真空	1250～1300	110～130
	Fe-Ni合金	真空	1250～1300	50～80
	Nb	真空	1250～1300	70
	Ni-Cr	H_2（真空）	1250～1300	100
	Pd	H_2（真空）	1250～1300	160
	低碳钢	H_2（真空）	1250～1300	50
94%氧化铝陶瓷	不锈钢	H_2	1250～1300	30

注：1. 真空度为 $10^{-3}～10^{-2}$ Pa。

　　　2. 保温时间 15～20min。

① 为质量分数，下同。

陶瓷与金属直接用扩散焊连接有困难时，可以采用加中间层的方法，而且金属中间层的塑性变形可以降低对陶瓷表面的加工精度。例如在陶瓷与 Fe-Ni-Co 合金之间，加入厚度 20μm 的 Cu 箔作为过渡层，采用压力 15MPa，在加热温度 1050℃、保温时间为 10min 工艺下可得到抗拉强度 72MPa 的扩散焊接头。

12.5.3　Al_2O_3 复合陶瓷/金属扩散界面的特征

1. 界面结合特点

用线切割方法切取 Al_2O_3-TiC 复合陶瓷与 W18Cr4V 钢扩散焊接头试样，制备成金相试样。用光学显微镜和扫描电镜（SEM）观察界面附近的显微组织表明，加热温度 1130℃、保温时间 45min、连接压力 20MPa 时，Al_2O_3-TiC 复合陶瓷与 W18Cr4V 钢扩散焊界面结合紧密，未出现结合不良、显微空洞等缺欠。

用扫描电镜观察 Al_2O_3-TiC 与 W18Cr4V 扩散焊界面附近的组织（见图 12-19）可见，Al_2O_3-TiC/W18Cr4V 扩散焊界面中间反应层上弥散分布有白色的块状组织和黑色颗粒。通过对图 2-20b 中界面过渡区灰色基体组织①、白色块状组织②、黑色颗粒③和白色点状物④进行能谱分析（见表 12-17）表明，灰色基体①的主要成分是 Cu 和少量的 Ti，白色块状组织②的主要成分为 Cu 和 Ti，而黑色颗粒③主要是 Ti，白色点状物④含有 W。判定灰色基体是 Cu-Ti 固溶体、白色块状组织是 CuTi、黑色颗粒为 TiC、白色点状物为 WC。界面过渡区反应层中 Cu、Ti 来自 Ti-Cu-Ti 中间层连接过程中的溶解扩散。白色点状物中的 W 是 W18Cr4V 高速钢中 W 元素扩散的结果，这些扩散的 W 与 W18Cr4V 中的 C 在扩散焊过程中形成 WC，弥散分布在反应层中。

2. 界面过渡区的划分

Al_2O_3-TiC 与 W18Cr4V 扩散焊时，由于 Ti-Cu-Ti 中间层界面处存在浓度梯度，Ti 和 Cu 之间发生扩散，加热温度高于 Cu-Ti 共晶温度时，Cu-Ti 液相向两侧的 Al_2O_3-TiC 陶瓷与

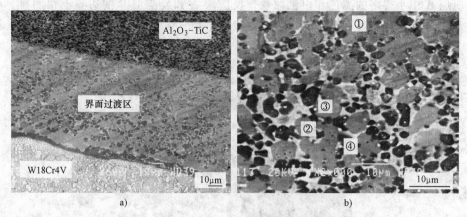

图 12-19　Al_2O_3-TiC 与 W18Cr4V 扩散焊接头的组织特征（SEM）

a）扩散焊界面　　b）界面过渡区

W18Cr4V 钢中扩散并发生反应。母材中的元素也向中间层扩散，在 Al_2O_3-TiC 陶瓷与 W18Cr4V 界面附近形成不同组织结构的扩散反应层（或称为界面过渡区）。

表 12-17　反应层内不同形态组织的能谱分析　　　　　（质量分数，%）

测试位置	Al	O	Ti	W	Cr	Fe	Cu
①	3.16	4.63	14.56	1.11	3.88	2.04	70.62
②	1.24	0.66	34.66	3.27	1.87	2.74	55.56
③	1.55	0.12	87.81	5.08	2.75	1.08	1.61
④	0.68	0.07	2.15	92.22	2.12	1.55	1.21

图 12-20 是 Al_2O_3-TiC/W18Cr4V 扩散焊界面附近的背散射电子像和电子探针（EPMA）线扫描结果。

由图 12-20a 可见，Al_2O_3-TiC 陶瓷与 W18Cr4V 钢之间存在明显的界面过渡区，根据其位置可分为呈梯度分布的四个反应层，分别为 Al_2O_3-TiC/Ti 界面反应层 A、Cu-Ti 固溶体层 B、Ti/W18Cr4V 界面 Ti 侧反应层 C 和 W18Cr4V 钢侧反应层 D。

由图 12-20b 元素线扫描可见，A 层含有 Ti、Al 和 O，主要来自 Al_2O_3-TiC 陶瓷和中间层中的 Ti；B 层含有 Cu 和少量的 Ti，来自 Ti-Cu-Ti 中间层；C 层主要含 Ti，来自 Ti-Cu-Ti 中间层；D 层为 Fe 和 Cr，来自 W18Cr4V 钢。各层中元素分布与扩散焊初始状态的元素分布一致。加热温度 1100℃、连接时间 30min 时，元素扩散不充分，扩散距离较短。随着加热温度提高和保温时间的延长，元素扩散进一步加剧，界面反应更充分。改变扩散焊焊接参数，界面过渡区各反应层的组织也将发生变化。

扫描电镜下拍摄的 Al_2O_3-TiC/W18Cr4V 扩散焊界面过渡区各反应层的组织形态如图 12-21 所示。显见，Al_2O_3-TiC/W18Cr4V 界面过渡区的宽度是不均匀的。对图 12-21 所示界面过渡区 A、B、C、D 反应层的组织特征分析如下：

Al_2O_3-TiC/W18Cr4V 界面过渡区中存在 Al、Ti、Cu、Fe、W、Cr、V 等多种元素，在扩散焊过程中，元素扩散和相互反应使界面过渡区的组织很复杂，形成 A、B、C、D 几个特征区。

靠近 Al_2O_3-TiC 陶瓷侧反应层 A 的组织是深灰色基体内有大量的 TiC 黑色颗粒，TiC 颗粒在 Al_2O_3-TiC/反应层 A、B 界面聚集，如图 12-22a、b 所示。中间层中的 Ti 与 Al_2O_3 反应，未参与反应的 TiC 颗粒聚集在界面附近。反应层 B 基体颜色呈浅灰色，在浅灰色基体内有比反应层 A 中小得多的黑色和白色颗粒，反应层 A 和反应层 B 的边界不很明显，相互交叉在一起。反应层 C 呈黑色带状，如图 12-22c 所示；反应层 D 中存在一些白色点状颗粒（见图 12-22d），可能是由于微区成分偏析的结果。

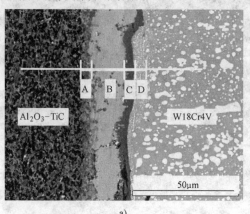

a)

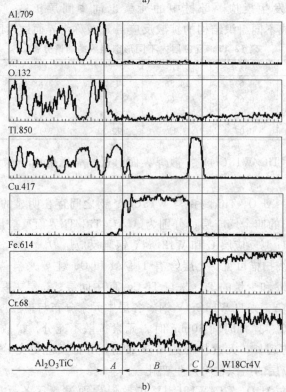

b)

图 12-20　Al_2O_3-TiC/W18Cr4V 扩散焊界面过渡区划分和元素分布

a）背散射电子像　b）EPMA 线扫描

3. 焊接参数对界面过渡区组织的影响

（1）加热温度的影响　扩散焊加热温度决定着元素的扩散和界面反应的程度。扩散焊加热温度越高，界面反应越充分，Al_2O_3-TiC/W18Cr4V 界面过渡区宽度逐渐增加，组织逐渐粗化。保温时间相同（$t = 45min$）但加热温度不同时 Al_2O_3-TiC/W18Cr4V 界面过渡区的宽度见表 12-18。

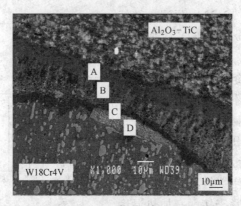

图 12-21　Al_2O_3-TiC/W18Cr4V 扩散焊界面过渡区特征

图 12-22　Al_2O_3-TiC/W18Cr4V 扩散焊界面过渡区的显微组织

a) 反应层 A　b) 反应层 B　c) 反应层 C　d) 反应层 D 和 W18Cr4V

表 12-18　加热温度对 Al_2O_3-TiC/W18Cr4V 界面过渡区宽度的影响（$t=45min$）

加热温度/℃	1080	1100	1130	1160
宽度/μm	32	42	57	72

由表 12-18 可见，加热温度为 1080℃ 时，Al_2O_3-TiC/W18Cr4V 扩散焊界面过渡区的宽度约 32μm，加热温度升高到 1160℃ 时，界面过渡区宽度增加到 72μm。根据实测结果得到的加热温度对 Al_2O_3-TiC/W18Cr4V 界面过渡区宽度的影响如图 12-23 所示。

根据实测结果（见图 12-23）预测，继续提高加热温度，Al_2O_3-TiC/W18Cr4V 扩散焊界面过渡区的宽度还会增加。但是加热温度过高将导致扩散焊界面附近的组织粗化，对扩散焊接头的组织和力学性能有不利的影响。因此对扩散焊加热温度应有所限制。

（2）保温时间和连接压力的影响　保温时间 t 是决定扩散焊界面附近元素扩散均匀性的主要因素。压力 p 的作用是使接触界面发生微观塑性变形，促进连接表面紧密接触。加热温度 1130℃，不同保温时间和压力时，Al_2O_3-TiC/W18Cr4V 界面过渡区的组织如图 12-24 所示。

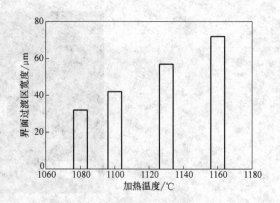

图 12-23　加热温度对 Al_2O_3-TiC/W18Cr4V
界面过渡区宽度的影响

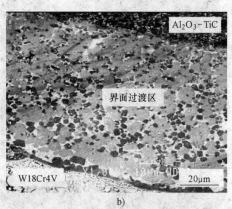

图 12-24　不同保温时间和压力下 Al_2O_3-TiC/W18Cr4V 界面过渡区的组织
a）1130℃×30min，$p=10$MPa　b）1130℃×60min，$p=15$MPa

由图 12-24 可见，保温时间 30min、压力 10MPa 时，Al_2O_3-TiC/W18Cr4V 界面过渡区的宽度只有 25μm，组织不均匀，各反应层的组织形态不同，界面过渡区与 W18Cr4V 钢界面处有少量显微空洞，界面结合不紧密。保温时间 60min、压力 15MPa 时，界面过渡区各反应层之间的区别不明显，整个界面过渡区组织形态基本一致，在灰色基体上分布着一些白色的块状组织和黑色颗粒。

保温时间越长，元素扩散距离越大。保温时间 30min、压力 10MPa 时，陶瓷/金属两侧元素的扩散距离很短，扩散反应不很充分，Ti 在两侧母材与中间层的界面处发生聚集，在界面过渡区内分布不均匀。保温时间 60min、压力 15MPa 时，元素的扩散距离大大提高，界面反应更充分，在 Al_2O_3-TiC/W18Cr4V 扩散焊界面处形成了组织均匀的界面过渡区，Ti 在母材和界面过渡区界面处的聚集已不明显。

压力对陶瓷/金属扩散焊界面组织的影响，在扩散焊初期，表现为促进界面间的紧密接触，减少中间层与两侧母材的显微空洞，使中间层与两侧母材达到原子级接触，形成大量的扩散通道，为中间层与两侧母材的扩散反应提供必要条件。为了促进界面连接，应适当增加压力。

　　陶瓷/金属扩散焊过程中，加热温度、保温时间和压力在扩散焊过程中相互作用，共同影响陶瓷/金属（Al_2O_3-TiC/W18Cr4V）界面过渡区的组织性能。为了获得界面结合良好、原子扩散充分和具有良好组织性能的扩散焊接头，须协调控制加热温度、保温时间和压力。试验结果表明，Al_2O_3-TiC/W18Cr4V 扩散连接合适的焊接参数为：加热温度 $T = 1125 \sim 1145℃$，保温时间 $t = 45 \sim 60min$，压力 $p = 10 \sim 15MPa$。

4. 界面过渡区的显微硬度

　　陶瓷/金属扩散焊界面过渡区的显微硬度反映了该区域组织的变化。用显微硬度计对 Al_2O_3-TiC/W18Cr4V 界面附近的显微硬度进行测定，试验载荷 100g，加载时间 10s。不同加热温度和保温时间下 Al_2O_3-TiC/W18Cr4V 界面附近测试位置和显微硬度分布如图 12-25 所示。

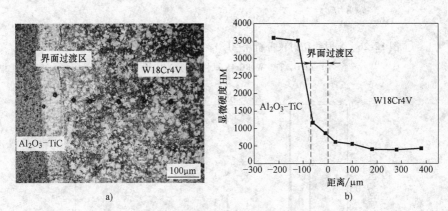

a）　　　　　　　　　　　　b）

图 12-25　Al_2O_3-TiC/W18Cr4V 界面附近的显微硬度（1130℃ ×60min）

a）测试位置　b）显微硬度

　　由图 12-25 可见，显微硬度从 Al_2O_3-TiC 侧到 W18Cr4V 侧逐渐降低。靠近 Al_2O_3-TiC 侧界面过渡区的显微硬度约为 1200HM，高于靠近 W18Cr4V 侧界面过渡区的显微硬度 800HM。由于提高加热温度和延长保温时间使 Ti-Cu-Ti 中间层中 Ti 的扩散提高了界面过渡区的硬度；Ti 是活性元素，与来自 Al_2O_3-TiC 和 W18Cr4V 中的元素发生反应形成化合物也提高了界面过渡区的显微硬度。

　　Al_2O_3-TiC/W18Cr4V 界面过渡区的显微硬度低于 Al_2O_3-TiC 陶瓷，表明在 Al_2O_3-TiC/W18Cr4V 扩散焊过程中没有高硬度的脆性相生成。

5. 界面过渡区的相结构

　　用 Ti-Cu-Ti 中间层扩散焊连接 Al_2O_3-TiC 陶瓷和 W18Cr4V 钢时，中间层和两侧母材之间存在很大的元素浓度梯度。扩散焊高温下，中间层中的 Ti 和 Cu 发生相互扩散和化学反应，Ti 的活性使得 Ti 与 Al_2O_3-TiC 中的 Al、O、C 之间以及 W18Cr4V 钢中的 Fe、W、Cr、C 等之间发生反应形成新的化合物，Al_2O_3-TiC 陶瓷和 W18Cr4V 钢的各种元素之间也可能发生反应，在 Al_2O_3-TiC 与 W18Cr4V 的界面过渡区将产生多种生成相。

　　用线切割机从 Al_2O_3-TiC/W18Cr4V 扩散接头处切取试样，通过 D/MAX-RC 型 X 射线衍射仪（XRD）分析界面过渡区相组成。在试验前，通过施加剪切力从 Al_2O_3-TiC/W18Cr4V 扩散界面处将接头试样分成 Al_2O_3-TiC 侧和 W18Cr4V 侧两部分，如图 12-26 所示。试样尺寸为 10mm ×10mm ×7mm，X 射线衍射试验的分析面如图 12-26b 所示。X 射线衍射试验采用 Cu-K$_\alpha$ 靶，工作电压 60kV，工作电流 40mA，扫描速度 8°/min。Al$_2$O$_3$-TiC/W18Cr4V 扩散焊界面两侧的 X 射线衍射图如图 12-27 所示。

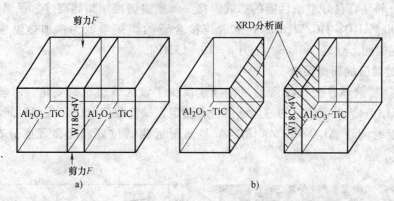

图 12-26　X 射线衍射仪分析用 Al$_2$O$_3$-TiC/W18Cr4V 试样及分析位置

a）Al$_2$O$_3$-TiC/W18Cr4V 试样　b）XRD 分析面

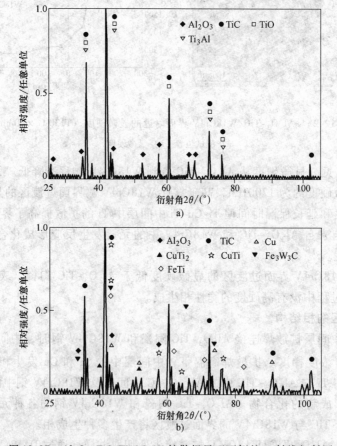

图 12-27　Al$_2$O$_3$-TiC/W18Cr4V 扩散焊界面两侧的 X 射线衍射图

将 Al$_2$O$_3$-TiC 与 W18Cr4V 扩散界面 X 射线衍射分析（XRD）数据与粉末衍射标准联合委员会（JCPDS）公布的标准粉末衍射卡进行对比表明，在扩散连接的 Al$_2$O$_3$-TiC 陶瓷侧，

主要存在 Al_2O_3、TiC、TiO 和 Ti_3Al 四种相。在 W18Cr4V 侧，相的种类比较复杂，有 Al_2O_3、TiC、CuTi、$CuTi_2$、Fe_3W_3C、FeTi 等。

在 Al_2O_3-TiC 复合陶瓷与 W18Cr4V 钢扩散焊过程中，在加热温度 1130℃ 下，Al_2O_3-TiC 复合陶瓷的 Al_2O_3 基体和 TiC 增强相之间不发生相互反应。在 Al_2O_3-TiC/Ti 界面处，由于 Ti 是活性元素且 Ti 箔的厚度较小，Ti 与 Al_2O_3 反应生成 Ti_3Al 及 TiO。Ti_3Al 相的脆性较大，含较多 Ti_3Al 相的 Al_2O_3-TiC 陶瓷一侧界面是扩散接头性能较薄弱的部位。

X 射线衍射试验在 W18Cr4V 侧测到的 Al_2O_3 相和 TiC 相来自 Al_2O_3-TiC/W18Cr4V 扩散接头剪切断裂后残留在 W18Cr4V 表面的 Al_2O_3-TiC 陶瓷。表明剪切试样断裂在扩散界面靠近 Al_2O_3-TiC 陶瓷侧。Ti-Cu-Ti 中间层在扩散焊过程中生成 Cu-Ti 固溶体或 Cu-Ti 化合物如 CuTi、$CuTi_2$ 等。由于 Cu 箔厚度大于 Ti 箔厚度，未发生反应的部分 Cu 以单质的形式残存下来。

在 W18Cr4V/Ti 界面处，Ti 是 C 化物形成元素，极易与钢中的 C 形成 TiC，这会阻止 Ti 向 Fe 中的扩散。由于 Ti 在 Fe 中的溶解度极小，因此 Ti 向 Fe 中扩散除形成固溶体外，还将形成 FeTi 或 Fe_2Ti 金属间化合物。W18Cr4V 高速钢中含有 Fe、W、Cr、V、C 等元素，在扩散焊温度 1130℃ 下，这些元素之间也可能发生反应形成新的化合物，XRD 分析中发现了 Fe_3W_3C 相。

第 13 章 金属间化合物的焊接

金属间化合物具有长程有序的超点阵结构，原子间保持金属键及共价键的共存性，使它们能够同时兼顾金属的塑性和陶瓷的高温强度，含有 Al、Si 元素的金属间化合物还具有良好的抗氧化性和低密度。20 世纪 80 年代以来，Ni_3Al 塑化研究、Ti_3Al 和 TiAl 基合金塑性的改善以及 Fe_3Al 性能的提高，使金属间化合物高温结构材料的研究和开发应用取得重大进展，同时金属间化合物的焊接也日益引起众多研究者的关注。

13.1 金属间化合物的发展及特性

13.1.1 金属间化合物的发展

金属间化合物的成分可以在一定范围内偏离化学计量而仍保持其结构的稳定性，在合金相图上表现为有序固溶体。金属间化合物的长程有序的超点阵结构保持很强的金属键及共价键结合，使其具有许多特殊的物理、化学性能和力学性能，如特殊的电学性能、磁学性能和高温性能等，是一种很有发展前景的新型高温结构材料。

金属间化合物的研究始于 20 世纪 30 年代，目前用于结构材料的金属间化合物主要集中于 Ni-Al、Ti-Al 和 Fe-Al 三大合金系。Ni-Al 和 Ti-Al 系金属间化合物高温性能优异，但价格昂贵，主要用于航空、航天等领域。与 Ni-Al 和 Ti-Al 系金属间化合物相比，Fe-Al 系金属间化合物除具有高强度、耐腐蚀等优点外，还具有成本低和密度小等优势，具有广阔的应用前景。

钢铁材料加热后会逐渐变红、变软（直至熔化成钢液）。金属在高温下会失去原有的强度，变得"不堪一击"。金属间化合物却不存在这样的问题。在 700℃ 以上的高温下，大多数金属间化合物会更硬，强度甚至会升高。

金属间化合物具有这种特殊的性能与其内部原子结构有关。所谓金属间化合物，是指金属和金属之间、类金属和金属原子之间以共价键形式结合生成的化合物，其原子的排列具有高度有序化的规律。当它以微小颗粒形式存在于金属合金的组织中时，会使金属合金的整体强度得到提高，特别是在一定温度范围内，合金的强度随温度升高而增强，这就使金属间化合物在高温结构应用方面具有极大的潜在优势。

但是，伴随着金属间化合物的高温强度而来的，是其较大的室温脆性。20 世纪 30 年代金属间化合物刚被发现时，它们的室温塑性几乎为零，也就是说，一折就断。因此，许多人预言，金属间化合物作为一种大块材料是没有实用价值的。

20 世纪 80 年代中期，美国科学家在金属间化合物室温脆性研究上取得了突破性进展。他们往金属间化合物中加入少量硼，可使它的室温断后伸长率提高，甚至与纯铝的塑性相当。这一重要发现及其所蕴含的发展前景，吸引了各国材料科学家展开了对金属间化合物的深入研究，使其开始以一种崭新的面貌出现在新材料领域。

近 20 年来，人们开始重视对金属间化合物的开发应用，这是材料领域的一个重要转变，也是今后材料发展的重要方向之一。金属间化合物由于它的特殊晶体结构，使其具有其他固溶体材料所没有的性能。特别是固溶体材料通常随着温度的升高而强度降低，但某些金属间化合物的强度在一定范围内反而随着温度的上升而升高，这就使它有可能作为新型高温结构材料的基础。另外，金属间化合物还有一些性能是固溶体材料的数倍乃至数十倍。

目前，除了作为高温结构材料外，金属间化合物的其他功能也被相继开发，稀土化合物永磁材料、储氢材料、超磁致伸缩材料、功能敏感材料等相继问世。金属间化合物的应用极大地促进了高新技术的进步与发展，促进了结构与元器件的微小型化、轻量化、集成化与智能化，导致新一代元器件的不断出现。

金属间化合物这一"高温材料"最大的用武之地是在航空航天领域，例如密度小，熔点高，高温性能好的钛铝金属间化合物等具有极诱人的应用前景。

13.1.2　金属间化合物的基本特点

金属间化合物是指金属与金属或类金属之间形成的化合物相，属金属键结合，具有长程有序的超点阵晶体结构，原子结合力强，高温下弹性模量高，抗氧化性好，因此形成一系列新型结构材料，如具有应用前景的钛、镍、铁的铝化物材料。

金属间化合物不遵循传统的化合价规律，具有金属的特性，但晶体结构与组成它的两个金属组元的结构不同，两个组元的原子各占据一定的点阵位置，呈有序排列。典型的长程有序结构主要形成于金属的面心立方、体心立方和密排六方三种主要晶体结构。例如 Ni_3Al 为面心立方有序超点阵结构，Ti_3Al 为密排六方有序超点阵结构，Fe_3Al 为体心立方有序超点阵结构。许多金属间化合物可以在一定范围内保持结构的稳定性，在相图上表现为有序固溶体。

决定金属间化合物相结构的主要因素有电负性、尺寸因素和电子浓度。金属间化合物的晶体结构虽然较复杂或有序，但从原子结合上看仍具有金属特性，有金属光泽、导电性及导热性等。然而其电子云分布并非完全均匀，存在一定的方向性，具有某种程度的共价键特征，导致熔点升高及原子间键出现方向性。

金属间化合物可以分为结构用和功能用两类，前者是作为承力结构使用的材料，具有良好的室温和高温力学性能，如高温有序金属间化合物 Ni_3Al、$NiAl$、Fe_3Al、$FeAl$、Ti_3Al、$TiAl$ 等。后者具有某种特殊的物理或化学性能，如磁性材料 YCo_5、形状记忆合金 $NiTi$、超导材料 Nb_3Sn、储氢材料 Mg_2Ni 等。

与无序合金相比，金属间化合物的长程有序超点阵结构保持很强的金属键结合，具有许多特殊的物理、化学性能，如电学性能、磁学性能和高温力学性能等。含 Al、Si 的金属间化合物还具有很高的抗氧化性和耐蚀性。由轻金属组成的金属间化合物密度小，比强度高，适合于航空航天工业的应用要求。

金属间化合物的研究和开发应用一直很受重视。在 A_3B 型金属间化合物中，Ti_3Al、Ni_3Al 和 Fe_3Al 基合金的研究已经成熟，脆性问题已解决，正进入工业应用。在 AB 型合金中，TiAl 基合金的室温脆性已有改善，铸造 TiAl 合金初步进入工业应用，变形 TiAl 合金正在深入研究。由于 NiAl 合金的室温脆性问题仍有待解决，在 500℃ 以上的强度也偏低，还需开展大量的研究工作。FeAl 合金的研究已日趋深入，正在探索工业应用。

13.1.3　焊接结构中有发展前景的金属间化合物

与焊接相关的主要是结构用金属间化合物，最具应用前景的是 Ni-Al、Ti-Al、Fe-Al 系金属间化合物，如 Ni_3Al、NiAl、Ti_3Al、TiAl、Fe_3Al、FeAl 等。

近年来在国内外重点研究并取得重大进展的金属间化合物主要为 Ti-Al、Ni-Al 和 Fe-Al 三个体系的 A_3B 和 AB 型金属间化合物，其中 A_3B 型金属间化合物主要为 Ti_3Al、Ni_3Al 和 Fe_3Al；AB 型金属间化合物主要为 TiAl、NiAl 和 FeAl。几种重要金属间化合物的物理性能见表 13-1。

表 13-1　几种重要金属间化合物的物理性能

金属间化合物		结构	弹性模量 /GPa	熔点/℃	有序临界温度 /℃	密度/(g/cm^3)
Ti-Al 系	Ti_3Al	DO_{19}	110 ~ 145	1600	1100	4.20
	TiAl	$L1_0$	176	1460	1460	3.90
Ni-Al 系	Ni_3Al	$L1_2$	178	1390	1390	7.50
	NiAl	B_2	293	1640	1640	5.86
Fe-Al 系	Fe_3Al	DO_3	140	1540	540	6.72
	FeAl	B_2	259	1250 ~ 1400	1250 ~ 1400	5.56

Ni-Al、Ti-Al 金属间化合物适合用于航空航天材料，具有很好的应用前景，已受到欧、美等发达国家的普遍重视。一些 Ni-Al 合金已获得应用或试用，如用于柴油机部件、电热元器件、航空航天飞机紧固件等。Ti-Al 合金可替代镍基合金制成航空发动机高压涡轮定子支承环、高压压气机匣、发动机燃烧室扩张喷管和喷口等，我国宇航工业正试用这类合金制造发动机热端部件，前景广阔。

Fe_3Al 金属间化合物由于具有高的抗氧化性和耐磨性，可以在许多场合代替不锈钢、耐热钢或高温合金，用于制造耐腐蚀件、耐热件和耐磨件，其良好的抗硫化性能，适合于恶劣条件下（如高温腐蚀环境）的应用，如火力发电厂结构件、渗碳炉气氛工作的结构件、化工器件、汽车尾气排气管、石化催化裂化装置、加热炉导轨、高温炉箅等。此外，由于 Fe_3Al 金属间化合物具有优异的高温抗氧化性和很高的电阻率，有可能开发成新型电热材料。Fe_3Al 还可以和 WC、TiC、TiB、ZrB 等陶瓷材料制成复合结构，具有更加广泛的应用前景。

1. Ti-Al 系金属间化合物

在 Ti-Al 系中有 2 个金属间化合物（Ti_3Al、TiAl）的研究受到重视。以 Ti_3Al 金属间化合物为基的合金称为 Ti_3Al 基合金，以 TiAl 金属间化合物为基的合金称为 γ-TiAl 基合金（简称 TiAl 合金）。Ti-Al 系二元相图如图 13-1 所示。

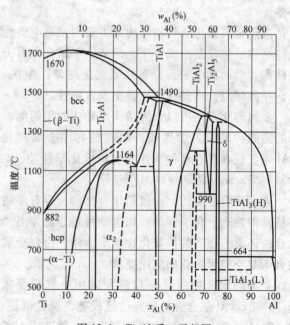

图 13-1　Ti-Al 系二元相图

Ti$_3$Al、TiAl 合金与 Ti 基合金、Ni 基合金性能的比较见表 13-2。由表可见，Ti$_3$Al、TiAl 基合金具有与 Ti 基合金相近的密度，与 Ni 基合金相近的优良的高温性能，是一种极具应用前景的高温结构材料。

表 13-2　Ti$_3$Al、TiAl 合金与 Ti 基合金、Ni 基合金性能的比较

性能	Ti 基合金	Ti$_3$Al 基合金	TiAl 基合金	Ni 基高温合金
密度/(g/cm^3)	4.5	4.1~4.7	3.7~4.3	7.9~9.5
弹性模量/GPa	95~115	100~145	160~180	206
屈服强度/MPa	380~1150	700~990	350~600	800~1200
抗拉强度/MPa	480~1200	800~1140	440~700	1250~1450
蠕变强度/℃	600	750	750[①]~950[②]	800~1090
抗氧化极限/℃	600	650	800[③]~950[④]	870~1090
室温断后伸长率(%)	10~25	2~10	1~4	3~25
高温断后伸长率(%)	12~50	10~40	10~20	20~80
室温断裂韧度/MPa·m$^{1/2}$	12~80	13~35	10~30	30~100
晶体结构	hcp/bcc	DO$_{19}$	L1$_0$	fcc/L1$_2$

① 双态组织。
② 全层片组织。
③ 无涂层。
④ 涂层/控制冷却。

Ti$_3$Al 属于密排六方有序 DO$_{19}$ 超点阵结构，密度较小（4.1~4.7g/cm^3），弹性模量较高（100~145GPa）。与镍基高温合金相比质量可减轻 40%，高温下（800~850℃）具有良好的高温性能，但室温塑性很低，加工成形困难。解决这些问题的办法是加入 β 稳定元素，如 Nb、V、Mo 等进行合金化，其中以 Nb 的作用最为显著。主要是通过降低马氏体转变点（Ms），细化 α$_2$ 相，减小滑移长度，另外还能促使形成塑性和强度较高的 α$_2$ + β 的两相组织。

TiAl 具有面心四方有序 L1$_0$ 超点阵结构。除了具有很好的高温强度和抗蠕变性能外，TiAl 还具有密度小（3.7~3.9g/cm^3）、弹性模量高（160~180GPa）和抗氧化性好等特点，是一种很有吸引力的航空与航天用高温结构材料。

TiAl 的室温塑性可以通过合金化和控制微观组织进行改善。含有双相（α$_2$ + γ）层片状组织的合金，塑性和强度优于单相（γ）组织的合金。对合金元素 V、Cr、Mn、Nb、Ta、W、Mo 等进行试验表明：在 Ti-Al48 合金中加入质量分数为 1%~3% 的 V、Mn 或 Cr 时，塑性可以得到改善（断后伸长率≥3%）。提高合金的纯度也有助于提高其塑性，例如当氧的质量分数由 0.08% 降低至 0.03% 时，Ti-Al48 合金拉伸时的断后伸长率由 1.9% 提高到 2.7%。

合金化是塑化和韧化 Ti$_3$Al 的基本途径。添加 Nb 可以提高 Ti$_3$Al 合金的强度、塑性和韧性；V 也可使合金的塑性得到改善，但对合金的强度和抗氧化性不利；增加 Al、Mo、Ta 的含量有利于提高合金的高温强度和抗蠕变性能等。

我国研发的 Ti$_3$Al 基合金、Ti$_2$AlNb 基合金的成分见表 13-3。其中，用 TAC-1B 合金制造的零件成功地完成了"神舟号"飞船的飞行，研制的多种航空航天用发动机重要结构件也完成了飞行试验。用 TD2 合金制作的航空发动机涡轮导风板也经受了发动机试车考验。一些典型 Ti$_3$Al 合金的力学性能和高温持久寿命见表 13-4。我国宇航工业正在试用这类合金部分替代镍基高温合金制造发动机热端部件。

表 13-3　Ti$_3$Al 基合金、Ti$_2$AlNb 基合金的成分

牌号	合金类别	合金成分(摩尔分数,%)	相组成
24-11 25-11 8-2-2	Ti$_3$Al 基合金 (属第一类)	Ti-24Al-11Nb Ti-25Al-11Nb Ti-25Al-8Nb-2Mo-2Ta	α$_2$ 和 B$_2$/β 两相组织
TAC-1 TAC-1B TD2 TD3	Ti$_3$Al 基合金 (属第二类)	Ti-24Al-14Nb-3V-(0~0.5)Mo Ti-23Al-17Nb Ti-24.5Al-10Nb-3V-1Mo Ti-24Al-15Nb-1.5Mo	固溶态 α$_2$ + B$_2$ 两相组织 或稳态 α$_2$ + B$_2$ + O 三相组织
TAC-3A TAC-3B TAC-3C TAC-3D	Ti$_2$AlNb 合金 (属第三类)	Ti-22Al-25Nb Ti-22Al-27Nb Ti-22Al-24Nb-3Ta Ti-22Al-20Ni-7Ta	O 相合金(正交相) 含少量 B$_2$/β 相

2. Ni-Al 系金属间化合物

Ni-Al 系金属间化合物主要包括 Ni$_3$Al 和 NiAl。Ni$_3$Al 的熔点为 1395℃，在熔点以下具有面心立方有序 L1$_2$ 超点阵结构。Ni$_3$Al 具有独特的高温性能，在 800℃ 以前，其屈服强度随温度升高而增加。

表 13-4　典型 Ti$_3$Al 合金的常温力学性能和高温持久寿命

合金	屈服强度/MPa	抗拉强度/MPa	断后伸长率(%)	高温持久寿命[1]/h
Ti-24Al-11Nb	761	967	4.8	
Ti-24Al-14Nb	790~831	977	2.1~3.3	59.5~60
Ti-25Al-10Nb-3V-1Mo	825	1042	2.2	—
Ti-24.5Al-17Nb	952	1010	5.8	>360
Ti-24.5Al-17Nb-1Mo	980	1133	3.4	476

[1] 650℃，380MPa。

Ni-Al 二元合金相图如图 13-2 所示。在 Ni-Al 二元系中，除了 Ni、Al 的固溶体外，还存在五种稳定的二元化合物，即 Ni$_3$Al、NiAl、Ni$_5$Al$_3$、Al$_3$Ni$_2$、Al$_3$Ni。其中 Ni$_3$Al、Al$_3$Ni$_2$、Al$_3$Ni 通过包晶反应形成。Ni$_5$Al$_3$ 是通过包析反应形成的，而 NiAl 通过匀晶转变形成。除了 NiAl 单相区存在一个较宽的成分范围 45%~60%Ni（摩尔分数）外，其他化合物成分范围较窄，例如低温 Ni$_3$Al 相的成分范围为 73%~75%Ni（摩尔分数）。

研究表明，在 Ni-Al 系合金中，只有 Ni$_3$Al 和 NiAl 基合金有作为结构材料应用的潜力，其他三种化合物因熔点很低，无法与高温合金竞争。

Ni$_3$Al 的室温塑性可以通过微合金化得到改善。微量元素 B 对提高多晶体 Ni$_3$Al 室温塑性的作用与 Al 含量密切相关。只有在 Al 的摩尔分数小于 25% 时，B 才能有效地改善 Ni$_3$Al 的室温塑性，抑制沿晶断裂倾向。

含 B 量对 Ni$_3$Al 的断后伸长率和屈服强度的影响如图 13-3 所示。在 Ni$_3$Al 中添加质量分数为 0.02%~0.05% 的 B 元素后，室温断后伸长率由 0 提高到 40%~50%。但当 Al 的质量分数高于 25% 后，随着 Al 含量的增加，塑性急剧下降，并使断裂由穿晶向沿晶转变。

在 Ni$_3$Al 基体中加入 Fe 和 Mn，通过置换 Ni 和 Al，改变原子间键结合状态和电荷分布，也可以提高合金的室温塑性。此外，通过固溶强化还可进一步提高 Ni$_3$Al 的室温和高温强度，但通常只有那些置换 Al 亚点阵位置的固溶元素才能产生强化效果。

NiAl 金属间化合物熔点较高（1600℃），呈体心立方有序 B$_2$ 超点阵结构，具有较高的

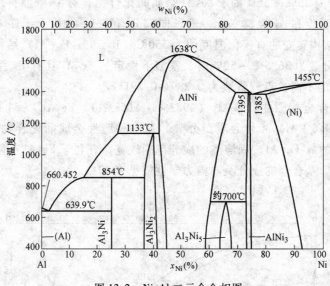

图 13-2　Ni-Al 二元合金相图

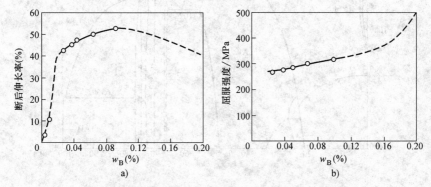

图 13-3　含 B 量对 Ni_3Al 的断后伸长率和屈服强度的影响

a）断后伸长率　b）屈服强度

抗氧化性，是一种有应用前景的高温结构材料。影响 NiAl 金属间化合物实用化的主要问题是室温时独立的滑移系少，塑性很低，并且在 500℃ 以上强度低。

在 NiAl 中加入 Fe，可以通过形成两相组织（Ni，Fe）（Fe，Ni）和（Ni，Fe）$_3$（Fe，Ni）来提高强度和改善塑性，加入 Ta 或 Nb 通过析出第二相粒子强化，提高蠕变强度。此外，还可以通过机械合金化加入 Al_2O_3、Y_2O_3 和 ThO_2 弥散质点，改善其蠕变强度和高温强度，但室温塑性下降。

3. Fe-Al 系金属间化合物

主要包括 Fe_3Al 和 FeAl。Fe_3Al 具有单晶 DO_3 型有序超点阵结构，弹性模量较大，熔点较高，密度小。在室温下是铁磁性的，有序 DO_3 超点阵结构的饱和磁化强度比无序 α 相低10%。由于在很低的氧分压下，Fe_3Al 能形成致密的氧化铝保护膜，显示了优良的抗高温氧化的能力。Fe-Al 二元合金相图如图 13-4 所示。

铝稳定 α-Fe 相中 Al 的摩尔分数在 20% 以下，室温和高温下为无序 α-Fe（Al）固溶体相。Al 的摩尔分数为 25% ~35% 时，Fe-Al 金属间化合物具有 DO_3 型有序结构，点阵常数为 0.578nm，随着温度和 Al 含量变化，逐渐向部分有序 B_2 结构及无序 α-Fe(Al) 结构转变。DO_3 向 B_2 型结构转变的有序化温度约为 550℃；B_2 与 α-Fe(Al) 结构的转变温度约为 750℃。Al 的摩尔分数为 36.5% ~50% 时，室温下稳定的 Fe-Al 具有 B_2 型有序结构，随 Al 含量及热处理工艺的不同，点阵常数为 0.289 ~0.291nm。

在 Fe-Al 二元合金相图中，$FeAl_2$（49.2% ~50% Al）、Fe_2Al_5（54.9% ~56.2% Al）、$FeAl_3$（59.2% ~59.6% Al）（均为质量分数）这三种脆性金属间化合物的成分范围很窄，而 Fe_3Al 以及附近的 α-Fe(Al) 固溶体的成分范围较宽，有利于 Fe_3Al 性能的稳定。

几种典型 Fe_3Al 基合金的成分及高温力学性能见表 13-5。

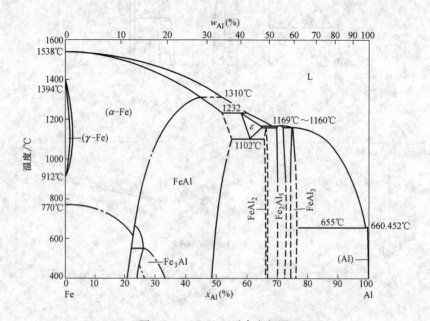

图 13-4　Fe-Al 二元合金相图

表 13-5　几种典型 Fe_3Al 基合金的成分及高温力学性能

合金	成分(摩尔分数,%)	207MPa 持久强度[①]		室温拉伸性能		600℃ 拉伸性能	
		时间 /h	断后伸长率 (%)	屈服强度 /MPa	断后伸长率 (%)	屈服强度 /MPa	断后伸长率 (%)
FA-61	Fe-28Al	2	34	393	4.3	345	33.4
FA-122	Fe-28Al-5Cr-0.1Zr-0.05B	13	49	480	16.4	474	31.9
FA-91	Fe-28Al-2Mo-0.1Zr	208	55	698	5.7	567	20.9
FA-130	Fe-28Al-5Cr-0.5Mo-0.1Zr-0.05B	202	61	554	12.6	527	31.2

① 试验温度 593℃。

Fe_3Al 力学性能主要受 Al 含量的影响，Al 的摩尔分数从 23% 到 29% 的 DO_3 结构 Fe_3Al 的室温力学性能如图 13-5 所示。Fe-23.7Al 和 Fe-28.7Al 的疲劳强度如图 13-6 所示。

Fe_3Al 的屈服强度在 Al 的摩尔分数为 24% ~26% 时最高（750MPa），然后迅速下降到 350MPa，此时 Al 的摩尔分数高达 30%。Al 的摩尔分数为 24% ~26% 时，Fe_3Al 合金由于从有序 DO_3 相中沉淀出无序 α 相而产生时效强化，所以屈服强度高。更高 Al 含量的合金由于 500℃ 时的成分在 α+DO_3 相区之外，所以没有时效强化。而 Fe_3Al 合金的断后伸长率随 Al

含量的增加而增加，由图 13-5 可以看出 Al 的摩尔分数由 23% 增加到 29% 时，Fe_3Al 的断后伸长率由 1% 提高到 5%。

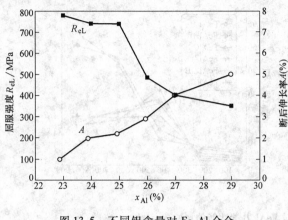

图 13-5　不同铝含量对 Fe_3Al 合金
屈服强度和断后伸长率的影响

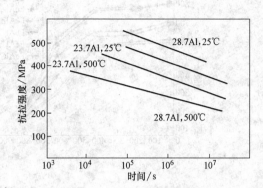

图 13-6　Fe-23.7Al 和 Fe-28.7Al（摩尔分数）
在 25℃ 和 500℃ 时疲劳强度比较

在室温同一应力下，由于位错类型不同，Fe-23.7Al 比 Fe-28.7Al 疲劳寿命长，而 500℃ 时则相反，由于 Fe-23.7Al 第二相强化作用，Fe-23.7Al 比 Fe-28.7Al 疲劳性能好。金属和合金的屈服强度通常都随温度的升高而降低，但 Fe_3Al 的屈服强度从 300℃ 开始则随温度升高而增大，在 550℃ 左右达到峰值，以后随温升高而急剧下降。Fe_3Al 屈服强度的这种反常温度关系发生在 Al 的摩尔分数为 23%～32% 的 Fe_3Al 合金中。

改善 Fe_3Al 室温塑性的有效元素有 Cr 和 Nb。Cr 质量分数为 2%～6% 的 Fe-28Al 合金的室温屈服强度由 279MPa 降低到 230MPa 左右，而断后伸长率由 4% 上升到 8%～10%；600℃ 时的屈服强度略有上升，塑性稍有改善。断裂类型从穿晶解理断裂变为混晶断裂。

Nb 在 Fe_3Al 中的溶解度低，1300℃ 时仅为 2%（质量分数），随着温度的降低，溶解度迅速下降，700℃ 的溶解度为 0.5%（质量分数）。Fe-25Al-2Nb 合金经 1300℃ 淬火后，在 700℃ 时效 8h，空冷，获得 L_{21} 结构共晶相。延长时效时间，则获得固溶 Al 的 C_{14} 结构的 Fe_2Nb 相。从室温到 600℃，沉淀强化使屈服强度提高了 50%。上述合金再加入质量分数为 2% 的 Ti，明显改善热稳定性。B 对 Fe_3Al 晶粒细化很有效，其他元素如 Ce、S、Si、Zr 和稀土也有细化作用，Mo 元素在高温有阻碍晶粒长大的作用。加入质量分数为 0.5% 的 TiB_2 可以控制晶粒尺寸，提高力学性能。Si、Ta 和 Mo 也可以明显提高 Fe_3Al 的屈服强度，但使 Fe_3Al 塑性大大降低。

FeAl 合金的弹性模量较大，熔点高，比强度较大。低 Al 含量的 FeAl 合金有严重的环境脆性，而较高 Al 含量的 FeAl 合金由于晶界本质弱，在各种试验条件下都表现出极低的塑性和脆性，即使细化晶粒也很难增加其塑性。

FeAl 力学性能受合金元素的影响较大，含有不同合金元素的 FeAl 合金的力学性能如图 13-7 所示。FeAl 屈服强度和塑性与温度有一定的关系。Fe-40Al 合金从室温升高到 650℃，强度可保持在 270MPa 以上，温度高于 650℃ 时强度迅速下降，断后伸长率由室温 8% 提高到 868℃ 的 40% 以上。室温下 FeAl 合金的断裂形式为沿晶断裂，高温下为穿晶解理断裂。粉末冶金压制的 Fe-35Al、Fe-40Al 合金的屈服强度由室温到 600℃ 的升高而缓慢降低，其中

Fe-40Al 合金从 650MPa 降至 400MPa，Fe-35Al 合金从 500MPa 降至 400MPa，而断后伸长率由室温的 7% 上升到 500℃ 的 25%，但在 600℃ 时出现了塑性降低，同时又变为沿晶断裂。

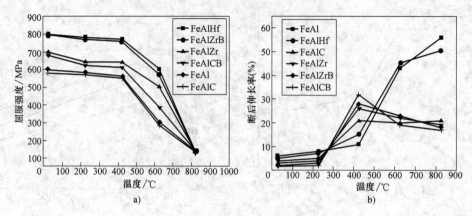

图 13-7 合金元素对 FeAl 力学性能的影响
a) 屈服强度 b) 断后伸长率

在 B$_2$ 结构有序 FeAl 合金中加入 Cr、Mn、Co、Ti 等元素能够使 FeAl 合金产生固溶强化，而 Nb、Ta、Hf、Zr 等元素也易形成第二相强化。并且，Y、Hf、Ce、La 等亲氧元素可以抑制空洞形成，改善 FeAl 合金的致密性。Hf 的强化作用较大，在 27～427℃，屈服强度保持在 800MPa，室温塑性略有降低，高温塑性大大增加，827℃ 时 FeAl 合金断后伸长率高达 50%。

采用适当的热加工工艺（包括锻造、挤压、热轧、温轧等）也能提高 Fe-Al 金属间化合物的性能。在热轧和控温轧制前采用锻造和挤压的中间加工工艺，可达到破坏铸锭中的柱状晶、细化晶粒的目的，改变后续轧制工艺的加工性能。再结晶温度以上的热轧使 Fe$_3$Al 金属间化合物的晶粒进一步细化，再结晶温度以下的温轧可以使晶粒成为条状形态，有利于降低氢原子的扩散通道，提高 Fe$_3$Al 的室温塑性。不同热加工方法和热处理工艺获得的 Fe$_3$Al 的力学性能见表 13-6。

热处理工艺对 Fe$_3$Al 的力学性能有显著的影响。通过多道控温轧制后再经过低于再结晶温度条件下退火、然后进行淬火的热处理工艺，可使 Fe$_3$Al 的力学性能有显著的提高，屈服强度达到 700MPa 左右，室温断后伸长率由 2%～3% 提高到 12%。

机械合金化是制备 Fe$_3$Al 的一种新工艺，它是在高能球磨机中进行球磨，形成细微组织

表 13-6 不同热加工和热处理获得的 Fe$_3$Al 的力学性能

合金系(摩尔分数)	热加工工艺	热处理	抗拉强度/MPa	屈服强度/MPa	断后伸长率(%)
Fe$_3$Al (5.1% Cr,0.01% Zr,0.05% B)	经锻造再轧制	再结晶温度以上退火	461	260	6.3
	经锻造再轧制	再结晶温度以下退火	590	310	10.1
	经挤压再轧制	再结晶温度以下退火	639	340	12.3
Fe$_3$Al (4.5% Cr,0.05% Zr)	铸锭直接轧制	再结晶温度以下退火	671	380	7.1
	经锻造再轧制	再结晶温度以下退火	690	420	12.5
Fe$_3$Al (2.35% Cr,0.01% Ce)	经锻造再轧制	再结晶温度以下退火	705	470	10.3

的合金，在固相状态下达到合金化的目的。利用机械合金化技术合成的 Fe_3Al 基合金，抗拉强度达到 690MPa，室温断后伸长率达到 10%。

13.2　Ti-Al 金属间化合物的焊接

TiAl 金属间化合物可以采用氩弧焊、电子束焊、扩散焊、钎焊等方法进行连接。TiAl 熔焊存在的主要问题是焊接热裂纹和接头力学性能的降低。

13.2.1　TiAl 合金的电子束焊

采用电子束焊焊接 TiAl 合金时，裂纹倾向很小，此后冷却速度对焊接裂纹倾向影响很大。对 TiB_2 颗粒强化的 Ti-48Al 合金（强化相 TiB_2 的体积分数为 6.5%），电子束焊所用的焊接参数和热影响区冷却速度见表 13-7，冷却速度对裂纹倾向的影响见表 13-8。

当热影响区冷却速度低于 300℃/s 时，裂纹敏感性随冷却速度的增加呈直线增加，从裂纹断口上看属固态裂纹，没有热裂纹的迹象。由此可见，当焊接参数选择合适时，用电子束焊焊接 TiAl 合金可以获得无裂纹的接头。试验表明，当焊接速度为 6mm/s 时，防止裂纹产生所需的预热温度为 250℃。

表 13-7　电子束焊时所用的焊接参数及热影响区冷却速度

预热温度 /℃	加速电压 /kV	电子束流 /mA	焊接速度 /(mm/s)	热影响区冷却速度 /(K/s)
27	150	2.2	2	90
27	150	2.5	6	650
27	150	3.5	12	1320
27	150	4.0	12	1015
27	150	6.0	24	1800
170	150	2.5	6	400
300	150	2.2	2	35
335	150	2.5	6	200
335	150	4.0	12	310
470	150	2.0	6	325

表 13-8　冷却速度对热影响区裂纹倾向的影响

热影响区冷却速度/(K/s)	0	300	700	1000	1800	2700
裂纹率/(mm/条)	0	0	0.14	0.23	0.45	0.57

13.2.2　TiAl 和 Ti_3Al 合金的扩散焊

1. Ti-Al 合金扩散焊的特点

（1）直接扩散焊　焊接参数（温度、时间、压力等）对 TiAl 合金扩散焊接头的性能有很大影响。表 13-9 给出了直接扩散焊的焊接参数和接头性能。在 Ti-48Al 双相铸造合金的扩散连接过程中，随着加热温度、保温时间和压力的增加，扩散焊接头的抗拉强度逐渐增加。在 1200℃、3.8ks 和 15MPa 压力条件下，得到了没有界面显微孔洞和界面结合良好的扩散焊接头，接头的室温抗拉强度达到 225MPa。

表 13-9　TiAl 扩散焊的焊接参数、界面反应产物及接头抗拉强度

被焊材料	焊接参数				界面产物	抗拉强度 /MPa
	加热温度 /℃	保温时间 /ks	压力 /MPa	气氛		
Ti-52Al	1000	3.6	10	真空	$\gamma, \gamma + \alpha_2$	—
Ti-48Al-2Cr-2Nb	1000	3.6	10	真空	α_2	—
Ti-48Al	1000	2.16	10	Ar	TiO_2, Al_2TiO_5, γ	—
Ti-48Al	1200	3.8	15	Ar	$\gamma + \alpha_2$	225
Ti-47Al	1100	3.6	30	Ar	$\gamma, \gamma + \alpha_2$	400
Ti-47Al-2Cr	1250	3.6	30	真空	α_2/γ	530
Ti-48Al-2Mn-Nb	1200~1350	0.9~2.7	15	真空	γ, α_2	250

　　高温拉伸试验表明（见图 13-8），接头在 800℃ 和 900℃ 高温下的抗拉强度有所下降，抗拉强度约 180MPa，比母材降低约 40%。

　　扩散焊接合界面的显微组织对接头性能影响很大，一般情况下，扩散焊接头经过真空加热处理后，晶粒发生长大。例如，在 1200℃、3.84ks 和 10MPa 条件下进行 TiAl 的扩散焊，然后将接头在 1300℃、7.2ks 和 1.3MPa 条件下进行真空热处理。金相观察表明，晶粒直径由扩散焊态的 65μm 增加到约 130μm，接头抗拉强度也有所下降。

　　利用超塑性扩散连接 TiAl 金属间化合物，可以大大降低扩散焊所需的温度和时间。对于 Ti-47Al-Cr-Mn-Nb-Si-B 合金，在加热温度 923~1100℃、压力 20~40MPa 和真空度

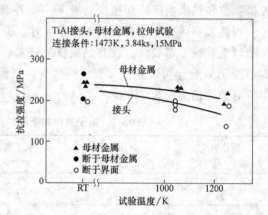

图 13-8　不同温度下 TiAl 扩散焊接头的抗拉强度

4.5×10^{-4}Pa 条件下进行超塑性扩散连接，可以获得性能良好的扩散焊接头，拉伸试验断于母材基体。试验表明，TiAl 金属间化合物晶粒尺寸在 4μm 以下、加热温度 880℃ 以上、变形率为 10% 时，容易实现 TiAl 的超塑性扩散焊。

　　（2）加中间层的扩散焊　为了提高 TiAl 扩散焊接头的性能，可采用加入中间过渡层的方法进行扩散焊。中间层可以是纯金属，也可以是含有活性元素或降低熔点元素的合金。表 13-10 给出 TiAl 扩散焊常用中间层及焊接参数。由表可见，采用中间层可以使 TiAl 合金在相对低的温度和压力下进行扩散焊。采用较低熔点的 Ti-15Cu-15Ni 作中间层，对 Ti-48Al-2Cr-2Nb 合金进行了过渡液相连接，可以很好地改善界面接触，提高扩散焊接头的性能。

表 13-10　TiAl 扩散焊常用中间层及焊接参数

被焊材料(包括中间层) (摩尔分数)	焊接参数				界面产物	接头强度 /MPa
	加热温度 /℃	保温时间 /ks	压力 /MPa	气氛		
Ti-52Al/V/Ti-52Al	1000	1.8	15	真空	Al_3V	200
Ti-48Al-2Cr-2Nb/Ti-15Cu-15Ni/ Ti-48Al-2Cr-2Nb	1150	0.03~0.12	—	真空	$\beta-Ti + \alpha_2$	—
Ti-52Al/Al/Ti-52Al	900	3.84	10~30	真空	$TiAl_3, TiAl_2$	200

　　TiAl 金属间化合物显微组织对力学性能非常敏感，含有较多合金元素时，线胀系数较

低，与异种材料焊接时易产生较大的应力。采用熔焊方法时接头成分复杂，极易生成脆性金属间化合物，热裂纹倾向严重。因此，TiAl 金属间化合物异种材料的连接较多采用加中间层的扩散焊。

2. Ti₃Al 合金的扩散焊

Ti₃Al 合金可采用扩散焊实现连接。图 13-9a 所示是焊接压力 9MPa、保温时间 30min 条件下，加热温度对 Ti₃Al 合金扩散焊接头抗剪强度的影响。在 800～840℃的加热温度范围，接头的抗剪强度较低而且变化缓慢；加热温度超过 840℃时，扩散焊接头的抗剪强度迅速提高，在 940℃时达到 751MPa。

图 13-9b 所示是加热温度为 990℃、压力 12MPa 条件下保温时间对 Ti₃Al 合金扩散焊接头抗剪强度的影响。可见，随着保温时间从 15min 提高到 30min，扩散焊接头的抗剪强度迅速提高；当保温时间超过 30min 之后，接头抗剪强度上升的速度变慢。当保温时间为 70min 时，接头的抗剪强度接近于母材；保温时间继续增加时，由于晶粒粗化和长大，接头的抗剪强度下降。

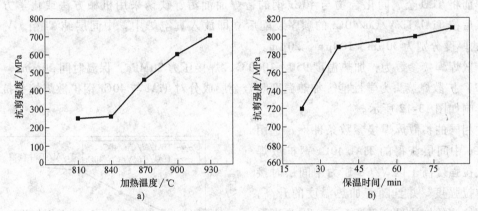

图 13-9　扩散焊加热温度和保温时间对 Ti₃Al 合金接头抗剪强度的影响

a）加热温度的影响　b）保温时间的影响

Ti₃Al 合金扩散焊的加热温度通常在 1000℃左右，所需的保温时间根据加热温度和压力而定。图 13-10 所示是 Ti₃Al 合金扩散焊加热温度与保温时间的关系曲线，可以看出，在压力不变的情况下，随着加热温度的升高可减少扩散焊的保温时间。图 13-11 是 Ti₃Al 合金扩

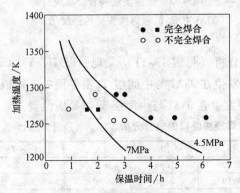

图 13-10　Ti₃Al 合金扩散焊加热温度
与保温时间的关系曲线

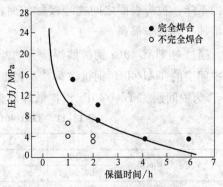

图 13-11　Ti₃Al 合金扩散焊压力
与保温时间的关系曲线

散焊压力和保温时间的关系曲线，其加热温度为 980℃。图 13-10 和图 13-11 中曲线的右上方为完全焊合区，左下方区间内的扩散焊参数不能获得完全焊合的接头。由图 13-11 中曲线可以看出，提高扩散焊压力能加速界面扩散，缩短扩散焊时间。但压力太大对扩散焊带来另外一些不利的影响，如变形等，因此，在实际应用中应综合考虑焊接参数的合理配合，一般不采用压力很大的焊接参数。

13.2.3　TiAl 异种材料的扩散焊

TiAl 与结构钢或陶瓷材料可以进行加中间合金层的扩散焊。接头的室温抗拉强度可达 TiAl 金属间化合物母材的 60% 以上。

1. TiAl 与 40Cr 钢的扩散焊

（1）焊接工艺及焊接参数　TiAl 金属间化合物与 40Cr 钢化学成分差别较大，相容性较差，扩散焊时可选用纯 Ti 箔、V 箔和 Cu 箔作为中间层。

焊前将 TiAl 金属间化合物与 40Cr 钢的待焊面油污、铁锈采用机械方法或化学方法去除，然后按 TiAl/Ti/V/Cu/40Cr 的顺序装配后立即放入真空炉中。中间层纯 Ti 箔、V 箔和 Cu 箔的厚度分别为 30μm、100μm、20μm。

扩散焊焊接参数为：加热温度 950～1000℃，焊接压力 20MPa，保温时间 20min。

（2）扩散焊接头力学性能　加热温度和合金层成分对 TiAl 与 40Cr 钢扩散焊接头抗拉强度的影响如图 13-12 所示。

在相同的扩散焊焊接参数条件下，选用 Ti/V/Cu 中间层获得的 TiAl/40Cr 钢扩散焊接头抗拉强度高于以 V/Cu 作为中间层时接头的抗拉强度。并且随着加热温度的升高，扩散焊接头的抗拉强度逐渐升高。因为当温度较低时，被焊材料基体的强度仍很高，在同等压力条件下，塑性变形不足，被焊界面的物理接触不够充分，在扩散焊界面处可能存在大量的缺欠，没有形成很好的冶金结合。随着温度的升高，被焊材料的屈服强度急剧下降，被焊表面之间物理接触的面积迅速增加，焊合率提高。

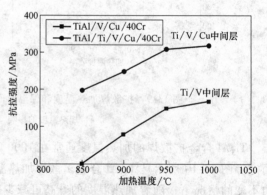

图 13-12　加热温度和合金层成分对 TiAl/40Cr 扩散焊接头抗拉强度的影响

通过对 TiAl/40Cr 钢扩散焊接头的断口成分分析（见表 13-11）发现，以 Ti、V、Cu 作为中间层的 TiAl/40Cr 钢扩散焊接头的断裂位置发生在 TiAl 与中间层 Ti 箔界面处。而以 V、Cu 作为中间层的 TiAl/40Cr 钢扩散焊接头的断裂发生在 TiAl 与中间层 V 箔界面位置。

表 13-11　TiAl/40Cr 钢扩散焊接头断口的成分分析　　（质量分数，%）

接头	Ti	Al	Cr	Nb	V	Cu + Fe
Ti、V、Cu 为中间层	50.19	45.96	2.02	1.83	—	其余
	67.90	25.31	3.19	3.61	—	其余
V、Cu 为中间层	39.25	38.97	0.00	2.07	19.71	其余

（3）扩散界面附近的微观组织　以 Ti、V、Cu 作为中间层的 TiAl/40Cr 钢扩散焊接头成

分的能谱分析见表 13-12。X 射线衍射分析表明，采用 Ti、V、Cu 作为中间层进行扩散焊接后，接头靠近 TiAl 一侧生成 Ti$_3$Al 金属间化合物，在富 Ti 一侧生成 α-Ti 固溶体，这些生成物不随温度的变化而发生改变，但随加热温度的升高，元素扩散比较充分，扩散反应层的厚度逐渐增加。

表 13-12　TiAl 与 40Cr 钢扩散焊接头成分的能谱分析　　　　　（质量分数,%）

接头	位置	Ti	Al	Cr	Nb	V
Ti、V、Cu 为中间层	近 TiAl 侧	74.3	25.3	0.33	0.10	—
	近 Ti 侧	95.5	0.21	0.09	0.17	—
V、Cu 为中间层	近 TiAl 侧	60.94	21.34	—	—	17.18
	近 V 侧	16.62	68.89	—	—	14.49

在 Cu 箔与 40Cr 钢的接触界面上，没有明显的金属间化合物形成过渡层，元素浓度没有出现稳定的过渡平台。这也是以 Ti、V、Cu 作为中间层的 TiAl/40Cr 钢扩散焊接头断裂发生在 TiAl 与 Ti 箔界面上的主要原因。而用 V、Cu 作为中间层时，TiAl/40Cr 钢扩散焊接头的能谱分析发现在接头靠近 TiAl 一侧生成 Ti$_3$Al，在 V 一侧生成 Al$_3$V，增加了 TiAl 与 V 箔界面处的脆性，容易引起 TiAl/40Cr 钢扩散焊接头的脆性断裂。

2. TiAl 与 SiC 陶瓷的扩散焊

（1）焊接工艺及焊接参数　TiAl 与 SiC 陶瓷扩散焊前，将 Al 的质量分数为 53% 的 TiAl 合金与含有质量分数为 2% ~ 3% Al$_2$O$_3$ 的烧结 SiC 陶瓷的待焊表面用丙酮擦洗干净，再用清水冲洗并进行风干。然后由下至上按照 SiC/TiAl/SiC 的顺序将焊接件组装好，同时在上下两个 SiC 陶瓷的不连接表面各放置一片云母，以防止 SiC 与加压棒连接在一起。

扩散焊过程中采用电阻辐射加热方式进行加热。TiAl 与 SiC 陶瓷扩散焊的焊接参数为：加热温度 1300℃，焊接压力 35MPa，保温时间 30 ~ 45min，真空度 6.6 × 10^{-3}Pa。

（2）扩散焊接头的力学性能　扩散焊后 TiAl/SiC 扩散焊接头区三个反应层的化学成分见表 13-13。在反应层内元素的化学成分差别较大，使得 TiAl 与 SiC 扩散焊接头形成的组织结构有所不同，并且随着保温时间的延长，扩散焊接头中反应层厚度增加，在一定时间内能够达到稳定状态，使接头具有一定的强度。不同保温时间下 TiAl 与 SiC 扩散焊接头的抗剪强度如图 13-13 所示。

表 13-13　TiAl 与 SiC 扩散焊接头反应层的化学成分　　　　　（质量分数,%）

反应层	Ti	Al	Si	C	Cr
1	33.5	62.4	0.8	2.1	1.2
2	54.2	4.4	28.8	12.3	0.3
3	44.3	10.2	5.3	40.1	0.1

TiAl 与 SiC 扩散焊接头的抗剪强度试验结果表明，加热温度 1300℃ 时，随着保温时间的增加，TiAl 与 SiC 接头的抗剪强度开始迅速降低，而后减缓，并在 4h 后趋于稳定。保温时间为 30min 时，接头抗剪强度达到 240MPa。通过电子探针分析 TiAl 与 SiC 扩散焊接头剪切断口的化学成分见表 13-14。

TiAl 与 SiC 扩散焊接头的剪切断裂位置随着保温时间的变化而发生改变。保温时间为 30min 时，形成的 TiC 层很薄（0.58μm），接头的抗剪强度取决于 TiC + Ti$_5$Si$_3$C$_x$ 层，断裂发生在（TiAl$_2$ + TiAl）与（TiC + Ti$_5$Si$_3$C$_x$）层的界面上。

TiC 虽然属于高强度相，与 SiC 晶格相容性好，但当 TiC 层厚度较大且溶解了一定数量的 Al 原子后，其强度会降低，并成为易断裂层。保温时间 8h 时，TiC 层增加到一定的厚度（2.75μm），并且溶解了较多的 Al 原子。接头的断裂强度取决于 TiC 层的厚度，因而断裂发生在相应的 TiC 单相层内。

TiAl 与 SiC 扩散焊接头如果处于高温工作环境中，要求接头须具有一定的高温强度。随着试验温度的增加，TiAl/SiC 扩散焊接头抗剪强度稍有降低，在 700℃ 的试验温度下，接头抗剪强度仍能够维持在 230MPa。当试验温度高于 700℃时，TiAl 与 SiC 扩散焊接头的高温抗剪强度对试验温度的敏感性会降低。因此，只要 700℃ 时 TiAl/SiC 扩散焊接头具有足够的抗剪强度，即能满足强度的使用要求。

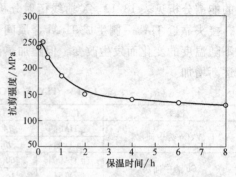

图 13-13　不同保温时间下 TiAl 与 SiC 扩散焊接头的抗剪强度

表 13-14　电子探针分析 TiAl 与 SiC 扩散焊接头剪切断口的化学成分

（质量分数,%）

保温时间/h	Ti	Al	C	Si	表面相
0.5	53.6	5.4	11.1	29.9	$Ti_5Si_3C_x$
	53.1	5.8	10.8	30.3	$Ti_5Si_3C_x$
	46.2	47.8	5.6	0.4	TiAl
	54.1	6.2	10.2	29.5	$Ti_5Si_3C_x$
8	43.1	8.2	44.2	4.5	TiC
	43.8	8.7	43.4	4.1	TiC
	44.1	7.9	45.6	2.4	TiC
	44.5	8.1	44.8	2.6	TiC

（3）扩散焊接头的微观组织　TiAl 与 SiC 扩散焊接头的强度以及在使用过程中的破坏取决于扩散焊后接头区形成的组织结构。TiAl/SiC 扩散焊接头靠近 TiAl 一侧的反应层主要形成（$TiAl_2$ + TiAl），靠近 SiC 陶瓷一侧反应层形成单相 TiC，中间反应层形成（TiC + $Ti_5Si_3C_x$）的混合相。因此 TiAl/SiC 扩散焊接头的组织结构从 TiAl 到 SiC 依次由（$TiAl_2$ + TiAl）、（TiC + $Ti_5Si_3C_x$）然后过渡到 TiC。TiAl 金属间化合物除了采用扩散焊能够实现与 SiC 陶瓷的焊接，还能实现与 Ti-6Al-4V 合金或 Al_2O_3 陶瓷的扩散焊。

13.3　Ni-Al 金属间化合物的焊接

Ni-Al 金属间化合物焊接时的主要问题是焊接裂纹。Fe、Hf 元素有阻止热影响区热裂纹的作用，当合金中含有 Fe 10% 和 Hf 5%（质量分数）时能降低焊接裂纹倾向。调整 Ni_3Al 基合金中晶界元素 B 的含量，也有利于消除合金的焊接热裂纹。

13.3.1　NiAl 合金的扩散焊

NiAl 合金常温塑性和韧性差，熔焊时易在表面形成连续的 Al_2O_3 膜而使其焊接性很差，因此 NiAl 合金常采用过渡液相扩散焊。

NiAl 与 Ni 的焊接　很多情况下将 NiAl 用于以 Ni 基合金为主体的结构中，采用过渡液相扩散焊可实现 NiAl 与 Ni 基合金的连接。

Ni-48Al 合金与工业纯 Ni 过渡液相扩散焊时，可采用厚度 51μm 的非晶态钎料 BNi-3 为中间层。BNi-3 钎料的成分为 Ni-Si4.5% -B3.2%（摩尔分数），钎料的固相线温度 984℃，液相线温度 1054℃。当加热温度达到 1065℃后，钎料熔化形成过渡液相，此时基体尚未熔化，液相与固相之间没有发生扩散（或只有很少的扩散），钎焊接头中的成分分布如图 13-14 所示，此时接头组织全部为共晶组成。随着保温时间的增加，基体 NiAl 开始不断地向液相中溶解，使原来不含 Al 的 Ni-Si-B 共晶液相中开始含 Al，并不断提高其含 Al 量。

当保温时间为 5min 时，NiAl/Ni-Si-B/Ni 钎焊接头中共晶组织的平均含 Al 的摩尔分数约 2%（见图 13-15），并由 Ni 基体开始向液相中外延生长，进行等温凝固。由于保温时间较短，所得接头中除部分为 Ni 外延生长的等温凝固组织外，主要是共晶组织。在界面附近的 Ni 基体中由于 B 的扩散形成了一个硼化物区，其宽度相当于 B 在 Ni 基体中的扩散深度。

从图 13-15 中还能看到，在界面附近 NiAl 中由于 Al 向液相扩散而形成了贫 Al 区。保温 2h 后 NiAl/Ni 扩散焊接头的成分分布如图 13-16 所示，此时接头中的共晶组织已完全消失，但界面附近 Ni 基体中的硼化物仍然存在。

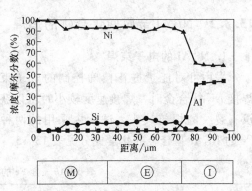

图 13-14　NiAl 与 Ni 钎焊接头的成分分布（1065℃，保温 0min）

M—Ni 基体　E—共晶　I—NiAl 基体

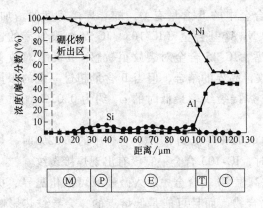

图 13-15　NiAl 与 Ni 钎焊接头的成分分布（1065℃，保温 5min）

M—Ni 基体　P—外延生长的先共晶
E—共晶　I—NiAl 基体　T—贫 Al 的过渡区

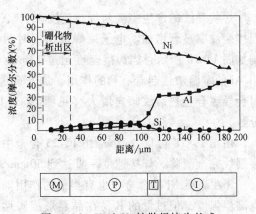

图 13-16　NiAl/Ni 扩散焊接头的成分分布（1065℃，保温 2h）

M—Ni 基体　P—外延生长的先共晶
I—NiAl 基体　T—贫 Al 的过渡区

国产 NiAl 合金（如 IC-6 合金）过渡液相扩散焊时，中间层成分在母材的基础上进行了调整，将母材中的 Al 去掉，为提高抗氧化性加入约 Cr 7%、B 3.5% ~ 4.5%（质量分数），做成 0.1mm 的粉末层。加热温度为 1260℃，等温凝固及成分均匀化时间为 36h，所得到的扩散焊接头在 980℃、100MPa 拉力的作用下，持久时间可达 100h。

过渡液相扩散焊方法的典型应用是美国 GE 公司 NiAl 单晶对开叶片的研制，制造过程如图 13-17 所示。先铸造实心叶片，用电火花线切割将叶片从中间切成两半，然后加工叶片内部的空腔结构，最后一道工序是将两半叶片焊接在一起。采用的是过渡液相扩散焊技术，可获得与 NiAl 单晶力学性能相当的接头。

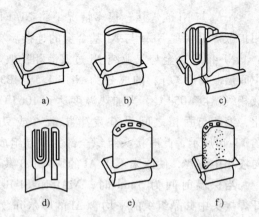

图 13-17　NiAl 单晶合金叶片的制造过程
a) 实心铸造　b) 线切割　c) 机械加工内腔
d) 加工连接中间层　e) 过渡液相扩散焊　f) 最终加工

13.3.2　Ni₃Al 金属间化合物的熔焊

1. Ni₃Al 的电子束焊

采用可对能量进行精确控制的电子束焊焊接 Ni₃Al 合金时，焊接速度较小时可以获得没有裂纹的焊接接头。试验中采用的两种含 Fe 的 Ni₃Al 基合金的化学成分见表 13-15。

表 13-15　含 Fe 的 Ni₃Al 基合金的化学成分

合金	化学成分（摩尔分数，%）				
	Ni	Al	Fe	B	其他
IC-25	69.9	18.9	10.0	0.24（0.05%）	Ti 0.5 + Mn 0.5
IC-103	70.0	18.9	10.0	0.10（0.02%）	Ti 0.5 + Mn 0.5

注：括号内的数字为质量分数。

焊接裂纹的产生主要与焊接速度和 Ni₃Al 合金中的 B 含量有关，随着焊接速度的增加，焊接裂纹率显著增加。电子束焊接速度对两种 Ni₃Al 基合金（IC-103、IC-25）裂纹率的影响如图 13-18 所示，当焊接速度超过 13mm/s 后，IC-25 合金对裂纹很敏感。B 元素对改善 Ni₃Al 的室温塑性起着有利的作用，加入 B 能改善晶界的结合，但当 B 含量超过一定的限量时会导致合金热裂纹倾向增大（见图 13-19），焊接裂纹率最低时的 ω_B 约为 0.02%（质量分数）。

由图 13-18 可见，当 w_B 由 IC-25 合金中的 0.05% 降低到 IC-103 合金中的 0.02% 时，焊接裂纹完全消除，焊接速度一直达到 50mm/s 时，IC-103 合金一直没有出现焊接裂纹。

B 在高温 Ni 基合金中也有类似的作用。在高温 Ni 基合金中加入微量 B 可强化晶界、提高高温强度，但过的 B 易在晶界形成脆性化合物，而且可能是低熔点的，会导致热影响区的局部熔化和热塑性降低，并引起热影响区的液化裂纹。但是，在 Ni₃Al 焊接热影响区中没有发现局部熔化现象，在裂纹表面也没有观察到有液相存在。因此，适量的降低 B 含量虽然对室温塑性有一定影响，但对改善 Ni₃Al 合金的焊接性是非常必要的。

根据从 Gleeble-1500 热模拟试验机上测得的 IC-25 和 IC-103 两种合金升温过程中的热塑性变化曲线（见图 13-20 和图 13-21）可以看到，二者在 1200～1250℃ 之间有很大的差别。1200℃ 时 IC-25 和 IC-103 合金拉伸时的断后伸长率分别为 0.5% 和 16.1%。IC-25 合金的断口形貌是脆性的晶间断裂，但 IC-103 合金的断口呈塑性断裂特征，表现出较高的拉伸塑性。

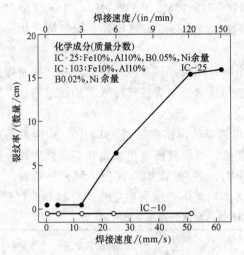

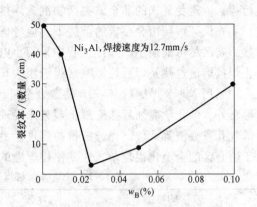

图 13-18 电子束焊 Ni_3Al 基合金时
焊接速度对裂纹率的影响

图 13-19 B 对 Ni_3Al 焊接热
裂纹倾向的影响

Ni_3Al 合金的断裂形貌与晶界的结合强度密切相关。晶界结合强度低于材料的屈服强度时，断口形貌是无塑性的晶间断裂，断裂应变随着晶界结合强度的增加而增大。1200℃ 时 IC-103 合金的断裂应变比 IC-25 合金高很多，此时 IC-103 合金的晶界结合强度比 IC-25 合金高很多。这也表明 B 对含 Fe 的 Ni_3Al 合金高温塑性的影响与它对室温塑性的影响并不一致。B 虽然显著地提高 Ni_3Al 的室温塑性，但在高温时效果不明显，特别是在 600~800℃ 中温范围内，含硼 Ni_3Al 存在一个脆性温度区，这是一种动态脆化现象，与试验环境气氛中的氧含量有关。因此，B 含量高的 IC-25 合金在焊接速度超过 13mm/s 的电子束焊接头中表现出来的较高的热影响区裂纹倾向，是由于其高温下的晶间脆化和热应力的作用造成的。

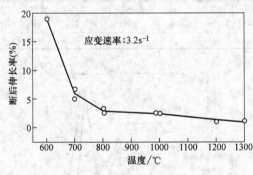

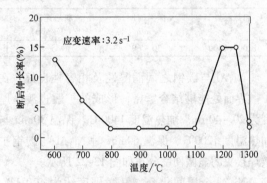

图 13-20 IC-25 合金在升温时拉伸
塑性与温度的关系

图 13-21 IC-103 合金升温时拉伸
塑性与温度的关系

2. Ni_3Al 合金的焊条电弧焊

Ni_3Al 合金采用焊条电弧焊时，焊接材料的选择很重要，选择合理的焊接材料可以弥补 Ni_3Al 合金焊接性差的劣势，减少或消除焊接裂纹。

Ni_3Al 母材不能用作焊接填充材料，因为焊接时极易出现裂纹。高温合金中 Ni818 是比较适宜用于 Ni_3Al 合金的焊接材料，可以实现 Ni_3Al 结构件的无裂纹焊接。这种焊接材料的主要成分是在 Ni 基合金的基础上，添加 0.04C-15Cr-7Fe-15Mo-3.5W-1Mn-0.25V（摩尔分数）。为了保证焊接工艺稳定性，防止出现焊接裂纹，焊前必须清除焊件表面的氧化物、油污等，以避免外来的非金属夹杂物混入焊接熔池。

在保证焊接冶金要求的前提下，应考虑采用小坡口焊接，尽量减小焊缝尺寸，控制焊接热影响区尽可能最小。焊接过程中采用小电流低速焊接，控制焊接热输入，加强散热，以防止焊接熔池过热及焊后热影响区组织粗大。

采用 Ni818 焊材对 IC-218 铸造合金进行焊条电弧焊的焊接参数见表 13-16。焊缝表面成形良好，经化学腐蚀后从宏观上观察未发现表面裂纹，将焊缝解剖也未发现有焊接裂纹、内部气孔或夹渣等缺欠。焊缝的抗拉强度达到了 450MPa，拉断在熔合区处，属韧性断裂。由于熔合区的合金化很复杂，这就使得焊缝的强度（实质是熔合区的强度）比母材和焊材低。

表 13-16　Ni818 焊材焊接 IC-218 铸造合金的焊接参数

母材	坡口角度 /(°)	焊前清理	焊条直径 /mm	预热温度 /℃	焊接电流 /A	焊后热处理	工艺特点
IC-218	45	机械打磨	3.2	200	130	750℃×2h 退火	多层堆高

13.3.3　Ni$_3$Al 与碳钢或不锈钢的焊接

1. Ni$_3$Al 与碳钢的焊接

通过加入 B、Mn、Cr、Ti、V 等合金元素，Ni-Al 金属间化合物具有良好的室温塑性和高温强度。与异种材料焊接时，采用熔焊方法的焊缝及热影响区容易产生裂纹，目前 Ni-Al 金属间化合物异种材料的焊接大多采用扩散焊和钎焊。

碳钢中合金元素含量较少，Ni$_3$Al 与碳钢可以采用不加中间层、直接进行真空扩散焊。焊接参数见表 13-17。

表 13-17　Ni$_3$Al 与碳钢扩散焊的焊接参数

加热温度 /℃	保温时间 /min	加热速度 /(℃/min)	冷却速度 /(℃/min)	焊接压力 /MPa	真空度 /Pa
1200~1400	30~60	5	10	2	3×10^{-3}

Ni$_3$Al 与碳钢之间润湿性及相容性良好，在扩散界面处能够结合紧密，形成的扩散过渡区厚度为 20~40μm。加热温度 1400℃、保温 30min 与加热温度 1200℃、保温 60min 时 Ni$_3$Al 与碳钢扩散焊接头的显微硬度分布如图 13-22 所示。

Ni$_3$Al 金属间化合物显微硬度约为 400HM，越接近 Ni$_3$Al 与碳钢扩散焊界面，由于扩散显微空洞的存在以及扩散元素含量不同，导致 Ni$_3$Al 晶体结构发生了无序化转变，显微硬度下降至 230HM。而在 Ni$_3$Al 与碳钢扩散焊接头中间部位，由于扩散焊时经过一定的元素扩散，组织细小，显微硬度升高至 500HM，随后显微硬度下降至扩散焊后碳钢母材的显微硬

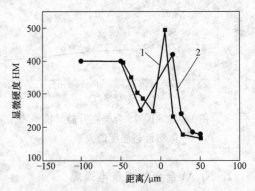

图 13-22　Ni$_3$Al 与碳钢扩散焊
接头的显微硬度分布
1—1400℃×30min　2—1200℃×60min

度 200HM。

Ni₃Al 与碳钢扩散焊接头能否满足在工作条件下的使用性能，主要取决于扩散焊母材中的各种元素在界面附近的分布。在加热温度 1200℃、保温时间 60min 与加热温度 1000℃、保温时间 60min、焊接压力 2MPa 条件下，Ni₃Al 与碳钢扩散焊接头的成分分布如图 13-23 和图 13-24 所示。

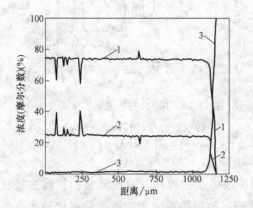

图 13-23　Ni₃Al 与碳钢扩散焊接头的
成分分布（1200℃ ×60min）
1—Ni　2—Al　3—Fe

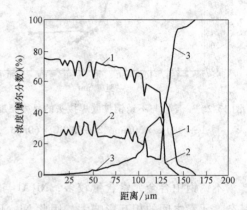

图 13-24　Ni₃Al 与碳钢扩散焊接头的成分分布
（1000℃ ×60min，压力 2MPa）
1—Ni　2—Al　3—Fe

加热温度 1200℃、保温时间 60min 时，Ni₃Al 与碳钢扩散焊接头的 Ni、Al、Fe 成分浓度变化主要体现在晶粒边界处，晶粒边界的扩散起主要作用。在扩散界面上，重结晶后的晶粒较大，成分浓度波动较小，只是在接头靠近碳钢一侧的微小区域内，Ni、Al、Fe 成分浓度骤然变化到碳钢母材中元素的初始浓度值。加热温度 1000℃、保温时间 60min、焊接压力 2MPa 时，温度较低，重结晶现象较少发生、晶粒生长较慢，而压力的作用使 Ni₃Al 与碳钢晶粒之间的体积扩散占主导，成分浓度变化起伏较大。

2. Ni₃Al 与不锈钢的焊接

Ni₃Al 金属间化合物具有比不锈钢更高的耐高温性和耐蚀性，在一些对零部件耐高温腐蚀性能要求较高的场合，有时要将 Ni₃Al 金属间化合物与不锈钢进行焊接。研究表明 Ni₃Al 与不锈钢可以不添加中间层而直接进行真空扩散焊，其焊接参数见表 13-18。

表 13-18　Ni₃Al 与不锈钢扩散焊的焊接参数

加热温度 /℃	保温时间 /min	加热速度 /(℃/min)	冷却速度 /(℃/min)	焊接压力 /MPa	真空度 /Pa
1200 ~ 1380	30 ~ 60	20	30	0 ~ 9	3.4×10^{-3}

加热温度 1380℃、保温时间 30min 与加热温度 1200℃、保温时间 60min 时 Ni₃Al 与不锈钢扩散焊接头的显微硬度分布如图 13-25 所示。Ni₃Al 与不锈钢扩散焊接头的显微硬度最大升高至 450HM，靠近不锈钢母材一侧，显微硬度下降至不锈钢母材的显微硬度值 220HM。整个 Ni₃Al 与不锈钢扩散焊接头的显微硬度连续变化，这主要与接头处微观组织的连续性、晶粒的不断生长及成分浓度的变化有关。加热温度 1200℃、保温时间 60min 条件下，Ni₃Al 与不锈钢扩散焊接头的成分分布如图 13-26 所示。

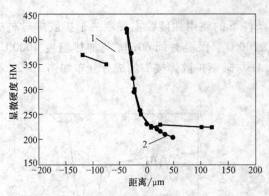

图 13-25   Ni₃Al 与不锈钢扩散焊接头的显微硬度分布

1—1380℃ ×30min   2—1200℃ ×60min

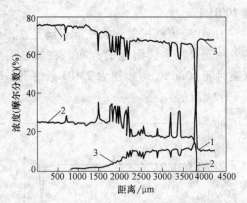

图 13-26   Ni₃Al 与不锈钢扩散焊接头

的成分分布 （1200℃ ×60min）

1—Ni   2—Al   3—Fe

不锈钢中合金元素含量较多，Ni_3Al 与不锈钢扩散焊接过程中，合金元素的扩散途径较复杂，元素之间的相互影响大，因此 Ni_3Al 与不锈钢扩散焊接头元素浓度变化起伏较大，形成的中间化合物结构也较复杂。

13.4   Fe-Al 金属间化合物的焊接

作为一种极具发展潜力的高温结构材料，焊接是制约 Fe_3Al 金属间化合物工程应用的主要障碍之一。如果实现 Fe_3Al 的焊接，获得界面结合牢固的焊接接头，将会推进 Fe_3Al 金属间化合物在抗氧化、耐磨、耐腐蚀等工程结构中的应用。

目前针对 Fe-Al 金属间化合物采用的焊接方法主要有熔焊（如电子束焊、钨极氩弧焊、焊条电弧焊）、固相焊（如扩散焊、摩擦焊）和钎焊等。

13.4.1   Fe₃Al 金属间化合物的电子束焊

Fe_3Al 金属间化合物的焊接性较差，主要表现在以下两个方面：

一是 Fe_3Al 金属间化合物由于交滑移困难导致高的应力集中，造成室温脆性大，塑性低，焊接时容易产生冷裂纹。

二是 Fe_3Al 热导率低，导致焊接热影响区、熔合区和焊缝之间的温度梯度大，加之线胀系数大，冷却时易产生较大的残余应力，导致产生热裂纹。

电子束焊是利用电子枪产生的电子束聚焦在工件上，使焊件金属迅速熔化后再重新凝固。化学成分和焊接参数对 Fe_3Al 的焊接性有很大影响。采用电子束焊（EBW）对厚度 0.76mm 的 Fe_3Al 金属间化合物薄板的焊接研究表明，由于焊接过程是在真空中进行，抑制了氢的有害作用，焊后不产生延迟裂纹。并且集中的高能量输入使焊接熔合区组织有所细化，焊缝组织为柱状晶，宽度窄，沿热传导方向生长，热影响区也十分窄小，在较低的焊速下无裂纹产生，接头变形也较小。因此含 Cr、Nb、Mn 的 Fe_3Al 基合金焊后无裂纹出现，获得的焊接接头质量较好。

采用电子束焊时，焊接速度控制在 20mm/s 以下，可以获得良好的 Fe_3Al 焊接接头。力学性能试验表明，断裂发生在热影响区，拉伸断口为沿晶和穿晶解理混合断口，这与焊前母材的断裂机制相同。可见电子束焊虽然热输入集中，但接头仍受 Fe_3Al 母材本质脆性的影响而呈脆性断裂特征。

用电子束焊对厚度 1~2mm 的 Fe_3Al 基合金进行焊接，采用的焊接参数为：聚焦电流 800~1200mA，焊接电流 20~30mA，焊接速度 8.3~20mm/s，真空度 $1.33 \times 10^{-2}Pa$。由于电子束焊能量集中以及在真空气氛中的 H、O 原子浓度很低，抑制了氢的作用，使焊接接头氢致延迟裂纹难以发生，因此焊接效果优于钨极氩弧焊，可以获得无裂纹和缺欠的焊缝，焊缝很窄（约是氩弧焊的一半），热影响区也很窄，焊后变形小，应力也较小。

电子束焊 Fe_3Al 基合金的拉伸和弯曲试验表明，室温拉伸和弯曲时，断裂发生在 Fe_3Al 母材热影响区，抗拉强度为 289MPa，焊缝并没有弱化焊接接头区的力学性能。因此，采用电子束焊，Fe_3Al 基合金表现出良好的焊接性，焊缝外形美观、性能优异。

Fe_3Al 基合金薄板电子束焊的焊接速度快，可控制在 4.2~16.9mm/s 范围，焊接效率高，具有很好的应用前景。

13.4.2 Fe_3Al 的填丝钨极氩弧焊

1. 焊接性特点

采用填丝钨极氩弧焊对 Fe_3Al 进行焊接时，焊缝的快速凝固和冷却造成很大的应力，合金成分及焊接参数对焊接裂纹很敏感。Fe_3Al 中添加 Zr 和 B 元素虽然能细化 Fe_3Al 母材的组织，但难以阻止焊接冷裂纹。板厚 0.5mm 的薄板用 Cr 5.45%、Nb 0.97%、C 0.05%（质量分数）的 Fe_3Al 基合金焊丝，在严格控制焊接速度及热输入的条件下才无焊接裂纹产生。厚度超过 1mm 的 Fe_3Al 板材，更需严格控制热输入，或采用焊前预热和焊后缓冷工艺，才能避免延迟裂纹。预热温度通常为 300~350℃，焊后 600~700℃ ×1h 后热处理。

可采用 Fe_3AlCr 合金、中低碳 CrMo 钢、Cr25Ni13 不锈钢以及 Ni 基合金作为钨极氩弧焊（TIG）的填充材料，进行 Fe_3Al 同种及异种材料的焊接。用中低碳 CrMo 钢焊丝作填充材料，焊缝成分连续变化，性能比较稳定，Fe_3Al 表现出较好的焊接性。虽然 Ni 基合金本身具有较高的韧性，但焊后 Fe_3Al 接头区的裂纹倾向仍较严重，这是由于 Ni 基焊丝的线胀系数大，凝固时收缩量大，产生较大的应力所致。此外，Ni 的加入使得熔合区成分、组织和相结构复杂化，熔池金属凝固时不能依附母材的半熔化晶粒形成联生结晶，而在熔合交界处形成组织分离区。同种材料、异种焊丝，在保证焊透的情况下，控制焊接电流和热输入，有利于提高 Fe_3Al 的抗裂性。

试验用 Fe_3Al 合金是经过真空熔炼成铸锭后，采用热轧-控温轧制工艺轧制成的板材，并经过 1000℃ 均匀化退火。试板加工成厚度为 8mm、5mm 和 2.5mm 的板材。为了获得组织致密、性能良好的 Fe_3Al 金属间化合物，熔炼前将原料 Fe 用球磨机滚料除锈，原料 Al 用 NaOH 溶液清洗并进行烘干。熔炼过程中真空度达到 $1.33 \times 10^{-2}Pa$。试验用 Fe_3Al 基合金的化学成分及热物理性能见表 13-19。

Fe_3Al 基合金含有 Cr、Nb、Zr 等合金元素，显微组织由块状晶粒组成，在晶粒内部和边界分布有富含 Cr、Nb 的第二相粒子。这些第二相粒子阻碍位错沿晶界的运动，提高 Fe_3Al 的压缩变形速率，改善 Fe_3Al 的强度和塑、韧性。

表 13-19 Fe_3Al 基合金的化学成分及热物理性能

化学成分（质量分数，%）						
Fe	Al	Cr	Nb	Zr	B	Ce
81.0 ~ 82.5	16.0 ~ 17.0	2.40 ~ 2.55	0.95 ~ 0.98	0.05 ~ 0.15	0.01 ~ 0.05	0.05 ~ 0.15

热物理性能								
结构	有序临界温度 /℃	弹性模量 /GPa	熔点 /℃	线胀系数 /(10^{-6}/K)	密度 /(g/cm^3)	抗拉强度 /MPa	断后伸长率 (%)	硬度 HRC
DO_3	480 ~ 570	140	1540	11.5	6.72	455	3	≥29

Fe_3Al 基合金由于脆性大、熔焊性差，冷热裂纹是其焊接时的主要问题。要求填充合金含有能提高 Fe_3Al 塑、韧性的合金元素，在焊接过程中通过合金过渡提高 Fe_3Al 熔合区的抗裂能力，避免焊接裂纹的产生。Cr 是提高 Fe_3Al 塑性最有效的合金元素，Ni 是常用的合金增韧元素。因此，可采用 Fe-Cr-Ni 合金系作为 Fe_3Al 焊接的填充材料，填丝直径 2.5mm。

焊前将待焊试样表面经过机械加工，保证试样上、下表面平行。用化学方法去除试板和填充材料表面的氧化膜、油污和锈蚀等。

2. 焊接工艺特点

在不预热条件下，采用填丝钨极氩弧焊（TIG 焊）进行系列 Fe_3Al/Fe_3Al、Fe_3Al/Q235 钢和 Fe_3Al/18-8 不锈钢的对接焊试验。填丝钨极氩弧焊（TIG）采用的焊接参数见表 13-20。

表 13-20 Fe_3Al 填丝 TIG 焊采用的焊接参数

焊接电流 /A	电弧电压 /V	焊接速度 /(cm/s)	氩气流量 /(L/min)	焊接热输入 /(kJ/cm)
100 ~ 115	11 ~ 12	0.15 ~ 0.26	7 ~ 10	4.5 ~ 8.5

Cr 含量对 Fe_3Al 的裂纹敏感性具有重要影响，焊接材料中 Cr 的质量分数以 23% ~ 26% 为宜，保证有适量的 Cr 过渡到 Fe_3Al 熔合区中，提高接头的抗裂能力。受 Fe_3Al 热物理性能和焊缝成形等影响，Fe_3Al 基合金焊接宜采用小电流、低速焊的焊接工艺。根据板厚不同，控制合适的焊接热输入。钨极氩弧焊（TIG 焊）时，在流动的氩气作用下，焊缝的冷却速度快于焊条电弧焊，因此可适当增大一些热输入。

在钨极氩弧焊（TIG 焊）中，热影响区组织受焊接热循环的影响晶粒粗大，其高温抗氧化性也由于焊接中 Al 元素的烧损而略低于 Fe_3Al 母材。接头区的抗拉强度低于母材，且断在热影响区过热区。过热区在焊接热循环的作用下，经历了焊接加热和随后的冷却过程，原本较高的有序化程度明显降低。即使经过焊后热处理，过热区的有序度也难以恢复。所以热影响区过热区的强度和硬度有所降低而成为接头的薄弱环节。与 Fe_3Al 母材相比，热影响区过热区的抗拉强度和断后伸长率有所下降。

焊接裂纹起源于 Fe_3Al 侧熔合区的部分熔化区，并在部分熔化区及 Fe_3Al 热影响区中扩展，只有少量裂纹扩展到焊缝中。裂纹的产生主要是由 Fe_3Al 的脆性本质、熔合区脆性相以及焊接应力引起的，主要包括以下几点：

1）Fe_3Al 母材的晶粒状态。Fe_3Al 的晶粒越细，越有利于防止焊接裂纹的产生。

2）焊接热输入。焊接热输入过小或较大，都容易导致焊接裂纹的产生。

3）部分熔化区中合金元素的偏析程度和脆性相数量。

4）Fe_3Al 热影响区的微观组织结构。Fe_3Al 热影响区中无序结构及 B_2 部分有序结构越多，越有利于防止裂纹的产生和扩展。

5）接头中扩散氢的含量。接头中扩散氢的含量越低，其抗裂能力越强。

3. Fe₃Al 填丝 TIG 焊接头区的显微组织

Fe₃Al/18-8 不锈钢填丝钨极氩弧焊焊缝的显微组织如图 13-27 所示。填充焊丝选用 Cr25Ni13 系奥氏体钢焊丝，焊缝组织主要由奥氏体和少量板条马氏体构成，奥氏体晶界有少量铁素体和侧板条铁素体。

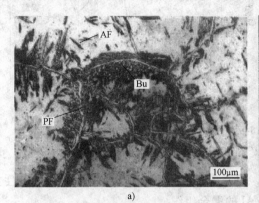
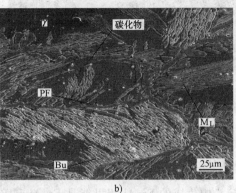

a)　　　　　　　　　　　　　　b)

图 13-27　Fe₃Al/18-8 不锈钢填丝钨极氩弧焊焊缝的显微组织

a）100×　b）400×

为了判定 Fe₃Al 焊接接头区组织性能的变化，用显微硬度计对熔合区附近的显微硬度进行测定，试验中加载载荷为 50gf（0.5N），加载时间为 10s。

分别对 Fe₃Al/18-8 不锈钢和 Fe₃Al/Q235 钢接头熔合区附近的显微硬度进行测定，并给出相应的测定位置。Fe₃Al/18-8 不锈钢接头区的显微硬度分布如图 13-28 和图 13-29 所示。Fe₃Al 侧熔合区（FZ）附近的显微硬度高于热影响区及焊缝，最高显微硬度达 580HM；Fe₃Al 热影响区的显微硬度为 330～400HM。

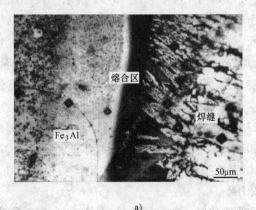
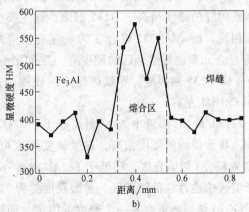

a)　　　　　　　　　　　　　　b)

图 13-28　Fe₃Al/18-8 不锈钢接头 Fe₃Al 侧熔合区附近的显微硬度

a）显微组织特征　b）显微硬度分布

Fe₃Al/18-8 不锈钢扩散焊接头两侧显微硬度有很大差别，与 Fe₃Al 侧熔合区相比，18-8 不锈钢侧熔合区的显微硬度有所降低，这是由于 Fe₃Al 侧熔合区附近 Al 含量较高，易形成高硬度的脆性 Fe-Al 相。Fe-Al 系合金可能形成的金属间化合物的显微硬度和铝含量见

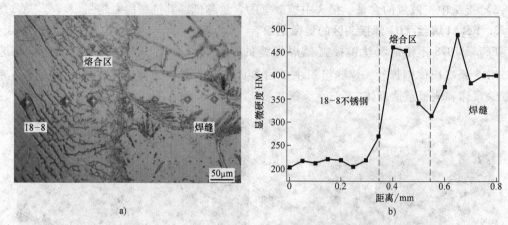

图 13-29　$Fe_3Al/18-8$ 不锈钢接头 18-8 不锈钢侧熔合区附近的显微硬度

a）显微组织特征　b）硬度分布

表 13-21。Fe_3Al 侧熔合区尽管显微硬度较高，但并未出现 $FeAl_2$、Fe_2Al_5 等高硬度脆性相，焊接接头中生成的 Fe-Al 相可能是 Fe_3Al 和 FeAl 的混合组织。

表 13-21　Fe-Al 金属间化合物的显微硬度和铝含量

化合物	铝含量（质量分数，%）		显微硬度 HM
	根据相图	根据化学分析	
Fe_3Al	13.87	14.04	370
FeAl	32.57	33.64	640
$FeAl_2$	49.13	49.32	1030
Fe_2Al_5	54.71	54.92	820
$FeAl_3$	59.18	59.40	990
Fe_2Al_7	62.93	63.32	1080

$Fe_3Al/Q235$ 钢接头熔合区附近的显微硬度分布如图 13-30 和图 13-31 所示。Fe_3Al 侧熔合区及焊缝的硬度稍高于 Q235 钢侧，这主要受 Fe-Al 合金相的影响。与 $Fe_3Al/18-8$ 不锈钢接头相比，$Fe_3Al/Q235$ 熔合区的硬度有所降低，表明除了受 Fe-Al 相影响外，焊缝中 Cr、Ni 等合金元素也对熔合区的硬度有一定的影响。$Fe_3Al/18-8$ 不锈钢焊缝中的 Cr、Ni 含量高于 $Fe_3Al/Q235$ 钢焊缝，导致焊缝组织硬度偏高。Fe_3Al 热影响区存在硬度低值区，显微硬度在 350HM 左右。

Fe_3Al/Fe_3Al 焊缝中 Al 含量高于 $Fe_3Al/Q235$ 钢接头，较多的 Al 元素固溶在 α-Fe（Al）相中，导致焊缝的硬度偏高，显微硬度可达 480HM 左右。熔合区的硬度稍高于 $Fe_3Al/Q235$ 钢接头 Fe_3Al 侧熔合区，稍低于 $Fe_3Al/18-8$ 不锈钢接头。与 $Fe_3Al/Q235$ 钢接头相似，Fe_3Al 热影响区中也存在低硬度区，显微硬度约为 325HM。

Fe_3Al 热影响区存在一个硬度低值区，即局部软化区。在高温下 Al 从 Fe_3Al 侧扩散到焊缝，导致 Fe_3Al 热影响区组织结构发生变化。由于 Al 元素的缺失，使热影响区部分区域的组织不再是 DO_3 有序结构，而是无序结构。与 DO_3 有序结构相比，无序结构的塑性好，但强度和硬度较低。

焊接热输入对 Fe_3Al 局部软化区的硬度有一定影响，随着焊接热输入的增大，最低硬度值逐渐降低，见表 13-22。因为随着焊接热输入的增大，热影响区高温停留时间增长，Al 元

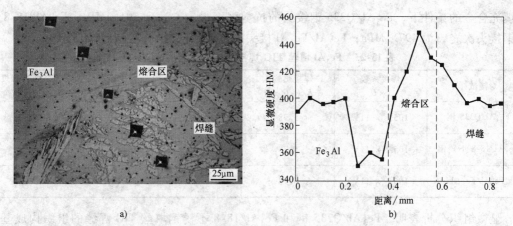

图 13-30 Fe₃Al/Q235 钢接头 Fe₃Al 侧熔合区附近的显微硬度分布

a）显微组织特征 b）显微硬度分布

图 13-31 Fe₃Al/Q235 钢接头 Q235 钢侧熔合区附近的显微硬度分布

a）显微组织特征 b）显微硬度分布

素的扩散量增大，焊后热影响区中的无序结构增多；此外，焊接冷却过程中，Fe₃Al 热影响区会发生有序结构转变，即部分有序的 B_2 结构向完全有序的 DO_3 结构的转变。这一转变过程是一个放热过程，放出的相变潜热能消除 Fe₃Al 中多余的空位等缺陷，使 Fe₃Al 热影响区的硬度降低。

表 13-22 焊接热输入对 Fe₃Al 热影响区最低显微硬度值的影响

接头	焊接电流 I/A	电弧电压 U/V	焊接速度 $v/(cm/s)$	热输入 $E/(kJ/cm)$	最低显微硬度 HM
Fe₃Al/18-8 不锈钢	90	10.5	0.18	3.94	342
Fe₃Al/18-8 不锈钢	95	11.0	0.18	4.36	330
Fe₃Al/18-8 不锈钢	100	11.8	0.18	4.92	318

注：电弧有效加热系数 η 取 0.75。

4. Fe₃Al 填丝 TIG 焊接头的抗剪强度

焊接参数影响 Fe₃Al 焊接接头的组织结构，进而决定接头的结合强度和断口形态。为了研究 Fe₃Al 填丝 TIG 焊接头的力学性能，采用 CMT5150 型微控电子万能试验机对不同焊接工艺条件下获得的 Fe₃Al 焊接接头的抗剪强度进行测定，试验结果见表 13-23。在相同工艺及填充合金的条件下，$Fe_3Al/Q235$ 钢接头的抗剪强度最大，达到 591.2MPa；$Fe_3Al/18-8$ 不锈钢接头次之，为 497.1MPa；Fe_3Al/Fe_3Al 接头的抗剪强度最小，仅为 127.3MPa。

表 13-23 Fe_3Al 填丝 TIG 焊接头抗剪强度的试验结果

对接试样	焊接参数 $I \times U$	焊接热输入 $E/(kJ/cm)$	剪切面积 A/mm^2	最大载荷 F_m/kN	平均抗剪强度 σ_τ/MPa
$Fe_3Al/Q235$ 钢	105A × 11V	5.78	26.5	15.5	591.2
			26.1	15.3	
$Fe_3Al/18-8$ 不锈钢	105A × 11V	5.78	26.4	14.1	497.1
			25.5	12.7	
Fe_3Al/Fe_3Al	105A × 11V	5.78	25.4	4.1	127.3
			26.4	4.5	

显微组织分析表明，$Fe_3Al/Q235$ 钢和 $Fe_3Al/18-8$ 不锈钢填丝 TIG 焊缝的组织构成基本相同（填充 Cr25Ni13 焊丝），都以 γ 奥氏体为基体，含有一定的铁素体组织，但由于 γ 所占的比例不同，导致接头的抗剪强度存在差别。对于 Fe_3Al/Fe_3Al 接头，焊缝中固溶有较高含量的 Al 元素，形成脆性相，导致接头的硬度高、脆性大，在焊缝中出现沿晶裂纹，造成其较低的抗剪强度。

焊接热输入对接头的抗剪强度有重要影响，表 13-24 是 $Fe_3Al/18-8$ 不锈钢接头的抗剪强度随焊接热输入的变化情况。随着焊接热输入的增加，$Fe_3Al/18-8$ 不锈钢接头的抗剪强度逐渐增大，当焊接热输入约为 5.78kJ/cm 时，抗剪强度达到最大值 497.1MPa，但当焊接热输入再增大时，抗剪强度开始下降。

表 13-24 焊接热输入对 $Fe_3Al/18-8$ 不锈钢接头抗剪强度的影响

焊接电流 I/A	电弧电压 U/V	焊接热输入 $E/(kJ/cm)$	剪切面积 A/mm^2	最大载荷 F_m/kN	平均抗剪强度 σ_τ/MPa
90	10	4.50	24.3	11.3	469.3
			24.5	11.6	
105	11	5.78	26.4	14.1	497.1
			25.5	12.7	
120	12	7.20	28.9	14.9	481.2
			29.5	14.2	

焊接热输入较小时，接头冷却速度较快，导致焊接应力增大，并易生成脆性相；随着焊接热输入的增大，接头冷却速度变缓，焊接应力得到释放，焊缝区组织趋于均匀，所以 $Fe_3Al/18-8$ 不锈钢焊接接头的抗剪强度逐渐增大。但焊接热输入过大时，接头过热时间长，焊接区组织粗化，导致接头的抗剪强度下降。

13.4.3 Fe_3Al 堆焊及焊条电弧焊

1. TIG 堆焊工艺及特点

将尺寸规格 40mm×20mm×6mm 的 2.25Cr-1Mo 钢板待堆焊表面的油污和铁锈清除，采用钨极氩弧焊方法在 2.25Cr-1Mo 耐热钢上堆焊 Fe_3Al 合金（Fe 84%、Al 16%，质量分数），焊接电流为 75A。焊前母材需经 300℃ 预热，焊后进行 600℃×1h 的后热处理。

通过扫描电镜观察，Fe_3Al 堆焊层与 2.25Cr-1Mo 耐热钢基体之间界面结合良好，形成的堆焊层熔合区宽度约为 300μm。堆焊层内组织为粗大的柱状晶组织，每个柱状晶内分布有大量的针状化合物。通过电子探针分析，这些针状化合物含有大量的 Fe 和 Al，构成 α-Fe

（Al）固溶体。熔合区是 Fe_3Al 与 2.25Cr-1Mo 耐热钢堆焊接头组织性能最薄弱的环节，Fe_3Al 与 2.25Cr-1Mo 堆焊接头熔合区化学成分的能谱分析见表 13-25。

表 13-25　Fe_3Al 与 2.25Cr-1Mo 堆焊接头熔合区化学成分的能谱分析

（质量分数,%）

位置	Al	Cr	Mo
1	1.07	2.18	1.29
2	1.22	2.42	1.21
3	2.02	2.05	0.85
4	3.04	2.01	0.97
5	3.31	1.85	0.94
堆焊金属	8.15	1.08	0.43
基体	—	2.43	1.19

注：表中的前 5 个位置分别为从熔合线开始，每隔 $100\mu m$ 取测定点。

在 Fe_3Al 堆焊层与 2.25Cr-1Mo 基体熔合区附近，合金元素 Cr、Mo、Al 的浓度梯度变化比较显著，堆焊金属中的 Al 被大量稀释，堆焊层相结构中的 Al 含量较低，主要形成单相 α-Fe（Al）固溶体和针状 Fe-Al 金属间化合物。

2. Fe_3Al 的焊条电弧焊

（1）焊条电弧焊焊接参数　在不预热和焊后热处理条件下，采用焊条电弧焊（SMAW）进行 Fe_3Al/Fe_3Al、$Fe_3Al/Q235$ 钢和 $Fe_3Al/18$-8 不锈钢的对接焊试验。选用 E309-16、E310-16 焊条，焊条直径 2.5mm 和 3.2mm，采用的焊接参数见表 13-26。

表 13-26　Fe_3Al 焊条电弧焊的焊接参数

焊条直径 /mm	焊接电流 I/ A	电弧电压 U/ V	焊接速度 v/(cm/s)	焊接热输入 E/(kJ/cm) （$\eta = 0.85$）
2.5	100 ~ 120	24 ~ 26	0.2 ~ 0.3	8.84 ~ 13.26
3.2	125 ~ 140	24 ~ 27	0.25 ~ 0.35	9.18 ~ 12.85

焊接热输入过大或过小都易引起焊接裂纹。焊接热输入过小时，焊缝冷却速度快，焊后产生明显的表面裂纹。焊接热输入过大，熔池过热时间长，导致焊缝组织粗化进而诱发裂纹。尤其是焊条电弧焊的熔渣附着在熔敷金属上导致散热缓慢和组织粗化。采用合适的焊接热输入，焊条电弧焊采用 E310-16 焊条可获得无裂纹的 Fe_3Al 接头。$Fe_3Al/Q235$ 钢焊条电弧焊焊缝的显微组织如图 13-32 所示。

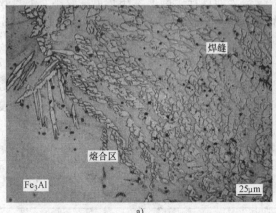
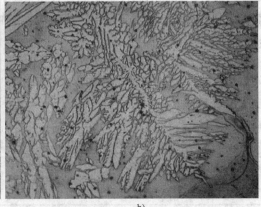

a)　　　　　　　　　　　　　　　　b)

图 13-32　$Fe_3Al/Q235$ 钢焊条电弧焊焊缝的显微组织

a) 250 ×　b) 500 ×

（2）焊条电弧堆焊　焊条电弧堆焊可以赋予零件表面耐磨、耐腐蚀、耐热等特殊性能。在石油化工及能源电力生产中，存在大量用不锈钢堆焊耐热钢的结构，若以 Fe-Al 合金取代不锈钢作为堆焊层，或在零件表面形成一层 Fe_3Al 堆焊层（如可采用焊条电弧焊将 Fe_3Al 合金堆焊在奥氏体不锈钢、2.25Cr-1Mo 钢或其他钢材基体上），可以发挥其优异的性能。

将经中频感应炉熔炼的 Fe_3Al 合金浇注成铸锭，经过多道热轧和热锻（温度控制在900℃以上），制成直径为 3.2mm 的棒料，用作堆焊焊条的焊芯。选用低氢钾型药皮，焊芯成分和堆焊金属的成分见表 13-27。为了保证成分稳定，至少应堆焊三层。采用直流弧焊机，堆焊电压约为 25V，堆焊电流取下限（一般为 90~110A），堆焊焊条移动速度约 12cm/min。堆焊时的飞溅较小，但脱渣性较差，堆焊下一层时要仔细清除残渣，可得到无裂纹的 Fe_3Al 堆焊层。

表 13-27　　　Fe_3Al 焊芯成分和堆焊金属的成分　　　　（质量分数，%）

材料	Al	Cr	Fe	Ni	Ti	Si
Fe_3Al 焊芯	16.00	5.10	78.70	—	—	0.20
堆焊层	11.60	5.95	70.69	0.56	0.20	1.00

堆焊前将工件预热到 300~350℃，保温 30min，堆焊后对焊件进行 700℃×1h 退火处理。堆焊层金属以粗大的柱状晶为主，堆焊层的 Al 含量在堆焊过程中损失较大，导致堆焊层组织以 α-Fe(Al) 固溶体为主，但不影响堆焊层的抗氧化性。在空气炉中经 800℃×70h 氧化后，不锈钢基体氧化严重，而 Fe_3Al 堆焊层氧化轻微，表明其高温抗氧化性优于 18-8 不锈钢。

13.4.4　Fe_3Al 金属间化合物的扩散焊

1. Fe_3Al 与 Q235 钢的扩散焊

Fe_3Al 金属间化合物具有较强的氢脆敏感性，熔焊过程中在接头处产生很大的热应力，易导致产生焊接裂纹，这是 Fe_3Al 作为结构材料应用的主要障碍，也是耐磨、耐蚀脆性材料焊接推广应用中需解决的难题。

Fe_3Al 金属间化合物与异种材料进行熔焊时，由于热物理性能和化学性能的差异，接头处易形成含铝较高的脆性金属间化合物，使焊接接头的韧性下降。采用扩散焊技术，通过控制焊接参数对 Fe_3Al/钢扩散焊界面组织性能的影响，可以实现 Fe_3Al/Q235 钢以及 Fe_3Al/18-8 不锈钢的焊接。

（1）焊接工艺及焊接参数　将 Fe_3Al 与 Q235 钢表面加工平整，用砂纸进行打磨去除焊件表面的油污和铁锈，然后放入丙酮中浸泡 30min 后，用酒精擦洗、冷水冲洗后吹干。将清洗干净的 Fe_3Al 金属间化合物与 Q235 钢焊件装配放入真空炉中进行扩散焊，焊接参数见表13-28。

表 13-28　　Fe_3Al 与 Q235 低碳钢扩散焊的焊接参数

加热温度 /℃	保温时间 /min	加热速度 /(℃/min)	冷却速度 /(℃/min)	焊接压力 /MPa	真空度 /Pa
1020~1060	45~60	15	30	12~17.5	1.33×10^{-4}

Fe_3Al/Q235 钢扩散焊接头的结合强度、断裂位置和断口形态取决于扩散焊过程中的加热温度、保温时间和所施加的压力。其中加热温度决定元素的扩散活性；压力的作用是使

Fe$_3$Al/Q235 接触界面发生微观塑性变形、促进材料间的紧密接触，防止界面空洞并控制焊接件的变形；保温时间决定 Fe$_3$Al/Q235 钢扩散焊接头处元素扩散的均匀化程度。

（2）扩散焊接头的抗剪强度　Fe$_3$Al 与 Q235 钢扩散焊接头的抗剪强度见表 13-29。由表 13-29 可见，保温时间 60min，压力从 17.5MPa 降低到 12.0MPa（保持焊接接头不发生变形）时，加热温度由 1000℃ 升高到 1060℃，Fe$_3$Al/Q235 钢扩散焊接头的抗剪强度从 39.9MPa 增加到 95.8MPa。但当加热温度升高到 1080℃ 时，Fe$_3$Al/Q235 钢扩散焊接头的抗剪强度降低到 82.1MPa。因此在保持扩散焊接头不变形的条件下，加热温度不宜过高，因为温度过高时，Fe$_3$Al/Q235 钢扩散焊接头的组织会发生长大，不利于提高接头的抗剪强度。

加热温度为 1060℃ 时，随着保温时间的增加，扩散焊接头附近的原子得到充分的相互扩散，发生界面反应，形成致密的中间扩散反应层，因此 Fe$_3$Al/Q235 钢扩散焊接头的抗剪强度明显提高。加热温度为 1080℃、压力为 12MPa，将保温时间增加到 80min 时扩散焊接头发生了变形。

表 13-29　Fe$_3$Al 与 Q235 钢扩散焊接头的抗剪强度

加热温度/℃	保温时间/min	压力/MPa	界面结合状态	抗剪强度/MPa
1000	60	17.5	未完全结合	40.8,39.1(39.9)
1020	60	17.5	结合稍差	67.5,67.6(67.6)
1040	60	17.5	结合良好	89.2,92.5(90.8)
1060	30	15.0	结合稍差	42.3,44.5(43.4)
	45	15.0	结合良好	96.8,97.2(97.0)
	60	15.0	结合良好	113.3,101.4(112.3)
1080	60	12.0	结合良好	80.5,83.6(82.1)

注：括号中的数值为平均值。

Fe$_3$Al/Q235 钢扩散界面附近的显微硬度测定结果表明（见图 13-33），Fe$_3$Al 母材扩散焊后的显微硬度约为 490HM，Q235 钢显微硬度为 340HM，而中间过渡区的显微硬度随焊接参数的变化有所不同。

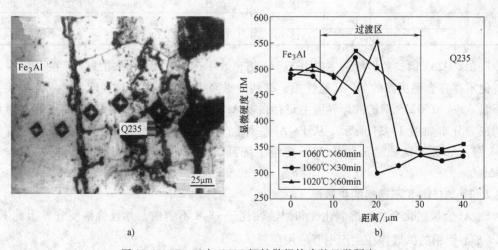

图 13-33　Fe$_3$Al 与 Q235 钢扩散焊接头的显微硬度

a）显微组织特征　b）显微硬度分布

工艺参数为 1020℃ ×60min 时，由 Fe$_3$Al 过渡到 Q235 钢扩散焊接头的显微硬度先降低后升高，在扩散焊界面附近出现峰值（550HM）。这主要是在扩散焊界面近 Fe$_3$Al 一侧由于

元素的扩散反应使 Fe_3Al 晶体结构发生无序转变，在近 Fe_3Al 一侧显微硬度有所降低，而且随着扩散反应的进行，生成新的物相结构。由于加热温度较低，元素来不及充分扩散，Al元素有所聚集，形成的脆性相结构具有较高的显微硬度，在扩散焊界面出现了峰值。

加热温度较高（1060℃）时元素充分扩散，形成的物相结构显微硬度约为 520HM。当保温时间较短（30min）时，即使在 1060℃ 下，在界面两侧母材处都出现了显微硬度下降的现象，这也是由于元素的不充分扩散，使柯肯达尔效应（扩散空洞）没有完全消失所致。根据表 13-24 中 Fe-Al 金属间化合物的显微硬度值比较，Fe_3Al/Q235 钢界面扩散反应层中没有明显的高硬度脆性相（如 $FeAl_2$、Fe_2Al_5、$FeAl_3$、Fe_2Al_7 等）存在。

（3）扩散界面附近的微观组织　扫描电镜（SEM）观察表明，Fe_3Al/Q235 钢扩散焊接头包括扩散反应层和焊面两侧基体部分，扩散界面呈微观镶嵌状互相交错。在扩散反应层靠 Fe_3Al 一侧，柱状晶晶粒较粗大，显微组织大多为等轴晶。在 Q235 钢一侧，由于 Al 元素的扩散过渡，使扩散层靠 Q235 钢一侧的铁素体晶粒也较粗大，并且由于 Al 为铁素体化元素，扩散反应层附近几乎全部为铁素体。

在靠近 Fe_3Al 一侧的扩散反应层中有第二相析出，析出物的分布形态各异，大多沿晶界呈不连续状分布。经电子探针分析（见表 13-30），第二相粒子中 C、Cr 含量较高，Fe、Al含量低于基体。这主要是因为 Fe_3Al 金属间化合物在焊接过程中冷却速度快，溶质来不及充分扩散，凝固后在晶体内部使得 C、Cr 元素发生偏聚所致。

表 13-30　　　　Fe_3Al 与 Q235 扩散反应层的电子探针成分分析　　　（质量分数，%）

位置	序号	Fe	Al	C	Cr	Mn	Si
Fe_3Al 基体	1	82.6	16.6	0.14	1.02	0.15	0.18
	2	82.7	16.3	0.13	0.99	0.15	0.22
	3	81.9	17.2	0.13	1.01	0.13	0.20
	4	82.0	16.9	0.13	0.94	0.18	0.20
第二相析出物	5	74.66	14.31	0.65	1.18	0.21	0.07
	6	77.90	15.90	0.61	1.18	0.23	0.10
	7	77.04	15.45	0.50	1.32	0.23	0.10
	8	78.77	13.10	0.22	1.26	0.20	0.06

Fe_3Al/Q235 钢扩散焊接头主要由 Fe_3Al 相和 α-Fe（Al）固溶体构成，存在少量的 FeAl相，但不存在含铝更高的 Fe-Al 脆性相，有利于提高接头的韧性和抗裂能力，保证焊接接头的质量。Fe_3Al/Q235 钢扩散焊界面主要存在着 Al、Fe 元素的扩散，Fe_3Al/Q235 钢扩散焊接头的成分分布如图 13-34 所示。从 Fe_3Al 基体经过 Fe_3Al/Q235 钢扩散反应层然后过渡到Q235 钢，Al 元素的质量分数从 27% 连续下降到 1%，而 Fe 元素的质量分数从 73% 增加到 96%。

2. Fe_3Al/18-8 不锈钢的扩散焊

Fe_3Al 金属间化合物的抗氧化性和耐蚀性优于 18-8 不锈钢，并且价格便宜，因此 Fe_3Al与 18-8 不锈钢的扩散焊在生产中有应用前景。

（1）扩散焊接头的抗剪强度　Fe_3Al/18-8 不锈钢扩散焊前必须将整个焊接件表面的油污和锈蚀去除，并将待焊表面用机加工和砂纸打磨至出现金属光泽。然后装配和放入真空炉中，进行扩散焊。扩散焊接参数为：加热温度 1000～1060℃、保温时间 45～60min、焊接压力 12～15MPa、真空度 >1.33×10^{-4}Pa。

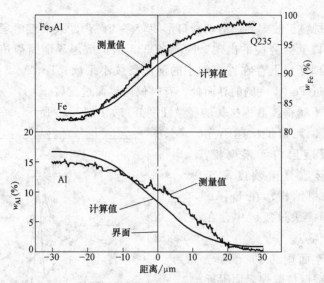

图 13-34　Fe$_3$Al/Q235 钢扩散焊接头的成分分布

扩散焊界面组织结构及应力对扩散焊接头的强度、断裂位置和断口形态有直接影响。加热温度和保温时间对 Fe$_3$Al/18-8 不锈钢扩散焊接头抗剪强度的影响如图 13-35 所示。

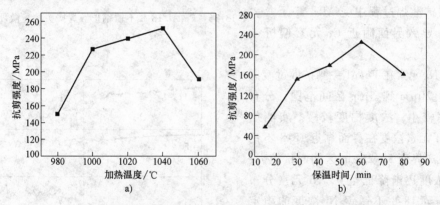

图 13-35　加热温度和保温时间对 Fe$_3$Al/18-8 不锈钢扩散焊接头抗剪强度的影响

a）加热温度的影响　b）保温时间的影响

在 980 ~ 1040℃温度范围，随着加热温度的不断升高，Fe$_3$Al/18-8 不锈钢扩散焊接头的抗剪强度从 150MPa 增加到 246MPa。温度低于 1000℃时，接头抗剪强度随加热温度的增加升高很快；1000 ~ 1040℃范围内，随着加热温度的升高，接头抗剪强度增加较缓慢。当温度超过 1040℃并且不断上升时，Fe$_3$Al/18-8 不锈钢扩散焊接头的抗剪强度随之下降，因此加热温度过高，接头处晶粒会出现明显粗大，降低接头的抗剪强度。

Fe$_3$Al/18-8 不锈钢扩散焊接头元素扩散和扩散反应层的形成取决于保温时间。较长的保温时间能使界面附近的原子充分扩散，发生界面反应，形成致密的中间反应层。Fe$_3$Al/18-8 不锈钢扩散焊接头的抗剪强度随保温时间的增加明显提高，保温时间 60min 时，抗剪强度达 236MPa。但当加热温度 1040℃、保温时间大于 60min 时，Fe$_3$Al/18-8 不锈钢扩散焊接头区的组织粗化使整个焊接件变形，导致接头抗剪强度下降。因此应控制保温时间在45~60min。

Fe₃Al/钢异种材料扩散焊界面剪切断口形貌较多为解理断裂和准解理断裂，有少量的韧性断裂特征，如断口上撕裂棱的出现。Fe₃Al/Q235钢扩散焊界面断裂位置在靠近Fe₃Al一侧的界面处，在解理断口上存在许多细小的河流条纹小平面；Fe₃Al/18-8不锈钢扩散焊界面的断裂产生于靠近Fe₃Al一侧的界面处，有时偏向界面过渡区。

Fe₃Al与18-8不锈钢扩散焊接头的显微硬度分布如图13-36所示。

加热温度越低，元素扩散越不充分，使中间扩散反应层内元素聚集，浓度升高，导致形成显微硬度高于Fe₃Al基体硬度的相结构，在Fe₃Al/18-8不锈钢扩散焊接头过渡区中存在显微硬度较高的峰值点。

（2）扩散焊界面附近的元素分布　Fe₃Al/18-8不锈钢扩散焊界面附近元素的电子探针实测值如图13-37所示。18-8不锈钢一侧距离界面10~25μm处，Cr元素含量有所波动，这是由于在扩散焊过程中受Al、Ni元素的影响，导致界面附近Cr元素偏析所致。

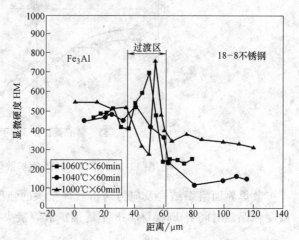

图13-36　Fe₃Al/18-8不锈钢扩散焊接头的显微硬度分布

Al、Ni元素在Fe₃Al一侧扩散过渡区距离界面-20μm到-5μm区间范围，分布曲线斜率较小，浓度梯度较缓。实测值中Al、Ni元素浓度在界面靠近18-8不锈钢一侧距离界面5~25μm区间起伏较大；Al元素浓度逐渐降低至0，Ni元素分布逐渐上升至18-8不锈钢Ni浓度的稳定值9%。

在Fe₃Al/18-8不锈钢扩散反应层近Fe₃Al一侧，Al元素含量较高，主要存在Fe₃Al中Al的扩散，并与Fe元素发生反应，能够形成不同类型的Fe-Al金属间化合物。X射线衍射（XRD）分析表明，随着加热温度由1020℃升高到1060℃时，

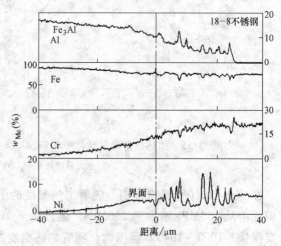

图13-37　Fe₃Al/18-8不锈钢扩散焊接头的成分分布

Fe₃Al/18-8不锈钢扩散反应层近Fe₃Al一侧形成的化合物逐渐从（FeAl₂ + Fe₂Al₅）→（Fe₃Al + FeAl + Fe₂Al₅）变化到（Fe₃Al + FeAl）。

加热温度较低时，Al元素获得的能量低，扩散活性差，只是聚集在近Fe₃Al界面的边缘区，还没有来得及向18-8不锈钢中扩散，因此在Fe₃Al一侧Al元素浓度较高，与Fe₃Al基体中的Fe元素化合形成FeAl₂和Fe₂Al₅新相。FeAl₂和Fe₂Al₅中由于Al含量较高，脆性

大，显微硬度峰值高达 1000HM，并且这两种新相在加热过程中容易引起热空位，导致点缺陷，具有较低的室温塑、韧性，容易发生解理断裂。提高扩散焊温度可促使 $FeAl_2$ 和 Fe_2Al_5 中的 Al 原子扩散，使之形成 $Fe_3Al + FeAl$ 混合相。

18-8 不锈钢中含有 Ni、Cr 和 Ti 等合金元素，在扩散焊过程中获得一定的能量而向 Fe_3Al/18-8 不锈钢接触界面扩散，与 Fe_3Al 中的 Fe、Al 元素形成各种化合物。

加热温度为 1020℃ 时，Fe_3Al/18-8 不锈钢扩散焊接头形成的化合物主要有 α-Fe(Al) 固溶体；而温度升高至 1040℃ 时，不仅包括 α-Fe(Al) 固溶体，还包括 Ni_3Al 金属间化合物；当温度达到 1060℃ 时，扩散层中出现少量的 Cr_2Al 相，影响 Fe_3Al/18-8 不锈钢扩散焊接头的韧性。

（3）Fe_3Al 与钢扩散焊界面过渡区宽度　　Fe_3Al 与钢扩散焊时，元素从一侧越过界面向另一侧扩散，服从一维扩散规律。界面附近元素的浓度随距离、时间的变化服从 Fick 第二定律一维无限大介质非稳态条件下的扩散方程，扩散焊界面过渡区宽度与保温时间符合抛物线规律：

$$x^2 = K_p(t - t_0), K_p = K_0 \exp\left(-\frac{Q}{RT}\right) \tag{13-1}$$

式中　x——界面过渡区宽度（μm）；

$\quad\quad K_p$——元素的扩散速率（$\mu m^2/s$）；

$\quad\quad t$——保温时间（s）；

$\quad\quad t_0$——潜伏期时间（s）；

$\quad\quad K_0$——与温度有关的系数；

$\quad\quad Q$——扩散激活能（J/mol）；

$\quad\quad T$——加热温度（K）；

$\quad\quad R$——气体常数。

Fe_3Al 与钢扩散焊界面过渡区的宽度与元素在过渡区中的扩散速率相关。计算 Fe_3Al/Q235 钢及 Fe_3Al/18-8 不锈钢扩散焊界面过渡区复杂相结构体系中元素的扩散速率时，将扩散焊界面过渡区视为相结构体积含量较多反应层的叠加，过渡区中其他元素的影响很小；并且界面附近的扩散反应达到准平衡状态。不同加热温度时元素在 Fe_3Al/钢扩散焊界面的扩散速率见表 13-31。

表 13-31　不同加热温度时元素在 Fe_3Al/钢扩散焊界面的扩散速率

接头		Fe_3Al/Q235 钢			Fe_3Al/18-8 不锈钢			
加热温度 /℃		1040	1060	1080	1000	1020	1040	1060
扩散速率 K_p /($\mu m^2/s$)	Al	1.2	7.7	17.1	0.98	1.0	3.9	9.1
	Fe	1.9	4.9	14.5	0.08	0.44	2.0	2.4
	Cr	—	—	—	0.34	0.85	0.98	2.5
	Ni	—	—	—	0.78	1.0	1.6	2.1

随着扩散焊加热温度的升高，由于元素获得的扩散驱动力较大，发生扩散迁移的原子数增多，Fe_3Al 界面过渡区中元素的扩散速率快速增大。根据不同温度下元素的扩散速率计算得到 Fe_3Al/Q235 钢扩散焊界面过渡区宽度的表达式为

$$x^2 = 4.8 \times 10^4 \exp\left(-\frac{133020}{RT}\right)(t - t_0) \tag{13-2}$$

$Fe_3Al/18$-8 不锈钢扩散焊界面过渡区宽度的表达式为

$$x^2 = 7.5 \times 10^2 \exp\left(-\frac{75200}{RT}\right)(t - t_0) \tag{13-3}$$

$Fe_3Al/Q235$ 钢及 $Fe_3Al/18$-8 不锈钢扩散焊界面过渡区的宽度主要与加热温度 T 和保温时间 t 有关。随着加热温度的增加和保温时间的延长,界面过渡区的宽度 x 逐渐增大,有利于促进扩散焊界面的结合。$Fe_3Al/18$-8 不锈钢界面过渡区的宽度的计算值与实测值如图 13-38 所示。可见,在给定的试验条件下,可以根据 $Fe_3Al/Q235$ 钢及 $Fe_3Al/18$-8 不锈钢扩散焊界面过渡区宽度与加热温度和保温时间的关系,确定加热温度和保温时间,获得具有一定宽度的扩散焊界面过渡区,提高 $Fe_3Al/$钢扩散焊界面的结合性能。

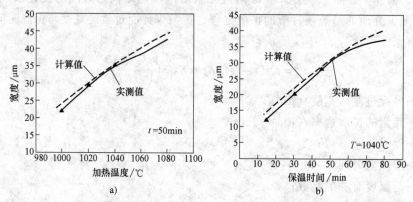

图 13-38　$Fe_3Al/18$-8 不锈钢界面过渡区宽度的计算值与实测值的比较

$Fe_3Al/$钢扩散焊界面过渡区中反应层的形成有一定的潜伏时间 t_0。界面过渡区宽度一定时,随着加热温度 T 的升高,潜伏时间 t_0 缩短。因此,确定 $Fe_3Al/$钢扩散焊焊接参数时,在保证获得具有合适宽度的界面过渡区条件下,提高加热温度 T 的同时可适当减少保温时间 t,以提高焊接效率。

第14章 表面熔覆与堆焊

表面熔覆与堆焊是现代表面工程的重要组成部分，是维修与再制造的基本手段之一。主要用于改善机械零件、电子电器元件基体材料的表面性能，如提高零件表面的耐磨性、耐蚀性、耐高温性能等，以保证现代机械在高速、高温、重载工况下可靠运行；提高元器件表面的电、磁、声、光等特殊物理性能，以满足现代电子产品容量大、传输快、体积小等要求。表面熔覆与堆焊技术对节材、环保、支持社会可持续发展发挥着重要的作用。

14.1 热喷涂与堆焊的物理化学本质

熔覆与堆焊的物理化学本质决定基体与覆层的结合性能与使用效果，其界面结合形式是获得满足服役要求的优质覆层的基础。

14.1.1 热喷涂的物理基础

1. 热喷涂涂层的形成原理

热喷涂是利用火焰、等离子射流、电弧等热源，将涂层材料加热至熔融或半熔融状态，并加速（或雾化后加速）形成高速熔滴，然后撞击基体，经过扁平化、快速凝固沉积在基体表面形成涂层的工艺过程。涂层的形成过程是在数十微秒内完成的。热喷涂原理示意图如图14-1所示。涂层的形成包括三个基本过程：

1）喷涂粒子的产生过程。

2）喷涂材料粒子与热源的相互作用过程，即在热源作用下，喷涂材料被加热熔化，同时还发生高温高速粒子与环境气氛的作用过程，特别是对于金属材料，由于喷涂通常在大气气氛中进行，热源中空气的卷入会导致喷涂粒子与气氛反应，如氧化等。

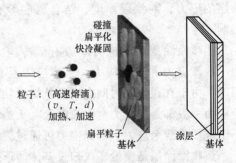

图 14-1 热喷涂原理示意图

3）高温高速熔融粒子与基体的作用，包括粒子与基体的碰撞、粒子伴随着横向流动的扁平化和急速冷却凝固。

2. 粒子流的特点

热喷涂时喷涂材料经过喷枪加热、加速后形成粒子流射到基体上，喷涂材料加热温度的高低、粒子飞行速度的大小与材料的种类、粉末粒度、热源种类、喷枪结构及送粉方式等多种因素有关。

喷涂材料被加热熔化后，在气流中还会被进一步雾化，使熔滴更加细小。不同材料被雾化的难易程度与熔滴的粘度有关，粘度越小的熔滴越易被雾化。由于雾化的作用，最后得到的微粒直径往往要小于原始粉末粒子。粒子从冷却到凝固的时间一般非常短，因此粒子放出的热量对基体的热影响范围不大。凝固结束后，粒子下面的热影响区深度不超过几十微米。因此喷涂时的物理化学相互作用过程只是在近表面的金属层中进行。

在一定的喷涂条件下，喷涂粒子存在着最小的临界尺寸，小于临界尺寸，吹到工件上的气流就会把喷涂粒子卷走，使之无法达到工件表面，粒子质量越小，其轨迹偏离初始流速直线方向就越大。等离子弧喷涂时，能达到被喷涂表面粒子的最小临界直径（d_{min}）可由下式表述。

$$d_{min} = \sqrt{\frac{18\nu k_1 l}{\rho v_1}} \tag{14-1}$$

式中　ν——等离子体粘度系数（Pa·s）；

　　　ρ——粒子材料密度（g/cm^3）；

　　　v_1——粒子速度（m/s）；

　　　l——送粉口到焰柱面的距离（mm）；

　　　k_1——特征数的临界值。

图 14-2 所示为 $k_1 = 0.2$、$l = 2mm$ 时，采用等离子弧喷涂的最小粒子直径。

3. 涂层应力的产生

涂层应力是热喷涂涂层本身固有的特性之一，产生的主要原因是涂层与基体之间有着较大的温度梯度和物理性能差异。当热喷涂过程熔融态颗粒撞击基体表面时，在产生变形的同时受到急冷而凝固。由于粒子冷凝收缩而产生的微观收缩应力积聚造成涂层的应力，对涂层厚度、结合强度等有着重要的影响。

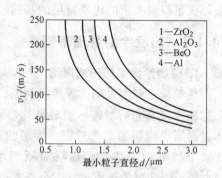

图 14-2　等离子弧喷涂的最小粒子直径

热喷涂涂层内的应力一般有激冷应力、层间应力、冷却应力和相变应力。激冷应力是粒子发生凝固时，由于在很短的时间内温度从熔融状态降至基体温度，导致粒子内产生的应力。这种激冷应力一般都是拉应力，电弧喷涂、火焰喷涂和等离子弧喷涂都会产生拉应力。这种应力并不全部形成残余应力，部分应力可通过裂纹或蠕变释放。

热喷涂涂层是喷枪多次扫过基体而形成的具有一定厚度的涂层。每喷涂一次，如果喷枪移动速度较慢或者送粉率较大就会使每一层厚度不均，而且涂层的热导率很小，使涂层的上下温差较大，就会造成层间应力。

冷却应力是在整个涂层内存在的相对宏观应力，是指当涂层与基体喷涂后冷却时，由于涂层材料与基体材料的线胀系数不匹配，从而在涂层与基体间产生的应力。这种应力比较复杂，一般来说，涂层越厚，制备涂层时的温度越高，冷却应力越大。

相变应力是当粒子凝固后冷却时可能发生相变或者喷涂后热处理时使涂层内发生相变而产生的，如果相变前后两相的密度不同，就会因体积不同而产生应力。

涂层内的残余应力是上述几种应力的叠加，应力大小主要取决于涂层材料、热喷涂工艺和涂层厚度等因素。对于高速喷涂工艺，涂层内存在压应力，有利于制备较厚的涂层；而等离子弧喷涂与电弧喷涂涂层与基体界面一般为拉应力，而且随着涂层厚度的增加而增大，一般较难制备较厚的涂层。

4. 涂层的结构特征

涂层材料在喷枪焰流的作用下熔化，并雾化加速形成具有一定动能的微细熔粒射流喷涂到基体表面。涂层的形成过程决定了喷涂层的结构。大多数热喷涂方法获得的涂层是由无数变形粒子互相交错呈波浪式堆叠在一起的层状组织结构。另外，喷涂过程中由于熔融的颗粒与喷涂工作气体及周围空气进行化学反应，使喷涂材料经喷涂后会出现氧化物。由于颗粒的陆续堆叠和部分颗粒的反弹散失，在颗粒与颗粒之间不可避免地存在一部分孔隙或空洞。因此，涂层是由变形颗粒、气孔和氧化物夹杂所组成的。

涂层的化学成分与喷涂材料也有所不同。涂层中氧化物夹杂的含量及涂层密度取决于热源、材料及喷涂条件。采用高温热源、超音速喷涂，以及采用低压或保护气氛喷涂，提高熔粒的速度，减少环境介质对射流的影响，尽可能地消除涂层中的氧化物夹杂和气孔，可改善涂层的结构和性能。

14.1.2　表面熔覆的本质

表面熔覆是利用氩弧、等离子弧、激光等作为热源将熔覆材料与基体表面快速熔化，在基体表面形成与基体具有完全不同成分和性能的合金层的快速凝固过程。表面熔覆的主要特征是熔覆层与基体之间实现了冶金结合。熔覆的目的是将具有特殊性能的熔覆合金熔化于金属材料表面，获得熔覆合金材料自身具备的耐蚀性、耐磨性和基体欠缺的使用性能。

定量描述熔覆层成分由于熔化的基体材料混入而引起添加合金成分的变化程度常用稀释率表示：

$$稀释率 = \frac{\rho_p(X_{p+s} - X_p)}{\rho_s(X_s - X_{p+s}) + \rho_p(X_{p+s} - X_p)} \times 100\% \tag{14-2}$$

式中　ρ_p——合金粉末熔化时的密度（g/cm^3）；

　　　ρ_s——基体材料的密度（g/cm^3）；

　　　X_p——合金粉末中元素 X 的质量分数；

　　X_{p+s}——涂层与基体界面结合处元素 X 的质量分数；

　　　X_s——基体材料中元素 X 的质量分数。

另外，稀释率还可通过测量熔覆层横截面积的几何方法进行计算（见图 14-3），表达式为

$$稀释率 = \frac{基体熔化面积(A_2)}{涂层面积(A_1) + 基体熔化面积(A_2)} \times 100\% \tag{14-3}$$

表面熔覆要求稀释率尽可能低，一般稀释率应小于 10%，最好在 5% 左右，以保证良好的表面覆层性能。熔覆材料常选用硬度高、耐磨性好、抗热、耐腐蚀或抗疲劳性能较好的合金。表面熔覆的特点如下：

1）合金层和基体形成冶金结合，极大地提高了熔覆层与基体的结合强度。

2）由于加热速度快，熔覆层的组织均匀致密，微观缺陷较少。

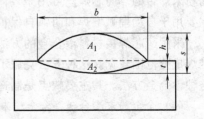

图 14-3　单道熔覆层截面积示意图

3）熔覆层的稀释率小，且可以精确控制，基体的变形小。

14.1.3　堆焊的物理化学本质

堆焊是指为增大或恢复工件尺寸，或使工件表面获得特殊性能的金属表面熔焊工艺。堆焊过程中不仅堆焊材料发生熔化，母材表面也发生不同程度的熔化，所以堆焊金属的实际化学成分不仅与堆焊材料的化学成分及其合金元素的过渡有关，而且在很大程度上也取决于母材对堆焊材料的稀释程度。习惯上将堆焊的物理、化学过程称为堆焊金属的合金化和母材对堆焊金属的稀释。某些情况下，堆焊是为了修复零件因服役而引起的尺寸和形状变化，此时，一般选择与母材合金体系相同或相近的合金作为堆焊材料，由于母材与堆焊材料在化学成分上区别不大，因此，不存在母材对堆焊金属的稀释问题。但绝大多数情况下，堆焊的目的是在母材表面获得具有与母材不同的特殊使用性能的合金层，此时，堆焊材料的合金系与母材差别较大，母材对堆焊金属的稀释就显得尤为重要。

1. 堆焊金属的合金化

堆焊金属的合金化是指把所需的合金元素通过焊接材料过渡到堆焊金属中的过程。目的是获得具有特殊性能的堆焊金属，要求其表面具有耐磨性、耐热性或耐蚀性。合金元素的过渡形式随堆焊方法的不同而异。堆焊金属合金化的几种基本方式如下：

（1）实心焊丝渗合金　采用成分与堆焊合金近似的实心焊丝渗合金的方法应用很普遍，可以制成焊丝、带极、板极、环状等多种形式。塑性较好的堆焊合金可以拉拔、轧制成形；塑性较差的合金（如高合金、合金铸铁）通过铸造成形，制作成棒状或带状。还可以采用将合金粉末冷压后在保护气氛中烧结成金属陶瓷带状堆焊材料。

这类合金化方式的合金过渡系数最高、成分比较均匀。由于渗合金的数量基本不受限制，所以低、中、高合金成分都可以采用这种方法。其主要缺点是合金制造工艺较复杂、成本较高。

（2）焊条药皮或烧结焊剂渗合金　以低碳钢或其他金属做焊芯，在焊条药皮中加入铁合金、纯金属、化合物等向焊缝过渡合金，这是堆焊焊条中应用最广泛的一种渗合金方法。在埋弧堆焊中采用低碳钢焊丝配合含有合金元素的烧结焊剂渗合金。通过焊条药皮和烧结焊剂向堆焊金属中渗合金的方法简便灵活、制造方便、成本低。主要缺点是合金元素的过渡系数较低、堆焊金属成分不够稳定和均匀。由于渗合金的数量受到限制，所以一般适用于过渡各种低或中等合金含量的堆焊合金。

（3）药芯焊接材料渗合金　以低碳钢或合金钢、镍基、钴基、铜基合金做外皮，内装合金化药芯的堆焊材料，已获得广泛应用。其中药芯焊丝（或管状焊丝）最常用，也有采用粉末焊带的。药芯焊丝可用于气体保护堆焊、埋弧堆焊、明弧自保护堆焊等。粉末焊带则主要用于自动埋弧堆焊和明弧自保护堆焊。

采用药芯焊接材料渗合金的方法合金过渡系数高，可以根据需要灵活地配制药芯成分，堆焊成分范围较宽。这种方法克服了高碳高合金难于拔制的困难，各类堆焊合金都可以采用这种渗合金方法。其主要缺点是制造工艺复杂、价格较贵。

（4）合金粉末渗合金　合金粉末是用高压气流或高压水流将要求成分的熔化金属雾化成粒状合金。合金铸铁、钴基、镍基合金常制成合金粉末。渗合金时大多直接向堆焊区送入合金粉末，还可将合金粉末用粘结剂（或加上少量熔剂）调制成糊状，预涂在被堆焊件表面，然后以电弧、高频热源、等离子弧等方法进行熔覆。这种方法容易获得较小的稀释率和层间均匀的堆焊层，成分也比较均匀、合金过渡系数也较高。其主要缺点是制粉工艺较复杂。

此外，还可利用气相过渡少量元素，如在氮气介质中进行堆焊，可以向合金过渡氮元素，这对提高铬合金的耐磨性或调整奥氏体相的数量是有效的。

渗合金的方式各有优缺点，可以几种方法配合使用。选用渗合金方式时一是考虑不同堆焊方法的工艺特点，选用较合适的渗合金方式；二是在保证堆焊层使用效果的前提下尽可能选用经济易行的方式。

实际堆焊过程中，无论采用哪一种合金化方法，都存在合金元素的损失问题，如堆焊过程中因飞溅和氧化而导致的损失等。因此，常用合金元素的过渡系数来说明堆焊金属利用率的高低。合金过渡系数是指焊接材料中的合金元素过渡到焊缝金属中的量与其原始含量的比值，即

$$\eta = \frac{C_\mathrm{d}(1 + K_\mathrm{b}P_1)(1 - \psi)}{C_\mathrm{cw} + K_\mathrm{b}C_\mathrm{co}} \tag{14-4}$$

式中　C_d——合金元素在熔覆金属中的质量分数（%）；

　　　K_b——焊条药皮或药芯重量系数；

　　　P_1——焊条药皮或焊丝药芯中金属添加剂的质量分数（%）；

　　　C_cw——合金元素在焊芯中的质量分数（%）；

　　　C_co——合金元素在药皮中的质量分数（%）；

　　　ψ——合金元素的损失系数。

药皮（药芯）重量系数是单位长度焊条（药芯焊丝）上药皮（药芯）的重量与焊芯（外皮）的重量之比。采用烧结焊剂堆焊时，应用焊剂的熔化率代替式（14-4）中的 K_b。焊剂熔化率等于同样焊接时间内熔化的焊剂重量与熔化的焊丝重量之比。

一般情况下，通过焊丝合金化时过渡系数比较大，而通过药皮合金化时过渡系数比较小。因为通过药皮合金化时，元素不仅有氧化损失，而且有残留损失。采用的堆焊方法不同，堆焊区域的氧化还原条件不一样，合金元素的过渡系数也不同。采用不同的焊接方法时合金元素的过渡系数见表 14-1。

表 14-1　采用不同的焊接方法时合金元素的过渡系数

焊接方法	焊　丝	焊剂或药皮	过渡系数（%）								
			C	Si	Mn	Cr	W	V	Nb	Mo	Ni
空气中无保护电弧焊	H70W10Cr3Mn2V	—	0.54	0.75	0.67	0.99	0.94	0.85	—	—	—
	H18CrMnSiA	—	0.30	0.80	0.67	0.92	—	—	—	—	—
氩弧焊	H70W10Cr3Mn2V	—	0.30	0.79	0.88	0.99	0.99	0.98	—	—	—
埋弧焊	H70W10Cr3Mn2V	HJ251	0.53	2.03	0.59	0.83	0.83	0.78	—	—	—
	H70W10Cr3Mn2V	HJ431	0.33	2.25	1.13	0.70	0.80	0.77	—	—	—
CO₂ 焊	H70W10Cr3Mn2V	—	0.29	0.72	0.60	0.94	0.96	0.68	—	—	—
	H18CrMnSiA	—	0.60	0.71	0.69	0.92	—	—	—	—	—
Ar95% + O₂5%（体积分数）	H18CrMnSiA	—	0.60	0.71	0.69	0.92	—	—	—	—	—
	H10MnSi	—	0.59	0.32	0.41	—	—	—	—	—	—
焊条电弧焊	H18CrMnSiA	赤铁矿	0.22	0.02	0.05	0.25	—	—	—	—	—
	H18CrMnSiA	萤石	0.67	0.88	0.38	0.89	—	—	—	—	—
	H18CrMnSiA	石英砂	0.20	0.75	0.18	0.80	—	—	—	—	—
	H18CrMnSiA	钛钙型	—	0.71	0.38	0.77	Ti 0.25	0.52	0.80	0.60	0.96
	H08A	氧化铁型	—	0.20	0.10	0.64	—	—	—	0.71	—
	H08A	低氢型	—	0.20	0.50	0.77	—	0.62	—	0.84	—

2. 母材对堆焊金属的稀释

与母材相比，堆焊材料通常是高合金材料或与母材合成体系完全不同的合金，对于堆焊材料中的某种合金元素，即使过渡系数接近于1，也很难保证堆焊金属中该合金元素的浓度与原始浓度一致，其原因在于母材的合金元素混入到堆焊熔池中，对堆焊金属进行稀释，其程度用稀释率表示。

稀释率用母材金属或先前焊道的焊缝金属在整个堆焊焊缝中所占质量比来确定。一般情况下，堆焊金属的成分同母材成分并不相同，特别是异质金属或合金堆焊时。当堆焊金属的合金成分主要来自填充金属时，局部熔化的母材在堆焊层中的效果被认为是稀释率。稀释率有时用熔合比表示，即被熔化的母材部分在堆焊金属中所占的比例。

稀释率的大小与焊接方法、接头形式、焊接层次及材料热物理性能有关。在堆焊方法和设备确定的情况下，应从堆焊材料成分上补偿稀释率的影响，并从焊接参数上控制稀释率。影响稀释率的堆焊焊接参数包括焊接电流、电极直径、干伸长、极性、堆焊速度、搭接量、堆焊层数等。多层堆焊时，每一堆焊层的稀释率都不相同，因此堆焊焊缝金属的化学成分和性能也各不相同。焊条电弧堆焊时各堆焊层的稀释率见表14-2。

表14-2　焊条电弧堆焊时各堆焊层的稀释率

堆焊层	各堆焊层的稀释率（%）		
	坡口角度15°	坡口角度60°	坡口角度90°
1	48～50	43～45	40～43
2	40～43	35～40	25～30
3	36～39	25～30	15～20
4	35～37	20～25	12～15
5	33～36	17～22	8～12
6	32～36	15～20	6～10
7～10	30～35	—	—

不同堆焊方法的稀释率差别较大，一般来说，能量密度高的堆焊方法稀释率较低，见表14-3。

表14-3　不同堆焊方法的稀释率比较

堆焊方法		稀释率（%）	最大功率密度/（W/cm²）
焊条电弧堆焊		10～20	10^4
钨极氩弧堆焊		10～20	1.5×10^4
熔化极气体保护焊		10～40	$10^4 \sim 10^5$
埋弧堆焊	单丝	30～60	2×10^4
	多丝	15～25	
	单带极	10～20	
	多带极	8～15	
等离子弧堆焊	自动送粉	5～15	1.5×10^5
电渣堆焊		10～40	10^4
激光堆焊		5～10	$10^7 \sim 10^9$

14.2　热喷涂与表面熔覆

14.2.1　覆层与界面的结合分析

覆层的形成过程及覆层与基体的结合形式直接决定着覆层的结合性能与使用效果，是优化覆层成分、组织结构和熔覆工艺的依据，从而为获得满足服役要求的优质覆层提供了前提条件。

1. 覆层与基体的结合形式

覆层种类很多，有纯金属、合金、陶瓷、复合材料等。由于这些材料的成分复杂，它们与基体的结合形式也差别极大，可归纳为冶金结合、物理化学结合和机械结合。覆层材料与基体的匹配不同，这几种结合形式所占的比例也不同。

(1) 冶金结合　冶金结合是覆层材料与基体在界面形成共同晶粒，或者只是晶粒相接触并存在晶粒界限，也可以相互间发生反应生成金属间化合物。其中，形成共同晶粒的情况称为晶内结合，不形成共同晶粒而只是相互接触的情况称为晶间结合。

一般来说，热喷涂工艺中的涂层材料与基体的结合很少见到晶内结合，而激光熔覆工艺中常见晶内结合形式。这是因为热喷涂过程中，基体的温度不高于 300℃；在这样低的基体温度下，熔融金属所具有的能量（包括热能和动能）还不足以克服原子间的势垒，达到形成晶内结合的程度。而激光熔覆工艺过程中基体表面出现熔化现象，导致覆层与基体之间形成晶内结合。

热喷涂涂层与基体之间有时存在晶间结合，涂层与基体之间有明显的晶粒界限，这决定了喷涂层强度低于激光熔覆层的结合强度。热喷涂的重熔工艺可改变涂层与基体的结合形式。涂层重熔时，基体温度达到涂层材料的固液相区，熔融涂层对基体表面润湿，基体的粗化与活化表面更易被润湿，形成一个很窄的熔合扩散区。

(2) 物理化学结合　物理结合是指借助于分子（原子）之间的范德华力将涂层与基体结合在一起。在熔滴飞行速度高、撞击基体表面后变形充分的情况下，涂层的原子或分子与基体表层原子之间的距离接近晶格的尺寸，就进入了范德华力的作用范围。范德华力虽然不大，但在涂层与基体的结合中是一种不可忽视的作用因素。

化学结合是指涂层分子与基体表面原子生成化学键而形成的结合。如在喷涂环氧树脂时，当聚合物分子与基体表面紧密接触时，其中的脂肪族羟基和环氧基有利于与金属原子形成化学键并产生物理吸附，获得一定的结合强度。

(3) 机械结合　机械结合是指具有一定动能的熔滴碰撞到经过粗糙处理的基体表面后，熔滴撞成扁平状并随基体表面起伏，由于和凹凸不平的表面互相嵌合，形成机械的界面结合。涂层的微粒与表面、微粒与微粒之间靠相互镶嵌面连在一起。在表面粗糙度值较大的表面上热喷涂时，机械结合具有重要作用。显然，机械结合与基体的粗糙程度有关，表面越粗糙，机械结合的效果越好。但是要使熔化的粒子能够充分填补到表面的凹处，凝固后把凸点夹紧，熔融粒子对基体表面的润湿性也很关键。热喷涂工艺中的覆层材料与基体的结合是以机械结合为主，伴有少量的冶金结合。

2. 影响界面结合的主要因素

（1）润湿性 覆层材料在基材表面上的润湿是形成可靠结合的先决条件。两者之间的润湿性越好，越有利于界面结合。润湿程度用液体在光滑固态表面上的润湿角 θ 来衡量，如图 14-4 所示。

平衡状态下，润湿角的表达式为

$$\cos\theta = \frac{\sigma_{SG} - \sigma_{SL}}{\sigma_{GL}} \qquad (14\text{-}5)$$

润湿角与各界面张力的相对数值有关。$0 < \theta < 90°$ 时，有润湿性；$90° < \theta < 180°$ 时，润湿性差；$\theta = 0$ 时，完全润湿；$\theta = 180°$ 时，完全不润湿。

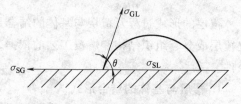

图 14-4 固-液-气界面示意图

正确选择与基体相匹配的覆层材料是获得良好润湿性的关键。润湿不良的金属匹配有：Fe—Ag、Fe—Pb、Fe—Cd、Cu—Bi、Cu—Pb、Cu—Mo、Pb—Al、NiCrBSi 与渗碳层等。

（2）孔隙 覆层形成过程中，受工艺条件的影响，有时会产生孔隙。形成原因与液态金属的流动性以及液态金属与基体的润湿性有关。当熔滴温度偏低时，液态金属的流动性差，不易将已凝固的涂层颗粒之间的空隙填满。若粉末在飞行过程中未完全熔化，则覆层的孔隙率会大幅度增加。

在熔滴充分熔化且流动性好的情况下，熔滴与固态金属的润湿性则起着决定性的作用。如果润湿性良好，液态金属便可借助自身的动量和毛细作用充满颗粒间的空隙和凹陷。尽管液态金属与已凝固的颗粒是同质的，从理论上讲可以完全润湿，但实际上由于氧化的作用，在熔滴表面和颗粒表面可能存在着局部甚至是完整的氧化膜，使熔滴与固态金属的润湿性降低。即使熔滴的流动性和润湿性均好，熔滴在凝固之前是否有足够的时间流动并填充空隙和凹陷仍是一个问题。如果基体温度偏低，熔滴撞击表面后的冷却过于迅速，也同样会造成孔隙率上升。

（3）基体表面状态 基体的表面状态包括表面的清洁度、表面粗糙度和表面温度。当表面上有油污、铁锈和氧化物时，它们阻碍熔滴与基体的润湿，阻隔熔滴与基体分子之间的靠近，大大降低了覆层质量。

粗糙化后的表面存在着大量的沟槽和凹坑，有利于增加覆层与基体的机械结合强度。同时，表面上大量的沟槽有利于熔滴在表面上的铺展，因为毛细现象会将液态金属沿着沟槽在表面展开。

基体表面温度过低时会影响熔滴在表面上的流动性，降低结合强度。

为了获得良好的结合性能，可采取的措施如下：

1）采用表面活化物改善液—固界面的润湿性。

2）采用喷丸处理，提高表面粗糙度值，保持基体表面的清洁与活性。

3）提高焰流速度和热源温度，提高熔滴的动能。

4）尽量延长熔滴撞击到基体表面后液态的停留时间，这样既保证液态金属在基体表面的充分流动，又可使液态金属与基体相互扩散，以获得良好的冶金结合。

5）使用过渡层，借助过渡层与覆层及基体表面的有效结合，提高界面结合强度。

6）优化工艺参数，如喷涂功率、喷涂速度和送粉量等。

14.2.2　覆层性能及影响因素

1. 覆层与基体的结合强度

覆层与基体的结合对于覆层的使用极为重要，因为无论覆层本身的特性如何优越，只要使用过程中因结合不良发生脱落，覆层就无法利用。喷涂涂层与基体的结合一般主要以机械结合为主，但在低熔点金属表面喷涂高熔点材料时，如在铁基金属表面喷涂 Mo 涂层时，Mo 粒子会引起 Fe 基体表面的局部熔化，在熔融界面形成固溶体或金属间化合物，从而形成冶金结合；当在超音速火焰喷涂条件下的液固两相高速粒子碰撞基体表面时，也会因高的碰撞压力产生局部有效的物理结合，提高结合强度。

影响涂层与基体结合强度的主要因素有基体材料的种类、表面状态（包括清洁程度与表面粗糙度）、基体的预热温度、喷涂方法、喷涂材料及其与基体材料的组合、粒子的速度与温度、喷涂距离等。

基体表面的预处理对于涂层与基体的结合极其重要，清洁的表面有利于涂层材料原子与基体材料原子的直接接触，获得良好的物理结合；合适的表面粗糙度可提高涂层与基体的机械咬合效应，通常采用喷砂对基体表面进行粗化处理，以提高其表面粗糙度值。表面喷砂后应及时进行喷涂，否则会引起涂层结合强度的下降。但当喷涂 Mo 时，由于涂层粒子与铁基体的结合主要以冶金结合为主，喷砂后的放置时间对涂层的结合强度影响小。

基体表面预热可去除表面吸附的水分，有利于粒子与基体的直接接触，产生有效的机械结合效应，提高结合强度。当在大气气氛中提高预热温度时，表面形成的氧化物有利于提高氧化物陶瓷涂层的结合强度。当预热温度达到可以使熔融粒子碰撞到基体表面时能够实现局部熔化的条件，可产生局部冶金结合，获得高结合强度。

粒子运动速度的提高可以增加其碰撞基体时的最大碰撞压力，促使粒子与基体的紧密接触，提高结合强度。与粉末火焰喷涂相比，电弧喷涂时粒子的运动速度快且温度高，结合强度也相应提高。

高速火焰喷涂 WC-Co 硬质合金时，由于可以产生一定的物理结合效应，即使在抛光后的基体表面涂层也呈现一定的结合强度，如图 14-5 所示。随表面粗糙度值的增加，由于物理结合与机械结合的协同效应，结合强度显著增加。而对于完全熔化的合金颗粒，在超音速火焰喷涂的高速度下，由于机械结合为主要的结合机制，只有表面粗糙度达到一定值时，涂层才呈现一定的结合强度，如图 14-6 所示。

喷涂过程中，在一定的喷涂距离后，粒子的运动速度与温度随距离的增加而下降，因此，一般涂层的结合强度随喷涂距离的增加而减小。但在近距离喷涂时由于热源对基体的热作用等，会引起结合强度的下降。因此，从工艺角度控制涂层结合强度时，必须严格控制表面粗糙度，同时，保证合适的粒子温度。在可能的条件下，适当对基体进行预热可以提高结合强度。

2. 覆层的硬度

硬度是表征材料在外部载荷作用下抵抗变形的能力，是表示材料软硬程度的一种性能。常用覆层的显微硬度表征覆层的质量，并将其作为优化覆层工艺参数的主要指标。由于覆层具有层状结构特征，因此，覆层的性能呈现各向异性，使截面测量的硬度大于表面硬度。一般情况下，由于覆层的厚度较小，因此常采用维氏硬度表征覆层的硬度。测量时，首先要将

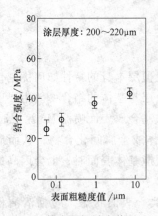

图 14-5　基体表面粗糙度值对 WC-Co
涂层结合强度的影响

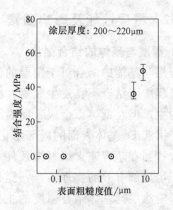

图 14-6　基体表面粗糙度值对完全熔化
镍基涂层结合强度的影响

试样的表面进行磨削和抛光处理，在覆层表面测量硬度。但当覆层厚度比维氏硬度试验的压痕深度大数十倍时，也可在覆层的截面上测量。

对于厚度较大的表面覆层，可采用洛氏硬度测定。与维氏硬度不同，洛氏硬度是以测量压痕深度来表示覆层的硬度值。压痕深度越大，硬度值越低；反之，则越高。

覆层的硬度主要取决于采用的覆层材料种类和工艺。在热喷涂涂层中，碳化物系硬质合金和氧化物涂层的硬度最高。常用氧化物陶瓷涂层的硬度如图 14-7 所示。在金属涂层中 Mo 的硬度最高，不同的喷涂条件下，Mo 涂层的硬度为 800 ~ 1700HV。

由于熔覆工艺自身的特点，覆层内不可避免地存在孔隙，对覆层的性能影响很大，一般孔隙率越高，硬度越低。

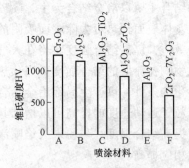

图 14-7　常用氧化物陶瓷涂层的硬度
（B 为气体爆燃式喷涂，
其余为大气等离子弧喷涂）

3. 覆层的磨损特性

磨损是由于接触面间的相互机械作用造成覆层表面不断损失或破坏的现象。如果在腐蚀和较为恶劣的工作环境下，将会加剧覆层表面的磨损。磨损是一个复杂的微观破坏过程，它是覆层材料本身与它相互作用的材料以及工作环境综合作用的结果。覆层磨损的评定方法主要有三种：磨损量、耐磨性和冲蚀磨损率。磨损量包括长度磨损量、体积磨损量和重量磨损量。长度磨损量是指磨损过程中，由于磨损而造成的覆层表面尺寸的改变量。体积磨损量和重量磨损量是指磨损过程中由于磨损而造成的覆层体积或重量的改变量。耐磨性是指在一定工作条件下覆层抵抗磨损的能力，耐磨性通常用磨损量的倒数表示，使用较多的是体积磨损量的倒数。冲蚀磨损率是覆层的冲蚀磨损量（重量或体积）与造成该磨损量所用的磨料量之比。冲蚀磨损率必须在稳态磨损中测量，因为在其他磨损阶段中所测量的冲蚀磨损率将有较大的差别。

磨损量、耐磨性和冲蚀磨损率都是在一定的试验条件下的相对指标，不同的试验条件下所得到的值是不可比较的。

影响覆层磨损特性的主要因素有材料类型、环境条件、载荷等。

（1）材料类型　覆层材料的化学成分决定微观组织。对一定成分的材料，耐磨性和硬度在一定范围内成线性关系。材料的表面硬度越高，耐磨性越强。但是加工硬化虽然能增加铁基材料的硬度，却不能提高耐磨性。

覆层材料中碳化物的硬度对耐磨性有重要影响。磨损条件不变时，若碳化物比磨料软，则材料的耐磨性随碳化物的硬度提高而提高；当磨料较碳化物软时，则耐磨性随碳化物的尺寸增加而增加。碳化物体积大以及碳化物与基体之间的界面能低都有利于提高覆层的耐磨性。

常用耐磨覆层材料的类型及特性见表 14-4。耐磨材料主要用于具有相对运动且表面容易出现磨损的零部件，如轴颈、导轨、叶片、阀门、柱塞等。

表 14-4　常用耐磨覆层材料的类型及特性

材　料	特　性
碳化铬	耐磨，熔点 1890℃
自熔性合金、Fe-Cr-B-Si、Ni-Cr-B-Si	耐磨，硬度 30 ~ 55HRC
WC-Co（12% ~ 20%，质量分数）	硬度 >60HRC，热硬性好，使用温度低于 600℃
镍铝、镍铬、镍及钴包 WC	硬度高，耐磨性好，可用于 500 ~ 850℃ 下的磨粒磨损
Al_2O_3、TiO_2	抗磨粒磨损，耐纤维和丝线磨损
高碳钢（7Cr13）、马氏体不锈钢、钼合金	抗滑动磨损
镍包石墨	用于 550℃，飞机发动机可动密封部件、耐磨密封圈及低于 550℃ 时的端面密封。润滑性好，结合力较强
铜包石墨	润滑性好，机械性及焊接性好，导电性较高，可作电触头材料及低摩擦因数材料
镍包二硫化钼	耐磨材料，润滑性良好，用于 550℃ 以上可动密封处
镍包硅藻土	作为 550℃ 以上高温耐磨材料，封严或可动密封处
自润滑自粘结镍基合金	耐磨，润滑性好
自润滑、自粘结铜基合金及其他的包覆材料（包覆、聚酯、聚酰胺等）	耐磨，润滑性好

（2）环境条件　温度主要是通过对硬度、互溶性以及增加氧化速率的影响来改变覆层材料的耐磨性。覆层的硬度通常随温度的上升而下降，所以温度升高，磨损率增加。有些摩擦零件（如高温轴承）表面要求采用热硬性高的材料进行熔覆，覆层材料中应含有钴、铬、钨和钼等合金元素。温度的升高对增加氧化速率起着促进作用，而且对生成氧化物的种类有显著的影响，所以对覆层的磨损性能也有重要作用。

工作过程中随着载荷的增加，覆层材料的体积磨损量也逐渐增大。对于脆性材料，存在临界压入深度，若超过此深度，裂纹容易形成与扩展，使磨损量增大。

此外，在采矿和选矿等机械中，存在液体介质的冲蚀作用，对表面覆层有磨损和腐蚀的双重作用，使磨损量增加。等离子弧喷涂氧化铝涂层的冲蚀磨损率与平均层间结合率的关系如图 14-8 所示。

水蒸气的存在，也能使磨损速度增加。例如，水蒸气的存在能使铝表面变形、玻璃的断裂增快、钢的腐蚀加速等。

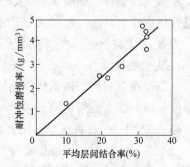

图 14-8　等离子弧喷涂氧化铝
涂层的冲蚀磨损率与
平均层间结合率的关系

4. 覆层的耐蚀性

腐蚀是由于覆层与环境之间所产生的化学、电化学反应或者由于物理溶解作用而引起的损坏或变质。覆层的耐蚀性是指耐化学腐蚀或电化学腐蚀的特性，或者是指耐大气腐蚀、土壤腐蚀、海水腐蚀、高温腐蚀以及其他特殊环境和工况条件下的腐蚀以及有冲刷及磨损条件下的腐蚀特性。

覆层的耐蚀性取决于涂层材料的特性以及环境因素和腐蚀条件，是一种与工况条件有关的系统特性。由于腐蚀条件及机理不同，选用的覆层材料类型及工艺也不同。耐蚀涂层材料的类型及特性见表 14-5。

表 14-5　耐蚀涂层材料的类型及特性

材　　　料	熔点/℃	特　　　性
Zn	419	暗白色、喷涂效率高，涂层厚度 0.05 ~ 0.5mm，粘结性好，常温下耐淡水腐蚀性好，广泛用于防大气腐蚀，碱性介质耐蚀性优于 Al，适于电弧喷涂
Al	660	粘结性好，涂层厚 0.1 ~ 0.25mm，银白色，喷涂效率高，大工件或现场施工均可。广泛用于大气腐蚀，在酸性介质时耐蚀性优于 Zn，适于电弧喷涂
Ni	1066	密封后可作耐腐蚀层
Sn	230	与铝粉混合，形成铝化物，可用于腐蚀保护
Cr	1890	封孔后耐蚀
Cr_3Si_2	1600 ~ 1700	硬度高，致密性好，粘结强度高，高温抗氧化性好、耐磨
$MoSi_2$	1393	用于石墨，防高温氧化
Ni-Cr (20% ~ 80%，质量分数)	1038	抗氧化，耐热腐蚀
Al_2O_3	2040	封孔后耐高温氧化腐蚀等
TiO_2	1920	涂层孔隙少，结合好，耐腐蚀
镍包铝	1510	自粘结，抗氧化
Ni-Cr-Al + Y_2O_3	—	高温抗氧化
镍包氧化铝、包碳化铬	—	工作温度 800 ~ 900℃，抗热冲击
富锌的铝合金	<660	综合 Al 及 Zn 的各自特性，形成一种高效耐蚀层
自熔性镍铬硼合金	1010 ~ 1070	耐蚀性好，耐磨性也好

耐腐蚀材料不仅可以耐腐蚀，还具有抗高温氧化等特性。常用于船舶、海洋钢结构、塔架、桥梁、石油化工机械、铁路车辆等零部件的表面熔覆。

14.2.3　热喷涂的工艺特点

根据热源划分，热喷涂有火焰喷涂、电弧喷涂、等离子弧喷涂、激光喷涂等。火焰喷涂是以气体火焰为热源，根据火焰喷射速度又分为普通火焰喷涂、气体爆燃式喷涂（爆炸喷涂）及高速（超音速）火焰喷涂三种。

1. 火焰喷涂

火焰喷涂是利用气体燃烧放出的热实现热喷涂的一种方法。一般情况下，在 2760℃ 以下温度区内升华、能熔化的基体材料均可采用火焰喷涂获得良好的涂层，而在实际生产中，熔点超过 2500℃ 的材料很难采用火焰喷涂。

（1）普通火焰喷涂　根据喷涂材料的不同，普通火焰喷涂有线材火焰喷涂和粉末火焰喷涂两种。线材火焰喷涂的基本原理如图 14-9 所示。喷枪通过气阀引入乙炔、氧气和压缩空气，乙炔和氧气混合后在喷嘴出口处产生燃烧火焰。喷枪内的驱动机构连续地将线材通过喷嘴送入火焰，在火焰中线材端部被加热熔化，压缩空气使熔化的线材端部脱离并雾化成微细颗粒，在火焰及气流的推动下，微细颗粒喷射到预先处理的基体表面形成涂层。

线材火焰喷涂使用的喷涂材料有 Zn、Al 低熔点金属及不锈钢、碳钢、钼等可以加工成线材的所有材料。难以加工成线材的氧化物陶瓷、碳化物金属陶瓷材料，也可以填充在柔性塑料管中进行喷涂。线材火焰喷涂主要用于喷铝、喷锌的防腐喷涂以及机械零部件、汽车零部件的耐磨喷涂。

粉末火焰喷涂的基本原理如图 14-10 所示。喷枪通过气阀引入乙炔和氧气，乙炔和氧气混合后在环形或梅花形喷嘴出口处产生燃烧火焰。喷枪上设有粉斗或进粉管，利用送粉气流产生的负压抽吸粉末，使粉末随气流进入火焰，粉末被加热熔化或软化，气流及焰流将其喷射到基体表面形成涂层。

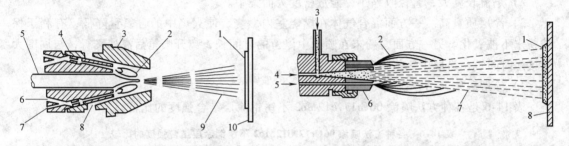

图 14-9　线材火焰喷涂的基本原理
1—涂层　2—燃烧火焰　3—空气帽　4—喷嘴
5—线材或棒材　6—氧气　7—乙炔
8—压缩空气　9—喷涂射流　10—基体

图 14-10　粉末火焰喷涂的基本原理
1—涂层　2—燃烧火焰　3—粉末　4—氧气
5—燃气　6—喷嘴　7—喷涂射流　8—基体

粉粒在被加热过程中，从表面向心部逐渐熔化，熔融的表层在表面张力作用下趋于球状，因此粉末喷涂过程中不存在线材喷涂的破碎和雾化过程，粉末粒度决定了涂层中颗粒的大小和涂层的表面粗糙度。同时进入火焰及随后飞行中的粉末，由于处在火焰中的位置不同，被加热程度存在很大的差异，导致部分粉末未熔融、部分仅被软化，造成涂层的结合强度与致密性比线材火焰喷涂差。

粉末火焰喷涂主要用于机械零部件和化工容器、辊筒表面制备耐蚀、耐磨涂层。在无法采用等离子弧喷涂的场合，采用火焰喷涂可方便地喷涂粉末材料。对喷枪喷嘴部分做适当变动后，可用于喷涂塑料粉末。

（2）气体燃爆式喷涂　气体燃爆式喷涂是一种利用可燃气体混合物有方向性的爆燃，将被喷涂的粉末材料加热、加速并轰击到工件表面形成保护层的喷涂技术。气体燃爆式喷涂最大的特点是以突发的热能加热熔化喷涂材料，并利用爆炸冲击波产生的高压把熔融粒子高速喷射到金属基体表面形成涂层。与其他喷涂方法相比，具有结合强度高，涂层硬度高、耐磨性好，涂层致密、表面光洁、厚度容易控制，工件热损伤小等优点。但存在效率低、噪声大等缺点。

气体燃爆式喷涂能够喷涂多种粉末，如碳化物、氧化物以及合金粉末等。目前，在航空航天、汽车、钢铁和能源等部门应用较多。如在航空发动机的一、二级钛合金风扇叶片的中间阻尼台上，用气体燃爆式喷涂涂上一层厚度为 0.25mm 的 WC 层，寿命可从 100h 延长到 1000h；在燃烧室的定位卡环上涂上一层厚度为 0.12mm 的 Cr_3C_2 涂层，其使用寿命可从

4000h 延长到 28000h。

（3）超音速火焰喷涂　喷涂时将燃料气体（丙烷、丙烯或氢气）和助燃剂（氧气）以一定的比例输入燃烧室，燃气和氧气在燃烧室爆炸或燃烧，产生高速热气流；同时由载气（Ar 或 N_2）沿喷管中心套管将喷涂粉末送入高温射流，粉末加热熔化并加速。整个喷枪由循环水冷却，射流通过喷管时受到水冷壁的压缩，离开喷嘴后燃烧气体迅速膨胀，产生达 2 倍以上音速的超音速火焰，并将熔融微粒喷射到基体表面形成涂层。超音速火焰喷涂的特点如下：

1）粉末在火焰中加热时间长，能均匀地受热熔融，产生集中的喷射束流，而且保护性好，温度高。

2）焰流长度大，直径收缩小，能量密度大而集中。

3）涂层质量高。一方面混合气体在燃烧室内燃烧，使火焰中的含氧量降低，有利于保护粉末不被氧化。另一方面，粉末在喷枪中停留的时间长，离开喷枪后高速飞行，与周围大气接触时间短，涂层中氧化物含量低。

4）涂层致密，结合强度高。

表 14-6 是各种方法喷涂 06Cr17Ni12Mo2 不锈钢涂层结合强度的比较。

表 14-6　各种方法喷涂 06Cr17Ni12Mo2 不锈钢涂层结合强度的比较

喷涂方法	线材火焰喷涂	粉末火焰喷涂	超音速火焰喷涂	电弧喷涂	等离子弧喷涂
涂层结合强度/MPa	35.2	27.6	61.4	46.2	37.9

超音速火焰喷涂已用于航空发动机压缩机叶片轴承套、钢铁退火炉辊、压缩机前轴等零部件的耐磨修复以及纳米结构涂层的制备。

2. 电弧喷涂

电弧喷涂是将两根被喷涂的金属丝作自耗性电极，利用其端部产生的电弧作热源熔化金属丝，用压缩空气流进行雾化的热喷涂方法。电弧喷涂的原理示意图如图 14-11 所示，喷嘴端部成一定角度（30°~60°）连续送进的两根金属丝分别与直流电源的正负极相连接。在金属丝端部短接的瞬间，由于高电流密度，使两根金属丝间产生电弧，将两根金属丝端部同时熔化，在电源的作用下，维持电弧稳定燃烧；在电弧发射点的背后由喷嘴喷射出的高压空气使熔化的金属脱离金属丝并雾化成微粒，在高速气流作用下喷射到基体表面形成涂层。

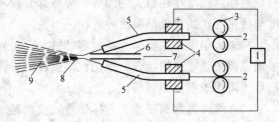

图 14-11　电弧喷涂原理示意图
1—直流电源　2—金属丝　3—送丝滚轮　4—导电块
5—导电嘴　6—空气喷嘴　7—空气
8—电弧　9—喷涂射流

电弧喷涂与线材火焰喷涂相比较具有以下特点：

1）热能效率高。火焰喷涂时，火焰产生的热量大部分散失到大气和冷却系统中，热能利用率只有 5%~15%。电弧喷涂是将电能直接转化为热能来熔化金属，热能利用率可高达 60%~70%。

2）生产率高。电弧喷涂时两根金属丝同时送进，喷涂效率较高，对于喷涂同样的金属丝材，电弧喷涂的喷涂速度可达火焰喷涂的 3 倍以上。

　　3）喷涂成本低。火焰喷涂所耗燃气的价格是电弧喷涂耗电价格的几十倍。电弧喷涂的施工成本比火焰喷涂降低 30% 以上。

　　4）涂层结合强度高。在不用贵金属打底的情况下，喷涂层的结合强度比采用火焰丝材喷涂时高。

　　5）可方便地制备合金涂层。电弧喷涂只需要利用两根成分不同的金属丝便可制备出合金涂层，以获得特殊性能，如铜-钢合金涂层具有良好的耐磨性和导热性。

　　电弧喷涂使用的是丝材，凡能轧、拉成丝材的金属及合金都可用于喷涂，常用的有铁、镍、锌、铝、锡、铜及其合金和管状丝材。电弧喷涂要求丝材表面光滑、无氧化、无油污，不允许有较严重的表面缺陷。丝材盘绕不允许有折弯及严重扭弯等。

　　电弧喷涂技术在腐蚀防护及设备零件的维修领域都得到了广泛应用，如舰船甲板的防腐治理、蒸汽锅炉引风机叶轮的耐磨处理、往复式柱塞的表面强化修复以及电站锅炉管道表面的耐热、防腐喷涂等。

3. 等离子弧喷涂

　　等离子弧喷涂是以电弧放电产生的等离子体作为高温热源，以喷涂粉末材料为主，将喷涂粉末加热至熔化或熔融状态，在等离子射流加速下获得很高速度，喷射到基体表面形成涂层。等离子弧喷涂原理示意图如图 14-12 所示。

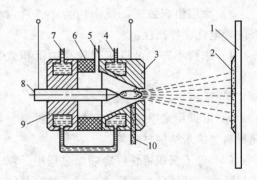

　　等离子弧温度高，可熔化目前已知的任何固体材料；喷射出的微粒高温、高速，形成的涂层结合强度高、质量好。等离子弧喷涂可喷涂几乎所有难熔的金属和非金属粉末，具有喷涂效率高、涂层致密、结合强度高、耐磨、耐蚀及耐热等优点，且基材表面的热影响区很小。因此近十几年来等离子弧喷涂技术在工业生产中被广泛采用。

图 14-12　等离子弧喷涂原理示意图
1—工件　2—喷涂层　3—前枪体　4—冷却水出口
5—等离子气进口　6—绝缘套　7—冷却水进口
8—钨电极　9—后枪体　10—送粉口

4. 冷喷涂的特点及应用

　　冷喷涂也称为冷空气动力学喷涂，它是基于空气动力学原理的一种新型喷涂技术，其原理如图 14-13 所示。喷涂过程是将高压气体导入喷嘴，流过喷嘴喉部后产生超音速流动，将粉末从喷枪后部沿轴向送入高速气流中，粒子经加速后形成高速粒子流（300 ~ 1000m/s），在温度远低于相应材料熔点的完全固态下撞击基体，通过较大的塑性流动变形而沉积于基体表面形成涂层。

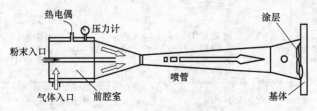

图 14-13　冷喷涂工作原理示意图

（1）冷喷涂的特点　在传统的热喷涂过程中，由于使用高温热源，如高温等离子弧、电弧、火焰，通常粉末粒子或线材被加热到熔化状态，不可避免地使金属材料在喷涂过程中发生一定程度的氧化、相变、分解、晶粒长大等。尽管一些高速喷涂工艺可以使粉末粒子在得到有效加速的同时，加热得到控制，使粒子在半熔化状态与基体碰撞，但粒子仍然经历了表面达到熔化状态的热过程，也可能发生氧化、分解等。而冷喷涂工艺主要通过高速固态粒子与基体发生塑性碰撞而实现涂层沉积。

冷喷涂是使用高速气体喷嘴将粉末微粒加速喷向基板的一种固态喷涂工艺。冷喷涂工作气体可用高压压缩空气、N_2、Ar 或 He 气或者它们的混合气体。工作气体的入口压力范围一般为 1.0 ~ 3.5MPa。为了增加气流和粒子的速度，还可以将工作气体预热后再送入喷枪，预热温度根据不同喷涂材料来选择，一般小于 600℃。为了获得较高的粒子速度，所用粉末的粒度一般要求 1 ~ 50μm。喷涂距离一般为 5 ~ 50μm。

冷喷涂工艺主要通过高速固态粒子与基体发生塑性碰撞而实现涂层沉积。气体温度低，粒子速度高。冷喷涂和热喷涂工艺的气流温度和粒子速度的比较如图 14-14 所示。

与热喷涂技术相比，冷喷涂具有以下优点：

1）可以避免喷涂粉末的氧化、分解、相变和晶粒长大。

2）对基体材料几乎没有热影响。

3）涂层组织致密、残余应力小，可以保证良好的导电性、导热性。

4）送粉率高，可以实现较高的沉积效率和生产率。

5）噪声小，操作安全。

6）可以用来喷涂对温度敏感的材料，如易氧化材料、纳米结构材料等。

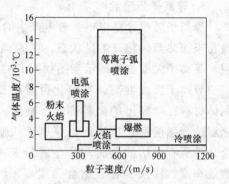

图 14-14　冷喷涂和热喷涂工艺气流温度和粒子速度的比较

（2）粒子沉积特性　冷喷涂过程中，粒子撞击基体前的速度是粒子沉积的关键因素。高速粒子撞击基体后，是形成涂层还是对基体产生冲蚀作用，取决于粒子速度。影响粒子速度的主要因素包括喷嘴设计、工作气体的种类以及入口压力与温度、粉末的种类、结构形貌、粒度大小以及送粉率。粒子速度随加速气体压力和温度的变化如图 14-15 所示。随着气体压力的增加，粒子速度增加。在同样压力下，适当增加气体的温度，也有利于提高粒子速度。影响粒子速度的因素一般情况下也会影响粒子的沉积效率。

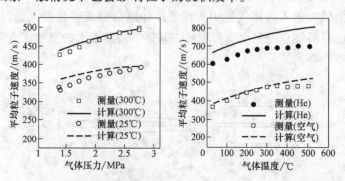

图 14-15　粒子速度随加速气体压力和温度的变化

图 14-16 为粒子速度对涂层沉积效率的影响。随着粒子速度的增加，沉积效率增加，在 Al 基体上喷涂 Cu 时，沉积效率可达到 90% 以上。

冷喷涂制备的涂层组织致密，气孔率低。由于涂层是粒子以很高的动能撞击基体，并在连续的冲击夯实作用下形成的，所以涂层的组织一般较致密，气孔率一般小于 0.1%。冷喷涂层的含氧量一般和喷涂前粉末的含氧量几乎相同，冷喷涂过程中粒子基本没有发生氧化。对冷喷涂 Cu 涂层的电阻率测试结果表明，冷喷涂 Cu 涂层的电阻率与 Cu 块材的电阻率相当。冷喷涂层中存在较大的加工硬化效应，涂层的显微硬度高于一般的块材。冷喷涂层的结合强度因喷涂材料与制备工艺参数的不同而不同，一般为 20 ~ 60MPa。

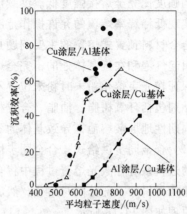

图 14-16　粒子速度对涂层沉积效率的影响

冷喷涂主要用于喷涂具有一定塑性的材料，如纯金属、金属合金、金属陶瓷、塑料以及金属基复合材料等，此外，冷喷涂还可制备不锈钢涂层、高温合金涂层等。甚至还可以在金属基体上制备较薄的陶瓷功能涂层，如 TiO_2、ZrO_2、Al_2O_3 等，也可用冷喷涂在金属基体上制备几微米厚的薄涂层，如光催化涂层。

14.2.4　激光熔覆技术

1. 激光熔覆工艺方法

激光熔覆是一种利用高能密度激光束作为热源将覆于表面的合金粉末熔化，使熔覆材料与基体形成冶金结合从而获得高性能合金层的表面熔覆技术。根据合金粉末的供应方式，激光熔覆工艺可分为合金材料预置式和合金同步供给式两种。

（1）合金材料预置式　合金材料预置式是指将待熔覆的合金材料通过某种方式（如粘接、喷涂、电镀等）预先置于基体表面，然后采用激光束进行表面扫描将其熔化。同时通过热传导将表面热量向内部传递，使整个合金预置层及一部分基体熔化，激光束离开后，熔化的金属快速凝固而在基体表面形成冶金结合的合金熔覆层。合金材料预置式激光熔覆工艺原理如图 14-17 所示。

合金材料可以是粉末，也可以是丝材或板材。对于粉末类合金材料，主要采用热喷涂或粘接等进行预置。热喷涂法的主要优点是喷涂效率高，涂层厚度均匀且与基体结合牢固，但粉末利用率低，需要专门的设备和技术。粘接法是采用胶粘剂将合金粉末调和成膏状涂在基体表面，该方法效率低，且难以获得厚度均匀的涂层，常在实验室采

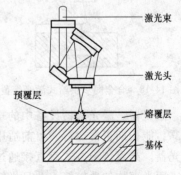

图 14-17　合金材料预置式
激光熔覆工艺原理

用。对于丝类合金材料，既可以采用热喷涂进行喷涂沉积，也可采用粘接法预置；而板类合金材料主要采用粘接法或者将合金板材与基体预压在一起。

在合金材料预置式熔覆过程中，激光的能量透过粉末层。由于粉末层的热导率低，熔池

在到达基体表面之前几乎处于绝热状态。这样，熔池凝固后只形成固/液界面的连接。这种连接的强度比完全熔接强度低。继续加热将会重熔已经凝固的材料，继而形成熔接。但这种方式实现低稀释率熔覆的允许操作范围很窄。

合金材料预置式熔覆的主要问题是易形成缺陷。预置粉末的重熔过程从粉末表层开始，容易引起气泡和在近基体处的不完全熔化。另一缺陷来自粉末胶粘剂。因预置粉末熔覆过程难以保证在光束熔化粉末时粉末位置不变，预置粉末通常需加胶粘剂固定在基体表面。常用的胶粘剂包括环氧树脂、油脂、合成材料、水玻璃、硅胶等。这些胶粘剂在激光加热时会蒸发并周期性地屏蔽熔池，导致基体的不均匀重熔而影响冶金结合。

（2）合金同步供给式 合金同步供给式即熔覆材料的进给和激光扫描同时进行。指采用专门的送料系统在激光熔覆过程中将合金材料直接送入激光作用区，在激光的作用下合金材料和基体材料的一部分同时熔化，然后冷却结晶形成合金熔覆层。合金同步供给式激光熔覆工艺原理如图 14-18 所示。

合金同步供给式熔覆所使用的合金材料可以是粉末、丝材或板材，其中粉末较多。粉末的进给可利用惯性或振动的原理倾注，也可借助于气体向基体输送。气体可为空气、氮气、氦气、氩气等。另外，活性气体也可用于粉末送进，它的放热反应可以加强熔覆过程。丝材的进给采用连续式机械传输。

合金同步供给式激光熔覆工艺过程简单，合金材料利用率高，可控性好，可以熔覆甚至直接成形复杂三维形状的部件。

2. 激光熔覆设备

图 14-19 所示是合金同步供给式激光熔覆系统示意图。整个系统由激光器系统、光束传输和成形系统、送粉系统、运动系统及检测系统五部分组成。

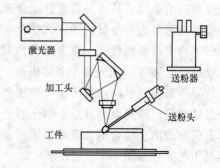

图 14-18　合金同步供给式激光熔覆工艺原理图　　图 14-19　合金同步供给式激光熔覆系统示意图

激光器是激光熔覆设备中的重要部分，提供加工所需的光能。对激光器的要求是稳定、可靠，能长期正常运行。目前适用于激光熔覆的工业化激光器有 CO_2 和钇铝石榴石（YAG）激光器。光束传输方式有直接通过透镜传输和光导纤维传输两种。采用光导纤维传输获得的加工面光束均匀性较好，并且光纤输出端激光功率分布接近光纤本身折射率分布。光束成形系统有聚焦系统、聚焦光斑扫描系统、波导镜和积分镜等，积分镜是目前激光熔覆使用效果最好的光斑成形系统。激光熔覆只需将材料加热到熔化，因此要求的功率密度较低，为 $10^4 \sim 10^6 W/cm^2$，但要求光斑内的能量密度分布均匀，光斑边界的功率密度应尽可能突然地从均一值降为零，光斑形状应适合零件被加工面要求，以保证熔覆层厚度和性能的一致性。因此，激光熔覆一般采用匀光兼光束整形系统，光斑形状一般为圆形、矩形和带形。

激光熔覆送粉系统主要包括送粉装置和喷粉装置两部分。送粉装置根据粉末送出原理一般分为自重式、气送式或两种兼用。对送粉器的要求是粉末输送连续、均匀稳定，使用方便。

激光熔覆是一个复杂的快速熔化和凝固过程，涉及光束参数、基体状况、粉末输送等多种因素。目前，激光熔覆需要工作人员凭借经验操作，希望未来实现激光熔覆的全自动控制。

3. 激光熔覆材料

激光熔覆材料有合金粉末（包括自熔性合金）、陶瓷粉末及复合材料等。这类材料具有优异的耐磨性、耐蚀性等，通常以粉末的形式使用。自熔性合金粉末可分为镍基合金、钴基合金和铁基合金，其主要特点是含有硅和硼，因而具有自脱氧和造渣的性能，即所谓的自熔性，这主要是因为合金被重熔时，硅和硼分别形成 SiO_2、B_2O_3，并在覆层表面形成薄膜，一方面防止合金中的元素被氧化，另一方面又能与这些元素的氧化物形成硼硅酸熔渣，从而获得氧化物含量低、气孔率少的覆层。自熔性合金对基体有较大的适应性，可用于碳钢、合金钢、不锈钢和铸铁等多种材料。

复合粉末按功能可分为硬质耐磨、抗高温耐热和减磨密封复合粉末等。硬质耐磨复合粉末的芯核材料为各种碳化物硬质合金颗粒，包覆材料为金属或合金。芯核材料与包覆材料以不同的组成和配比制成多种硬质耐磨复合粉末，如 Co-WC、Ni-WC、Fe-WC、NiCr-WC 等。常用的硬质耐磨复合粉末主要是钴包碳化钨和镍包碳化钨等。对于抗高温耐热表面，要求覆层致密，热传导快。减摩润滑复合粉末常用的有镍包石墨、镍包硅藻土、镍包二硫化钼、镍包氟化钙等。

氧化物陶瓷粉末具有优良的抗高温氧化和隔热、耐磨、耐蚀等性能，其中氧化锆系陶瓷粉末，比氧化铝系陶瓷粉末具有更低的热导率和更好的耐热性。

针对不同的基体材料和使用要求，选择激光熔覆合金粉末应根据以下基本原则。

1）合金粉末应满足所需要的使用性能，如耐磨、耐蚀、耐高温、抗氧化等。

2）合金粉末应具有良好的固态流动性，粉末的流动性与粉末的形状、粒度分布、表面状态及粉末的湿度等因素有关。

3）粉末材料的线胀系数、导热性等应尽可能与基体材料接近，以减少熔覆层中的残余应力。

4）合金粉末的熔点不宜太高，粉末熔点越低，越容易控制熔覆层的稀释率，所获得的熔覆层质量越好。

4. 熔覆质量控制

（1）熔覆层成分（稀释率）的控制　　激光熔覆层的界面有三种基本形式，如图 14-20 所示。在高送粉速率或低熔覆速率下会得到图 14-20a 所示的熔覆层；在低送粉速率或高功率密度下会得到图 14-20b 所示的熔覆层；图 14-20c 所示的熔覆层接触角大，稀释率低，是期望的熔覆层形状。图 14-20c 所示的熔覆层具有良好的表面，极少或无气孔，稀释率小；而图 14-20a 所示的熔覆层表面成形不好，厚度大、气孔多；图 14-20b 所示的熔覆层具有良好的表面，无气孔、稀释率大，

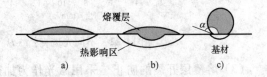

图 14-20　激光熔覆层界面的形式

熔覆层厚度一般比图 14-20c 所示的小。

对于预置粉末层的激光熔覆，熔覆层的稀释率随激光功率的增加而增加，随激光扫描速度和光斑尺寸的增加而降低。这三个因素可概括为激光比能量（即功率密度×激光作用时间，J/mm^2）的作用。在给定的预置粉末层厚度和功率密度的条件下，稀释率随比能量的增加而增加。此外，预置粉末层越薄，稀释率随比能量的增加也越大。

对于同步送粉的激光熔覆，对应于某一激光功率，增加送粉率和降低扫描速度使稀释率下降。在给定送粉率的情况下，增加激光比能量会使稀释率增加。最佳的粉末流量是能保证最小稀释率和最大熔覆率。它取决于功率密度和激光束的模式，正比于 $p/D \times n$（其中 p 为激光功率，D 为光束直径，n 为与功率密度分布有关的光束形状系数）。

（2）激光熔覆工艺参数对熔覆层尺寸的影响　激光功率、光斑直径和扫描速度对熔覆质量至关重要。图 14-21 是在 Q235 钢基体上熔覆合金粉末 WF150 不锈钢时，激光扫描速度对熔覆层高度和宽度的影响。随扫描速度的增加，熔覆层的宽度和高度降低。并且，熔覆层宽度随着扫描速度变化的幅度远小于高度随扫描速度变化的幅度，最小的宽度值与光斑直径相近，这说明激光熔覆层的宽度主要由激光光斑直径所控制，粉末流量增加主要增加了熔覆层的厚度。

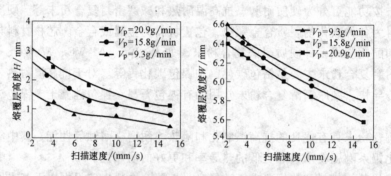

图 14-21　不同粉末流量（V_p）下扫描速度对熔覆层的影响

图 14-22 是不同光斑直径下扫描速度对熔覆层高度和宽度的影响。可见，光斑直径增加，熔覆层高度降低，而熔覆层宽度增加。图 14-23 是送粉量为 11.9g/mm、光斑直径为 6mm 条件下，不同扫描速度下熔覆层高度和宽度随激光功率的变化规律。在扫描速度一定时，随着激光功率的增加，熔覆层高度降低、宽度增加，但变化幅度不大。

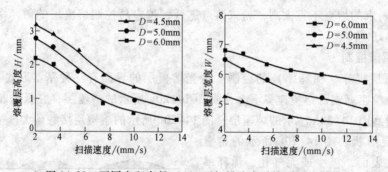

图 14-22　不同光斑直径（D）下扫描速度对熔覆层的影响

（3）熔覆层开裂的防止　采用激光作为加热源的一个固有优点是可对小的区域进行局部加热。但是，这种局部加热会引起快速自然淬火和陡的温度梯度。在熔化冷却过程中，激光

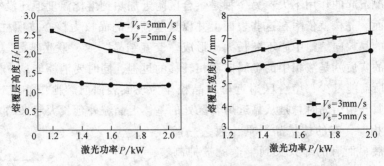

图 14-23　不同扫描速度（V_s）下激光功率对熔覆层的影响

熔覆层内的局部热应力容易超过材料的抗拉强度，特别是在熔覆层与基体交界处，常导致熔覆层剥落。

为减少或避免熔覆过程产生裂纹，一般采用预热和后热两种方式。预热的作用是防止因比热容增大的马氏体相变诱发熔覆层裂纹，减少基体与熔覆层间的温差，以降低冷却过程中的热应力、增加熔池液相停留时间以利于气泡和造渣物的排出。后处理是在激光熔覆后进行的保温处理，它的作用是消除或减少熔覆过程对基体的不利热影响，防止空冷淬火的基体发生马氏体相变等。

激光熔覆时还可以采用加入中间过渡层的方法降低裂纹倾向，过渡层应具有良好的抗热裂性。但这种技术较为复杂，生产成本高。

14.3　堆焊原理及特点

14.3.1　堆焊层的冶金结合

1. 堆焊结合的实质

堆焊是堆焊材料与母材受焊接热源加热形成熔池，热源移开后，熔池冷却结晶形成堆焊层的工艺过程。因此，堆焊层形成过程的实质是异种金属的液相冶金结合过程，即液相条件下促使构成金属键而形成堆焊金属与基体金属的可靠连接。

两种金属在液相状态下虽然比固相状态下容易形成金属键结合，但能否真正实现冶金结合决定于两者间的冶金相容性。液固互不相容的两种金属或合金不可能实现熔化冶金结合，液态和固态均具有良好互溶性的异种金属可实现冶金结合，晶格类型相近、晶格常数和原子半径相近的异种金属也可实现冶金结合。此外，堆焊层与母材形成良好冶金结合时还应当避免在堆焊界面上产生脆性的金属间化合物，以免因堆焊界面脆化而影响结合强度。

2. 熔池的结晶过程

堆焊时熔池金属的结晶完全遵循一般金属的结晶规律，即先形成晶核，然后沿一定位向成长。从金属结晶理论可知，结晶必须在过冷的条件下进行，过冷度越大，自由能降低越多，越有利于结晶过程的进行。

堆焊时，由熔融的堆焊材料和表层熔化的基体金属相混合而形成"熔池"，凝固后即成为堆焊层。在堆焊条件下，熔池中存在两种现成的表面，一种是合金元素或杂质的悬浮质点，在一般情况下起的作用不大；另一种是熔合区附近加热到熔化温度但还没有熔化的基体金属的晶粒表面。晶核就依附在这些表面上并以这些新生的晶核为核心按照柱状晶的形态，顺着基体金属的晶粒向熔池中心不断长大，形成"交互结晶"或"联生结晶"。

晶核成长的实质就是液相中的金属向固相转移的过程，同时要消耗能量。由于现成表面对形成新晶核所需能量少，熔合区附近母材晶粒作为现成表面向熔池中心成长起了主要作用。即熔池金属开始结晶时总是从靠近熔合区处的基体上晶粒外延长大起来的。但各晶粒长大的趋势各不相同，有的柱状晶严重长大，一直可以向内部发展；而有的却只长到半途就被抑制停止长大。这主要是由于不同的晶粒具有不同的位向，当晶粒位向与晶粒优先成长方向（100）一致时，有利于晶粒的生长。随着结晶过程结束，就完成了堆焊冶金结合过程。

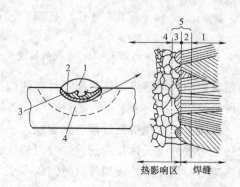

熔池冷却凝固后，在堆焊层与母材之间的分界面，无论是化学成分或组织特征，都存在着一个过渡的熔合区，它是由半熔化区和不完全熔合区构成的，如图 14-24 所示。

图 14-24　堆焊熔合区构成示意图
1—堆焊层　2—不完全熔合区　3—半熔化区
4—热影响区　5—熔合区

在熔焊条件下，熔池的结晶中心是未被熔化的基体金属的晶粒，结晶新相的原子就附着在结晶中心的上面。焊缝完全冷却以后，熔合区一部分由基体金属组成，另一部分由焊缝金属组成。

14.3.2　堆焊合金及性能

1. 堆焊合金的类型

按堆焊材料的形状，堆焊合金有丝状、条状、带状、粉粒状和块状堆焊合金等；按堆焊层的化学成分和组织结构，可将堆焊合金分为铁基、合金铸铁类、碳化钨、镍基、钴基和铜基堆焊合金等。

（1）铁基堆焊合金　铁基堆焊合金由于合金含量、含碳量和冷却速度的不同，堆焊层的基体组织有马氏体、奥氏体、珠光体等几种类型。焊后堆焊层组织以珠光体为主，称为珠光体堆焊合金。加入少量合金元素后，堆焊层中的奥氏体在 480℃ 以下转变成马氏体，强度和硬度都很高，耐磨性好，称为马氏体堆焊合金。随着合金元素含量的增加，残留奥氏体在堆焊层中的比例上升，当稳定奥氏体的合金元素含量很大时，奥氏体完全不发生转变，直至室温，称为奥氏体堆焊合金。

1）珠光体堆焊合金。实质上是合金成分不高的低碳钢。焊后得到珠光体组织硬度为 20～38HRC。珠光体堆焊层由于硬度较低，耐蚀性也不佳，常用于机械零件恢复尺寸时的打底层，少数情况下珠光体堆焊层也可以直接用于对耐磨性要求不高的工作表面。珠光体合金的焊接性良好，对稀释率的要求也不严。采用的工艺方法以焊条电弧焊和熔化极自动堆焊为主。常用的珠光体堆焊焊条有 D102、D107、D112 和 D127 等。

2）马氏体堆焊合金。碳的质量分数为 0.1%～1.0%，同时含 Mn、Mo、Ni 等，具有"自淬硬"性能。堆焊层硬度随含碳量和合金元素含量的变化在 25～60HRC 之间。马氏体合金堆焊层的硬度比珠光体高，而韧性则较低。马氏体钢堆焊层最理想的应用是在抗金属间磨损的场合，如各种齿轮、轴类的堆焊。

马氏体合金堆焊层的焊接性比珠光体差。焊前对母材表面要进行脱脂、除锈，对裂纹敏感性较强的母材要考虑焊前预热和焊后热处理。马氏体钢的主要堆焊工艺方法是焊条电弧堆焊和熔化极自动堆焊。焊条电弧堆焊常用的焊条为 D167、D172、D207、D212、D227、D237 等。

马氏体堆焊合金中，还有一类是高速钢和工模具钢。为满足较高的热硬性要求，高速钢堆焊层中添加大量的 W、Mo、V 和较多的 C，如 D307 焊条，可用于金属切削刀具的堆焊；热锻模和冷冲模的堆焊则要求表层具有较好的抗冲击性，同时还要有足够的硬度，常用的焊条有 D337、D397、D327、D027 和 D036 等。

3）奥氏体堆焊合金。有高锰钢和 Cr-Ni 奥氏体钢两类。含 Mn 的质量分数约 13%，含 C 的质量分数为 0.7% ~ 1.2%，属于奥氏体高锰钢。堆焊金属组织为奥氏体，硬度仅 200HBW 左右。但是，当堆焊合金经受强烈冲击后，即转变为马氏体而使表层硬化，硬度提高为 450 ~ 500HBW。而硬化层以下仍为韧性很好的奥氏体组织。因此，这类合金具有良好的抗冲击磨损性能，适用于堆焊承受强烈冲击的錾削式磨料磨损零件。但对于受冲击作用很小的低应力磨料磨损，由于不能产生冲击加工硬化，所以耐磨性不高。高锰钢耐蚀性、耐热性差，不宜用于高温。但耐低温性好，冷至 -45℃ 还不会发生脆化。常用的高锰钢焊条是 D256 和 D266。

Cr-Ni 奥氏体钢以 18-8 奥氏体不锈钢的成分为基础，加入 Mo、V、Si、Mn、W 等元素。突出特点是耐蚀性高、抗氧化性和热强性好，但耐磨料磨损能力不高。主要用在化工、石油、核动力等部门的耐腐蚀、抗氧化零部件的表面堆焊。为了提高抗晶间腐蚀能力，这类合金含碳量较低（$w_C < 0.2\%$），堆焊金属硬度不高。但加入 Mn 元素显著提高其冷作硬化效果和力学性能，可用于水轮机叶片抗气蚀层、开坯轧辊等。在合金中加入适量的 Si、W、Mo、V 等可提高其高温硬度，用于高中压阀门密封面的堆焊。

（2）合金铸铁类堆焊合金　合金铸铁堆焊层 C 的质量分数为 1.5% ~ 6.0%，并含 Cr、W、Ni、Mo、V、Ti、B 等元素。按相结构分为马氏体合金铸铁和奥氏体合金铸铁。合金铸铁堆焊层的抗高应力磨损能力有较大的改善，而耐冲击性和韧性较低。马氏体合金铸铁堆焊层的硬度为 50 ~ 60HRC，耐磨、耐蚀、耐热和抗氧化性较好，但不耐冲击；奥氏体合金铸铁堆焊层的硬度为 45 ~ 55HRC。虽然硬度相对较低，但由于在奥氏体上分布着大量的高硬度碳化物，其抗低应力磨粒磨损能力较强，可抗一定程度的冲击。马氏体合金铸铁常用于堆焊矿山和农业机械中与矿石、泥沙接触的零件，奥氏体合金铸铁则常用于粉碎机辊、挖掘机斗齿等有中度冲击磨粒磨损的场合。

高合金铸铁的堆焊工艺一般采用焊条电弧堆焊，也可用粉芯焊丝进行半自动或全自动的自保护和气体保护电弧堆焊。高合金铸铁堆焊层的开裂倾向较大，因此堆焊层数一般不超过两道。有时为减小开裂倾向，可用 Cr19Ni18Mn7 焊条作为过渡层。奥氏体合金铸铁堆焊层的开裂倾向小于马氏体合金铸铁堆焊层，为了防止开裂，可根据实际情况对焊件进行预热，预热温度最高可达 400℃。焊后要缓冷。

（3）碳化钨堆焊合金　碳化钨堆焊层是由胎体材料和嵌在其中的碳化钨颗粒组成的。胎体材料可由铁基、镍基、钴基和铜基合金构成。堆焊金属平均成分含 W 的质量分数为 45%

以上、含 C 的质量分数为 1.5% ~2%。碳化钨由 WC 和 W_2C 组成（一般含 C 的质量分数为 3.5% ~4.0%，含 W 的质量分数为 95% ~96%），有很高的硬度和熔点。含 C 的质量分数为 3.8% 的碳化钨硬度达 2500HV，熔点约 2600℃。

堆焊用的碳化钨有铸造碳化钨和以钴为粘接金属的粉末烧结成的粒状碳化钨两类。碳化钨堆焊合金具有非常好的抗磨料磨损性、很好的耐热性、良好的耐蚀性和低温冲击韧度。为了充分发挥碳化钨的耐磨性，应尽量保持碳化钨颗粒的形状，避免其熔化。高频加热和氧乙炔火焰加热不易使碳化钨熔化，堆焊层耐磨性较好。但电弧堆焊时，会使原始碳化钨颗粒大部分熔化，熔覆金属中重新析出硬度仅 1200HV 左右的含钨复合碳化钨，导致耐磨性下降。这类合金脆性大，易产生裂纹，对结构复杂的零件应进行预热。

(4) 钴基堆焊合金 钴基合金又称为"司特立"（Stellite）合金。以 Co 为基本成分，加入 Cr、W、C 等元素组成的合金，主要成分（质量分数）为：C 0.7% ~3.0%，Cr 25% ~33%，W 3% ~25%，其余为 Co。钴基合金堆焊层的基体组织是奥氏体 + 共晶组织。含碳量低时，堆焊层由呈树枝状晶的 Co-Cr-W 固溶体（奥氏体）初晶和固溶体与 Cr-W 复合碳化物的共晶体组成。随着含碳量的增加，奥氏体数量减少，共晶组织增多。改变碳和钨的含量可改变堆焊合金的硬度和韧性。

含 C、W 较低的钴基合金，主要用于受冲击、高温腐蚀、磨料磨损的零件堆焊，如高温高压阀门、热锻模等。含 C、W 较高的钴基合金，硬度高、耐磨性好，但抗冲击性能低，主要用于受冲击较小，但承受强烈的磨料磨损、高温及腐蚀介质下工作的零件。

这类堆焊合金具有良好的耐各类磨损的性能，特别是在高温耐磨条件下的各类磨损。在各类堆焊合金中，钴基合金的综合性能最好，有很高的热硬性，抗磨料磨损、抗腐蚀、抗冲击、抗热疲劳、抗氧化和抗金属间磨损性能都很好。这类合金容易形成冷裂纹或结晶裂纹，在电弧焊和气焊时应进行 200 ~500℃ 预热，对于含碳较多的合金选择较高的预热温度。等离子弧堆焊钴基合金时，一般不预热。尽管钴基堆焊合金价格高，仍得到广泛应用。

(5) 镍基堆焊合金 在各类堆焊合金中，镍基合金的抗金属-金属间摩擦磨损性能最好，并且具有很高的耐热性、抗氧化性、耐蚀性。此外，镍基合金易于熔化，有较好的工艺性能，所以尽管比较贵，仍应用广泛。根据其强化相的不同，镍基堆焊合金又分为含硼化物合金、含碳化物合金和含金属间化合物合金三大类。

1) Ni-Cr-B-Si 合金。即科尔蒙合金（Colomony），在堆焊合金中应用最广。它的成分（质量分数）为：C≤1.0%，Cr 8% ~18%，B 2% ~5%，Si 2% ~5%，其余为 Ni。这种堆焊合金硬度高（50 ~60HRC），在 600 ~700℃ 高温下仍能保持较高的硬度；在 950℃ 以下具有良好的抗氧化性和很好的耐蚀性。合金熔点低（约 1000℃）、流动性好，堆焊时容易获得稀释率低、成形美观的堆焊层。耐高温性能比钴基合金差，但在 500 ~600℃ 以下工作时，它的热硬性优于钴基合金。这种合金比较脆，不能拔制焊丝，一般制成铸造焊条、管状焊丝或药芯焊丝，采用气焊、电弧焊、等离子弧等方法堆焊。合金堆焊层抗裂性差，堆焊前应高温预热，焊后缓冷。

2) Ni-Cr-Mo-W 合金。即哈斯特洛伊合金（Hastelloy），有很多种。堆焊合金一般采用哈氏 C 型合金，成分（质量分数）为：C <0.1%，Cr 17%，Mo 17%，W 4.5%，Fe 5%，其余为 Ni。堆焊组织主要是奥氏体 + 金属间化合物。加入 Mo、W、Fe 元素后，合金的热强

性和耐蚀性明显提高。这种合金有很好的抗热疲劳性能，而且裂纹倾向比较小，但硬度不高，耐磨料磨损性能不好。主要用于耐强腐蚀、耐高温的金属 - 金属间摩擦磨损零件堆焊。

　　3）Ni-Cu 堆焊合金。即蒙乃尔合金（Monel），一般含 Ni 70%、Cu 30%（质量分数）。硬度较低，有很高的耐蚀性，主要用于耐腐蚀零件堆焊。

　　镍基堆焊合金可取代某些类型的钴基堆焊金属，这样可以降低堆焊材料成本。镍具有比铁更好的高温基体强度，因此与钴基合金有相似的应用范围，而镍基产品可作为钴基合金在耐高温磨损应用中的替代品。

　　（6）铜基堆焊合金　铜基堆焊合金包括纯铜、黄铜、青铜和白铜四类。这类堆焊合金有良好的耐蚀性和低的摩擦系数，适于堆焊轴承等金属 - 金属间摩擦磨损零件和耐腐蚀零件，一般在钢和铸铁上堆焊制成双金属零件或修复旧件。铜基合金不宜在磨料磨损和温度超过 200℃ 的条件下工作。铜基合金大多可以拔制成丝进行气焊、电弧焊、等离子弧等堆焊。

　　铝青铜强度高、耐腐蚀、耐金属间摩擦磨损性能良好，常用于堆焊轴承、齿轮、蜗轮，以及耐海水腐蚀零件，如水泵、阀门、船舶螺旋桨等。锡青铜有一定的强度、塑性好、能承受较大的冲击载荷，减摩性优良，常用于堆焊轴承、轴瓦、蜗轮、低压阀门及船舶螺旋桨等。硅青铜力学性能较好、韧性好、耐蚀性好，但减摩性不好，适于化工机械、管道等内衬的堆焊。

　　各类堆焊合金的主要特性见表 14-7。

表 14-7　各类堆焊合金的主要特性

合金		硬度 HRC(HBW)	主 要 特 征
马氏体型	低合金系	40 ~ 60	硬度高、耐磨性好,适用范围广
	Cr13 系	40 ~ 60	耐蚀性、耐磨性好,适于在中温下工作
奥氏体型	Mn13 系	(200 ~ 500)	韧性好,加工硬化性大
	Mn16-Cr16 系	(200 ~ 400)	高温硬度大,韧性好
	高 Cr-Ni 系	(250 ~ 350)	600 ~ 650℃ 下的硬度高,耐蚀性好
高铬铸铁合金		50 ~ 60	耐磨料磨损性优良,耐蚀性、耐热性好
碳化钨合金		> 50	抗磨料磨损性很好
钴基合金		35 ~ 58	高温硬度高,耐磨性、耐热性良好

2. 堆焊金属的使用性能

　　堆焊金属的使用性能主要是提高零件对磨损、腐蚀、冲击及高温抗力的能力。实际运行中，零件的工作条件复杂多变，因而对堆焊金属的使用性能评价也是多样的。

　　（1）耐磨性　由于工件之间相对摩擦的结果，引起摩擦表面分离出微小颗粒，使金属接触表面不断发生尺寸变化，工件发生磨损。摩擦和磨损是物体相互接触并有相对运动时伴生的两种现象，摩擦是磨损的原因，磨损则是摩擦的必然结果。

　　金属表面的磨损现象很复杂，对同一种工作条件往往存在几种磨损形式。例如，轧辊、热锻模等不仅受热疲劳作用，而且还承受磨料磨损、氧化磨损等；高、中压阀门密封面，在不同条件下可能承受磨料磨损、粘着磨损、腐蚀磨损等多种磨损形式。所以，必须具体情况具体分析，并找出起支配作用的磨损类型，作为选取堆焊合金的基础。

　　几种堆焊合金耐磨料磨损和耐冲击磨损的能力比较见表 14-8。

表 14-8　几种堆焊合金耐磨料磨损和耐冲击磨损的能力比较

堆焊合金	磨料磨损量[①]		冲击吸收能量
	在湿石英砂中	在干石英砂中	
粒状碳化钨(气焊)	0.20	0.60	低
高铬合金铸铁(气焊)	—	0.03	
铬钨马氏体合金铸铁(气焊)	0.35 ~ 0.40	0.02	
铬镍或铬钼马氏体合金铸铁(气焊)	0.35 ~ 0.40	0.04	
马氏体低合金钢(电弧焊)	0.65 ~ 0.70	—	
铬钼或 5% 铬马氏体钢(电弧焊)	—	0.40	
珠光体钢(气焊)	0.80	0.06	
高锰奥氏体钢(电弧焊)	0.75 ~ 0.80	—	高

① 以 20 钢磨损量为 1 计算。

耐磨性是堆焊合金抵抗磨损的一个性能指标，可用磨损量表示。磨损量越小，抗磨损性能越高。磨损量既可用堆焊合金表层的磨损厚度表示，也可用堆焊合金体积或重量减少来表示。耐磨性有时也用单位摩擦距离的磨损量表示，称为线磨损量；或用单位摩擦距离、单位载荷下的磨损量表示，称为比磨损量。有时还经常使用相对耐磨性概念，相对耐磨性 ε 可表示为

$$\varepsilon = 标准试件的绝对磨损量 / 堆焊试样的绝对磨损量$$

相对耐磨性 ε 值越大，表示堆焊合金越耐磨。

为了评定堆焊合金的耐磨性，一般需要进行堆焊金属小试样耐磨试验、模拟实际工作条件的耐磨试验和实际零件堆焊后的使用运转磨损试验。由于磨损形式很多，不可能制定统一的试验方法，常常是针对每一种磨损类型进行试验，而对某一种磨损类型也还有许多评价方法。如磨料磨损试验可采用 X4-B 磨损试验机、干砂侵蚀试验机等方法。

(2) 硬度　硬度是衡量堆焊金属耐磨性和抗冲击性能的指标。堆焊表层应具有一定的硬度，而且在工作温度下，硬度值不应发生大的变化，堆焊层表面硬度应均匀。

硬度的试验方法有很多种，大体上可分为压入法和刻划法两大类。在压入法中，根据加载速度不同分为静载压入法和动载压入法。静载压入法又根据载荷、压头类型和表示方法的不同，分为布氏硬度、洛氏硬度、维氏硬度和显微硬度等多种。各种材料适用的硬度试验方法见表 14-9。

表 14-9　各种材料适用的硬度试验方法

材　　料	硬度试验方法		
	布氏硬度 HBW	洛氏硬度 HRC	维氏硬度 HV
碳钢、低合金钢	√	—	√
奥氏体不锈钢	√	—	√
高铬不锈钢	—	√	√
镍基合金	—	√	√
钴基合金	—	√	√
铜基合金	√	—	√
铝及铝合金	√	—	√
硬质合金	—	√	√
金属间化合物	—	—	√
金属陶瓷	—	—	√

在同一磨损类型下，堆焊金属层硬度高时，耐磨性好；硬度低时，耐磨性差，但抗冲击性好。材料表面磨损是一个复杂的动态过程，硬度是一个静态参量，不能全面、正确地反映

磨损这一动态过程。堆焊金属的耐磨性取决于其中硬质相的总量、各硬质相的性能和它们的分布形态、基体的硬度和韧性等。

硬度高有时并不意味着更好的耐磨性及更长的使用寿命。许多优质的堆焊材料其高耐磨性取决于弥散分布在基体中的碳化物,这些碳化物的硬度大于基体硬度,但韧性小于基体韧性。不同的堆焊金属即使有相同的整体硬度,也不能仅以此评判其具有相同的耐磨性。

耐磨性,尤其是抗低、高应力磨料磨损性,取决于金属硬度及其金属显微组织。而显微组织结构又取决于基体中的碳含量、合金元素以及碳化物的比例及类型。碳化物硬度高、分布均匀、含量多的堆焊合金具有优异的抗高、低应力磨料磨损的性能。

(3) 耐蚀性　在摩擦过程中,堆焊金属表面同时与各种气体、酸、碱、盐等腐蚀介质发生化学或电化学作用而引起的破坏,导致零部件出现严重腐蚀。其中化学腐蚀是金属与介质发生化学反应而引起的损坏,其腐蚀产物是在金属表面形成表面膜。如果该表面膜致密、完整,强度和塑性、韧性好,线胀系数与金属近似,膜与金属的粘着力强,则表面膜就能对堆焊金属提供有效的保护作用。铝、铬、锌、硅等元素在堆焊金属表面能生成这样的氧化膜,可以缓解金属的腐蚀。

电化学腐蚀是金属与电解质溶液相接触时,由于形成原电池而使其中电位较低的部分遭受腐蚀,如堆焊金属在潮湿大气中的大气腐蚀、不同接触处的电偶腐蚀等均属于电化学腐蚀。钴基、镍基合金、奥氏体不锈钢、铝青铜等堆焊金属,都具有不同程度的抗大气腐蚀性。实际应用中,应根据特定环境选择适当的堆焊合金层。

当液体相对于金属表面高速运动时,表面不断产生气穴,随后在气穴消失过程中,液体对金属表面产生强烈的冲击力,如此反复作用,再加上液体介质的腐蚀作用,就造成了堆焊金属表面的气蚀破坏。水轮机转子叶片、船舶螺旋桨、水泵等常常发生气蚀现象。气蚀的形成原因复杂,既有冲击磨损、磨料磨损,又有腐蚀问题,因此宜选用既有较好耐蚀性,又有较高强度和韧性的堆焊合金。

堆焊金属的耐蚀性检验可采用盐雾试验、湿热试验和二氧化硫试验等。其中盐雾试验是一种规范的国际通用标准试验,该方法规定了标准化的试验程序,试样制备处理、试验过程、结果评定均按规定进行。试验过程是以一定的试验时间为周期。根据要求,试验过程要经过若干周期的试验。试验后对试样进行处理和评级。这类试验方法主要用作耐蚀性对比或评判。与盐雾试验相类似的还有醋酸盐雾试验和铜加速醋酸盐雾试验。

湿热试验是在试验箱中保持一定的湿度(相对湿度)和温度,以一定试验时间为周期,对堆焊试样进行试验。湿热试验是模拟自然大气环境,在储藏运输等过程中的腐蚀。该方法可以评定在人为模拟的某种温度和湿度下(或周期变化状态下)堆焊金属涂层的耐蚀性。

二氧化硫试验是模拟 SO_2 的腐蚀试验,一般采用 $750mm \times 500mm \times 750mm$ 的试验箱,斜顶结构,相对湿度可以调节,温度可以恒定。试样放置后,由泵送入 SO_2、O_2、CO_2 和 N_2 等气体,温度恒定 (40 ± 2)℃,相对湿度(RH)为 100% 的 SO_2 气氛中保持 8h,然后放出 SO_2 气体,定温条件下保持 16h,如此 24h 为一个试验循环周期。另外一种方法是温度恒定 (25 ± 2)℃,相对湿度 95%,通 SO_2 气氛(含 SO_2 量在 5% ~ 20%),以 24h 为一周期。试验后对堆焊合金层耐 SO_2 腐蚀性能进行评定。

3. 堆焊合金的选用

堆焊过程中,只有正确选择堆焊合金才能保证堆焊合金层发挥其最好的工作性能,同时又能最大限度地节省合金元素。在选用堆焊合金时，满足使用条件的性能要求和经济上的合理性是非常重要的，而且工件的材质、批量以及拟采用的堆焊方法及工艺也必须加以考虑。

（1）堆焊合金的选用原则

1）满足零件在工作条件下使用的性能要求。为保证零件能正常使用和提高使用寿命，首先要了解被堆焊零件的工作条件（温度、介质、载荷等），明确在运行过程中损伤的类型，然后选取最适宜抵抗这种损伤类型的堆焊合金。例如，挖掘机的斗齿受剧烈冲撞的凿削式磨料磨损，应选用能抗冲击磨损的堆焊合金；而推土机的铲刀刃板属于低应力磨料磨损，可选用合金铸铁或碳化钨等堆焊合金。

2）具有良好的焊接性。所选用的堆焊材料在现场条件下应易于堆焊并获得与基体结合良好、无缺陷的堆焊合金层。必须注意堆焊合金与基体的相溶性，尤其是在修复工作中，基体很可能原先就是堆焊层，应对其化学成分、组织状态和性能有所了解，充分估计到基体稀释对堆焊合金层性能的影响。当基体材料碳当量较高时，为了防止堆焊过程中产生裂纹，可考虑预热、保温缓冷的工艺措施。也可考虑采用填加中间过渡层的解决办法。

3）堆焊的经济性。在选择堆焊合金时要综合考虑其经济性。所选用的堆焊合金不仅在使用性能大致相同的多种堆焊合金中是价格最低的一种，同时也应当是焊接工艺最简便、加工费用最少的一种。此外，还应考虑堆焊零部件投入使用后的经济效益。尤其在重大设备的修复工作中，可能堆焊成本或加工成本高一些，但由于缩短了修复时间，减少了设备停机的经济损失或由于延长了零部件的使用寿命也会带来巨大的经济和社会效益。

（2）堆焊合金的选择步骤　一般根据经验与试验相结合的原则选择堆焊合金。因为被堆焊零件工作条件的多样性对堆焊层提出各种不同的使用要求，而堆焊合金虽然品种多，而且性能各异，但与使用要求之间却有一一对应关系，很难一次选择即满足应用要求。选择堆焊合金的一般步骤如下：

1）分析工作条件，确定可能产生的破坏类型及对堆焊合金的性能要求。

2）根据工作条件选择堆焊合金，见表14-10。

3）分析待选堆焊合金与基体的相溶性，初步选定堆焊合金的形状和拟定堆焊工艺。

4）进行样品堆焊，堆焊后的工件在模拟工作条件下作运行，并进行试验评定。

5）综合考虑使用寿命和成本，最后选定堆焊合金。

表 14-10　不同工作条件下堆焊合金的选择

工 作 条 件	堆 焊 合 金
高应力金属间磨损	亚共晶钴基合金、含金属间化合物钴基合金
低应力金属间磨损	堆焊用低合金钢或铜基合金
金属间磨损 + 腐蚀或氧化	大多数钴基或镍基合金
低应力磨料磨损、冲击侵蚀、磨料侵蚀	高合金铸铁
低应力严重磨料磨损、切割刃	碳化钨
气蚀侵蚀	钴基合金
严重冲击	高合金锰钢
严重冲击 + 腐蚀 + 氧化	亚共晶钴基合金
高温下金属间磨损	亚共晶、含金属间化合物钴基合金
錾削式磨料磨损	奥氏体锰钢
热稳定性、高温蠕变强度（540℃）	钴基合金、含碳化物型镍基合金

　　6）确定堆焊方法和制定堆焊工艺。

　　应用堆焊技术必须解决好两个问题：一是正确选用堆焊合金，为此必须清楚被堆焊零部件的材质、工作条件及对堆焊金属使用性能的要求，同时要熟悉现有的堆焊金属的种类、性能和适用条件；二是选定合适的堆焊方法及相应的堆焊工艺，为此必须掌握所选堆焊方法的工艺特点及其在堆焊中可能出现的技术问题，尤其要解决好堆焊合金与母材之间异种金属的结合问题。

14.3.3　堆焊工艺特点

　　堆焊是一种特殊的焊接方法，大多数熔焊方法都可用于堆焊。但堆焊的目的是通过在母材表面获得堆焊层来改善母材表面的性能或赋予母材表面一定的形状和尺寸。所以堆焊又具有许多的自身特点。

1. 焊条电弧堆焊

　　焊条电弧堆焊是手工操作堆焊焊条在电弧作用下熔化并在母材表面形成堆焊层的堆焊方法。铁基、镍基、钴基、铜基等常用的堆焊材料都可以采用焊条电弧堆焊。

　　（1）特点及应用　焊条电弧堆焊设备简单、操作灵活、成本低、适宜于现场堆焊，可在任何位置焊接。因此，焊条电弧堆焊是目前主要的堆焊方法之一。但焊条电弧堆焊生产效率低、劳动条件差；焊条参数不稳定时易造成堆焊层合金的化学成分和性能发生波动。因此，对操作者的技术要求较高。

　　焊条电弧堆焊的电弧温度较高，能量比较集中，工件变形较小，熔覆速率较高，但熔深较大，稀释率高，为保证堆焊层的使用性能，一般要堆焊 2 ~ 3 层，但多层堆焊会增加开裂倾向。焊条电弧堆焊主要用于堆焊形状不规则或机械化堆焊可达性差的工件。例如，载重汽车发动机曲轴、推土机刃板、压路机链轮、水轮机叶片、船舶螺旋桨、冷（热）轧辊、内燃机排气阀、阀门密封面等零部件的制造或修复，都可采用焊条电弧堆焊技术。

　　（2）堆焊工艺　堆焊前应对堆焊材料进行烘干处理，以减少熔池及堆焊层中的氢，防止产生气孔和冷裂纹。烘干处理要严格按照焊条说明书的规定进行。烘干温度过高时，药皮中的某些成分会发生分解，降低保护效果；烘干温度过低或时间不够时，则受潮焊条的水分去除不彻底，仍可能产生气孔或延迟裂纹。一般酸性焊条需在 70 ~ 150℃烘干 1 ~ 2h，碱性低氢型焊条需要在 350 ~ 400℃烘干 1 ~ 2h。对于氢含量有特殊要求的低氢型焊条，堆焊前在 450℃下保温 2h，烘干后放在 100 ~ 150℃的恒温箱内，随用随取，若在常温下放置时间超过 4h，则应重新烘干。

　　焊条电弧堆焊时根据焊条药皮的类型选择焊机的种类和极性，低氢钠型焊条采用直流反接，以保证电弧燃烧稳定；低氢钾型焊条和钛钙型焊条推荐用直流反接；石墨型焊条建议用直流正接，这时稀释率较低，熔覆效率较高，堆焊层质量较好，也可选择交流电源，但此时电弧稳定性较差，功率因数较低。

　　焊条电弧堆焊一般通过调节焊接电流、电弧电压，焊接速度、运条方式及弧长等工艺参数控制熔深以达到降低稀释率、维持电弧稳定、保证堆焊层质量均匀的目的。另外，电流过大、电弧太长还会增加合金元素的烧损，电流小、电弧短对合金元素过渡有利。为了减少气孔和避免熔合不良缺欠，常采用焊条前倾、电弧向后吹的方式。

　　焊条电弧堆焊最易产生的缺欠是裂纹，防止裂纹的措施是焊前预热和焊后缓冷。裂纹倾向与堆焊金属的碳含量和合金元素的含量有关，对碳钢和低合金钢材料，预热温度根据堆焊材料的碳当量进行估算。根据碳当量确定的预热温度见表14-11。

表 14-11　堆焊材料与预热温度的关系

碳当量(质量分数,%)	0.4	0.5	0.6	0.7	0.8
预热温度/℃	≥100	≥150	≥200	≥250	≥300

预热温度还与工件的材质、刚度大小及堆焊厚度等有关。一般工件的碳含量和合金元素含量越高，工件的刚度越大，堆焊层越厚，所需的预热温度越高，但对于有些焊接材料或母材，预热温度过高可能导致塑性和韧性降低，劳动条件也会恶化。有时也可用碳含量较低、硬度适中的过渡层来降低预热温度或取消预热。整体预热一般在炉中加热，局部预热可以采用火焰或红外线加热。

2. 埋弧堆焊

埋弧堆焊是电弧掩埋在颗粒状焊剂下面，焊丝和焊件之间引燃电弧，使焊件、焊丝和焊剂熔化。金属和焊剂蒸发形成的气体形成气泡，电弧在气泡内燃烧，而气泡上面覆盖了一层焊剂熔化形成的熔渣，熔池受到熔渣和气泡的保护，很好地隔离了空气与熔池的接触，而且使弧光辐射不能散射出来，同时避免了飞溅。电弧向前移动时，电弧力将液态金属推向熔池后方，在随后的冷却过程中，这部分金属凝固形成堆焊层，而熔渣凝固成渣壳。熔渣不仅对堆焊金属起到机械保护作用，而且还参与熔池的冶金反应，对堆焊金属起到合金化的作用。图14-25是埋弧堆焊示意图。

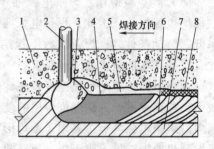

图 14-25　埋弧堆焊示意图
1—焊剂　2—焊丝　3—电弧　4—熔池
5—熔渣　6—焊缝　7—工件　8—焊缝

（1）特点及应用范围　埋弧堆焊电弧在焊剂下燃烧，既无弧光辐射，又没有飞溅，因此，埋弧堆焊的生产条件优于其他电弧堆焊方法，操作人员不必进行专门的防护。埋弧堆焊时采用大电流，通常为300～500A；有时高达900A，因而熔覆速度大，生产率高。埋弧堆焊的机械化和自动化水平高，因而堆焊层的性能稳定，成形美观，极少产生气孔、夹渣等缺欠。埋弧堆焊特别适合大面积堆焊，但埋弧堆焊的设备较大，移动不方便，焊剂使用前要干燥、储存较困难，不利于现场堆焊。

与其他电弧堆焊方法相比，埋弧堆焊由于熔渣的隔热和热辐射损失小，传入工件的热量较多，因而稀释率也较高，为了获得成分和性能均能满足要求的堆焊金属，经常需要堆焊2～3层。堆焊时工件温度梯度大，易引起开裂，因此常需要采取预热和缓冷措施，但预热温度过高可能造成脱渣困难。埋弧堆焊的熔池较大，颗粒状焊剂一般只适合于水平位置的堆焊，对圆柱形及大平面的工件堆焊较合适，不太适合堆焊小零件。

埋弧堆焊是应用最广泛的电弧堆焊方法之一，在大直径容器内壁堆焊不锈钢耐蚀层、轧钢机各类轧辊上堆焊耐磨层以及大面积堆焊制造双金属板等方面得到了广泛应用。埋弧堆焊用堆焊材料有碳素钢、低合金钢、不锈钢、耐热钢以及某些有色金属，如镍基合金、铜基合金等。

（2）堆焊工艺　由于埋弧堆焊采用的焊丝直径较粗，电弧具有水平的静特性曲线，所以一般选用具有下降外特性的焊接电源。埋弧堆焊的电源可以是交流电源，也可是直流电源或交直流并用。直流电源用于小电流堆焊或合金钢的自动埋弧堆焊，为降低稀释率和提高堆焊熔覆速度，宜采用直流正接。交流电源用于大电流堆焊，堆焊熔覆速度和稀释率介于直流正接和直流反接之间。

埋弧堆焊电极有单丝、多丝、带极等；电极的连接方式有串列、并列和串联电弧等类型。单丝埋弧堆焊适合于小面积堆焊或要求限制堆焊热输入的场合。为了减小稀释率可以采取下坡堆焊、提高电弧电压、降低焊接电流、减小堆焊速度、焊丝前倾及增加焊丝直径等措施。电极摆动也可以使焊道宽度增加、稀释率下降、相邻焊道的熔合质量得到改善。单丝埋弧堆焊所使用的焊丝直径多为 1.6 ~ 4.8 mm，焊接电流为 160 ~ 500A，交流和直流电源均可以采用。

多丝埋弧堆焊有串列双丝双弧、并列多丝和串联电弧等多种类型。串列双丝双弧埋弧堆焊时，位于前面的电弧电流较小，后面的电弧则采用大电流，这样可以使堆焊层及热影响区的冷却速度缓慢，降低淬硬和开裂倾向。并列多丝埋弧堆焊时，可以加大电流，提高生产率，熔深较浅，有利于获得低稀释率。串联电弧堆焊时，电弧在焊丝之间燃烧，因而熔深更浅，稀释率更低，但为了保证两根焊丝都能均匀熔化，宜采用交流电源。

采用带极进行埋弧堆焊可以进一步降低稀释率、提高熔覆速度，且得到的堆焊层宽而平整。带极堆焊可以获得低于 10% 的稀释率。采用的带极厚度为 0.4 ~ 0.8mm，有时也用厚度为 1.5mm 的带极。带极的宽度为 30 ~ 120mm，当采用更宽的带极（如 180mm）进行堆焊时，必须借助外加磁场控制电弧，以防止磁偏吹。若采用添加冷带极的双带极埋弧堆焊技术，可以使生产率提高 2.5 倍，而稀释率可以进一步得到降低。

埋弧堆焊工艺参数如焊接电流、电弧电压、堆焊速度都可以单独调节，力求在熔覆速度、稀释率和堆焊层成形等方面达到最佳状态，即实现高效、优质和低稀释率堆焊。堆焊电流加大，稀释率、熔深及堆焊层厚度均加大，提高堆焊速度也会导致稀释率增加，电压对稀释率的影响不明显。焊机的机头与工件的距离对熔深和稀释率有很大影响，若工件表面不平整，或者机头高度定位不准确，都会导致稀释率不稳定，严重时可能产生熔合不良。

埋弧堆焊不锈钢的典型焊接参数见表 14-12。

表 14-12　埋弧堆焊不锈钢的典型焊接参数

电极形式	电极尺寸 /mm	电源极性	电流 /A	电压 /V	堆焊速度 /(cm/min)	电极摆动幅度/(°)	熔覆速度 /(kg/h)	稀释率 (%)
单丝	1.6	正接	240	34	12.7	19	4.1	15 ~ 20
	2.4	正接	350	42	15.2	32	9.1	15 ~ 20
	2.4	交流	350	30	28.0	0	5.0	20 ~ 25
	3.2	交流	450	32	28.0	0	5.5	20 ~ 25
	4.0	交流	500	34	28.0	0	5.9	20 ~ 25
双丝串联	4.0	交流	400	26	25.4	0	18.6	20 ~ 25
三丝串联	4.0	交流	480	28	35.6	0	19.5	15 ~ 20
带极	0.5 × 30	反接	400	25	17.8	0	7.3	15 ~ 20
	0.5 × 30	反接	700	27	17.8	0	14.6	15 ~ 20
	0.5 × 30	反接	1250	27	12.7	0	27.2	15 ~ 20
	0.5 × 30	反接	1550	27	12.7	0	35.4	15 ~ 20

埋弧堆焊最常见的缺欠是气孔和夹渣。焊剂吸潮可能导致气孔，特别是使用回收焊剂时更加突出，采用真空式焊剂回收装置可以有效分离焊剂与尘土，降低气孔形成倾向。堆焊时

焊剂覆盖不充分可能使电弧外露，空气可能被卷入到熔池中导致气孔，当堆焊小直径的环形焊缝（小直径轧辊等）时容易出现这种现象，应当采取措施防止焊剂散落。电弧磁偏吹也能导致气孔，特别是直流电弧堆焊时这种现象更容易发生，为了减少磁偏吹的影响，应尽可能选择交流电源，工件上焊接电缆的连接位置尽可能远离焊缝的终端。埋弧堆焊时夹渣除了与焊剂的脱渣性有关外，还与堆焊工艺有关，平而凸的焊道脱渣容易，不易产生夹渣。

3. 气体保护电弧堆焊

（1）钨极氩弧堆焊　钨极氩弧堆焊是在氩气保护下，利用钨极与工件之间产生的电弧热熔化堆焊材料和工件表面形成堆焊层的方法。堆焊设备包括电源、引弧及稳弧装置、供气系统、水冷系统和控制系统及焊枪等部分。

1）特点及应用范围。钨极氩弧堆焊电弧稳定，即使在很小的电流（<10A）下也能稳定燃烧，适合于精密堆焊。氩气对母材和堆焊熔池的保护效果好，有利于含活性合金元素堆焊材料的堆焊，以及在易氧化的母材（如有色金属、不锈钢等）上堆焊。热源和堆焊材料可以分别控制，热输入易调节，可在各种位置下堆焊。由于填充材料不通过电流，因此不会产生飞溅，焊缝成形美观。钨极氩弧堆焊熔覆速度较低，但浅熔深有利于获得低的稀释率。另外，钨极的电流承载能力较差，过大的电流可能导致钨极熔化或蒸发，进入熔池的钨微粒可能污染堆焊金属。

钨极氩弧堆焊的能量密度较高，一般不必对工件预热，工件的变形小，但稀释率比火焰堆焊时高，在一些大型工件或者焊接性较差的母材上堆焊时，可以用钨极氩弧堆焊代替火焰堆焊。如用钛作稳定剂的不锈钢件、含铝的镍基合金零件、不允许增碳的材料、或火焰堆焊时易蒸发的材料等。

钨极氩弧堆焊层的质量较好，适于堆焊尺寸小、质量要求高、形状复杂的工件。如在汽轮机叶片上堆焊很薄的钴基合金，既可以减少钴的氧化烧损，又可保证较低的稀释率。

2）堆焊工艺。钨极氩弧堆焊要求采用具有陡降或恒流外特性的电源，以减少或排除因弧长变化而引起的电流波动。原则上钨极氩弧堆焊使用的电流可以是直流正接、直流反接和交流三类，但一般推荐用直流正接，以防止钨极发热量大造成钨极的熔化以及污染堆焊金属，如果需要在铝合金、镁合金和铝青铜等易氧化的金属上堆焊时，为了利于氧化膜的去除和避免钨极过热，可以采用交流钨极氩弧堆焊方法。

钨极氩弧堆焊所采用的堆焊材料有丝状、管状和铸条状，采用丝状堆焊材料，易实现自动化。自动堆焊时一般工件不动，焊枪移动，有利于在大工件上进行堆焊。依靠焊接参数的严格控制，如焊接电流、堆焊速度、送丝速度、焊枪的摆动等，能够获得高质量和重复性好的堆焊层。

氩弧堆焊的填充焊丝要均匀地加入熔池中，不能扰乱氩气流。焊丝端部应始终处于氩气保护区内，以免氧化。堆焊即将结束时应多填充焊丝，然后慢慢拉开电弧，直至熄弧，以防止产生过深的弧坑。堆焊完毕和切断电弧后，不应立刻将焊炬抬起，必须在 $3 \sim 5s$ 内继续送氩气，直到钨极及熔池区稍冷却后再停止输送氩气，并抬起焊炬。若气阀关闭过早，会引起炽热的钨极及堆焊层表面氧化。

用衰减电流的办法控制堆焊焊道末端的凝固速度可以有效地预防弧坑处产生缩孔和裂纹缺欠。采用摆动焊枪、脉冲电流、小电流堆焊等办法可以使堆焊稀释率显著降低。为了提高熔覆速度且不显著增加稀释率，可以用电阻热预热填充焊丝。当堆焊含硬质相的复合堆焊材料时，为了降低碳化钨等硬质相的熔化和分解，可以先用钨极氩弧熔化母材的表面，随后将含硬质相的复合堆焊材料填加到熔池中，或者将碳化钨等硬质合金直接填加到母材的熔池中，依靠母材表面熔化的金属将碳化钨等硬质颗粒粘结在母材表面，这些措施可以保证获得在母材表面均匀分布的硬质颗粒堆焊层。

(2) 熔化极气体保护电弧堆焊 熔化极气体保护电弧堆焊用的气体有 CO_2、Ar 及混合气体，CO_2 气体保护电弧堆焊成本低，但堆焊质量较差，适合堆焊性能要求不高的零件。自保护电弧堆焊采用专用药芯焊丝，堆焊时不需外加保护气体。熔化极气体保护电弧堆焊设备简单、操作方便，并可以获得多种成分的堆焊合金。

1) 实心焊丝堆焊。实心焊丝气体保护堆焊采用 CO_2 气体或 CO_2 + Ar 混合气体，具有较高的熔覆速度，但稀释率也较高（15% ~ 25%）。由于高合金成分焊丝的拉拔受到限制，实心焊丝气体保护堆焊主要用于合金元素含量较低、金属与金属摩擦磨损类型的零件表面堆焊。对于合金元素含量较高的堆焊合金，可采用药芯焊丝气体保护堆焊工艺。

CO_2 气体保护堆焊是采用 CO_2 气体作为保护介质的一种堆焊工艺。CO_2 气体以一定的速度从喷嘴中吹向电弧区形成了一个可靠的保护区，把熔池与空气隔开，防止 N_2、H_2、O_2 等侵入熔池，提高了堆焊层的质量。

目前采用低碳低合金钢焊丝，如 H08Mn2SiA、H10MnSi、H04Mn2SiTiA、H08MnSiCrMo 等焊丝的 CO_2 气体保护电弧堆焊应用广泛。采用 CO_2 气体保护焊，在自动送进 H08Mn2SiA 焊丝的同时，向熔池送入 YG8（WC 92%、Co 8%，质量分数）合金粉末，可得到 WC + α 固溶体的堆焊层，如图 14-26 所示。

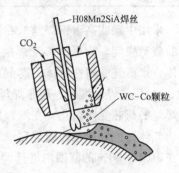

图 14-26 外送颗粒合金的 CO_2 气体保护堆焊

CO_2 气体保护堆焊的主要优点是：堆焊时对工件表面的油、锈不敏感，堆焊层质量稳定，堆焊层硬度高，生产效率高且成本低，不需要清渣，CO_2 气体容易供应等。缺点是堆焊时飞溅大、合金元素烧损严重。

实心焊丝振动电弧堆焊是将工件夹持在专用机床上，以一定的速度旋转，堆焊机头沿工件轴向移动。焊丝一方面自动送进，同时以一定的频率和振幅振动，如图 14-27 所示。堆焊时不断向堆焊区加 4% ~ 6% 碳酸钠溶液冷却。

振动电弧堆焊实际上是等速送进焊丝自动电弧焊的一种特殊形式，焊丝端部相对于工件表面进行有规律的振动。堆焊过程很稳定、飞溅小，堆焊层厚度可控制在 0.5 ~ 3.0mm。实心焊丝振动电弧堆焊的主要特点如下：

① 采用细焊丝（直径 1.0 ~ 2.0mm）、低

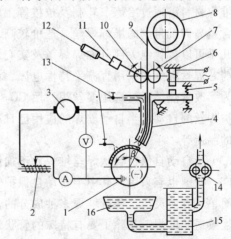

图 14-27 实心焊丝振动电弧堆焊示意图
1—堆焊工件 2—电感调节器 3—直流电源 4—焊嘴
5—弹簧 6—电磁振动器 7—压紧滚轮 8—焊丝盘
9—焊丝 10—送丝滚轮 11—减速器
12—送丝电动机 13—调节阀 14—水泵
15—沉淀箱 16—冷却液接盘

电压（14～18V）、脉冲引弧和有规律的小熔滴短路过渡，能得到薄而均匀的堆焊层。

② 电弧功率小，使工件变形小、熔深浅，堆焊热影响区小。

③ 在堆焊区加冷却液可以减小变形、硬化表面层和增加耐磨性、减小热影响区宽度和降低稀释率。

④ 堆焊过程自动化，生产效率高，劳动条件好。

这种方法适合于直径较小、要求变形小的旋转体零件（如轴类、轮类），目前已在农机、汽车、工程机械等修复工作中普遍应用。高铬不锈钢实心焊丝气体保护堆焊的焊接参数见表14-13。

表 14-13 高铬不锈钢实心焊丝气体保护堆焊的焊接参数

焊丝直径/mm	0.8	1.0	1.2	1.6	备　注
堆焊电流/A	80～180	120～200	180～250	250～330	直流缓降特性电源，采用直流正接
电弧电压/V	18～19	18～32	18～32	18～32	

采用中碳或高碳钢焊丝，在使用冷却液堆焊时，堆焊层容易产生裂纹，这将大大降低零件的疲劳强度。为了改善堆焊层质量、防止裂纹、提高零件的疲劳强度，可采用加入 CO_2 气体、水蒸气、惰性气体、熔剂层等保护介质的振动电弧堆焊。

2）药芯焊丝堆焊。药芯焊丝气体保护堆焊是一种气体-焊剂联合保护的堆焊方法，堆焊时焊丝的药芯受热熔化，在堆焊层表面覆盖一层薄薄的熔渣。药芯焊丝堆焊可以采用自保护焊、气体保护焊或表面喷焊完成堆焊。药芯焊丝堆焊材料的品种十分丰富。药芯焊丝填充率可在 10%～60% 的范围内进行调整，只要通过调整药芯焊丝填充率和药芯合金成分，便可选择适合于各种场合的堆焊药芯焊丝。

用药芯焊丝堆焊，生产效率为焊条电弧堆焊的 3～7 倍，同时由于其高效率、低能耗、低劳动成本、高的材料利用率及质量好等，比焊条电弧堆焊具有明显低的综合成本。而实心焊丝堆焊材料需通过冶炼、轧制及拉拔等工序，它仅适于大批量且合金含量低的品种。对于合金含量高而批量少的堆焊焊丝，造价较高，无法与药芯焊丝相比拟。因此，表面堆焊药芯焊丝几乎可以替代绝大部分堆焊焊条及实心焊丝来完成堆焊。

药芯焊丝堆焊多采用直流平特性电源，小面积堆焊时可采用单丝堆焊设备，大面积堆焊或是为了改善热循环可选用多丝焊，用 CO_2 气体保护时采用直流正接。目前采用药芯焊丝、自保护焊丝的自动或半自动堆焊的应用已日趋广泛，主要应用在冶金设备、汽车、农机易磨损件的制造等。

（3）半自动自保护管状焊丝堆焊　不加保护气体的自保护药芯焊丝明弧堆焊，在国外应用很广，我国也有采用。其中半自动自保护管状焊丝堆焊用得较多。这种方法的突出优点是设备简单、方便灵活，并可堆焊多种成分的合金。

连续送丝堆焊工艺除了要有特殊的管状焊丝外，还应有相应的堆焊设备才能实现半自动堆焊工艺。半自动自保护管状焊丝堆焊方法采用的电源是一种用电动风扇冷却的、具有下降特性的普通硅整流电弧焊电源，负载持续率为 100% 时，焊接电流可达 400A。对于连续焊接电流能达 400A 的下降特性直流电源（不管是旋转式的还是整流式的）都可采用。

半自动送丝机是自保护管状焊丝电弧堆焊的主要设备，其中还包括大功率空气冷却的焊枪。焊枪与送丝焊机之间用长度5m的导电软管相连。另外还附有远距离控制线路，以便于现场灵活操作。

送丝电动机的励磁电流是以电弧电压作为调节信号的。操作中电弧长度的改变（即电弧电压的变化）直接控制了送丝电动机的转速，从而自动地补偿电弧长度的变化，使电弧燃烧得以恢复正常状态。另外，在送丝系统中，还装有一个动力制动器。当电弧熄灭后，能马上使送丝电动机停止旋转，以保持焊丝一定的伸出长度。

管状焊丝盘装在焊机机壳内，这样能防止积灰，保证送丝系统清洁和导电良好。不锈钢自保护管状焊丝堆焊的焊接参数见表 14-14。

表 14-14　不锈钢自保护管状焊丝堆焊的焊接参数

焊丝数 （直径 2.4mm）	平特性电源 （额定电流）/A	堆焊电流 /A	电弧电压 /V	堆焊速度 /(cm/min)	熔覆速度 /(kg/h)	稀释率 （%）	摆动频率 /(次/min)
1	400	300	27	51	5.4	20	0
2	800	600	27	11	13.6	12	20
3	1200	900	27	10	20.4	12	20
6	2×1200	1800	27	9	38.6	12	20

4. 等离子弧堆焊

等离子弧堆焊是利用等离子弧作热源，将堆焊材料（焊丝、铸条或粉末）熔覆到母材上获得堆焊层的方法。焊接过程所采用的等离子弧有三种类型，即非转移型、转移型及联合型。堆焊过程一般采用联合型或转移型等离子弧作为热源。等离子弧堆焊有粉末等离子弧堆焊、填丝等离子弧堆焊等，容易加工成焊丝的堆焊材料均可用填丝法堆焊；对于成形困难的堆焊材料，可以将其机械混合成粉末，或用粉末冶金法制备成自熔性合金粉末，用粉末等离子弧堆焊方法进行堆焊；也可将堆焊合金预制成环状或其他形状，放置在零件的堆焊部位，用等离子弧加热熔化形成堆焊层。

（1）特点及应用范围　等离子弧的显著特点是电弧在机械压缩、磁收缩和热收缩作用下被强烈压缩，能量密度高，传热率和热利用率显著提高，所以熔覆速度快，熔深浅，稀释率低，工件的变形也小。等离子弧燃烧稳定，弧长变化对电流的影响小，容易保持电弧的挺度和方向性。等离子弧堆焊采用惰性气体作保护气，对熔池的保护效果好，钨极对堆焊金属的污染少，堆焊层的质量显著提高。

粉末等离子弧堆焊方法所能堆焊的材料种类多，如铁基、镍基、钴基合金，含碳化钨的复合堆焊合金甚至碳化钨颗粒等都能堆焊。粉末等离子弧堆焊广泛用于阀门密封面、发动机阀座、钻探工具、刃具及轧机导辊等零件的堆焊。填丝等离子弧堆焊方法有冷丝和热丝两种。填充冷丝的熔覆速度较低，主要用于各种阀门堆焊及小面积堆焊耐磨和耐腐蚀合金。热丝堆焊显著提高熔覆速度，特别适合大面积的自动堆焊，如压力容器内壁堆焊不锈钢、镍基、铜基合金等。

堆焊材料的送进和等离子弧的工艺参数可以独立控制，所以熔深和表面形状容易控制。改变电流、送丝（粉）速度、堆焊速度、等离子弧摆动幅度等就可以使稀释率、堆焊层尺寸在较大范围内变化。稀释率最低可达 5%，堆焊层厚度为 0.8 ~ 6.4mm，宽度为 4.8 ~ 38mm。

等离子弧堆焊设备比较复杂，而且通常需用两个电源供电以维持转移弧和非转移弧，因此设备价格比较贵；堆焊过程消耗的气体量大，堆焊过程需要调整和控制的参数较复杂，故对操作技术要求也较高。等离子弧堆焊焊枪喷嘴的寿命较短，需经常更换。由于热梯度较大，为防止开裂，大尺寸工件堆焊时必须预热，而在预热的工件上长时间堆焊又将引起焊枪的过热，会破坏堆焊过程的稳定，因此也限制了等离子弧堆焊在大面积耐磨层堆焊中的应用。

（2）堆焊工艺 等离子弧堆焊时，常用 Ar 作保护气体；具有下降或陡降特性的电源均可以用于等离子弧堆焊；等离子弧堆焊时的电源极性为钨极接负极，工件和喷嘴接正极。

1）填丝等离子弧堆焊。冷丝堆焊时，便于拔制成焊丝的堆焊材料，一般均采用自动堆焊，如不锈钢和铜合金堆焊材料等，采用送丝机构，使堆焊过程自动化。拔丝困难的材料，如钴基合金、含碳化钨的复合合金等，可以铸成棒条，采用手工送丝进行堆焊。根据工件和堆焊层尺寸的要求，可以采用一根焊丝或多根焊丝并排送给，多根焊丝堆焊时等离子弧在摆动过程中加热熔化堆焊材料和母材表面形成堆焊层。冷丝堆焊在工艺和堆焊层质量方面较稳定，但熔覆速度较低。

采用热丝填充可以提高熔覆效率，用独立交流电源预热填充焊丝，并连续将其熔覆在等离子弧前面，随后等离子弧将它与工件熔合在一起。热丝等离子弧堆焊送进焊接区的焊丝是热的，且必须自动送进。用热丝的目的是提高熔覆速度和降低稀释率，热丝表面进行去氢处理，堆焊层气孔较少。双热丝等离子弧堆焊示意图如图 14-28 所示。

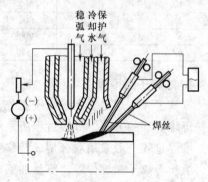

图 14-28 双热丝等离子弧堆焊示意图

焊丝可以是实心的，也可以为管状的。通过调节送丝速度和预热电流，可以控制焊丝正好在等离子弧前熔化，而又避免打弧现象，工艺灵活性较大。双热丝等离子弧堆焊不锈钢的焊接参数见表 14-15。

表 14-15 双热丝等离子弧堆焊不锈钢的焊接参数

焊丝直径 /mm	焊接电流 /A	电弧电压 /V	气体流量 /(L/min)	堆焊速度 /(cm/min)	熔覆速度 /(kg/h)	稀释率 (%)	预热电流 /A
1.6	400	38	23.4	20	18～23	8～12	160
1.6	480	38	23.4	23	23～27	8～12	180
1.6	500	39	23.4	23	27～32	8～15	200
2.4	500	39	23.6	25	27～32	8～15	240

2）粉末等离子弧堆焊。粉末等离子弧堆焊是将合金粉末自动送入等离子弧区实现堆焊的方法。各种成分的堆焊合金粉末制造比较方便，堆焊时合金成分的要求易于满足。堆焊工作易于实现自动化，能获得稀释率低的薄堆焊层，且平滑整齐，不加工或稍加工即可使用，因而可以降低贵重材料的消耗。适于在低熔点材质的工件上进行堆焊，特别是大批量和高效率的堆焊新零件更为方便。

粉末等离子弧堆焊机与一般等离子弧焊机大致相同，只是用粉末堆焊焊枪代替等离子弧焊机中的焊枪。粉末堆焊焊枪一般采用直接水冷并带有送粉通道，所用喷嘴的压缩孔道比一般不超过 1。等离子弧堆焊时，一般采用转移弧或联合型弧。除了等离子气及保护气外，还需要送粉气，送粉气一般采用氩气。

　　粉末等离子弧堆焊焊接参数主要包括转移弧电压和电流、非转移弧电流、送粉量、离子气和送粉气流量、喷嘴与工件之间的距离等。转移弧是等离子弧堆焊的主要热源。在堆焊过程中，转移弧电压随堆焊电流的增加近似呈线性上升。在焊枪和其他参数确定的情况下，堆焊电流在较大范围内变动时，电弧电压的变化却不大。非转移弧首先起过渡引燃转移弧的作用。在等离子弧堆焊中，一种情况是保留非转移弧，采用联合型弧工作；另一种情况是当转移弧引燃后，将非转移弧衰减并去除。采用联合型弧工作时，保留非转移弧的目的是使非转移弧作为辅助热源，同时有利于转移弧的稳定。非转移弧的存在不利于喷嘴的冷却。非转移弧电流一般为 60 ~ 100A，而作为联合型弧中的非转移弧电流应更小些，须根据转移弧电流大小适当选择。

　　送粉量是指单位时间内从焊枪送出的合金粉末量，一般用 g/min 表示。在等离子弧堆焊过程中，其他参数不变的情况下，改变堆焊速度和送粉量，熔池的热状态会发生变化，从而影响堆焊层质量。增加送粉量，工件熔深减小，当送粉量增加到一定程度时，粉末熔化不好、飞溅严重，易出现未焊透。在保证堆焊层成形尺寸一致的条件下，增加送粉量要相应地提高堆焊速度。为了使合金粉末熔化良好，保证堆焊质量，要相应加大堆焊电流，使熔池的热状态维持不变，以提高熔覆率。离子气的流量要根据喷嘴孔径大小、非转移弧和转移弧的工作电流大小来选择。喷嘴孔径大，工作电流大，气流量要偏大；离子气流量一般以 300 ~ 500L/h 为宜。送粉气主要起输送合金粉末的作用，同时也对熔池起保护作用，送粉气流量一般在 300 ~ 700L/h 范围内调节。

　　喷嘴与工件之间的距离反映转移弧的电压。距离过高，电弧电压偏高，电弧拉长，使电弧在这段距离内未经受喷嘴的压缩，而弧柱直径扩张，受周围空气影响使得电弧稳定性和熔池保护变差。距离过低，粉末在弧柱中停留时间短，不利于粉末在弧柱中预先加热，熔粒飞溅粘在喷嘴端面现象较严重。喷嘴与工件之间的距离根据堆焊层厚度及堆焊电流大小，在 10 ~ 20mm 范围内调整。

参 考 文 献

[1] 王元良，陈辉. 焊接科学与工程 [M]. 西安：西安交通大学出版社，2008.

[2] 史耀武. 焊接技术手册：上、下册 [M]. 北京：化学工业出版社，2009.

[3] 宋天虎. 关于焊接科学与技术发展的几点思考 [J]. 焊接，2010 (6)：1.

[4] 中国机械工程学会焊接学会. 焊接手册：第1-3卷 [M]. 3版. 北京：机械工业版社，2008.

[5] Carmignani C, Mares R, Toselli G. Transient finite element analysis of deep penetration laser welding process in a singlepass butt-welded thick steel plate [J]. Computer Methods in Applied Mechanics and Engineering, 1999, 179 (3)：197-214.

[6] 武传松. 焊接热过程与熔池形态 [M]. 北京：机械工业出版社，2008.

[7] 张文钺. 焊接传热学 [M]. 北京：机械工业出版社，1989.

[8] Choo R T C, Szekely J and Westhoff R C. Modeling of high-current arcs with emphasis on free surface phenomena in the weld pool [J]. Weld. J., 1990, 69 (9)：346s-361s.

[9] Tsai M C and Kou S. Electromagnetic-force-induced convection in weld pools with a free surface [J]. Weld. J., 1990, 69 (6)：241s-246s.

[10] Choo R T C, Szekely J and David S A. On the calculation of the free-surface temperature of gas-tungsten-arc weld pools from first principles：Part II -modeling the weld pool and comparison with experiments [J]. Metall Trans B, 1992, 23 (6)：371-378.

[11] Kanouff M and Greif R. The unsteady development of a GTA weld pool [J]. Int. J. Heat Mass Transfer, 1992, 35 (4)：967-979.

[12] 拉达伊 D. 焊接热效应. [M]. 熊第京，郑朝云，史耀武，译. 北京：机械工业出版社，1997.

[13] 武传松. 焊接热过程数值分析 [M]. 哈尔滨：哈尔滨工业大学出版社，1990.

[14] Domey J, Aidum D K, G Ahmadi et al. Numerical simulation of the effect of gravity on weld pool shape [J]. Weld. J., 1995, 74 (8)：263s-268s.

[15] Lee S Y and Na S J. A numerical analysis of molten pool convection considering geometric parameters of cathode and anode [J]. Weld. J., 1997, 76 (11)：484s-497s.

[16] Ko S H, Farson D F, S K Choi et al. Mathematical modeling of the dynamic behavior of gas tungsten arc weld pools [J]. Metall Mater Trans B, 2000, 31 (12)：1465-1473.

[17] T. Zacharia, A. H. Eraslan, D. K. Aidun, and S. A. David. Three-dimensional transient model for arc welding process [J], Metall. Trans. B, 1989, 20 (10)：645-659.

[18] 胥国祥，武传松，秦国梁，等. 激光+GMAW复合热源焊缝成形的数值模拟 I 表征激光作用的体积热源分布模式 [J]. 金属学报，2008, 44 (4)：478-482.

[19] 秦国梁，林尚扬. Nd：YAG 激光深熔焊接过程中小孔的形态特征 [J]. 焊接学报，2007, 43 (1)：81-84.

[20] Choo R T C and Szekely J. The possible role of turbulence in GTA weld pool behavior [J]. Weld. J., 1994, 73 (2)：25s-31s.

[21] T Zacharia. Heat transfer during Nd：Yag pulsed laser welding and its effect on solidification structure of austenitic stainless steels [J]. Metall. Trans. A, 1989, 20 (5)：957-967.

[22] M C Tsai and S Kou Marangoni convection in weld pool with a free surface [J], Int. J. Numer. Math. Fluids, 1989, 9：1503-1506.

[23] A A 叶罗欣. 熔焊原理 [M]. 赵裕民，等译. 北京：机械工业出版社，1982.

[24] 陈伯蠡. 金属焊接性基础 [M]. 北京：机械工业出版社，1982.

[25] J. F. Lancaster. The Physics of Welding [M]. London：PERGAMON PRESS，1984.

[26] 张文钺. 焊接冶金学：基本原理 [M]. 北京：机械工业出版社，1995.

[27] 陈伯蠡. 焊接冶金原理 [M]. 北京：清华大学出版社，1991.

[28] 杜则裕，等. 工程焊接冶金学 [M]. 北京：机械工业出版社，1993.

[29] 文景，文援兰. 电焊条研制技术 [M]. 长沙：国防科技大学出版社，2001.

[30] 何少卿，吴国权. 焊条、焊剂制造手册—工艺、检验与质量管理 [M]. 北京：化学工业出版社，2010.

[31] 廖立乾，文花明. 焊条的设计、制造与使用 [M]. 北京：机械工业出版社，1988.

[32] 张子荣，李异鹤. 电焊条—设计、制造、选用 [M]. 北京：机械工业出版社，1996.

[33] 唐伯钢，尹士科，王玉荣. 低碳钢与低合金高强钢焊接材料 [M]. 北京：机械工业出版社，1987.

[34] 吴树雄. 焊丝选用指南 [M]. 北京：化学工业出版社，2003.

[35] 田志凌，潘川，梁东图. 药芯焊丝 [M]. 北京：冶金工业出版社，1999.

[36] 张清辉，吴宪平，洪波. 焊接材料研制理论与技术 [M]. 北京：冶金工业出版社，2002.

[37] 吕德林，等. 焊接金相分析 [M]. 北京：机械工业出版社，1986.

[38] 中国机械工程学会焊接学会. 焊接金相图谱 [M]. 北京：机械工业出版社，1987.

[39] 曾乐. 焊接工程学 [M]. 北京：新时代出版社，1986.

[40] 孙俊生，武传松，等. GMAW 焊接传热及其对 HAZ 奥氏体晶粒长大过程的影响 [J]. 焊接学报，2000，21（3）：27-31.

[41] 许祖泽. 新型微合金钢的焊接 [M]. 北京：机械工业出版社，2004.

[42] 张汉谦. 钢熔焊接头金属学 [M]. 北京：机械工业出版社，2000.

[43] 王智慧，等. 奥氏体/铁素体异种钢焊接接头熔合区组织的研究 [J]. 北京工业大学学报，1988，14（4）：9-18.

[44] 张文钺. 焊接物理冶金 [M]. 天津：天津大学出版社，1991.

[45] 牛济泰. 材料和热加工领域的热模拟技术 [M]. 北京：国防工业出版社，1999.

[46] 于启湛. 钢的焊接脆化 [M]. 北京：机械工业出版社，1992.

[47] K 依斯特林格. 焊接物理冶金导论 [M]. 唐慕尧，等译. 北京：机械工业出版社，1989.

[48] 上田修三. 结构钢的焊接 [M]. 荆洪阳，等译. 北京：冶金工业出版社，2004.

[49] 机械电子工业部哈尔滨焊接研究所. 国产低合金钢焊接 CCT 图册 [M]. 北京：机械工业出版社，1990.

[50] 李亚江，等. 高强钢的焊接 [M]. 北京：冶金工业出版社，2010.

[51] 陈伯蠡. 焊接工程缺欠分析与对策 [M]. 2 版. 北京：机械工业出版社，2006.

[52] 陈祝年. 焊接工程师手册 [M]. 2 版. 北京：机械工业出版社，2010.

[53] 邹增大，李亚江，孙俊生，等. 焊接材料、工艺及设备手册 [M]. 北京：化学工业出版社，2001.

[54] 中国机械工程学会焊接分会. 焊接词典 [M]. 2 版. 北京：机械工业出版社，1997.

[55] 刘胜新. 焊接工程质量评定方法及检测技术 [M]. 北京：机械工业出版社，2010.

[56] 李润民，张思深. 吉林煤气公司 400m³ 球罐破裂事故的分析 [J]. 焊接，1984，（4）：1-5.

[57] 李亚江，王娟. 焊接原理与应用 [M]. 北京：化学工业出版社，2009.

[58] 关绍康. 材料成形基础 [M]. 长沙：中南大学出版社，2009.

[59] 陈铮. 材料连接原理 [M]. 哈尔滨：哈尔滨工业大学出版社，2001.

[60] 陈奇志，褚武扬，乔利杰，等. 氢致脆断的 TEM 原位拉伸观察 [J]. 金属学报，1994，30（6）：A248-A256.

[61] 蒋生蕊，彭栋梁，江向平. 氢致 II 型裂纹扩展的位错理论 [J]. 兰州大学学报：自然科学版，1993

(4)：86-91.

[62] 蒋生蕊，权宏顺. 弹性连续介质中氢致裂纹传播理论 [J]. 物理学报，1992：41 (1)：46-55.

[63] A H M Krom，R W J Koers，A Bakker. Hydrogen Transport near a Blunting Crack Tip [J]. Journal of the Mechanics and Physics of Solids，1999，47 (4)：971-992.

[64] W F Savage，E F Nippes. Hydrogen induced cold cracking in a low alloy steels [J]. Welding Journal. 1977，55 (9)：276s-283s.

[65] Nevasmaa，Pekka，Predictive Model for the Prevention of Weld Metal Hydrogen Cracking in High-strength Multipass Welds [M]. Oulu University Press，Oulu，2003.

[66] Lesnewich，A，ASM Handbook，Vol. 6：Welding，Brazing and Soldering [M]，ASM International，Materials Park，OH，1993.

[67] 李亚江. 焊接组织性能与质量控制 [M]，北京：化学工业出版社，2005.

[68] 张文钺，杜则裕，许玉环，等. 国产低合金高强钢冷裂判据的建立 [J]. 天津大学学报，1983，(3)：65-75.

[69] S P Ghiya，D V Bhatt，R V Rao. Stress relief cracking in advanced steel material-overview [C]. Proceedings of the World Congress on Engineering，London，2009

[70] Sindo Kou. Welding Metallurgy [M]. 2nd Edition，New Jersey：John Wiley & Sons，Inc.，2003.

[71] 王勇，王引真，张德勤. 材料冶金学与成型工艺 [M]. 东营：石油大学出版社，2005.

[72] 吴开源，王勇，赵卫民. 金属结构的腐蚀与防护 [M]. 东营：石油大学出版社，2000.

[73] 左景伊. 应力腐蚀破裂 [M]. 西安：西安交通大学出版社，1985.

[74] Y Wei，Z Dong，R Liu，et al. Simulating and Predicting Weld Solidification Cracks [A]. In：Thomas Böllinghaus，Horst Herold，eds. Hot Cracking Phenomena in Welds [C]. Springer-Verlag Berlin Heidelberg，2005：185-222.

[75] Slyvinsky，H Herold，M Streitenberger. Influence of Welding Speed on the Hot Cracking Resistance of the Nickel-Base Alloy NiCr25FeAlY During TIG-Welding [A]. In：Thomas Böllinghaus，Horst Herold，eds. Hot Cracking Phenomena in Welds [C]. Springer-Verlag Berlin Heidelberg，2005：42-58.

[76] K Stelling，Th Böllinghaus，M Wolf A，et al. Hot Cracks as Stress Corrosion Cracking Initiation Sites in Laser Welded Corrosion Resistant Alloys [A]. In：Thomas Böllinghaus，Horst Herold，eds. Hot Cracking Phenomena in Welds [C]. Springer-Verlag Berlin Heidelberg，2005：165-182.

[77] 崔约贤，王长利. 金属断口分析 [M]. 哈尔滨：哈尔滨工业大学出版社，1998.

[78] P. Bernasovský. Contribution to HAZ Liquation Cracking of Austenitic Stainless Steels [A]. In：Thomas Böllinghaus，Horst Herold，eds. Hot Cracking Phenomena in Welds [C]. Springer-Verlag Berlin Heidelberg，2005：84-103.

[79] Matsuda F，Nakagawa H，Ogata S，Katayama S. Fractographic Investi-gation on Solidification Crack in the Varestraint Test of Fully Austenitic Stainless Steel：Studies on Fractography of Welded Zone（Ⅲ）[J]. Transactions of JWRT 7，W1，1978：59-70.

[80] 田燕. 焊接区断口金相分析 [M]. 北京：机械工业出版社，1991.

[81] 尹士科，裴新军，倾学义. 钢铁冶金技术的进步及对焊接冶金方面的几点思考 [J]. 焊接，2007 (9)：26-29.

[82] 李午申，唐伯钢. 中国钢材、焊接性与焊接材料发展及需要关注的问题 [J]. 焊接，2008 (3)：1-12.

[83] 上海市焊接学会，上海东升焊接集团有限公司，陈裕川. 低合金结构钢焊接技术 [M]. 北京：机械工业出版社，2008.

[84] 李少华，尹士科，刘奇凡. 焊接接头强度匹配和焊缝韧性指标综述 [J]. 焊接，2008 (1)：24-27.

[85] 吴树雄，尹士科，李春范. 金属焊接材料手册 [M]. 北京：化学工业出版社，2008.

[86] 干勇，田志凌，董瀚，等. 中国材料工程大典：第2卷 钢铁材料工程 [M]. 北京：化学工业出版社，2006.

[87] 翁宇庆，等. 超细晶钢——钢的组织细化理论与控制技术 [M]. 北京：冶金工业出版社，2003.

[88] 于启湛，史春元. 耐热金属的焊接 [M]. 北京：机械工业出版社，2009.

[89] 杨富，章应霖，任永宁，等. 新型耐热钢焊接 [M]. 北京：中国电力出版社，2006.

[90] John C Lippold，Damian J Kotecki. 不锈钢焊接冶金学及焊接性 [M]. 陈剑虹，译. 北京：机械工业出版社，2008.

[91] Erich Folkhard. 不锈钢焊接冶金 [M]. 栗卓新，朱学军，译. 北京：化学工业出版社，2004.

[92] 李亚江. 焊接冶金学—材料焊接性 [M]. 北京：机械工业出版社，2007.

[93] 黄德彬. 有色金属材料手册 [M]. 北京：化学工业出版社，2005.

[94] 李志远，钱乙余，张九海，等. 先进连接方法 [M]. 北京：机械工业出版社，2004.

[95] 韩国明. 焊接工艺理论与技术 [M]. 2版. 北京：机械工业出版社，2007.

[96] 陈裕川. 高效 MIG/MAG 焊的新发展 [J]. 现代焊接，2008 (12)：J-4—J-8.

[97] William，F Marlow. Welding Essentials (Questions and Answers) [M]. Industrial Press，New York，2001.

[98] 周万盛，姚君山. 铝及铝合金的焊接 [M]. 北京：机械工业出版社，2006.

[99] 刘会杰，潘庆. 搅拌摩擦焊焊接缺陷的研究 [J]. 焊接，2007 (2)：17-20.

[100] 黄旺福，黄金刚. 铝及铝合金焊接指南 [M]. 长沙：湖南科学技术出版社，2004.

[101] 林三宝，赵彬. LF6 铝合金搅拌摩擦点焊 [J]. 焊接，2007 (3)：28-30.

[102] 刘振清. 火力发电厂凝气器钛材管板密封焊接施工 [J]. 焊接技术，1994 (3)：34-37.

[103] 曲金光. 钛制降膜蒸发器的焊接工艺研究 [J]. 焊接技术 1998 (2)：28～30.

[104] 张津，章宗和，等. 镁合金及应用 [M]. 北京：化学工业出版社，2004.

[105] 陈振华. 镁合金 [M]. 北京：化学工业出版社，2004.

[106] 冯吉才，王亚荣，张忠典. 镁合金焊接技术的研究现状及应用 [J]. 中国有色金属学报，2005，15 (2)：165-178.

[107] 张华，吴林，林三宝，等. AZ31 镁合金搅拌摩擦焊研究 [J]. 机械工程学报，2004：40 (8)：123-126.

[108] 邢丽，柯黎明，孙德超，等. 镁合金薄板的搅拌摩擦焊工艺 [J]. 焊接学报，2001：22 (6)：18-20.

[109] 潘际銮. 镁合金结构及焊接. 第十一次全国焊接会议论文集（第1册）[C]，上海：2005.

[110] 王立志，贺定勇，蒋建敏，等. 镁合金钎焊材料研究进展 [J]，焊接，2007 (8)：9-14.

[111] 李亚江，等. 轻金属焊接技术 [M]. 北京：国防工业出版社，2011.

[112] 张喜燕，赵永庆，白晨光. 钛合金及应用 [M]. 北京：化学工业出版社，2004.

[113] 任家烈，吴爱萍. 先进材料的连接 [M]. 北京：机械工业出版社，2000.

[114] 方洪渊，冯吉才. 材料连接过程中的界面行为 [M]. 哈尔滨：哈尔滨工业大学出版社，2005.

[115] 李亚江. 特殊及难焊材料的焊接 [M]. 北京：化学工业出版社，2003.

[116] 张启运. 钎焊手册 [M]，北京：机械工业出版社，2008.

[117] 吴爱萍，邹贵生，任家烈. 先进结构陶瓷的发展及其钎焊连接技术的进展 [J]. 材料科学与工程，2002，20 (1)：104-106.

[118] 冯吉才，靖向盟，张丽霞，等. TiC 金属陶瓷/钢钎焊接头的界面结构和连接强度 [J]. 焊接学报，2006，27 (1)：5-8.

[119] 冯吉才，李卓然，何鹏，等. TiAl/40Cr 扩散连接接头的界面结构及相成长 [J]. 中国有色金属学报，2003，13 (1)：162-166.

[120] 高德春，杨王玥，董敏，等. Fe-Al 基金属间化合物的焊接性 [J]. 金属学报，2000：36 (1)：87-92.

[121] 仲增墉，叶恒强. 金属间化合物：全国首届高温结构金属间化合物学术讨论会文集 [C]. 北京：机械工业出版社，1992.

[122] 汪才良，朱定一，卢铃. 金属间化合物 Fe_3Al 的研究进展 [J]. 材料导报，2007，21 (3)：67-69.

[123] 余兴泉，孙扬善，黄海波. 轧制加工对 Fe_3Al 基合金组织及性能的影响 [J]. 金属学报，1995：31B (8)：368-373.

[124] 郭建亭，孙超，谭明晖，等. 合金元素对 Fe_3Al 和 FeAl 合金力学性能的影响 [J]. 金属学报，1990，26A (1)：20-25.

[125] 丁成钢，陈春焕，从国志，等. Fe-Al 合金 TIG 焊接头组织与性能研究 [J]. 应用科学学报，2000，18 (1)：368-370.

[126] C G Mckamey, J H Devan, P F Tortorelli and V K Sikka. A review of recent development in Fe_3Al-based alloy [J]. Journal of Materials Research, 1991, 6 (8)：1779-1805.

[127] 张永刚，韩雅芳，陈国良，等. 金属间化合物结构材料 [M]. 北京：国防工业出版社，2001.

[128] S A David and T Zacharia. Weldability of Fe_3Al-type aluminide [J]. Welding Journal, 1993：72 (5)：201-207.

[129] 张伟伟，徐道荣，夏明生. Fe_3Al 合金的钎焊性能试验研究 [J]. 焊接技术，2005：34 (2)：7-19.

[130] S A David, J. A. Horton and C G Mckamey. Welding of iron aluminides [J]. Welding Journal, 1989, 68 (9)：372-381.

[131] Li Yajiang, Wang Juan, Yin Yansheng and Wu Huiqiang. Phase constitution near the interface zone of diffusion bonding for Fe_3Al/Q235 dissimilar materials [J]. Scripta Materials, 2002：47 (12)：851-856.

[132] 闵学刚，余新泉，孙扬善，等. 手弧堆焊 Fe_3Al 堆焊层的组织形貌与抗氧化性能 [J]. 焊接学报，2001，22 (1)：56~58.

[133] 徐滨士，刘世参. 表面工程技术手册 [M]. 北京：化学工业出版社，2009.

[134] 徐滨士，朱绍华，等. 表面工程的理论与技术 [M]. 北京：国防工业出版社，1999.

[135] 徐滨士，刘世参. 表面工程新技术 [M]. 北京：国防工业出版社，2002.

[136] 董允，张廷森，林晓婷. 现代表面工程技术 [M]. 北京：机械工业出版社，2000.

[137] 田丰，赵程，彭红瑞，等. 金属材料表面熔覆方法的研究进展 [J]. 青岛化工学院院报，2002，23 (3)：50-53.

[138] 王娟等. 表面堆焊与热喷涂技术 [M]. 北京：化学工业出版社，2004.

[139] 王新洪，邹增大，曲士尧. 表面熔融凝固强化技术 [M]. 北京：化学工业出版社，2005.

[140] 张三川，姚建铨，梁二军. 激光熔覆进展与熔覆合金设计 [J]. 激光技术，2002：26 (3)：204-207.

[141] 姚建华，张伟. 激光熔覆纳米碳化钨涂层组织和性能 [J]. 应用激光，2005：25 (5)：293-295.

[142] 陈志刚，朱小蓉，汤小丽，等. 火焰喷涂重熔 Ni 基 WC 复合涂层的耐磨性能试验研究 [J]. 物理学报，2007：56 (12)：7320-7329.